Ceramic Materials: Science and Engineering

陶瓷材料

科学与工程

赵敬忠　汤玉斐　任鹏荣　等编著

化学工业出版社
·北京·

内容简介

本书全面介绍了与陶瓷材料科学与工程有关的基础知识与专业知识，主要内容涵盖陶瓷概论、陶瓷结构基础、陶瓷晶体结构、熔体与玻璃体、陶瓷晶体缺陷、陶瓷粉体的悬浮系统、陶瓷相图、固体扩散、陶瓷相变、固相反应、陶瓷烧结，以及陶瓷的力学性能、热学性能、导电性能、磁性能、光学性能、敏感特性等。还系统介绍了结构陶瓷、功能陶瓷和传统陶瓷的组成、结构、性能及其与制备工艺之间的联系，以及它们在各个领域中的诸多应用。

全书突出科学性、前瞻性，同时兼顾实用性。本书可供从事功能陶瓷材料应用与研究、元器件生产开发的科技人员参考，也可作为高等学校先进陶瓷材料、无机非金属材料和新材料等专业的教学参考书或教材。

图书在版编目（CIP）数据

陶瓷材料科学与工程/赵敬忠等编著. —北京：化学工业出版社，2025.1

ISBN 978-7-122-40952-2

Ⅰ.①陶… Ⅱ.①赵… Ⅲ.①陶瓷-功能材料 Ⅳ.①TQ174.75

中国版本图书馆 CIP 数据核字（2022）第 042532 号

责任编辑：朱 彤　　文字编辑：段曰超 师明远

责任校对：宋 夏　　装帧设计：刘丽华

出版发行：化学工业出版社（北京市东城区青年湖南街 13 号 邮政编码 100011）

印 装：北京科印技术咨询服务有限公司数码印刷分部

787mm×1092mm 1/16 印张 22 字数 586 千字 2025 年 1 月北京第 1 版第 1 次印刷

购书咨询：010-64518888　　售后服务：010-64518899

网 址：http://www.cip.com.cn

凡购买本书，如有缺损质量问题，本社销售中心负责调换。

定 价：118.00 元

前言

陶瓷材料是材料领域研究最为活跃、发展最为迅速、应用最为广泛的分支之一，它承载着古老的中华文明，成为国民经济和人民生活中不可缺少的重要组成部分。近年来，计算机、通信、信息、新能源、生物、空间等现代技术的迅速发展对陶瓷材料提出越来越高的要求，出现了如高温陶瓷、铁电陶瓷、压电陶瓷、超导陶瓷等诸多新型陶瓷材料，并朝着复合化、多功能化、低维化、智能化方向发展。随着新型结构陶瓷和功能陶瓷的迅猛发展，陶瓷材料的研究和应用将进入一个崭新的发展时期，将会有更多的新型陶瓷材料在国防、机械、冶金、化工、建筑、电子、生物等行业或领域获得推广与应用。

自从我国高校专业改革以来，各个学校的材料相关专业几乎都将原有的细分专业进行了整合与拓宽，如在原来金属材料专业的基础上增加无机非金属材料方向课程等。为了有效地让读者和学生全面了解陶瓷材料，在较短的时间内掌握更多的陶瓷知识，本书综合了陶瓷材料科学与工程的基础内容，系统地将陶瓷材料的相关知识点进行了呈现。

全书根据材料科学与工程专业的教学计划和特点，依照科学性、先进性和系统性的原则，综合了国内现有教材和技术书籍的有益内容，吸收了国内外陶瓷材料科学的新技术和新成果，并结合编著者多年来的教学与长期实践经验编写了本书。本书内容主要包括两个方面。一方面是陶瓷的基础理论知识，全面地介绍了陶瓷的晶体结构、晶体缺陷理论、熔体与玻璃体、陶瓷粉体的悬浮系统、陶瓷相图以及扩散、相变、固相反应和烧结等动力学理论。另一方面，以陶瓷的力学、热学、电学、磁学、光学及半导体等性能为主线，系统地介绍了结构陶瓷、功能陶瓷和传统陶瓷的组成、结构、性能及其与制备工艺之间的联系，以及在各个领域中的应用等。

本书在编写时还重点介绍了陶瓷材料领域基础知识与专业知识的应用，同时兼顾了与人们日常生活密切相关的传统陶瓷方面的相关内容，这也是本书的重要特色。本书由多位作者合作完成，分工各有侧重。其中，第 1、20、21 章由赵敬忠教授编写，第 2～11 章由任鹏荣教授编写，第 12～14 章由宫溢超副教授编写，第 15～19 章由汤玉斐教授编写。任帅博士参与部分前期工作，提出了许多建设性的修改意见。本书由赵敬忠教授进行统稿，汤玉斐教授对全书进行了校对。本书可以作为材料类专业的教材，对于相关专业研究生和工程技术人员而言，也具有重要的参考价值。

由于编著者水平有限，加之陶瓷材料的前沿研究领域日新月异，书中不妥之处在所难免，恳请广大读者和专家批评和指正。

编著者

2024 年 5 月

目 录

第1章 陶瓷概论

1.1 陶瓷的概念与分类

1.1.1 陶瓷的概念

陶瓷是陶和瓷的总称，一般是指采用天然矿物原料（如黏土、长石、石英等）及少量的化工原料，经配料、粉碎加工、成型、烧成等工艺制成的制品。由于其使用的原料主要是硅酸盐矿物，与玻璃、水泥、搪瓷、耐火材料等均归属于硅酸盐材料范畴。

随着近代科学技术的发展，出现了许多新的陶瓷品种。它们采用精选的原料，按照便于进行结构设计及控制的方法进行制造、加工，能精确控制组成结构并具有优异性能。这些陶瓷制品在使用原料、化学组成、生产工艺、材料性能、结构形态和产品应用等方面与传统陶瓷有很大区别，人们通常称之为新型陶瓷、特种陶瓷或先进陶瓷等。

从结构上看，一般陶瓷制品是由结晶相（或晶体相）、玻璃相和气孔构成的，这些组成在种类和分布上的变化，赋予不同的陶瓷不同的性质，从而使得陶瓷制品的品种繁多。它们之间的化学成分、矿物组成、物理性质以及生产工艺等常常互相接近，无明显的界限，但应用环境往往有很大的区别。

1.1.2 陶瓷的分类

根据陶瓷的概念与用途，可将陶瓷制品分为两大类，即传统陶瓷和新型陶瓷。

传统陶瓷又称普通陶瓷，是人们生活和生产中最常见和最常使用的陶瓷制品。根据其使用领域的不同，又可分为日用陶瓷、建筑卫生陶瓷、化学化工陶瓷、电瓷等。这些陶瓷制品所用的原料基本相同，生产工艺也基本接近。

新型陶瓷是现代工业和前沿科技所用的陶瓷制品，根据其性能和用途的不同又分为结构陶瓷和功能陶瓷。结构陶瓷是指能作为工程结构材料使用的陶瓷，它具有高强度、高硬度、高弹性模量、耐高温、耐磨损、耐腐蚀、抗氧化、抗热震等特性，如各种氧化物陶瓷、氮化物陶瓷、碳化物陶瓷等。功能陶瓷是具有各种电、磁、光、声、热功能及生物、化学功能等的陶瓷材料，如导电陶瓷、电介质陶瓷、磁性陶瓷、敏感陶瓷等。

普通陶瓷按所用原料及坯体致密程度分为两大类：陶器和瓷器。陶器的坯体烧结程度差，断面粗糙而无光泽，机械强度较低，吸水率较大，无半透明性，敲击时声音沙哑、低沉。瓷器的坯体致密，玻璃化程度高，吸水率低，有一定的透光性，断面细腻呈贝壳状或石状，敲击时声音清脆。

表 1-1 为普通陶瓷的分类，可以看出，从粗陶器、普通陶器、精陶器、炻器、普通瓷器到细瓷器，原料是从粗到精，坯体是从粗松多孔逐步到达致密，烧成温度也逐渐从低到高。

□表 1-1　普通陶瓷的分类

<table>
<tr><th colspan="2">类别</th><th>小类</th><th>所用原料</th><th>吸水率/%</th><th>烧成温度/℃</th><th>用途举例</th></tr>
<tr><td rowspan="4">陶器</td><td>粗陶器</td><td>石灰质
硅石质</td><td>易熔黏土</td><td>11～20</td><td>850～1100</td><td>砖、瓦、盆、罐等</td></tr>
<tr><td>普通陶器</td><td></td><td>可塑性高的难熔黏土、石英、熟料</td><td>6～14</td><td>900～1200</td><td>日用器皿</td></tr>
<tr><td rowspan="2">精陶器</td><td rowspan="2">黏土质
石灰质
长石质
熟料质
其他</td><td rowspan="2">可塑性高的难熔黏土、石英、熟料，镁质黏土，硅灰石、透辉石等</td><td rowspan="2">4～12</td><td>素烧
1100～1300</td><td rowspan="2">日用器皿、彩陶、洁具、建筑制品、陈设品等</td></tr>
<tr><td>釉烧
1000～1200</td></tr>
<tr><td rowspan="7">瓷器</td><td rowspan="2">炻器</td><td>粗炻瓷器</td><td rowspan="2">可塑性高的难熔黏土、石英、熟料，镁质黏土，硅灰石、透辉石等</td><td rowspan="2">0～3</td><td>1200～1300</td><td rowspan="2">日用器皿、建筑制品、耐热制品、化工陶瓷、陈设品等</td></tr>
<tr><td>细炻瓷器</td><td>1250～1300</td></tr>
<tr><td rowspan="5">普通瓷器和细瓷器</td><td>长石质</td><td rowspan="5">高岭土、瓷石，可塑性高的难熔黏土、长石、石英、骨灰、滑石等</td><td rowspan="5">0～1</td><td>1250～1450</td><td rowspan="5">日用器皿、艺术陈设品、电瓷、耐热瓷、化学瓷等</td></tr>
<tr><td>绢云母质</td><td>1250～1450</td></tr>
<tr><td>磷酸盐质</td><td>1200～1300</td></tr>
<tr><td>镁质</td><td>1300～1400</td></tr>
<tr><td>其他</td><td>—</td></tr>
</table>

(1) 粗陶器。最原始、最低级的陶器，一般由一种易熔黏土制成。有时也可在黏土中加入熟料或砂，以减少收缩。这类制品的烧成温度变动很大，烧后坯体的颜色取决于黏土中着色氧化物的含量与烧成气氛，在氧化气氛中烧成多呈黄色或红色，在还原气氛中烧成则多呈青色或黑色。

(2) 普通陶器。指陶盆、罐、缸等具有多孔性着色坯体的制品，精陶器坯体吸水率为4%～12%，因此有渗透性，没有半透明性；一般为白色，也有带色的，釉大多采用含铅和硼的易熔釉。它与炻器比较，因熔剂含量较少，烧成温度不超过1300℃，所以坯体未充分烧结；它与瓷器比较，对原料的要求较低，坯料的可塑性较大，烧成温度较低，不易变形，因而可以简化制品的成型、装钵和其他工序。但精陶器的机械强度和抗冲击强度比瓷器、炻器要小。

(3) 炻器又称"石胎瓷"，坯体致密，玻璃化程度低，仍有3%以下的吸水率，坯体不透明，颜色大多为白色。由于多数情况允许坯体在烧后具有颜色，所以对原料纯度要求不高，原料获取容易。炻器具有较高的强度和良好的热稳定性，适合机械化洗涤，并能顺利通过从冰箱到烤炉的温度急变。

(4) 瓷器是陶瓷发展的最高阶段。它的特征是坯体已完全烧结，完全玻璃化，因此很致密，对液体和气体都无渗透性，色白，薄胎处呈半透明，断面呈贝壳状。

根据陶瓷坯体（简称瓷坯）的原料配方、烧成温度及玻璃相含量不同，瓷器可分为软质瓷和硬质瓷。软质瓷中长石含量较高，1250～1300℃烧成，瓷坯内玻璃相含量较多，例如长石瓷、骨质瓷等，通常用来制造日用器皿、美术装饰品及部分建筑陶瓷等。硬质瓷配方中黏土含量较高，1320～1450℃烧成，玻璃相含量较少，致密度较高，可制造日用瓷、卫生瓷、建筑瓷、化学瓷、低压电瓷等。

高压电瓷是以黏土、长石和石英为主要原料，添加一定量的工业氧化铝或刚玉粉，在较高温度下烧结而成的。瓷坯中气孔率很低，基本没有开口气孔，具有足够的机械强度及电绝缘性能。如果在坯体中添加较多的长石，提高瓷坯中玻璃相的含量，并降低瓷坯中的气孔率，即为高硅质瓷。日本以高硅质瓷为主要产品。其他国家广泛采用高铝质瓷产品。我国两种都有。

新型陶瓷分为结构陶瓷和功能陶瓷两大类。通常将服役环境强调材料力学性能、热性能和部分化学性能的陶瓷材料称为结构陶瓷，而将具有电、磁、光、化学和生物体特性且具备相互转换功能的陶瓷称为功能陶瓷。由于许多新型陶瓷同时具备多种功能，因此很难确切地进行划分和分类。新型陶瓷的种类见表 1-2。

表 1-2 新型陶瓷的种类

类别	小类		陶瓷材料	用途举例
结构陶瓷	氧化物陶瓷		Al_2O_3, ZrO_2, MgO, BeO	磨削材料、高温工程材料
	碳化物陶瓷		SiC, TiC, B_4C	磨削材料、高温工程材料
	氮化物陶瓷		Si_3N_4, BN, TiN, AlN	透平叶片
	硼化物陶瓷		TiB_2, ZrB_2, HfB_2	高温轴承、耐磨材料、工具材料
功能陶瓷	导电陶瓷		β-Al_2O_3, ZrO_2, $LaCrO_3$	电池、高温发热体
	超导陶瓷		YBCO, LBCO	超导体
	介电陶瓷		Al_2O_3, BeO, MgO, BN	电绝缘材料
			TiO_2, $MgTiO_3$, $CaTiO_3$	电容器
	压电陶瓷		$BaTiO_3$, PZT	振子、换热器
	热释电陶瓷		$BaTiO_3$, PZST	传感器、热-电转换器
	铁电陶瓷		$BaTiO_3$, $PbTiO_3$	电容器
	敏感陶瓷	热敏陶瓷	NTC, PTC, CTR	温度传感器
		气敏陶瓷	SnO_2, ZnO, ZrO_2	气体传感器
		湿敏陶瓷	Si-Na_2O-V_2O_5	湿度传感器
		光敏陶瓷	CdS, CdSe	光敏电阻、光检测元件
	磁性陶瓷		Mn-Zn、Ni-Zn、Mg-Zn、铁氧体	变压器、滤波器、扬声器、拾音器
	光学陶瓷		Al_2O_3, MgO, Y_2O_3, PLZT, ZnS:Mn, CaF_2:Eu, ZnS:Ag	红外探测器、发光材料、激光材料
	生物陶瓷		Al_2O_3-ZrO_2-TiO_2 系微晶玻璃	人工骨、关节、齿

1.2 陶瓷的制备工艺概述

普通陶瓷产品是用黏土类及其他天然矿物原料经过粉碎加工、成型、烧成等工艺过程而得到的。随着生产的发展和科学技术的进步，对陶瓷材料的物理与化学性质提出了更高要求，逐步出现了许多新的陶瓷品种，如氧化物陶瓷、非氧化物陶瓷、金属陶瓷、功能陶瓷等。不管是普通陶瓷，还是新型陶瓷，它们的生产过程非常相似，都包括原料制备、成型、干燥、烧成等主要工艺过程，只是采用的原料已扩大到化工原料和合成原料，组成范围也超出了硅酸盐材料的范畴，包括了更多种类的原料。以下对陶瓷的主要工艺过程进行简要介绍。

1.2.1 原料与坯料制备

1.2.1.1 原料

陶瓷工业中使用的原料品种繁多，有天然矿物原料，有通过化学方法加工处理的化工原料，还有人工合成原料。

天然矿物原料主要有黏土类原料、长石类原料、石英类原料、滑石类原料及硅灰石类原料等。

黏土是由含水铝硅酸盐等多种微细矿物组成的混合物，它为陶瓷制品成型提供必需的可塑性和黏结性，在成型时形成一定形状，在干燥和烧成过程中能保持其形状并赋予其强度。通常，黏土在配料中的用量在40%以上。其主要化学成分为SiO_2、Al_2O_3、K_2O、Na_2O、CaO、MgO及着色氧化物（Fe_2O_3、TiO_2）。黏土按其主要矿物组成不同可分为高岭石类、蒙脱石类和伊利石类三大类别。

长石是碱金属或碱土金属的铝硅酸盐，是陶瓷坯料的熔剂原料，它在高温下形成黏稠的熔体，熔解部分高岭土分解物和石英颗粒，冷却后构成了陶瓷的玻璃态基质。长石主要有钾长石、钠长石、钙长石和钡长石四种基本类型。陶瓷配料中通常以钾长石为主。

石英的化学成分为SiO_2，在陶瓷坯体中石英起“骨架”作用。它有脉石英、石英岩、砂岩、石英砂及蛋白石等类型。

新型陶瓷为了满足材料的特定功能，对原料的要求高，除少数来自矿物原料外，大部分是从化工原料和人工合成原料中获得。其包括：氧化物（Al_2O_3、ZrO_2、MgO、BeO、MoO_3、CuO、Co_2O_3、SiO_2、Cr_2O_3、TiO_2、CeO_2、La_2O_3等）；金属盐［$BaCO_3$、$MgCO_3$、$CaCO_3$、$Ca_3(PO_4)_2$、$Na_2B_4O_7 \cdot 10H_2O$等］；卤化物（CaF_2、NH_4Cl、$SnCl_2$、$NaCl$等）；以及其他物质，如$Al(OH)_3$、$B_2O_3 \cdot 3H_2O$、$H_2MoO_4 \cdot H_2O$、$2PbCO_3 \cdot Pb(OH)_2$等。

1.2.1.2 坯料制备

坯料是指将陶瓷原料经加工处理后进行配料，再经混合、细磨等工序后得到的具有成型性能的多组分混合物。普通陶瓷坯料可分为三类：注浆料（含水量28%～35%）、可塑料（含水量18%～25%）和压制粉料（含水量8%～15%）。为了获得满足需要的坯料，依据原料性质和坯料的要求，有可能进行以下加工处理：预烧、合成、精选、破碎、脱水、练泥和陈腐等。

部分陶瓷原料具有多晶转变（例如氧化铝），个别原料具有特殊结构（例如滑石的片状结构）。由于多晶转变（晶型转变）会引起体积变化，片状结构会引起定向排列，所以配料前要先将氧化铝、二氧化钛、滑石等原料进行预烧。

合成原料通常指人工合成的，在自然界中不存在或虽存在但开采价值不高的原料。合成原料组成固定、结构均匀、性能稳定，并使配料简化。例如，以含硅原料（黏土、硅线石等）和含铝原料（高铝矾土、氢氧化铝等）合成莫来石。常用的合成方法有烧结法、电熔法和溶液反应法等。

天然原料中或多或少含有一些杂质，使用前需拣选和洗涤。硬质原料如长石、石英、方解石等需要先粗碎，随后在回转筒中加水冲洗，黏土等软质原料可用淘洗池或水力旋流器进行洗涤。

原料的破碎方法主要有球磨、振动、气流粉碎等。一般粗碎粒度为4～5cm，中碎粒度为0.3～0.5cm，细碎则达到坯料要求粒度。采用湿法球磨得到的泥浆，含水量约为40%～60%，水分超过成型要求，通常采用压滤法或喷雾法排除多余的水分。压滤法适用于制备可塑泥料，喷雾法适用于压制粉料。

压滤为机械脱水，可采用压滤机，水通过泥层和滤布滤出；喷雾干燥为热风脱水，指泥浆经一定的雾化装置分散成雾状细滴，在干燥塔内经热交换，将雾滴中的水分蒸发，得到含水量小于8%且具有一定粒度的球形粉料过程。喷雾干燥兼有造粒的功能，故在陶瓷生产中应用很广。

造粒是将细碎后的陶瓷粉料制备成具有一定粒度（假颗粒）的坯料，使其达到干压或半干压成型工艺的要求。

经过压滤后的泥饼，从整体上说水分达到了可塑泥料的要求，但水分和颗粒分布并不均匀，且含有空气，所以泥饼要经多次真空练泥和陈腐。陈腐俗称困料，指将泥坯放在阴暗而潮湿的室内（20～30℃）储存一段时间，改善其性能。坯泥经陈腐后，水分因扩散而分布得更加均匀，黏土颗粒在水和电解质的作用下充分进行水化和离子交换，有机质在细菌的作用下发酵成腐殖酸类物质，促使泥料结构趋于均匀，可塑性提高，从而减少了泥料在成型过程中的缺陷，提高了成型坯体的内在质量。

1.2.2　陶瓷成型

陶瓷产品的成型是将陶瓷坯料加工成所要求的形状和尺寸的均质坯体。按陶瓷坯料的性能可将成型方法分为三种：注浆成型、可塑成型和压制成型。在实际生产中一般是根据制品的形状、大小、厚薄、坯料性能、产量和质量要求、设备及技术能力、用途等因素来确定选用何种成型方法。

1.2.2.1　注浆成型

注浆成型是将含一定液相量（如30%～45%的水）的坯体浆料在模具中浇注成型，适用于制造大型、形状复杂的、薄壁的产品，主要有：石膏模具注浆成型、热压注成型、流延法成型。

(1) 石膏模具注浆成型。石膏模具注浆成型的浆料要具有良好的流动性、稳定性、触变性、渗透性、脱模性及含水量尽可能小和尽可能不含气泡。将制备好的泥浆注入多孔的石膏模内，由于石膏模的吸水性，在模具内壁形成一层均匀的泥层，泥层随时间的延长而加厚。当达到所需厚度时将多余泥浆倒出，干燥过程中泥层将脱水收缩与石膏模脱离，从模具中取出即为毛坯。注浆成型的坯体结构较均匀，适于大批量自动化生产。但因其含水量大，干燥和烧结时收缩较大，易开裂。注浆方法有空心注浆和实心注浆。为了提高注浆速度和坯体的质量，又发展了压力注浆、离心注浆和真空注浆等注浆成型方法。

(2) 热压注成型。热压注成型是利用石蜡的热流动性与坯料配合，使用金属模具在压力下成型的方法。蜡浆的制备有两种：一种是将石蜡加热使之熔化，然后将粉料倒入，一边加热一边搅拌；另一种是将粉料加热，倒入石蜡溶液，边加边搅拌。蜡浆制好后倒入容器中，凝固后制成蜡板待用。合格的蜡浆应具有良好的稳定性和流动性，且收缩率要小。

将配制好的蜡板放置在热压铸机料筒内，加热到一定温度熔化，在压缩空气的驱动下将筒内的蜡浆通过吸注口压入模腔。根据产品的形状和大小保持一定时间后，去掉压力，蜡浆在模腔中冷却成型，然后脱模。热压注成型的坯体在烧结前要经过排蜡处理，排蜡温度一般在900～1100℃之间，将坯体埋入疏松的保护粉料（Al_2O_3 粉）中进行。

热压注成型的产品尺寸较精确、结构紧密。热压注成型适用于电子陶瓷、金属陶瓷、铁氧体陶瓷等的成型。

(3) 流延法成型。流延法成型适于制造薄膜厚度0.05mm以下的小体积、大容量的电子器件。流延法成型是将超细粉末与黏结剂、塑化剂、分散剂等配合，搅拌均匀后得到可以流动的黏稠状浆料，经过流延机加料嘴不断地向转动的传送带上流出。用刮刀控制厚度，经红外线加热干燥后得到一层薄膜。

流延法成型对坯料的细度、粒形要求较高，粒度细、粒形圆润，才能使料浆具有良好的流动性，薄坯的质量才高。料浆的添加剂与用量也非常重要，因为会影响料浆的黏度和流动性。添加剂用量多时则薄膜强度高，但密度小，针孔多；用量少时则相反。为了防止薄膜中出现针孔，料浆需要在真空下搅拌和进行超声波处理。

1.2.2.2 可塑成型

可塑成型是利用泥料具有可塑性的特点，通过各种成型机械进行挤制、湿压、滚压或轧模等，制成一定形状制品的成型方法。可塑成型适合于具有回转中心的圆形产品，主要的成型方法有挤压、滚压、轧膜等。

(1) 挤压成型。挤压成型是将真空练制的泥料放入挤压机内，通过挤压机的螺旋或活塞的挤压，经机嘴出来达到要求的形状，适合于挤制棒状、管状制品。

挤压成型对泥料要求较高。要求粉料的细度要小，颗粒外形圆润；可适当添加溶剂、增塑剂和黏结剂；对泥料的均匀性要求很高，坯料太湿，组成不均匀，会产生弯曲变形。坯料塑性不好或颗粒呈定向排列时会使表面不光滑。

挤压成型污染小，易于实现自动化，效率高，但机嘴结构复杂。由于溶剂和结合剂加入较多，坯体在干燥和烧结时收缩较大，性能受到一定影响。

(2) 滚压成型。滚压成型时，盛放泥料的模型和滚压头分别绕自身轴线旋转，滚压头一面旋转一面靠近泥料，对泥料施加压力而成型。滚压成型时，泥料是均匀展开的，形成的坯体结构均匀。

滚压成型的特点是滚压头与泥料接触面积较大，压力也较大，受压时间较长，坯体致密，强度较大，不易变形，表面质量好。滚压成型又分为阳模滚压和阴模滚压。阳模滚压是用滚压头决定坯体外表面的形状和尺寸，又称外滚；阴模滚压是用滚压头来形成坯体的内表面，又称内滚。滚压成型要求坯料水分少，可塑性好。为了防止粘辊，可采用热滚，即把滚压头加热到一定温度。滚压时，热辊接触湿泥料，在辊表面生成一层蒸汽膜，可防止泥料粘滚压头。

滚压成型对于泥料的要求主要是泥料的可塑性和水分。泥料的可塑性指标为屈服值与延伸变形量的乘积。在保证一定可塑性的前提下，含水量应尽量小。通常滚压成型时泥料的水分控制在 19%～24%。

(3) 轧膜成型。轧膜成型是将拌有一定量有机黏结剂的泥料，置于两轧辊之间进行轧制，通过调节辊距和多次轧制，最后达到要求的厚度。其适合于生产 1mm 以下的薄片制品。

轧膜成型要求黏结剂要有足够的黏结力，较好的成型性能（良好的延展性和韧性），弹性和脆性不能太大，否则不易成膜或坯体强度低。黏结剂一般采用聚乙烯醇或聚乙烯醇缩丁醛等。

轧膜成型时，坯料在厚度和前进方向受到碾压，在宽度方向受力较小。因此，坯料中的颗粒和黏结剂不可避免地会出现定向排列，从而导致干燥和烧结时横向收缩大，易出现变形和开裂，坯体性能也会出现各向异性。

1.2.2.3 压制成型

压制成型包括模压成型和等静压成型两种方法。

(1) 模压成型。模压成型是利用压力机将加有少量结合剂的粉状坯料在金属模具中压制成致密坯体的成型方法。由于成型的坯料水分少，压力大，坯体比较致密，因此能获得收缩小、形状准确、缺陷少、不需要长时间干燥的生坯。模压成型过程简单，生产量大，便于机械化，适于成型形状简单、小型的坯体。

模压成型要求粉料各组分分布均匀，体积密度高，流动性好，应具有一定的团粒大小，水分含量均匀，含水量控制在 4%～7%，甚至更小。模压成型的原理是在外力作用下，颗粒在模具内相互靠近，借助内摩擦力牢固地把各颗粒联系起来，保持一定形状。如果坯料颗粒级配合适，结合剂使用正确，加压方式合理，可以得到比较理想的坯体密度。加压方式有两种：单向加压和双向加压。加压方式不同，压力在模具内及粉料间摩擦、传递和分布情况也不同，因而坯体的密度也不相同。加压速度与保压时间对坯体性能有很大影响。如果加压速度过快，保压时间过短，气体不易排出。对于大型、壁厚、形状复杂的产品，开始时加压宜慢，中间可快，后期宜慢，有利于气体排出和压力的传递。

(2) 等静压成型。等静压成型是利用液体或气体能均匀地向各个方向传递压力的特性来实现均匀受压成型的方法。等静压成型的工艺过程是：将粉料装入弹性模具内，密封后把模具连同粉料放在具有液体或气体的高压容器中，封闭后用泵对液体或气体进行加压，通过液体或气体把压力传递给弹性模具，使粉料压制成与模型近似的坯体。

等静压成型与模压成型的主要差别在于：压力是均匀地向各个侧面施加，有利于把粉料压实到较高的密度。由于粉料内部和外部介质的压力相等，粉料中的空气无法排出，因此要排除装模后粉料中的少量空气。

等静压成型的优点如下：一是在压力相同时，等静压成型比其他成型方法所得到的生坯密度更高；二是等静压成型不会在压制过程中使生坯内部产生很大的应力；三是采用等静压成型的生坯强度较高；四是可以采用较干的粉料进行成型（含水量可达1%～4%）；五是对制品的尺寸没有很大限制，对制品形状的限制较宽。

根据使用的模具不同，等静压成型可分成两类：湿法等静压和干法等静压。湿法等静压是将预压好的坯料包封在弹性的橡胶模具或塑料模具内，然后置于高压容器中施以高压液体，成型坯体。其特点是模具处于高压液体中，所以称为湿法等静压。其适用于成型多品种、形状复杂、产量小和大型的制品。干法等静压时，模具并不完全浸没在液体中，而是半固定式的。坯料的加入和取出都是在干燥状态下进行，因此称为干法等静压。其适用于生产形状简单的长形、壁薄、管状制品。此外，根据工作温度还可分为常温等静压、中温等静压和高温等静压。

1.2.3 陶瓷烧结

坯体成型后还需要干燥，有的陶瓷还需要施釉，然后进行烧结。烧结是生坯在高温下的致密化过程。随着温度的上升和时间的延长，固体颗粒发生相互团聚，其晶粒长大、空隙减少、体积收缩、密度增加，最后成为坚硬的具有某种显微结构的多晶烧结体。这个工艺过程称为烧结。在烧结过程中，主要发生晶粒和气孔尺寸及形状的变化。

陶瓷烧结的驱动力是粉体的表面能。粉体在粉碎过程中消耗的机械能以表面能形式储存在粉体中。粉体的表面积大，能量高。粉体的表面能大于多晶烧结体的晶界能，这是陶瓷烧结的驱动力。粉体烧结后，晶界能取代了表面能，这是多晶陶瓷稳定存在的原因。陶瓷烧结的传质机理根据烧结方法不同而有所变化。固相烧结的传质机理主要有蒸发-凝聚传质和扩散传质。液相烧结的传质机理主要有流动传质和溶解-沉淀传质。

烧结过程可分四个阶段：坯体的水分蒸发期（室温至300℃），氧化分解及晶型转化期(300～950℃)，玻化成瓷期（950℃至烧结温度），冷却期（烧结温度至室温）。烧结是在窑炉中进行的，陶瓷窑炉根据其运行方式可分为间歇式的倒焰窑和连续式的隧道窑两种类型。其中，钟罩窑、梭式窑等属于倒焰窑，辊道窑、推板窑等属于隧道窑。

正确确定烧结工艺，是使陶瓷具有理想结构及预定性能的关键。这里主要介绍常压烧结、热压烧结、气氛烧结、微波烧结、反应烧结。

1.2.3.1 常压烧结

常压烧结是陶瓷粉末在室温下成型，然后在空气中烧结使其致密化的工艺过程。常压烧结工艺简单，成本低。但在烧结过程中，易出现晶粒长大及孔洞的形成。为防止常压烧结过程中晶粒长大，可加入稳定剂，使得烧结后晶粒无明显长大。例如，在 ZrO_2 中加入稳定剂 Y_2O_3 或 MgO 等，ZrO_2 晶粒长大速率远低于未加稳定剂的试样。由于稳定剂偏聚在晶界上，钉扎晶界，晶界的流动性大大降低，因此阻止了晶粒的长大。

1.2.3.2　热压烧结

陶瓷粉体在一定压力和温度下进行烧结，称为热压烧结。如果在加热粉体的同时进行加压，那么烧结主要取决于塑性流动，而不是扩散。热压烧结与常压烧结相比，烧结温度低，烧结体中气孔率低。由于在较低温度下烧结，防止了晶粒长大，烧结体致密，具有较高的强度。但热压烧结比常压烧结的设备复杂，工艺也比较复杂。

1.2.3.3　气氛烧结

对于在空气中很难烧结的制品（如非氧化物陶瓷），为了防止其氧化等，可采用气氛烧结，即在炉膛内通入某种气体，形成所要求的气氛，在此气氛下进行烧结。例如，高温结构陶瓷 Si_3N_4、SiC 等就是在氮气及惰性气体中进行烧结的。Al_2O_3、BeO、MgO、ZrO_2 等作为透光材料时，需要在真空或氢气中进行气氛烧结。

1.2.3.4　微波烧结

在陶瓷烧结过程中，烧结温度越高，在高温下保温时间越长，晶粒就会长得越大。因此要想使晶粒不过分长大，必须采用快速升温、快速降温的烧结方法。而微波烧结技术可以满足这个要求。微波烧结的升温速度快（500℃/min），升温时间短（约 2min），解决了普通烧结方法不可避免的晶粒异常长大问题。同时，当微波烧结时，从微波能转换成热能的效率高达 80%～90%，可节约能量 50%左右。

微波是频率非常高的电磁波，波长一般为 1mm～1m。微波烧结的原理是利用在微波电磁场中材料的介电损耗，使陶瓷整体加热到烧结温度而实现致密化。由于微波加热利用了陶瓷本身的介电损耗发热，所以陶瓷既是热源，又是被加热体。整个微波装置只有陶瓷制品处于高温，而其余部分仍处于常温状态。微波烧结工艺的关键是保证烧结温度的均匀性，以及防止局部过热问题。可以通过改进电磁场的均匀性、改善材料的介电性能和导热性能以及采用保温材料保护烧结等方法予以解决。采用微波烧结可制备 ZrO_2、Al_2O_3 陶瓷等。

1.2.3.5　反应烧结

反应烧结是将陶瓷粉末混合均匀后压制成所需形状，经高温加热进行反应生成所需的陶瓷材料的方法。用这种方法可以制备氮化硅或碳化硅陶瓷。大多数陶瓷的反应烧结温度低于陶瓷的常规烧结温度，烧结时间短。反应烧结最大缺点是气孔率高，可以采用热压和反应烧结并用方式来克服，称为反应热压法。

第2章 陶瓷结构基础

2.1 原子结构

2.1.1 原子的电子结构

所谓原子结构，就是指原子核外的电子构型，即原子中电子所处的状态，又称为原子的电子排布。在含有多电子的原子中，核外电子数等于其原子序数，而核外电子排布主要遵从以下规律。

(1) Pauli（泡利）不相容原理：即同一个原子的同一个轨道上最多只能容纳两个自旋方向相反的电子（或者称为成对的电子）。

(2) 能量最低原则：电子在遵从 Pauli 不相容原理的前提下首先占据的是能量最低的轨道。

(3) Hund（洪特）规则：在 p、d 等能量相同、主量子数相同的轨道（简并轨道）中，电子将尽可能地占据不同的轨道，而且自旋方向相同。作为 Hund 规则的特例，在简并轨道中的等价轨道全充满（p^6，d^{10}，f^{14}）、半充满（p^3，d^5，f^7）和全空（p^0，d^0，f^0）的状态是比较稳定的。

过渡元素含有 1～9 个 d 电子，最外层的 3d 与 4s 能级相近，4d 与 5s 能级相近，它们可能失去 s 电子和不同数目的 d 电子而成为离子。由于失去的 d 电子数目不同，因此过渡元素具有可变的离子价。可见光的光子能激发离子中的电子，因而过渡元素的离子都有颜色。

对应于不同的主量子数，可以得到不同的壳层。物质的性质取决于原子的结构，即原子中电子所处的状态。周期表上最左列元素的结构是在满壳层之外再加上一个电子，因此该电子在原子中结合不牢固，容易被电离。而周期表的Ⅶ族元素往往容易俘获一个电子，成为具有满壳层的体系，因而具有电负性。按周期表上元素排列的先后顺序，各次壳层满时电子数见表 2-1。每个元素的原子或离子的核外电子排布（电子组态）及其轨道半径的值都可以查表得到。

表 2-1 周期表中各次壳层满时电子数

次壳层	1s	2s	2p	3s	3p	4s	3d	4p	5s	4d	5p	6s	4f	5d	6p
次壳层满时电子数	2	2	6	2	6	2	10	6	2	10	6	2	14	10	6
周期	1	2		3		4			5			6			

Schrödinger（薛定谔）方程给出了电子运动的规律。根据周期场中电子态的解和近自由电子模型，晶体中电子的许可能级不是像孤立原子的分立能级，也不是像在无限空间自由

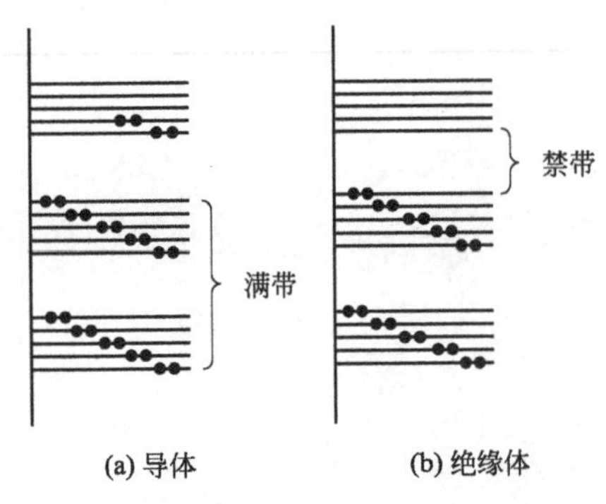

图 2-1 导体与绝缘体的能带模型

电子的连续能级那样，而是由确定宽度的能带组成的。通常不完全填满电子的能带称为导带，而填满电子的能带称为价带。因此，价带的能量比导带低。在能带内，电子是连续分布的，而在相邻能带之间的能量区间，不容许有电子存在，称为禁带或带隙。固体的许多物理或化学性能与其电子在能带中的填充状态密切相关，根据能带填充状态可以确定固体的导电性。如图 2-1 所示，按照电子从低能级向高能级填充的顺序将电子填入能带，当出现最后一个电子刚好填充完一个能带，而与其相邻的更高能带为空的情况时，对应的晶体是绝缘体；如果最高填充的能带只能被部分电子填充，此时对应的晶体是导体。

通常将价电子填充的能带称为价带，而与其相邻的更高能带称为导带。显然，金属的导电性源于其导带中有可移动的电子，在电场的作用下，导带中电子获得净的能量而形成定向电流。在绝缘体中，电子恰好填满价带，导带完全是空的。此时，在电场的作用下，满带中电子的动量虽然在电场方向可以发生变化，但由于波矢空间的周期性，电子的净动量变化仍然为零而不能形成电流。半导体的能带填充情况与绝缘体相似，价带被电子完全填满，而导带完全是空的，但其导带与价带之间的禁带宽度远比绝缘体的小。因此，在半导体中，通过热激发可将价带上的电子激发到导带上去，从而使导带的底部出现少量可移动的电子，价带的顶部出现空穴，导致价带与导带均处于未填满状态。此时，处于导带底部的电子在电场作用下形成一个正常电子电流，同时处于价带顶部的空穴则产生一个与正常电子电流方向相反的空穴电流。在这个意义上，半导体中存在电子导电和空穴导电，空穴则相当于带正电的载流子。

2.1.2 原子半径

根据波动力学的观点，在原子或离子中，围绕核运动的电子在空间形成一个电磁场，其作用范围可以近似视为球形。这个球的范围被认为是原子或离子的体积，球的半径即为原子半径或离子半径。

在晶体结构中，通常采用原子或离子的有效半径。有效半径是指原子或离子在晶体结构中处于相接触时的半径。在这种状态下，原子或离子间的静电吸引或排斥作用达到平衡。对于不同键型的晶体，有效半径的表述方式各不相同。

(1) 离子晶体。在离子晶体中，一对相邻接触的阴、阳离子的中心距，即为该阴、阳离子的离子半径之和。

(2) 共价晶体。在共价化合物晶体中，两个相邻键合原子的中心距，即为这两个原子的共价半径之和。

(3) 金属晶体。在金属晶体中，两个相邻原子中心距的一半，就是金属原子半径。

在晶体结构中，原子和离子半径具有重要的几何意义，它们是晶体化学中最基本的参数之一，常作为衡量键性、键强、配位关系以及离子极化率和极化力的重要数据。这些半径不仅决定了离子的相互结合关系，而且对晶体的性质也有显著影响。然而，离子半径这个概念并非十分严格。因为在晶体结构中，总存在极化的影响，往往是电子云向正离子方向移动，其结果是正离子的作用范围可能比所列的正常离子半径值要大些，而负离子作用范围要小些。但即便如此，原子和离子半径仍然是晶体化学中的重要参数。

2.1.3　电负性

原子的电负性定义为：

$$\chi = A(I_1 + E) \tag{2-1}$$

式中　χ——原子的电负性；
I_1——原子的第一电离能；
E——原子的电子亲和能；
A——系数。

A 取 0.18 可使 Li 的电负性接近 1，或者调整系数 A 使 H 的电负性为 2.2。原子电负性的物理意义是当两个原子组成分子时，它们的核外电子要重新分配，而决定电子重新分配的是每个原子接受电子和放弃电子的能力，原子的电负性即综合了这种能力。Pauling（鲍林）对电负性的定义是：分子中一个原子将电子吸引过来的能力。

利用原子的电负性可以判断化学键的性质，如键的强弱、键型、极性等。在周期表的同一周期内，随原子序数增加，原子的电负性增大；而对于同一个族来说，随原子序数增加，原子的电负性减小，但过渡元素有例外。金属元素的电负性较小，非金属元素的电负性较大。两种元素的电负性差值越大，形成离子键的键性就越强；反之，共价键性就越强。当电负性差值较小的两个元素形成化合物时，主要为非极性共价键或半金属共价键。

2.2　化学键

晶体是具有空间晶格构造的固体。也就是说，晶体中的质点（离子、原子和分子）在空间的排列是很有规律的。然而，质点间必须具有一定的结合力，才能保证它们在晶体内固定的位置上做有规则的排列。原子和原子（或离子）间比较强烈的相互作用就是化学键。原子之间的相互作用可以形成分子，也可以形成晶体。其相互作用的化学键类型主要有离子键、共价键、混合键及金属键。在液体分子或分子型晶体的分子之间还有一种相互作用力很弱的范德瓦耳斯引力（简称范德瓦耳斯力）。一般认为这是一种物理作用，故不属于化学键范畴。还有一种性质介于化学键及范德瓦耳斯力之间的作用力，即氢键。

2.2.1　离子键

离子晶体在无机材料中占有重要地位，构成离子晶体的基本质点是电负性相差较大的原子失去或得到电子形成的正负离子，它们之间以静电作用力（库仑力）相结合。NaCl 结构中离子的结合方式见图 2-2。离子键要求正负离子作相间排列，而且这种排列要尽量使异号离子之间吸引力达到最大，而又使同号离子之间的相互斥力最小。

典型的金属元素原子（低电负性）与非金属元素原子（高电负性）结合形成离子晶体，如 NaCl、LiF、SrO、BaO 等都是离子晶体，陶瓷材料中很多金属氧化物（例如 Al_2O_3、TiO_2 等）以及三元及多元化合物［例如尖晶石 $MgO \cdot Al_2O_3$、锆钛酸铅 $Pb(Zr_xTi_{1-x})O_3$］等都可以归属于离子晶体。离子晶体依靠离子键将原子结合成为晶体，不可能在晶体中分出单个分子，可以把整个晶体看成是一个庞大的分子。离子晶体中的各个离子可以近似地看成是外围蒙有一层电子云的圆球。任一离子的电子云都有其独立性，电荷是呈球形对称分布的，离子无论在哪个方向上都可以与具有相反电荷的离子相结合，因此离子没有方向性；并且离子同时可以与几个异号离子相结合（与之直接键合的异号离子数与阴、阳离子的半径有关），所以离子键也没有饱和性。决定离子晶体结构的因素就是正负离子的电荷以及几何因素（正负

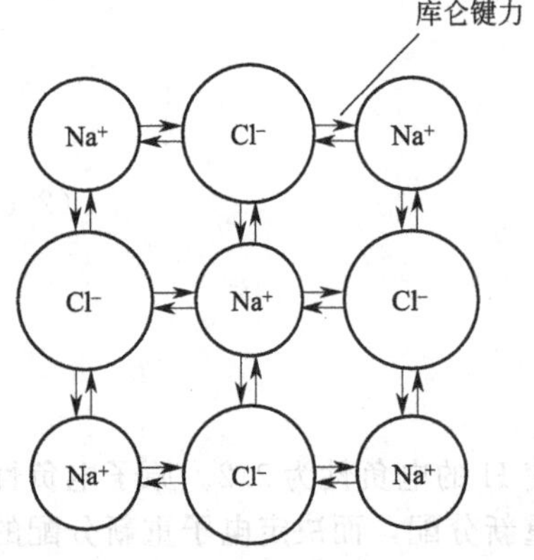

图 2-2　NaCl 结构中离子的结合方式

离子的半径比及离子的最密堆积）。离子晶体一般都有较高的配位数。

在离子晶体中，由于很难产生可以自由运动的电子，因此离子晶体通常被视为良好的绝缘体，例如云母、刚玉、尖晶石等均是很好的绝缘材料。然而，当离子晶体处于熔融态或在溶液（如 NaCl 的水溶液）中时，正负离子在外电场作用下可以自由地运动，从而展现出良好的导电性。离子晶体的外层电子被牢固地束缚在离子外围，因此可见光的能量通常不足以激发其外层电子，导致离子晶体不吸收可见光，从而呈现出无色透明的特性。此外，离子晶体中正负离子的结合较为牢固，因此其硬度较大，熔点也较高。然而，当离子间发生滑移时，同号离子间的斥力很容易导致材料破碎，因此，由离子晶体构成的材料通常比较脆。

2.2.2　共价键

共价键是由两个或多个电负性相差不大的原子依靠“共用电子对”构成的，如图 2-3 所示，金刚石结构中原子的结合方式要比离子键复杂得多。

氢分子中两个氢原子的结合是最典型的共价键结合，量子力学理论能对氢分子共用电子所产生的键能作出很满意的处理。共价键在有机化合物中是非常普遍的，共价晶体在无机非金属材料中也占有重要地位。在共价晶体中按规则排列的质点是中性原子，原子间以共有电子对相结合。如金刚石（C）、碳化硅（SiC）、氮化硅（Si_3N_4）、氮化硼（BN）以及半导体材料硅（Si）、砷化镓（GaAs）等都属于共价晶体。原子结构的理论表明，除 s 轨道的电子云是球形对称外，其他轨道如 p、d 等的电子云都有一定的方向性。在形成共价键时，为使电子云达到最大限度重叠，共价键应有方向性，键的分布遵循其方向性。当一个电子和另一个电子配对以后，就不能再和第三个电子配对了，这就是共价键的饱和性。因此，共价晶体中各个键之间都有确定的方位，配位数比较小。在共价晶体中束缚在相邻原子间的共有电子对不能自由运动，因此共价晶体的导电能力也很差。总之，共价晶体具有结构稳定、熔点高、硬度大等特点，而且有一定的脆性。

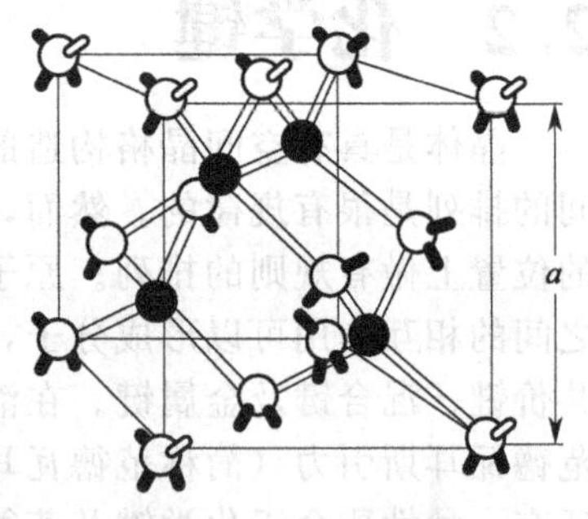

图 2-3　金刚石中的共价键

2.2.3　混合键

陶瓷材料多为多种元素组成的化合物，其原子间的结合并非单一的化学键，常常包含两种或两种以上的键型。这种现象被称为键型变异现象。陶瓷化合物中原子间的键型与其本身的结构密切相关，因为不同电子结构的原子提供成键的条件各不相同。对于同一组成的化合物而言，键型的改变将导致陶瓷材料的性质发生变化。此外，键性质的任何变化都会引起晶体结构的改变。许多陶瓷材料表现出的多型现象实际上也可以归属于混合键中各键的比例发生了改变。例如，SiC 从立方闪锌矿到六角纤锌矿之间存在 200 余种变体，这些变体中键的离子性逐渐增加，而共价成分有所减少，实际上这也是混合键中各键比例发生变化的体现。

对于实际的陶瓷材料，其键型可以由纯的金属键、离子键、共价键和范德瓦耳斯键组成的正四面体中的一个点来表示，这个键型四面体如图 2-4(a) 所示。这个点的位置在四面体内可以代表不同的键型组合。图 2-4(b) 示意性地给出了化合物在键型三角形（通常用于表示不含范德瓦耳斯键的键型组合）中的投影位置，我们可以通过测量它们到三角形各顶点的距离来判断混合键中各键的比例。

ZnS 是离子键与共价键的混合键结构。在这类化合物中，由于两种原子的电负性不同，它们在共价键结合的过程中，虽然形成了 sp^3 杂化轨道，但是与Ⅳ族元素不同的是，这些结构中都包含离子键的成分，形成的化合物是极性化合物。由于 S 较 Zn 的电负性大，因此从理论上说成键的电子应更集中分布在 S 的附近。但是压电效应的结果表明，如果把 ZnS 看成是由 Zn^{2+} 与 S^{2-} 组成的离子晶体，那么得到的压电常数与实验得到结果的符号相反。压电效应的实验结果表明锌离子应带负电，而硫离子应带正电。在组成 ZnS 晶体时，较大的硫离子是四配位，较小的锌离子也是四配位，处在硫离子的四面体间隙位置中。它们的共价特性表现在硫和锌离子均为共用电子对的四配位结构，原子间距较短。有研究者给出 ZnS 的 sp^3 结构示意如式(2-2)。

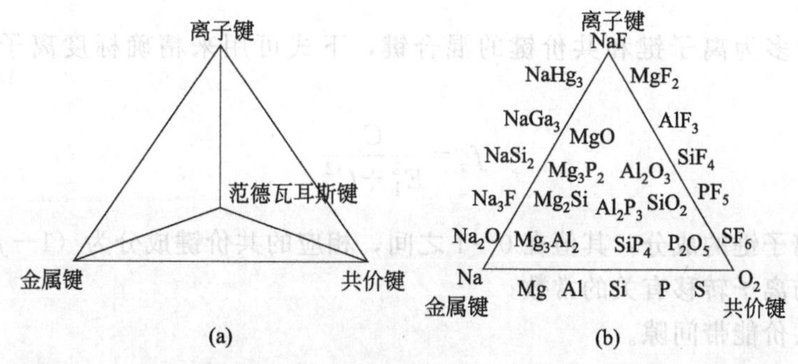

图 2-4　(a) 键型四面体；(b) 化合物在键型三角形中的投影位置示意图

$$Zn(4s^2) + S(3s^2 3p^4) \longrightarrow Zn(4s^1 4p^3) + S(3s^1 3s^3) \tag{2-2}$$

由上式可以看出，Zn 和 S 在共价结构时各占一半，形成了 Zn-S 共价键，用这样的解释计算得到的压电常数值与实验值较为吻合。

ZnS 晶体由于硫离子堆积方式的不同，可以存在很多种变体，比较典型的有闪锌矿和纤锌矿结构。在闪锌矿结构中硫离子以立方密堆的形式堆积，而在纤锌矿结构中硫离子以六角密堆的形式堆积，两种结构中锌均处在硫四面体间隙位置。不同变体的基本结构都是四面体结构单元，只是四面体相连的方式不同。若以两个原子的连线为公共轴，两个四面体对应的三个价键的相对取向均为 60°，称为闪锌矿交错组态；如果三个价键的相对取向为 0°，称为纤锌矿蚀状组态。纤锌矿蚀状组态和闪锌矿交错组态见图 2-5。

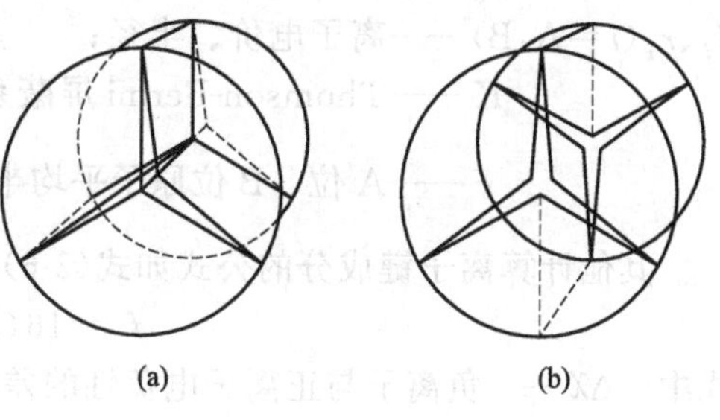

图 2-5　四面体相连

(a) 纤锌矿蚀状组态；(b) 闪锌矿交错组态

纤锌矿结构中两层原子上下位置的对应关系为蚀状组态，而闪锌矿结构的第二层原子在空间构型上相对于上一层原子平面转动了 60°，由此形成交错构型，这样有利于减少上下两组共价键间的排斥作用。纤锌矿结构的相邻异类原子连线相互对准，距离要比闪锌矿构型的短，结构的能量较低，为重叠构型。当两种元素的电负性相差较大时，倾向于形成纤锌矿结构。闪锌矿结构的共价性要比纤锌矿结构的共价性强一些，或者说离子性弱一些。几种 MX_2 化合物的晶体结构见图 2-6。TiO_2 以离子键为主，结构中有共价键成分。CdI_2 为层状结构，而 CO_2 主要为分子键。它们键的性质差别是由正负离子的不同排列引起的。

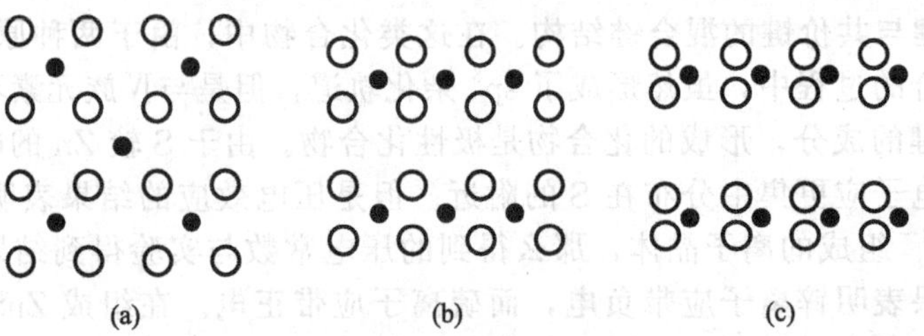

(a) (b) (c)

图 2-6 几种 MX_2 化合物的晶体结构

(a) TiO_2；(b) CdI_2；(c) CO_2

陶瓷材料中多为离子键和共价键的混合键，下式可用来精确标度离子键和共价键的比例：

$$f_i=\frac{C}{E_h^2+C^2} \tag{2-3}$$

式中 f_i——离子键的成分，其值在 0～1 之间，相应的共价键成分为 $(1-f_i)$；

C——与离子转移有关的常数；

E_h——共价能带间隙。

C 和 E_h 的值都可以从理论和实验上得到。从理论上，由 Phillips 和 Van Vechten 对四配位和六配位 MX 化合物共价键的分析可得到：

$$E_g^2=E_h^2+C^2 \tag{2-4}$$

$$C=\frac{3}{2}\left(Z_A\frac{e^2}{r_A}-Z_B\frac{e^2}{r_B}\right)\exp\ (-K\bar{r}) \tag{2-5}$$

式中 E_g——成键与反键的能带间隙；

Z_i、r_i $(i=A,B)$——离子电价、半径；

K——Thomson-Fermi 屏蔽系数；

$\bar{r}$——A 位、B 位原子平均半径且值为 $\frac{1}{2}(\bar{r}_A+\bar{r}_B)$。

其他计算离子键成分的公式如式(2-6) 和式(2-7)：

$$f_i=16(\Delta\chi)+3.5(\Delta\chi)^2 \tag{2-6}$$

式中 $\Delta\chi$——负离子与正离子电负性的差。

$$f_i=1-\exp\left[-\frac{(\chi_A+\chi_B)^2}{4}\right] \tag{2-7}$$

因此，当正负离子电负性差为 1.7 时，$f_i=0.5$，即化合物中离子键和共价键的比例各占一半。当正负离子电负性差大于 1.7 时，化合物的离子键比例较大；反之，共价键的比例较大。各种化学结构式中离子键、共价键所占的比例可以查表或计算得到。表 2-2 列出了一些氧化物和非氧化物的键比例。

表 2-2 一些氧化物和非氧化物的键比例

化合物	CaO	MgO	Al_2O_3	ZnO	TiN	Si_3N_4	BN	WC	SiC
电负性差	2.5	2.3	2.0	1.9	1.5	1.2	1.0	0.8	0.7
离子键/%	79	73	63	59	43	30	22	15	12
共价键/%	21	27	37	41	57	70	78	85	88

混合价化合物即化合物中有的离子可以取不同的化合价。周期表中有 40 多种元素具有构成不同价态氧化物的能力，特别是过渡族和镧系元素。不同价态化合物的性能可能有很大差别。例如，5 价 W 的化合物 $LiWO_3$ 为绝缘体，而 $Li_xW_xW_{1-x}O_3$（$0.16<x<0.4$）为导体，该化合物中 W 具有 5 价（W_x）和 6 价（W_{1-x}）两种化合价。

2.3 离子晶体的结构与性质

2.3.1 晶格能

很多无机固体化合物是由离子构成的，其中的化学键主要是离子键或含有相当大的离子键成分。在离子型化合物中，金属原子的价电子全部或部分转移到非金属原子，因此离子化合物的电子结构具有电子迁移的特征。离子键的本质特征是不同电荷离子之间的 Coulomb（库仑）引力，键能近似等于体系的晶格能。根据 Coulomb 定律，电荷相反的两个离子之间的静电引力为：

$$F=\frac{z_1z_2e^2}{R^2} \tag{2-8}$$

式中 F——电荷相反的两个离子之间的静电引力；

z_1、z_2——离子所带的电荷；

e——电子电量（绝对值）；

R——正负离子之间的距离。

当一对正负离子从无限远逐步靠近到距离为 R 时，体系所释放的能量（u）为：

$$u=\int_{\infty}^{R}-F\mathrm{d}R=-z_1z_2e^2\int_{\infty}^{R}\frac{1}{R^2}\mathrm{d}R=\frac{z_1z_2e^2}{R} \tag{2-9}$$

每摩尔正负离子结合所释放的总能量（E）为：

$$E=\sum u=\frac{N_Az_1z_2e^2}{R} \tag{2-10}$$

式中，N_A 为 Avogadro（阿伏伽德罗）常数。

这里的能量 E 并不是离子化合物的晶格能。当 1mol 正负离子结合成晶体时，每个离子与晶体中的所有其他离子都存在 Coulomb 相互作用，计算离子化合物的晶格能要考虑离子与晶体中所有其他离子的相互作用。因此，离子化合物的晶格能与化合物的晶体结构有关。

考虑 NaCl 晶体中某个离子与周围离子的相互作用，从图 2-7 中 NaCl 的晶体结构可以发现，每一个离子周围有 6 个距离为 R 的相反电荷离子，次近邻有 12 个距离为$\sqrt{2}R$ 的同电荷离子，再次近邻有 8 个距离为$\sqrt{3}R$ 的相反电荷离子。依此类推，每个离子与周围离子的相互作用能 u 可以表示为：

$$u=\frac{e^2}{R}\left(\frac{6}{\sqrt{1}}-\frac{12}{\sqrt{2}}+\frac{8}{\sqrt{3}}-\frac{16}{\sqrt{4}}+\cdots\right)=\frac{e^2}{R}A \tag{2-11}$$

式中，A 是与晶体结构类型有关的 Madelung（马德隆）常数。NaCl 结构的 Madelung

常数为 1.748。表 2-3 列出了部分常见结构类型的 Madelung 常数。

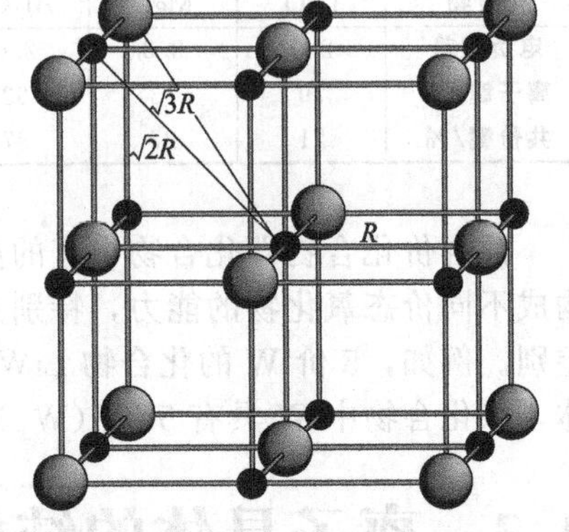

图 2-7 NaCl 晶体结构中原子间的距离

式(2-11) 表示了一个离子与晶体中其他所有离子的相互作用。假设晶体中有 N 个阳离子和 N 个阴离子，晶体总的相互作用能应当是式(2-11) 的 $2N$ 倍，但每个离子的贡献被重复计算。因此，晶体的离子晶格能应是式(2-11) 的 N 倍，即

$$U=Nu=\frac{e^2}{R}AN \tag{2-12}$$

式(2-12) 只考虑了离子间的 Coulomb 引力。如果离子间只有引力，离子间的距离会一直减小直至两个离子完全重合，这显然不符合实际情况。事实上，当离子之间的距离较大时，离子间的相互作用以 Coulomb 引力为主；而当正负离子接近到一定程度时，离子间的斥力迅速增加。离子间的作用可以用式(2-13) 表示：

$$u=\frac{B}{R^m} \quad (m\geqslant 2) \tag{2-13}$$

式中，B 为常数；m 为与化合物的晶体结构以及离子的极化能力有关的参数，可以从化合物的压缩系数得到。表 2-4 列出一些典型离子化合物的 m 值。

表 2-3 部分常见结构类型的 Madelung 常数

结构类型	配位数	晶系	Madelung 常数	结构类型	配位数	晶系	Madelung 常数
NaCl	6∶6	立方	1.74756	萤石	8∶4	立方	5.03848
CsCl	8∶8	立方	1.76267	金红石	6∶3	四方	4.816
立方 ZnS	4∶4	立方	1.63806	刚玉	6∶4	三方	25.0312
六方 ZnS	4∶4	六方	1.64132				

表 2-4 一些典型离子化合物的 m 值

化合物	LiF	LiCl	LiBr	NaCl	NaBr
m	5.9	8.0	8.7	9.1	9.5

考虑离子间的斥力，离子化合物的晶格能可以表示为：

$$U=N\left(\frac{e^2}{R}A-\frac{B}{R^m}\right) \tag{2-14}$$

进而可以推出 Born-Lander（玻恩-兰德）方程：

$$U=\frac{ANe^2}{R}\left(1-\frac{1}{m}\right) \tag{2-15}$$

离子化合物的晶格能还可以从 Born-Haber（玻恩-哈伯）循环实验数据计算得到。表 2-5 比较了部分化合物晶格能的实验值和计算值。从表中可以看到，大多数化合物晶格能的计算值与实验值吻合很好，但也有一些体系存在较大偏差。这是由于这些化合物中除了存在离子键，还有相当大的共价键成分。对于共价键成分较大的体系，晶格能并不能给出全部键能，实验值与计算值之间会有比较大的差别。

表 2-5　部分化合物晶格能的实验值和计算值的比较

化合物	Born-Haber 循环实验值	Born-Lander 方程		化合物	Born-Haber 循环实验值	Born-Lander 方程	
		计算值	修正值			计算值	修正值
NaF	218.5	215.6	218.7	CsF	177.8	172.8	178.7
NaCl	184.1	180.1	185.9	CsCl	150.5	148.8	155.9
NaBr	174.1	171.8	176.7	CsBr	146.4	143.3	151.1
NaI	162.7	158.5	165.4	CsI	139.7	135.8	143.7

2.3.2　配位数与配位多面体

在离子晶体中，每个离子周围与之相邻的异号离子的数目，就是这个离子的配位数。例如，在 NaCl 晶体结构中，Cl^- 按立方面心最紧密堆积，Na^+ 填在 Cl^- 所形成的八面体间隙中，每个 Na^+ 周围有 6 个 Cl^- 与其相邻。因此，Na^+ 的配位数是 6。同样，每个 Cl^- 周围有 6 个 Na^+，故 Cl^- 的配位数也是 6。

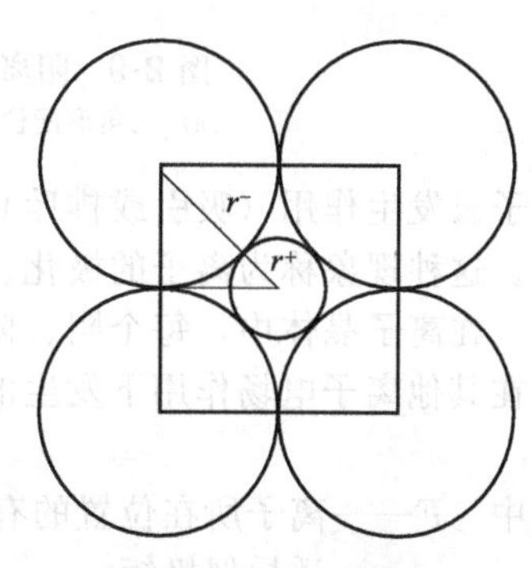

图 2-8　八面体配位正负离子几何关系图解

配位数的大小与正负离子的半径大小有关。对于八面体配位，正负离子间就构成了如图 2-8 所示的几何关系。正负离子均为点接触，根据几何关系 $r^+/r^-=0.414$，如果 $r^+/r^-<0.414$，可使 r^+ 变小，其结果是正负离子不能很好接触，而负离子间能很好接触。此时负离子间斥力大，能量高，结构不稳定。若 $r^+/r^->0.414$，可使 r^+ 变大，这时正负离子能很好接触，而负离子不能接触。这种情况下，正负离子间引力大，负离子间斥力小，能量低，结构稳定。由此可见，正离子的配位数为 6 时，其正负离子的半径比必须大于 0.414。当 $r^+/r^-=0.732$ 时，正离子周围可以安排 8 个负离子与其配位。由此可见，正离子配位数为 6 的条件，其半径比必须是 $0.414<r^+/r^-<0.732$。正负离子半径比决定了离子晶体中正离子的配位数。按这种几何关系计算下去，可得到晶体结构中阴阳离子（正负离子）半径比值与阳离子（正离子）配位数之间的关系，详见表 2-6。

表 2-6　阴阳离子半径比值与阳离子的配位数

r^+/r^-	0	0.155	0.225	0.414	0.732		1
阳离子配位数	2	3	4	6	8		12
阳离子配位多面体的形状	哑铃状	等边三角形	四面体	八面体	立方体	截角立方体(立方最密堆积)	截顶的两个三方双锥形(六方最密堆积)
实例	—	—	闪锌矿 β-ZnS	食盐 NaCl	萤石 CaF_2	自然金 Au	自然锇 Os

配位多面体是指在晶体结构中，与某一正离子成配位关系的相邻的负离子中心连线所构成的多面体。正离子位于多面体中心，各负离子中心位于多面体的顶角上。在硅酸盐材料的晶体中，最常见的配位多面体是四面体和八面体，当然也有三角形、立方体，甚至二十面体等。阳离子的几种典型的配位形式及其相应的配位多面体如图 2-9 所示。

2.3.3　离子的极化

在研究离子晶体结构时，为了方便起见，往往把离子看成是刚性球体，把离子作为点电荷来处理；并且认为离子的正负电荷中心是重合的，且位于离子中心。实际上，离子的电子云并不是刚性的。当离子作紧密堆积时，带电荷的离子所产生的电场，必然要对另一离子的

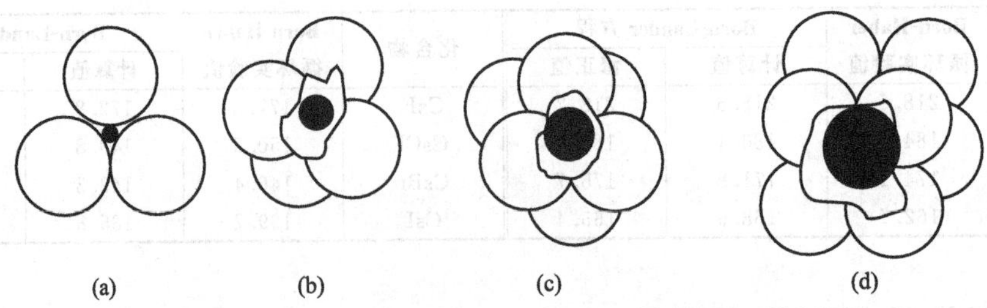

图 2-9　阳离子的几种典型的配位形式及其相应的配位多面体

(a) 三角形配位；(b) 四面体配位；(c) 八面体配位；(d) 立方体配位

电子云发生作用（吸引或排斥），因而使这个离子的大小和形状发生了改变，离子不再是球形。这种现象称为离子的极化。

在离子晶体中，每个阴、阳离子都具有自身被极化和极化周围离子的双重作用。一个离子在其他离子电场作用下发生的极化称为被极化。被极化程度可以用极化率 α 表示：

$$\alpha=\mu/F \tag{2-16}$$

式中　F——离子所在位置的有效电场强度；

　　　μ——诱导偶极矩。

μ 与极化后正、负电荷中心的距离成正比。一个离子的电场作用于周围离子，使其发生的极化称为主极化。主极化能力用极化力 β 来表示：

$$\beta=W/r^2 \tag{2-17}$$

式中　W——离子电价；

　　　r——离子半径。

对某一个离子而言，α 和 β 是同时存在的，不可能截然分开。不同的离子，由于它们的电子构型、半径大小、所带电荷多少不同，极化率 α 和极化力 β 也不同。一般来说，正离子（阳离子）的半径小、电荷集中、电价高，外层电子与核的联系较牢固，不易被极化却显示了较明显的极化其他离子的能力，主要表现为主极化。可见，电荷越多，半径越小，极化能力越强。负离子（阴离子）则相反，由于半径大、电价低，主要表现为被极化，如 I^-、Br^- 等尤为显著。因此在离子间考虑相互作用时，通常只考虑正离子对负离子的极化作用。可是，当正离子的最外层具有 18 或 18＋2 电子构型时，例如铜型离子如 Cu^{2+}、Ag^+、Zn^{2+}、Cd^{2+}、Hg^{2+} 等，极化率 α 也较大，这时正离子也易变形。

离子极化对晶体结构具有重要的影响。离子晶体中，由于离子极化，电子云互相重叠，缩小了阴、阳离子之间的距离，离子的配位数降低，离子键性减小，晶体结构类型和性质也将发生变化。从表 2-7 所列离子极化对卤化银晶体结构的影响可以清楚地得到上述规律。

表 2-7　离子极化对卤化银晶体结构的影响

卤化银	AgCl	AgBr	AgI
Ag^+ 与 X^- 半径之和/nm	0.296(0.115＋0.181)	0.311(0.115＋0.196)	0.335(0.115＋0.220)
Ag^+ 与 X^- 中心距/nm	0.227	0.288	0.299
极化靠近值/nm	0.019	0.023	0.036
r^+/r^-	0.635	0.587	0.523
理论结构类型	NaCl	NaCl	NaCl
实际结构类型	NaCl	NaCl	立方 ZnS
实际配位数	6	6	4

银的卤化物 AgCl、AgBr、AgI 按离子半径理论计算，Ag^+ 的配位数均为 6，属 NaCl 型结构，但实际上 AgI 晶体却属于配位数为 4 的立方 ZnS 型结构。这是由于离子间很强的相互极化作用，促使离子相互强烈靠近，向较小的配位数方向变化，从而改变了结构。与此同时，因离子的电子云变形而失去了球形对称，相互穿插重叠，从而导致键型由离子键过渡为共价键。

2.3.4 鲍林规则

鲍林（Pauling）在 1928 年基于理论和实践的结合，根据当时已测定的结构数据和晶格能公式所反映的原理，归纳总结出了几条规律，这就是有名的鲍林规则。用鲍林规则分析离子晶体结构简单明了，突出结构特点。鲍林规则不但适用于结构简单的离子晶体，也适用于结构复杂的离子晶体以及硅酸盐晶体。鲍林规则主要依据的离子半径有不确定因素，使得鲍林规则会有例外，但就大多数离子晶体结构而言，还是可以运用鲍林规则得到很好的结果。鲍林规则主要包括下述五方面。

(1) 鲍林第一规则又称配位体规则。围绕每个阳离子，形成一个阴离子配位多面体。阴、阳离子的距离取决于它们的半径之和，阳离子的配位数取决于它们的半径比值，与电价无关。

必须指出，实际晶体结构往往受多种因素影响，并不完全符合这一规则，会出现一些例外情况。当 r^+/r^- 处于临界值（如 0.414、0.732 等）附近时，在不同的晶体中同一阳离子的配位数不同，如 Al^{3+} 与 O^{2-} 配位时，既可以形成铝氧四面体，又可以形成铝氧八面体。表 2-8 列出了一些常见离子与 O^{2-} 的配位数，大多数阳离子的配位数在 4～8 之间。当阴离子不是紧密堆积时，可能出现 5、7、9、11 等配位数。另外，当阴、阳离子产生明显极化时，也会使阳离子配位数降低。

表 2-8 一些常见离子与 O^{2-} 的配位数

配位数	常见离子
3	B^{3+}，C^{4+}，N^{5+}
4	Be^{2+}，Mn^{2+}，B^{3+}，Al^{3+}，Si^{4+}，Ge^{5+}，P^{5+}，As^{5+}，V^{5+}，S^{6+}，Cr^{6+}，Cl^{7+}，Ga^{3+}
6	Li^+，Mg^{2+}，Mn^{2+}，Fe^{2+}，Co^{2+}，Ni^{2+}，Cu^{2+}，Zn^{2+}，Al^{3+}，Ga^{3+}，Cr^{3+}，Fe^{3+}，Se^{3+}，Ti^{4+}，Sn^{4+}，Nb^{5+}，Ta^{5+}
6～8	Na^+，Ca^{2+}，Ba^{2+}，Sr^{2+}，Cd^{2+}，Y^{3+}，Sm^{3+}～Lu^{3+}，Zr^{4+}，Ce^{4+}，Hf^{4+}，Th^{4+}，U^{4+}
8～12	Na^+，K^+，Rb^+，Ca^{2+}，Sr^{2+}，Cs^{2+}，Ba^{2+}，Pb^{2+}，La^{3+}，Ce^{3+}～Sm^{3+}

(2) 鲍林第二规则又称静电价规则。在一个稳定的离子化合物结构中，每一个阴离子的电价等于或近似等于相邻阳离子分配给这个阴离子的静电价强度总和。即使是稳定性较差的结构，偏差一般也不超过 1/4 价。对于一个规则的配位多面体而言，中心阳离子分配给每一个配位阴离子的静电强度 S 等于该阳离子的电价 Z 除以它的配位数 n，即 $S=Z/n$。以 NaCl 晶体为例，每一个 Na^+ 处在 6 个 Cl^- 所形成的配位多面体中，所以其静电强度为 $S=1/6$；而每一个 Cl^- 同时与 6 个 Na^+ 相配位，Cl^- 得到的阳离子静电价强度总和等于 $6\times1/6=1$，正好等于 Cl^- 的电价，所以 NaCl 晶体结构是稳定的。

离子静电价的饱和对于晶体结构的稳定性是相当重要的。它不仅可以保证晶体在宏观上的电中性，还能在微观上使阴、阳离子的电价得到满足，使配位体和整个晶体结构稳定。静电价规则对于了解和分析硅酸盐晶体结构是非常重要的。该规则可以用于判断某种晶体结构是否稳定，还可以用于确定共用同一质点（即同一个阴离子）的配位多面体的数目。例如，在 $[SiO_4]$ 四面体中，Si^{4+} 位于由 4 个 O^{2-} 构成的四面体的中心。根据静电价规则，从

Si^{4+}分配至每一个O^{2-}的静电键强度为4/4=1，而O^{2-}的电价为2，所以这里的O^{2-}还可以和其他Si^{4+}或金属离子相配位。在［AlO_6］八面体中，从Al^{3+}分配至每一个O^{2-}的静电键强度为1/2；而在［MgO_6］八面体中，从Mg^{2+}分配至每一个O^{2-}的静电键强度为1/3。因此，［SiO_4］四面体中的每个O^{2-}还可同时与另一个［SiO_4］四面体中的Si^{4+}相配位，或同时与两个［AlO_6］八面体中的Al^{3+}相配位，或同时与三个［MgO_6］八面体中的Mg^{2+}相配位（即这个［SiO_4］四面体中的一个O^{2-}可以同时与另外一个、两个或三个配位多面体共用），使［SiO_4］四面体中的每个O^{2-}的电价可以达到饱和。

(3) 鲍林第三规则即阴离子配位多面体的共顶、共棱和共面规则。在一个配位结构中，两个阴离子配位多面体共棱，特别是共面时，结构的稳定性会降低。对于电价高、配位数小的阳离子，效应显著；并且当阴、阳离子半径比接近于该配位多面体稳定的下限值时，效应更加显著。

该规则说明了为什么［SiO_4］四面体在相互连接时，两个四面体一般只共用一个顶点（共顶），而［AlO_6］八面体却可以共棱。在特殊情况下，两个［AlO_6］八面体还可以共面。事实上，在硅酸盐矿物中，只发现［SiO_4］共顶相连，没有通过共棱、共面相连的。

表2-9为配位多面体以不同方式相连时两个中心阳离子的距离变化，表示几种配位多面体分别以共顶、共棱、共面相连时，两个中心离子距离的变化情况。随着多面体之间共用顶点数的增加，两个多面体中心阳离子之间的距离将缩短，阳离子之间的斥力将显著增加；并且阳离子配位数越小，斥力越显著，晶体结构越不稳定。

表2-9 配位多面体以不同方式相连时两个中心阳离子的距离变化

连接方式	共用顶点数	配位三角形	配位四面体	配位八面体	配位立方体
共顶	1	1	1	1	1
共棱	2	0.5	0.58	0.71	0.82
共面	3或4	—	0.33	0.58	0.58

(4) 鲍林第四规则。在一个含有不同阳离子的晶体结构中，电价高、配位数小的阳离子，趋向于不相互共享配位多面体要素。

所谓共享配位多面体要素，是指配位多面体之间共顶、共棱或共面相连。鲍林第四规则实际上是第三规则的延伸。在一个稳定的晶体结构中，若有多种阳离子，则电价高、配位数小的阳离子的配位多面体趋向于尽可能不相互连接，而通过其他阳离子的配位多面体分隔开来，最多也只能共顶相连。如具有岛状结构的硅酸盐矿物镁橄榄石（Mg_2SiO_4）中的Si^{4+}之间斥力较小，故［SiO_4］四面体和［MgO_6］八面体之间共顶或共棱相连，这样形成较稳定的结构。

(5) 鲍林第五规则又称节约规则。在同一个晶体结构中，本质上不同的结构单元的数目趋向于最少。例如，在含有氧、硅及其他阳离子的晶体中，不会同时出现［SiO_4］四面体、［Si_2O_7］双四面体等不同组成的离子团（结构单元），尽管这两种配位体都符合静电价规则。又如，在钙铝石榴石（$Ca_3Al_2Si_3O_{12}$）中，Ca^{2+}、Al^{3+}和Si^{4+}的配位数分别为8、6和4。根据静电价规则，一个O^{2-}可以同时与2个Ca^{2+}、1个Al^{3+}和1个Si^{4+}配位，也可以与2个Al^{3+}和1个Si^{4+}配位或4个Ca^{2+}和1个Si^{4+}配位。但后一种情况不符合节约规则，实际晶体中都是以前一种方式配位的。

必须指出，鲍林规则仅适用于带有不明显共价键性的离子晶体，而且还有少数例外情况。例如，链状硅酸盐矿物透辉石硅氧链上的活性氧得到的阳离子静电价强度总和为23/12或19/12（小于2）；而硅氧链上的非活性氧得到的阳离子静电价强度总和为5/2（大于2），不符合静电价规则，但仍然能在自然界中稳定存在。

第3章

陶瓷晶体结构

3.1 二元化合物结构

3.1.1 MX 结构

3.1.1.1 NaCl 结构

NaCl（氯化钠）的晶体结构为立方晶系 Fm3m 空间群，$a_0=0.563\text{nm}$。图 3-1 为 NaCl 晶体结构及四面体、八面体空隙在晶胞中的分布。在 NaCl 晶体中，Cl^- 按面心立方排列，即 Cl^- 分布于晶胞的 8 个顶角和 6 个面心；$r^+/r^-=0.639$，Na^+ 的配位数为 6，Na^+ 填充于八面体空隙之中。在 n 个 Cl^- 面心立方密堆积系统中，八面体空隙为 n 个，以 n 个 Na^+ 填充全部的八面体空隙，即 Na^+ 分布于晶胞的体心及 12 条棱的中心。因为离子在面心立方晶胞的顶角、棱、面心和体心时，属于这个晶胞的离子分别为 1/8、1/4、1/2 和 1 个。所以，每个 NaCl 晶胞中，分子数 $Z=4$。NaCl 结构可以看成 Cl^- 和 Na^+ 各构成一套面心立方晶格，相互在棱边上穿插而成，一个晶胞含有 4 个 NaCl 分子。NaCl 晶胞中质点的坐标是：Cl^-（000），$\left(\frac{1}{2}\frac{1}{2}0\right)$，$\left(\frac{1}{2}0\frac{1}{2}\right)$，$\left(0\frac{1}{2}\frac{1}{2}\right)$；$Na^+$ $\left(00\frac{1}{2}\right)$，$\left(\frac{1}{2}00\right)$，$\left(0\frac{1}{2}0\right)$，$\left(\frac{1}{2}\frac{1}{2}\frac{1}{2}\right)$。

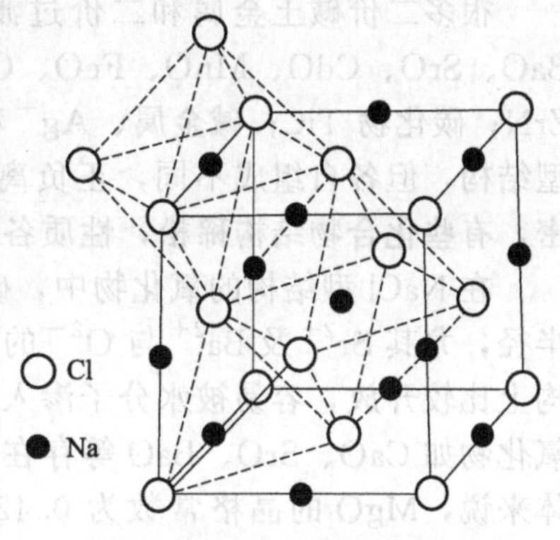

图 3-1 NaCl 晶体结构及四面体、八面体空隙在晶胞中的分布

NaCl 晶体结构为面心立方晶格，其晶体结构见图 3-2。其中，阴离子按立方最紧密方式堆积，阳离子填充于全部的八面体空隙中，阴、阳离子的配位数都为 6。

NaCl 型结构是离子晶体中很典型的一种结构。属于 NaCl 型结构的晶体很多，表 3-1 为 NaCl 型结构晶体举例，包括碱金属卤化物和碱土金属氧化物。在这些晶体结构中，阳离子处于 NaCl 结构中 Na^+ 的位置，而阴离子处于 Cl^- 的位置，所不同的是晶胞参数有别。

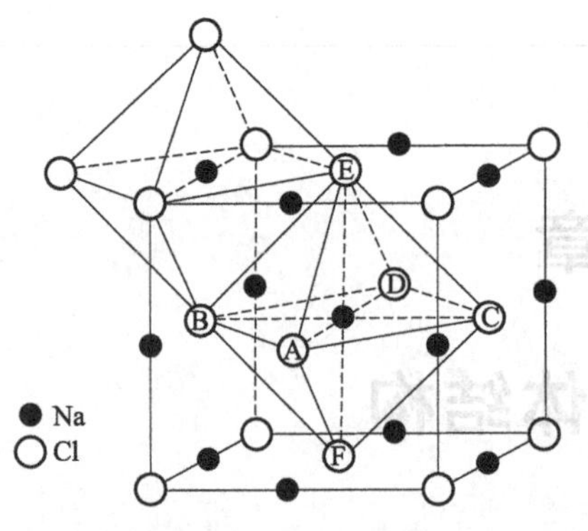

图 3-2 NaCl 晶体的结构

表 3-1 NaCl 型结构晶体举例

化合物	晶胞参数/nm	化合物	晶胞参数/nm	化合物	晶胞参数/nm
NaCl	0.5628	BaO	0.5523	NiO	0.4168
NaI	0.6462	CdO	0.470	TiN	0.4235
MgO	0.4203	CoO	0.425	LaN	0.5275
CaO	0.4797	MnO	0.4435	TiC	0.4320
SrO	0.515	FeO	0.4332	ScN	0.444
CrN	0.414	ZrN	0.461		

很多二价碱土金属和二价过渡金属化合物都具有 NaCl 型晶体结构，如 MgO、CaO、BaO、SrO、CdO、MnO、FeO、CoO、NiO、CaS、BaSe；氮化物 TiN、LaN、ScN、CrN、ZrN；碳化物 TiC；碱金属、Ag^+ 和 NH_4^+ 的卤化物和氢化物等。这些化合物都属于 NaCl 型结构，但各自组成不同，正负离子半径也不相同。因此，在结构中，有些化合物结构紧密，有些化合物结构稀松，性质各不相同。

在 NaCl 型结构的氧化物中，碱土金属氧化物中的正离子除 Mg^{2+} 以外均有较大的离子半径，尤其 Sr^{2+} 及 Ba^{2+} 与 O^{2-} 的离子半径比均超过 0.732，因此氧离子的密堆畸变，在结构上比较开放，容易被水分子渗入而水化。在制备材料生产工艺中，如果有游离的碱土金属氧化物如 CaO、SrO、BaO 等存在，则这些氧化物的水化会使材料性能发生较大的变化。具体来说，MgO 的晶格常数为 0.4201nm，静电键强度为 1/3，比 NaCl 高一倍，故离子间结合力强，结构稳定，熔点达 2800℃，是镁砖的主要晶相。镁砖可用作炼钢高炉耐火材料。而属于同一结构类型的 CaO，由于 Ca^{2+} 半径比 Mg^{2+} 半径大得多，填充在八面体空隙中，将其撑松，晶格常数为 0.48nm。CaO 结构不如 MgO 稳定，极易水化，含量超过一定限度，将引起水泥安全性不良。故在硅酸盐制品中应尽量减少或消除游离 CaO 的水化效应。

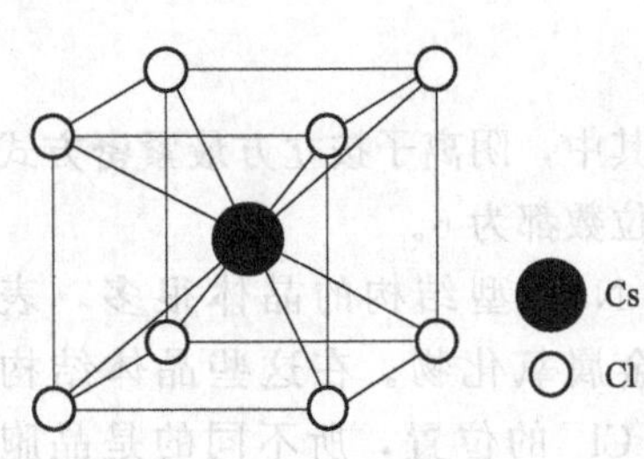

图 3-3 CsCl 晶体结构

NaCl 型结构的晶体中，LiF、KCl、KBr 和 NaCl 等晶体是重要的光学材料。LiF 晶体能用于紫外光波段，而 KCl、KBr 和 NaCl 等晶体适用于红外光波段，可用于制作窗口和棱镜等。PdS 等晶体是重要的红外探测材料。

3.1.1.2 CsCl 结构

CsCl 结构属立方晶系，其晶体结构见图 3-3，该结构为简单立方晶格，Pm3m 空间群，晶格常数为 0.411nm。由于 $r_{Cs^+}/r_{Cl^-}=0.169/0.181=0.934$，故 Cl^- 位于简单立方晶格的 8 个顶角上，Cs^+ 位于立方体的中心，形成了［$CsCl_8$］正六面体结构，每个离子（无论是 Cs^+ 还是 Cl^-）的配位数均为 8，多面体通过共面连接，一个晶胞内包含一个 Cs^+ 和一个 Cl^-，即一个晶胞内包含一个 CsCl 分子。Cl^- 的坐标为（000），Cs^+ 的坐标为$\left(\frac{1}{2}\frac{1}{2}\frac{1}{2}\right)$。属于 CsCl 结构的晶体还有 CsBr、CsI、TlCl、NH_4Cl 等，在无机材料中并不普遍。

3.1.1.3 闪锌矿结构

闪锌矿结构又称立方 ZnS 结构，属立方晶系，面心立方晶格，F43m 空间群，晶格常数为 0.542nm，$Z=4$。闪锌矿晶体结构见图 3-4。

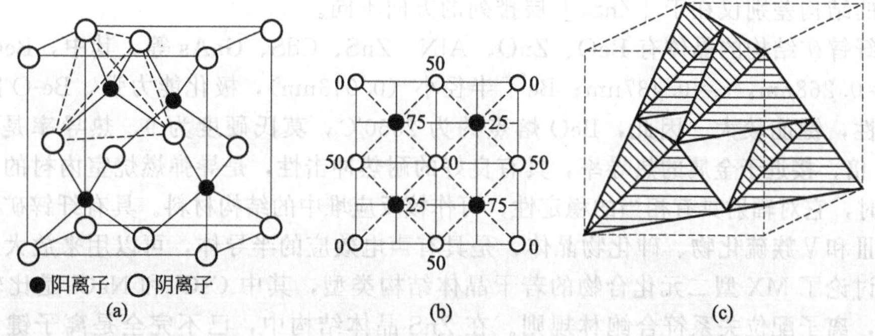

图 3-4 闪锌矿晶体结构

ZnS 的 Zn^{2+} 与 S^{2-} 离子半径比 $r^+/r^-=0.436$，理论上 Zn^{2+} 的配位数应为 6。但由于 Zn^{2+} 具有 18 电子构型，而 S^{2-} 半径大，易于变形，Zn—S 键有相当程度的共价性质。因此，Zn^{2+} 的实际配位数为 4，即 S^{2-} 按面心立方紧密堆积，Zn^{2+} 填充于四面体空隙，填充率为 1/2，八面体空隙全部空着。其结构也可以看成 S^{2-} 和 Zn^{2+} 分别构成一套面心立方晶格，在体对角线 1/4 处互相穿插而成。各质点的坐标是：S^{2-}（000），$\left(\frac{1}{2}\frac{1}{2}0\right)$，$\left(\frac{1}{2}0\frac{1}{2}\right)$，$\left(0\frac{1}{2}\frac{1}{2}\right)$；$Zn^{2+}\left(\frac{1}{4}\frac{1}{4}\frac{3}{4}\right)$，$\left(\frac{1}{4}\frac{3}{4}\frac{1}{4}\right)$，$\left(\frac{3}{4}\frac{1}{4}\frac{1}{4}\right)$，$\left(\frac{3}{4}\frac{3}{4}\frac{3}{4}\right)$。

属于闪锌矿晶体结构的有 β-SiC。其质点间键结合力很强，熔点很高，硬度很大，热稳定性也好，是一种优良的高温结构材料。另外，还有相对共价性更强的二价 Be、Cd、Hg 的硫化物、硒化物、碲化物，以及 CuCl、GaAs、AlP、InSb 等。

3.1.1.4 纤锌矿结构

纤锌矿型又称六方 ZnS 型，属六方晶系，六方原始晶格，P63mc 空间群，晶格常数 $a_0=0.382$nm，$c_0=0.625$nm，$Z=6$。纤锌矿结构见图 3-5。

与闪锌矿相同，纤锌矿也具有共价键性质，结构可以看成为较大的 S^{2-} 按六方紧密堆积，而 Zn^{2+} 占据一半的四面体间隙，构成［ZnS_4］四面体。由电价规则，每个 S^{2-} 被 4 个［ZnS_4］四面体共用，即 4 个四面体共顶连接，两者配位数均为 4。质点的坐标是：S^{2-}(000)，$\left(\frac{2}{3}\frac{1}{3}\frac{1}{2}\right)$；$Zn^{2+}$(00$u$)，$\left(\frac{2}{3}\frac{1}{3}\frac{u-1}{2}\right)$（$u=0.875$）。闪锌矿和纤锌矿互为同质异构

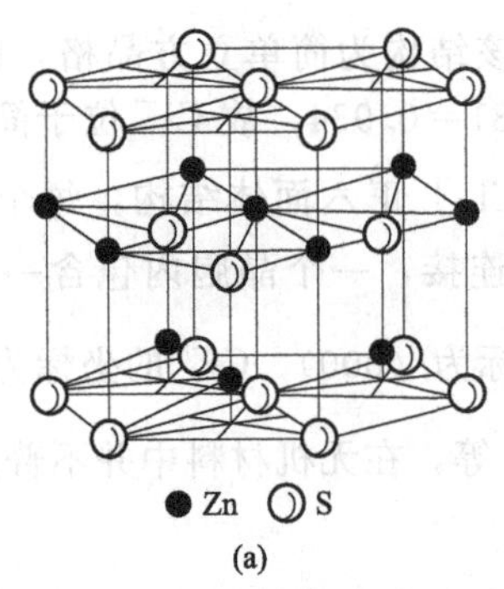

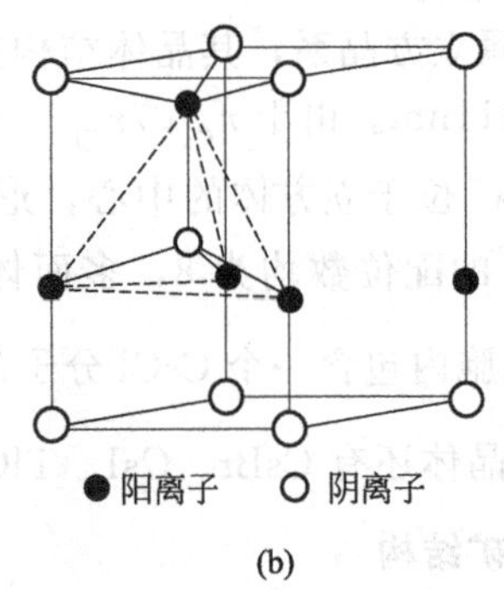

图 3-5 纤锌矿结构

体，它们的结构差别仅在于［ZnS_4］层排列的方向不同。

属于纤锌矿结构的晶体有 BeO、ZnO、AlN、ZnS、CdS、GaAs 等。其中，BeO 晶格常数小，$a=0.268$nm，$c=0.437$nm；Be^{2+} 半径小（0.043nm），极化能力强，Be-O 间基本属于共价键性，键能较大。因此，BeO 熔点约为 2550℃，莫氏硬度为 9，热导率是 α-Al_2O_3 的 15～20 倍，接近于金属的热导率，具有良好的耐热冲击性，是导弹燃烧室内衬的重要耐火材料；同时，它对辐射具有相当的稳定性，可作核反应堆中的结构材料。具有纤锌矿型结构的Ⅱ和Ⅵ、Ⅲ和Ⅴ族硫化物、砷化物晶体，是具有声电效应的半导体，可以用来放大超声波。

上面讨论了 MX 型二元化合物的若干晶体结构类型，其中 CsCl 和 NaCl 是比较典型的离子晶体，离子配位关系符合鲍林规则。在 ZnS 晶体结构中，已不完全是离子键，而是由离子键向共价键过渡，但尚未引起晶体结构类型的根本改变。

3.1.2 MX_2 与 M_2X 结构

3.1.2.1 萤石结构

萤石属立方晶系，面心立方晶格，Fm3m 空间群，晶格常数 $a=0.545$nm，晶胞分子数 $Z=4$。CaF_2 晶体结构［图 3-6(a)］中，Ca^{2+} 按面心立方分布，$r^+/r^-=0.75>0.732$，Ca^{2+} 配位数为 8，Ca^{2+} 位于 F^- 构成的立方体中心，F^- 的配位数为 4，F^- 填充于 Ca^{2+} 构成的全部四面体空隙中。若以 F^- 作简单立方堆积，则构成［CaF_8］立方体［图 3-6(b)］，Ca^{2+} 填充于半数的立方体空隙中，这些立方体空隙以间隙扩散的方式进行扩散。因此，在

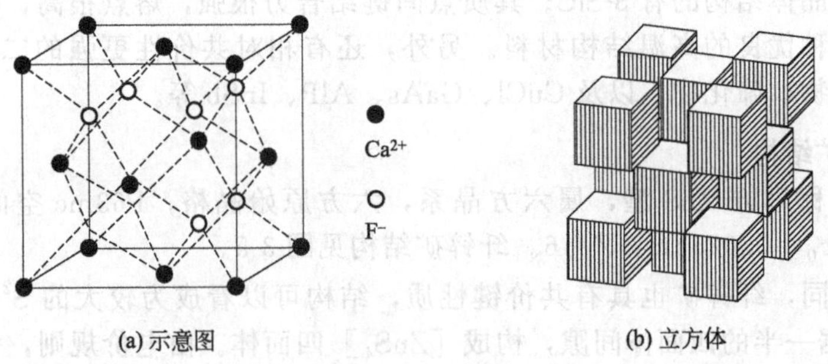

(a) 示意图　　(b) 立方体

图 3-6 CaF_2（萤石）晶体结构

CaF_2 晶体中，F^- 的弗伦克尔缺陷形成能较低，存在阴离子间隙扩散机制。从空间晶格看 CaF_2 晶体中有 3 套等同点，Ca^{2+} 构成了一套完整的面心立方晶格，F^- 构成了两套面心立方晶格，它们在体对角线 1/4 和 3/4 处互相穿插而成。CaF_2 晶胞中质点的坐标表示为：Ca^{2+}（000），$\left(\frac{1}{2}\frac{1}{2}0\right)$，$\left(\frac{1}{2}0\frac{1}{2}\right)$，$\left(0\frac{1}{2}\frac{1}{2}\right)$；$F^-$ $\left(\frac{\bar{1}}{4}\frac{1}{4}\frac{1}{4}\right)$，$\left(\frac{3}{4}\frac{3}{4}\frac{1}{4}\right)$，$\left(\frac{3}{4}\frac{1}{4}\frac{3}{4}\right)$，$\left(\frac{1}{4}\frac{3}{4}\frac{3}{4}\right)$，$\left(\frac{3}{4}\frac{3}{4}\frac{3}{4}\right)$，$\left(\frac{1}{4}\frac{1}{4}\frac{3}{4}\right)$，$\left(\frac{1}{4}\frac{3}{4}\frac{1}{4}\right)$，$\left(\frac{3}{4}\frac{1}{4}\frac{1}{4}\right)$。

萤石在玻璃工业中一般用作助熔剂、晶核剂，在水泥工业中则用作矿化剂。这是因为 F 的电负性大于 O，在硅酸盐熔体中，F 能夺取硅氧阴离子团中的 O，形成简单的阴离子团 [SiF_4]，使硅酸盐熔体黏度降低。因为 Ca^{2+} 为二价，F^- 半径比 Cl^- 的小，虽然 Ca^{2+} 半径比 Na^+ 的稍大，但总的来说，萤石中质点之间的键结合较 NaCl 强，反映在其性质上，萤石的莫氏硬度为 4，熔点达 1410℃，密度为 3.18g/cm^3，在水中溶解度小，仅为 0.002g/L；而 NaCl 熔点为 801℃，密度为 2.16g/cm^3，水中溶解度是 35.7g/L。另外，萤石结构中由于有一半的立方体空隙没有被 Ca^{2+} 填充，在（111）面网方向上存在着相互毗邻的同号负离子层，静电斥力作用导致晶体在平行于（111）面网方向上易发生解理，故萤石常呈八面体解理。属于萤石结构的氟化物晶体有 BaF_2、PbF_2、SnF_2，氧化物有 ThO_2、CeO_2、UO_2 等，相当于具有萤石结构的 MX_2 型氧化物，A^{4+} 和 X^{2-} 分别占据 Ca^{2+} 和 F^- 的位置。

ZrO_2 有三种晶型：单斜相、四方相和立方相。低温型 ZrO_2（单斜晶系）结构类似于萤石结构，其晶胞参数为 $a=0.517$nm，$b=0.523$nm，$c=0.534$nm，$\beta=99°15'$。在 ZrO_2 结构中 $r^+/r^-=0.6087$，Zr^{4+} 以 8 配位结构方式存在是不稳定的，实验证明其配位数为 7。因而，低温型 ZrO_2 的结构相当于是扭曲和变形的萤石结构。ZrO_2 晶体中具有氧离子扩散传导的机制，是一种高温固体电解质，在 900～1000℃时 O^{2-} 的电导率可达 0.1S/cm，利用其氧空位的电导率性能，可制备氧敏传感器元件，常被用作测氧传感器探头、氧泵、固体氧化物燃料电池中的电解质材料等。ZrO_2 的熔点很高（约 2680℃），是一种优良的耐火材料。

3.1.2.2　金红石结构

TiO_2 共有三种晶型：锐钛矿、金红石、板钛矿，它们的结构不同。其中，金红石是稳定型结构。金红石结构属于四方晶系 P4/mnm 空间群，四方原始晶格，晶胞分子数 $Z=2$，$a=0.459$nm，$c=0.296$nm，金红石晶体结构见图 3-7。Ti^{4+} 位于四方原始晶格的结点位置，体中心 Ti^{4+} 不属于这个四方原始晶格，而自成另一套四方原始晶格，因为这两个 Ti^{4+} 的周围环境是不相同的，所以，不能成为一个四方体心晶格。O^{2-} 在晶胞中排在一些特定位置上。金红石 TiO_2 的 $r^+/r^-=0.48$，Ti^{4+} 的配位数为 6，Ti^{4+} 处于 O^{2-} 的八面体中心位置；根据静电价规则，Ti^{4+} 的静电键强度为 4/6=2/3，O 的化合价是 2 价，O^{2-} 配位数为 3，即每个 O^{2-} 与 3 个 Ti^{4+} 形成静电键。如果以 Ti-O 八面体的排列看，金红石结构由 Ti-O 八面体以共棱的方式排列成链状，晶胞中心的链和四角的 Ti-O 八面体链的排列方向相差 90°。链与

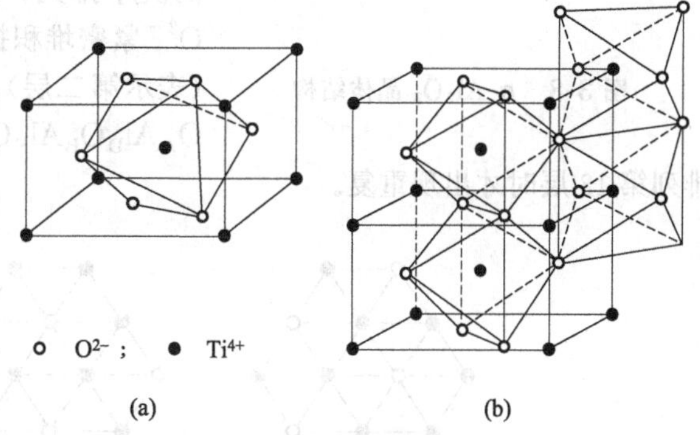

图 3-7　金红石晶体结构

链之间是 Ti-O 八面体以共顶相连。晶胞中质点的坐标为：Ti^{4+}（000），$\left(\frac{1}{2}\frac{1}{2}\frac{1}{2}\right)$；$O^{2-}$（$uu0$），$[(1-u)(1-u)0]$，$\left(\frac{1}{2+u}\frac{1}{2-u}\frac{1}{2}\right)$，$\left(\frac{1}{2-u}\frac{1}{2+u}\frac{1}{2}\right)$。其中，$u=0.31$。

TiO_2 在光学性质上有很高的折射率，电学性质上有高的介电系数。因此，TiO_2 成为制备高折射率玻璃的原料，也是无线电陶瓷电容器瓷料中的主晶相。同类结构的晶体有 GeO_2、SnO_2、PbO_2、β-MnO_2、MoO_2、NbO_2、WO_3、CoO、MnF_2、MgF_2 等。

3.1.2.3 反萤石结构

碱金属氧化物 Li_2O、Na_2O、K_2O、Rb_2O 属于反萤石结构，它们的阳离子和阴离子的位置与 CaF_2 型结构完全相反，即碱金属占据 F^- 的位置，O^{2-} 占据 Ca^{2+} 的位置。一些碱金属的硫化物、硒化物和碲化物也具有反萤石结构。这种正负离子个数及位置颠倒的结构，称为反结构或反同形体。

3.1.3 M_2X_3 结构

刚玉即 α-Al_2O_3，天然 α-Al_2O_3 单晶体称为白宝石。其中，呈红色的称为红宝石，呈蓝色的称为蓝宝石；属三方晶系，R3c 空间群，$a=0.514nm$，$\alpha=55°17'$，晶胞分子数 $Z=6$，Al^{3+} 配位数为 6，O^{2-} 配位数为 4。α-Al_2O_3 晶体结构见图 3-8，可以看成 O^{2-} 按六方紧密堆积排列，即 ABAB……二层重复型，因此 Al^{3+} 的分布必须有一定的规律，其原则就是在同一层和层与层之间，Al^{3+} 之间的距离应保持最远，这是符合鲍林规则的。否则，如果 Al^{3+} 位置的分布不当，出现过多 Al-O 八面体共面的情况，则对结构的稳定性造成不利影响。图 3-9 为 α-Al_2O_3 中 Al^{3+} 分布的三种形式，Al^{3+} 在八面体空隙中，只有按照 Al_D、Al_E、Al_F……这样的次序排列，才能满足 Al^{3+} 之间距离最远的条件。按 O^{2-} 紧密堆积排列的 O^{2-} 分别为 O_A（表示第一层）和 O_B（表示第二层），则 α-Al_2O_3 中氧和铝的排列次序可写成：$O_AAl_DO_BAl_EO_AAl_FO_BAl_DO_AAl_EO_BAl_FO_AAl_D$，只有当排列第 13 层时才出现重复。

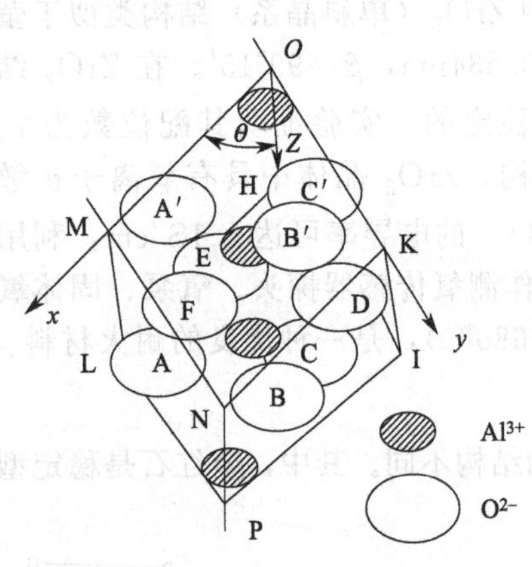

图 3-8　α-Al_2O_3 晶体结构

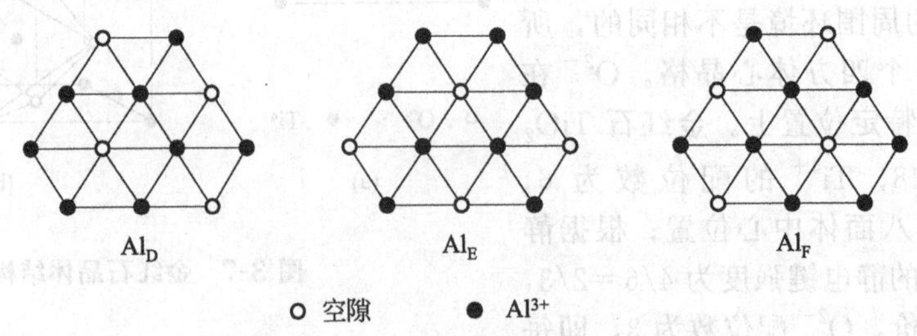

图 3-9　α-Al_2O_3 中 Al^{3+} 分布的三种形式

刚玉极硬，莫氏硬度为 9，不易破碎，熔点是 2050℃，力学性能优良，这与结构中 Al—O 键的牢固性有关。α-Al_2O_3 是工程结构陶瓷、高温耐火材料以及高绝缘无线电陶瓷的主要晶相，可用作磨料；也可作为熔制玻璃时所需要的耐火材料如刚玉砖和坩埚，对 PbO 和 B_2O_3 含量高的玻璃具有良好的抗腐蚀性能。纯度在 99% 以上的半透明氧化铝陶瓷，可以作高压钠灯灯管及微波窗口。掺入不同的微量杂质可以使 Al_2O_3 着色，如掺铬的氧化铝单晶即红宝石，可作仪表、钟表轴承，也是一种优良的固体激光基质材料。

属于刚玉型结构的有 α-Fe_2O_3、Cr_2O_3、α-Ga_2O_3、Ti_2O_3、V_2O_3 等倍半氧化物。此外，$FeTiO_3$、$MgTiO_3$、$LiSbO_3$、$LiNbO_3$、$PbTiO_3$ 等也具有刚玉结构，只是将刚玉结构中的两个铝离子分别取代而得到，因含有两种正离子，对称性较刚玉结构低。它们是一些重要的铁电、压电晶体。

3.2 典型多元化合物结构

3.2.1 钙钛矿型结构

钙钛矿型结构最早来源于 $CaTiO_3$，它是于 1839 年由俄罗斯矿物学家 Lev Perovski 发现并命名的。通常，具有钙钛矿结构的化合物都具有 ABO_X 型化学式。其中，A 是具有较大离子半径的阳离子；B 是具有较小离子半径的阳离子；X 一般是 O、F、Cl 或者 Br 等阴离子。钙钛矿型结构的配位数为：A∶B∶O=12∶6∶6。A 通常都是低价、半径较大的阳离子，它和氧离子一起按照面心立方密堆。B 则为高价、半径较小的阳离子，处于氧八面体的中心位置。ABO_3 钙钛矿结构及氧八面体见图 3-10。BO_6 氧八面体可以看成为钙钛矿结构的基本单元，其通过顶点相连，在三维方向上无限延伸便可得到钙钛矿型结构的材料。

钙钛矿型结构在降温过程中经过某些特定温度后将产生结构的畸变，使立方晶格的对称性下降。如果在一个轴向发生畸变（c 轴伸长或缩短），就由立方晶系变为四方晶系；如果在两个轴向发生畸变，就变为正交晶系；若沿体对角线［111］方向发生畸变，就成为三方晶系棱面体晶格。这三种畸变，在不同组成的钙钛矿结构中都可能存在，对称性的改变使一些钙钛矿结构的晶体产生自发偶极矩，成为铁电体和反铁电体。

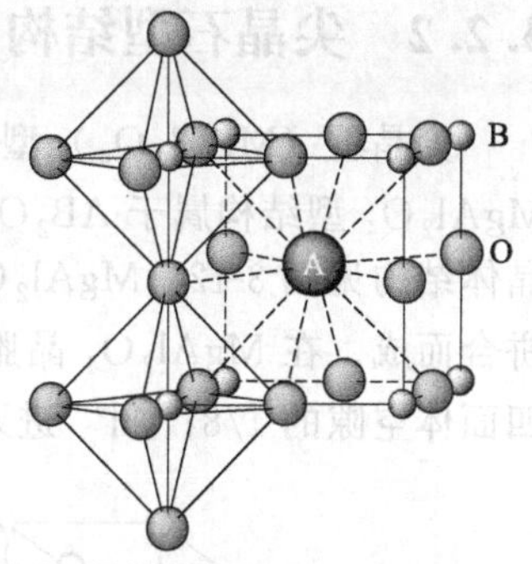

图 3-10 ABO_3 钙钛矿结构及氧八面体

在图 3-10 所示的 ABO_3 钙钛矿结构及氧八面体中，离子半径之间存在如下公式：

$$R_A+R_O=\sqrt{2}(R_B+R_O) \tag{3-1}$$

式中 R_A——A 离子的半径；

R_B——B 离子的半径；

R_O——O 离子的半径。

式(3-1) 反映的是理想钙钛矿结构的情况，但在实际情况中，材料的结构往往偏离理想的钙钛矿结构。1926 年，Goldschmidt 提出采用容忍因子（t）这一概念来描述材料偏离理想结构的程度。其定义为：

$$t=\frac{R_A+R_O}{\sqrt{2}(R_B+R_O)} \tag{3-2}$$

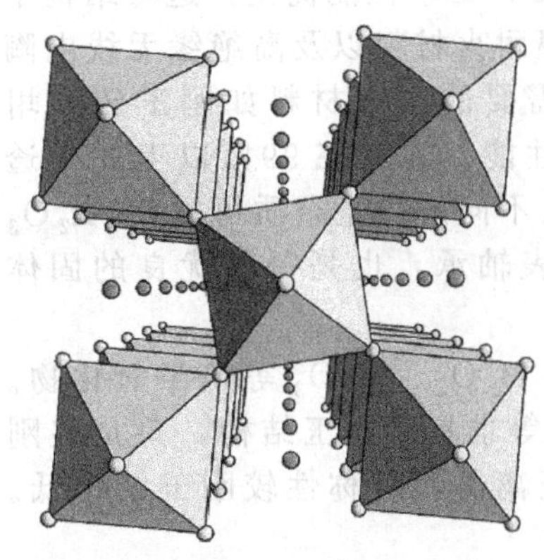

图 3-11 钙钛矿结构中 BO_6 八面体扭转示意

通常 t 的取值范围为 $0.8<t<1.06$。如果 A 位离子半径过大，$t>1$，导致 BO_6 八面体畸变；而如果 B 位离子半径过大，$t<1$，导致 BO_6 八面体扭转。钙钛矿结构中 BO_6 八面体扭转示意见图 3-11。

容忍因子 t 除了反映钙钛矿结构中的离子半径变化外，更有价值的是反映了 A 和 B 离子在电价方面的灵活性。只要半径比适当，A 位离子平均化合价为 +2，B 位离子平均化合价为 +4，或者 A、B 位离子化合价之和混合平均为 +6 即可；在等价、等数取代固溶体的情况下就更为灵活。若以一般的形式表示这种复合钙钛矿结构，即 $(A1,A1,\cdots,Am)(B1,B1,\cdots,Bn)O_3$，这时 A 和 B 位的离子只要满足式(3-3) 和式(3-4) 所示的条件，就可以设计出不同的具有广泛应用价值的复合钙钛矿材料。

$$\sum_{i=1}^{m} x_{Ai}=1,\sum_{i=1}^{n} x_{Bi}=1,0<x_{Ai}\leqslant 1,0<x_{Bi}\leqslant 1 \tag{3-3}$$

$$\sum_{i=1}^{m} x_{Ai}k_{Ai}=\bar{k}_A,\sum_{j=1}^{m} x_{Bj}k_{Bj}=\bar{k}_B,\bar{k}_A+\bar{k}_B=6 \tag{3-4}$$

式中 x_{Ai}——Ai 原子的物质的量；

x_{Bi}——Bi 原子的物质的量；

k_{Ai}——Ai 原子的化合价；

k_{Bj}——Bj 原子的化合价；

$\bar{k}_A$——A 位原子的平均化合价；

$\bar{k}_B$——B 位原子的平均化合价。

3.2.2 尖晶石型结构

尖晶石 ($MgAl_2O_4$) 型晶体结构属于立方晶系 Fd3m 空间群，$a=0.808$nm，$Z=8$。$MgAl_2O_4$ 型结构属于 AB_2O_4 型结构，通式中 A 为二价阳离子，B 为三价阳离子。尖晶石晶体结构见图 3-12。$MgAl_2O_4$ 晶体的基本结构基元为 A、B 块，单位晶胞由 4 个 A、B 块拼合而成。在 $MgAl_2O_4$ 晶胞中，O^{2-} 作面心立方紧密排列，Mg^{2+} 进入四面体间隙，占有四面体空隙的 1/8；Al^{3+} 进入八面体空隙，占有八面体空隙的 1/2。不论是四面体空隙还是

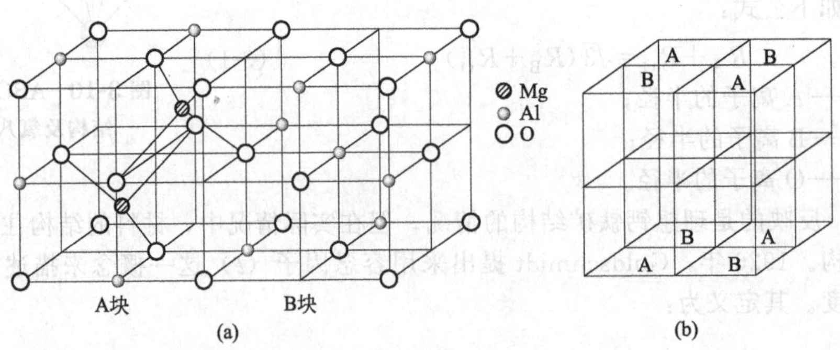

图 3-12 尖晶石晶体结构

八面体空隙都没有填满。按照阴、阳离子半径比与配位数的关系，Al^{3+} 与 Mg^{2+} 的配位数都为 6，填入八面体空隙。但根据鲍林第三规则，高电价离子填充于低配位的四面体空隙，排斥力要比填充八面体空隙中大，稳定性差，所以 Al^{3+} 填充了八面体空隙而 Mg^{2+} 填入了四面体空隙。尖晶石晶胞中有 8 个“分子”，即 $Mg_8Al_{16}O_{32}$，有 64 个四面体空隙，Mg^{2+} 只占有 8 个；有 32 个八面体空隙，Al^{3+} 只占有 16 个。

如果二价阳离子 A 填充于四面体空隙，三价阳离子 B 填充于八面体空隙的称为正尖晶石型。如果二价阳离子 A 分布在八面体空隙中，而三价阳离子 B 一半填充四面体空隙，另一半填充在八面体空隙中称为反尖晶石型。一些过渡金属离子填充空隙的规律并不完全服从于阴、阳离子半径比与配位数的关系，而是由晶体场中的择位能来决定。许多重要氧化物磁性材料都是反尖晶石型结构，例如 $Fe^{3+}(Mg^{2+}Fe^{3+})O_4$、$Fe^{3+}(Fe^{2+}Fe^{3+})O_4$。

氧化物磁性材料称为铁氧体，作为磁性介质被利用时又称为铁氧体磁性材料。高频无线电新技术要求材料既具有铁磁性，又有很高的电阻。可根据晶体场理论中的择位能，控制阳离子在 A 和 B 位置上的分布，从而使尖晶石型晶体满足这类性能要求。尖晶石型晶体有 100 余种，表 3-2 列出了一些主要尖晶石型晶体。

表 3-2　主要尖晶石型晶体

氟、氰化合物	氧化物				硫化物
$BeLi_2F_4$	$TiMg_2O_4$	$ZnCr_2O_4$	$ZnFe_2O_4$	$MgAl_2O_4$	$MnCr_2S_4$
$MoNa_2F_4$	VMg_2O_4	$CdCr_2O_4$	$CuCo_2O_4$	$MnAl_2O_4$	$CoCr_2S_4$
$ZnK_2(CN)_4$	MgV_2O_4	$ZnMn_2O_4$	$FeNi_2O_4$	$FeAl_2O_4$	$FeCr_2S_4$
$CdK_2(CN)_4$	ZnV_2O_4	$MnMn_2O_4$	$GeNi_2O_4$	$MgGa_2O_4$	$CoCr_2S_4$
$MgK_2(CN)_4$	$MgCr_2O_4$	$MnFe_2O_4$	$TiZn_2O_4$	$CaCa_2O_4$	$FeNi_2S_4$
	$FeCr_2O_4$	$FeFe_2O_4$	$SnZn_2O_4$	$MgIn_2O_4$	
	$NiCr_2O_4$	$CoFe_2O_4$		$FeIn_2O_4$	

3.2.3　橄榄石型结构

橄榄石型结构以 $LiFePO_4$ 为例。$LiFePO_4$ 属正交晶系，在自然界中以磷铁锂矿的形式存在，通常与 $LiMnPO_4$ 伴生，晶体结构为橄榄石型，Pnmb 空间群。$LiFePO_4$ 晶体结构见图 3-13，O 原子以稍微扭曲的六方紧密堆积排列，P 原子处于氧原子四面体间隙形成 $[PO_4]$ 四面体。Fe 和 Li 则填充在氧原子八面体中心位置，形成 FeO_6 八面体和 $[PO_4]$ 四面体，构成晶体的空间骨架。在连接方式上，相邻的 FeO_6 八面体在面上通过共用顶点的一个氧原子相连构成 Z 形的 FeO_6 层。在 FeO_6 层之间，相邻的 LiO_6 八面体在 b 轴方向上通过共用棱的两个氧原子形成链状结构，形成了与 c 轴平行的锂离子的连续直线链，使得锂离子可形成二维扩散运动，在充放电过程中可以脱出和嵌入。P-O 之间强的共价键可以形成离域的三维立体化学键，使得它具有很强的动力学和热力学稳定性。

但由于 $LiFePO_4$ 中八面体的共顶点，被 $[PO_4]$ 四面体分隔，无法形成共边结构中那种连续的 FeO_6 八面体网络，降低了电子的传导性；同时，结构中 $[PO_4]$ 四面体位于层之间，限制了晶格体积的变化，这在一定程度上阻碍了锂离子的扩散运动。材料的这些缺点，使得其在大电流充放电时容量衰减很快，倍率性能很差，严重制约了 $LiFePO_4$ 的发展应用。因此，改善锂离子扩散速度和电子电导率成为研究的主要方向。

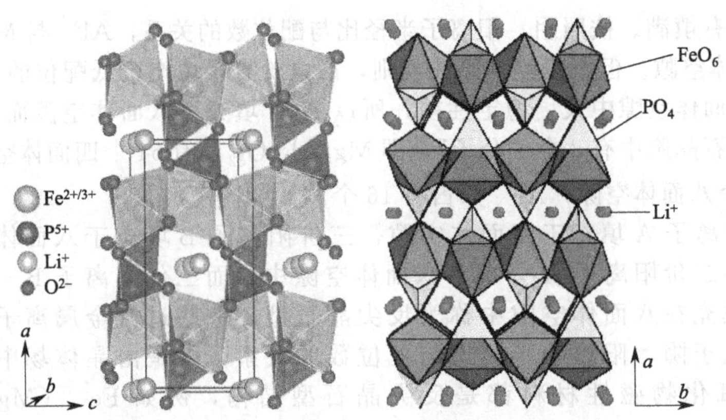

图 3-13 $LiFePO_4$ 的晶体结构

3.3 硅酸盐结构

硅酸盐种类繁多，化学组成复杂，结构形式多种多样，它们在结构上的共同特点是 $[SiO_4]$ 四面体组合方式。结构中，每个硅周围有 4 个氧，而每个氧周围有 2 个硅，静电键强度为 2×4/4=2。由于每个氧只能与 2 个硅配位，这样的低配位使得氧不能形成实际上的密堆结构；同时，硅氧四面体在空间可能有不同的连接方式，使得硅酸盐结构的形式很多。总体上来说，硅酸盐结构有以下特点：

(1) 基本结构单元是 $[SiO_4]^{4-}$，化学键为离子键和共价键的混合，二者分别约占一半的比例；

(2) 每个氧最多被两个硅氧固体所共有；

(3) 硅氧四面体中的 Si—O—Si 键的键角平均为 145°，存在一个角分布范围 120°～180°；

(4) 硅氧四面体可以互相孤立存在于结构中，也可以通过公用顶点连接成链状、平面或三维网状。

不同硅酸盐材料中硅氧四面体之间的连接方式可能不同，引起结构上的很大差异。此外，硅酸盐一般不是密堆结构，结构中又容许有不同种类的杂质，使得硅酸盐的分子一般较大，结构问题也变得特别复杂。在研究这类材料时，应该重点抓住它们结构上的区别，如硅氧四面体的连接方式、杂质在网络中的位置以及键长、键角的改变等。根据 $[SiO_4]$ 在结构中排列组合的方式，硅酸盐晶体结构可以分为五类：岛状、组群状、链状、连续层状和连续架状。硅酸盐结构主要类型参见表 3-3。

表 3-3 硅酸盐结构主要类型

类型		硅氧四面体形状	O/Si 比	负离子基团	典型化合物
岛状		单四面体	4.0	$[SiO_4]^{4-}$	镁橄榄石
		双四面体	3.5	$[Si_2O_7]^{6-}$	硅钙石 $Ca_3[Si_2O_7]$
组群状	三元环	环状	3.0	$[Si_3O_9]^{6-}$	蓝锥矿 $BaTi[Si_3O_9]$
	四元环	环状	3.0	$[Si_4O_{12}]^{8-}$	斧石 $Ca_2Al_2(Fe,Mn)BO_3[Si_4O_{12}](OH)$
	六元环	环状	3.0	$[Si_6O_{18}]^{12-}$	绿宝石 $BeAl_2[Si_6O_{18}]$
链状		单链	3.0	$[Si_2O_6]^{4-}$	顽火辉石 $Mg_2[Si_2O_6]$
		双链	2.75	$[Si_4O_{11}]^{6-}$	透闪石 $Ca_2Mg_5[Si_4O_{11}]_2(OH)_2$
连续层状		层状延伸	2.5	$[Si_4O_{10}]^{4-}$	高岭石 $Al_4[Si_4O_{10}](OH)_8$
连续架状		三维延伸	2.0	$[Si_{n-x}Al_xO_{2n}]^{x-}$	正长石 $K[AlSi_3O_8]$

3.3.1 岛状

在硅酸盐晶体结构中，[SiO_4] 以孤立状态存在，[SiO_4] 之间通过其他阳离子连接起来，这种结构称为岛状结构。镁橄榄石的化学式为 Mg_2SiO_4，其晶体结构属于正交晶系 P6mm 空间群，$a_0=0.476$nm，$b_0=1.021$nm，$c_0=0.598$nm，$Z=4$。镁橄榄石晶体结构（硅在四面体中心未标出）见图 3-14。从（100）面的投影图可以看出，氧离子近似于六方密堆积排列，其相对高度为 25、75；硅离子填充于四面体空隙之中，填充率为 1/8；镁离子填充于八面体空隙之中，填充率为 1/2；Si^{4+}、Mg^{2+} 的相对高度为 0、50。[SiO_4] 以孤立状态存在，它们之间通过 Mg^{2+} 连接起来。在该结构中，与 O^{2-} 相连接的是三个 Mg^{2+} 和一个 Si^{4+}，电价是平衡的。

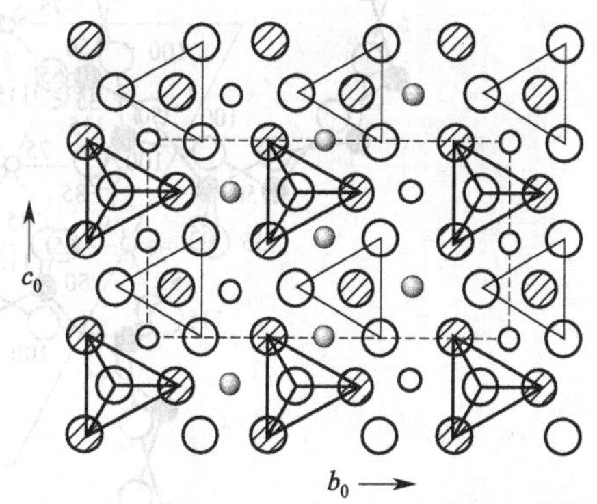

图 3-14 镁橄榄石晶体结构

若镁橄榄石结构中 Mg^{2+} 被 Ca^{2+} 所置换，则形成水泥熟料中的 γ-Ca_2SiO_4 的结构。由于该结构是稳定的，所以在常温与水不能发生反应。水泥中另一种熟料矿物 β-Ca_2SiO_4 虽为岛状结构，但与 Mg_2SiO_4 结构不同，结构中 Ca^{2+} 的配位数有 8 和 6 两种。由于 Ca^{2+} 的配位不规则，因此 β-Ca_2SiO_4 具有水化物活性和胶凝性能。

3.3.2 组群状

图 3-15 为硅氧四面体群的不同形状。这类硅氧四面体组群结构是由两个、三个、四个、六个 [SiO_4] 通过共用氧相连的硅氧四面体群体，分别称为双四面体、三节环、四节环、六节环。这些群体在结构中单独存在，由其他阳离子连接起来。在群体内，[SiO_4] 中 O^{2-} 的作用分为两类：若 [SiO_4] 之间的共用 O^{2-} 电价已经饱和，一般不和其他阳离子相配位，该 O^{2-} 称为非活性氧或桥氧；若 [SiO_4] 中 O^{2-} 仅有一个与 Si^{4+} 相连，尚有剩余的电价与其他阳离子相配位，这样的 O^{2-} 称为活性氧或非桥氧。绿宝石络阴离子为 $[Si_6O_{18}]^{12-}$，为组群状中的一个类型。

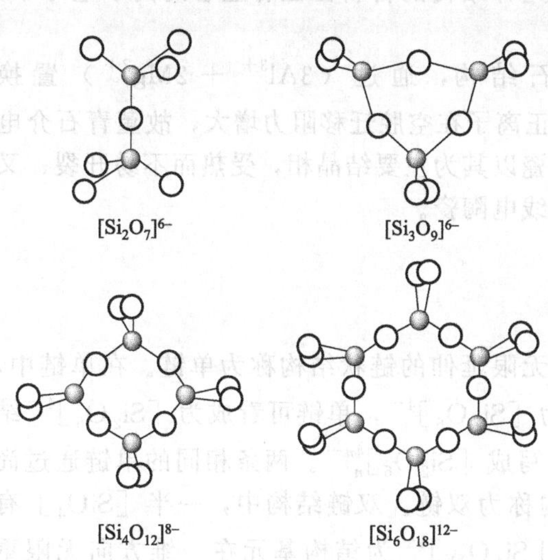

图 3-15 硅氧四面体群的不同形状

具有绿宝石结构的 $Be_3Al_2[Si_6O_{18}]$，其晶体结构属于六方晶系，P6/mcc 空间群，$a_0=0.921$nm，$c_0=0.917$nm，$Z=2$。绿宝石晶体结构在（0001）面上的投影图如图 3-16 所示，沿 c 轴方向画出了一半晶胞。从图中可以看出：相对高度为 50 的六节环中，6 个 Si^{4+}、6 个桥氧的相对高度一致，为 50，与六节环中第一个 Si^{4+} 键合的两个非桥氧的相对高度分别为

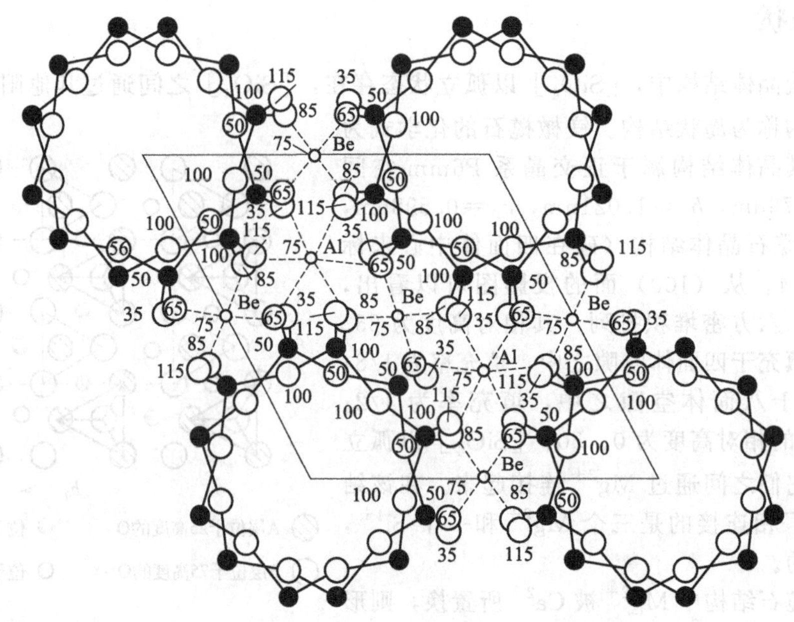

图 3-16 绿宝石晶体结构在 (0001) 面上的投影图

35、75；相对高度为 100 的六节环中，6 个 Si^{4+}、6 个桥氧的相对高度为 100，与每一个 Si^{4+} 键合的两个非桥氧的相对高度分别为 85、115。相对高度为 50 与 100 的六节环错开 30°。相对高度为 75 的 5 个 Be^{2+}、2 个 Al^{3+} 通过非桥氧把相对高度为 50、100 的 4 个六节环连起来，Be^{2+} 连接 3 个相对高度为 85、3 个相对高度为 65 的非桥段，构成［AlO_6］。上下叠置的六节环内形成了一个空腔，既可以成为离子迁移的通道，也可以使存在于腔内的离子受热后振幅增大，又不发生明显的膨胀。具有这种结构的材料往往有显著的离子电导率，较大的介电损耗，较小的膨胀系数。

堇青石 Mg_2Al_3［$AlSi_5O_{18}$］具有绿宝石结构，通过（$3Al^{3+}+2Mg^{2+}$）置换（$3Be^{2+}+2Al^{3+}$）的方式以保持电荷平衡。此时正离子在空腔迁移阻力增大，故堇青石介电性质较绿宝石有所改善。因膨胀系数小，电工陶瓷以其为主要结晶相，受热而不易开裂；又因其在高频下使用时介电损耗太大，不宜作为无线电陶瓷。

3.3.3 链状

［SiO_4］之间通过桥氧相连，在一维方向上无限延伸的链状结构称为单链。在单链中，每个［SiO_4］中有两个 O^{2-} 为桥氧，结构基元为［Si_2O_6］$^{4-}$，单链可看成为［Si_2O_6］$^{4-}$ 结构基元在一维方向的无限重复，单链的化学式可写成［Si_2O_6］$_n^{4n-}$。两条相同的单链通过尚未共用的氧连接起来向一维方向延伸的带状结构称为双链。双链结构中，一半［SiO_4］有两个桥氧，一半［SiO_4］有三个桥氧。双链以［Si_4O_{11}］$^{6-}$ 为结构基元在一维方向无限重复，其化学式写成［Si_4O_{11}］$_n^{6n-}$。硅氧四面体构成的链见图 3-17。

以透辉石为例，透辉石的化学式是 $CaMg[Si_2O_6]$，单斜晶系 C2/c 空间群，$a_0=0.9746$nm，$b_0=0.8899$nm，$c_0=0.5250$nm，$\beta=105°37'$，$Z=4$。图 3-18 为透辉石晶体结构，单链沿 c 轴伸展，［SiO_4］的顶角一左一右叠合排列，相邻两条单链略有偏

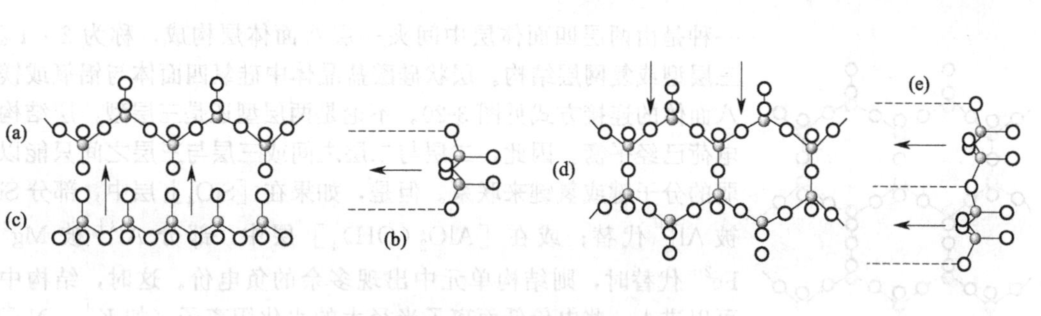

图 3-17 硅氧四面体构成的链

离，且［SiO_4］的顶角指向正好相反；链之间则由 Ca^{2+} 和 Mg^{2+} 相连。Ca^{2+} 的配位数为 8，与 4 个桥氧和 4 个非桥氧相连。Mg^{2+} 的配位数为 6，与 6 个非桥氧相连。根据 Mg^{2+} 和 Ca^{2+} 的这种配位形式，Ca^{2+}、Mg^{2+} 分配给 O^{2-} 的静电键强度不等于氧的 −2 价，但总体电价仍然平衡。尽管不符合鲍林静电价规则，但这种晶体结构仍然是稳定的。

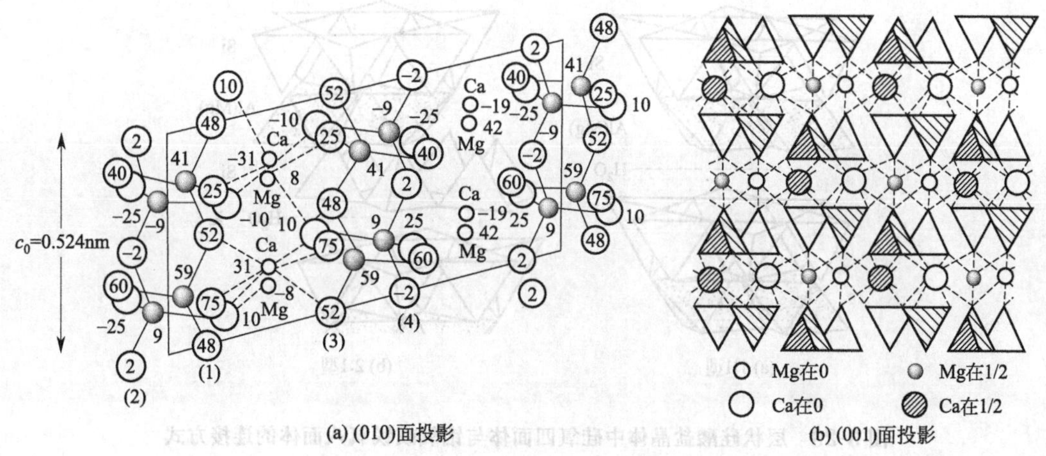

图 3-18 透辉石晶体结构

透辉石结构中的 Ca^{2+} 全部被 Mg^{2+} 替代，则为斜方晶系的顽火辉石 $Mg_2[Si_2O_6]$；以 Li^{+} 和 Al^{3+} 取代 $2Ca^{2+}$，则得到锂辉石 $LiAl[Si_2O_6]$，两者都有良好的电绝缘性能，是高频无线电陶瓷和微晶陶瓷中的主要晶相。

3.3.4 层状

［SiO_4］之间通过三个桥氧相连，在二维平面无限延伸构成的硅氧四面体层称为层状结构。图 3-19 为硅氧四面体平面层状结构，在硅氧层中，［SiO_4］通过三个桥氧相互连接，形成向二维方向无限发展的六边形网络，称为硅氧四面体层，其结构基元为［Si_4O_{10}］。硅氧四面体层中的非桥氧指向同一方向，这些非桥氧也可连成六边形网络。这里非桥氧一般由 Al^{3+}、Mg^{2+}、Fe^{2+} 等阳离子相连。它们的配位数为 6，构成［$AlO_2(OH)_4$］、［$MgO_4(OH)_2$］等，形成铝氧八面体层或铝镁八面体层。硅氧四面体和铝氧或镁氧八面体层的连接方式有两种：一种是由一层四面体层和一层八面体层相连，称为 1∶1 型、两层型或单网层结构；另

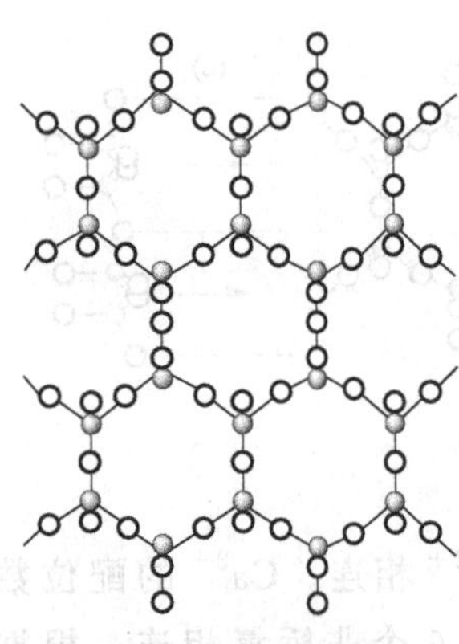

图 3-19 硅氧四面体平面层状结构

一种是由两层四面体层中间夹一层八面体层构成，称为 2∶1 型、三层型或复网层结构。层状硅酸盐晶体中硅氧四面体与铝氧或镁氧八面体的连接方式见图 3-20。不论是两层型还是三层型，层结构中电荷已经平衡。因此，二层与二层之间或三层与三层之间只能以微弱的分子键或氢键来联系。但是，如果在 $[SiO_4]$ 层中，部分 Si^{4+} 被 Al^{3+} 代替；或在 $[AlO_2(OH)_4]$ 层中，部分 Al^{3+} 被 Mg^{2+}、Fe^{2+} 代替时，则结构单元中出现多余的负电价。这时，结构中就可以进入一些电价低而离子半径大的水化阳离子（如 K^+、Na^+ 等水化阳离子）来平衡多余的负电荷。如果结构取代主要发生在 $[AlO_2(OH)_4]$ 层中，进入层间的阳离子与层的结合并不很牢固，在一定条件下可以被其他阳离子交换，可交换量的大小称为阳离子交换容量。如果取代发生在 $[SiO_4]$ 中，且量较多时，进入层间的阳离子与层之间有离子键作用，则结合较牢固。

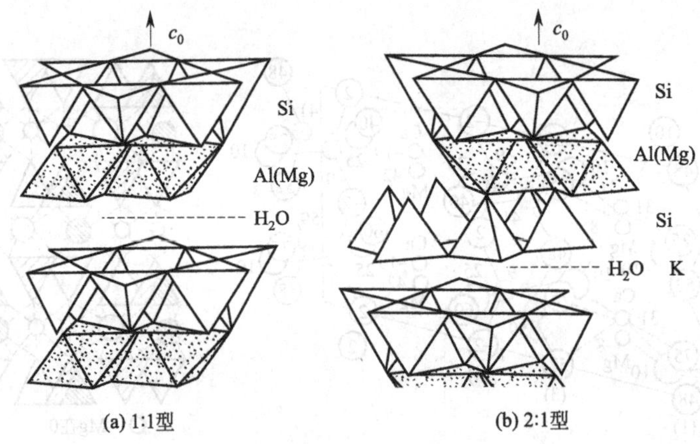

图 3-20 层状硅酸盐晶体中硅氧四面体与铝氧或镁氧八面体的连接方式

在硅氧四面体层中，非桥氧形成六边形网络，与等高的位于网络中心的 OH^- 一起近似地看成为密堆积的 A 层。在 A 层上方的一个高度上 OH^- 或 O^{2-} 构成密堆积的 B 层。阳离子 Al^{3+}、Mg^{2+}、Fe^{2+} 等填充于其间的八面体间隙之中。若有 2/3 的八面体空隙被阳离子所填充称为二八面体型结构，若全部的八面体空隙被阳离子所填充则称为三八面体型结构。每一个非桥氧周围有三个八面体空隙，尚有一个剩余空位可与阳离子相连。对于三价阳离子，静电键强度为 1/2，从电荷平衡考虑，每个非桥氧只能与两个三价阳离子相连，即三价阳离子填充于三个八面体空隙中的两个；对于二价阳离子，静电键强度为 1/3，则每个非桥氧可与三个二价阳离子相连，即二价阳离子填充于全部三个八面体空隙中（三个八面体结构见图 3-21）。

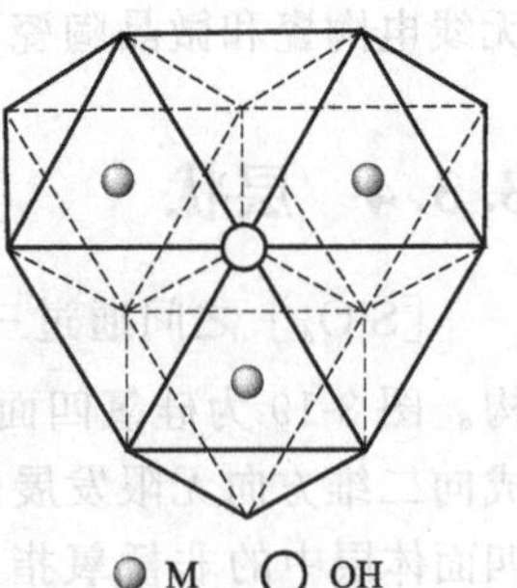

图 3-21 三个八面体结构

3.3.4.1 高岭石结构

高岭石的化学式为 $Al_4[Si_4O_{10}](OH)_8$，结构为三斜晶系 C1 空间群，$a_0=0.5139nm$，$b_0=0.8932nm$，$c_0=0.737nm$，$\alpha=91°36'$，$\beta=104°48'$，$\gamma=89°54'$，$Z=1$。高岭石晶体结构见图 3-22，高岭石的结构为 1∶1 型，晶体结构由一层四面体层与一层八面体层沿 c

轴方向无限重复而成。在八面体层中，Al^{3+} 的配位数为 6，与四个 OH^- 和两个 O^{2-} 相连，Al^{3+} 填充了八面体空隙的 2/3，八面体层称为二八面体型。单网层与单网层之间以氢键相连，层间结合力较弱，因此高岭石易成碎片。但氢键又强于范德瓦耳斯键，水化阳离子不易进入层间，因此可交换的阳离子容量较小。

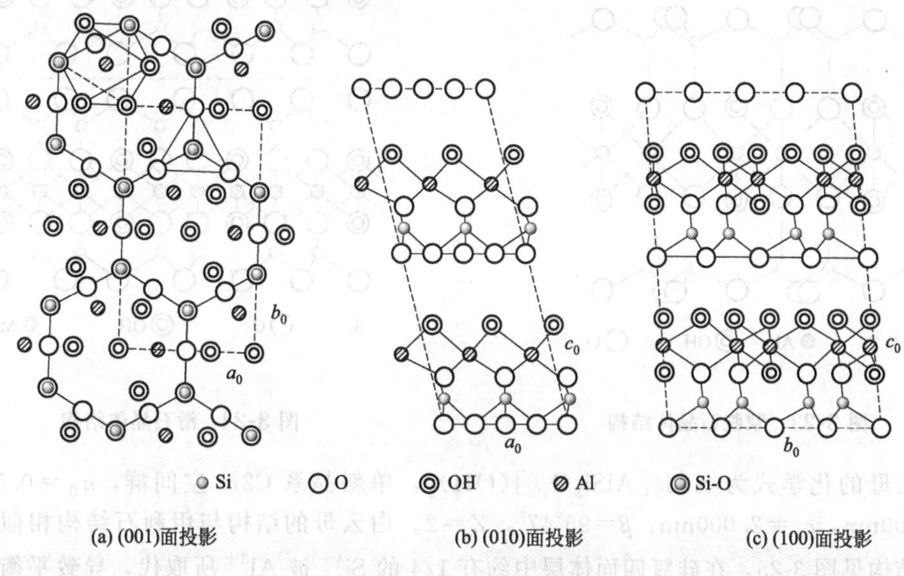

(a) (001)面投影 (b) (010)面投影 (c) (100)面投影

图 3-22 高岭石晶体结构

3.3.4.2 蒙脱石结构

蒙脱石的化学式为 $(M_x \cdot nH_2O)(Al_{2-x}Mg_x)[Si_4O_{10}](OH)_2$，单斜晶系 C2/m 空间群，$a_0=0.523$nm，$b_0=0.906$nm，$c$ 轴长度根据层间水及水化阳离子的含量变化于 0.96～2.14nm 之间，$Z=2$。图 3-23 为蒙脱石晶体结构。蒙脱石为 2∶1 型结构，由二层硅氧四面体层夹一层铝氧八面体构成，复网沿 c 轴方向无限重复，复网层间以范德瓦耳斯键相连，层间联系较弱。在铝氧八面体层中，铝与两个 OH^- 和四个 O^{2-} 相配位，为二八面体型结构，大约有 1/3 的 Al^{3+} 被 Mg^{2+} 所取代，水化阳离子进入复网层间以平衡多余的负电荷。由于上述原因，蒙脱石中可交换的阳离子容量大。像这种 Mg^{2+} 取代八面体层中的 Al^{3+} 或 Al^{3+} 取代硅氧四面层中的 Si^{4+} 称为同晶取代。在蒙脱石中，硅氧四面体层中的 Si^{4+} 很少被取代，水化阳离子与硅氧四面体层中的 O^{2-} 的作用力较弱。

滑石的化学式为 $Mg_3[Si_4O_{10}](OH)_2$，单斜晶系 C2/c 空间群，$a_0=0.526$nm，$b_0=0.910$nm，$c_0=1.881$nm，$\beta=100°$。滑石晶体结构见图 3-24。滑石的结构与蒙脱石结构相似，可看成是八面体层中 Mg^{2+} 取代 Al^{3+} 的 2∶1 型结构，Mg^{2+} 为二价，八面体层为三八面体型结构。

3.3.4.3 伊利石结构

伊利石的化学式为 $K_{1\sim1.5}Al_4[Si_{7\sim6.5}Al_{1\sim1.5}O_{20}](OH)_4$，单斜晶系 C2/c 空间群，$a_0=0.519$nm，$b_0=0.900$nm，$c_0=1.000$nm，$\beta$ 无确定值，$Z=2$。伊利石结构可视为在蒙脱石结构中，硅氧四面体中约 1/6 的 Si^{4+} 被 Al^{3+} 所取代，1～1.5 个 K^+ 进入复网层间以平衡多余的负电荷。这些 K^+ 位于上下两层硅氧层的六边形网络的中心，构成 $[KO_{12}]$ 结构，与硅氧层结合较牢，因此这种阳离子不易被交换。

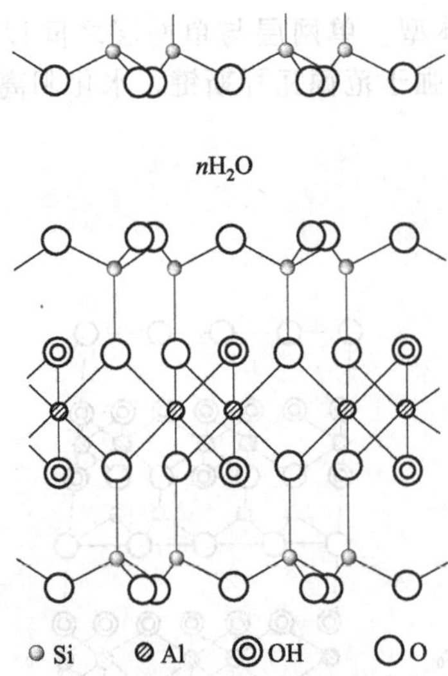

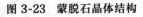

图 3-23　蒙脱石晶体结构

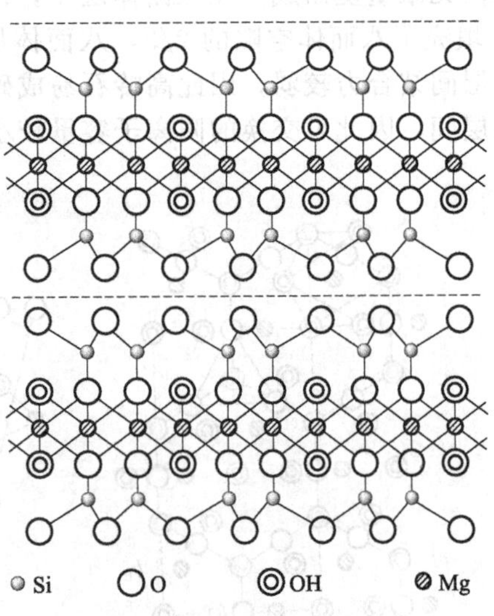

图 3-24　滑石晶体结构

白云母的化学式为 $KAl_2[AlSi_3O_{10}](OH)_2$，单斜晶系 C2/c 空间群，$a_0=0.519$nm，$b_0=0.900$nm，$c_0=2.000$nm，$\beta=95°47'$，$Z=2$。白云母的结构与伊利石结构相似。白云母晶体结构见图 3-25，在硅氧四面体层中约有 1/4 的 Si^{4+} 被 Al^{3+} 所取代，导致平衡负电荷的 K^+ 量也增多，从伊利石的 1～1.5 上升到 2.0。由于 K^+ 增多，复网层之间结合力也增强，但相较于 Si—O 键、Al—O 键弱许多。因此，云母易从层间解理成片状。

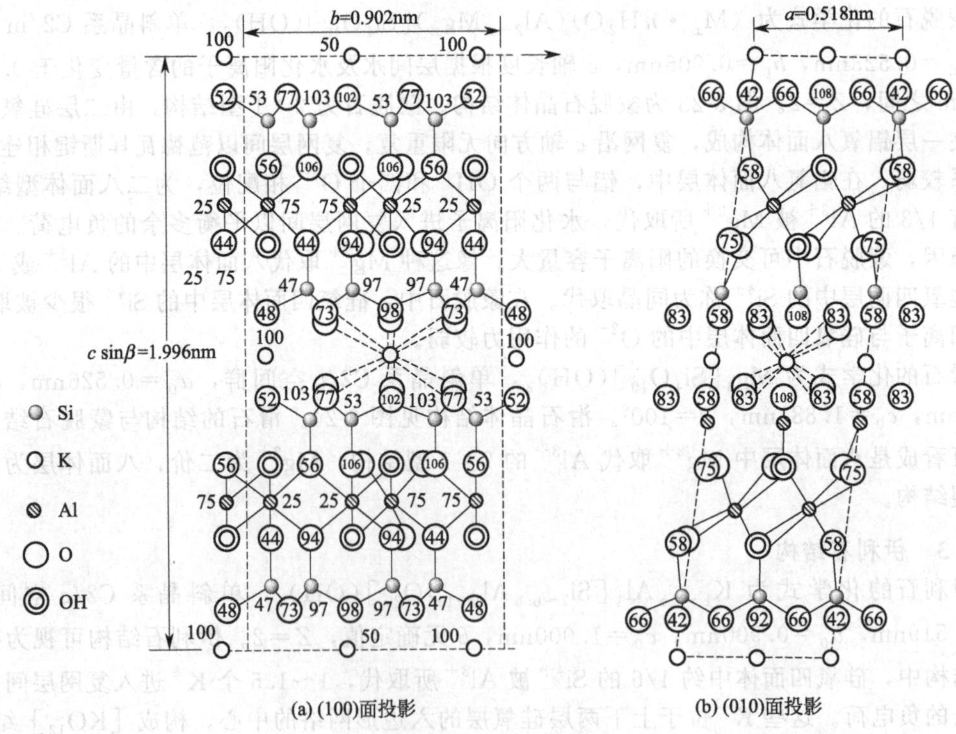

(a) (100)面投影　　(b) (010)面投影

图 3-25　白云母晶体结构

3.3.5 架状

硅氧四面体之间通过4个顶角的桥氧连接起来，向三维空间无限发展的骨架状结构称为架状结构。

若硅氧四面体中的Si^{4+}不被其他阳离子取代，Si/O=1∶2，其结构是电中性的。石英族属于这种类型，称为架状硅酸盐矿物。若出现阳离子取代，如$R^{+}+Al^{3+}\rightarrow Si^{4+}$、$R^{2+}+2Al^{3+}\rightarrow 2Si^{4+}$的取代，其中R为$K^{+}$、$Na^{+}$、$Ca^{2+}$、$Ba^{2+}$，则(Si+Al)∶O=1∶2。长石族属于这一类型，称为架状铝硅酸盐矿物。

3.3.5.1 石英结构

化学组成相同的物质在不同的热力条件下有不同结构的现象称为同质多晶转变。在常压下，石英共有七种变体。

$$\alpha\text{-石英} \xrightleftharpoons{870℃} \alpha\text{-鳞石英} \xrightleftharpoons{1470℃} \alpha\text{-方石英} \xrightleftharpoons{1723℃} \text{熔体}$$

α-石英 ⇅ 573℃ β-石英

α-鳞石英 ⇅ 160℃ β-鳞石英 ⇅ 117℃ γ-鳞石英

α-方石英 ⇅ 268℃ β-方石英

在上述变体中，横向系列晶型之间的转变称为一级转变或重建型转变。当晶型转变发生时，原化学键被破坏，形成新化学键，所需能量大，转变速度慢。纵向系列晶型之间的转变称为二级转变或位移型转变。当晶型转变时，化学键不破坏，只是键角的位移，因此所需能量小，转变迅速。二级转变为高对称型向低对称型的转变。

石英主要变体在结构上的差别主要在于硅氧四面体的连接方式（图3-26）不同。在α-方石英中，桥氧为对称中心；在α-鳞石英中，以共顶相连的硅氧四面体之间的桥氧位置为对称面；而α-石英，Si—O—Si键的键角为150°，若拉直，使键角为180°，则与α-方石英的结构相同（α-石英晶体结构见图3-27）。

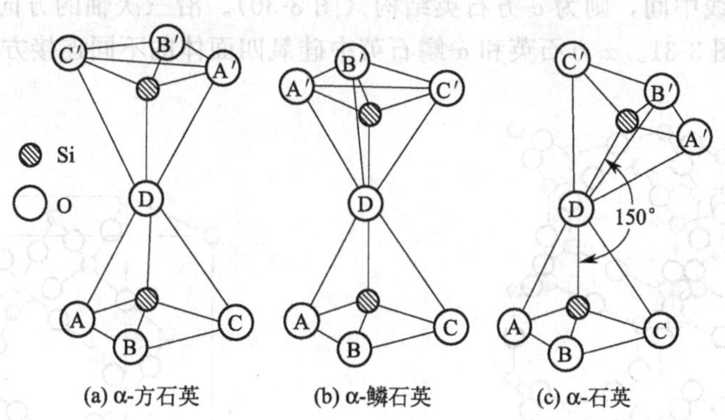

图3-26 硅氧四面体的连接方式

(1) α-石英结构。α-石英为六方晶系$P6_422$或$P6_222$空间群，$a_0=0.501$nm，$c_0=0.547$nm，$Z=3$。图3-28为α-石英与β-石英的关系。图3-28(a)是α-石英的结构在(0001)面上的投影。每一个硅氧四面体中异面垂直的两条棱平行于(0001)面，投影到该面上为正方形。O^{2-}的高度为0、33、66、100，局部存在三次螺旋轴；结构的总体为六次螺旋轴，围绕螺旋轴的O^{2-}在(0001)面上可连接成正六边形。α-石英有左形和右形之分，

因而分别为 $P6_422$ 和 $P6_222$ 空间群。

β-石英属于三方晶系 $P3_121$ 和 $P3_221$ 空间群，$a_0=0.491nm$，$c_0=0.540nm$，$Z=3$。β-石英是 α-石英的低温型，对称性从 α-石英的六次螺旋轴降低为三次螺旋轴，O^{2-} 在（0001）面上的投影也不是正六边形，而是复三方形［图 3-28(b)］。β-石英也有左形和右形之分。

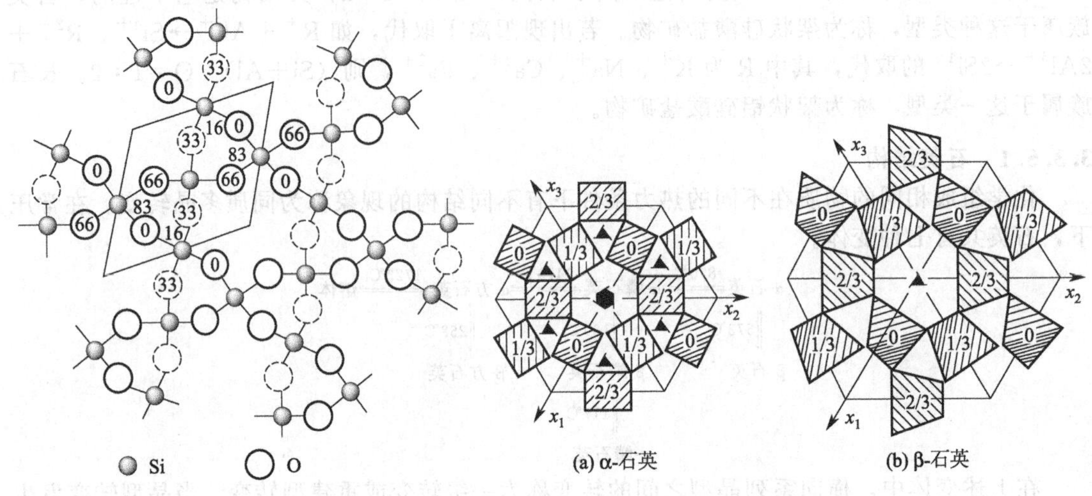

图 3-27　α-石英晶体结构　　**图 3-28　α-石英与 β-石英的关系**

（2）α-鳞石英结构。图 3-29 为 α-鳞石英晶体结构。α-鳞石英为六方晶系 P63/mmc 空间群，$a_0=0.504nm$，$c_0=0.825nm$，$Z=4$。α-鳞石英结构可与 α-ZnS 结构类比，若用 Si^{4+} 全部取代 α-ZnS 结构中 Zn^{2+}、S^{2-} 的位置，且 O^{2-} 位于 Si^{4+} 与 Si^{4+} 之间，则为鳞石英结构。

（3）α-方石英结构。α-方石英属于立方晶系 Fd3m 空间群，$a_0=0.713nm$，$Z=8$。α-方石英结构可与 β-ZnS 结构类比，若将 Si^{4+} 占据全部的 β-ZnS 结构中的 Zn^{2+}、S^{2-} 的位置，且 O^{2-} 位于 Si^{4+} 与 Si^{4+} 连线中间，则为 α-方石英结构（图 3-30）。沿三次轴的方向，α-方石英中硅氧四面体连接方式见图 3-31。α-方石英和 α-鳞石英中硅氧四面体的不同连接方式见图 3-32。

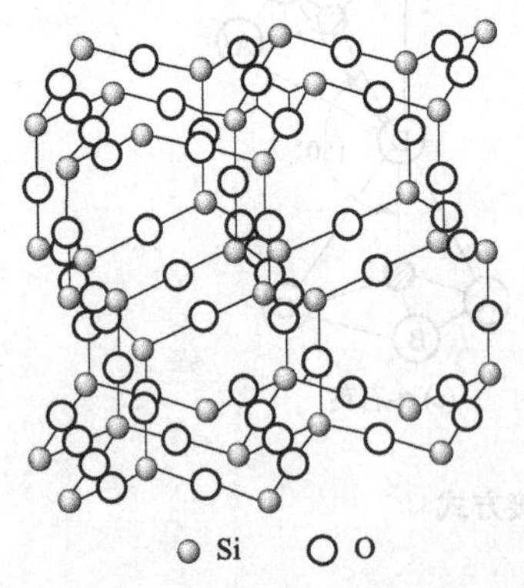

图 3-29　α-鳞石英晶体结构

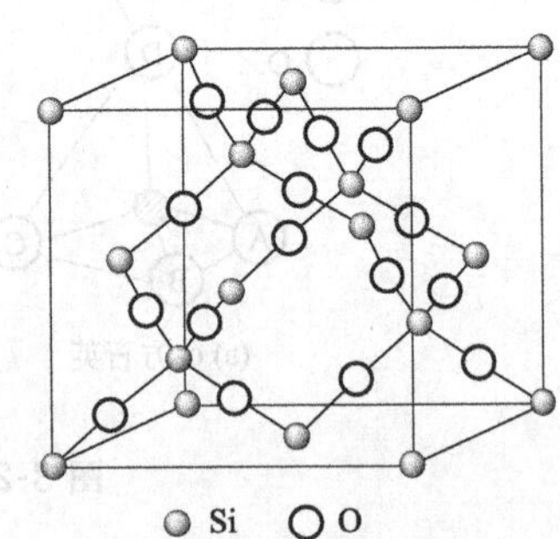

图 3-30　α-方石英晶体结构

石英是玻璃、水泥、耐火材料等重要工业的原料。石英的硅氧四面体中的硅与氧为共价键，键结合较强，不易被其他离子所取代。高纯石英最初原料为天然水晶。β-石英不具有对称中心，因此高纯的 β-石英能用作压电材料。

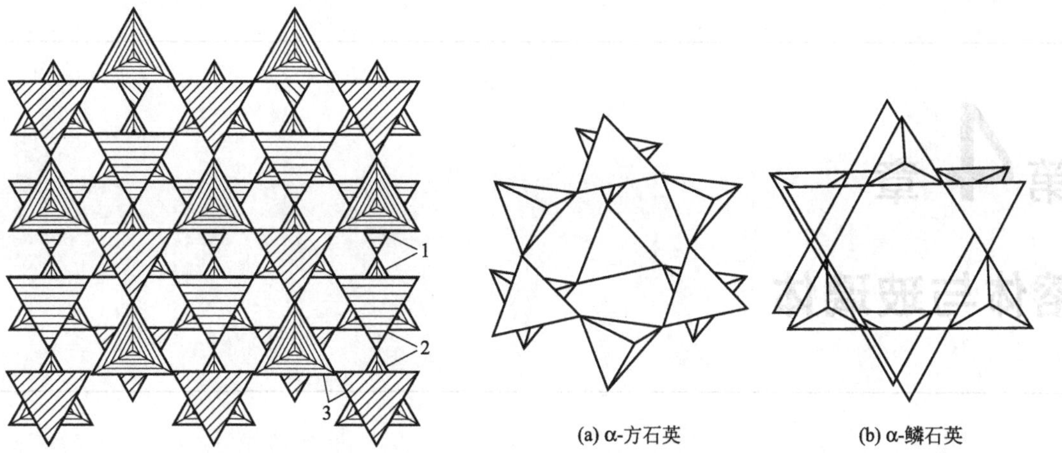

图 3-31 α-方石英中硅氧四面体连接方式 图 3-32 α-方石英和 α-鳞石英中硅氧四面体的不同连接方式

3.3.5.2 长石晶体结构

若按 1 价及 2 价阳离子分类，长石分为钾长石 K[$AlSi_3O_8$]、钠长石 Na[$AlSi_3O_8$]、钙长石 Ca[$Al_2Si_2O_8$]、钡长石 Ba[$Al_2Si_2O_8$]。由于钠、钾离子半径分别为 0.095nm、0.133nm，钾长石和钠长石在高温时形成连续固溶体，在低温时为有限固溶体，这些固溶体称为碱性长石。钙离子半径为 0.099nm，与钠离子相近，通过 $Na^+ + Si^{4+}$ 与 $Ca^{2+} + 2Al^{3+}$ 的置换反应形成连续固溶体，这种固溶体称为斜长石系列。在碱性长石中，当钾长石在固溶体中的含量达 0%～67%（摩尔分数）时，晶体结构为单斜晶系，称为透长石，它是长石族晶体结构中对称性最高的。下面通过透长石结构的介绍来了解长石结构。

透长石化学式为 K [$AlSi_3O_8$]，单斜晶系 C2/m 空间群，$a_0=0.856$nm，$b_0=1.303$nm，$c_0=0.718$nm，$\alpha=90°$，$\beta=115°59'$，$\gamma=90°$，$Z=4$。图 3-33 为长石中的四联环和曲轴状链。透长石结构的基本单位是四个四面体相互共顶形成一个四联环［图 3-33(a)］，四联环之间又通过共顶相连，成为平行于 a 轴的曲轴状的链［图 3-33(b)］，链间以桥氧相连，形成三维结构［图 3-33(c)］。链与链之间，由于键的密度降低，结合力减弱，存在较大的空腔；当 Al^{3+} 取代 Si^{4+} 时，K^+ 进入该空腔以平衡负电荷（相关示意图见图 3-34）。长石是重要的陶瓷和玻璃原料。

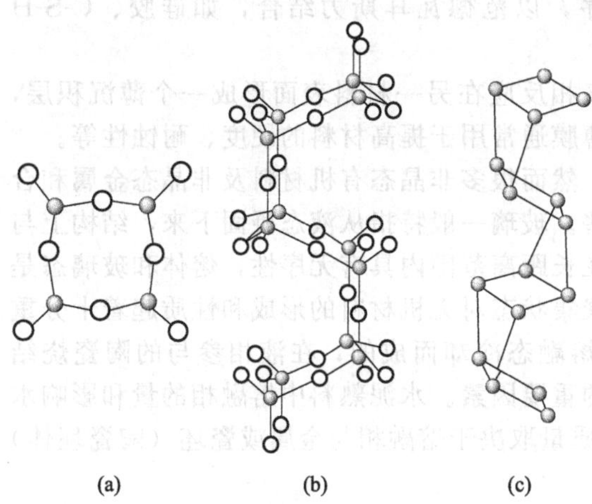

图 3-33 长石中的四联环和曲轴状链

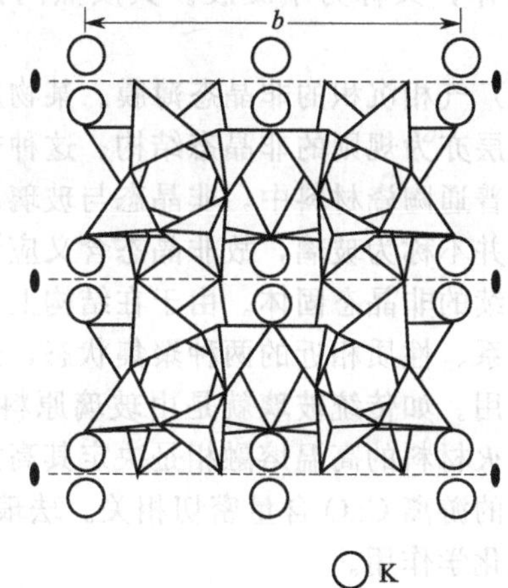

图 3-34 K^+ 进入长石空腔平衡负电荷示意图

第4章 熔体与玻璃体

4.1 非晶体

大多数天然及人造的固体材料在本质上是晶体，但在自然界及人类使用的材料中，非晶体材料也占有重要的位置。非晶体实质上是一种过冷液体，以内部质点排列无序为其突出特点。由于非晶体固体结构比其液体结构要复杂得多，至今尚有一些结构细节不甚明了。不过，这类材料中，任何一个原子最邻近的短程有序，亦即一级配位是存在的，只是理想晶体材料中所具有的长程有序特点消失了，并且消失的情况在不同物质体系中各不一样，难以进行精确描述。非晶体按其形成原因和结构特点可分为以下几类。

(1) 玻璃体。这种结构大多为金属或非金属物质，是经高温熔融后快速冷却，使质点排列无序而得到的，若熔融后缓慢冷却即可得其晶体结构。

(2) 聚合物。这种物质因其分子链很长，无法通过链段扩散过程形成具有规律排列的晶体结构，因此保持为无规线团或缠绕状的非晶体结构。但其在分子内部的部分链段上又可规律排列。

(3) 凝胶体。胶体中分散粒子较多，经脱水凝聚后，粒子已不能进行布朗自由运动而互相搭接形成空间网状结构的称为凝胶。凝胶中的液体部分继续蒸发固化则称为固态胶体，又称为干凝胶。其质点间排列无序，以范德瓦耳斯力结合，如硅胶、C-S-H凝胶。

(4) 气相沉积的非晶态薄膜。某物质经过气相反应在另一材料表面形成一个薄沉积层，该沉积层亦为规则的非晶态结构。这种非晶态薄膜通常用于提高材料的硬度、耐蚀性等。

在普通陶瓷材料中，非晶态与玻璃态同义，然而很多非晶态有机材料及非晶态金属和合金通常并不称为玻璃，故非晶态含义应该更广些。玻璃一般特指从液态凝固下来，结构上与液态连续的非晶态固体。由于在结构上都至少在长距离范围内具有无序性，熔体和玻璃态是相互联系、性质相近的两种聚集状态，这两种聚集状态对无机材料的形成和性质起着十分重要的作用。如传统玻璃就是由玻璃原料加热成熔融态冷却而成的，在液相参与的陶瓷烧结中，耐火材料的高温熔融相是决定其高温性能的重要因素。水泥熟料中熔融相的量和影响水泥性质的游离 CaO 含量密切相关。珐琅和釉的质量取决于熔融相与金属或瓷坯（陶瓷坯体）的物理化学作用。

4.2　熔体的结构与性质

4.2.1　熔体的结构

熔体是指加热到较高温度才能液化的物质所呈现的状态，熔体或液体是介于气体和晶体之间的一种物质状态。大量事实证明，熔体和晶体更相似。图 4-1 为二氧化硅的四种聚集状态的 X 射线图谱，当衍射角 θ 很小时，气体的散射强度很大，熔体和玻璃无显著散射现象；当 θ 增大时，在对应于石英晶体的衍射峰位置，熔体和玻璃体均出现弥散状的散射强度最高值。这说明熔体与玻璃体结构比较相似，它们的结构中存在着近程有序（或短程有序）的区域。

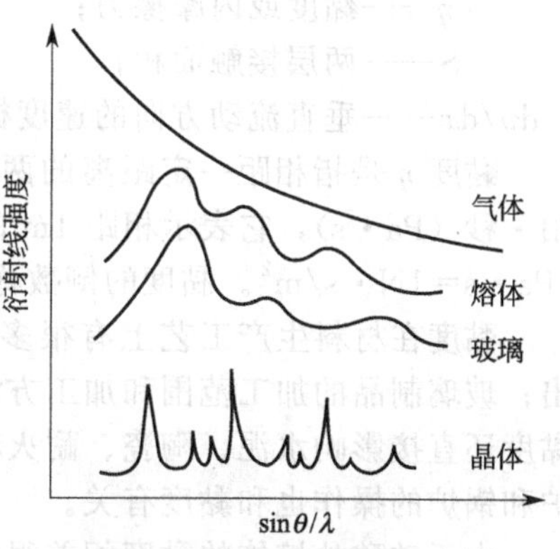

图 4-1　二氧化硅的四种聚集状态的 X 射线图谱

熔体结构的特点是熔体内部存在着近程有序区域，熔体是由晶体在高温下熔化后形成的大小不一、近程有序的熔体微结构构成的。熔体结构与熔体组成和温度有密切关系。现以硅酸盐熔体结构为例，分析熔体组成、温度与结构的变化关系。

与其他熔体不同的是，硅酸盐熔体倾向于形成相当大的、形状不规则的、短程有序的离子聚合体，其结构特点如下。

(1) 熔体中有许多聚合程度不同的硅氧负离子基团平衡共存。这类聚合体的种类、大小和复杂程度随熔体的组成和温度而变。温度一定时，一定组成的熔体则存在着相应的聚合体，聚合体随氧硅比减小而增加，聚合反应如下：

$$[SiO_4]^{4-}+[Si_nO_{3n+1}]^{(2n+2)-}\longrightarrow[Si_{n+1}O_{3n+4}]^{(2n+4)-}+O^{2-}$$

(2) 熔体中有硼、锗、磷、砷等氧化物时也会形成类似的聚合体，聚合度也随氧与对应元素的比率及温度而改变。

(3) 熔体中含有 Al^{3+} 时，Al^{3+} 不能独立形成硅酸盐类型的负离子基团，但它能与 Si^{4+} 置换，进入聚合体结构之中，这时的熔体结构不会发生显著改变。

(4) 当硅酸盐熔体中含有离子半径大而电荷小的碱金属阳离子如 K^+、Na^+ 时，由于这些阳离子与氧离子基团中的桥氧键断裂，负离子基团解体而变小，聚合程度降低，这类离子或氧化物改变了硅酸盐熔体的结构。

(5) 如果在硅酸盐熔体中存在某些碱土金属氧化物，如 MgO、CaO、FeO 等，这些氧化物中的阳离子与氧都有较强的结合力，以致它们周围的氧难以被硅夺去，而在熔体中出现了独立的 R-O（R 代表某些碱土金属阳离子）离子聚集区域，这个区域的硅相对较少；而熔体中其余区域相对为硅氧富集区域，R 离子较少，这样在熔体中出现了两种或两种以上组成和结构不同的液相区域分离共存的现象。硅酸盐熔体中这种分成两种或两种以上的不相混溶液相的现象，称为分相现象。氧和各种阳离子间的键强近似地取决于阳离子电荷与其半径之比（Z/r）。这个比值越大，熔体分离成两种不混溶液滴的倾向越明显。Sr^{2+}、Mg^{2+}、Ca^{2+} 等正离子的 Z/r 大，容易导致熔体分相。K^+、Cs^+、Rb^+ 的 Z/r 小，不易导致熔体分相。但 Li^+ 的半径小，会使硅氧熔体中出现很小的第二液相的液滴，造成乳光现象。

4.2.2 熔体的性质

4.2.2.1 流动性

(1) 黏度的概念。熔体流动时，上下两层流体相互阻滞，阻滞力如下式：

$$F=\eta S\frac{dv}{dx} \tag{4-1}$$

式中 F——阻滞力；

η——黏度或内摩擦力；

S——两层接触面积；

dv/dx——垂直流动方向的速度梯度。

黏度 η 是指相距一定距离的两个平行平面以一定速度相对移动的摩擦力。黏度单位为帕·秒（Pa·s），它表示相距 1m 的两个面积为 $1m^2$ 的平行平面相对移动所需的力为 1N。$1Pa\cdot s=1N\cdot s/m^2$。黏度的倒数称为流动度（φ），$\varphi=1/\eta$。

黏度在材料生产工艺上有很多应用。例如，熔制玻璃时，黏度小，熔体内气泡容易逸出；玻璃制品的加工范围和加工方法的选择也和熔体黏度及其随温度变化的速率密切相关；黏度还直接影响水泥、陶瓷、耐火材料烧成速度的快慢。此外，熔渣对耐火材料的腐蚀，高炉和锅炉的操作也和黏度有关。

由于硅酸盐熔体的黏度相差很大，从 $10^{-2}\sim10^{15}$ Pa·s，因此不同范围的黏度用不同方法来确定。范围在 $10^6\sim10^{15}$ Pa·s 的高黏度用拉丝法，根据玻璃丝受力作用的伸长速度来确定。范围在 $10\sim10^7$ Pa·s 的黏度用转筒法，利用细铂丝悬挂的转筒浸在熔体内转动，悬丝受熔体黏度的阻力作用扭成一定角度，可根据扭转角的大小确定黏度。范围在 $(1.3\sim31.6)\times10^5$ Pa·s 的黏度可用落球法。可根据斯托克斯沉降原理，测定铂球在熔体中的下落速度进而求出黏度。

此外，很小的黏度，可以用振荡阻滞法，利用铂摆在熔体中振荡时，振幅受到阻滞逐渐衰减的原理来测定。

(2) 黏度-温度关系。从熔体结构中知道，熔体中每个质点（离子或聚合体）都处在相邻质点的键结合作用下，也即每个质点均落在一定大小的势垒之间，因此要使质点流动，就应使其活化，即要有克服势垒（Δu）的足够能量。因此，这种活化质点的数目越多，流动性就越大。按玻尔兹曼分布定律，活化质点的数目是和 $e^{-\frac{\Delta u}{kT}}$ 成比例的，即

$$\varphi=A_1e^{-\frac{\Delta u}{kT}} \text{或} \eta=A_1e^{\frac{\Delta u}{kT}}$$

$$\lg\eta=A+\frac{B}{T} \tag{4-2}$$

式中 A_1、A、B——与熔体组成有关的常数；

k——玻尔兹曼常数，1.380622×10^{-23}J/K；

T——温度，K。

在温度范围较小时，该公式与实验结果相符合。但是，钠钙硅酸盐熔体在较大的温度范围内和该公式存在较大偏差，活化能并非常数；低温时的活化能比高温时大。这是由于低温时负离子团聚合体的缔合程度较高，从而导致活化能改变。

由于温度对玻璃熔体的黏度影响很大，在玻璃成型退火工艺中，温度稍有变动就会造成黏度较大的变化，导致控制上的困难。为此提出用确定黏度的温度来反映不同玻璃熔体的性质差异。硅酸盐熔体的黏度-温度曲线见图 4-2。

从图 4-2 中可以看出，应变点是指黏度相当于 4×10^{13}Pa・s 时的温度。在该温度下，黏性流动几乎不存在，玻璃在该温度退火时不能除去应力。退火点是指黏度相当于 10^{12}Pa・s 时的温度，也是消除玻璃中应力的上限温度，在此温度时应力在 15min 内除去。软化点是指黏度相当于 4.5×10^{6}Pa・s 时的温度，它是用 0.55～0.75mm 直径、23cm 长的纤维在特制炉中以 5℃/min 的速率加热，在自重下，即达到每分钟伸长 1mm 时的温度。工作点是指黏度相当于 10^{4}Pa・s 时的温度，也就是玻璃成型时的温度。以上这些特性温度都是用标准方法测定的。

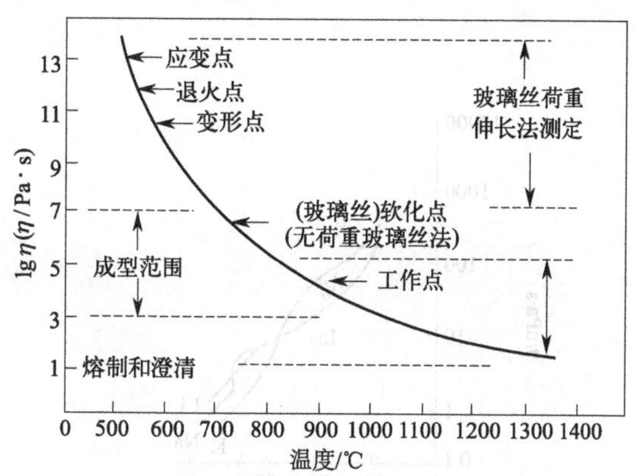

图 4-2　硅酸盐熔体的黏度-温度曲线

玻璃生产中可从成型黏度范围（$\eta=10^{3}\sim10^{7}$ Pa・s）所对应的温度范围推知玻璃“料性”的适宜性，可在生产中调节玻璃“料性”的适宜性或凝结时间的快慢来适应各种不同的成型方法。

图 4-3 示出了不同组成熔体的黏度与温度的关系，从中可以看出总的趋势是：温度升高，黏度降低；温度降低，黏度升高；硅含量高，则黏度高。

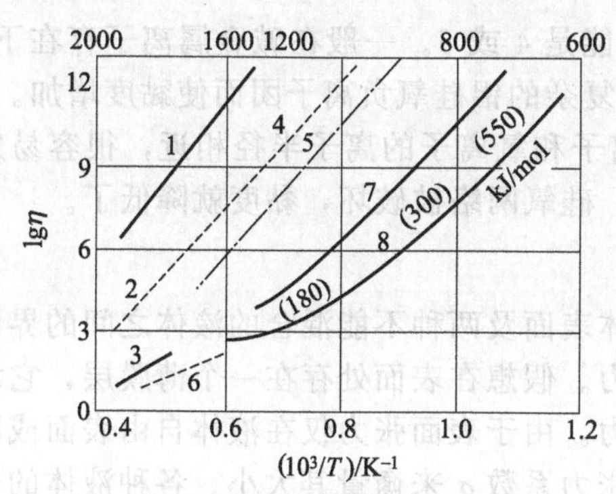

图 4-3　不同组成熔体的黏度与温度的关系

1—石英玻璃；2—90%SiO_2+10%Al_2O_3；3—50%SiO_2+50%Al_2O_3；4—钾长石；5—钠长石；6—钙长石；7—硬质瓷釉；8—钠钙玻璃

(3) 黏度与组成关系。熔体的组成对黏度有很大影响，这与组成的价态和离子半径有关。分析和讨论熔体的组成对黏度的影响，对于理解黏度是有帮助的。

一价碱金属氧化物都是降低熔体黏度的，但 R_2O 含量较低与较高时对黏度的影响不同，这和熔体的结构有关。图 4-4 为 R_2O-SiO_2 在 1400℃时熔体的不同组成与黏度的关系。当 SiO_2 含量较高时，对黏度起主要作用的是［SiO_4］四面体之间的键结合，熔体中硅氧负离子团较大，这时加入的一价正离子的半径越小，夺取硅氧负离子中桥氧的能力越大，硅氧键越易断裂，因而降低黏度的作用越大，熔体黏度按 Li_2O、Na_2O、K_2O 次序增加。当 R_2O 含量较高时，亦即 O/Si 高，熔体中硅氧负离子团接近最简单的形式，甚至呈孤岛状结构，因而四面体间主要依靠 R—O 键结合连接。键结合力最大的 Li^{+} 具有最高的黏度，黏度按 Li_2O、Na_2O、K_2O 次序递减。

二价金属离子 R^{2+} 在无碱及含碱玻璃熔体中，对黏度的影响有所不同。二价阳离子对硅酸盐熔体黏度的影响见图 4-5。在不含碱的 RO-SiO_2 与 RO-Al_2O_3-SiO_2 熔体中，当硅氧比不大时，黏度随离子半径增大而上升；而在含碱熔体中，实验结果表明，随着 R^{2+} 半径增大，黏度却下降。

离子间的相互极化对黏度也有显著影响。由于极化使离子变形，共价键成分增加，减弱了 Si-O 间的键结合。因此，含 18 电子层的离子 Zn^{2+}、Cd^{2+}、Pb^{2+} 等的熔体比含 8 电子层的碱土金属离子具有较低的黏度。

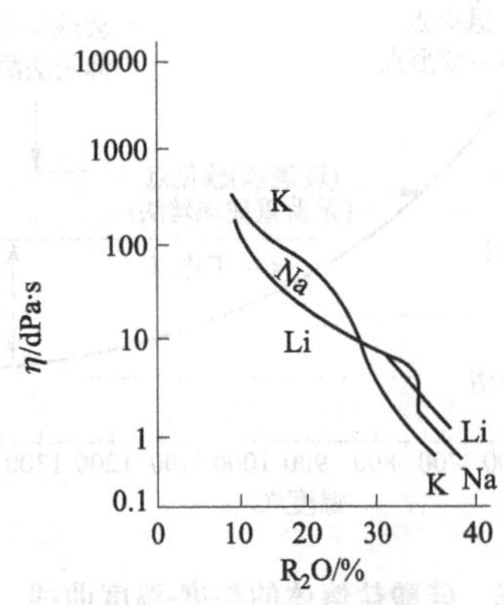

图 4-4 R_2O-SiO_2 在 1400℃时熔体的不同组成与黏度的关系（1Pa·s=10dPa·s，以下全书同）

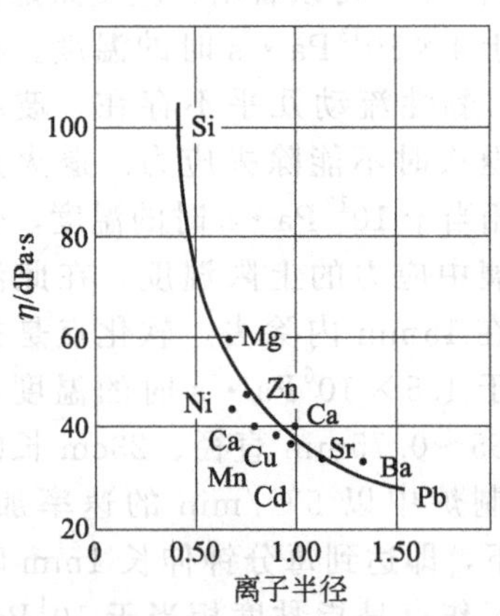

图 4-5 二价阳离子对硅酸盐熔体黏度的影响

CaO 在低温时增加熔体的黏度；而在高温下，当含量低于 10%～12%时，黏度降低；当含量高于 10%～12%时，则黏度增大。

B_2O_3 含量不同对黏度有不同影响，这和硼离子的配位状态有密切关系。B_2O_3 含量较小时，硼离子处于［BO_4］状态，使结构紧密，黏度随其含量增加而升高。当较多的 B_2O_3 引入时，部分［BO_4］会变成［BO_3］（三角形），使结构趋于疏松，致使黏度下降，这称为“硼反常现象”。

Al_2O_3 的作用是复杂的，因为 Al^{3+} 的配位数可能是 4 或 6。一般在碱金属离子存在下，Al_2O_3 可以以［AlO_4］配位形式与［SiO_4］连成较复杂的铝硅氧负离子团而使黏度增加。

加入 CaF_2 会使熔体黏度急剧下降，主要是氟离子和氧离子的离子半径相近，很容易发生取代。氟离子取代氧离子的位置，使硅氧键断裂，硅氧网络被破坏，黏度就降低了。

4.2.2.2 表面张力与表面能

（1）表面张力。在液体和气体的分界处，即液体表面及两种不能混合的液体之间的界面处，由于分子之间的吸引力，产生了极其微小的拉力。假想在表面处存在一个薄膜层，它承受着此表面的拉伸力，液体的这一拉力称为表面张力。由于表面张力仅在液体自由表面或两种不能混合的液体之间的界面处存在，一般用表面张力系数 σ 来衡量其大小。各种液体的表面张力涵盖范围很广，其数值随温度的增大而略有降低。液体的表面张力，是液体本身的一种性质，主要由液体本身决定。

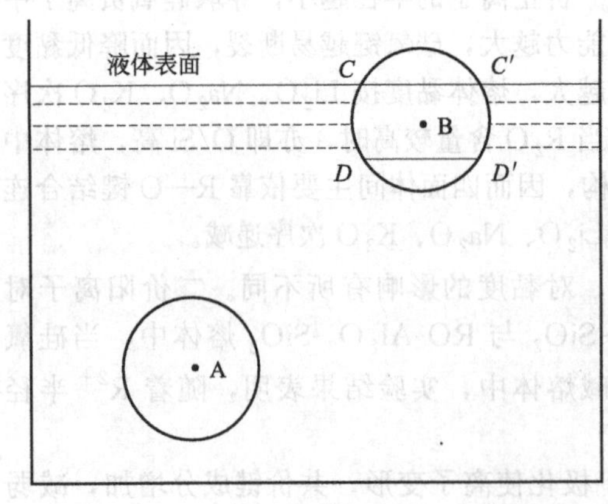

图 4-6 表面张力形成机理示意

① 表面张力的影响因素。表面张力仅仅与液体的性质和温度有关。一般情况下，温度越高，表面张力就越小。另外，杂质也会明显地改变液体的表面张力，比如洁净的水有很大的表面张力，而有肥皂液的水的表面张力就比较小。也就是说，洁净的水表面具有更大的收缩趋势。

② 表面张力的形成机理。比较液体内的分子 A 和液面分子 B 的受力情况，以分子力的有效力程为半径，作以分子 A 为中心的球面（表面张力形成机理示意见图 4-6），则所有对分子

A 有作用的分子都在球面之内。选取一段较长的时间 t（是分子两次碰撞之间的平均时间），由于对称，在这段时间内，各个分子对 A 的作用力的合力等于零。以分子 B 为中心的球面中的一部分在液体当中，另一部分在液面之外，这部分分子密度远小于液体部分的分子密度。如果忽略这部分分子对 B 的作用，则由于对称，CC'和 DD'之间所有分子作用力的合力等于零；对 B 有效的作用力是由球面内 DD'以下的全体分子产生的向下合力。由于处在边界内的每一个分子都受到指向液体内部的合力，所以这些分子都有向液体内部下降的趋势；同时，分子与分子之间还有侧面的吸引力，即有尽量收缩表面的趋势。

（2）表面能。广义的表面能定义：在保持相应的特征变量不变的情况下，每增加单位表面积时，相应热力学函数的增量。

狭义的表面能定义：

$$\gamma=\left(\frac{\partial G}{\partial A}\right)_{p,T,n_{\mathrm{B}}} \tag{4-3}$$

式中　γ——自由能，J/m^2；

G——吉布斯自由能，J/m^2；

A——单位面积，m^2。

保持温度（T）、压力（p）和化学组成（n_B）不变，每增加单位表面积时，吉布斯自由能的增加值称为表面吉布斯自由能，或简称表面自由能或表面能，用 γ 表示，单位为 J/m^2。

表面能的产生原因：物体表面的粒子和内部粒子所处的环境不同，因而所具有的能量不同。例如，在液体内部，每个离子都均匀地被邻近粒子包围着，使来自不同方向的吸引力相互抵消，处于力平衡状态。处于液体表面的粒子却不同，液体的外部是气体，气体的密度小于液体，故表面粒子受到来自气体分子的吸引力较小；而受到液体内部粒子的吸引力较大，使它在向内向外两个方向受到的力不平衡，这样使表面分子受到一个指向液体内部的拉力。因此，液体表面有自动收缩到最小的趋势。如果要把液体内部的粒子迁移到表面上来，则需要克服拉力而做功。当这些被迁移的粒子形成新的表面时，所消耗的这部分功就转变成表面内粒子的势能，使体系的总能量增加。表面粒子比内部粒子多出的这部分能量称为表面能。

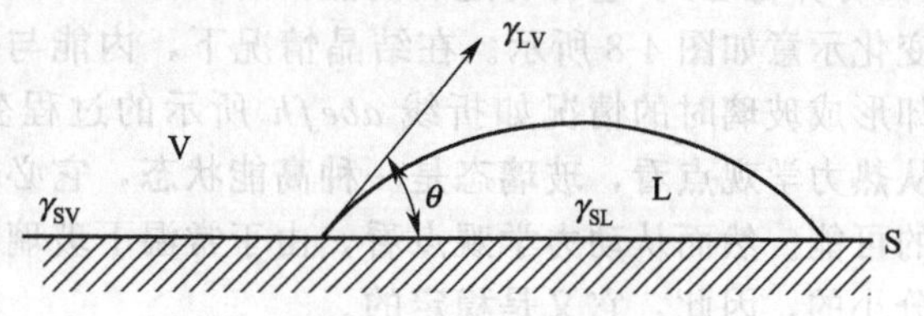

图 4-7　固-液-气三个界面张力关系

通过表面能可以计算液体接触角，常用 $\cos\theta$ 表示。若$\theta<90°$，则固体表面是亲水性的，即液体较易润湿固体，接触角越小，表示润湿性越好；若$\theta>90°$，则固体表面是疏水性的，即液体不容易润湿固体，容易在表面上移动。

润湿过程与体系的界面张力有关。一滴液体落在水平固体表面上，当达到平衡时，固-液-气三个界面张力关系如图 4-7 所示，形成的接触角与各界面张力之间符合杨氏公式，可用式(4-4) 计算 $\cos\theta$。

$$\cos\theta=\frac{\gamma_{\mathrm{SV}}-\gamma_{\mathrm{SL}}}{\gamma_{\mathrm{LV}}} \tag{4-4}$$

式中　$\cos\theta$——液体接触角；

γ_{SV}——固体表面与气体表面之间的表面能；

γ_{SL}——固体表面与液体表面之间的表面能；

γ_{LV}——液体表面与气体表面之间的表面能。

由此可以预测如下几种润湿情况：

① 当$\theta=0$时，完全润湿；

② 当$\theta<90°$时，部分润湿或润湿；

③ 当$\theta=90°$时，润湿与否的分界线；

④ 当$\theta>90°$时，不润湿；

⑤ 当$\theta=180°$时，完全不润湿。

4.3 玻璃的通性与结构

4.3.1 玻璃的通性

玻璃是玻璃态物质（也称非晶态固体物质或无定形物质）的一种具体实例，它不具有像晶体那样的长程有序结构，而是原子或分子在三维空间中随机排列。它的力学性能类似于无机晶体，一般硬度较高，脆性较大，断裂面往往呈贝壳状，在某一波长范围内透明性良好，外观上应是固体。但内部结构呈“短程有序，长程无序”的特点。玻璃的通性（不论化学组成和形成条件如何，任何玻璃都具有的基本性质）主要有以下四点。

（1）各向同性。玻璃内部任何方向的性质如折射率、导电性、热膨胀系数等都是相同的。这与非等轴晶系的晶体具有各向异性的特性是不同的。玻璃的各向同性是其内部质点的随机分布而呈现统计均质结构的结果。

（2）介稳性。所谓介稳性，是指在一定的热力学条件下，系统虽未处于最低能量状态，却处于一种可以较长时间存在的状态。当熔体冷却成玻璃体时，系统状态并不是处于最低的能量状态，但它能较长时间在低温下保留高温时的结构而不变化，因而是处在一个介稳状态（简称介稳态）。它含有过剩内能，有析晶的可能。在熔体冷却过程中物质体积与内能随温度变化示意如图4-8所示。在结晶情况下，内能与体积随温度变化如折线$abcd$所示。而过冷却形成玻璃时的情况如折线$abefh$所示的过程变化。由图中可见，玻璃态内能大于晶态。从热力学观点看，玻璃态是一种高能状态，它必然有向低能量状态转化的趋势，也即有析晶的可能。然而从动力学观点看，由于常温下玻璃黏度很大，由玻璃态转变为晶态的速率是十分小的，因此，它又是稳定的。

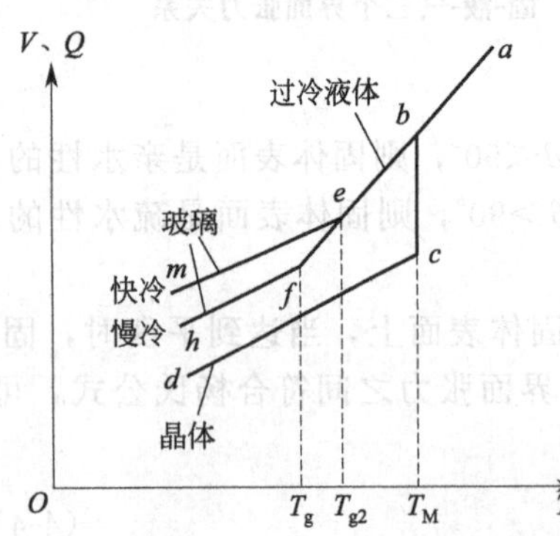

图4-8 物质体积与内能随温度变化示意

（3）由熔融态向玻璃态转化的过程是可逆的与渐变的。由熔融状态冷却转变为固态玻璃体的过程和由固态玻璃加热到熔融状态的相反转变过程是相互可逆的，并且是渐变的。

当熔体向固体转变时，若是结晶过程，当温度降至T_M（熔点）时，由于出现新相，将同时伴随体积、内能的突然下降与黏度的剧烈上升。对熔融物凝固成玻璃的过程，开始时熔体体积内能曲线以与T_M大致相同的速率下降直至f点（对应温度T_g），熔体开始固化。这时的温度称为玻璃化转变温度T_g。继续冷却时，体积和内能降低程度较熔体小。因此，曲线在f点出现转折。当玻璃组成不变时，此转折点与冷却速度有关。冷却速度越快，T_g也越高，例如曲线$abem$。由于冷却速度快，e点比f点提前。因此，当玻璃组成一定时，其转变温度T_g，应该是一个随冷却速度变化的温度范围。低于此温度范围体系呈现如固体的行为称为玻璃，而高于此温度范围则为熔体。因而玻璃无固定的熔点，而只有熔体-玻璃体可逆转变的温度范围。各种玻璃的熔点范围随成分而变化。如石英玻璃在 1150℃左右，而钠硅酸盐玻璃在 500～550℃。但不论何种玻璃，与 T_g 温度对应的黏度均为 10^{12} Pa·s左右。

(4) 由熔融态向玻璃态转化时物理、化学性质发生连续变化。由熔融状态冷却到固态玻璃体，或者由固态玻璃加热到熔融状态的相反转变过程，其物理化学性质的变化是连续的。

图 4-9 为玻璃性质随温度的变化曲线。玻璃性质随温度的变化可分为两类。第一类性质如玻璃的电导率、比热容、黏度、热焓等，其性质与温度关系如图 4-9 的曲线Ⅰ所示。第二类性质如玻璃密度、折射率、热膨胀系数、弹性模量等，其性质与温度关系如曲线Ⅱ所示。在玻璃性质随温度逐渐变化的曲线上特别要指出两个特性温度：T_g 与 T_f。T_f 称为玻璃的软化温度，在该温度下，玻璃的黏度为 10^9 Pa。T_g 与 T_f 间温度范围称为"软化温度"或"反常区间"。在曲线Ⅰ和Ⅱ上，ab、$a'b'$ 低温阶段和 cd、$c'd'$ 高温阶段均呈直线关系，性质随温度变化不显著。而在"反常区间"内，两类性质均随温度而急速地变化，并不呈直线关系。因此，T_g 和 T_f 对控制玻璃的物理、化学性质有十分重要的作用。

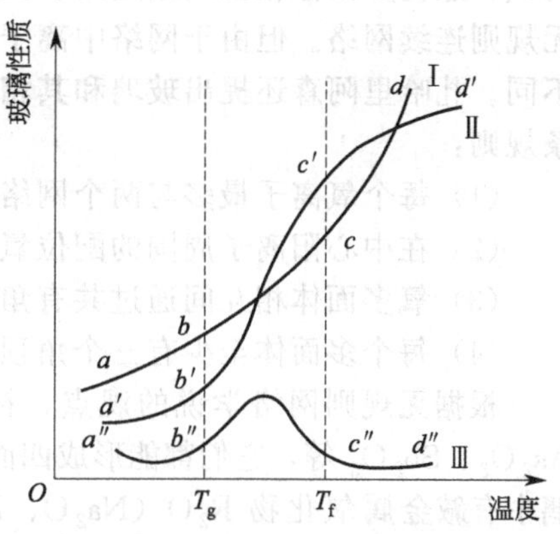

图 4-9　玻璃性质随温度的变化曲线

任何物质不论其化学组成如何，只要具有上述四个典型特性，都可归类为玻璃。

4.3.2　玻璃的结构

玻璃的性质不但与化学组成有关，也与其结构密切相关，研究玻璃的结构有助于进一步了解玻璃的性质和特点。玻璃结构是指玻璃中质点在空间的几何配置、有序程度及它们彼此间的结合状态。由于玻璃结构的复杂性，至今尚未提出一个统一和完善的玻璃结构理论。目前广为接受的玻璃结构学说是微晶学说和无规则网络学说。

4.3.2.1　微晶学说

学者列别捷夫在 1921 年提出微晶学说。他曾对硅酸盐玻璃进行加热和冷却，并分别测出不同温度下玻璃的折射率。无论是加热还是冷却，玻璃的折射率在 573℃左右时都会发生急剧变化。而 573℃正是 α-石英与 β-石英的晶型转变温度。这种现象对不同玻璃都有一定的普遍性。因而他推断这种变化应该和玻璃内部结构的变化有关，于是提出了玻璃结构的微晶学说。其要点如下。

(1) 玻璃是由无数"微晶"分散在无定形介质中。

(2) 所谓"微晶"不同于具有正常晶格的微晶体，而是带有点阵变形的有序区域。

(3) 从"微晶"区域到无定形区域是逐渐过渡的，两者之间无明显界限。

(4)"微晶"的化学性质取决于玻璃的化学组成。这些"微晶"可以是一定组成的化合物，也可以是固溶体。

总之，微晶学说认为，玻璃是由与该玻璃成分一致的晶态化合物组成的，但这个晶态化合物的尺度远比一般多晶体的晶粒要小。这个学说揭示了玻璃结构的微观不均匀性和短程有序性。

4.3.2.2　无规则网络学说

1932 年，德国学者扎哈里阿森基于玻璃与同组成晶体机械强度的相似性，应用晶体化学的成就，提出了无规则网络学说。

他认为，玻璃的结构与相应的晶体结构相似，可以用三维空间网络结构的形式来描述。在所有氧化物玻璃结构中，这种网络是由离子多面体——三角体［MO_3］或四面体［MO_4］构成，这些多面体相互间通过角顶上的公共氧搭桥，常称“桥氧”，构成向三维空间发展的无规则连续网络。但由于网络中离子多面体间作不规则排列，故玻璃结构与晶体结构又有所不同。扎哈里阿森还提出玻璃和其相应的晶体具有相似的内能，并提出形成氧化物玻璃的四条规则：

（1）每个氧离子最多与两个网络形成离子相连；

（2）在中心阳离子周围的配位氧离子数目必须是 4 或更小；

（3）氧多面体相互间通过共有角顶相连，而不能共棱或共面；

（4）每个多面体至少有三个角顶与相邻多面体是公共的。

根据无规则网络学说的观点，符合上述条件的氧化物有 SiO_2、B_2O_3、P_2O_5、V_2O_5、As_2O_3、Sb_2O_3 等，它们都能形成四面体配位，构成网络结构，称为玻璃网络形成剂。如果玻璃中有碱金属氧化物 R_2O（Na_2O、K_2O 等）或碱土金属氧化物 RO（CaO、MgO 等）时，［SiO_4］或其他四面体网络结构中的桥氧被切断而出现非桥氧；而 R^+ 或 R^{2+} 无序地分布在某些被切断的桥氧离子附近的网络外间隙中。这类氧化物改变了玻璃的结构，称为玻璃改变剂。例如，钠钙硅玻璃中的 Na_2O 与 CaO，其结构示意见图 4-10。若玻璃中含有比碱金属和碱土金属化合价高而配位数小的阳离子，如 Al_2O_3、TiO_2 等氧化物，它们的配位数为 4 或 6，如在有 R^+ 存在的情况下，Al^{3+} 可以取代 Si^{4+} 进入玻璃的网络结构中，可作为网络形成剂；若不满足上述条件时，它又处于网络之外，成为网络改变剂。这类氧化物也称为网络中间剂。

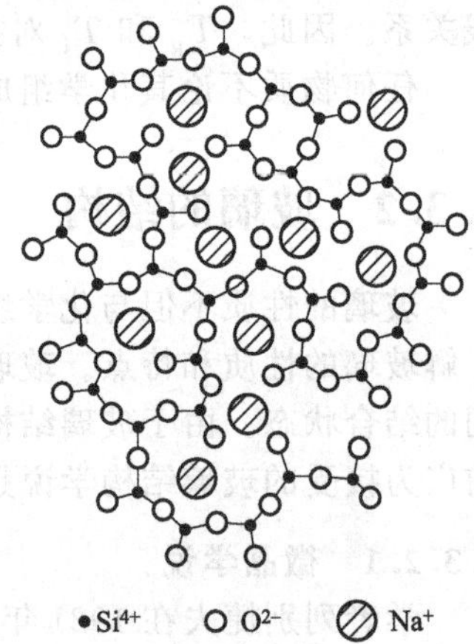

图 4-10 钠钙硅玻璃结构示意

玻璃结构与熔体结构的关系：玻璃态是热力学不稳定、动力学稳定的状态，在玻璃的熔融态向玻璃态转变的过程中，由于黏度增长很快、析晶速率很小而保持熔融态的结构。因此，玻璃结构与熔体结构的关系体现在以下几个方面。

（1）玻璃结构除了与成分有关以外，在很大程度上与硅酸盐熔体形成条件、玻璃的熔融态向玻璃态转变的过程有关，不能以局部、特定条件下的结构来代表所有玻璃在任何条件下的结构状态，即不能把玻璃结构看成是一成不变的。

（2）玻璃是过冷的液体，玻璃结构是熔体的继续。即玻璃结构对于熔体结构有一定的继承性。

（3）玻璃冷却至室温时，它保持着与该温度范围内的某一温度相适应的平衡结构状态和性能。即玻璃结构对于熔体结构有一定的结构对应性。

4.4 玻璃的性质

4.4.1 光学性质

光学性质是玻璃最重要的物理性质。光照射到玻璃表面可以产生透射、反射和吸收三种情况。光线透过玻璃称为透射。光线被玻璃阻挡，按一定角度反射出来称为反射。光线通过玻璃后，一部分光能量被玻璃吸收。

玻璃中光的透射随玻璃厚度增加而减少。玻璃中光的反射对光的波长不具有选择性，玻璃中光的吸收对光的波长有选择性。可以在玻璃中加入少量着色剂，使其选择吸收某些波长的光，但玻璃的透光性降低。还可以改变玻璃的化学组成来对可见光、紫外线、红外线、X 射线和 γ 射线进行选择吸收。

4.4.2　力学性质

在实际应用中，玻璃制品经常受到弯曲、拉伸和冲击应力，较少受到压缩应力。玻璃的力学性质主要指标是抗拉强度和脆性指标。

玻璃的理论抗拉强度极限为 12000MPa，实际强度只有理论强度的 1/300～1/200，一般为 30～60MPa。玻璃的抗压强度通常为 700～1000MPa。玻璃中的各种缺陷造成了应力集中或薄弱环节，试件尺寸越大，缺陷越多。缺陷对抗拉强度的影响非常显著，对抗压强度的影响较小。工艺上造成的外来杂质和波筋（化学不均匀部分）对玻璃的强度有明显影响。

脆性是玻璃的主要缺点之一。不同材料的弹性模量（E）差异显著，如橡胶的 E 值为 0.4～0.6，钢的 E 值为 400～460，混凝土的 E 值为 4200～9350，而玻璃的 E 值则通常在 1300～1500 范围内。然而，要明确的是，E 值的大小并不直接决定脆性的大小；玻璃的脆性还与其断裂韧性、抗冲击性能等多个因素密切相关。

4.4.3　热学性质

玻璃的热学性质主要包括比热容、热膨胀系数、热导率、热稳定性等。玻璃的比热容随温度上升而增加。在玻璃化转变温度（T_g）以下，比热容的增加不明显；温度升到 T_g 以上，比热容迅速增加；熔融态玻璃的比热容随着温度的上升而急剧增加。玻璃的热膨胀系数主要是由玻璃的化学组成决定的，Na_2O 和 K_2O 能显著地提高玻璃热膨胀系数；石英玻璃的热膨胀系数最小；增加 SiO_2 的含量可获得低热膨胀系数的玻璃。玻璃是热的不良导体，玻璃的热导率约为铜的 1/400。当玻璃突然遇冷时，常常因收缩差异导致的应力集中易在局部或表面产生张应力，致使玻璃断裂。玻璃的热稳定性是指玻璃能经受急剧的温度变化而不破裂的性能，它主要取决于玻璃的热膨胀系数、弹性模量和强度。在温度剧烈变化时玻璃会发生碎裂，玻璃的急热稳定性比急冷稳定性要强一些。钠钙玻璃热膨胀系数大，耐急冷热能力差；硼硅酸盐玻璃热膨胀系数小，耐急冷急热能力强，称为耐热玻璃；热膨胀系数最低的石英玻璃，热稳定性最好。

4.4.4　电学性质

玻璃的电学性质是与现代信息技术密切相关的一项重要性质，主要指玻璃的导电能力，用电导率衡量。玻璃电导率会受到温度和化学性质影响。常温下玻璃的电导率很小，是电的绝缘体。玻璃的电导率随温度的升高而急剧上升，熔融状态时一般为导电体。石英玻璃的绝缘性能最好，玻璃中碱金属氧化物会使其电导率显著增加。

第5章

陶瓷晶体缺陷

5.1 点缺陷

5.1.1 点缺陷的分类

根据质点与理想晶格的偏离或成分上的差异，点缺陷可以分为三类。

① 空位。晶体中正常结点没有被离子或原子所占据，成为空结点，称为空位。

② 间隙原子。原子进入晶体中处于正常结点之间的间隙，称为间隙原子。

③ 杂质原子：外来原子进入晶格成为晶格中的杂质原子。杂质原子既可以取代原来晶格中的原子进入正常的点阵位置，也可以进入晶格中的间隙位置。

根据产生原因，点缺陷可分为下列三种类型。

(1) 热缺陷。当温度高于 0K 时，由于热起伏，部分原子获得较大的能量，离开平衡位置造成的缺陷。按原子运动的路径，热缺陷又分为肖特基缺陷和弗伦克尔缺陷。

① 肖特基缺陷：正常结点的原子，在热起伏过程中获得能量离开平衡位置迁移到晶体的表面，在晶体内部正常结点上留下空位。这种由于原子迁移而产生的空位缺陷称为肖特基缺陷（图 5-1）。

② 弗伦克尔缺陷：在晶体中质点热振动时，部分能量较高的原子离开正常位置进入间隙，成为间隙原子，在原来的位置上留下空位。这种由原子迁移至间隙位置而产生的空位-原子对缺陷称为弗伦克尔缺陷（图 5-2）。

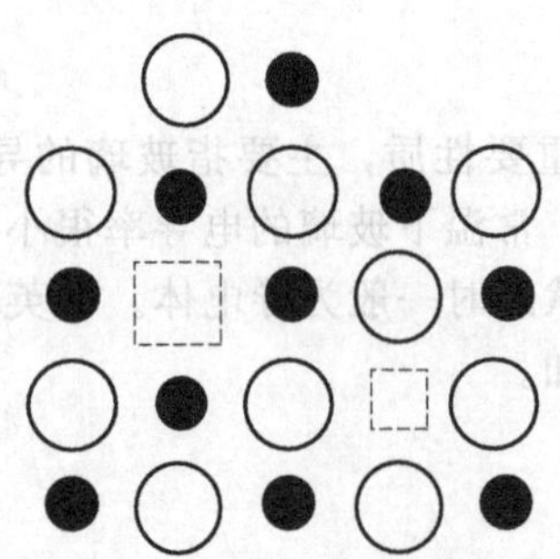

图 5-1　肖特基缺陷

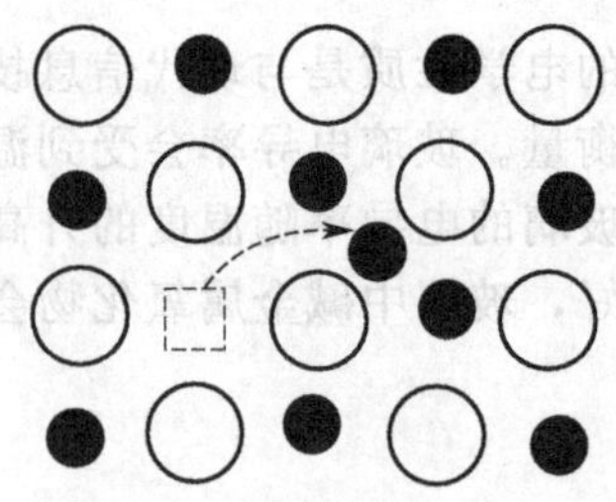

图 5-2　弗伦克尔缺陷

离子晶体中，产生肖特基缺陷时，为保持晶体的电中性，正负离子空位成对产生。例如，NaCl 晶体中产生一个 Na^+ 空位时，也产生一个 Cl^- 空位。弗伦克尔缺陷则是间隙原子与空位成对产生。

(2) 杂质缺陷。杂质缺陷是外来杂质原子进入晶体而产生的缺陷。杂质原子又可分为置换型和间隙型两种。前者为杂质原子取代正常结点的原子，后者则是杂质原子进入晶格点阵的间隙之中。

热缺陷是温度的函数。温度一定时，晶体中有与之平衡的缺陷浓度。对于杂质缺陷，杂质原子在固溶量范围之内时，杂质缺陷浓度与温度无关。这也是两者的区别。

(3) 非化学计量化合物结构缺陷。有些化合物，它们的化学组成随周围气氛的性质和压力大小而偏离化学计量组成的现象，称为非化学计量化合物结构缺陷。例如，TiO_2 在还原气氛下形成的 TiO_{2-x}（$x=0\sim1$）。

5.1.2 点缺陷符号

在缺陷发展史上，很多学者采用过多种不同的符号系统，目前广泛采用克罗格-明克的点缺陷符号。

在克罗格-明克符号系统中，用一个主要符号来表示缺陷的种类，同时用一个下标来表示这个缺陷所在的位置，用一个上标来表示缺陷所带的电荷。如用“·”表示正电荷，用撇“′”表示负电荷，有时用“×”表示电中性。一“撇”或一“点”表示一价，两“撇”或两“点”表示二价，以此类推。下面以 MX 离子晶体（M 为二价阳离子、X 为二价阴离子）为例来说明缺陷化学符号的具体表示方法。

(1) 空位。当出现空位时，对于 M 原子空位和 X 原子空位分别用 V_M 和 V_X 表示，V 表示这种缺陷是空位，下标 M、X 表示空位分别位于 M 和 X 原子的位置上。而对于像 NaCl 那样的离子晶体，V_{Na} 的意思是当 Na^+ 被取走时，一个电子同时被取走，留下一个不带电的 Na 原子空位；同样 V_{Cl} 表示缺了一个 Cl^-，同时增加一个电子，留下一个不带电的 Cl 原子空位。

(2) 间隙原子。当原子 M 和 X 处在间隙位置上时，分别用 M_i 和 X_i 表示。例如，Na 原子填隙在 KCl 晶格中，可以写成 Na_i。

(3) 置换原子。L_M 表示 M 位置上的原子被 L 原子所置换，S_X 表示 X 位置上的原子被 S 原子所置换。例如，NaCl 进入 KCl 的晶格中，K 被 Na 所置换写成 Na_K。

(4) 自由电子及电子空穴。在强离子性材料中，通常电子是位于特定的原子位置上，这可以用离子价来表示。但在有些情况下，电子可能不位于某一个特定的原子位置上，它们在某种光、电、热的作用下，可以在晶体中运动，可用 e' 来表示这些自由电子。同样，不局限于特定位置的电子空穴用 h' 表示。自由电子和电子空穴都不属于某一个特定位置的原子。

(5) 带电缺陷包括离子空位以及由于不等价离子之间的替代而产生的带电缺陷。如离子空位 V_M'' 和 $V_X^{\cdot\cdot}$，分别表示带二价电荷的正离子和负离子空位，如图 5-3(a) 所示。例如，在 KCl 离子晶体中，如果从正常晶格位置上取走一个带正电的 K^+，这和取走一个钾原子相比，少取了一个钾电子。因此，剩下的空位必定伴随着一个带有负电荷的过剩电子，过剩电子记为 e'。如果这个过剩电子被局限于空位，这时空位写成 V_K'。同样，如果取走一个带负电的 Cl^-，即相当于取走一个氯原子和一个电子，剩下的那个空位必然伴随着一个正的电子空穴，记为 $h^{\cdot}$。如果这个过剩的正电荷被局限于空位，这时空位写成：

$$V_K' \longrightarrow V_K + e'$$

$$V_{Cl}^{\cdot} \longrightarrow V_{Cl} + h^{\cdot}$$

用 $M_i^{\cdot\cdot}$ 和 X_i'' 分别表示 M 及 X 离子处在间隙位置上，如图 5-3(b) 所示。

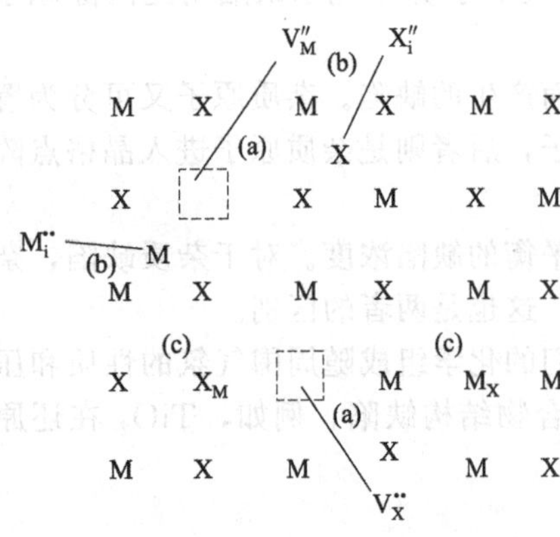

图 5-3 MX 化合物基本点缺陷

(a) M 离子空位 V_M''，X 离子空位 $V_X^{\cdot\cdot}$；(b) M 离子间隙 $M_i^{\cdot\cdot}$，X 离子间隙 X_i''；(c) M 原子错位 M_X，X 原子错位 X_M

若是离子之间由于不等价取代而产生了带电缺陷，如一个三价的 Al^{3+} 替代在镁位置上的一个 Mg^{2+} 时，由于 Al^{3+} 比二价 Mg^{2+} 高一价，因此与这个位置原有的电价相比，它多出一个单位正电荷，写成 $Al_{Mg}^{\cdot}$。如果 Ca^{2+} 取代了 ZrO_2 晶体中 Zr^{4+} 则写成 Ca_{Zr}''，表示 Ca^{2+} 在 Zr^{4+} 位置上同时带有两个单位负电荷。这里应该注意的是上标"+"和"−"是用来表示实际的带电离子，而上标"·"和"′"则表示相对于基质晶格位置上的有效的正、负电荷。

(6) 错位原子。当 M 原子被错放在 X 位置上时用 M_X 表示，下标总是指晶格中某个特定的原子位置。这种缺陷一般很少出现，如图 5-3(c) 所示。

(7) 缔合中心。一个带电的点缺陷也可能与另一个带有相反符号的点缺陷相互缔合成一组或一群，这种缺陷把发生缔合的缺陷放在括号内来表示。例如 V_M'' 和 $V_X^{\cdot\cdot}$ 发生缔合，可以记为 ($V_M''V_X^{\cdot\cdot}$)，类似的还可以有 ($M_i^{\cdot\cdot}X_i''$)。在存在肖特基缺陷和弗伦克尔缺陷的晶体中，带有相反电荷点缺陷之间，存在着一种库仑力。当它们靠得足够近时，在库仑力作用下，就会产生一种缔合作用。例如，在 MgO 晶体中，最邻近的镁离子空位和氧离子空位就可能缔合成空位对，形成缔合中心，可以用反应式表示如下：

$$V_{Mg}'' + V_O^{\cdot\cdot} \longrightarrow (V_{Mg}''V_O^{\cdot\cdot}) \tag{5-1}$$

以 $M^{2+}X^{2-}$ 离子晶体为例，克罗格-明克符号表示的点缺陷如表 5-1 所示。

表 5-1 克罗格-明克缺陷符号

缺陷类型	符号	缺陷类型	符号
M^{2+}在正常格点上	M_M	M 原子在 X 位置	M_X
X^{2-}在正常格点上	X_X	X 原子在 M 位置	X_M
M 原子空位	V_M	L^{2+}溶质置换 M^{2+}	L_M
X 原子空位	V_X	L^+溶质置换 M^{2+}	L_M'
阳离子空位	V_M''	L^{3+}溶质置换 M^{2+}	$L_M^{\cdot}$
阴离子空位	$V_X^{\cdot\cdot}$	L 原子在间隙	L_i
M 原子在间隙位	M_i	自由电子	e'
X 原子在间隙位	X_i	电子空穴	$h^{\cdot}$
阳离子间隙	$M_i^{\cdot\cdot}$	缔合中心	($V_M''V_X^{\cdot\cdot}$)
阴离子间隙	X_i''	无缺陷状态	0

5.1.3 点缺陷反应式

为了把缺陷的形成原因、形成缺陷的类型用简便的方法表述出来，可采用缺陷反应方程式。在离子晶体中，每个缺陷如果看成为化学物质，那么材料中的缺陷及其浓度就可以和一般的化学反应一样用热力学函数如反应热效应来描述，也可以把质量作用定律和平衡常数之类的概念应用于缺陷反应。这对于掌握在材料制备过程中缺陷的产生和相互作用等是很重要也很方便的。

在写缺陷反应方程式时，也与化学反应式一样，必须遵守一些基本原则。缺陷反应方程式应满足以下几个规则。

(1) 位置关系。在化合物 M_aX_b 中，M 位置的数量必须永远与 X 位置的数量保持 $a:b$ 的比例关系。例如，在 MgO 中，Mg∶O=1∶1；在 Al_2O_3 中，Al∶O=2∶3。只要保持比例不变，每一种类型的位置总数可以改变。如果在实际晶体中，M 与 X 的比例不符合位置的比例关系，表明晶体中存在缺陷。例如，在 TiO_2 中，Ti∶O=1∶2，而实际上当它还在还原气氛中时，由于晶体中氧不足而形成 TiO_{2-x}，此时在晶体中生成氧空位，因而 Ti 与 O 之比由原来的 1∶2 变为 1∶(2−x)。

(2) 位置增殖。当缺陷发生变化时，有可能引入 M 空位 V_M，也有可能把 V_M 消除。当引入空位或消除空位时，相当于增加或减少 M 的点阵位置数。但发生这种变化时，要服从位置关系。能引起位置增殖的缺陷有 V_M、V_X、M_M、M_X、X_M、X_X 等。不发生位置增殖的缺陷有 e'、$h^{\cdot}$、M_i、X_i 等。例如，发生肖特基缺陷时，晶格中原子迁移到晶体表面，在晶体内留下空位时，增加了位置的数目。当表面原子迁移到晶体内部填补空位时，减少了位置的数目。在离子晶体中，这种增殖是成对出现的，因此它是服从位置关系的。

(3) 质量平衡。与在化学反应中一样，缺陷反应方程的两边必须保持质量平衡，必须注意的是缺陷符号的下标只是表示缺陷的位置，对质量平衡没有作用。如 V_M 为 M 位置上的空位，它不存在质量。

(4) 电中性。在缺陷反应前后晶体必须呈电中性。电中性的条件要求缺陷反应式两边必须具有相同数目的总有效电荷，但不必等于零。例如，TiO_2 在还原气氛下失去部分氧，生成 TiO_{2-x} 的反应可写为：

$$2Ti_{Ti}+4O_O-\frac{1}{2}O_2\uparrow\longrightarrow 2Ti'_{Ti}+V_O^{\cdot\cdot}+3O_O \tag{5-2}$$

$$2TiO_2\longrightarrow 2Ti'_{Ti}+V_O^{\cdot\cdot}+3O_O+\frac{1}{2}O_2\uparrow \tag{5-3}$$

$$2Ti_{Ti}+4O_O\longrightarrow 2Ti'_{Ti}+V_O^{\cdot\cdot}+3O_O+\frac{1}{2}O_2\uparrow \tag{5-4}$$

上述反应式表示，晶体中的氧气以电中性的氧分子的形式从 TiO_2 中逸出；同时，在晶体内产生带正电荷的氧空位和与其符号相反的带负电荷的 Ti'_{Ti} 来保持电中性，反应式两边总有效电荷都等于零。Ti'_{Ti} 可以看成是 Ti^{4+} 被还原为 Ti^{3+}，三价 Ti 占据了四价 Ti 的位置，因而带一个有效负电荷。而两个 Ti^{3+} 替代了两个 Ti^{4+}，由原来 2∶4 变为 2∶3，因而晶体中出现一个氧空位。

(5) 表面位置。当一个 M 原子从晶体内部迁移到表面时，用符号 M_s 表示，下标表示表面位置，在缺陷化学反应中表面位置一般不用特别表示。

缺陷化学反应式在描述固溶体的生成和非化学计量化合物的反应中都是很重要的。为了加深对上述规则的理解，掌握其在缺陷反应中的应用，现举例说明如下。

【例 5-1】 $CaCl_2$ 溶质溶解到 KCl 溶剂中的固溶过程：当引入一个 $CaCl_2$ 分子到 KCl 中时，同时带进两个 Cl^- 和一个 Ca^{2+}。考虑置换杂质的情况，一个 Ca^{2+} 置换一个 K^+，Cl 处在 Cl 的位置上。由于引入两个 Cl^-，但在作为基体的 KCl 中，K∶Cl=1∶1，因此根据位置关系，为保持原有晶格，必然出现一个 K 离子空位。

$$CaCl_2\xrightarrow{KCl}Ca_K^{\cdot}+V'_K+2Cl_{Cl} \tag{5-5}$$

第二种可能是一个 Ca^{2+} 置换一个 K^+，而多出的一个 Cl 进入间隙位置。

$$CaCl_2\xrightarrow{KCl}Ca_K^{\cdot}+Cl'_i+Cl_{Cl} \tag{5-6}$$

第三种可能是Ca^{2+}进入间隙位置，Cl仍然在Cl位置，为了保持电中性和位置关系，必须同时产生两个K离子空位。

$$CaCl_2 \xrightarrow{KCl} Ca_i^{\cdot\cdot} + 2V_K' + 2Cl_{Cl} \tag{5-7}$$

在上面三个缺陷反应式中，⟶上面的KCl表示溶剂，溶质$CaCl_2$进入KCl晶格，写在箭头左边。以上三个缺陷反应都符合缺陷反应方程的规则，反应式两边保持电中性、质量平衡和正确的位置关系。它们中究竟哪一种是实际存在的缺陷反应式呢？正确判断其是否合理还需根据固溶体的生成条件及固溶体研究方法并用实验进一步验证。但是，可以根据离子晶体结构的一些基本知识，粗略地分析判断它们的正确性。式(5-7)的不合理性在于离子晶体是以负离子作紧密堆积，正离子位于紧密堆积所形成的空隙内。既然有两个钾离子空位存在，一般Ca^{2+}首先应填充到空位中，而不会挤到间隙位置，增加晶体的不稳定性因素。式(5-6)由于氯离子半径大，离子晶体的紧密堆积中一般不可能挤进间隙离子，因而上面三个反应式以式(5-5)最为合理。

【例5-2】 MgO溶质溶解到Al_2O_3溶剂中的固溶过程，有两种可能，两个反应式如下：

$$2MgO \xrightarrow{Al_2O_3} 2Mg_{Al}' + V_O^{\cdot\cdot} + 2O_O \tag{5-8}$$

$$3MgO \xrightarrow{Al_2O_3} 2Mg_{Al}' + Mg_i^{\cdot\cdot} + 3O_O \tag{5-9}$$

两个方程分别表示，2个Mg^{2+}置换了2个Al^{3+}，Mg占据了Al的位置。由于价数不同产生了2个负的有效电荷，为了保持正常晶格的位置关系Al∶O＝2∶3，可能出现一个O^{2-}空位或多余的一个Mg^{2+}进入间隙位置两种情况，都产生2个正的有效电荷，等式两边有效电荷相等。两个反应方程式均保持电中性、质量平衡，且位置关系正确，说明这两个反应方程式都符合缺陷反应规则。根据离子晶体结构的基本知识，可以分析出式(5-8)更为合理。因为在NaCl型的离子晶体中，Mg^{2+}进入晶格间隙位置这种情况不易发生。

【例5-3】 ZrO_2掺入Y_2O_3形成缺陷，Zr^{4+}置换了Y^{3+}，Zr占据了Y的位置。由于化合价不同产生了一个正的有效电荷，有一部分O^{2-}进入了间隙位置，产生了两个负的有效电荷，正常晶格的位置保持Zr∶O＝2∶3，质量是平衡的。在等式两边都是两个ZrO_2分子，等式两边有效电荷相等。说明反应方程式符合缺陷规则。实际是否能按此方程进行，还需进一步实验验证。

$$2ZrO_2 \xrightarrow{Y_2O_3} 2Zr_Y' + 3O_O + O_i'' \tag{5-10}$$

对缺陷反应方程进行适当处理和分析，可以找到影响缺陷种类和浓度的诸多因素，从而为制备某种功能性材料提供理论上的指导作用。

5.2 固溶体

固溶体是由两种或两种以上组分，在固态条件下相互溶解而成的。一般将组分含量高的称为溶剂，组分含量低的称为溶质。它可以在晶体生长过程中形成，也可以在从溶液或熔体中析晶时形成，还可以通过烧结过程由原子扩散而形成。固溶体的特征是杂质进入主体晶体结构中，不引起晶体类型和结构基本特征的改变，不生成新的化合物。

固溶体、机械混合物和化合物三者之间是有本质区别的。表5-2列出固溶体、机械混合物、化合物三者之间的区别。

表5-2 固溶体、机械混合物、化合物三者之间的区别

项目	固溶体	机械混合物	化合物
形成原因	以原子尺寸"溶解"生成	粉末混合	原子间相互反应生成
物系相数	均匀单相系统	多相系统	均匀单相系统
化学计量	不遵循定比定律		遵循定比定律
结构	与原始组分中晶体(溶剂)相同		与原始组分不同

若晶体A、B形成固溶体，则A和B之间以原子尺度混合成为单相均匀晶态物质。机械混合物AB是A和B以颗粒态混合，A和B分别保持本身原有的结构和性能，AB混合物不是均匀的单相而是两相或多相。若A和B形成化合物A_mB_n，A∶B＝m∶n（固定的比例），A_mB_n化合物的结构不同于A和B。若AC与BC两种晶体形成固溶体（A_xB_{1-x}）C，A与B可以任意比例混合，x在0～1范围内变动。该固溶体的结构仍与主晶相AC相同。

5.2.1 固溶体的分类

(1) 按照杂质原子（或离子）在固溶体中位置划分

① 置换型固溶体。当杂质原子（或离子）进入晶体正常结点位置时，形成置换型固溶体。目前发现的固溶体主要属于这种类型，常见的离子置换对有Fe^{2+}与Mg^{2+}、Al^{3+}与Si^{4+}、Na^{+}与Ca^{2+}等。

② 间隙型固溶体。当杂质原子（或离子）进入原来晶格间隙位置时，形成间隙型固溶体。

(2) 按杂质原子（或离子）在晶体中的溶解度划分

① 无限固溶体。溶质和溶剂两种晶体可按任意比例无限制相互溶解。例如，MgO和CoO生成的固溶体，Mg^{2+}可以被Co^{2+}完全置换。因此，在无限固溶体中，溶质和溶剂都是相对的。MgO和CoO生成的固溶体分子式可以写成$Mg_{1-x}Co_xO$，其中x＝0～1。所以，无限固溶体又称为连续固溶体或完全互溶固溶体。

② 有限固溶体。如果杂质原子（或离子）在固溶体中的溶解度是有限的，则存在一个溶解度的极限；超过这个极限，就出现第二相，那么上述的固溶体就称为有限固溶体。例如，MgO和CaO形成有限固溶体。在2000℃时，约有3%（质量分数）CaO溶入MgO中，超过这一限度，便出现第二相——氧化钙固溶体。有限固溶体又称为不连续固溶体或不完全互溶固溶体。

5.2.2 置换固溶体

在自然界，有些化合物之间可以形成连续固溶体，如FeO和MgO；而部分形成不连续固溶体，如CaO和MgO。此外，CaO和BeO则不能形成固溶体。影响上述现象的因素是什么？形成置换固溶体的条件是什么？

(1) 原子或离子尺寸。在置换固溶体中，原子或离子大小对形成连续或有限置换固溶体有直接影响。从晶体稳定的观点看，相互替换的原子或离子尺寸越接近，则固溶体越稳定。若以r_1和r_2分别代表半径大和半径小的溶剂（基质晶体）和溶质（杂质）原子（或离子）的半径，Hume-Rothery提出了以下经验规则：当$\Delta r=\frac{r_1-r_2}{r_1}<15\%$时，溶质与溶剂之间可以形成连续固溶体。这是形成连续固溶体的必要条件，而不是充分必要条件。当$\Delta r=15\%\sim30\%$时，溶质与溶剂之间只能形成有限固溶体；当$\Delta r>30\%$时，溶质与溶剂之间很

难形成固溶体或不能形成固溶体，而容易形成中间相或化合物。因此，Δr 越大，则溶解度越小。

(2) 晶体结构类型。溶质与溶剂晶体结构类型相同，这也是形成连续固溶体的必要条件，而不是充分必要条件。只有两种结构相同和 Δr 小于 15%时才是形成连续固溶体的充分必要条件。例如，NiO-MgO 和 Mn-γ-Fe 都具有面心立方结构，而且 Δr 小于 15%，因此 NiO-MgO 和 Mn-γ-Fe 可形成连续固溶体；MgO-CaO、Co-α-Fe 中两种结构不同或 $\Delta r>$ 15%，只能形成有限固溶体或不形成固溶体。

(3) 离子类型和化学键性质。离子类型是指离子外层的电子结构，相互置换的离子类型相同，容易形成固溶体。化学键性质相近，即取代前后离子周围离子间键性相近，容易形成固溶体。

(4) 电价因素。形成固溶体时，离子间可以等价置换也可以不等价置换。为了保持形成固溶体的电中性，不等价置换不易形成连续固溶体。在硅酸盐晶体中，常发生复合离子的等价置换，如 $Na^{+}+Si^{4+}\longrightarrow Ca^{2+}+Al^{3+}$，使钙长石 $Ca[Al_2Si_2O_8]$ 和钠长石 $Na[AlSi_3O_8]$ 形成连续固溶体。又如，$Ca^{2+}\longrightarrow 2Na^{+}$、$Ba^{2+}\longrightarrow 2K^{+}$ 常出现在沸石矿物中。为了保持电价平衡，还可以通过生成缺陷的方式形成固溶体。以产生离子空位的方式保持晶体的电价平衡，这种形成的转换称为缺位置换。缺位置换的方式有两种：正离子缺位型和负离子缺位型。

高价正离子置换低价正离子时，以形成正离子空位的方式满足电中性。例如，MgO 和 Al_2O_3 用焰熔法制镁铝尖晶石，往往得不到纯的尖晶石，而生成“富铝尖晶石”。其缺陷反应如下：

$$Al_2O_3 \xrightarrow{MgO} 2Al_{Mg}^{\cdot}+V_{Mg}''+3O_O^{\times} \tag{5-11}$$

形成的固溶体化学式表达为：$Mg_{1-x}Al_{2/3x}O$。书写方法如下：令溶质 Al^{3+} 取代 y 个 Mg^{2+} 点阵，由于不等价置换，形成了 x 个 Mg^{2+} 点阵缺陷，则固溶体的化学式初步写成 $Mg_{1-x}Al_yO$。根据电荷平衡，$2(1-x)+3y=2$，得 $y=2/3x$；代入上式，得到固溶体的化学式为 $Mg_{1-x}Al_{2/3x}O$。

低价正离子置换高价正离子时，以形成负离子空位的形式满足晶体电价平衡。例如，制备耐高温的稳定氧化锆材料，其反应如下：

$$CaO \xrightarrow{ZrO_2} Ca_{Zr}''+V_O^{\cdot\cdot}+O_O^{\times} \tag{5-12}$$

该固溶体的化学式为：$Zr_{1-x}Ca_xO_{2-x}$。

从满足电价平衡条件出发，不等价置换还可以形成正离子或负离子间隙情况。现将不等价置换固溶体中，可能出现的几种情况归纳如下。

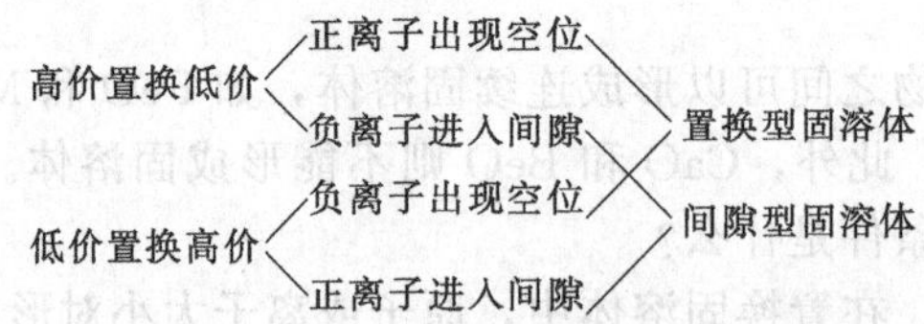

5.2.3 间隙固溶体

当杂质质点比较小时，进入晶体晶格的间隙中所形成的固溶体称为间隙固溶体。形成间隙固溶体的条件如下。

(1) 溶质质点和溶剂晶格间隙的相对大小。溶质质点与溶剂晶格间隙相对越小，越容易形成间隙固溶体。当非金属元素与金属元素的离子半径之比小于 0.95 时，常可形成间隙固溶体。例如，原子半径较小的 H、C、B 易进入过渡金属、镧系和锕系金属的晶格间隙位置形成间隙固溶体。碳素钢就是碳原子在铁中形成的间隙固溶体。

(2) 晶格间隙利用率。晶格间隙利用率越大，空隙越大，结构越疏松，越容易形成间隙固溶体。例如，面心立方的 MgO，只有四面体间隙可以利用；在 TiO_2 晶格中有八面体间隙可以利用；在 CaF_2 型结构中，有较大的立方体间隙存在；在架状硅酸盐片沸石结构中，空隙就更大了。所以，形成间隙固溶体的次序必然是架状硅酸盐片沸石 $> CaF_2 > TiO_2 > MgO$。

(3) 电价因素。当外来杂质质点进入间隙时，可能会引起晶体结构中电价的不平衡。为保持电价平衡，一般可以通过形成空位、复合阳离子置换和改变电子云结构来达到。例如，硅酸盐结构中嵌入 Be^{2+}、Li^{+} 等离子时，正电荷的增加往往被结构中 Al^{3+} 替代 Si^{4+} 所平衡。常见填隙型固溶体实例如下。

正离子间隙型：在 1800℃，当 CaO 加入 ZrO_2，CaO 加入量小于 15%（摩尔分数）时，发生如下反应：

$$2CaO \xrightarrow{ZrO_2} Ca''_{Zr} + Ca_i^{\cdot\cdot} + 2O_O^{\times} \tag{5-13}$$

负离子间隙型：例如，将 YF_3 加入 CaF_2 中形成固溶体为：

$$YF_3 \xrightarrow{CaF_2} Y_{Ca}^{\cdot} + F_i' + 2F_F^{\times} \tag{5-14}$$

间隙固溶体的形成一般都会使晶格常数变大。当增大到一定程度时，固溶体离解，所以间隙固溶体不能形成连续固溶体。

5.2.4 固溶体的性质

相对于纯溶剂组元而言，固溶体可以看成是含有杂质原子的晶体。这些杂质原子的进入使基质晶体的性质（晶格常数、力学性能、物理和化学性能等）发生一定程度的变化，这就为开辟新型材料提供了一个广阔的领域。

5.2.4.1 固溶体的作用

(1) 稳定晶格，阻止晶型转变的发生。ZrO_2 是一种高温耐火材料，熔点约 2680℃。但在烧结过程中发生相变单斜$\xrightleftharpoons{1200℃}$四方相变时，伴随有很大的体积收缩，造成高温结构材料的开裂。若加入 CaO，则它和 ZrO_2 形成固溶体，无晶型转变，使体积效应减少，使 ZrO_2 成为一种很好的高温结构材料。

在水泥生产中为阻止熟料中的 β-C_2S 向 γ-C_2S 转化，常加入少量 P_2O_5、Cr_2O_3 等氧化物作为稳定剂。这些氧化物和 β-C_2S 形成固溶体，以阻止其向 γ-C_2S 的转变。

(2) 活化晶格。物质间形成固溶体时，虽然仍保持着溶剂的晶体结构，但由于溶质与溶剂的原子大小不同，总会引起晶格结构发生一定的畸变而处于高能量的活化状态，活化了晶格，从而促进扩散、固相反应、烧结等过程的进行。

Al_2O_3 的熔点高达 2050℃，不利于烧结。若加入 1%～2%（质量分数）的 TiO_2 可形成缺位固溶体，使烧结温度下降到 1600℃。这是因为 Al_2O_3 和 TiO_2 形成固溶体，Ti^{4+} 置换 Al^{3+} 后带正电，为平衡电价，产生正离子空位，加快扩散，通过降低烧结温度有利于烧结进行；或加入 3%（质量分数）的 Cr_2O_3 形成置换型固溶体，可使烧结温度下降到 1860℃。

Si_3N_4 为共价化合物，很难烧结。β-Si_3N_4 与 Al_2O_3 在 1700℃可以固溶形成置换固溶

体，即生成 $Si_{6-0.5x}Al_{0.67x}N_{8-x}$，晶胞中被氧取代的最大值为 6。此材料即为赛龙材料，其烧结性能好，且具有很高的机械强度。

(3) 产生固溶强化。与纯金属相比，当溶质元素含量很少时，固溶体性能与溶剂金属性能基本相同。但随溶质元素含量的增多，固溶体的硬度与强度往往高于各组元，而塑性和韧性则较低，这种现象称为固溶强化。强化的程度或效果不仅取决于它的成分，还取决于固溶体的类型、结构特点、溶解度极限、原子尺寸等一系列因素。

置换固溶体和间隙固溶体都会产生固溶强化现象。一般而言，间隙固溶体较置换固溶体强化效果显著。这是因为间隙式溶质原子往往择优分布在位错线上，形成间隙原子"气团"，将位错牢牢钉扎住，从而强化效果良好。相反，置换式溶质原子往往均匀分布在点阵内，由于溶质和溶剂原子尺寸不同，造成点阵畸变，从而增加位错运动的阻力。但这种阻力比间隙原子"气团"的钉扎力小得多，因而强化作用也小得多。

溶质和溶剂原子尺寸相差越大或固溶度越小，固溶强化越显著。但是，也有些置换固溶体的强化效果非常显著，并能保持到高温。这是由于某些置换式溶质原子在这种固溶体中有特定的分布。

适当控制溶质含量，可明显提高强度和硬度，同时仍能保证足够高的塑性和韧性，所以说固溶体一般具有较好的综合力学性能，因此各种金属总是以固溶体为其基体相。这也是固溶强化在工业生产中得到广泛应用的原因。

固溶强化在实验中经常观察到，如铂、铑单独作热电偶材料使用，熔点为 1450℃；当使用铂铑合金作为其中的一根热电偶时，铂作为另一根热电偶，熔点则升至 1700℃。若两根热电偶都采用铂铑比例不同的铂铑合金时，熔点则可达 2000℃以上。

(4) 催化剂。汽车或燃烧器的尾气净化，以往使用贵金属和氧化物作为催化剂时均存在一些问题。氧化物催化剂虽然价廉，但只能消除有害气体中的还原性气体，而贵金属催化剂价格昂贵，故用锶、镧、锰、钴、铁等的氧化物所形成的固溶体消除有害气体很有效。这些固溶体具有可变价阳离子，可随不同气氛而变化，使得在其晶格结构不变的情况下容易做到对还原性气体赋予其晶格中的氧，从氧化性气体中取得氧溶入晶格中，从而起到催化消除有害气体的作用。

5.2.4.2 固溶体的性质

(1) 固溶体的电性能。固溶体的电性能随着杂质（溶质）浓度的变化，一般出现连续甚至是线性的变化，在相界上往往出现突变。固溶体形成对材料电学性能有很大影响，几乎所有功能陶瓷材料均与固溶体形成有关。下面介绍固溶体形成对材料电学性能影响的三个应用。

① 压电陶瓷。例如 $PbTiO_3$ 和 $PbZrO_3$ 都不是性能优良的压电陶瓷。$PbTiO_3$ 是铁电体，相变时伴随着晶胞参数的剧烈变化，冷却至室温时，一般会发生开裂，所以没有纯的 $PbTiO_3$ 陶瓷。$PbZrO_3$ 是一种反铁电体。这两个化合物结构相同，Zr^{4+}、Ti^{4+} 尺寸相差不多，可生成连续固溶体 $Pb(Zr_xTi_{1-x})O_3$（简称 PZT），其中 $x=0\sim1$。随着固溶体组成的不同，常温下有不同的晶体结构，在 $PbZrO_3$-$PbTiO_3$ 系统中发生的是等价置换，形成的固溶体结构完整，电场基本均衡，电导率没有显著变化。一般情况下，其介电性能也改变不大。但在三方结构和四方结构的准同型相界（MPB）处，获得的固溶体 PZT 的介电常数和压电性能皆优于纯粹的 $PbTiO_3$ 和 $PbZrO_3$ 陶瓷材料，其烧结性能也很好。异价置换会产生离子性缺陷，引起材料导电性能的重大变化，而且这个改变是与杂质缺陷浓度成比例的。

② 固体电解质与导电陶瓷。纯的 ZrO_2 是一种绝缘体，当加入 Y_2O_3 生成固溶体时，

Y^{3+} 进入 Zr^{4+} 的位置，在晶格中产生氧空位。缺陷反应如下：

$$Y_2O_3 \xrightarrow{ZrO_2} 2Y'_{Zr} + 3O_O + V_O^{\cdot\cdot} \tag{5-15}$$

从上式中可以看到，每进入一个 Y^{3+}，晶体中就产生一个准自由电子 e'，而电导率 σ（$\sigma = ne\mu$。式中，n 为自由电子数目；e 为电子电荷；μ 为电子迁移率）是与自由电子的数目 n 成正比的，电导率当然随着杂质浓度的增加而直线上升。

③ 超导材料。超导材料可用在高能加速器、发电机、热核反应堆及磁悬浮列车等领域。所谓超导体即冷却到接近 0 K 时，其电阻变为零，在超导状态下导体内的损耗或发热都为零，故能通过大电流。超导材料的基本特征包括临界温度、临界磁场和临界电流密度三个临界值。超导材料只有在这些临界值以下的状态时才显示超导性，故临界值越高，使用越方便，利用价值也越高。表 5-3 列出了部分单质及形成固溶体时的临界温度和临界磁场上限。由表可见，生成固溶体不仅使得超导材料易于制造，而且临界温度和临界磁场上限均升高，为实际应用提供了方便。

表 5-3　部分材料基本特征

物质	临界温度/K	临界磁场上限/(×10⁶A/m)	物质	临界温度/K	临界磁场上限/(×10⁶A/m)
Nb	9.2	2.0	$Nb_3Al_{0.8}Ge_{0.2}$	20.7	41
Nb_3Al	18.9	32	Pb	7.2	0.8
Nb_3Ge	23.2	—	$BaPb_{0.7}Bi_{0.3}O_3$	13	—
$Nb_3Al_{0.95}Be_{0.05}$	19.6	—			

(2) 其他性能的变化

① 磁导率。随着溶质含量的增加，固溶体的点阵畸变增大，其电阻率升高，同时电阻温度系数降低。由于固溶体电阻率高，所以精密电阻元件、电热体材料等大多为固溶体合金。此外，溶质原子的溶入还可改变溶剂的磁导率、电极电位等。例如，硅溶入 α-Fe 中可以提高磁导率，因此硅含量为 2%～4% 的硅钢是一种应用广泛的软磁材料；又如，当固溶于 α-Fe 中铬的原子分数达到 12.5% 时，铁的电极电位由 −0.60V 突然上升到 +0.2V，从而可有效地抵抗空气、水汽、稀硝酸等的腐蚀，因此不锈钢中至少含有 13% 的铬原子。

② 透明陶瓷。利用加入杂质离子可以对晶体的光学性能进行调节或改变。例如，只有采用热等静压法制得的 PZT 是透明的，其余的都是不透明的。但在 PZT 中加入少量的氧化镧（La_2O_3），生成的 PLZT 陶瓷就成为一种透明的压电陶瓷材料，开辟了电光陶瓷的新领域。为什么 PZT 用一般烧结方法达不到透明，而 PLZT 能达到透明呢？陶瓷达到透明的关键在于消除气孔，消除了气孔就可以实现透明或半透明。烧结过程中气孔的消除主要靠扩散。在 PZT 中，因为是等价取代的固溶体，因此扩散主要依赖于热缺陷；而在 PLZT 中，由于不等价取代，La^{3+} 取代了 A 位的 Pb^{2+}。为了保持电中性，不是在 A 位便是在 B 位必然产生空位，或者在 A 位和 B 位都产生空位，物质将通过杂质引入的空位而扩散。这种空位的浓度要比热缺陷浓度高出许多数量级。扩散系数与缺陷浓度成正比，扩散系数的增大，加速了气孔的消除，这是在同样有液相存在的条件下，PZT 不透明而 PLZT 透明的根本原因。

5.2.5 固溶体的研究方法

固溶体的生成可以用各种相分析手段和结构分析方法进行研究。前已述及，生成固溶体虽然不会改变晶体结构的类型，但可以使晶胞参数略有改变并且生成固溶体后性能上也有变化，如密度、光学性质、电学性质等变化。因此，可以用 X 射线结构分析精确测定晶胞参数，用排水法精确测定固溶体的密度，根据预期生成的固溶体的理论固溶式，计算出固溶体的理论密度；再与实测的密度进行比较，以此来判定所生成的固溶体及其组分、鉴别固溶体的类型等。

5.2.5.1 固溶体组成的确定

形成固溶体后，确定固溶体的组成，一般有以下两种方式。

(1) 点阵常数与成分的关系——Vegard 定律。实际发现，当两种同晶型的盐（如 KCl、KBr）形成连续固溶体时，固溶体的点阵常数与成分呈直线关系。也就是说，点阵常数正比于任一组元（任一种盐）的浓度，这就是 Vegard 定律。后来，人们将 Vegard 定律推广到两种具有相同晶体结构的非金属所形成的固溶体。对于由结构不同的两种非金属所形成的固溶体，人们仍然假设，只要将各种非金属的点阵常数变成配位数为 12 时的数值，Vegard 定律仍然适用。

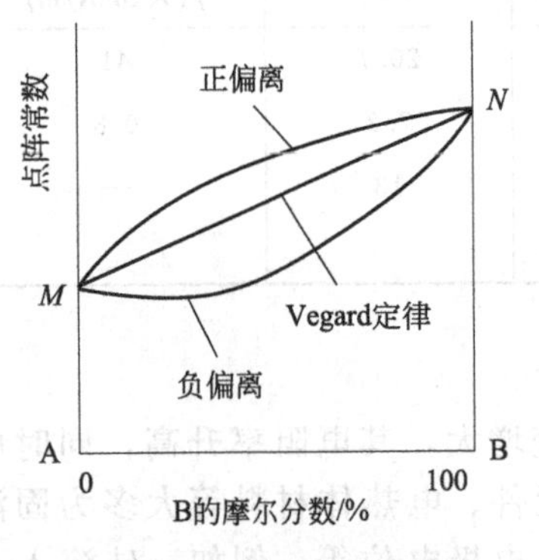

图 5-4 固溶体的点阵常数与成分的关系

如果 Vegard 定律果真适用于由非金属 A 和 B 形成的固溶体，那么固溶体的点阵常数就应与成分（如 B 组元的原子分数 C_B）成为线性关系。如图 5-4 中直线 MN 所示，该图两端的纵坐标显然分别是非金属 A 和 B 的点阵常数。

(2) 物理性能和成分的关系。固溶体的电学、热学、磁学等物理性质也随成分而连续变化，根据这一原理，可以通过对物理性能的研究而判定组成的变化。例如，可以通过测定固溶体的密度、折射率等性质的改变，来确定固溶体的形成和各组元间的相对含量，如钠长石与钙长石能形成一系列连续固溶体。在这种固溶体中，随着钠长石向钙长石的过渡，其密度及折射率均递增，据此可确定一个对照表，通过测定未知组成固溶体的性质后与该表对照，由此反推该固溶体的组成。

5.2.5.2 固溶体类型的大略估计

在讨论置换固溶体和间隙固溶体时，可注意到，生成间隙固溶体的条件要比置换固溶体苛刻得多。因为除了尺寸因素之外，还有一个更重要的因素是晶体中是否有足够大的间隙位置。在离子晶体中，特别是在氧化物晶体中都是以氧离子作密堆积，金属离子填充在氧离子构成的四面体间隙、八面体间隙之中。一般来说，具有氯化钠结构的晶体，不大可能生成间隙固溶体。因为金属离子尺寸比较大，而在氯化钠结构中，只有四面体间隙是空的；具有空的氧八面体间隙的金红石结构，或具有更大间隙的萤石型结构时，金属离子才能填入。所以，如果在结构上只有四面体间隙是空的，可以基本排除生成间隙固溶体的可能性。例如 NaCl、GaO、SrO、CoO、FeO、KCl 等都不会生成间隙固溶体，这和氯化钠结构能生成肖特基缺陷是一致的。而在一些间隙较大、弗伦克尔缺陷生成能较低的晶体（如 CaF_2、ZrO_2、UO_2 等）中，有可能生成间隙固溶体，但究竟是否生成还有待实验验证。

以上叙述了对固溶体组成的大略估计。但所生成的固溶体是完全互溶，还是部分互溶，或是根本不生成固溶体，这时需应用某些技术（如差热分析、比热容温度曲线、热膨胀系数、淬冷法配合X射线分析或光学显微镜分析等）作出它们的相图。但相图不能体现所生成的固溶体是置换固溶体还是间隙固溶体，或者是两者的混合型，最后的确定还要借助于其他方法。

5.2.5.3　固溶体类型的实验判别

固溶体类型的实验判别，有几种不同的方法。对于无机非金属材料，最可靠而简便的方法是写出生成不同类型固溶体的缺陷反应方程；根据缺陷反应方程计算出杂质浓度与固溶体密度的关系，并画出曲线；把这些数据与实验值相比较，哪种类型与实验相符合即为何种类型。

（1）理论密度计算

$$D_0=\frac{W}{V}$$

式中　D_0——理论密度；

W——晶胞中所有质点的质量；

V——晶胞体积。

计算方法：①先写出可能的缺陷反应方程式；②根据缺陷反应方程式写出固溶体可能的化学式；③由化学式可知晶胞中有几种质点，计算出晶胞中 i 质点的质量。

晶胞中 i 质点的质量：

$$W_i=\frac{\text{晶胞中 } i \text{ 质点的位置数}\times i\text{ 质点实际所占分数}\times i\text{ 的原子量}}{\text{阿伏伽德罗常数}N_A}$$

其中，晶胞中 i 质点的位置数由基质的晶体结构确定，i 质点实际所占分数由固溶体的化学式决定。据此，计算出晶胞质量：

$$W=\sum_{i=1}^{n}W_i$$

式中　W——晶胞质量；

W_i——晶胞中 i 质点的质量。

由此可见，固溶体化学式的确定至关重要。

（2）固溶体化学式的确定。以CaO加入 ZrO_2 中为例，以1mol基质晶体为基准，掺入 x mol CaO，形成置换固溶体（空位模型）：

$$\underset{x}{CaO}\xrightarrow{ZrO_2}\underset{x}{Ca_{Zr}''}+O_O+\underset{x}{V_O^{\cdot\cdot}}$$

则化学式为 $Ca_xZr_{1-x}O_{2-x}$。

若形成间隙固溶体（间隙模型）：

$$\underset{2y}{2CaO}\xrightarrow{ZrO_2}\underset{y}{Ca_{Zr}''}+2O_O+\underset{y}{Ca_i^{\cdot\cdot}}$$

则化学式为 $Ca_{2y}Zr_{1-y}O_2$。

固溶体化学式中 x、y 为待定参数，其值取决于固溶体的组成及建立固溶体化学式时的假设条件。写出固溶体的化学式后，即可确定质点占据正常格点的百分含量。如置换固溶体 $Ca_xZr_{1-x}O_{2-x}$ 中，Ca^{2+}、Zr^{4+}、O^{2-} 实际所占分数分别为：$\frac{x}{1}$、$\frac{1-x}{1}$、$\frac{2-x}{2}$。间隙固溶

体 $Ca_{2y}Zr_{1-y}O_2$ 中，Ca^{2+}、Zr^{4+}、O^{2-} 实际所占分数分别为：$\frac{2y}{1}$、$\frac{1-y}{1}$、1。

【例 5-4】 若固溶体的摩尔组成为 $0.15CaO$、$0.85ZrO_2$，将其写成原子比形式为 $Ca_{0.15}Zr_{0.85}O_{1.85}$。置换固溶体的化学式为 $Ca_xZr_{1-x}O_{2-x}$，根据固溶体中各元素原子数目对应比例即可求出固溶体化学式中待定参数的值。

解 对于置换固溶体有：

$$x=0.15 \qquad 1-x=0.85 \qquad 2-x=1.85$$

则可得出 $x=0.15$，所以置换固溶体化学式为 $Ca_{0.15}Zr_{0.85}O_{1.85}$。又因为 ZrO_2 属于萤石结构，晶胞分子数 $Z=4$，晶胞中有 Ca^{2+}、Zr^{4+}、O^{2-} 三种质点，晶胞质量：

$$W=\sum_{i=1}^{n}W_i=\frac{4\times\frac{0.15}{1}\times M_{Ca^{2+}}+4\times\frac{0.85}{1}\times M_{Zr^{4+}}+8\times\frac{1.85}{2}\times M_{O^{2-}}}{6.22\times10^{22}}=75.18\times10^{-23}(g)$$

由 X 射线衍射分析得晶胞常数 $a=0.5131nm$，晶胞体积 $V=a^3=135.1\times10^{-24}cm^3$。

$$D_{0置}=\frac{W}{V}=\frac{75.18\times10^{-23}}{135.1\times10^{-24}}=5.565(g/cm^3)$$

对于间隙固溶体，同理可得 $D_{0间}=6.014g/cm^3$。

实际测量密度 $D=5.477g/cm^3$，由此可判断生成的是置换固溶体。

(3) 理论密度与实测密度比较，确定固溶体类型。在 1600℃时实测 CaO 与 ZrO_2 形成的固溶体，当加入摩尔分数为 15%的 CaO 时，理论计算密度 $5.565g/cm^3$ 与实验测得的置换固溶体密度 $5.477g/cm^3$ 之间仅差 $0.088g/cm^3$，数值是相当一致的。这说明在 1600℃时，固溶体化学式是合理的，有氧空位存在，化学式 $Ca_{0.15}Zr_{0.85}O_{1.85}$ 是正确的。

图 5-5 表示添加 CaO 的 ZrO_2 固溶体密度与 CaO 含量的关系。曲线表明：在 1600℃[图 5-5(a)] 时，不同组成淬冷样品的实际密度与氧离子空位型固溶体的计算密度有很好的重合，表明在此温度下固溶体为空位型。但当温度升高到 1800℃ [图 5-5(b)]，CaO 含量小于 15%（摩尔分数）时，测定密度与钙离子填隙型固溶体的计算密度一致；而当 CaO 摩尔

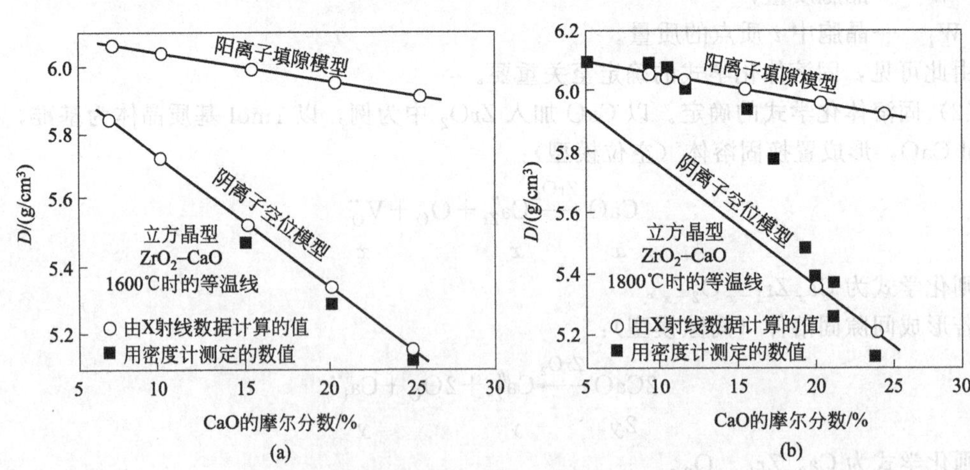

图 5-5 添加 CaO 的 ZrO_2 固溶体密度与 CaO 含量的关系

(a) 1600℃的淬冷试样；(b) 1800℃的淬冷试样

在 1600℃时，每添加一个 Ca^{2+} 就引入一个氧空位；在 1800℃时，缺陷的类型随着组成而发生明显的变化

分数大于15%时，测试密度逐步与氧离子空位型固溶体的计算密度一致。这两种不同类型的固溶体，密度值有很大不同，用对比密度值的方法可以很准确地确定出固溶体的类型。

从上述例子可以看出，通过比较建立在缺陷反应方程式基础上的固溶体计算密度与实际测试密度，可以推断固溶体的结构类型。这是研究固溶体的一种有效方法。

5.3 非化学计量化合物

5.3.1 非化学计量化合物的形成

这里讨论的非化学计量化合物也属于点缺陷的范畴，可以将非化学计量化合物看成是高价化合物与低价化合物的固溶体，即不等价置换是发生在同一种离子中的高低价态间的相互置换。

一般化合物的化学式符合定比定律，但在实际化合物中，有一些并不符合定比定律。正负离子的比例并不是一个简单的固定比例关系，这些化合物称为非化学计量化合物。

作为点缺陷，非化学计量化合物的产生及缺陷浓度与气氛性质、压力有关，这是区别于其他缺陷的显著特点。

例如，具有离子结构的金属氧化物（$M^{2+}O^{2-}$）置于氧分压高的气氛中，晶体表面吸附O_2，阳离子中自由电子通过跃迁和被吸附的O_2结合，使之离子化成O^{2-}并进入结构；同时，两个自由电子与一个氧原子结合就必然导致两个M^{2+}的电价增加为M^{3+}。在还原气氛中，O^{2-}失去自由电子从晶体中逸出，且正离子的电价降低。

在氧化或还原气氛下，非化学计量化合物的形成分别以通式表示如下：

$$2M_M^{\times}+\frac{1}{2}O_2\longrightarrow 2M_M^{\cdot}+V_M''+O_O^{\times}$$

$$2M_M^{\times}+O_O^{\times}\longrightarrow 2M_M'+V_O^{\cdot\cdot}+\frac{1}{2}O_2$$

非化学计量化合物具有以下两个特性：色心和半导体特性。

色心特性：化合物晶体在一定气氛和温度条件下加热，产生离子空位，由于离子空位捕获e'或$h^{\cdot}$，引起光吸收而导致晶体颜色改变。例如，TiO_2在还原气氛下加热，产生一系列从黄色到黑色的化合物。

半导体特性：纯粹状态下的绝缘体，当形成非化学计量化合物时，由于电子转移，原本的绝缘体会出现半导体特性，按传导载流子的性质分为n型和p型半导体。非化学计量化合物都是半导体，非化学计量化合物为制造半导体元件开辟了一个新途径。

5.3.2 非化学计量化合物的分类

5.3.2.1 阳离子空位

$Fe_{1-x}O$、$Co_{1-x}O$、$Ni_{1-x}O$、$Mn_{1-x}O$等属于非化学计量化合物。产生的原因是化合物处在氧化气氛之中，晶体表面吸附O_2，阳离子中自由电子通过跃迁和被吸附的O_2结合，氧原子离子化成为O^{2-}并进入结构；同时，两个自由电子与一个氧原子结合就必然导致两个M^{2+}的电价增加为M^{3+}，在晶体中出现阳离子的空位。以Fe_{1-x}为例，其缺陷反应方程式为：

$$2Fe_{Fe}^{\times}+\frac{1}{2}O_2\longrightarrow 2Fe_{Fe}^{\cdot}+V_{Fe}''+O_O^{\times} \tag{5-16}$$

$$Fe_{Fe}^{\cdot}\longrightarrow Fe_{Fe}^{\times}+h^{\cdot} \tag{5-17}$$

根据质量作用定律：

$$K=\frac{[O_O][V_{Fe}''][h^{\cdot}]^2}{P_{O_2}^{\frac{1}{2}}} \tag{5-18}$$

$[O_O]\approx 1$，$[h^{\cdot}]=2[V_{Fe}'']$，由此可得：

$$[h^{\cdot}]\propto P_{O_2}^{\frac{1}{6}} \tag{5-19}$$

即随着氧分压的增大，电子空穴浓度增大，电导率也相应增大。

因为 $h^{\cdot}$ 是非定域的，为导通电流的载流子，所以这类材料称为 p 型半导体。若 $h^{\cdot}$ 为正离子空位 V_{Fe}'' 所捕获，形成缺陷 V 型色心。

从化学的观点看，$Fe_{1-x}O$ 可以看成为 Fe_2O_3 在 FeO 中的固溶体。

5.3.2.2 阴离子填隙

目前只发现 UO_{2+x} 有这种缺陷产生，可以看成为 $U_3O_8(UO_2+2UO_3)$ 在 UO_2 中的固溶体。其缺陷反应为：

$$UO_3\xrightarrow{UO_2}U_U^{\cdot\cdot}+2O_O+O_i'' \tag{5-20}$$

等价于

$$\frac{1}{2}O_2\longrightarrow O_i'+2h^{\cdot} \tag{5-21}$$

根据质量作用定律：

$$K=\frac{[O_i'][h^{\cdot}]^2}{P_{O_2}^{\frac{1}{2}}} \tag{5-22}$$

由于 $[h^{\cdot}]=2[O_i']$，可得：

$$[O_i']\propto P_{O_2}^{\frac{1}{6}} \tag{5-23}$$

由上式可知，随着氧压力的增大，间隙氧的浓度增大，这种类型的缺陷化合物是 p 型半导体。

5.3.2.3 阳离子填隙

Zn_{1+x} 和 Cd_{1+x} 属于这种类型。例如，ZnO 在锌蒸气中加热，过剩的锌离子进入间隙位置，为保持电中性，e'束缚其周围。缺陷化学反应如下：

$$ZnO\longrightarrow Zn_i^{\cdot}+e'+\frac{1}{2}O_2\uparrow \tag{5-24}$$

$$ZnO\longrightarrow Zn_i^{\cdot\cdot}+2e'+\frac{1}{2}O_2\uparrow \tag{5-25}$$

对于式(5-24)，T 一定，达到平衡时，设平衡常数为 K，按质量作用定律：

$$K=\frac{[Zn_i^{\cdot}][e']P_{O_2}^{\frac{1}{2}}}{[ZnO]} \tag{5-26}$$

在 650℃测得非化学计量化合物 $Zn_{1+x}O$ 的电导率与 P_{O_2} 的关系如图 5-6 所示，电导率 σ 与 $Zn_{1+x}O$ 中自由电子为正比例。实验结果表明，缺陷反应是按式(5-24) 进行的。

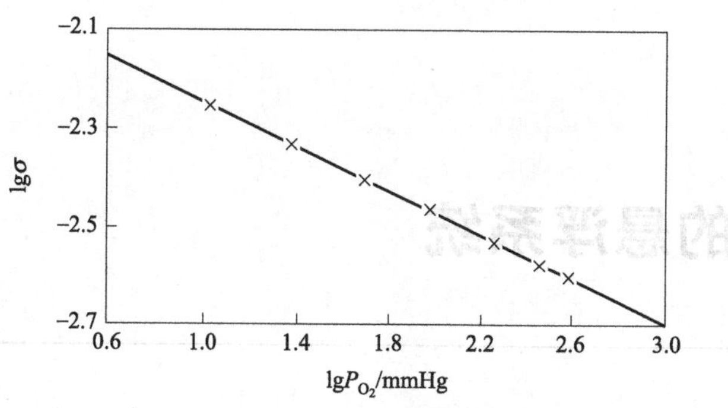

图 5-6　在 650℃下 $Zn_{1+x}O$ 的电导率与 P_{O_2} 的关系

(1mmHg=0.133kPa)

5.3.2.4　阴离子空位

TiO_{2-x}、ZrO_{2-x}、Nb_2O_{5-x}、WO_{3-x} 等属于这种类型。从化学计量的观点看，在这种化合物中，正离子与负离子的比例是 1∶2。但氧离子不足，在晶体中存在氧空位，使得金属离子与化学计量比较起来显得过剩。产生的原因是化合物处在还原气氛之中，环境中缺氧，使得晶格中的氧逸出，在晶体中出现氧空位。以 TiO_{2-x} 为例，其缺陷反应化学方程式如下。

$$2Ti_{Ti}^{\times}+4O_O^{\times}\longrightarrow 2Ti_{Ti}'+V_O^{\cdot\cdot}+\frac{1}{2}O_2\uparrow+3O_O^{\times} \tag{5-27}$$

$$Ti_{Ti}'\longrightarrow Ti_{Ti}^{\times}+e' \tag{5-28}$$

根据缺陷反应方程式，平衡时：

$$K=\frac{[V_O^{\cdot\cdot}][P_{O_2}]^{\frac{1}{2}}[e']^2}{[O_O]} \tag{5-29}$$

因为晶体中氧离子的浓度基本不变，而 $[e']=2[V_O^{\cdot\cdot}]$，则上式可简化为：

$$[V_O^{\cdot\cdot}]\propto P_{O_2}^{-\frac{1}{6}} \tag{5-30}$$

上式表明，氧空位的浓度与氧分压的 1/6 次方成反比。所以 TiO_2 对氧分压是敏感的，在还原气氛中才能形成 TiO_{2-x}。因为 $[e']=2[V_O^{\cdot\cdot}]$，所以 TiO_2 的非化学计量半导体的电导率随氧分压升高而降低，通过控制氧分压就可控制材料的电导率。

由于这类材料中，自由电子 e′是非定域的，为导通电流的载流子，所以这类材料称为 n 型半导体。$V_O^{\cdot\cdot}$ 捕获 2 个 e′的缺陷称为 F 型色心。

从化学的观点看，缺氧的 TiO_2 可以看成为 4 价钛和 3 价钛氧化物的固溶体，即 Ti_2O_3 在 TiO_2 中的固溶体。也可以把它看成是为了保持电中性，部分 Ti^{4+} 降价为 Ti^{3+}：

$$Ti_2O_3\xrightarrow{TiO_2}2Ti_{Ti}'+V_O^{\cdot\cdot}+3O_O^{\times} \tag{5-31}$$

第6章

陶瓷粉体的悬浮系统

6.1 黏土-水系统胶体化学

黏土胶体不是指干燥黏土，而是加水后的黏土-水两相系统。

黏土粒子通常是片状的，其层厚的尺寸往往符合胶体粒子范围，即使另外两个方向的尺寸很大，但整体上仍可视为胶体。例如，蒙脱石膨胀后，其单位晶胞厚度可劈裂成 1nm 左右的小片，分散于水中即成胶体。

除了分散尺寸外，分散相与分散介质的界面对胶体同样重要。一般认为，即使系统仅含 1.5%以下的胶体粒子，整体上其界面就可能很大，并表现出胶体性质。许多黏土虽然几乎不含 0.1μm 以下的粒子，但仍是呈胶体性质。这显然应从界面化学角度去理解。

黏土中的水可分为吸附水和结构水两种。前者是指吸附在黏土矿物层间，约在 100～200℃的较低温度下可以脱去；后者是以羟基形式存在于黏土晶格中，其脱水温度随黏土种类不同而异，大约在 400～600℃。对于黏土-水系统性质而言，吸附水往往是更重要的。

黏土晶粒的表面，是由 OH^- 和 O^{2-} 排列成层状的六元环状。吸附水是彼此连接成如图 6-1 所示的六角形网层，即六角形的每边相当于氢键。一个水分子的氢键直指邻近分子的负电荷，但水分子中有一半氢原子没有参加网内结合，它们由于黏土晶格的表面氧层间的吸引作用而连接在黏土矿物的表面上。第二个水网层同样由未参加网内结合的氢原子，通过氢键与第一网层相连接。依次重叠直到水分子的热运动足以克服上述键结合作用时，逐渐过渡到不规则排列。

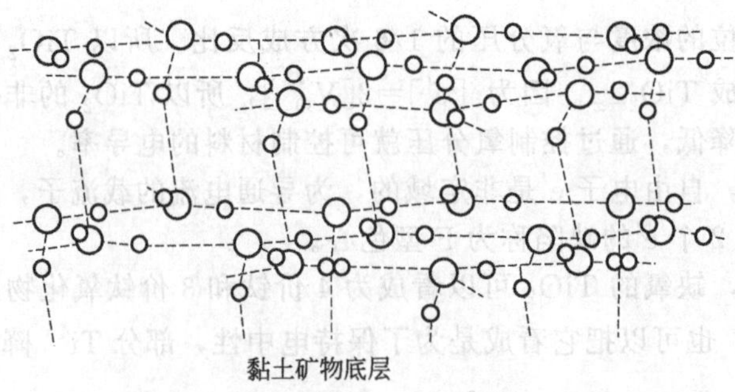

图 6-1 直接连接到黏土矿物底层上的吸附水

从这样的结构模型出发，黏土吸附水可分为以下三种。牢固结合水，它是接近于黏土表面的有规则排列的水层，有人测得其厚度约为 3～10 个水分子厚度，而且性质也不同于普通水；其相对密度为 1.28～1.48，冰点较低，也称为非液态吸附水。疏松结合水，系指从规则排列过渡到不规则排列的水层。自由水，即最外面的普通水层，也称为流动水层。

不同结合状态的吸附水与黏土-水系统的陶瓷工艺性质有重要关系。例如，塑性泥料要求其含水达到疏松结合状态，而流动泥浆则要求有自由水存在。但是，不同黏土矿物的吸附水和结构水并不尽然相同，这主要取决于黏土结构、分散度和离子交换能力。

6.1.1　黏土的带电性

实验可以证实，分散在水中的黏土粒子可以在电流的影响下向阳极移动，说明黏土粒子是带负电的。黏土的带电原因如下。

(1) 黏土层面上的负电荷。黏土晶格内离子的同晶置换造成电价不平衡使其板面上带负电。硅氧四面体中四价的硅被三价的铝所置换，或者铝氧八面体中三价的铝被二价的镁、铁等取代，就产生了过剩的负电荷。这种电荷的数量取决于晶格内同晶置换的多少。

例如，蒙脱石其负电荷主要是由铝氧八面体中 Al^{3+} 被 Mg^{2+} 等二价阳离子取代而引起的。除此以外，还有总负电荷的 5%是由 Al^{3+} 置换硅氧四面体中的 Si^{4+} 而产生的。蒙脱石的负电荷除部分由内部补偿外，单位晶胞还约有 0.66 个剩余负电荷。

伊利石主要由于硅氧四面体中的硅离子约有 1/6 被铝离子所取代，单位晶胞中约有 1.3～1.5 个剩余负电荷。这些负电荷大部分被层间非交换性的 K^+ 和部分 Ca^{2+}、H^+ 等所平衡，只有少部分负电荷对外表现出来。

对于高岭石，根据化学组成推算其结构式，其晶胞内电荷是平衡的。一般认为高岭石内不存在类质同晶置换。但近年来根据化学分析、X 射线分析和阳离子交换容量测定等综合分析结果，证明高岭石中存在少量铝对硅的同晶置换现象，其量约为每百克土有 2mol。

黏土内由同晶置换所产生的负电荷大部分分布在层状硅酸盐的板面（垂直于 c 轴的面）上。因此，在黏土的板面上可以依靠静电引力吸引一些介质中的阳离子以平衡其负电荷。

黏土的负电荷还可以由吸附在黏土表面的腐殖质而产生。这主要是由腐殖质的羧基和酚羧基的氢解离而引起的。这部分负电荷的数量会随介质的 pH 值而改变，在碱性介质中有利于 H^+ 的离解而产生更多的负电荷。

(2) 黏土边棱上的两性电荷。实验证实，高岭石的边面（平行于 c 轴的面）在酸性条件下，从介质中接受质子而使边面带正电荷。例如，1942 年西奈（Thiessen）在电子显微镜中看到带负电荷胶体金粒被片状高岭石的棱边所吸附，证明黏土也能带正电。

高岭石在中性或极弱的碱性条件下，边缘的硅氧四面体中的两个氧各与一个氢相连接，同时各自以半个键与铝结合。由于其中一个氧同时与硅相连，所以这个氧带有 1/2 个正电荷。

高岭石在酸性介质中与铝连接的氧原本带有 1/2 个负电荷，接受 1 个质子后变成带有 1/2 个正电荷，这样就使边面共带有一个正电荷。

高岭石在强碱性条件下，由于与硅连接的两个羟基中的 H 解离，边面共带 2 个负电荷。蒙脱石和伊利石的边面也可能出现正电荷。

(3) 黏土的净电荷。黏土的正电荷和负电荷的代数和就是黏土的净电荷。黏土的负电荷一般都远大于正电荷，因此黏土是带有负电荷的。

黏土胶料的电荷是黏土-水系统具有一系列胶体化学性质的主要原因之一。

6.1.2 黏土的离子吸附和交换

黏土带有负电荷，它必然要吸附介质中的阳离子来中和其所带的负电荷，被吸附的阳离子又能被溶液中其他浓度大、价数高的阳离子所交换，这就是黏土的阳离子交换性质。黏土的离子交换反应具有同号离子相互交换、离子以等当量交换、交换和吸附是可逆过程、离子交换并不影响黏土本身结构等特点。

黏土吸附和离子交换是一个反应中同时进行的两个不同过程。例如，一个交换反应如下：

$$\text{黏土-2Na} + Ca^{2+} \rightleftharpoons \text{Ca-黏土} + 2Na^{+}$$

在这个反应中，为满足黏土与离子之间的电中性，必须有一个 Ca^{2+} 交换两个 Na^{+}。而对 Ca^{2+} 而言是由溶液转移到胶体上，这是离子的吸附过程。但对被黏土吸附的 Na^{+} 转入溶液而言，则是解吸过程。吸附和解吸的结果，使 Ca^{2+}、Na^{+} 相互换位，即进行交换。由此可见，离子吸附是黏土胶体与离子之间的相互作用，而离子交换则是离子之间的相互作用。

黏土的阳离子交换容量用100g干黏土吸附离子的物质的量（mmol）来表示。

不同类型的黏土矿物其交换容量相差很大。在蒙脱石中同晶置换的数量较多（约占80%），晶格层间结合疏松，遇水易膨胀而分裂成碎片，颗粒分散度高，交换容量大。在伊利石中，层状晶胞间结合很牢固，遇水不易膨胀，晶格中同晶置换只有 Al^{3+} 取代 Si^{4+}，结构中 K^{+} 位于破裂面时，才成为可交换阳离子的一部分，所以其交换量比蒙脱石小。高岭石中同晶置换极少，只有破键是吸附交换阳离子的主要原因，因此其交换容量最小。几种黏土矿物的阳离子交换容量列于表6-1。

黏土的阳离子交换容量除与矿物组成有关外，还与黏土的细度、含腐殖质数量、溶液的pH值、离子浓度、黏土与离子之间吸力、结晶度、粒子的分散度等很多因素有关。

表6-1 黏土矿物的阳离子交换容量

矿物	高岭石	多水高岭石	伊利石	蒙脱石	蛭石
阳离子交换容量/(mmol/100g土)	3～15	20～40	10～40	75～150	100～150

同一种矿物组成的黏土其交换容量不是固定在一个数值，而是在一定范围内波动。黏土的阳离子交换容量通常代表在一定pH值条件下的净负电荷数。由于各种黏土矿物的交换容量数值差距较大，因此测定黏土的阳离子交换容量也是鉴定黏土矿物组成的方法之一。

黏土吸附的阳离子的电荷数及其水化半径都直接影响黏土与离子间作用力的大小。当环境条件相当时，离子价数越高则与黏土之间吸力越强。黏土对不同价阳离子的吸附能力次序为 $M^{3+}>M^{2+}>M^{+}$。在浓度相同时，如果 M^{3+} 被黏土吸附，则 M^{+}、M^{2+} 不能将它交换下来；而 M^{3+} 能把已被黏土吸附的 M^{+}、M^{2+} 交换出来。但 H^{+} 是特殊的，由于它的体积小，电荷密度高，黏土对其吸力最强。

阳离子在水中常常吸附极化的水分子，从而形成水化阳离子。离子水化膜（或简称水膜）的厚度与离子半径大小有关。对于同价离子，离子半径越小则水膜越厚。如一价离子水膜厚度 $Li^{+}>Na^{+}>K^{+}$，如表6-2所示。这是由于离子半径小的离子对偶极水分子产生的电场强度大。同时，水化半径大的离子与黏土表面的距离就大，因而根据库仑定律，它们之间吸引力就小。对于不同价离子，情况就比较复杂。一般高价离子的水化分子数大于低价离子，但由于高价离子具有较高的表面电荷密度，它的电场强度将比低价离子大，此时高价离子与黏土颗粒表面的静电引力的影响可能超过水化膜厚度的影响。

表 6-2　离子半径与水化半径

离子	离子半径/nm	水化分子数	水化半径/nm
Li^+	0.078	14	0.73
Na^+	0.098	10	0.56
K^+	0.133	6	0.38
NH_4^+	0.143	3	—
Rb^+	0.149	0.5	0.36
Cs^+	0.165	0.2	0.36
Mg^{2+}	0.078	22	1.08
Ca^{2+}	0.106	20	0.96
Ba^{2+}	0.143	19	0.88

根据离子价效应及离子的水化半径，可将黏土的阳离子交换顺序排列为：$H^+ > Al^{3+} > Ba^{2+} > Sr^{2+} > Ca^{2+} > Mg^{2+} > NH_4^+ > K^+ > Na^+ > Li^+$。

氢离子由于离子半径小，电荷密度大，占据交换吸附顺序的首位。在离子浓度相等的水溶液里，位于序列或顺序前面的离子能够交换出序列后面的离子。

6.1.3　黏土胶体的电动性质

(1) 黏土胶团。黏土晶粒表面上氧与羟基可以与靠近表面的水分子通过氢键而结合。黏土表面负电荷在黏土附近存在一个静电场，使极性水分子定向排列，黏土表面吸附着水化阳离子。以上原因使黏土表面吸附着一层定向排列的水分子层，极性分子依次重叠，直至水分子的热运动足以克服上述引力作用时，水分子逐渐过渡到不规则排列。黏土粒子与阳离子水分子构成黏土胶团，如图 6-2 所示。

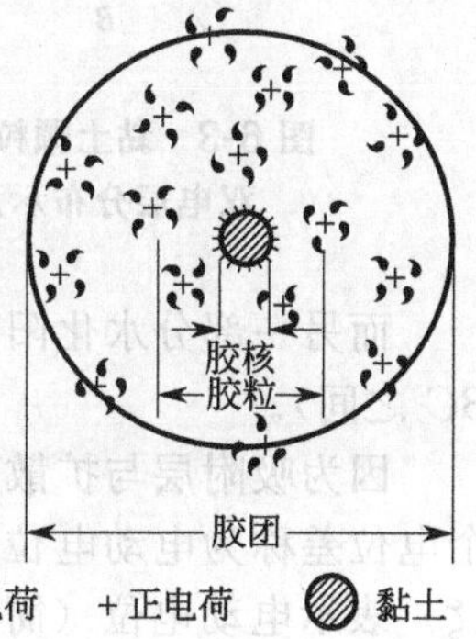

(2) 黏土粒子束缚的水分子类型。水在黏土胶粒周围随着距离增大、结合力的减弱而分成牢固结合水、疏松结合水、自由水三类。

① 牢固结合水。黏土颗粒（又称胶核）吸附着完全定向的水分子层和水化阳离子，这部分水与胶核形成一个整体，一起在介质中移动（称为胶粒），其中的水称为牢固结合水（又称吸附水膜）。其厚度约有 3～10 个水分子厚度。

图 6-2　黏土胶团结构示意

② 疏松结合水。在牢固结合水周围一部分定向程度较差的水称为疏松结合水（又称扩散水膜）。

③ 自由水。在疏松结合水以外的水称为自由水。

结合水（包括牢固结合水与疏松结合水）的密度大、比热容小、介电常数小、冰点低等，其物理性质与自由水是不相同的。黏土与水结合的数量可以通过测量润湿热来判断。黏土与这三种水结合的状态与数量将会影响黏土-水系统的工艺性能。

(3) 影响黏土结合水量的因素。影响黏土结合水量的因素有黏土矿物组成、黏土分散度、黏土吸附阳离子种类等。

黏土的结合水量一般与黏土阳离子交换容量成正比。对于含同一种交换性阳离子的黏土，蒙脱石的结合水量要比高岭石大。高岭石结合水量随粒度减小而增大，而蒙脱石与蛭石的结合水量与颗粒细度无关。

黏土的结合水量与吸附阳离子的电价与离子半径有关（表 6-3），黏土与一价阳离子结合水量＞与二价阳离子结合水量。同价离子与黏土结合水量随着离子半径增大，结合水量减小，如 Na-黏土＞K-黏土。

（4）黏土胶体的电动电位。带电荷的黏土胶体分散在水中时，在胶体颗粒和液相的界面上会有扩散双电层出现。在电场或其他力场作用下，带电黏土与双电层的运动部分之间发生剪切运动而表现出来的电学性质称为电动性质。

表 6-3 吸附 Na^+ 和 Ca^{2+} 黏土的结合水量

黏土	吸附容量/(mmol/100g 土)		结合水量/(g/100g 土)	每个阳离子水化分子数	Na^+ 与 Ca^{2+} 的水化比值
	Ca^{2+}	Na^+			
Na-黏土		23.7	75	175	23
Ca-黏土	18.0	—	24.5	76.2	

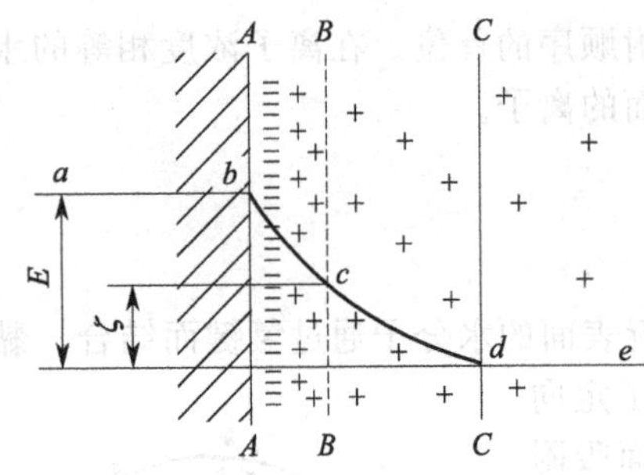

图 6-3 黏土颗粒的扩散双电层分布示意图

黏土胶粒分散在水中时，黏土颗粒对水化阳离子的吸附随着黏土与阳离子之间距离的增大而减弱，又由于水化阳离子本身的热运动，因此黏土表面阳离子的吸附不可能整齐地排列在一个面上，而是逐渐加大与黏土表面的距离。图 6-3 为黏土颗粒的扩散双电层分布示意图，阳离子分布由多到少，到达 d 点时平衡了黏土表面全部负电荷；d 点与黏土质点距离的大小则取决于介质中离子的浓度、离子电价及离子热运动的强弱等。

在外电场作用下，黏土质点与一部分吸附牢固的水化阳离子（如图 6-3 AB 之间）随黏土质点向正极移动，这一层称为吸附层。

而另一部分水化阳离子不随黏土质点移动，却向负极移动，这层称为扩散层（如图 6-3 BC 之间）。

因为吸附层与扩散层各带有相反的电荷，所以相对移动时两者之间就存在着电位差，这个电位差称为电动电位或 ζ 电位。如图 6-3 所示，BB 线和 bd 曲线交点 c 至 de 线的高度（ζ）表示电动电位（简称电位）大小，de 线为零电位。

黏土质点表面与扩散层之间的总电位差称为热力学电位差（用 E 表示），ζ 电位则是吸附层与扩散层之间的电位差，显然 $E>\zeta$。影响电动电位或 ζ 电位的因素如下。

① ζ 电位的高低与阳离子浓度有关。ζ 电位随扩散层增厚而增大，这是由于溶液中离子浓度较低，阳离子容易扩散而使扩散层增厚。当阳离子浓度增加，致使扩散层压缩时，ζ 电位随之下降。当阳离子浓度进一步增加直至扩散层中的阳离子全部压缩至吸附层内时，ζ 电位等于零，也即等电态。

② ζ 电位的高低与阳离子的电价有关。黏土吸附了不同阳离子后，由不同阳离子所饱和的黏土其 ζ 电位值与阳离子半径、阳离子电价有关。一般有高价阳离子或某些大的有机离子存在时，往往会出现 ζ 电位改变符号的现象。用不同价阳离子饱和的黏土其 ζ 电位次序为：$M^+>Mg^{2+}>M^{3+}$（其中吸附 H^+ 为例外）。而同价离子饱和的黏土随着离子半径增大，ζ 电位降低。这些规律主要与离子水化程度及离子与黏土吸引力强弱有关。

③ ζ 电位的高低与黏土表面的电荷密度、双电层厚度、介质介电常数有关。根据静电学基本原理可以推导出电动电位的公式：

$$\zeta=4\pi\sigma d/D \tag{6-1}$$

式中 ζ——电动电位；

σ——表面电荷密度；

d——双电层厚度；

D——介质的介电常数。

从式(6-1) 可见，ζ 电位与黏土表面电荷密度、双电层厚度成正比，与介质的介电常数成反比。

黏土胶体的电动电位受到黏土的静电荷和电动电荷的控制，因此凡是影响黏土这些带电性能的因素都会对电动电位产生作用。黏土胶粒的 ζ 电位一般在 -50mV 以上。

一般黏土内腐殖质都带有大量负电荷，起到了加强黏土胶粒表面净负电荷的作用，因而黏土内有机质对黏土 ζ 电位有影响。如果黏土内有机质含量增加，则会使黏土 ζ 电位升高。例如，河北唐山紫木节土含有机质 1.53%，测定原土的 ζ 电位为 -53.75mV。用适当的方法去除其有机质后测得 ζ 电位为 -47.30mV。

影响黏土 ζ 电位的因素还有黏土矿物组成、电解质阴离子作用、黏土胶粒形状和大小、表面光滑程度等。

6.1.4 黏土-水系统的胶体性质

(1) 泥浆的流动性和稳定性

泥浆的流动性：泥浆含水量低，黏度小而流动度大的性质视为泥浆的流动性。

泥浆的稳定性：泥浆不随时间变化而聚沉，长时间保持初始的流动度。

在陶瓷注浆成型过程中，为了适应工艺的需要，希望获得含水量低，又同时具有良好流动性、稳定性的泥浆（如黏土加水、水泥拌水）。为达到此要求，一般都在泥浆中加入适量的稀释剂（或称减水剂），如水玻璃、纯碱、纸浆废液、木质素磺酸钠等。图 6-4 为 H-高岭土的流变曲线，图 6-5 为黏土泥浆稀释曲线，均为生产与科研中经常用于表示泥浆流动性变化的曲线。

图 6-4 通过剪应力改变时剪切速率的变化来描述泥浆流动状况。泥浆未加碱（曲线 1）显示高的屈服值。随着加入碱量的增加，流动曲线是平行曲线 1 向着屈服值降低的方向移动，得到曲线 2、3；同时，泥浆黏度下降，尤其以曲线 3 为最低。当在泥浆中加入 $Ca(OH)_2$ 时曲线又向着屈服值增加的方向移动（曲线 5、6）。

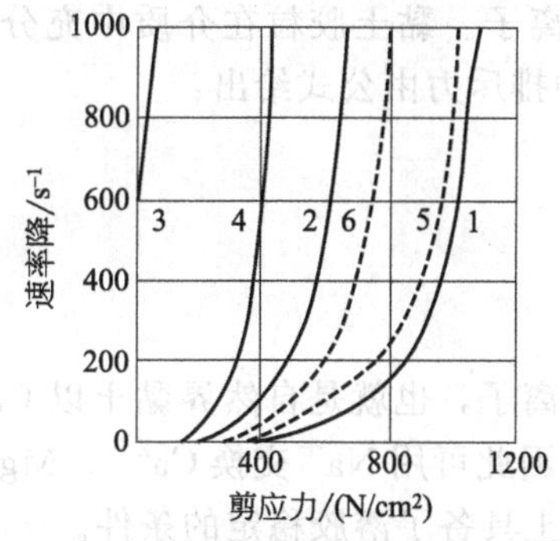

图 6-4 H-高岭土的流变曲线

(200g 土在 500mL 溶液中)

1—未加碱；2—0.002mol NaOH；3—0.02mol NaOH；4—0.2mol NaOH；5—0.002mol $Ca(OH)_2$；6—0.02mol $Ca(OH)_2$

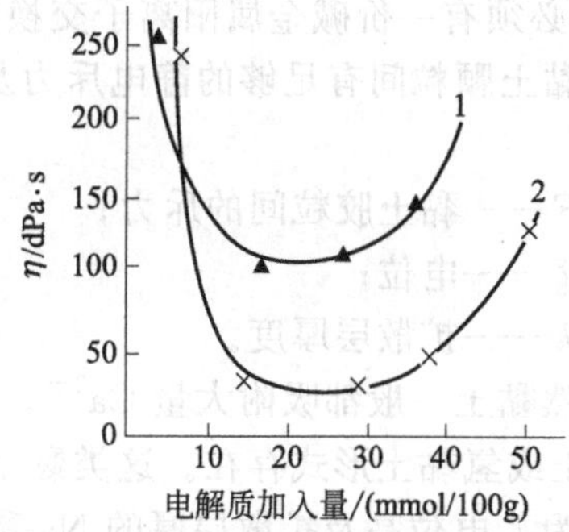

图 6-5 黏土泥浆稀释曲线

1—高岭土加 NaOH；

2—高岭土加 Na_2SiO_3

图 6-5 表示黏土在加水量相同时，随电解质加入量增加而引起的泥浆黏度变化。从图可见，当电解质加入量在 15～25mmol/100g 范围内泥浆黏度显著下降，黏土在水介质中充分分散，这种现象称为泥浆的胶溶或泥浆稀释。继续增加电解质，泥浆内黏土粒子相互聚集，黏度增加，此时称为泥浆的絮凝或泥浆增稠。

从流变学观点看，要制备流动性好的泥浆必须拆开黏土泥浆内原有的一切结构。由于片状黏土颗粒表面是带静电荷的，黏土的边面随介质 pH 值变化而既能带负电又能带正电，而黏土板面上始终带负电。因此，黏土片状颗粒在介质中，由于板面、边面带同号或异号电荷而必然产生如图 6-6 所示的黏土颗粒在介质中的结合方式。

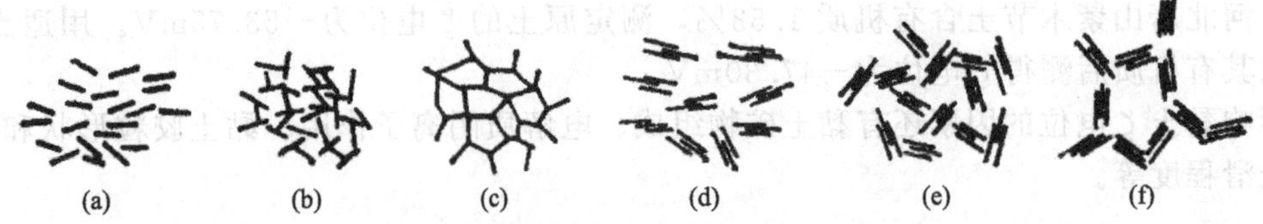

图 6-6 黏土颗粒在介质中的结合方式

(a)、(b)、(c) 分别表示在低浓度泥浆内面-面分散、边-面结合、边-边结合；

(d)、(e)、(f) 分别表示在高浓度泥浆内面-面分散、边-面分散、边-边结合

很显然这几种结合方式只有面-面排列能够使泥浆黏度降低，而边-面或边-边结合方式在泥浆内形成一定结构使流动阻力增加，屈服值提高。所以，泥浆溶胶过程实际上是拆开泥浆的内部结构，使边-边、边-面结合转变成面-面排列的过程。这种转变进行得愈彻底，黏度降低也愈显著。从拆开泥浆内部结构来考虑，泥浆溶胶必须具备以下几个条件。

① 介质呈碱性。欲使黏土泥浆内边-面、边-边结构拆开必须首先消除边-面、边-边的结合力。黏土在酸性介质中边面带正电，因而引起黏土边面与带负电的板面之间强烈的静电吸引而结合成边-面或边-边结构。黏土在自然条件下或多或少带少量边面正电荷，尤其是高岭土在酸性介质中成矿，断键又是高岭土带电的主要原因。因此，在高岭土中边-面或边-边吸引更为显著。在碱性介质中，黏土边面和板面均带负电，这样就消除了边-面或边-边的静电吸力；同时，增加了黏土表面净负电荷，使黏土颗粒间静电斥力增加，为泥浆的胶溶创造了条件。

② 必须有一价碱金属阳离子交换黏土原来吸附的离子。黏土胶粒在介质中充分分散时必须使黏土颗粒间有足够的静电斥力及溶剂化膜。这种排斥力由公式给出：

$$F \propto \zeta^2 / k \tag{6-2}$$

式中 F——黏土胶粒间的斥力；

ζ——电位；

$1/k$——扩散层厚度。

天然黏土一般都吸附大量 Ca^{2+}、Mg^{2+}、H^+ 等阳离子，也就是自然界黏土以 Ca-黏土、Mg-黏土或氢黏土形式存在。这类黏土的 ζ 电位较低，因此可用 Na^+ 交换 Ca^{2+}、Mg^{2+} 等使之转变为 ζ 电位高及扩散层厚的 Na-黏土。这样 Na-黏土具备了溶胶稳定的条件。

③ 阴离子的作用。不同阴离子的 Na 盐电解质对黏土溶胶效果是不同的。阴离子的作用概括起来有以下两个方面。

一是阴离子与原土上吸附的 Ca^{2+}、Mg^{2+} 形成不可溶物或形成稳定的配合物。Na^+ 对 Ca^{2+}、Mg^{2+} 等离子的交换反应更趋完全。从阳离子交换顺序可以知道，在相同浓度下 Na^+ 无法交换出 Ca^{2+}、Mg^{2+}，用过量的钠盐虽交换反应能够进行，但同时会引起泥浆絮

凝。如果钠盐中阴离子与 Ca^{2+} 形成的盐溶解度愈小，形成的配合物愈稳定，就愈能促进 Na^{+} 对 Ca^{2+}、Mg^{2+} 交换反应的进行。例如，NaOH、Na_2SiO_3 与 Ca-黏土交换反应如下：

$$\text{Ca-黏土} + 2NaOH \longrightarrow 2\text{Na-黏土} + Ca(OH)_2$$

$$\text{Ca-黏土} + Na_2SiO_3 \longrightarrow 2\text{Na-黏土} + CaSiO_3 \downarrow$$

由于 $CaSiO_3$ 的溶解度比 $Ca(OH)_2$ 低得多，因此，后一个反应比前一个反应更容易进行。

二是聚合阴离子在溶胶过程中的特殊作用。选用 10 种钠盐电解质（其中阴离子都能与 Ca^{2+}、Mg^{2+} 形成不同程度的沉淀或配合物），将其适量加入苏州高岭土（以下简称苏州土），并测得苏州土中加入电解质后的 ζ 电位，见表 6-4。由表中可见，仅四种含有聚合物阴离子的钠盐能使苏州土的 ζ 电位升至 -60mV 以上。近来很多学者用实验证实硅酸盐、磷酸盐和有机阴离子在水中发生聚合。这些聚合阴离子由于几何位置上与黏土边表面相适应，因此被牢固地吸附在边面上或吸附在 OH 面上。当黏土边面带正电时，它能有效地中和边面正电荷；当黏土边面不带电时，它能够实现物理吸附并在边面上建立新的负电荷位置。这些吸附和交换的结果导致原来黏土颗粒间边-面、边-边结合转变为面-面排列，原来颗粒间面-面排列进一步增加颗粒间的斥力，因此泥浆得到充分溶胶。

表 6-4 苏州土中加入电解质后的 ζ 电位

编号	电解质	ζ 电位/mV	编号	电解质	ζ 电位/mV
0	原土	−39.41	6	NaCl	−50.40
1	NaOH	−55.00	7	NaF	−45.50
2	硅酸钠	−60.60	8	丹宁酸钠盐	−87.60
3	Na_2CO_3	−50.40	9	蛋白质钠盐	−73.90
4	$(NaPO_3)_6$	−79.70	10	CH_3COONa	−43.00
5	$Na_2C_2O_4$	−48.30			

目前根据这些原理在硅酸盐工业中除采用硅酸钠、丹宁酸钠盐等作为胶溶剂外，还广泛采用多种有机或无机-有机复合胶溶剂等获得泥浆胶溶的良好效果，如采用木质素磺酸钠、聚丙烯酸酯、芳香族磷酸盐等。

胶溶剂种类的选择和数量的控制对泥浆胶溶有重要的作用。黏土是天然原料，胶溶过程与黏土基本性质（矿物组成、颗粒形状尺寸、结晶完整程度等）有关，还与环境因素和操作条件（温度、湿度、模型、陈腐时间）等有关，因此泥浆胶溶是受多种因素影响的复杂过程。胶溶剂（稀释剂）种类和数量的确定往往不能单凭理论推测，而应根据具体原料和操作条件通过实验来确定。

(2) 泥浆的触变性。触变性就是泥浆静止不动时似凝固体，一经扰动或摇动，凝固的泥浆又重新获得流动性；如再静止又重新凝固，这样可以重复无数次。泥浆从流动状态过渡到触变状态是逐渐的、非突变的，并伴随着黏度的增大。

在胶体化学中，固态胶质称为凝胶体，胶质悬浮液称为溶胶体。触变是一种凝胶体与溶胶体之间的可逆转化过程。

泥浆具有的触变性与泥浆胶体的结构有关。图 6-7 为高岭石触变结构示意图，这种结构称为“纸牌结构”或“卡片结构”，触变状态是介于分散和凝聚之间的中间状态。在不完全胶溶的黏土片状颗粒的活性边面上尚残留少量正电荷未被完全中和或边-面负电荷还不足以排斥板面负电荷，以致形成局部边-面或边-边结合，组成三维网状架构，直至充满整个容器，并将大量自由水包

图 6-7 高岭石触变结构示意图

裹在网状空隙中，形成疏松而不活动的空间架构。由于结构仅存在部分边-面吸引，又有一部分仍保持边-面相斥的情况，因此这种结构是很不稳定的。只要稍加剪切应力就能破坏这种结构，而使包裹的大量自由水释放，泥浆流动性又恢复。但由于存在部分边-面吸引，一旦静止时三维网状架构又重新建立。黏土泥浆触变性影响因素如下。

① 黏土泥浆含水量。泥浆愈稀，黏土胶料间距离愈远，边-面静电引力愈小，胶粒定向性愈弱，愈不易形成触变结构。

② 黏土矿物组成。黏土触变效应与矿物结构遇水膨胀有关。水化膨胀有两种方式：一种是溶剂分子渗入颗粒间；另一种是溶剂分子渗入单位晶格之间。高岭石和伊利石仅有第一种水化，蒙脱石与拜来石两种水化方式都存在，因此蒙脱石比高岭石易具有触变性。

③ 黏土胶粒大小与形状。黏土颗粒愈细，活性边表面愈易形成触变结构，呈平板状、条状等颗粒形状不对称；形成“卡片结构”所需要的胶粒数目愈小，也即形成触变结构浓度愈小。

④ 电解质种类与数量。触变效应与黏土颗粒表面吸附的阳离子及其水化作用密切相关。黏土吸附阳离子价数愈小，或价数相同而离子半径愈小者，触变效应愈小。如前所述，加入适量电解质可以使泥浆稳定，加入过量电解质又能使泥浆聚沉；而在泥浆稳定到聚沉之间有一个过渡区域，在此区域内触变性由小增大。

⑤ 温度的影响。温度升高，质点热运动加剧，颗粒间联系减弱，触变不易建立。

(3) 黏土的膨胀性。膨胀性与触变性相反。当进行搅拌时，泥浆变稠而凝固；而静止后又恢复流动性，也就是泥浆黏度随剪切速率增加而增大。

图 6-8 为黏土颗粒膨胀性结构示意图。产生膨胀性的原因是除重力外，在没有其他外力干扰的条件下，片状黏土粒子趋于定向平行排列，相邻颗粒间有粒子间斥力，如图 6-8(a) 所示。当流速慢而无干扰时，反映出符合牛顿型流体特性。但当受到扰动后，颗粒平行取向被破坏，部分形成架状结构，故泥浆黏度增大甚至出现凝固状态，如图 6-8(b) 所示。

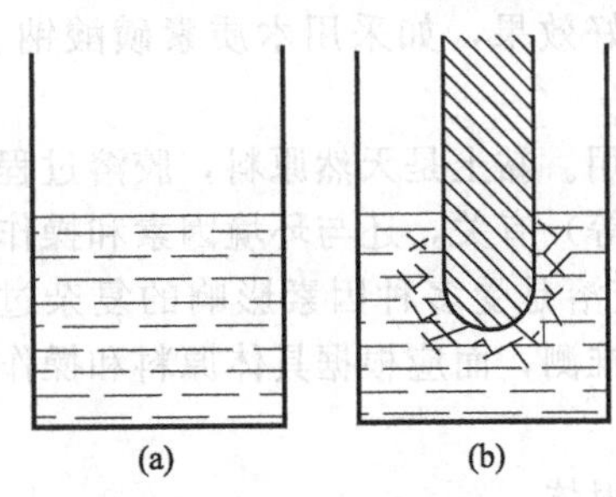

图 6-8　黏土颗粒膨胀性结构示意图

(4) 黏土的可塑性。可塑性是指物体在外力作用下，可塑造成各种形状，并保持该形状而不失去物料颗粒之间联系的性能。就是说，既能可塑变形又能保持变形后的形状；在大于流动极限应力作用下流变，但泥料又不产生裂纹。

关于泥料可塑性产生机理的认识尚不统一。一般来说，干的泥料只有弹性。颗粒间表面力使泥料聚在一起，由于这种力的作用范围很小，稍有外力即可使泥料开裂。要使泥料能塑成一定形状而不开裂，则必须提高颗粒间作用力，同时在产生变形后能够形成新的接触点。泥料产生塑性的机理如下。

① 可塑性是黏土-水界面键结合作用的结果。黏土和水结合时，第一层水分子是牢固结合的，它不仅通过氢键与黏土粒子表面结合，同时也彼此连接成六角网层。随着水量增加，这种结合力减弱，开始形成不规则排列的疏松结合水层。它起着润滑剂作用，虽然氢键结合力依然起作用，但泥料开始产生流动性。当水量继续增加时，即出现自由水，泥料向流动状态过渡。因此，对应于可塑状态，泥料应有一个最适宜的含水量，这时它处于疏松结合水和自由水间的过渡状态。可塑性可认为源于黏土颗粒间的水层所起的类似于固体键的作用。测定黏土-水系统的水蒸气压曲线时可以发现，不同的黏土其曲线也不同。

② 颗粒间隙的毛细管作用对黏土粒子结合的影响。在塑性泥料的粒子间存在两种力：一种是粒子间的吸引力；另一种是带电胶体微粒间的斥力。由于在塑性泥料中颗粒间形成半

径很小的毛细管（缝隙），当水膜仅仅填满粒子间这些细小毛细管时，毛细管力大于粒子间的斥力，颗粒间形成一层很紧的水膜，泥料达到最大塑性。当水量多时，水膜的张力松弛下来，粒子间吸引力减弱；水量少时，不足以形成水膜，塑性也变坏。

③ 可塑性是带电黏土胶团与介质中离子之间的静电引力和胶团间的静电斥力作用的结果。黏土胶团的吸附层和扩散层厚度是随交换性阳离子的种类而变化的。图 6-9 为黏土胶团引力和斥力示意图。对于氢黏土，如图 6-9(a) 所示，H^+ 集中在吸附层水膜以内，因此当两个颗粒逐渐接近到吸附层以内时，斥力开始明显表现出来，但随距离拉大，斥力迅速降低。r_1、r_2 处分别表示开始出现斥力和引力与斥力相等的距离。当 $r_1>r_2$ 时，引力占优势，它可以吸引其他黏土粒子包围自身而呈可塑性。对于图 6-9(b) 所示的钠黏土，因有一部分 Na^+ 处于扩散层中，故吸引力和斥力抵消的零电位点处于远离吸附水膜的地方，故在粒子界面处，斥力大于引力，可塑性较差。因此，可以通过阳离子交换来调节黏土可塑性。

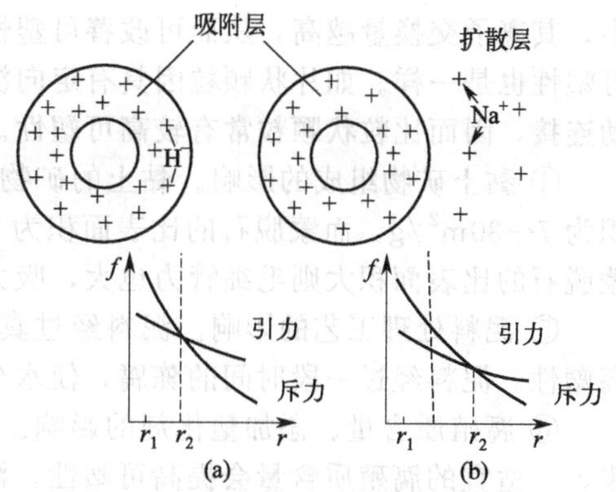

图 6-9　黏土胶团引力和斥力示意图

上述可塑性的机理是从不同角度进行描述的，在不同情况下有可能是几种同时起作用。在解释可塑性产生的原因时，应该根据不同情况进行分析。

一般而言，泥料的可塑性是发生在黏土和水界面上的一种行为。因此，黏土种类、含量，颗粒大小、分布和形状，含水量以及电解质种类和浓度等都会影响可塑性。

① 含水量的影响。可塑性只发生在某一最适宜的含水量范围，水分过多或过少都会使泥料的流动特性发生变化。处于塑性状态的泥料不会因自重作用而变形，只有在外力作用下才能流动。不同种类的黏土泥料含水量和屈服值之间的关系可用以下实验公式（式中 K、a 为常数）表达：

$$f=\frac{K}{(W-a)^m}-b \tag{6-3}$$

式中　W——含水量；

b——平行于横坐标的渐近线的距离；

f——泥料的屈服值。

泥料屈服值随含水量增加而降低，而且当 $f=\infty$ 时，$W=a$，即在此含水量时泥料呈刚性。当 $f=0$ 时，$W=\left(\frac{K}{b}\right)^{\frac{1}{m}}+a$。以红黏土为例，当 $f=0$ 时，$W=63.4\%$，说明在这一含水量时，泥料从可塑状态过渡到黏性流动状态。

② 电解质的影响。加入电解质会改变黏土粒子吸附层中的吸附阳离子，因而颗粒表面形成的水层厚度也随之变化，并改变其可塑性。

例如，当黏土含有位于阳离子置换顺序左边的阳离子（H^+、Al^{3+} 等）时，因为这些离子水化能力较小，颗粒表面形成的水膜较薄，彼此吸引力较大，故该泥料成型时所需的力较大。含有不同阳离子的黏土泥料，在含水量相同时，其成型所需的力则按阳离子置换顺序依次递减，同时，其可塑性也相应降低。增加水量可以降低成型所需的力。也就是说，达到同一程度的可塑性所需的加水量也依阳离子置换顺序递增。此外，提高阳离子交换容量也会改善可塑性。

③ 颗粒大小和形状的影响。可塑性与颗粒间接触点的数目和类型有关。颗粒尺寸小，比表面积大，接触点多，变形后形成新的接触点的机会也多，可塑性就好。此外，颗粒越小，其离子交换量越高，从而可改善可塑性。颗粒形状直接影响粒子间相互接触的状况，对可塑性也是一样。如片状颗粒因具有定向沉积的特性，可以在较大范围内滑动而不致相互推动连接，因而比粒状颗粒常有较高可塑性。

④ 黏土矿物组成的影响。黏土的矿物组成不同，比表面积相差很大。高岭石的比表面积为 $7\sim30m^2/g$，而蒙脱石的比表面积为 $810m^2/g$。比表面积的不同反映毛细管力的不同。蒙脱石的比表面积大则毛细管力也大，吸力强。因此，蒙脱石比高岭石的塑性高。

⑤ 泥料处理工艺的影响。泥料经过真空练泥机以排除气体，使泥料更为致密，可以提高塑性。泥料经过一段时间的陈腐，使水分尽量均匀也可以有效地提高塑性。

⑥ 腐殖质含量、添加塑化剂的影响。腐殖质含量和性质对可塑性的影响也较大，一般来说，适宜的腐殖质含量会提高可塑性。添加塑化剂是人工提高可塑性的一种手段，常常应用于瘠性料的塑化。

6.2 非黏土分散系统

黏土在水介质中具有荷电、水化特性并具有可塑性，可以根据需要塑造成各种形状良好的材料。然而，黏土是天然材料，原料成分波动较大，影响材料的性能，因而常使用一些瘠性料如氧化物或其他化学试剂来制备材料（如精细陶瓷），以改善材料的机、电、热、光等各种性能。这些瘠性料，不像黏土具有可塑性，必须采取工艺措施使之能制成稳定的悬浮料浆。因而解决瘠性料的悬浮和塑化是制品成型、获得优异性能的重要方面。

6.2.1 非黏土泥浆体的悬浮

无机材料生产中常遇到的瘠性料有氧化物、氯化物粉末、水泥、混凝土浆体等。瘠性料种类繁多，性质各异，有的在酸中不溶解（如 Al_2O_3、ZrO_2），有的会与酸起作用（如 $CaTiO_3$），因此要区别对待。一般常有两种方法使瘠性料泥浆悬浮：一种是控制料浆的 pH 值；另一种是通过有机表面活性物质的吸附，使粉料悬浮。

（1）控制 pH 值法。采用控制料浆 pH 值使泥浆悬浮时，制备料浆所有的粉料一般都属于两性氧化物，如氧化铝、氧化铬、氧化铁等。它们在酸性或碱性介质中均能胶溶，而在中性时反而絮凝。两性氧化物在酸性或碱性介质中，发生以下的离解过程：

酸性介质中　　$MOH \rightleftharpoons M^+ + OH^-$

碱性介质中　　$MOH \rightleftharpoons MO^- + H^+$

离解程度取决于介质的pH值。介质pH值变化的同时又引起胶粒 ζ 电位发生变化甚至变号，而 ζ 电位的变化又引起胶粒表面引力与斥力平衡的改变，以致这些氧化物泥浆胶溶或絮凝。

在电子陶瓷生产中常用的 Al_2O_3、BeO 和 ZrO_2 等瓷料都属瘠性料，它们不像黏土具有塑性，必须采取工艺措施使之能制成稳定的悬浮料浆。例如，在 Al_2O_3 料浆制备中，由于经细球磨后的 Al_2O_3 微粒的表面能很大，它可与水产生水解反应，即

$$Al_2O_3 + 3H_2O \longrightarrow 2Al(OH)_3$$

在 Al_2O_3-H_2O 系统中，当加入少量盐酸时，会有如下化学反应：

$$Al(OH)_3 + 3HCl \longrightarrow AlCl_3 + 3H_2O$$

$$AlCl_3 \longrightarrow Al^{3+} + 3Cl^-$$

微细的 Al_2O_3 粒子具有强烈的吸附作用，它将选择性吸附与其本身组成相同的 Al^{3+}，从而使 Al_2O_3 粒子带正电荷。在静电力作用下，带正电的 Al_2O_3 粒子将吸附溶液中的 Cl^- 分别形成吸附层和扩散层的双电层结构，从而形成 Al_2O_3 的胶团。这样就可能通过调节 pH 值以及加入电解质或保护性胶体等工艺措施来改善和调整 Al_2O_3 料浆的黏度、ζ 电位和悬浮稳定性。显然，对于 Al_2O_3 料浆，适量的盐酸既可以作为稳定电解质，也可用作调节料浆的 pH 值以影响其离解度。但应注意控制适宜的加入量。

以 Al_2O_3 料浆为例，图 6-10 为氧化物料浆 pH 值与黏度和 ζ 电位的关系。当 pH 值从 1 逐渐到 15 时，料浆 ζ 电位出现两次最大值：pH＝3 时，ζ 电位＝＋183mV；pH＝12 时，ζ 电位＝－70.4mV。对应于 ζ 电位最大值时，料浆黏度最低，而且在酸性介质中料浆黏度更低。例如一种密度为 $2.8g/cm^3$ 的 Al_2O_3 浇注泥浆，当介质 pH 值从 4.5 增加至 6.5 时，料浆黏度从 6.5dPa・s（1Pa・s＝10dPa・s）增至 300dPa・s。

Al_2O_3 为两性氧化物，在酸性介质中，如加入 HCl，则 Al_2O_3 显碱性，其反应如下：

$$Al_2O_3 + 6HCl \longrightarrow 2AlCl_3 + 3H_2O$$

$$AlCl_3 + H_2O \longrightarrow AlCl_2OH + HCl$$

$$AlCl_2OH + H_2O \longrightarrow AlCl(OH)_2 + HCl$$

图 6-11 为 Al_2O_3 胶粒在酸性和碱性介质中的双电层结构。Al_2Cl_3 具有水溶性，在水中生成 $AlCl_2^+$、$AlCl^{2+}$ 和 OH^-，Al_2O_3 胶核优先吸附含铝的 $AlCl_2^+$ 和 $AlCl^{2+}$ 离子，使 Al_2O_3 成为一个带正电的胶粒，然后吸附 OH^- 而形成一个庞大的胶团，如图 6-11(a) 所示。当 pH 值较低时，HCl 浓度增加，液体中 Cl^- 增多而逐渐进入扩散层取代 OH^-。由于 Cl^- 的水化能力比 OH^- 强，Cl^- 水化膜厚，Cl^- 进入吸附层的个数减少而留在扩散层的数量增加，胶粒正电荷升高和扩散层增厚，结果导致胶粒 ζ 电位升高，料浆黏度降低。如果介质 pH 值再降低，大量 Cl^- 压入吸附层，致使胶粒正电荷降低和扩散层变薄，ζ 电位随之下降，料浆黏度升高。

在碱性介质中加入 NaOH，Al_2O_3 呈酸性，其反应如下：

$$Al_2O_3 + 2NaOH \longrightarrow 2NaAlO_2 + H_2O$$

$$NaAlO_2 \longrightarrow Na^+ + AlO_2^-$$

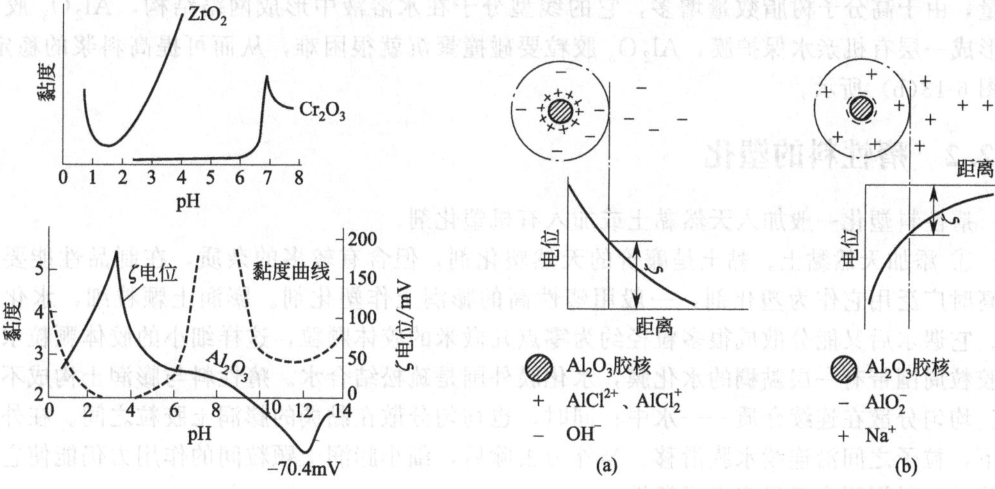

图 6-10 氧化物料浆 pH 值与黏度和 ζ 电位的关系

图 6-11 Al_2O_3 胶粒在酸性和碱性介质中的双电层结构

这时 Al_2O_3 胶料优先吸附 AlO_2^-，使胶粒带负电，如图 6-11(b) 所示，然后吸附 Na^+ 形成一个胶团。这个胶团同样随介质 pH 值变化而有 ζ 电位的升高或降低，导致料浆黏度的降低和升高。在 Al_2O_3 陶瓷生产中，用此原理来调节 Al_2O_3 料浆的 pH 值，使之悬浮或聚沉。

(2) 有机表面活性剂法。有机高分子或表面活性物质，如阿拉伯树胶、明胶、羧甲基纤维素等常作为瘠性料的悬浮剂。以 Al_2O_3 料浆为例，在酸洗 Al_2O_3 粉时，为使 Al_2O_3 粒子快速沉降而加入 0.21%～0.23%阿拉伯树胶。而在注浆成型时又加入 1.0%～1.5%阿拉伯树胶以增加料浆的流动性。阿拉伯树胶对 Al_2O_3 料浆黏度的影响如图 6-12 所示。

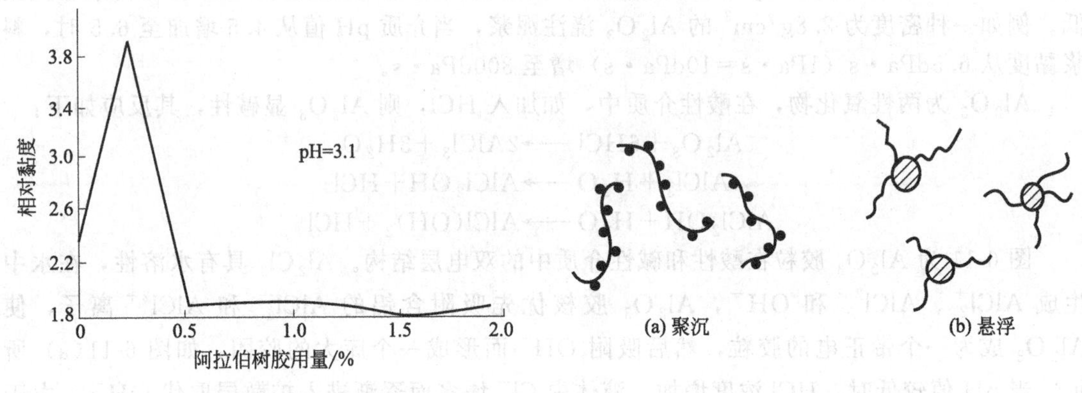

图 6-12　阿拉伯树胶对 Al_2O_3 料浆黏度的影响

图 6-13　阿拉伯树胶对 Al_2O_3 胶体的聚沉和悬浮作用

同一种物质，在不同用量时却起相反的作用，这是因为阿拉伯树胶是高分子化合物，它呈卷曲链状，长度在 400～800μm，而一般胶体粒子是 0.1～1μm，相对高分子长链而言是极短小的。图 6-13 为阿拉伯树胶对 Al_2O_3 胶体的聚沉和悬浮作用。当阿拉伯树胶用量少时，分散在水中的 Al_2O_3 胶粒黏附在高分子树胶的某些链节上，如图 6-13(a) 所示。由于树胶量少，在一个树胶长链上黏附较多的胶粒 Al_2O_3，引起重力沉降而聚沉。若增加树胶加入量，由于高分子树脂数量增多，它的线型分子在水溶液中形成网络结构，Al_2O_3 胶粒表面形成一层有机亲水保护膜，Al_2O_3 胶粒要碰撞聚沉就很困难，从而可提高料浆的稳定性，如图 6-13(b) 所示。

6.2.2　瘠性料的塑化

瘠性料塑化一般加入天然黏土或加入有机塑化剂。

① 添加天然黏土。黏土是廉价的天然塑化剂，但含有较多的杂质，在制品性能要求不太高时广泛用它作为塑化剂，一般用塑性高的膨润土作塑化剂。膨润土颗粒细，水化能力强。它遇水后又能分散成很多粒径约为零点几微米的胶体颗粒，这样细小的胶体颗粒水化后使胶粒周围带有一层黏稠的水化膜，水化膜外围是疏松结合水。瘠性料与膨润土构成不连续相，均匀分散在连续介质——水中；同时，也均匀分散在黏稠的膨润土胶粒之间。在外力作用下，粒子之间沿连续水膜滑移。当外力去除后，细小膨润土颗粒间的作用力仍能使它维持原状，这时泥团也就呈现出可塑性。

② 添加有机塑化剂。在陶瓷工业中经常用有机塑化剂来对粉料进行塑化，以适应成型工艺的需要。瘠性料塑化常采用的有机塑化剂有聚乙烯醇（PVA）、羧甲基纤维素（CMC）、

聚醋酸乙烯酯（PVAc）等。塑化机理主要是表面物理化学吸附，使瘠性料表面改性。

干压法成型、热压铸法成型、挤压法成型、流延法成型、注浆和车坯成型等常用的一些塑化剂如下。

a. 石蜡。一种固体塑化剂，白色晶体，熔点约为 57℃，具有冷流动性（即室温时在压力下可以流动），高温时呈热塑性可以流动，能够润湿颗粒表面，形成薄的吸附层起到黏结作用。一般干压成型用量为 7%～12%，常用为 8%。热压铸法成型用量为 12%～15%。例如，氧化铝瓷在成型时，Al_2O_3 粉用石蜡作定型剂。Al_2O_3 粉表面是亲水的，而石蜡是亲油的。为了降低坯体收缩应尽量减少石蜡用量。生产中加入油酸使 Al_2O_3 粉亲水性变为亲油性。油酸分子式为 $CH_3(CH_2)_7CH=CH(CH_2)_7COOH$，其亲水基朝向 Al_2O_3 表面，而憎水基朝向石蜡。Al_2O_3 表面改为亲油性可以减少用蜡量并提高料浆的流动性，从而改善成型性能。

b. 聚乙烯醇。聚合度 n 以 1400～1700 为好，可以溶于水、乙醇、乙二醇和甘油中。用它塑化瘠性料时工艺简单、坯体气孔小，加入量为 1%～8%。如 PZT 等功能陶瓷的干压成型常用聚乙烯醇（$n=1500$）2%的水溶液作为塑化剂。

c. 羧甲基纤维素。呈白色，由碱纤维和一氯乙酸在碱溶液中反应得到，与水形成高黏度胶体。其缺点是含有 Na_2O 和 NaCl 的灰分，常常会使介电材料的介质损耗和介电常数的温度系数受到影响。其常用于挤压成型的瘠性料中。

d. 聚醋酸乙烯酯。无色黏稠体或白色固体，聚合度 n 以 400～600 为好；溶于醇和苯类溶剂，而不溶于水；常用于轧膜成型。

e. 聚乙烯醇缩丁醛（PVB）。树脂类塑化剂，缩醛度为 73%～77%，羟基数为 1%～3%；适合于流延法成型制膜，其膜片的柔顺性和弹性都很好。

第7章 陶瓷相图

7.1 相平衡与相图

材料的性能取决于内部组织结构，而其结构又是由基本相所组成的。因此，材料的性能取决于相的种类、数量、尺寸、形状和分布（显微结构）。物质在温度、压力、成分发生变化的时候，其状态可以发生改变。

相平衡主要研究多组分（或单组分）多相体系中的相平衡问题，即多相系统的平衡状态（相的个数、每相的组成、各相的相对含量等）如何随着影响平衡的因素（温度、压力、组分的浓度等）变化而变化的规律。

相图就是物质在热力学平衡状态下其状态和温度、压力、成分之间关系的简明图解，是相平衡的直观表现（又称平衡状态图）。相图是研制、开发、设计新材料的理论基础，也是确定各种材料的制备和加工工艺的重要理论依据。对于一个材料工作者而言，掌握相平衡的基本原理，能够熟练地判读相图，是一项必须具备的基本功。

7.1.1 基本概念

7.1.1.1 系统

选择出来作为研究对象的物质或空间所组成的整体称为系统，系统以外的其他物质或空间则称为环境。当外界条件不变时，如果系统的各种性质不随时间变化，则该系统处于平衡状态。

例如，在隧道窑中烧制陶瓷制品，如果把制品作为研究对象，即制品为系统；窑炉、窑具、气氛等均为环境。如果研究制品与气氛的关系，则制品和气氛为系统，其他则为环境。因此，系统是人们根据实际情况而确定的。

7.1.1.2 相

相是指系统中具有相同物理性质和化学性质的均匀部分。也就是说，材料中具有同一聚集状态、相同结构和相同性质的部分。

相与相之间由界面隔开（相界），可以用机械的方法将之分离，越过界面时性质会发生突变。相可以是固态、液态或气态。材料的性质与各组成相的性质、形态、数量有关。例如，水和水蒸气共存时，它们的组成同为 H_2O，但其物理性质和聚集状态完全不同，是两个不同的相。有关相的说明如下。

(1) 一个相必须在物理与化学性质上都是均匀的，并且在理论上可以机械分离。这里所说的“均匀”，要求是严格的，非一般意义上的均匀，而是一种微观尺度的均匀，并不是说一个相中只含有一种物质。例如，水和乙醇混合溶液，两者能以分子形式按任意比例互溶，混合后成为各部分物理与化学性质完全均匀的系统。虽含有两种物质，但整个系统只是一个液相。而水和油混合时，两者因不互溶出现分层，油和水之间存在界面，各自保持自身性质，形成二相系统。

(2) 一种物质可以有几个相，相与物质的数量多少、是否连续无关。如最常见的水有气、固、液三相。当水中含有许多冰块时，所有冰块的总和为一相（固相），水为一相（液相）。

(3) 系统中的气体，因为能够以分子形式按任何比例互相均匀混合，如果在常压下，不论多少种气体都只可能有一个气相。空气中含有多种气体，包括氮气、氧气、水蒸气、二氧化碳等，但它整体只是一相（气相）。

(4) 系统中的液体，纯液体是一个相，混合液体视其互溶程度而定。能完全互溶形成真溶液的为一相；出现液相分层的则不止一相。如硅酸盐高温熔体是组分在高温下熔融形成的。熔体一般视为一相，如果发生液相分层，则在熔体中有两个相。食盐水溶液，水和食盐可以按任意比例互溶，混合后的各部分物理与化学性质完全均匀，系统中虽然含有两种物质，但它是真溶液，整个系统只是一个液相。

(5) 体系中的固体，经常存在下列情况。

① 形成机械混合物。几种物质形成的机械混合物，不论粉磨得多细，都不能达到相的定义所要求的微观均匀，不能将其视为单相。有几种物质就有几个相。

② 生成化合物。组分间每形成一个化合物，即形成一种新相。例如，Al_2O_3-SiO_2 系统中生成的莫来石 A_3S_2（$3Al_2O_3 \cdot 2SiO_2$），CaO-SiO_2 系统中生成的硅酸二钙（$2CaO \cdot SiO_2$，C_2S）等，都是系统中新的相。

③ 形成固溶体。由于在固溶体晶格上各组分的化学质点是随机分布的，其物理与化学性质完全均匀，几个组分间形成的固溶体算一个相。

④ 同质多晶现象。同一物质的不同晶型（变体）虽然化学组成相同，但晶体结构和物理性质不同，因而分别各自成相。有几种变体，即有几个相。例如，石英的多种变体，包括α-方石英、α-鳞石英、α-石英、β-石英、γ-鳞石英等，均各自成相。

总之，气相只能是一个相，不论多少种气体混合在一起，都形成一个气相；液体可以是一个相，也可以是两个相（互溶程度有限时）。固体如果是形成固溶体为一相，在其他情况下，一种固体物质为一相。

一个体系中所有相的数目称为相数，符号 P。

系统按相数的不同分为：单相系统（$P=1$）、二相系统（$P=2$）、三相系统（$P=3$）等。$P>2$ 的系统称多相系统。

7.1.1.3 组元与独立组元

系统中能单独分离出来并能独立存在的化学均匀物质称为组元，简称元。组元是构成各平衡相的成分，并且是可以独立变化的组分，可以是纯元素也可以是化合物。例如，NaCl 水溶液中有 NaCl 和 H_2O 两个组元，而 Na^+、Cl^-、OH^-、H^+ 不是组元。

构成平衡系统的所有各相组成所必需的最少组元称为独立组元。其数目称为独立组元数，用符号 c 表示。

有几个独立组元的系统就称为几元系。按照独立组元数目的不同，可将系统分为单元系（$c=1$）、二元系（$c=2$）、三元系（$c=3$）等。$c>2$ 的称为多元系。

有关组元的说明如下。

(1) 体系中不发生化学反应时，独立组元数＝组元数。例如，砂糖和砂子混在一起，不发生反应，独立组元数＝组元数＝2。

(2) 体系中发生化学反应时，存在反应平衡式；有反应平衡常数 K 时，独立组元数≠组元数。

例如 n 个组元，存在一个化学平衡，则 $(n-1)$ 个组元的组成是任意的，余下的一个则由反应平衡常数 K 确定，不能任意改变。也就是说，独立组元数＝组元数－1。

如果系统中各组分之间存在相互约束关系，例如化学反应等，那么独立组元数便小于组元数。也就是说，在包含几种元素或化合物的化学反应中，不是所有参加反应的组元都是这个系统的组元。通式如下：

独立组元数＝组元数－独立化学平衡关系式数

例如，由 $CaCO_3$、CaO、CO_2 组成的系统，在高温时三个组元之间发生如下反应：

$$CaCO_3(s) \xlongequal{} CaO(s) + CO_2(g)\uparrow$$

三组元在一定温度、压力下建立平衡关系，有一个化学反应关系式和一个独立的化学反应平衡常数。达到平衡时，只要系统中有两个组元的数量已知，第三个组元的数量就可以通过反应式确定。所以独立组元数为 2，习惯上称为二元系，可在三种物质中任选两种作为独立组元。

(3) 对于硅酸盐系统，通常以氧化物作为系统的独立组元。当研究复杂系统局部时，则选择一些化合物作为系统的独立组元。

硅酸盐物质可视为金属碱性氧化物与酸性氧化物 SiO_2 化合而成，生产上也经常采用氧化物（或高温下分解成氧化物的盐类）作为原料。因此，硅酸盐系统常采用氧化物作为系统的组成，例如 SiO_2 一元系统、Al_2O_3-SiO_2 二元系统、MgO-Al_2O_3-SiO_2 三元系统等。

值得注意的是，硅酸盐物质的化学式常常以氧化物形式表示，如硅酸二钙 $2CaO \cdot SiO_2$ (C_2S)，它是 CaO-SiO_2 二元系统中 CaO 和 SiO_2 两个组分生成的一个化合物，是一个新相。研究 C_2S 的晶型转变时，不能把它看成二元系统，而是属于一元系统。同样，$K_2O \cdot Al_2O_3 \cdot 6SiO_2$（钾长石，$KAS_6$）系统是二元系统，而不是三元系统。由此可以看出，硅酸盐系统不一定必须以氧化物作为组分，还可根据应用需要选择某一硅酸盐物质作为系统的组分。

7.1.1.4 平衡与稳定

平衡就是不发生变化，它是一个相对概念。其既包含了同相内部，一部分与另一部分之间的平衡；也包含异相之间，某一相与其他相之间的平衡。单相平衡态是针对某一相而言，其所有物理化学性质均为不随空间坐标变化，也不随时间变化的状态。稳定与平衡紧密相关，非平衡相必不稳定。

平衡相有两种情况：当某种扰动不足以破坏平衡状态时的平衡称为稳定平衡。另外，在平衡条件下（状态函数一定时），某种干扰足以破坏平衡使体系状态发生变化，这种平衡称为亚稳（介稳）平衡。介稳态是热力学不稳定的，它处于高能状态，有转变为稳定状态的趋势，但转变速度极为缓慢。

硅酸盐系统中经常存在介稳态，例如β-方石英、β-鳞石英虽然是低温下的热力学不稳定态，但由于它们转变为热力学稳定态的速度极慢，实际上可以长期保持自身形态。α-方石英和α-鳞石英从高温冷却时，如果冷却速度不是足够慢，由于晶型转变的困难，往往不是转变为低温下稳定的α-鳞石英和α-石英，而是转变为介稳态的β-方石英和β-鳞石英、γ-鳞石英。

需要说明的是，介稳态的存在并不一定都是不利的，某些介稳态具有我们所需要的性质。因此，人们有时有意创造条件把它保存下来，如耐火材料中的鳞石英、水泥中的β-C_2S、玻璃材料等。在相图中介稳相平衡用虚线表示。

7.1.1.5 相图

多相体系中，随着温度、压力、组成的变化，相的种类、数目、含量都会发生相应的变化，变化的情况可以用几何图形来描绘。这个图形可以反映出该系统在一定组成、温度、压力下，达到平衡所处的状态，称为相图。

相图表示在一定条件下，处于热力学平衡状态的物质系统中平衡相之间的关系，又称为平衡图、组成图或状态图。相图中的每一点都反映一定条件下，某一成分的材料平衡状态下由什么样的相组成，各相的成分与含量。也就是说，若系统中温度、压力、组成一定时，我们可以通过相图来确定相的种类、个数、每一相的成分。

相图的形式和种类很多，以表示不同的状态，有温度-压力图（T-p）、温度-压力-组成图（T-p-x）、立体图、投影图等。

需要注意的是：相图仅反映一定条件下系统所处的平衡状态，而不考虑时间，即不管达到平衡状态所需要的时间。硅酸盐系统的高温物理化学过程要达到一定的热力学平衡状态所需的时间比较长，生产上实际进行的过程不一定达到相图所示的平衡状态，它距平衡状态的远近，要视系统的动力学性质及过程所经历的时间两个因素综合判断。

尽管如此，相图所示的平衡状态表示了在一定条件下系统所进行的物理化学变化的本质、方向，对我们从事科学研究和解决实际问题具有十分重要的指导意义。因此，掌握相图对材料研究十分重要。

7.1.1.6 相律

Gibbs（吉布斯）相律是热力学平衡状态下系统中自由度与组元和相数间关系的规律。其中，基本概念包括相、组元和自由度三方面。前面已经介绍了相和组元的概念，自由度是指可以在一定范围内任意改变而不引起任何相的产生和消失的最大变量数。

Gibbs相律指出，在任何热力学平衡系统中，体系的自由度（f）、独立组元数（c）和相数目（P）之间存在如下关系：

$$f=c-P+2 \tag{7-1}$$

式中 2——温度和压力两个变量。

独立组元数 c 可表示为：

$$c=S-R-R' \tag{7-2}$$

式中 S——体系中能单独存在的纯化学物种数；

R——体系中各组元间独立的化学反应总数目；

R'——体系中独立的物质浓度关系的总数目。

例如化学反应：

$$CaCO_3 = CaO + CO_2 \tag{7-3}$$

在该体系中纯化学物种数 $S=3$，独立的化学反应总数目 $R=1$，独立的物质浓度关系的总数目 $R'=0$。由于 CaO 与 CO_2 均为 $CaCO_3$ 所分解产生，分别存在于固气两相中，因此不存在浓度限制关系。因此，由式(7-2)，体系的组元数为 $c=3-1-0=2$，这是一个两组元三相平衡的体系，即 $c=2$，$P=3$，所以这个体系的自由度 $f=2-3+2=1$。

对于固体材料，压力的变化一般很小，因此体系的自由度也常常表示为：

$$f=c-P+1 \tag{7-4}$$

但是，在压力很大或温度很高时，即使是固体材料也必须考虑压力的影响。因为有些反应是在很高温度下进行的，其蒸气压不能忽略。

Gibbs 相律反映了一个体系的自由度与组元数和相数目之间的制约关系。相律是相图的基本规律之一，它适用于任何处于相平衡的单元或多元体系，包括气-液、液-液、固-液或固-固等体系。任何相图的绘制必须服从 Gibbs 相律，否则为谬误。但相律只是对可能存在的平衡状态的定性描述，它只可以给出某相图中可能有些什么点、线和区，但无法给出这些点、线和区的具体位置。

7.1.2 相平衡

7.1.2.1 平衡

相与相之间的转变称为相变。在某一温度下，若多相体系的各相中每种物质的浓度不随时间而变，或者说多相体系中各相的相对量不随时间而变，则体系处于平衡状态，这种平衡称为相平衡。相平衡的热力学条件要求每个组元在各相中的化学位（μ）必须相等。因此，相平衡时系统内部不存在原子的迁移。由动力学规律可以认为，相平衡实际上是一个动态平衡。从微观的角度看，在相界面处两相之间的转化不停进行，只是同一时间内各相之间的转化速率相等而已。

7.1.2.2 相平衡条件

对于不含气相的材料系统，相的热力学平衡可由它的吉布斯自由能 G 来决定。由 $G=H-TS$ 可知，当 $\mathrm{d}G=0$ 时，整个系统处于热力学平衡；若 $\mathrm{d}G<0$，则系统将自发地过渡到 $\mathrm{d}G=0$，从而使系统达到平衡状态。

对于多元系统来说，不仅温度和压力的变化会引起 G 的变化，而且各组元含量的变动也会引起系统性质的改变。因此，多元系统的吉布斯自由能 G 是温度 T、压力 p 以及各组元物质的量 n_1、n_2……的函数，即

$$G=f(T,p,n_1,n_2,\cdots) \tag{7-5}$$

对其进行微分运算可得：

$$\mathrm{d}G=\left(\frac{\partial G}{\partial T}\right)_{p,\Sigma n_i}\mathrm{d}T+\left(\frac{\partial G}{\partial p}\right)_{T,\Sigma n_i}\mathrm{d}p+\sum_{i=1}^{k}\left(\frac{\partial G}{\partial n_i}\right)_{T,p,\Sigma n_i} \tag{7-6}$$

$$\mathrm{d}n_i=-S\mathrm{d}T+V\mathrm{d}p+\sum\mu_i\mathrm{d}n_i \tag{7-7}$$

式中 S——系统的总熵，J/(mol·K)；

V——系统总体积；

$\sum\mu_i\mathrm{d}n_i$——因组元含量改变而引起的系统自由能的变化。

组元 i 的偏摩尔自由能，也就是组元 i 的化学势，它代表系统内物质传递的驱动力。如果每一个组元在所有各相中的化学势 μ 都相等，那么在系统内就没有物质的迁移，整个系统处于平衡状态。因此，系统中相的平衡条件就是每一个组元在所有各相中的化学势相等。其具体推演如下。

假设多组元组成的多相系统有若干个相（α,β,…），每个相的自由能微分式可写为

$$\mathrm{d}G^{\alpha}=-S^{\alpha}\mathrm{d}T+V^{\alpha}\mathrm{d}p+\mu_1^{\alpha}\mathrm{d}n_1^{\alpha}+\mu_2^{\alpha}\mathrm{d}n_2^{\alpha}+\cdots \tag{7-8}$$

$$\mathrm{d}G^{\beta}=-S^{\beta}\mathrm{d}T+V^{\beta}\mathrm{d}p+\mu_1^{\beta}\mathrm{d}n_1^{\beta}+\mu_2^{\beta}\mathrm{d}n_2^{\beta}+\cdots \tag{7-9}$$

……

处于恒温、恒压之下的固体材料，$\mathrm{d}T$、$\mathrm{d}p$ 均为零，故上式改写为：

$$\mathrm{d}G^{\alpha}=\mu_1^{\alpha}\mathrm{d}n_1^{\alpha}+\mu_2^{\alpha}\mathrm{d}n_2^{\alpha}+\cdots \tag{7-10}$$

$$\mathrm{d}G^{\beta}=\mu_1^{\beta}\mathrm{d}n_1^{\beta}+\mu_2^{\beta}\mathrm{d}n_2^{\beta}+\cdots \tag{7-11}$$

……

若系统只含有α和β两相，那么使极少量的组元 dn_2 从α相转移到β相中，引起系统自由能的变化为

$$dG = dG^{\alpha} + dG^{\beta} \tag{7-12}$$

因为组元2在α相中的化学势 μ_2^{α} 是1mol组元2在α相中的自由能，所以α相自由能的变化是

$$dG^{\alpha} = \mu_2^{\alpha} dn_2^{\alpha} \tag{7-13}$$

同理

$$dG^{\beta} = \mu_2^{\beta} dn_2^{\beta} \tag{7-14}$$

但是

$$-dn_2^{\alpha} = dn_2^{\beta} \tag{7-15}$$

所以

$$dG = dG^{\alpha} + dG^{\beta} = \mu_2^{\alpha} dn_2^{\alpha} + \mu_2^{\beta} dn_2^{\beta} = (\mu_2^{\beta} - \mu_2^{\alpha}) dn_2^{\beta} \tag{7-16}$$

可见，组元2从α相自动转入β相的条件就是 $(\mu_2^{\beta} - \mu_2^{\alpha}) < 0$。当 $\mu_2^{\beta} = \mu_2^{\alpha}$ 时，α相和β相达到热力学平衡，显然 $\mu_2^{\beta} = \mu_2^{\alpha}$ 是α和β两相平衡的必要条件。

同理，其他组元也是同样的情况。所以，每一个组元在各相中的化学势相等是多相系统处于热力学平衡的必要条件，也是其相平衡的必要条件。

7.2　单元系统相图

单元系统中只有一种组分，不存在浓度问题，影响系统平衡的因素只有温度和压力。因此，单元系统相图是用温度和压力两个坐标表示的。

单元系统中 $c=1$，根据相律：

$$f = c - P + 2 = 3 - P \tag{7-17}$$

系统中的相数不可能小于1，当 $P_{\min}=1$ 时，$f_{\max}=2$，这两个自由度即温度和压力；自由度最小为零，当 $f_{\min}=0$ 时，$P_{\max}=3$，不可能出现四相平衡或五相平衡状态。

在单元系统中，系统的平衡状态取决于温度和压力，只要这两个参量确定，则系统中平衡共存的相数及各相的形态，便可根据其相图确定。因此，相图上的任意一点都表示了系统的一定平衡状态，我们称之为"状态点"。

7.2.1　水的相图

图7-1为水系统相图。整个图面被三条曲线分为三个相区 COB、COA 及 BOA，分别代表冰、水、水蒸气的单相区。在这三个单相区内，显然温度和压力都可以在相区范围内独立改变而不会造成旧相消失或新相产生，因而自由度为2。我们称这时的系统是双变量系统，或者说系统是双变量的。

把三个单相区划分开来的三条界线代表了系统中的两相平衡状态：OC 代表水汽两相平衡共存，因而 OC 线实际上是水的饱和蒸气压曲线（蒸发曲线）；OB 代表冰汽两相的平衡共存，因而 OB 线实际上是冰的饱和蒸气压曲线（升华曲线）；OA 则代表冰水两相平衡共存，因而 OA 线是冰的熔融曲线。在这三条界线上，显然在温度和压力中只有一个是独立变量。当一个参数独立变化时，另一参量必须沿曲线指示的数值变化，而不能任意改变，才能维持原有的两相平衡，否

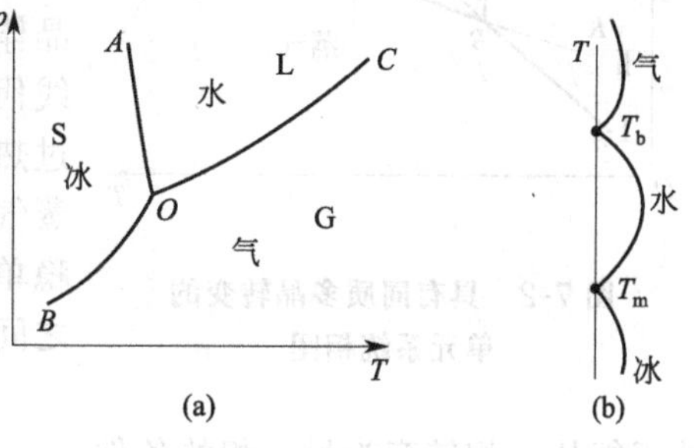

图7-1　水系统相图

则必然造成某一相的消失。因而此时系统的自由度为1，是单变量系统。

三个单相区，界线相交于O点，O点是一个三相点，反映了系统中冰、水、汽的三相平衡共存状态。独立可变量为0，即自由度$f=0$，其意义是三相点的温度和压力是恒定的。要想保持系统的这种三相平衡状态，系统的温度和压力都不能有任何改变，否则系统的状态点必然要离开三相点，进入单相区或界线，从三相平衡状态变为单相或两相平衡状态，即从系统中消失一个或两个旧相。因此，此时系统的自由度为零，处于无变量状态。

水的系统是一个生动的例子，说明相图如何用几何语言把一个系统所处的平衡状态直观而形象化地表示出来。只要知道了系统的温度、压力，即只确定了系统的状态点在相图上的位置，我们便可以立即根据相图判断出此时系统所处的平衡状态，有几个相平衡共存，是哪几个相。

在水的相图上值得一提的是冰的熔点曲线OA向左倾斜，斜率为负，这意味着压力增大，冰的熔点下降。这是由冰融化成水时体积收缩造成的。OA的斜率可以根据克拉普隆-克劳修斯（Claperyron-Clausius）方程计算：$\frac{dp}{dT}=\frac{\Delta H}{T\Delta V}$。冰融化成水时$\Delta H>0$，而体积收缩$\Delta V<0$，因而造成$\frac{dp}{dT}<0$。像冰这样熔融时体积收缩的物质并不多，统称为水型物质。铋、镓、锗、三氯化铁等少数物质属于水型物质。大多数物质熔融时体积膨胀，相图上的熔点曲线向右倾斜，压力增加，熔点升高，这类物质统称为硫型物质。

7.2.2 具有同质多晶转变的单元系统相图

图7-2是具有同质多晶转变的单元系统相图。图中的实线把相图划分为四个单相区：ABF是低温稳定的晶型Ⅰ的单相区；$FBCE$是高温稳定的晶型Ⅱ的单相区；ECD是液相（熔体区）；低压部分的$ABCD$是气相区。把两个单相区划分开来的曲线代表了系统两相平衡状态：AB、BC分别是晶型Ⅰ和晶型Ⅱ的升华曲线；CD是熔体的蒸气压曲线；BF是晶型Ⅰ和晶型Ⅱ之间的晶型转变线；CE是晶型Ⅱ的熔融曲线。代表系统中三相平衡的三相点有两个：B点代表晶型Ⅰ、晶型Ⅱ和气相的三相平衡；C点代表晶型Ⅱ、熔体和气相的三相平衡。

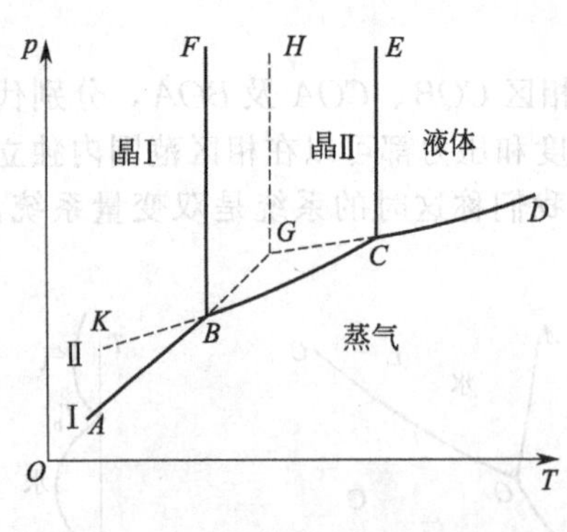

图7-2 具有同质多晶转变的单元系统相图

图7-2的虚线表示系统中可能出现的各种介稳平衡状态（在一个具体单元系统中，是否出现介稳态，出现何种形式的介稳态，依组分的性质而定）。$FBGH$是过热晶型Ⅰ的单相区，$HGCE$是过冷熔体的介稳单相区，BGC和ABK是过冷蒸气的介稳单相区，KBF是过冷晶体Ⅱ的介稳单相区。把两个介稳单相区划分开来的虚线代表了相应的介稳两相平衡状态：BG和GH分别是过热晶型Ⅰ的升华曲线和熔融曲线；GC是过冷熔体的蒸气压曲线；KB是过冷晶型Ⅱ的蒸气压曲线。三个介稳单相区相交的G点代表过热晶型Ⅰ、过冷熔体和气相之间的三相介稳平衡状态，是一个介稳三相点。

上述这些过热晶体或过冷液体都是介稳相。当系统处于能从一相转变为另一相的条件下，由于某种原因（比如快速加热或快速冷却时）这种转变并不发生而出现了延滞转变的现象，从而使某一相在其稳定存在的范围之外并不转变成新的条件下的稳定相而继续保持了原有状态，这样的相称为介稳相。这里的介稳包含了两方面的含义：一方面，在新条件下的介稳相只要适当控制条件可以长时间存在而不发生相变；另一方面，介稳相与相应条件下的稳定相相比含有较高的能量。因此，其存在着自发转变成稳定相的趋势，而且这种转变是不可逆的。

通过对以上各条线、各个点的分析可以看出，在单元系统相图中，有如下规律。

(1) 晶体的升华曲线（或延长线）与液体的蒸发曲线（或延长线）的交点是该晶体的熔点。如 *C* 点是晶型Ⅱ的熔点，*G* 点是晶型Ⅰ的熔点。

(2) 两种晶型的升华曲线交点是两种晶型的多晶转变点。如 *B* 点是晶型Ⅰ和晶型Ⅱ的晶型转变点。

(3) 在同一温度下，蒸气压低的比较稳定。如在同一温度下表示介稳平衡的虚线在表示稳定平衡的实线上方，因其蒸气压高而有向蒸气压低的稳定相转变的趋势。

7.2.3　单元系统相图的应用

7.2.3.1　SiO_2 系统相图

SiO_2（纯净的二氧化硅称为石英或硅石）是具有多晶转变的典型氧化物，在自然界中分布极广。它的存在形态很多，以原生态存在的有水晶、脉石英、玛瑙，以次生态存在的有砂岩、蛋白石，变质作用产物石英岩等。

SiO_2 在工业上应用极为广泛。石英砂是玻璃、陶瓷、耐火材料等工业的基本原料，石英玻璃可制作光学仪器，以鳞石英为主晶相的硅砖是一种重要的耐火材料，β-石英可制作压电晶体用于各种换能器等。

(1) SiO_2 的多晶转变。SiO_2 在加热或冷却过程中具有复杂的多晶转变。实验证明，在常压和有矿化剂（或杂质）存在的条件下，SiO_2 有 7 种晶型，可分为三个系列，即石英、鳞石英、方石英系列。每个系列中又有高温变体和低温变体，即 α、β-石英，α、β、γ-鳞石英，α、β-方石英。

SiO_2 各变体及熔体的饱和蒸气压极小（温度为 2000K 时，仅 7～10MPa）。图 7-3 所示的 SiO_2 系统相图给出了 SiO_2 各种变体的稳定范围以及它们之间的晶型转化关系。需要注意的是，SiO_2 各变体及熔体的饱和蒸气压极低（在温度为 2000K 时仅为 10^{-7}MPa），为了在图中能够清晰地显示，相图上的纵坐标是故意放大的，以便于表示各界线上的压力随温度的变化趋势。

图 7-3 相图的实线部分把全图划分成六个单相区，分别代表了 β-石英、α-石英、α-鳞石英、α-方石英、SiO_2熔体及 SiO_2 蒸气六个热力学稳定态存在的相区。每两个相区之间的界线代表了系统中的两相平衡状态。如 *LM* 代表了 β-石英与 SiO_2 蒸气之间的两相平衡，因而实际上是 β-石英的饱和蒸气压曲线。*OC* 代表了 SiO_2 熔体与 SiO_2 蒸气之间的两相平衡，因而实际上是 SiO_2 高温熔体的饱和蒸气压曲线。*MR*、*NS*、*DT* 是晶型转变线，反映了相应的两种变体之间的平衡共存。如 *MR* 线表示出了 β-石英和 α-石英之间相互转变的温度随压力的变化。*OU* 线则是 α-方石英的熔融曲线，表示了 α-方石英与 SiO_2 熔体之间的两相平衡。每三个相区相交的点都是三相点。图中有四个三相点，如 *M* 点是代表 β-石英、α-石英与 SiO_2 蒸气三相平衡共存的三相点，*O* 点则是 α-方石英、SiO_2 熔体与 SiO_2 蒸气三相平衡共存的三相点。

根据多晶转变的速度和转变时晶体结构发生变化的不同，可将 SiO_2 变体之间的转变分为以下两类。

① 一级变体间的转变。不同系列如石英、鳞石英、方石英和熔体之间的相互转变，这种转变是各高温形态的相互转变。由于各变体的晶体结构上的差异较大，转变时要破坏原有结构，形成新结构，即发生重建性的转变，转变速度非常缓慢。通常要在转变温度下保持相

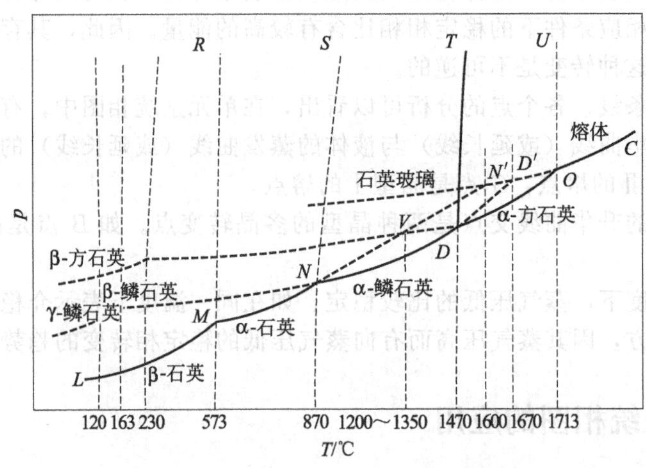

图 7-3 SiO_2 系统相图

当长的时间才能实现；若要加快转变，必须加入矿化剂。

② 二级变体间的转变。同系列中的 α、β、γ 形态之间的转变，也称高低温型转变。各变体在结构上差异不大，转变迅速，而且是可逆的。

(2) SiO_2 的相平衡。由于晶体结构上的差异较大，α-石英、α-鳞石英、α-方石英之间的晶型转变困难（一级变体间的转变）。当加热或冷却不是非常缓慢的平衡加热或冷却时，则往往会产生一系列介稳态，这些可能发生的介稳态都用虚线表示在相图上（见图 7-3）。

如 α-石英加热到 870℃时应转变为 α-鳞石英，如果加热速度不够慢，则可能成为 α-石英的过热晶体。这种处于介稳态的 α-石英可能一直保持到 1600℃（N'点）直接熔融为过冷的 SiO_2 熔体。因此，NN'实际上是过热 α-石英的饱和蒸气压曲线，反映了过热 α-石英与 SiO_2 蒸气两相之间的介稳平衡状态。DD'则是过热 α-鳞石英的饱和蒸气压曲线，这种过热的 α-鳞石英可以保持到 1670℃（D'点）直接熔融为过冷 SiO_2 熔体。在不平衡冷却中，高温 SiO_2 熔体可能不在 1713℃结晶出 α-方石英，而成为过冷熔体。虚线 ON'在 CO 的延长线上，是过冷 SiO_2 熔体的饱和蒸气压曲线，反映了过冷 SiO_2 熔体与 SiO_2 蒸气两相之间的介稳平衡。α-方石英冷却到 1470℃时转变为 α-鳞石英，实际上却往往过冷到 230℃转变成与 α-方石英结构相近的 β-方石英。α-鳞石英则往往不在 870℃转变成 β-石英，而是过冷到 163℃转变为 β-鳞石英，β-鳞石英又在 120℃转变成 γ-鳞石英。β-方石英、β-鳞石英与 γ-鳞石英虽然都是低温下的热力学不稳定态，但由于它们转变为热力学稳定态的速度极慢，实际上可以长期保持自身形态。α-石英与 β-石英在 573℃下相互转变，由于彼此间结构相近，转变速度很快，一般不会出现过热过冷现象。随着各种介稳态的出现，相图上不但出现了这些介稳态的饱和蒸气压曲线及介稳晶型转变线，而且出现了相应的介稳单相区以及介稳三相点（如 N'、D'），从而使相图呈现出复杂的形态。

通过对相图的分析可知：介稳态处于一种较高的能量状态，它有自发转变为热力学稳定态的趋势，而处于较低能量状态的热力学稳定态则不可能自发转变为介稳态。通过理论和实践可证明：在给定温度范围内，具有最小蒸气压的相一定是最稳定的相，而两个相如果处于平衡状态，其蒸气压必定相等。

(3) SiO_2 相图的实际应用。石英是硅酸盐工业中应用十分广泛的一种原料，SiO_2 相图在生产和科学研究中有重要价值，硅质耐火材料的生产和使用就是其中的一例。

硅砖是由天然石英（β-石英）作原料经高温煅烧而成。如上所述，由于介稳态的出现，石英在高温煅烧冷却过程中实际发生的晶型转变是很复杂的。β-石英加热至573℃时很快转变为α-石英，而α-石英加热到870℃时并不是按相图指示的那样转变为鳞石英，在生产的条件下，它往往过热到1200～1350℃（过热α-石英饱和蒸气压曲线与过冷α-方石英饱和蒸气压曲线的交点为V，此点表示了这两个介稳相之间的介稳平衡状态）时直接转变为介稳的α-方石英。这种实际转变过程并不是我们所希望的。我们希望硅砖制品中鳞石英含量越多越好，而方石英含量越少越好。这是因为在石英、鳞石英、方石英三种变体的高低温型转变中（即α、β、γ二级变体之间的转变），方石英体积变化最大（2.8%），石英次之（0.82%），而鳞石英最小（0.2%）。如果制品中方石英含量高，则在冷却到低温时由于α-方石英转变成β-方石英伴随着较大的体积收缩而难以获得致密的硅砖制品。

那么，如何可以促使介稳的α-方石英转变为稳定态的α-鳞石英呢？生产上一般是加入少量氧化铁和氧化钙作为矿化剂。这些氧化物在1000℃左右可以产生一定量的液相，α-石英和α-方石英在此液相中的溶解度大，而α-鳞石英在其中的溶解度小，因而α-石英和α-方石英不断溶入液相，而α-鳞石英则不断从液相中析出。生成一定量的液相还可以缓解由于α-石英转化为介稳态的α-方石英时巨大的体积膨胀在坯体内所产生的应力。

虽然在硅砖生产中加入矿化剂，创造了有利的动力学条件，促成大部分介稳的α-方石英转变成α-鳞石英，但事实上最后必定还会有一部分未转变的方石英残留于制品中。因此，在硅砖使用时，必须根据SiO_2相图确定合理的升温制度，防止残留的方石英发生多晶转变时将窑炉砌砖炸裂。

7.2.3.2　ZrO_2系统相图

ZrO_2的熔点很高（约为2680℃），它的比热容及热导率较小，是一种优良的耐火材料和高温绝缘材料；同时，它还具有优良的综合力学性能和化学稳定性能，被广泛应用在结构陶瓷领域或用于制备各种耐磨刀具等高性能器件。完全稳定化的ZrO_2陶瓷材料是一种高温固体电解质，利用其导氧、导电性能，可以制备成各种氧敏传感器元件以及固体氧化物燃料电池的电解质，而部分稳定的ZrO_2陶瓷材料则具有相变增韧的作用。

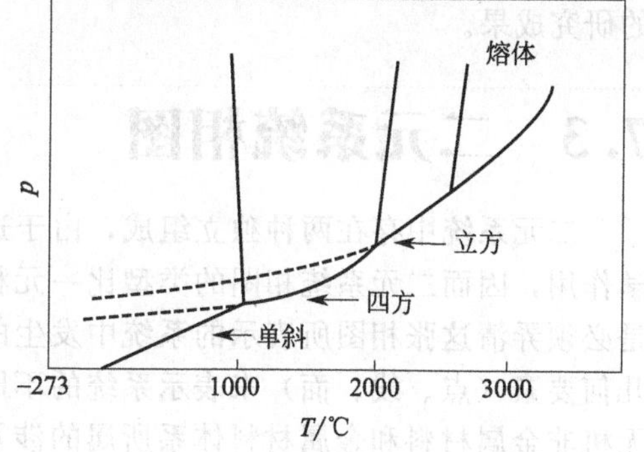

图 7-4　ZrO_2相图

ZrO_2相图（图7-4）比SiO_2相图要简单得多。这是由于ZrO_2系统中出现的多晶转变和介稳态不像SiO_2系统那样复杂。

ZrO_2有三种晶型：常温稳定的单斜ZrO_2，高温稳定的立方ZrO_2，还有四方ZrO_2。它们之间具有如下的转变关系：

$$单斜\ ZrO_2 \underset{1000℃}{\overset{1200℃}{\rightleftharpoons}} 四方\ ZrO_2 \overset{2370℃}{\rightleftharpoons} 立方\ ZrO_2$$

图7-5为ZrO_2的差热曲线，单斜ZrO_2加热到1200℃时转变为四方ZrO_2，这个转变速度很快，并伴随7%～9%的体积收缩和放热效应，这个过程是可逆的。但在冷却过程中，四方ZrO_2往往不在1200℃转变成单斜ZrO_2，而是在1000℃左右转变，即相图上虚线表示的介稳的四方ZrO_2转变成稳定的单斜ZrO_2，这种滞后现象在多晶转变中是经常可以观察到的。

ZrO_2是特种陶瓷的重要原料。图7-6所示为ZrO_2的热膨胀曲线，其单斜型与四方型之间的晶型转变伴有显著的体积变化，造成ZrO_2制品在烧成过程中容易开裂。生产上需采取稳定措施，向 ZrO_2 中添加外加物以稳定立方 ZrO_2，抑制其晶型转化，通常是加入适量 CaO 或 Y_2O_3。在 1500℃以上时四方 ZrO_2 可以与这些稳定剂形成立方晶型的固溶体。在冷却过程中，这种固溶体不会发生晶型转变，没有体积效应，因而可以避免 ZrO_2 制品的开裂。

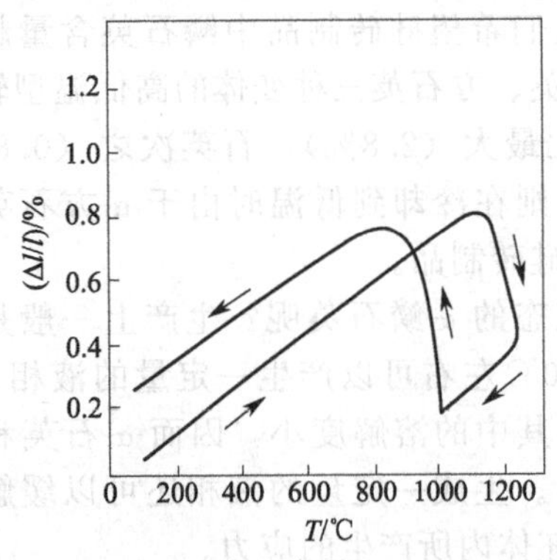

图 7-5 ZrO_2 的差热曲线

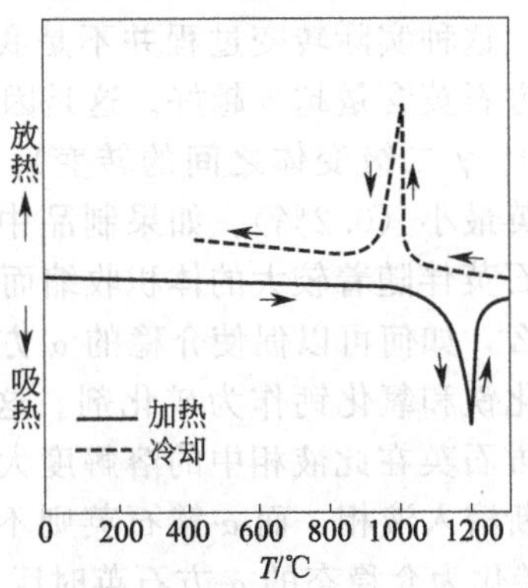

图 7-6 ZrO_2 的热膨胀曲线

近年来的研究发现，晶型转变所伴随的体积变化还有可利用的一面，可以应用到陶瓷材料的相变增韧方面。通过在纯 ZrO_2 中添加 6%～8%的 CaO 或 15%左右的 Y_2O_3，在高温下合成立方 ZrO_2，与通过热处理后的微细四方晶混合即为所谓的部分稳定立方晶材料。其增韧机理是含有部分四方相 ZrO_2 的陶瓷在受到外力作用时裂纹尖端附近产生张应力，松弛了四方相 ZrO_2 所受的压应力，微裂纹表面有一层四方相转变成单斜相；体积膨胀导致的压应力抵消了张应力，阻止了进一步相变，使裂纹尖端的能量被吸收，不再扩张到前方的压应力区，裂纹的扩展停止，从而提高了陶瓷的断裂韧性和强度，有效地克服了陶瓷材料的脆性问题。ZrO_2 对陶瓷材料的增韧研究是无机材料的重要研究方向之一，并且已经取得了一定的研究成果。

7.3 二元系统相图

二元系统中存在两种独立组成，由于这两个组分之间可能存在各种不同的物理作用和化学作用，因而二元系统相图的类型比一元相图多得多。阅读任何一张二元相图时，最重要的是必须弄清这张相图所表示的系统中发生的物理、化学过程的性质以及相图如何通过不同的几何要素（点、线、面）来表示系统的不同平衡状态。在本节中，我们仅把讨论范围局限于无机非金属材料和金属材料体系所属的涉及固液相图的凝聚系统。

对于二元凝聚系统：

$$f=c-P+1=3-P$$

当 $f=0$ 时，$P=3$，即二元凝聚系统中可能存在的平衡共存的相最多为 3 个。当 $P=1$ 时，$f=2$，即系统的最大自由度为 2。由于凝聚系统不考虑压力的影响，因此这两个自由度显然是指温度和浓度。二元凝聚系统相图是以温度为纵坐标，以系统中任一组分的浓度为横坐标来绘制的。

依系统中两个组分之间的相互作用不同，二元相图可以分成若干个基本类型。熟悉了这些基本类型的相图，阅读具体系统的相图时就不会感到困难了。

7.3.1 二元系统相图的基本类型

7.3.1.1 具有一个低共熔点的简单二元系统相图

这类体系的特点是：两个组分在液态时能以任何比例互溶；在固态时则完全不互溶，两个组分分别结晶。组分间无化学作用，不生成新的化合物。虽然这类相图具有最简单的形式（图 7-7），但却是学习其他类型二元相图的重要基础。因此，对此相图需详尽讨论。

图 7-7 中 a 点是组分 A 的熔点，b 点是组分 B 的熔点，E 点是组分 A 和组分 B 的二元低共熔点。液相线 aE、bE 和固相线 GH 把整个相图划分为四个相区。液相线 aE、bE 以上的 L 相区是高温熔体的单相区。固相线 GH 以下的（A+B）相区是由晶体 A 和晶体 B 组成的二相区。液相线与固相线之间有两个相区，aEG 代表液相与组分 A 的晶体平衡共存的二相区（L+A），bEH 则代表液相与组分 B 的晶体平衡共存的二相区（L+B）。

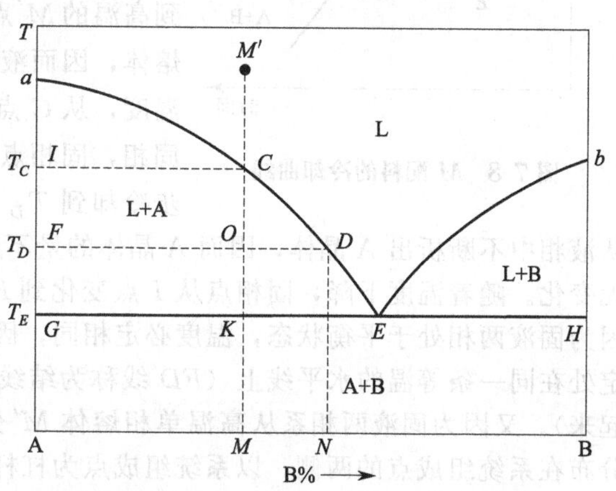

图 7-7 具有一个低共熔点的二元系统相图

掌握此相图的关键是理解 aE、bE 两条液相线及低共熔点 E 的性质。液相线 aE 实际上是一条饱和曲线（或称固溶度曲线，类似含水二元系统的溶解度曲线），任何富 A 高温熔体冷却到 aE 线以上的温度时，即开始对组分 A 饱和而析出 A 的晶体；同样，液相线 bE 则是组分 B 的饱和曲线，任何富 B 高温熔体冷却到 bE 线上的温度时，即开始对组分 A 和组分 B 饱和。因而，从 E 点液相中将同时析出 A 晶体和 B 晶体，此时系统中三相平衡，$f=0$，即系统处于无变量的平衡状态，因而低共熔点 E 是此二元系统中的一个无变量点。E 点组成称为低共熔组成，E 点温度则称为低共熔温度。

现以组成为 M 的配料加热到高温完全熔融，然后平衡冷却析晶的过程来说明系统的平衡状态如何随温度而变化。将 M 配料加热到高温的 M'点，因 M'点处于 L 相区，表明系统中只有单相的高温熔体（液相）存在。将此高温熔体冷却到 T_C 温度，液相开始对组分 A 饱和，从液相中析出第一粒 A 晶体，系统从单相平衡状态进入二相平衡状态。根据相律可知，$f=1$，即为了保持这种二相平衡状态，在温度和液相组成二者之间只有一个是独立变量。事实上，A 晶体的析出，意味着液相必定是 A 的饱和溶液，温度继续下降时，液相组成必定沿着 A 的饱和曲线 aE 从 C 点向 E 点变化，而不能任意改变。系统冷却到低共熔温度 T_E，液相组成达到低共熔点 E，从液相中将同时析出 A 晶体和 B 晶体，系统从二相平衡状态进入三相平衡状态。按照相律，此时系统的 $f=0$，系统是无变量的，即只要系统中维持着这种三相平衡关系，系统的温度就只能保持在低共熔温度 T_E 不变，液相组成也只能保持在 E 点的低共熔组成不变。此时，从 E 点液相中不断按 E 点组成中的 A 和 B 的比例析出 A 晶体和 B 晶体后，液相消失，系统从三相平衡状态回到二相平衡状态，因而系统的温度又可继续下降。整个析晶过程发生的相变化可用冷却曲线表示，如图 7-8 所示。

利用杠杆规则，还可以对析晶过程的相变化进一步作定量分析。在运用杠杆规则时，需要分清系统组成点、液相点、固相点的概念。系统组成点（简称系统点）取决于系统的总组

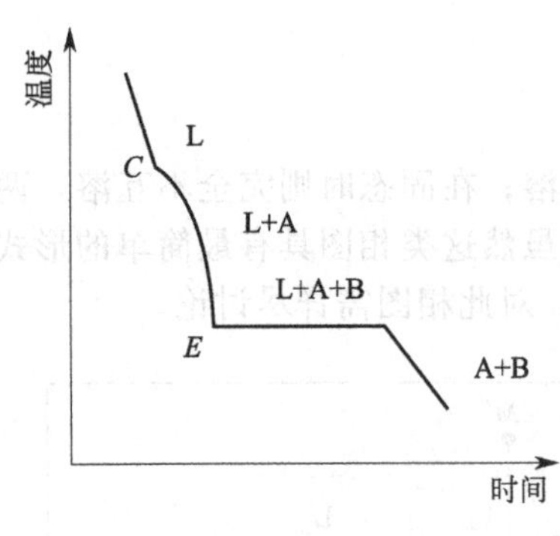

图 7-8 *M* 配料的冷却曲线

成，是由原始配料组成决定的。在加热或冷却过程中，尽管组分 A 和组分 B 在固相与液相之间不断转移，但仍在系统内，不会逸出系统以外，因而系统的总组成是不会改变的。对于 M 配料而言，系统点必定在 MM' 线上变化。系统中的液相组成和固相组成是随温度不断变化的，因而液相点、固相点的位置随温度不断变化。把 M 配料加热到高温的 M' 点，配料中的组分 A 和组分 B 全部进入高温熔体，因而液相点与系统点的位置是重合的。冷却到 T_C 温度，从 C 点液相中析出第一粒 A 晶体，系统中出现了固相，固相点处于表示纯 A 晶体和 T_C 温度的 I 点。进一步冷却到 T_D 温度，液相点沿液相线从 C 点运动到 D 点，从液相中不断析出 A 晶体，因而 A 晶体的量不断增加，但组成仍为纯 A，所以固相组成并无变化。随着温度下降，固相点从 I 点变化到 F 点。系统点则沿 MM' 从 C 点变化到 O 点。因为固液两相处于平衡状态，温度必定相同，因而任何时刻系统点、液相点、固相点三点一定处在同一条等温的水平线上（FD 线称为结线，它把系统中平衡共存的两个相的相点连接起来）。又因为固液两相系从高温单相熔体 M' 分解而来，这两相的相点在任何时刻必定都分布在系统组成点的两侧，以系统组成点为杠杆支点，运用杠杆规则可以方便地计算在任一温度处于平衡的固液二相的数量。

如计算在 T_D 温度下的固相量和液相量，则根据杠杆规则有：

$$\frac{\text{固相量}}{\text{液相量}}=\frac{OD}{OF}$$

$$\frac{\text{固相量}}{\text{固相总量(原始配料量)}}=\frac{OD}{FD}$$

$$\frac{\text{液相量}}{\text{固相总量(原始配料量)}}=\frac{OF}{FD}$$

当系统温度从 T_D 继续下降到 T_E 时，液相点从 D 点沿液相线到达 E 点，从液相中同时析出 A 晶体和 B 晶体，液相点停在 E 点不动，但其数量则随共析过程的进行而不断减少。固相中则除了 A 晶体（原先析出的加上 T_E 温度下析出的），又增加了 B 晶体，而且此时系统温度不能变化，固相点位置必离开表示纯 A 的 G 点沿等温线 GK 向 K 点运动。当最后一滴 E 点液相消失，液相中的 A、B 组分全部结晶为晶体时，固相组成必然回到原始配料组成，即固相点到达系统点 K。析晶过程结束以后，系统温度又可继续下降，固相点与系统点一起从 K 向 M 点移动。

上述析晶过程中固液相点的变化，即结晶路程用文字叙述比较烦琐，常用下列简便的表达式表示：

$$\text{液相点 } M' \longrightarrow \text{固相点 } I \xrightarrow{\text{A}} G \xrightarrow{\text{A+B}} K$$

平衡加热熔融过程恰是上述平衡冷却析晶过程的逆过程。若将组分 A 和组分 B 的配料 M 加热，则该晶体混合物在 T_E 温度下低共熔形成 E 组成的液相。由于三相平衡，系统温度保持不变，随着低共熔过程的进行，A、B 晶体相量不断减少，E 点液相量不断增加。当固相点从 K 点到达 G 点时，意味着 B 晶相已全部熔化，系统进入二相平衡状态，温度又可继续上升，随着 A 晶体继续溶入液相，液相点沿着液相线 aE 从 E 点向 C 点变化。加热到 T_C 温度，液相点到达 C 点，与系统点重合，意味着最后一粒 A 晶体在 I 点消失，A 晶体和 B 晶体全部从固相转入液相，因而液相组成回到原始配料组成。

7.3.1.2 生成一个一致熔融化合物的二元系统相图

所谓一致熔融化合物是指一种稳定的化合物。它与纯物质一样具有固定的熔点，熔化时，所产生的液相与化合物组成相同，因此被称为一致熔融。这类系统的典型相图如图7-9所示。

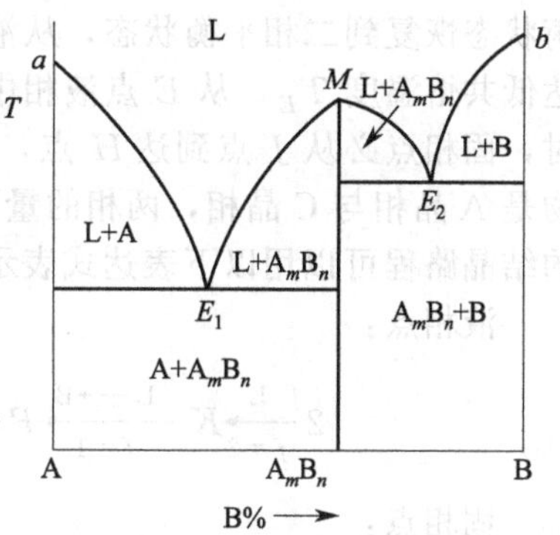

图7-9 一致熔融化合物的二元系统相图

组分A与组分B生成一个一致熔融化合物A_mB_n。M点是该化合物的熔点。曲线aE_1是组分A的液相线，bE_2是组分B的液相线，E_1ME_2则是化合物A_mB_n的液相线。一致熔融化合物在相图上的特点是：化合物组成点位于其液相线的组成范围内，即表示化合物晶相的A_mB_n-M线直接与其液相线相交，交点M（化合物熔点）是液相线上的温度最高点。因此，A_mB_n-M线将此相图划分为两个简单分二元系统。E_1是A-A_mB_n分二元系统的低共熔点，E_2是A_mB_n-B分二元系统的低共熔点。讨论任一配料的结晶路程与上述讨论简单二元系统的结晶路程完全相同。原始配料如位于A-A_mB_n范围，最终析晶产物为A和A_mB_n两个晶相。原始配料如位于A_mB_n-B区间，则最终析晶产物为A_mB_n和B两个晶相。

7.3.1.3 生成一个不一致熔融化合物的二元系统相图

所谓不一致熔融化合物是指一种不稳定的化合物。加热这种化合物到某一温度时便发生分解，分解产物是一种液相和一种晶相，二者组成与化合物组成皆不相同，故称为不一致熔融。图7-10为不一致熔融化合物的二元系统相图。加热化合物C（A_mB_n）到分解温度T_P，化合物C分解为P点组成的液相和组分B的晶体。在分解过程中，系统处于三相平衡的无变量状态（$f=0$），因而P点也是一个无变量点，称为转熔点（又称为回吸点）。

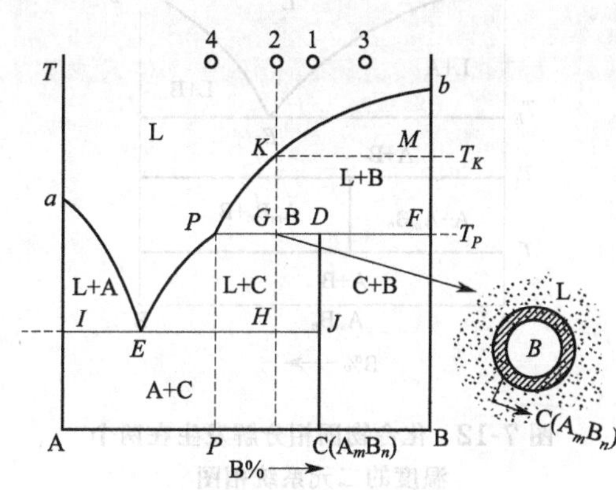

图7-10 不一致熔融化合物的二元系统相图

曲线aE是与晶相A平衡的液相线，EP是与晶相C（A_mB_n）平衡的液相线，bP是与晶相B平衡的液相线。无变量点E是低共熔点，在E点发生如下的相变化：$L_E \longrightarrow A+C$。另一个无变量点P是转熔点，在P点发生的相变化是：$L_P+B \longrightarrow C$。需要注意的是，转熔点P位于与P点液相平衡的两个晶相C和B的组成点D、F的同一侧，这是与低共熔点E的情况不同的。运用杠杆规则不难理解这种差别。不一致熔融化合物在相图上的特点是：化合物C的组成点位于其液相线PE的组成范围以外，即CD线偏在PE的一边，而不与其直接相交。因此，表示化合物的CD线不能将整个相图划分为两个分二元系统。

现以熔体2为例分析结晶路程。将熔体2冷却到T_K温度，从液相中析出第一粒B晶体，液相点随后沿液相线KP向P点变化，从液相中不断析出B晶体，固相点则从M点向F点变化。到达转熔温度T_P，发生$L_P+B \longrightarrow C$的转熔过程，即原先析出的B晶体此时又溶入L_P液相（或者说被液相回吸，本质是与液相起反应）而结晶出化合物C。在转熔过程中，系统温度保持不变，液相组成保持在P点不变，但液相量和B晶相量不断减少，C晶相量不断增加，因而固相点离开 F 点向 D 点移动。当固相点到达 D 点时，意味着 B 晶体已耗尽，转熔过程结束。系统中残留的第二相是 L_P 液相和化合物 C，其数量可根据液相点 P、系统点 G 及固相点 D 的相对位置用杠杆规则确定。在 B 晶体耗尽以后，系统从三相平衡状态恢复到二相平衡状态，从液相中不断析出 C 晶体，固相点则从 D 点向 J 点变化；到达低共熔温度 T_E，从 E 点液相中将同时析出 A 晶体和 C 晶体。当最后一滴 L_E 液相消失时，固相点必从 J 点到达 H 点，与系统点重合。此时全部析晶过程结束，所获得的析晶产物是 A 晶相与 C 晶相，两相的量可由 I、H、J 三点的相对位置计算。上述所讨论的熔体 2 的结晶路程可以用以下表达式表示。

液相点：

$$2 \xrightarrow[f=2]{L} K \xrightarrow[f=1]{L\longrightarrow B} P(L_P + B_{f=0} \longrightarrow C) \xrightarrow[f=1]{L\longrightarrow C} E(L_E \xrightarrow[f=0]{} A+C)$$

固相点：

$$M \xrightarrow{B} F \xrightarrow{B+C} D \xrightarrow{C} J \xrightarrow{C+A} H$$

熔体 3 与熔体 2 不同，由于在转熔过程中 P 点液相先耗尽，其结晶终点不在 E 点，而在 P 点，请读者自行分析。

7.3.1.4 生成一个在固相分解的化合物的二元系统相图

化合物 A_mB_n 加热到低共熔温度 T_K 以下的 T_D 温度即分解为组分 A 和组分 B 的晶体，并且这时没有液相生成（图 7-11）。相图上没有与化合物 A_mB_n 平衡的液相线，表明从液相中不可能直接析出 A_mB_n。只能通过 A 晶体和 B 晶体之间的固相反应生成。由于固态物质之间的反应速率很小（尤其在低温下），因而达到平衡状态需要的时间将很长。

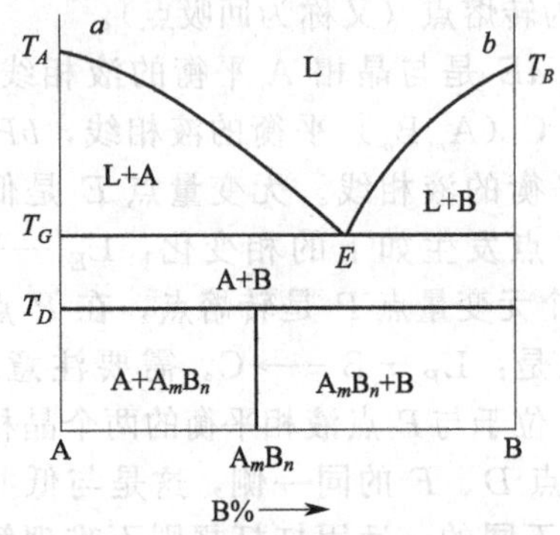

图 7-11 一个在固相分解的化合物的二元系统相图

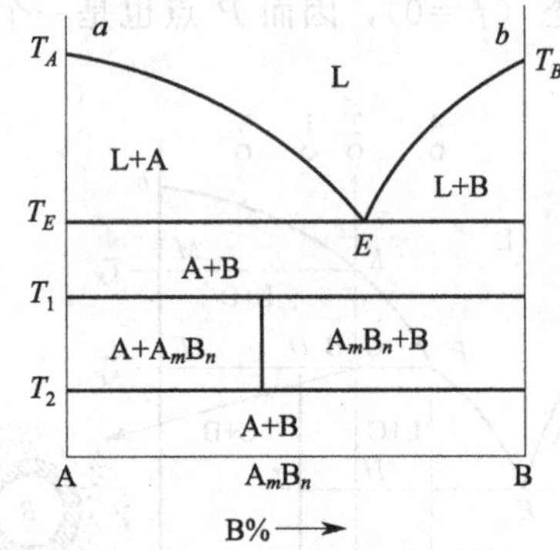

图 7-12 化合物固相分解发生在两个温度的二元系统相图

将晶体 A 和晶体 B 配料，按照相图，即使在低温下也应获得 A＋A_mB_n 或 A_mB_n＋B。但事实上，如果没有加热到足够高的温度并保温足够长的时间，上述平衡状态是很难达到的，系统往往处于 A、A_mB_n、B 三种晶体同时存在的非平衡状态。若化合物 A_mB_n 只在某一温度区间内存在，即在低温下也要分解，则其相图形式如图 7-12 所示。

7.3.1.5 具有多晶转变的二元系统相图

同质多晶现象在材料系统中是十分普遍的。图 7-13 展示了在低共熔温度以下发生多晶转变的二元系统相图，组分 A 在晶型转变点 P 发生 A_α 与 A_β 的晶型转变，显然在 A-B 二元系统中的纯 A 晶体在 T_P 温度下都会发生这一转变，因此 P 点发展为一条晶型转变等温线。在此线以上的相区，A 晶体以 α 形态存在，在此线以下的相区，则以 β 形态存在。

如晶型转变温度 T_P 高于系统开始出现液相的低共熔温度 T_E，则 A_α 与 A_β 之间的晶型转变在系统带有 P 组成液相的条件下发生。因为此时系统中三相平衡共存，所以 P 点也是一个无变量点（图 7-14）。

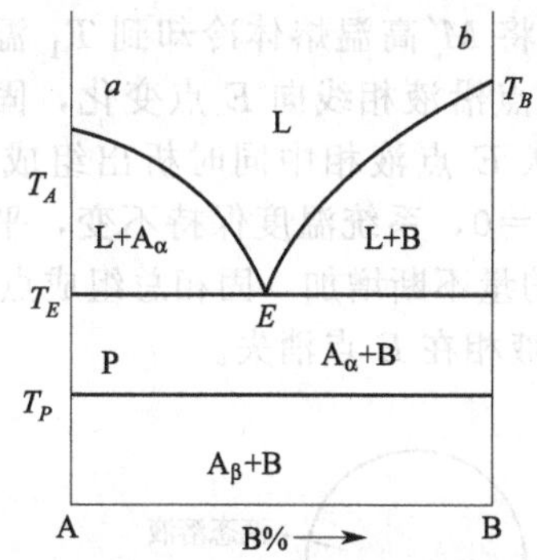

图 7-13 在低共熔温度以下发生多晶转变的二元系统相图

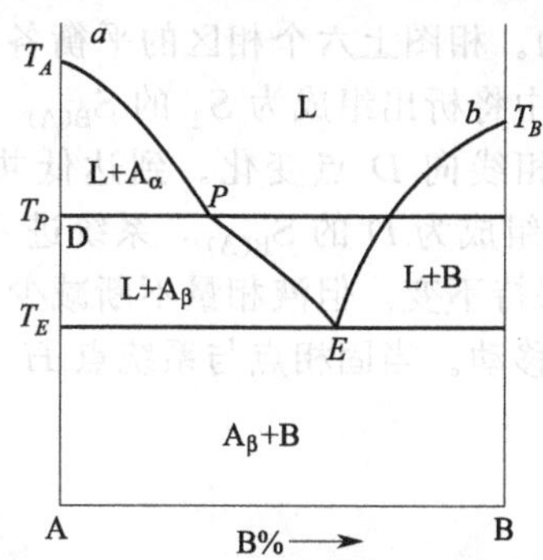

图 7-14 在低共熔温度以上发生多晶转变的二元系统相图

7.3.1.6 形成连续固溶体的二元系统相图

这类系统的相图形式如图 7-15 所示。液相线 aL_2b 以上的相区是高温熔体单相区，固相线 aS_3b 以下的相区是固溶体单相区，处于液相线与固相线之间的相区则是液态溶液与固态溶液（固溶体）平衡的固液二相区。固液二相区内的结线 L_1S_1、L_2S_2、L_3S_3 分别表示不同温度下互相平衡共存的固液二相的组成。此相图的最大特点是没有一般二元相图上常常出现的二元无变量点，因为此系统内只存在液态溶液和固态溶液两个相，不可能出现三相平衡状态。

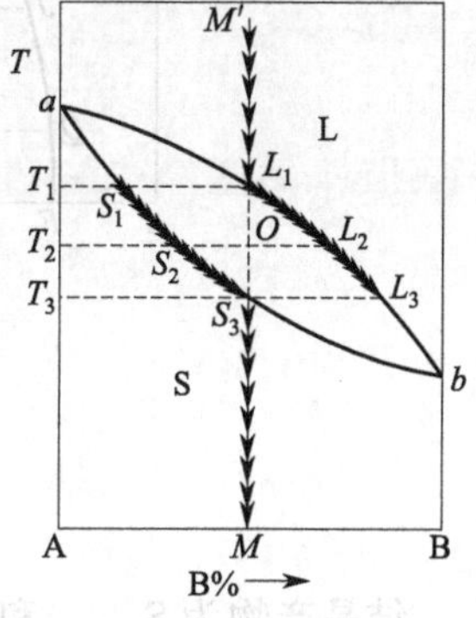

图 7-15 形成连续固溶体的二元系统相图

M'高温熔体冷却到 T_1 温度时开始析出组成为 S_1 的固溶体，这时液相组成为 L_1；随后液相组成沿液相线向 L_3 变化，固相组成则沿固相线向 S_3 变化。

冷却到 T_2 温度时，液相点到达 S_2，系统点则在 O 点。根据杠杆规则，此时液相量：固相量 $=OS_2:OL_2$。冷却到 T_3 温度，固相点 S_3 与系统点重合，意味着最后一滴液相在 L_3 消失，结晶过程结束。原始配料中的 A、B 组分从高温熔体全部转入低温的单相固溶体中。

在液相从 L_1 到 L_3 的析晶过程中，固溶体组成需从原先析出的 S_1 相应地变化到最终与 L_3 平衡的 S_3，即在析晶过程中固溶体需随时调整组成以与液相保持平衡。固溶体是晶体，原子的扩散迁移速度很慢，不像液态溶液那样容易调节组成。可以想象，只要冷却过程不是足够缓慢，不平衡析晶是很容易发生的。

7.3.1.7 形成有限固溶体的二元系统相图

组分 A、B 间可以形成固溶体，但溶解度是有限的，不能以任意比例互溶。形成有限固溶体的二元系统相图如图 7-16 所示，$S_{A(B)}$ 表示 B 组分溶解在 A 晶体中所形成的固溶体，$S_{B(A)}$ 表示 A 组分溶解在 B 晶体中所形成的固溶体，aE 是与 $S_{A(B)}$ 固溶体平衡的液相线，

bE 是与 $S_{B(A)}$ 固溶体平衡的液相线。从液相线上的液相中析出的固溶体组成可以通过等温结线在相应的固相线 aC 和 bD 上找到。例如，结线 L_1S_1 表示从 L_1 液相中析出的 $S_{B(A)}$ 固溶体的组成是 S_1。E 点是低共熔点，从 E 点液相中将同时析出组成为 C 的 $S_{A(B)}$ 和组成为 D 的 $S_{B(A)}$ 固溶体。C 点表示了组分 B 在组分 A 中的最大固溶度，D 点则表示了组分 A 在组分 B 中的最大固溶度。CF 是固溶体 $S_{A(B)}$ 的溶解度曲线，DG 则是固溶体 $S_{B(A)}$ 的溶解度曲线。根据这两条溶解度曲线的走向，A、B 两个组分在固态互溶的溶解度是随温度下降而下降的。相图上六个相区的平衡各相已在图上标注。将 M' 高温熔体冷却到 T_1 温度，从 T_1 液体中将析出组成为 S_1 的 $S_{B(A)}$ 固溶体，随后液相点沿液相线向 E 点变化，固相点从 S_1 沿固相线向 D 点变化。到达低共熔温度 T_E 时，从 E 点液相中同时析出组成为 C 的 $S_{A(B)}$ 和组成为 D 的 $S_{B(A)}$，系统进入三相平衡状态，$f=0$，系统温度保持不变，平衡各相组成也保持不变。但液相量不断减少，$S_{A(B)}$ 和 $S_{B(A)}$ 的量不断增加，固相总组成点从 D 点向 H 点移动。当固相点与系统点 H 重合时，最后一滴液相在 E 点消失。

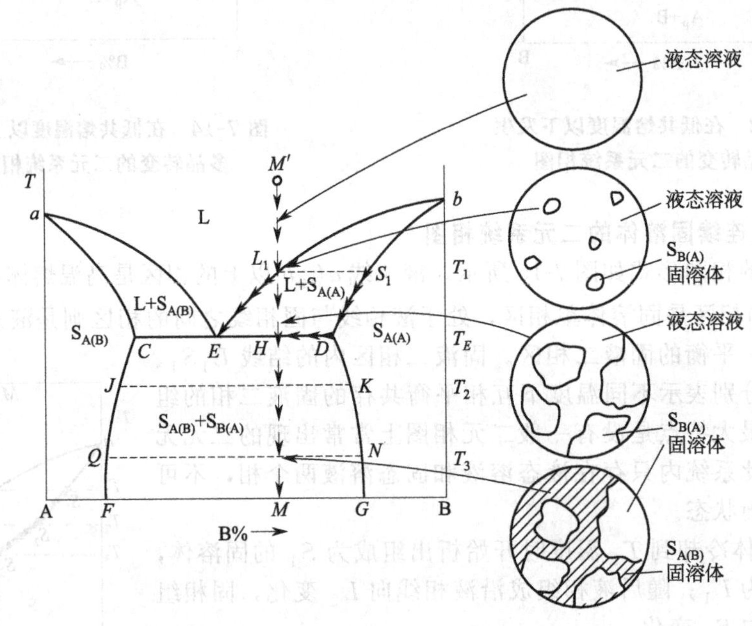

图 7-16 形成有限固溶体的二元系统相图

结晶产物为 $S_{A(B)}$ 和 $S_{B(A)}$ 两种固溶体。温度继续下降时，$S_{A(B)}$ 的组成沿 CF 线变化，$S_{B(A)}$ 的组成则沿 DG 线变化。如在 T_3 温度时，具有 Q 组成的 $S_{A(B)}$ 与具有 N 组成的 $S_{B(A)}$ 二相平衡共存。M' 熔体的结晶路程可用固、液相点的以下变化表示。

液相点：

$$M' \xrightarrow[f=2]{L} L_1 \xrightarrow[f=1]{L \longrightarrow S_{B(A)}} E[L_E \xrightarrow[f=0]{} S_{B(A)} + S_{A(B)}]$$

固相点：

$$S_1 \xrightarrow{S_{B(A)}} D \xrightarrow{S_{B(A)} + S_{A(B)}} H$$

7.3.1.8 具有液相分层的二元系统相图

前面所讨论的各类二元系统中两个组分在液相时都是完全互溶的。但在某些实际系统中，两个组分在液态时并不完全互溶，只能有限互溶。这时液相分为二层，一层可视为组分

B在组分A中的饱和溶液（L_1），另一层可视为组分A在组分B中的饱和溶液（L_2）。图7-17展示了具有液相分层的二元系统相图，其中 CKD 帽形区即一个液相分层区。等温结线 $L_1'L_2'$、$L_1''L_2''$ 表示不同温度下互相平衡的两个液相的组成。温度升高，两层液相的溶解度都增大，因而其组成越来越接近，到达帽形区最高点 K，两层液相的组成已完全一致，分层现象消失，故 K 点是一个临界点，K 点温度称为临界温度。在 CKD 帽形区以外的其他液相区域，均不发生分层现象，为单相区。曲线 aC、DE 均为与A晶相平衡的液相线，bE 是与B晶相平衡的液相线。除低共熔点 E，系统中还有另一个无变量点 D。在 D 点发生的相变化为：$L_C \longrightarrow L_D + A$，即冷却时从 C 组成液相中析出晶体A，而 L_C 液相同时转变为含A晶体的 L_D 液相。

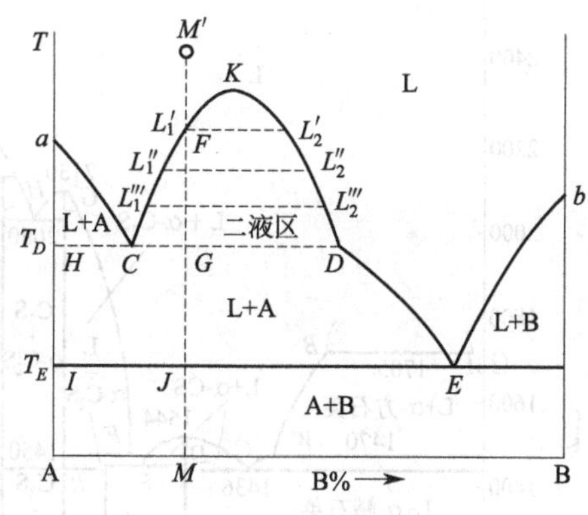

图7-17 具有液相分层的二元系统相图

把 M' 高温熔体冷却到 L_1' 温度时，液相开始分层，第一滴具有 L_2' 组成的 L_2 液相出现，随后 L_1 液相沿 KC 线向 C 点变化，L_2 液相沿 KD 线向 D 点变化。冷却到 T_D 温度时，L_C 液相不断分解为 L_D 液相和A晶体，直到 L_C 耗尽。L_C 消失以后，系统温度又可继续下降，液相组成从 D 点沿液相线 DE 到达 E 点，并在 E 点结束结晶过程，结晶产物是晶相A和晶相B。

上述结晶路程可用液、固相点的以下变化表示。

液相点：

$$M \xrightarrow[f=2]{L} \begin{cases} L_1' \xrightarrow{L_1} C \\ L_2' \xrightarrow[f=2]{L_2} D\left(\dfrac{L_C \longrightarrow L_D + A}{f=0, L_C\text{ 消失}}\right) \xrightarrow[f=1]{L \longrightarrow A} E\left(\dfrac{L \longrightarrow A+B}{f=0, L\text{ 消失}}\right) \end{cases}$$

固相点：

$$H \xrightarrow{A} I \xrightarrow{A+B} J$$

7.3.2 二元系统相图应用

7.3.2.1 CaO-SiO$_2$ 系统相图

图7-18是 CaO-SiO$_2$ 系统相图。对于这种比较复杂的二元相图，首先要看系统中生成几种化合物以及各化合物的性质。根据一致熔融化合物可把系统划分成若干分二元系统，然后再对这些分二元系统逐一加以分析。

根据相图上的竖线可知 CaO-SiO$_2$ 二元系统中共生成四个化合物。CS（CaO·SiO$_2$，硅灰石）和 C_2S（2CaO·SiO$_2$，硅酸二钙）是一致熔融化合物，C_3S_2（3CaO·2SiO$_2$，硅钙石）和 C_3S（3CaO·SiO$_2$，硅酸三钙）是不一致熔融化合物。因此，CaO-SiO$_2$ 系统可以划分成 SiO$_2$-CS、CS-C_2S、C_2S-SiO$_2$ 三个分二元系统。对这三个分二元系统逐一分析各液相线和相区，特别是无变量点的性质，以判明各无变量点所代表的具体相平衡关系。相图上的每一条横线都是三相线，当系统的状态点到达这些线上时，系统都处于三相平衡的无变状态。其中，有低共熔线、转熔线、化合物分解或液相分解线以及多条晶型转变线。晶型转变线上所发生的具体晶型转变，需要根据和此线紧邻的上下两个相区所标示的平衡相加以判断。如1125℃的晶型转变线，线上相区的平衡相为α-鳞石英和α-CS，而线下相区则为α-鳞石英和β-CS，此线必为α-CS和β-CS的转变线。

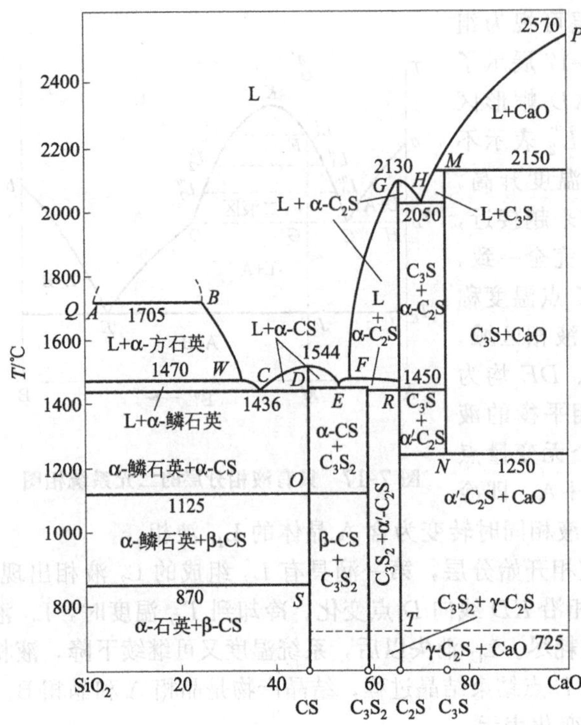

图 7-18 $CaO-SiO_2$ 系统相图

我们先讨论相图左侧的 SiO_2-CS 分二元系统。在此分二元系统的富硅液相部分有一个液相分层区，C 点是此分二元系统的低共熔点，C 点温度为 1436℃，组成是含 37% CaO。由于在与方石英平衡的液相线上插入了 2L 分液区，使 C 点位置偏向 CS 一侧，而距 SiO_2 较远，液相线 CB 也较为陡峭。此相图上的特点常被用来解释为何在硅砖生产中可以采取 CaO 作矿化剂而不会严重影响其耐火度。用杠杆规则计算，如向 SiO_2 中加入 1%CaO，在低共熔温度 1436℃下所产生的液相量为 1∶37＝2.7%。这个液相量是不大的，并且由于液相线 CB 较陡峭，温度继续升高时，液相量的增加也不会很多，这就保证了硅砖的高耐火度。

在 CS-C_2S 这个分二元系统中，有一个不一致熔融化合物 C_3S_2，其分解温度是 1464℃。E 点是 CS 与 C_3S_2 的低共熔点。F 点是转熔点，在 F 点发生 $L_F + \alpha\text{-}C_2S \rightleftharpoons C_3S_2$ 的相变化。C_3S_2 常出现于高炉矿渣，也存在于自然界。

最右侧的 C_2S-CaO 分二元系统，含有硅酸盐水泥的重要矿物 C_3S 和 C_2S。C_3S 是一个不一致熔融化合物，仅能稳定存在于 1250～2150℃的温度区间。在 1250℃分解为 α'-C_2S 和 CaO，在 2150℃则分解为 M 组成的液相和 CaO。C_2S 有 α、α'、β、γ 之间的复杂晶型转变，如图 7-19 所示。

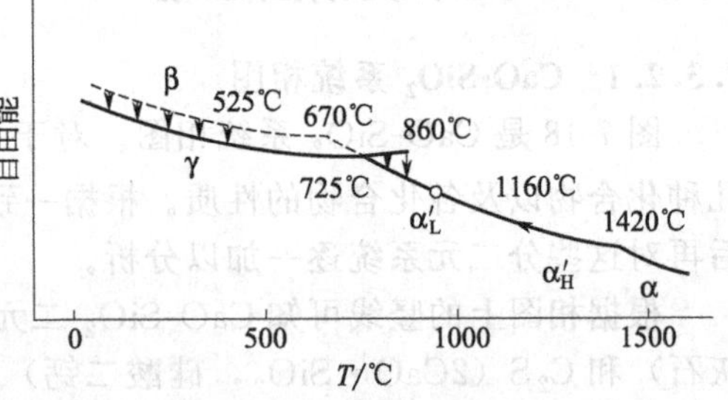

图 7-19 C_2S 的多晶转变

常温下稳定的 γ-C_2S 加热到 725℃转变为 α'-C_2S，α'-C_2S 则在 1420℃转变为高温稳定的 α-C_2S。但在冷却过程中，α'-C_2S 往往不转变为 γ-C_2S，而是过冷到 670℃左右转变为介稳态的 β-C_2S，β-C_2S 则在 525℃再转变为稳定态 γ-C_2S。β-C_2S 向 γ-C_2S 的晶型转变伴随 9%的体积膨胀，可以造成水泥熟料的粉化。由于 β-C_2S 是一种热力学非平衡态，没有能稳定存在的温度区间，因而在相图上没有出现 β-C_2S 的相区。C_3S 和 β-C_2S 是硅酸盐水泥中含量最高的两种水硬性矿物。但当水泥熟料缓慢冷却时，C_3S 将会分解，β-C_2S 将转变为无水硬活性的 γ-C_2S。为了避免这种情况发生，生产上采取急冷措施，使 C_3S 和 β-C_2S 迅速越过分解温度或晶型转变温度，在低温下以介稳态保存下来。介稳态是一种高能量状态，有较强的反应能力，这或许就是 C_3S 和 β-C_2S 具有较高水硬活性的热力学原因。

$CaO-SiO_2$ 系统中的无变量点性质如表 7-1 所示。

表 7-1 CaO-SiO_2 系统中的无变量点性质

图上点号	平衡相点	平衡性质	组成/%		平衡温度/℃
			CaO	SiO_2	
P	$CaO \rightleftharpoons$ 液体	熔化	100	0	2570
Q	$SiO_2 \rightleftharpoons$ 液体	熔化	0	100	1723
A	α-方石英+液体 B $\rightleftharpoons$ 液体 A	熔化分层	0.6	99.4	1705
B	α-方石英+液体 B $\rightleftharpoons$ 液体 A	熔化分层	28	72	1705
C	α-CS+α-鳞石英 $\rightleftharpoons$ 液体	低共熔点	37	63	1436
D	α-CS $\rightleftharpoons$ 液体	熔化	48.2	51.8	1554
E	α-CS+$C_3S_2 \rightleftharpoons$ 液体	低共熔点	54.5	45.5	1460
F	α-CS+$C_3S_2 \rightleftharpoons$ 液体	转容	55.5	44.5	2130
G	α-$C_2S \rightleftharpoons$ 液体	熔化	65	35	2050
H	α-C_2S+$C_3S \rightleftharpoons$ 液体	低共熔点	67.5	32.5	2150
M	$C_3S \rightleftharpoons CaO$+液体	转容	73.6	26.4	2150
N	α′-C_2S+CaO $\rightleftharpoons C_3S$	固相反应(化合)	73.6	26.4	1250
O	β-CS $\rightleftharpoons$ α-CS	多晶转变	48.2	51.8	1125
R	α′-$C_2S \rightleftharpoons$ α-C_2S	多晶转变	65	35	1450
T	γ-$C_2S \rightleftharpoons$ α′-C_2S	多晶转变	65	35	725
S	α-石英 $\rightleftharpoons$ α-鳞石英	多晶转变	0	100	870
W	α-鳞石英 $\rightleftharpoons$ α-方石英	多晶转变	35.6	64.4	1470

7.3.2.2 Al_2O_3-SiO_2 系统相图

图 7-20 是 Al_2O_3-SiO_2 系统相图。在该二元系统相图中，只生成一致熔融化合物 A_3S_2（$3Al_2O_3 \cdot 2SiO_2$，莫来石）。A_3S_2 中可以固溶少量 Al_2O_3，固溶体组成在 60%～63%（摩尔分数）之间。莫来石是普通陶瓷及黏土质耐火材料的重要矿物。

黏土是硅酸盐工业的重要原料。黏土加热脱水后分解为 Al_2O_3 和 SiO_2，因此人们很早就对 Al_2O_3-SiO_2 的系统平衡产生了广泛兴趣，先后发表了许多不同形式的相图。这些相图的主要分歧是莫来石的性质，最初认为是不一致熔融化合物，后来认为是一致熔融化合物，到 20 世纪 70 年代又有人提出是不一致熔融化合物。这种情况在硅酸盐体系相平衡研究中是屡见不鲜的，因为硅酸盐物质熔点高，液相黏度大，高温物理化学过程速度缓慢，容易形成介稳态，这就给相图制作造成了实验上的很大困难。

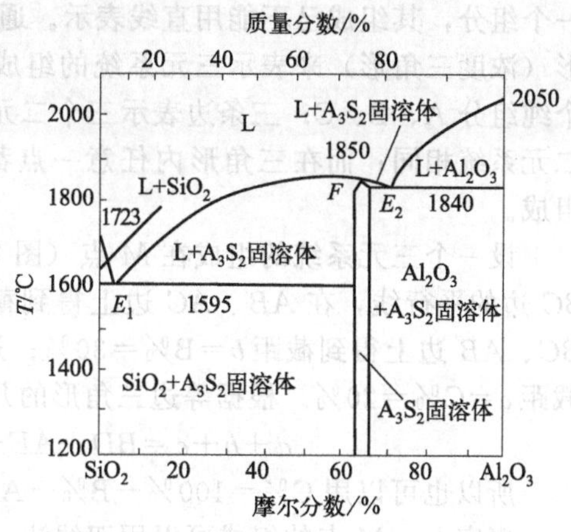

图 7-20 Al_2O_3-SiO_2 系统相图

以 A_3S_2 为界，可以将 Al_2O_3-SiO_2 系统划分成两个分二元系统。在 SiO_2-A_3S_2 这个分二元系统中，有一个低共熔点 E_1，加热时 SiO_2 和 A_3S_2 在低共熔温度 1595℃下生成含 Al_2O_3 5.5%（质量分数）的 E_1 点液相。与 CaO-SiO_2 系统中 SiO_2-CS 分二元的低共熔点 *C* 不同，E_1 点距 SiO_2 一侧很近。如果在 SiO_2 中加入 1%（质量分数）的 Al_2O_3，根据杠杆规则，在 1595℃下就会产生 1∶5.5=18.2%的液相量，这样就会使硅砖的耐火度大大下降。此外，由于与 SiO_2 平衡的液相线从 SiO_2 熔点（1723℃）向 E_1 点迅速下降，Al_2O_3 的加入必然造成硅砖耐火度的急剧下降。因此，对于硅砖来说，Al_2O_3 是非常有害的杂质，其他氧化物都没有像 Al_2O_3 这样大的影响。在硅砖的制造和使用过程中，要严防 Al_2O_3 混入。

系统中液相量随温度的变化取决于液相线的形状。此二元系统中莫来石的液相线 E_1F 在1595～1700℃区间比较陡峭，而在1700～1850℃区间则比较平坦。根据杠杆规则，这意味着一个处于 E_1F 组成范围内的配料加热到1700℃之前时系统中的液相量随温度升高增加并不多，但在1700℃以后，液相量将随温度升高而迅速增加。这是使用化学组成处于这一范围，且以莫来石和石英为主要晶相的黏土质和高铝质耐火材料时，需要引起注意的。

在 A_3S_2-Al_2O_3 分二元系统中，A_3S_2 熔点（1850℃）、Al_2O_3 低共熔点（2050℃）都很高。因此，莫来石及刚玉质耐火砖都是性能优良的耐火材料。

7.4 三元系统相图

三元系统是含有三个组分（$c=3$）的系统，比二元系统要复杂得多。对于三元凝聚系统，相律为：

$$f=c-P+1=4-P$$

当 $f_{min}=0$、$P_{max}=4$ 时，即三元凝聚系统中可能存在的平衡共存的相最多为四个。当 $P_{min}=1$、$f_{max}=3$ 时，即系统中的最大自由度为3。这三个独立变量是温度和三组分中任意两个组元的浓度。

由于有三个变量，用平面图形已无法表示，所以三元系统相图采用空间中的三棱柱体来表示。三棱柱体的底面三角形表示三元系统的组成，三棱柱的高表示温度变量。但这样的立体图不便于应用，我们实际使用的是它的平面投影图。

7.4.1 三元系统组成表示法

三元系统组成与二元系统一样，可以采用质量分数，也可以采用摩尔分数。由于增加了一个组分，其组成已不能用直线表示。通常是使用一个每条边被均分为100等份的等边三角形（浓度三角形）来表示三元系统的组成，如图7-21所示。浓度三角形的三个顶点表示三个纯组分A、B、C；三条边表示三个二元系统A-B、B-C、C-A的组成，其组成表示方法与二元系统相同；而在三角形内任意一点都表示一个含有A、B、C三个组分的三元系统的组成。

设一个三元系统的组成在 M 点（图7-22），其组成可以用下面的方法求得：过 M 点作 BC 边的平行线，在 AB、AC 边上得到截距 $a=\mathrm{A}\%=50\%$；过 M 点作 AC 的平行线，在 BC、AB 边上得到截距 $b=\mathrm{B}\%=30\%$；过 M 点作 AB 边的平行线，在 AC、BC 边上得到截距 $c=\mathrm{C}\%=20\%$。根据等边三角形的几何性质，不难证明：

$$a+b+c=BD+AE+ED=AB=BC=CA=100\%$$

所以也可以用C%＝100%－B%－A%＝20%来求得。

事实上，M 点的组成可以用双线法，即过 M 点引三角形两条边的平行线，根据它们在第三条边上的交点来确定，如图7-22所示。反之，若一个三元系统的组成已知，也可以用双线法确定其组成点在浓度三角形内的位置。

根据浓度三角形的这种表示组成的方法，不难看出一个三元组成点愈靠近某一角顶，该角顶所代表的组分含量必定愈高。

7.4.2 判断三元系统相图的几条重要规则

（1）等含量规则和定比例规则。在浓度三角形内，等含量规则和定比例规则对我们分析实际问题是十分有用的。

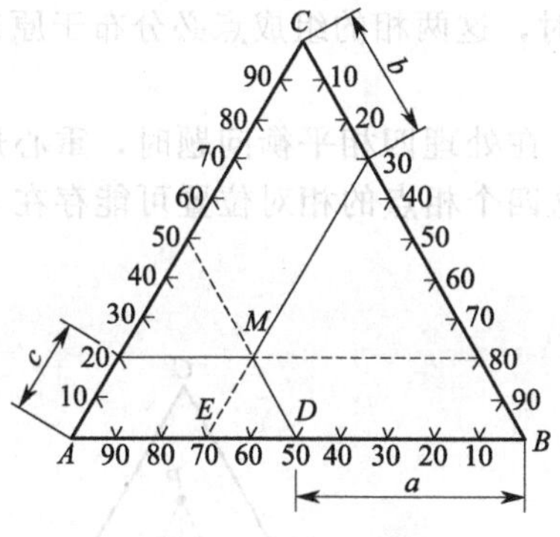

图 7-21　浓度三角形

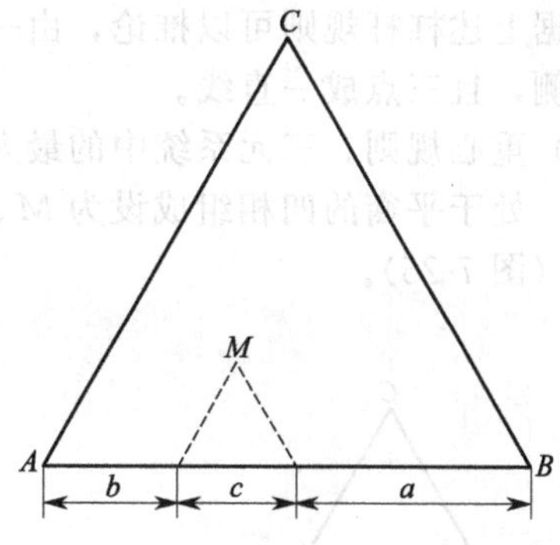

图 7-22　双线法确定三元组成

① 等含量规则。平行于浓度三角形某一边的直线上的各点，其第三组分的含量不变（等浓度线）。图 7-23 中 $MN//AB$，则 MN 线上任一点的 C 含量相等，变化的只是 A、B 的含量。

② 定比例规则。从浓度三角形某角顶引出射线上各点，另外两个组分含量的比例不变。图 7-23 中 CD 线上各点 A、B、C 三组分的含量皆不相同，但 A 与 B 含量的比值是不变的，都等于 $BD:AD$。

此规则不难证明，在 CD 线上任取一点 O，用双线法确定 A 含量为 BF，B 含量为 AE，则 $BF:AE=NO:MO=BD:AD$。

上述两规则对不等边浓度三角形也是适用的。不等边浓度三角形表示三元组成的方法与等边三角形相同，只是各边须按本身边长均分为 100 等份。

(2) 杠杆规则。这是讨论三元相图十分重要的一条规则，它包括两层含义：①在三元系统内，由两个相（或混合物）合成一个新相（或新的混合物）时，新相的组成点必在原来两相组成点的连线上；②新相组成点与原来两相组成点的距离和两相的量成反比。

图 7-24 展示了杠杆规则的证明，设 $m$kg M 组成的相与 $n$kg N 组成的相合成为一个 $(m+n)$kg 的新相组成 P。按杠杆规则，新相的组成点 P 必在 MN 连线上，并且 $MP:PN=n:m$。

上述关系可以证明如下：过 M 点作 AB 边平行线 MR，过 M、P、N 点作 BC 边平行线，在 AB 边上所得截距 a_1、x、a_2 分别表示 M、P、N 各相中 A 的百分含量。两相混合前与混合后的 A 量应该相等，即 $a_1m+a_2n=x(m+n)$，因而 $n:m=(a_1-x):(x-a_2)=MQ:QR=MP:PN$。

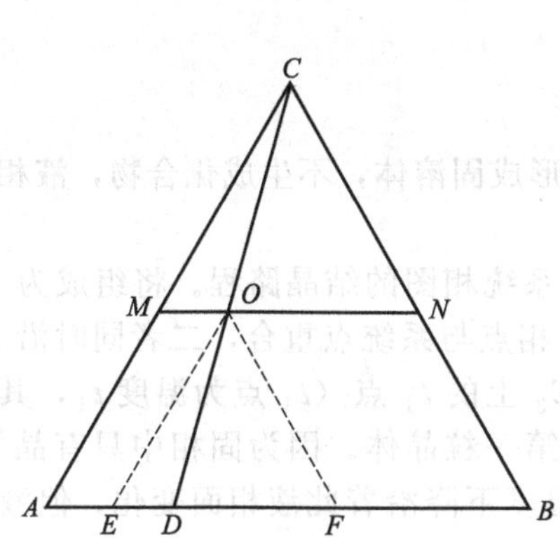

图 7-23　等含量规则和定比例规则的证明

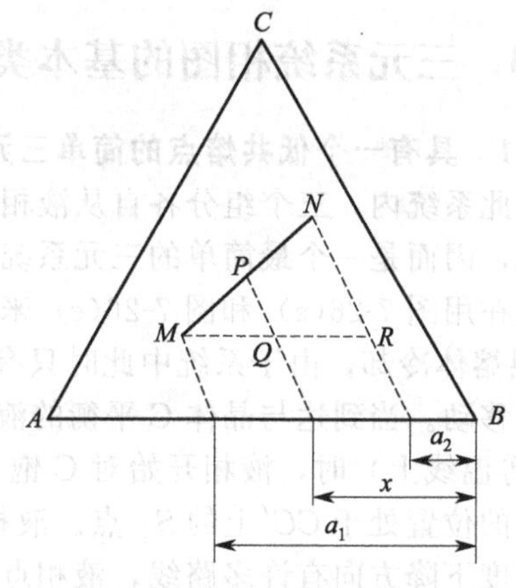

图 7-24　杠杆规则的证明

根据上述杠杆规则可以推论，由一相分解为二相时，这两相的组成点必分布于原来的相点的两侧，且三点成一直线。

(3) 重心规则。三元系统中的最大平衡相数是 4。在处理四相平衡问题时，重心规则十分有用。处于平衡的四相组成设为 M、N、P、Q，这四个相点的相对位置可能存在三种配置方式（图 7-25）。

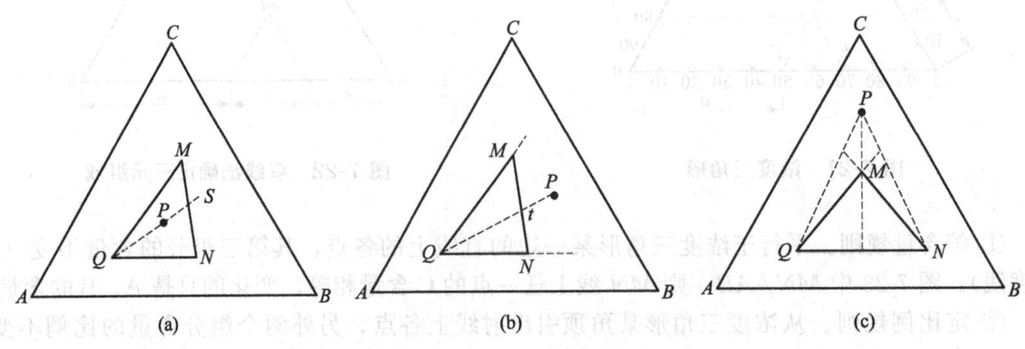

图 7-25 重心原理

(a) 重心位；(b) 交叉位；(c) 共轭位

① P 点处在$\triangle MNQ$ 内部，如图 7-25(a) 所示。根据杠杆规则，M 与 N 可以合成 S 相；而 S 相与 Q 相可以合成 P 相，即 $M+N=S$，$S+Q=P$，因而 $M+N+Q=P$。

表明 P 相可以通过 M、N、Q 三相而合成；反之，从 P 相可以分解出 M、N、Q 三相。P 点所处的这种位置，叫作重心位。

② P 点处于$\triangle MNQ$ 某条边（如 MN）的外侧，且在另两条边（QM、QN）的延长线范围内，如图 7-25(b) 所示。根据杠杆规则，$P+Q=t$，$M+N=t$，因而 $P+Q=M+N$。

即从 P 和 Q 两相可以合成 M 和 N 相；反之，从 M、N 两相可以合成 P、Q 相。P 点所处的这种位置，叫作交叉位。

③ P 点处于$\triangle MNQ$ 某一角顶（如 M）的外侧，且在形成此角顶的两条边（QM、NM）的延长线范围内，如图 7-25(c)。此时，两次运用杠杆规则可以得到：$P+Q+N=M$。

即从 P、Q、N 三相可以合成 M 相，按一定比例同时消耗 P、Q、N 三相可以得到 M 相。P 点所处的这种位置，叫作共轭位。

7.4.3 三元系统相图的基本类型

7.4.3.1 具有一个低共熔点的简单三元系统相图

在此系统内，三个组分各自从液相分别析晶，不形成固溶体，不生成化合物，液相无分层现象，因而是一个最简单的三元系统。

现在用图 7-26(a) 和图 7-26(c) 来讨论简单三元系统相图的结晶路程。将组成为 M 的 M' 高温熔体冷却，由于系统中此时只有一个液相，液相点与系统点重合，二者同时沿 $M'M$ 线向下移动。当到达与晶体 C 平衡的液相面 $C'E_2E'E_3$ 上的 l_1 点（l_1 点为温度 t_1，其位于 $a_1'C_1'$ 等温线上）时，液相开始对 C 饱和，析出 C 的第一粒晶体。因为固相中只有晶体 C，固相点的位置处于 CC' 上的 S_1 点。液相点随后将随温度下降沿着此液相面变化，但液相面上的温度下降方向有许多路线，液相点究竟沿哪条路线走呢？此时需要运用杠杆规则来加以判断。当液相在晶体 C 的液相面上析晶时，从液相中只析出晶体 C，因而留在液相中的 A、B 两组分含量的比例是不会改变的，根据杠杆规则，液相组成必沿着平面投影图上［图 7-26

(b)] CM 连线的延长线的方向变化（或根据杠杆规则，对于析出的晶相 C，系统总组成与液相组成必在一条直线上）。在空间图上，就是沿着 CM 与 CC'形成的平面与液相面的交线 l_1l_3 变化。当系统冷却到 t_2 温度时，系统点到达 m_2，液相点到达 l_2，固相点则到达 S_2。根据系统组成点、液相点、固相点三点相对位置的变化，运用杠杆规则不难看出，系统中的固相量随温度下降是不断增加的（虽然组成未变，仍为纯组分 C）。当冷却过程中系统点到达 m_3 时，液相点到达 E_3E'界线上的 l_3 点（投影图上的 D 点）。由于此界线是组分 A 和 C 的液相面的交线，液相同时对 A、C 饱和。因此，从 l_3 液相中将同时析出晶体 C 和晶体 A，而液相组成在进一步冷却时必沿着与 A、C 晶体平衡的 E_3E'界线，向三元低共熔点 E'的方向变化（在投影图上沿平面界线 e_3E 向温度下降的 E 点变化）。在此析晶过程中，由于固相中已不是纯组分 C 晶相，而是含有了不断增加的晶体 A，因而固相点将离开 CC'轴上的 S_3 沿着$C'CAA'$二元侧面向 S_4 点移动（在投影图上离开 C 点向 F 点移动）。当系统冷却到低共熔温度 T_E 时，系统点到达 S 点，液相点到达 E'点，固相点到达 S_4 点（投影图上的 F 点）。按杠杆规则，这三点必在同一条等温的直线上。此时，从液相中开始同时析出 C、A、B 三种晶体，系统进入四相平衡状态，自由度为 0。因而系统温度保持不变（系统点停留在 S 点不动），液相点保持在 E'点（投影图上的 E 点）不变。在这个等温析晶过程中，固相中除了晶体 C、A 又增加了晶体 B，固相点必离开 S_4 点向三棱柱内部运动。由于此时系统点 S 及液相点 E'都停留在原地不动，按照杠杆规则，固相点必定沿着 $E'SS_4$ 直接向 S 点推进（投影图上离开 F 点沿 FE 线向三角形内的 M 点运动）。当固相点回到系统点 S（投影图上固相点回到原始配料组成点 M）时，意味着最后一滴液相在 E'点结束结晶。此时系统重新获得一个自由度，系统温度又可继续下降。最后获得的结晶产物为晶相 A、B、C。

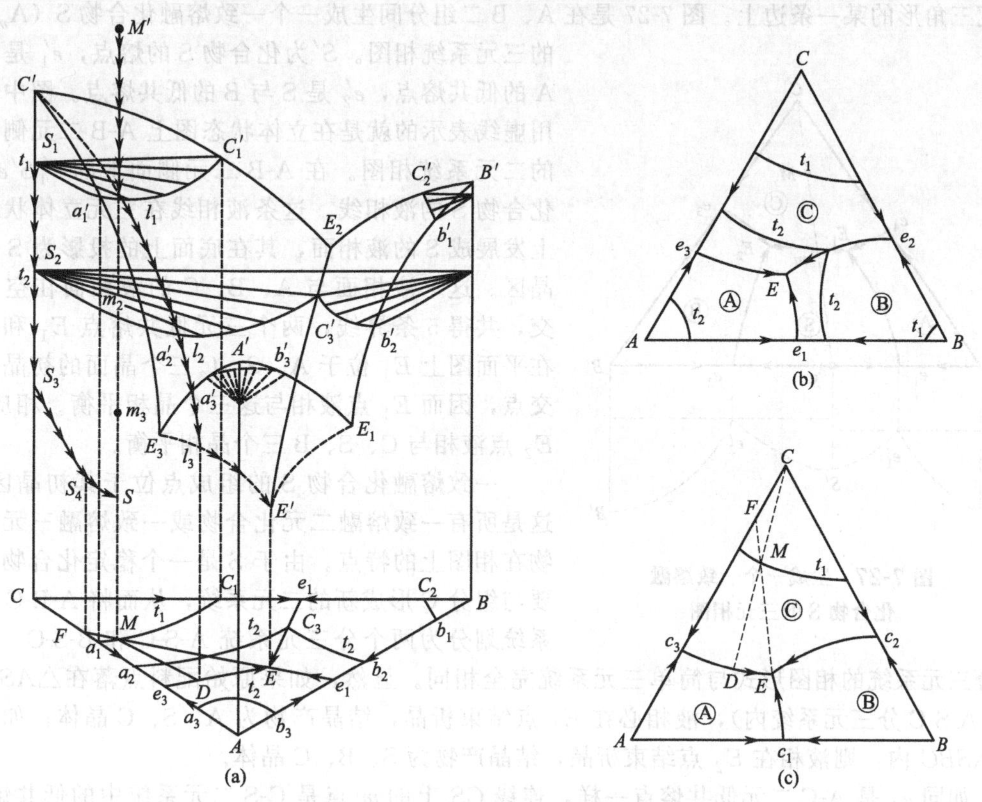

图 7-26　具有一个低共熔点的简单三元系统相图

(a) 系统立体状态图；(b)、(c) 平面投影图

上面讨论的M'熔体的结晶路程用文字表达是很冗繁的，常用析晶过程中在平面投影图上固、液相点位置的变化简明地加以表述。M'熔体的结晶路程可以表示如下。

液相点：

$$M \xrightarrow[f=2]{L\to C} D \xrightarrow[f=1]{L\to C+A} E(L_E \xrightarrow[f=0]{} C+A+B)$$

固相点：

$$C \xrightarrow{C+A} F \xrightarrow{C+A+B} M$$

从上述结晶路程的讨论可以看出，直线规则在三元相图的应用中极为重要。尽管系统在冷却析晶过程中不断发生液、固相之间的相变化，液相组成和固相组成不断改变，但系统的总组成（原始配料组成）是不变的。按照直线规则，这三点在任何时刻必须处在一条直线上。这就使我们能够在析晶的不同阶段，根据液相组成点或固相组成点的位置反推另一相组成点的位置；同时，利用杠杆规则，还可以计算在某一温度下系统中的液相量和固相量，如液相组成到达D点时［图 7-26(c)］：

$$\frac{\text{液相量}}{\text{固相量}}=\frac{CM}{MD}$$

$$\frac{\text{液相量}}{\text{液固相总量(配料量)}}=\frac{CM}{CD}$$

$$\frac{\text{固相量}}{\text{液固相总量(配料量)}}=\frac{MD}{CD}$$

7.4.3.2　生成一个一致熔融二元化合物的三元系统相图

在三元系统中，某两个组分间生成的化合物称为二元化合物。二元化合物的组成点位于浓度三角形的某一条边上。图 7-27 是在 A、B 二组分间生成一个一致熔融化合物 S（A_mB_n）的三元系统相图。S'为化合物 S 的熔点，e_1'是 S 与 A 的低共熔点，e_2'是 S 与 B 的低共熔点。图中下部用虚线表示的就是在立体状态图上 A-B 二元侧面上的二元系统相图。在 A-B 二元侧面上的$e_1'S'e_2'$是化合物 S 的液相线。这条液相线在三元立体状态图上发展成 S 的液相面，其在底面上的投影为 S 的初晶区。这个液相面与 A、B、C 的液相面在空间相交，共得 5 条界线，两个三元低共熔点E_1和E_2。在平面图上E_1位于 A、S、C 三个晶面的初晶区的交点，因而E_1点液相与这三个晶相平衡。相应地，E_2点液相与 C、S、B 三个晶相平衡。

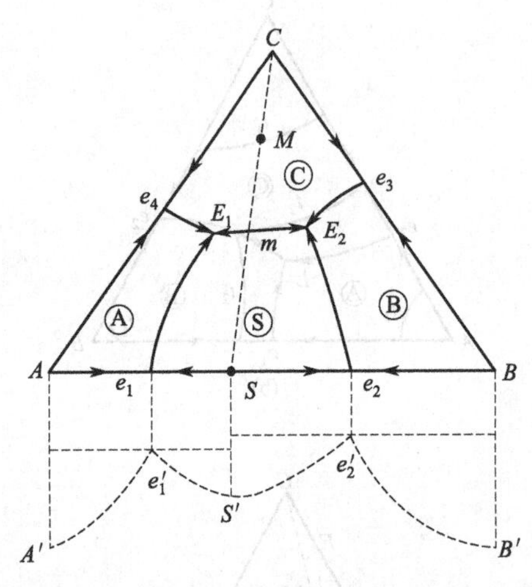

图 7-27　生成一个一致熔融化合物 S 的三元相图

一致熔融化合物 S 的组成点位于其初晶区内，这是所有一致熔融二元化合物或一致熔融三元化合物在相图上的特点。由于 S 是一个稳定化合物，它要与组分 C 形成新的二元系统，从而将 A-B-C 三元系统划分为两个分三元系统 A-S-C 和 B-S-C。这两个分三元系统的相图形式与简单三元系统完全相同。显然，如果原始配料点落在△ASC内（在 A-S-C 分三元系统内），液相必在E_1点结束析晶，结晶产物为 A、S、C 晶体；如果落在△SBC内，则液相在E_2点结束析晶，结晶产物为 S、B、C 晶体。

如同e_4是 A-C 二元低共熔点一样，连线CS上的m点是 C-S 二元系统中的低共熔点。而在分三元系统 A-S-C 的界线mE_1上，m必定是温度最高点（低共熔点温度随 A 的加入继续下降)。同理，在 mE_2 界线上，m 也是温度最高点。因此，m 点是整条 E_1E_2 界线上的温度最高点。

7.4.3.3 生成一个不一致熔融二元化合物的三元系统相图

(1) 相图分析。图 7-28 是生成一个不一致熔融二元化合物 S 的三元系统相图。A、B 组分间生成一个不一致熔融化合物 S。从图中可以看出，A-B 二元相图中 S 的液相线 $e_1'p'$，在三元立体状态图中发展成 S 的液相面，在平面投影图上投影为 S 的初晶区。显然，在三元相图中不一致熔融二元化合物 S 的组成点仍然不在其初晶区范围内。这是所有不一致熔融二元或三元化合物在相图上的特点。

由于 S 是一个高温分解的不稳定化合物，在 A-B 二元系统中，它不能和组分 A 和组分 B 形成二元系统，在 A-B-C 三元系统中，它自然也不能和组分 C 构成二元系统。因此，连线 CS 与图 7-28 中的连线 CS 不同，它不代表一个真正的二元系统，它不能把 A-B-C 三元系统划分成两个分三元系统。

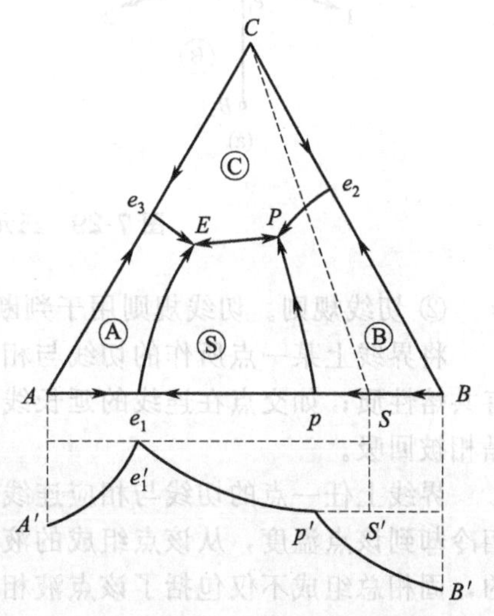

图 7-28 生成一个不一致熔融二元化合物 S 的三元系统相图

A、S 两初晶区的界线 e_1E 系从二元低共熔点 e_1 (立体图上 e_1' 在底面的投影) 发展而来，冷却时从此界线上的液面将同时析出 A 和 S 晶相，是一条共熔线。S、B 两初晶区的界线 pP 系从二元转熔点 p (立体图上 p' 在底面上的投影) 发展而来，冷却时此界线上的液相将回吸 B 晶体而析出 S 晶体，是一条转熔线。因此，如同二元系统中有共熔点和转熔点两种不同的无变量点一样，三元系统中的界线也有共熔线和转熔线两种不同性质的界线。

无变量点 E 位于 A、S、C 三晶相的初晶区的交点，与 E 点液相平衡的晶相是 A、S、C。E 点位于这三个晶相组成点所连成的三角形△ASC 的重心位。根据重心原理，E 点发生的相变化为 $L_E \rightleftharpoons A+S+C$，即冷却时从 E 点液相中将同时析出 A、S、C 三晶相，E 点是一个低共熔点。无变量点 P 位于 S、B、C 三晶相的初晶区的交点，与 P 点液相平衡的晶相是 S、B、C。P 点位于三角形△SBC 的交叉位置。根据重心原理，在 P 点发生的相变化为 $L_P+B \rightleftharpoons S+C$，即冷却时 B 晶体被回收 (或转熔)，析出 C 和 S 晶体。因此，P 点是一个转熔点 (因只有一种晶相被转熔，称为单转熔点；另外有一种转熔点，两个晶相被回吸，析出第三种晶相，称为双转熔点)。所以，三元系统中的无变量点也有共熔点与转熔点之分。

(2) 判读三元相图的几条重要规则。在前面的分析过程中已经包含、涉及一系列分析三元相图的规则。这些规则对于如何判读三元相图、分析一定组成的系统平衡冷却结晶过程十分重要，因而在分析本系统结晶路线之前，先将这些规则总结、分析如下。

① 连线规则。连线规则是用来判断界线的温度走向。

将一条界线 (或其延长线) 与相应的连线 (或其延长线) 相交，其交点是该界线上的温度最高点。所谓"界线"是指三元系统两个晶相的初晶区相交的界线，"相应的连线"是指与对应界线上的液相平衡的两晶相组成点的连接直线。

三元系统中常见的连线与界线相交情况有三种，如图 7-29 所示。图中 A 和 B 表示两个相的组成点，AB 为组成点的连线。Ⓐ和Ⓑ表示 A 和 B 的初晶区，1-2 曲线表示相区界线，箭头表示温度下降方向。图 7-29(a) 中连线与界线相交，图 7-29(b) 中连线的延长线与界线相交。在这两种情况下，界线上的交点为温度最高点，界线上的温度由此交点向两侧下降。图 7-29(c) 中界线的延长线与连线相交，在这种情况下，温度由 1 向 2 下降。包含一致熔融化合物的相图中会出现图 7-29(a) 的情况，而包含不一致熔融化合物的相图中则会出现图 7-29(b) 或图 7-29(c) 的情况。

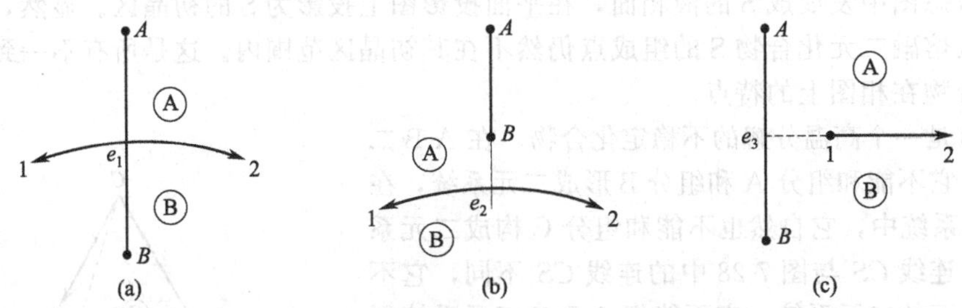

图 7-29 三元系统中常见的连线与界线相交情况

② 切线规则。切线规则用于判断界线的性质。

将界线上某一点所作的切线与相应的连线相交，如交点在连线上，则表示界线上该处具有共熔性质；如交点在连线的延长线上，则表示界线上该处具有转熔性质，其中远离交点的晶相被回吸。

界线上任一点的切线与相应连线的交点实际上表示了该点液相的瞬时析晶组成，即指液相冷却到该点温度，从该点组成的液相中所析出的晶相的组成（与系统固相的总组成是不同的，固相总组成不仅包括了该点液相析出的晶体，而且还包括了冷却到该点温度前从液相中所析出的所有晶体）。有时，一条界线性质会发生变化，其中一段为共熔，另一段为转熔。

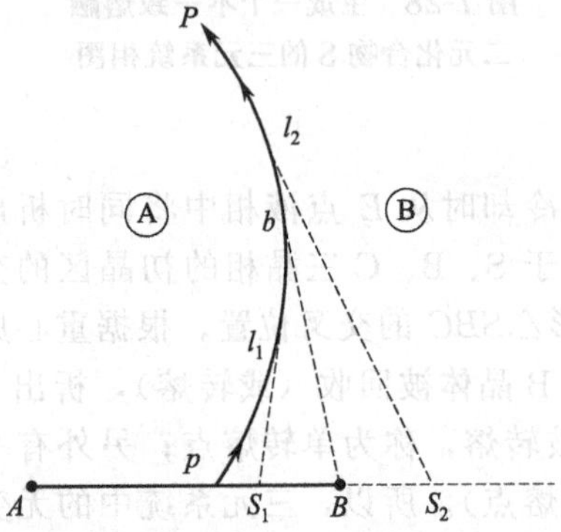

图 7-30 切线规则

图 7-30 中 pP 线是Ⓐ、Ⓑ两个初晶区之间的界线，相应两晶相的连线为 AB 线。通过 l_1 点作界线的切线，切线与 AB 连线的交点在 S_1 点。故液相在 l_1 点进行的是低共熔过程：$L_{l_1} \longrightarrow A+B$，$S_1$ 是液相在 l_1 点时的瞬时析晶成分。通过 l_2 点作界线的切线，切线与连线 AB 的延长线相交于 S_2 点，液相在 l_2 点进行的是转熔过程：$L_{l_2}+A \longrightarrow B$，即析出组成为 S_2 的固相时有一部分A被回吸。通过 b 点作界线的切线，切线刚好与 B 点重合，那么在 b 点的液相只析出 B 晶相，即 $L_b \longrightarrow B$。因此，这是一条性质发生变化的界线，高温 pb 段具有共熔性质而低温 bP 段具有转熔性质，界线性质转变点为 b 点。

切线规则可以这样理解：界线上任一点的切线与相应连线的交点实际上表示了该点液相的瞬时析晶组成，如交点在连线上，根据杠杆规则，从瞬时析晶组成中可以分解出这两种晶体，即从该点液相中确实发生了共析晶。如在连线的延长线上，则意味着从该点液相中不可能同时析出这两种晶体，根据杠杆规则，只可能是液相回吸远离交点的晶相，生成接近交点的晶相。

③ 重心规则。重心规则用于判断无变量点的性质。如无变量点处于其相应的副三角形的重心位，则该无变量点为低共熔点；如无变量点处于其相应的副三角形的交叉位，则该无

变量点为单转熔点，并且是远离该点的那个组分被转熔；如无变量点处于其相应的副三角形的共轭位，则该无变量点为双转熔点，并且是远离该点的那两个组分被转熔。

所谓“相应的副三角形”是指与该无变量点处液相平衡的三个晶相的组成点连成的三角形。

判断无变量点的性质除了根据三元无变量点与对应的副三角形的位置关系进行确定外，还可以根据相交于三元无变量点的三条界线的温度下降方向来判断无变量点是低共熔点（三升点）、单转熔点（双升点），还是双转熔点（双降点），从而确定三元无变量点上的相平衡关系。

任何一个无变量点必处于三个初晶区和三条界线的交点。凡属低共熔点，则三条界线的温降箭头一定都指向它。凡属单转熔点，二条界线的温降箭头指向它，另一条界线的温降箭头则背向它，被回吸的晶相是温降箭头指向其两条界线所包围的初晶区的晶相。因为从该无变量点出发有两个温度升高的方向，所以单转熔点又称“双升点”。凡属双转熔点，只有一条界线的温降箭头指向它，另两条界线的温降箭头则背向它，所析出的晶体是温降箭头背向它的两条界线所包围的初晶区的晶相。因为从该无变量点出发，有两个温度下降的方向，所以双转熔点又称“双降点”。

④ 三角形规则。三角形规则用于确定结晶产物和结晶终点。

原始熔体组成点所在副三角形的三个顶点表示的物质即为其结晶产物；与这三个物质相应的初晶区所包围的三元无变量点是其结晶结束点。

把复杂三元系统划分为若干个仅含一个三元无变量点的简单三元系统，此简单三元系统称为副三角形（或分三角形）。划分副三角形对于分析、使用复杂的三元系统相图是非常重要的。若要划分出有意义的副三角形，则其划出的副三角形应有相对应的三元无变量点。将与无变量点周围三个初晶区相应的晶相组成点连接起来，即可获得与该三元无变量点相对应的副三角形。与副三角形相对应的无变量点可在三角形内，也可在三角形外。后者出现于有不一致熔融化合物的系统中。很明显，通过划分副三角形，再由三角形规则，就可判断结晶产物及结晶结束点，即可判断哪些物质可同时获得，哪些不能同时获得。

7.4.3.4 生成一个固相分解的二元化合物的三元系统相图

图 7-31 中，组分 A 和 B 生成一个固相分解的化合物 S，其分解温度低于 A、B 二组分的低共熔温度，因而有可能从 A、B 二元的液相线 ae_3' 及 be_3' 直接析出 S 晶体。但从二元发展到三元时，液相面温度是下降的。如果降到化合物 S 的分解温度 T_R 以下，则有可能从液相中直接析出 S，如图中二元化合物在三元系统中获得 S 的初晶区。

该相图的一个异常特点是系统具有三个无变量点 P、E、R，但只能划分出与 P、E 点相应的副三角形，与 R 点液相平衡的三晶相 A、B、S 组成点处于同一直线，不能形成一相应的副三角形。根据三角形规则，在此系统内任一二元配料只可能在 P 点或 E 点结束结晶，而不能在 R 点结束结晶。根据三条界线温降方向判断，R 点是一个双转熔点，在 R 点发生 $L_R + A + B \rightleftharpoons S$ 的转熔过程。但分析 M 点结晶路程可以发现，在 R 点液相量并未减少，所发生的变化仅仅是 A 和 B 化合生成化合物 S（液相起介质作用），因而 R 点当然不可能成为析晶结束点。像 R 这样的无变量点称为过渡点。过渡点 R 是一个类似于双降点（双转熔点）的无变量点。为了区别于双转熔点，过渡点 R 发生的过程用相变关系式来表示。在配料点 M 的高温熔体平

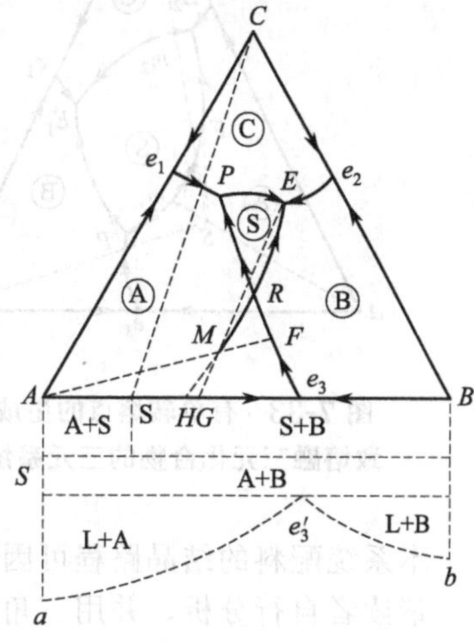

图 7-31 生成一个固相分解的二元化合物的三元系统相图

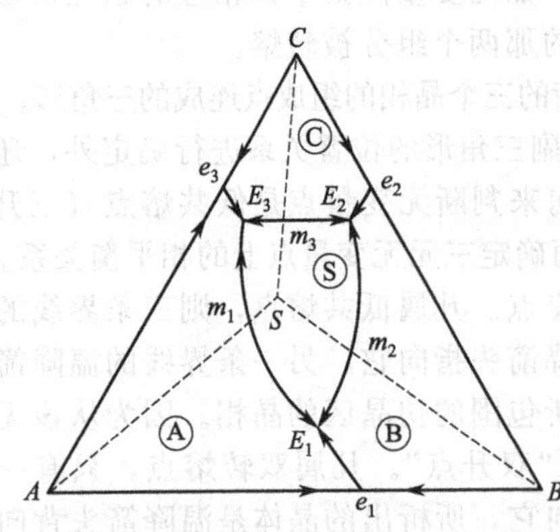

图 7-32　具有一个一致熔融三元化合物的三元系统相图

衡冷却析晶过程中，固、液相的变化途径及系统中发生的相变化与自由度变化情况可表示如下。

液相点：

$$M \xrightarrow[f=2]{L\longrightarrow A} F \xrightarrow[f=1]{L\longrightarrow A+B} R(L_R+A+B\xrightarrow[f=0]{}S) \xrightarrow[f=1]{L\longrightarrow S+B}$$

$$E(L\xrightarrow[f=0]{}B+C+S)$$

固相点：

$$A \xrightarrow{A+B} D \xrightarrow{B+S} G \xrightarrow{B+S+C} M$$

7.4.3.5　具有一个一致熔融三元化合物的三元系统相图

图 7-32 中的三元化合物 S 的组成点位于其初晶区内，因而是一个一致熔融化合物。由于生成的化合物是一个稳定化合物，连线 AS、BS、CS 都代表一个独立的二元系统，m_1、m_2、m_3 分别是其二元低共熔点。整个系统被三根连线划分成三个简单的三元系统，即 A-B-S、B-C-S、A-C-S 三元系统，E_1、E_2、E_3 分别是它们的低共熔点。

7.4.3.6　具有一个不一致熔融三元化合物的三元系统相图

图 7-33 及图 7-34 中三元化合物 S 是一个不一致熔融化合物。在划分副三角形后，由重心规则判断，图 7-33 中 P 点是单转熔点，在 P 点发生 $L_P + A \rightleftharpoons S + B$ 的转熔过程；图 7-34 中的 R 点是一个双转熔点，在 R 点发生的相变化是 $L_R + A + B \rightleftharpoons S$。根据切线规则判断，图 7-33 上的 PE_2 界线及图 7-34 中的 RE_1 界线具有从转熔性质变为共熔性质的转折点，因而在同一条界线上，既有双箭头，又有单箭头。

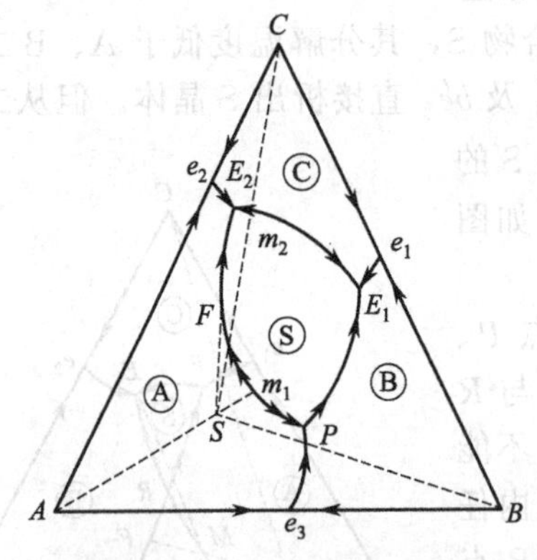

图 7-33　有单转熔点的生成不一致熔融三元化合物的三元系统相图

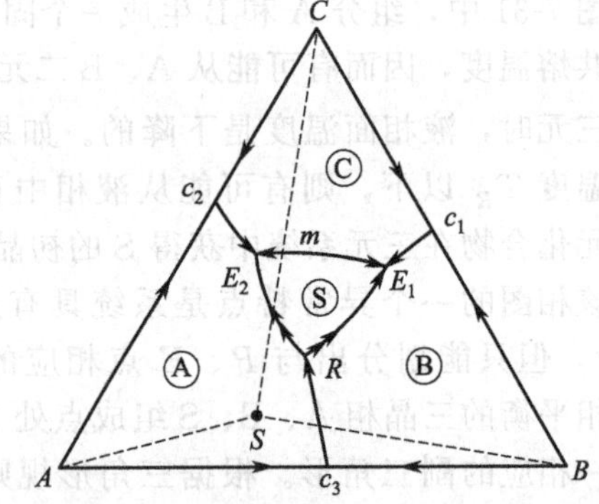

图 7-34　有双转熔点的生成不一致熔融三元化合物的三元系统相图

本系统配料的结晶路程可因配料点位置不同而出现多种变化，特别是在转熔点的附近区域。请读者自行分析，并用三角形规则判断结晶路程是否正确。

7.4.3.7　具有多晶转变的三元系统相图

图 7-35 是具有多晶转变的三元系统相图，其中组分 C 高温下的晶型是 α 型，t_1 温度下转变为 β 型，β 型则在更低温度 t_2 转变为 γ 型。化合物 A_mB_n 也有 α 高温型和 β 低温型两种

晶型，晶型转变温度为t'。

显然，三元相图上的晶型转变线与某一等温线是重合的，该等温线表示的温度即为晶型转变温度。

7.4.3.8 形成一个连续固溶体的三元系统相图

图7-36是形成一个连续固溶体的三元系统相图。组分A、B形成连续固溶体，而A-C、B-C则为两个简单的二元系统。在此相图上有一个C的初晶区，一个S_{AB}固溶体的初晶区。从界线液相中同时析出C晶体和S_{AB}固溶体。线l_1S_1、l_2S_2、l_nS_n表示与界线上的不同组成液相相平衡的S_{AB}固溶体的不同组成。由于此相图上只有两个初晶区和一条界线，不可能出现四相平衡，所以相图上无三元无变量点。

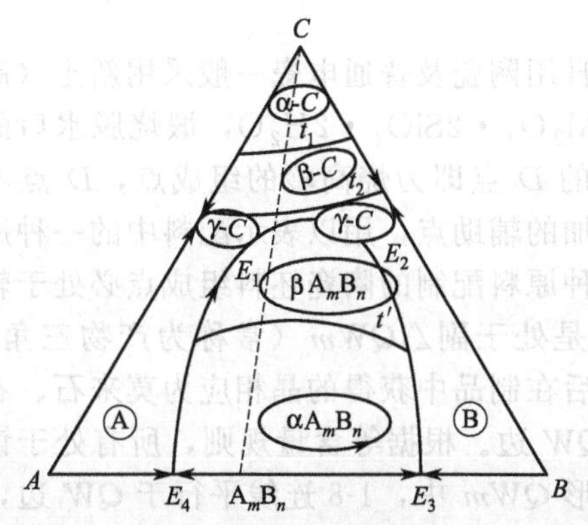

图7-35 具有多晶转变的三元系统相图

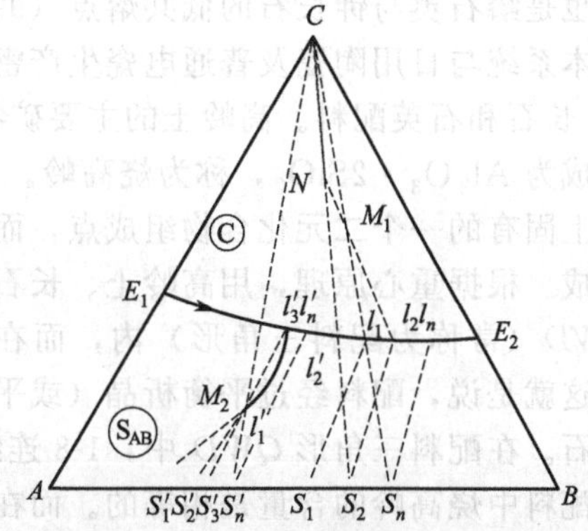

图7-36 形成一个连续固溶体的三元系统相图

M_1熔体冷却时首先析出C晶体，液相点到达界线上的l_1点后，从液相中同时析出C晶体和S_1组成的固溶体。当液相点随温度下降沿界线变化到l_2'时，固溶体组成到达S_2点，固相总组成在l_2M_1的延长线与CS_2连线的交点N。当固溶体组成到S_n点，C、M_1、S_n三点成一直线时，液相必在l_n消失，析晶过程结束。

在S_{AB}初晶区的M_2熔体再析出S_{AB}固溶体后，液相点在S_{AB}液相面上的变化轨迹M_2l_3'必须通过实验确定，否则不能判断其结晶路程。

7.4.3.9 具有液相分层的三元系统

图7-37是具有液相分层的三元系统相图，图中的A-C、B-C均为简单二元系统，而A-B二元系统中有液相分层现象。当从二元系统发展为三元系统时，C组分的加入使分液范围逐渐缩小，而后在K点消失。在分液区内，两个相平衡的液相组成，由一系列结线表示。

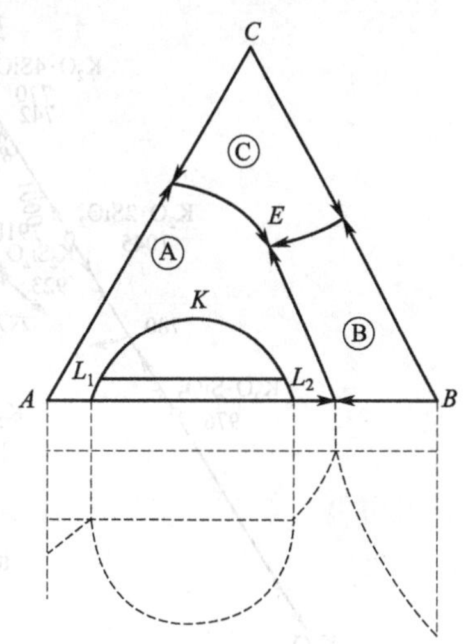

图7-37 具有液相分层的三元系统相图

7.4.4 三元系统相图应用

7.4.4.1 K_2O-Al_2O_3-SiO_2系统

本系统有五个二元化合物及四个三元化合物。在这四个三元化合物的组成中，K_2O 含量与 Al_2O_3 含量的比值是相等的，因而它们排列在一条 SiO_2 与二元化合物 $K_2O \cdot Al_2O_3$ 的连线上。三元化合物钾长石 KAS_6（图 7-38 中的 W 点）是一个不一致熔融化合物，其分解温度较低，在 1150℃即分解为 KAS_6 和富硅液相（液相量约为 50%），因而是一种熔剂性矿物。白榴石 KAS_4（图 7-38 中的 X 点）是一致熔融化合物，熔点为 1800℃。化合物 KAS（图中的 Z 点）的性质迄今未明，其初晶区范围尚未能予以确定。K_2O 高温下易于挥发引起实验上的困难，本系统的相图不是完整的，仅给出了 K_2O 含量在 50%以下部分的相图。

图中的 M 点和 E 点是两个不同的无变量点。M 点处于莫来石、鳞石英和钾长石三个初晶区的交点，是一个三元无变量点，按照重心规则，它是一个低共熔点（985℃）。M 点左侧的 E 点是鳞石英和钾长石初晶区界线与相应连线 SiO_2-W 的交点，是该界线上的温度最高点，也是鳞石英与钾长石的低共熔点（990℃）。

本系统与日用陶瓷及普通电瓷生产密切相关。日用陶瓷及普通电瓷一般采用新土（高岭土）、长石和石英配料。高岭土的主要矿物组成是 $Al_2O_3 \cdot 2SiO_2 \cdot 2H_2O$，煅烧脱水后的化学组成为 $Al_2O_3 \cdot 2SiO_2$，称为烧高岭。图 7-39 上的 D 点即为烧高岭的组成点，D 点不是相图上固有的一个二元化合物组成点，而是一个附加的辅助点，用以表示配料中的一种原料的组成。根据重心原理，用高岭土、长石、石英三种原料配制的陶瓷坯料组成点必处于辅助△QWD（常称为配料三角形）内，而在相图上则是处于副△QWm（常称为产物三角形）内。这就是说，配料经过平衡析晶（或平衡加热）后在制品中获得的晶相应为莫来石、石英和长石。在配料三角形 QWD 中，1-8 连线平行于 QW 边。根据等含量规则，所有处于该线上的配料中烧高岭的含量是相等的。而在产物三角形 QWm 中，1-8 连线平行于 QW 边，意味着在平衡析晶（或平衡加热）时从 1-8 连线上各配料所获得的产品中莫来石量是相等的。

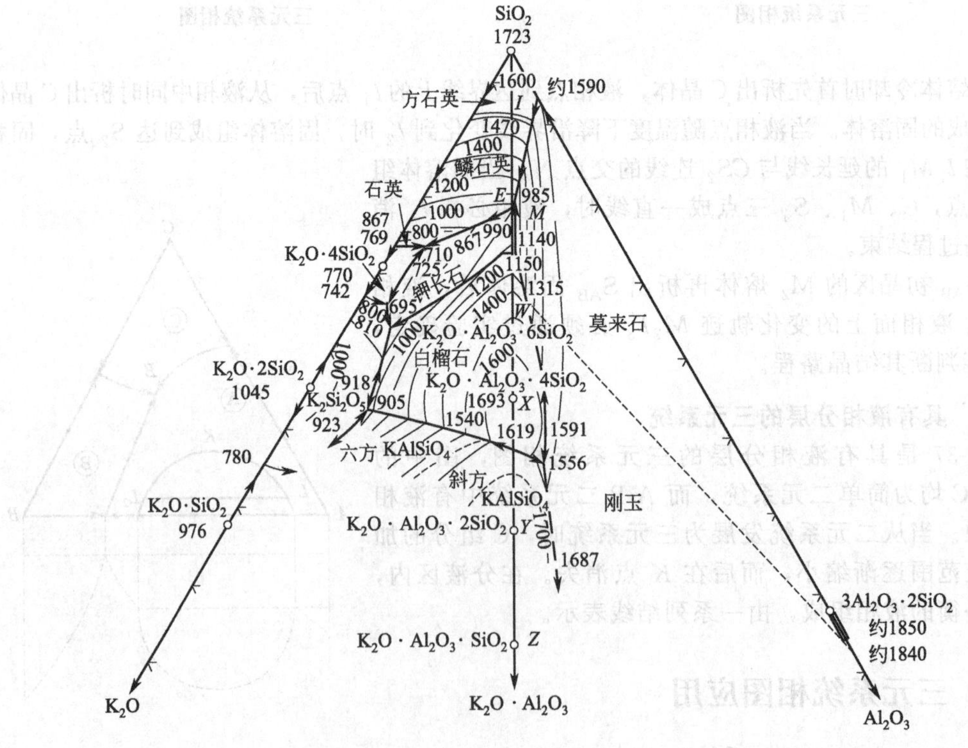

图 7-38 K_2O-Al_2O_3-SiO_2 系统（单位：℃）

这就是说，产品中莫来石（A_3S_2）的量取决于配料中的黏土量。莫来石是日用陶瓷中的重要晶相。

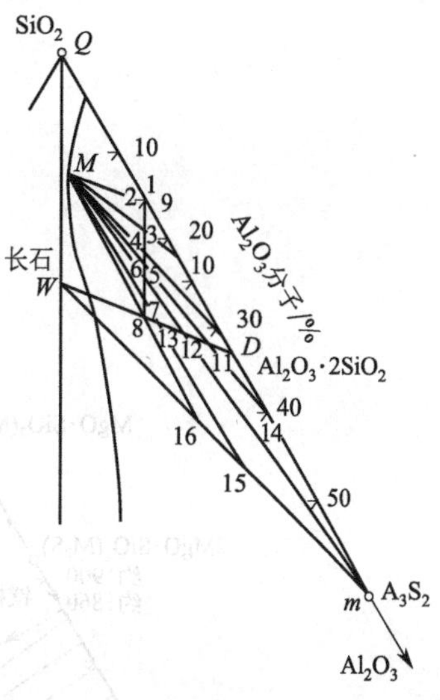

图 7-39　配料三角形与产物三角形

如将配料 3 加热到高温完全熔融，平衡析晶时首先析出莫来石，液相点沿 A_3S_2-3 连线延长线方向变化到石英与莫来石初晶区的界线后（图 7-39），从液相中同时析出莫来石与石英，液相沿此界线到达 985℃的低共熔点 M 后，同时析出莫来石、石英与长石，析晶过程在 M 点结束。当将配料 3 平衡加热时，长石、石英及通过固相反应生成的莫来石将在 985℃下低共熔生成 M 组成的液相，即 $A_3S_2 + KAS_6 + S \rightleftharpoons L_M$。此时系统处于四相平衡，$f=0$，液相点保持在 M 点不变，固相点则从 M 点沿 M-3 连线延长线方向变化。当固相点到达 Qm 边上的点 10 时，意味着固相中的 KAS_6 已首先熔完，固相中保留下来的晶相是莫来石和石英。因消失了一个晶相，系统可继续升温，液相将沿与莫来石和石英平衡的界线向温度升高方向移动，莫来石与石英继续溶入液相，固相点则相应从点 10 沿 Qm 边向 A_3S_2 移动。由于 M 点附近界线上的等温线很紧密，说明此阶段液相组成及液相量随温度升高变化并不急剧，日用瓷的烧成温度大致处于这一区间。当固相点到达 A_3S_2 时，意味着固相中的石英已完全溶入液相。此后液相组成将离开莫来石与石英平衡的界线，沿 A_3S_2-3 连线的延长线进入莫来石初晶区，当液相点回到配料点 3 时，最后一粒莫来石晶体熔完。可以看出，上述平衡加热熔融过程是平衡冷却析晶过程的逆过程。

在 985℃下低共熔过程结束时首先消失的晶相取决于配料点的位置。

配料 8，因 M-7 连线的延长线交于 Wm 边的点 15，表明首先熔完的晶相是石英，固相中保留的是莫来石和长石。而在低共熔温度下所获得的最大液相量，根据杠杆规则，应为线段 8-15 与线段 M-15 之比。

通常，日用瓷的实际烧成温度为 1250～1450℃，系统中要求形成适宜数量的液相，以保证坯体的良好烧结，液相量不能过少，也不能太多。由于 M 点附近等温线密集，液相量随温度变化不很敏感，这类瓷的烧成温度范围较宽，工艺上较易掌握。此外，因 M 点及邻近界线均接近 SiO_2 角顶，熔体中的 SiO_2 含量很高，液相黏度大，结晶困难，在冷却时系统中的液相往往形成玻璃相，从而使瓷质呈半透明状。

实际工艺配料中通常会含有其他杂质组分，实际生产中的加热和冷却过程不可能是平衡过程，也会出现种种不平衡现象。因此，开始出现液相的温度，液相量以及固液相组成的变化事实上都不会与相图指示的热力学平衡态完全相同。但相图指出了过程变化的方向及限度，对我们分析问题仍然是很有帮助的。譬如，根据配料点的位置，我们有可能大体估计烧成时液相量的多少以及烧成后所获得的制品中的相组成。在图 7-39 上列出的从点 1～8 的 8 个配料中，只要工艺过程离平衡过程不是太远，则可以预测，配料 1～5 的制品中可能以莫来石、石英和玻璃相为主；配料 6 则以莫来石和玻璃相为主，而配料 8 则很可能以莫来石、长石及玻璃相为主。

7.4.4.2　MgO-Al_2O_3-SiO_2 系统

图 7-40 是 MgO-Al_2O_3-SiO_2 系统相图。本系统共有四个二元化合物 MS、M_2S、MA、A_3S_2 和两个三元化合物 $M_2A_2S_5$（合成堇青石）、$M_4A_5S_2$（假蓝宝石）。合成堇青石和假蓝

宝石都是不一致熔融化合物。合成堇青石在1465℃分解为莫来石和液相，假蓝宝石则在1482℃分解为尖晶石、莫来石和液相（液相组成即无变量点8的组成）。

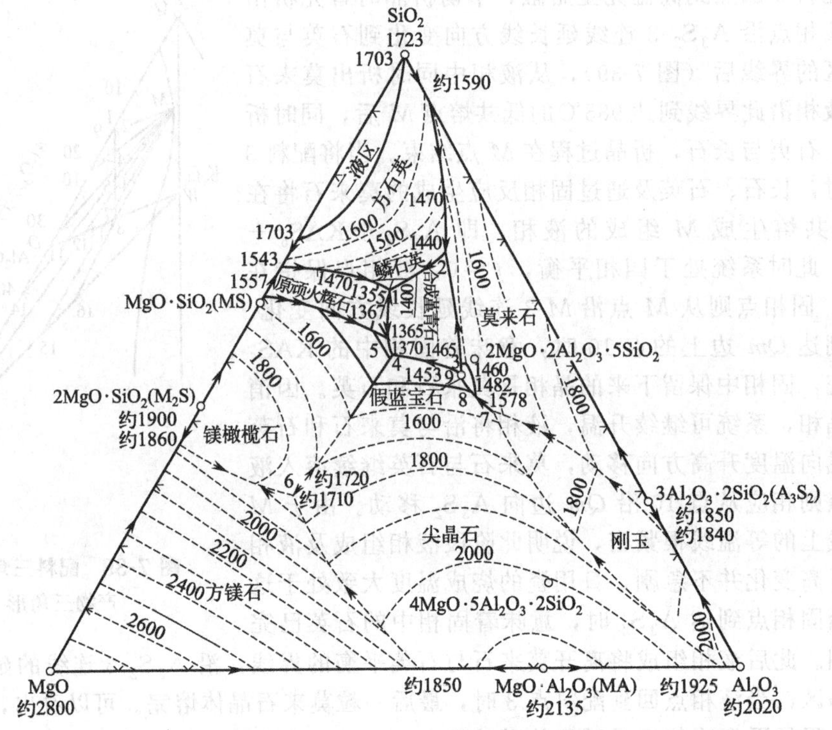

图 7-40 MgO-Al₂O₃-SiO₂ 系统相图（单位：℃）

相图上共有9个三元无变量点，如表7-2所示。相应地，可将相图划分为9个副三角形。

表 7-2 $MgO-Al_2O_3-SiO_2$ 系统的三元无变量点

图中点号	相平衡	平衡性质	化学组成/%		
			MgO	Al_2O_3	SiO_2
1	$L \rightleftharpoons MS+S+M_2A_2S_5$	低共熔点	20.5	17.5	62
2	$A_3S_2+L \rightleftharpoons M_2A_2S_5+S$	双升点	9.5	22.5	68
3	$A_3S_2+L \rightleftharpoons M_2A_2S_5+M_4A_5S_2$	双升点	16.5	34.5	49
4	$MA+L \rightleftharpoons M_2A_2S_5+M_2S$	双升点	26	23	51
5	$L \rightleftharpoons M_2S+MS+M_2A_2S_5$	低共熔点	25	21	54
6	$L \rightleftharpoons M_2S+MA+M$	低共熔点	51.5	20	28.5
7	$A+L \rightleftharpoons MA+A_3S_2$	双升点	15	42	43
8	$MA+A_3S_2+L \rightleftharpoons M_4A_5S_2$	双降点	17	37	46
9	$M_4A_5S_2+L \rightleftharpoons M_2A_2S_5+MA$	双升点	17.5	33.5	49

本系统内各组成氧化物及多数二元化合物熔点都很高，可制成优质耐火材料。但是，三元无变量点的温度大大下降。因此，不同二元系列的耐火材料不应混合使用，否则会降低液相出现温度和材料耐火度。

此外，副三角形 SiO_2-MS-$M_2A_2S_5$ 与镁质陶瓷生产密切相关。镁质陶瓷是一种用于无线电工业的高频瓷料，其介质损耗低。镁质陶瓷以滑石和黏土配料。图7-41上画出了经煅烧脱水后的偏高岭土（烧高岭）及偏滑石（烧滑石）的组成点的位置，镁质瓷配料点大致在这两点连线上或其附近区域。L、M、N 各配料以滑石为主，仅加入少量黏土故称滑石瓷。其配料顶接近 MS（$MgO \cdot SiO_2$）角顶，因而制品中的主要晶相是顽火辉石。如果在配料中增加黏土含量，即将配料点拉向靠近 $M_2A_2S_5$ 一侧（有时在配料中还另加 Al_2O_3 粉），则瓷坯中将以合成堇青石为主要晶相，这种瓷叫作堇青石瓷。在滑石瓷配料中加入 MgO，将配料点移向接近顽火辉石和镁橄榄石初晶区的界线（图中的 P 点），可以改善瓷料电学性能，制成低损耗滑石瓷。如果加入的 MgO 量足够使坯料组成点到达 M_2S 组成点附近，则将制得以镁橄榄石为主晶相的镁橄榄石瓷。

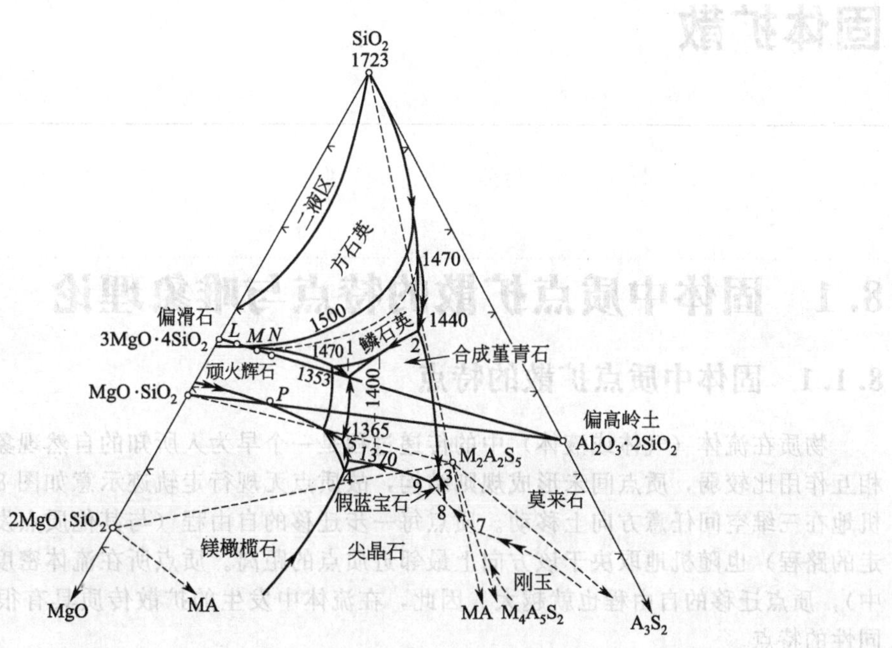

图 7-41　$MgO-Al_2O_3-SiO_2$ 相图的富硅部分（单位：℃）

第8章

固体扩散

8.1 固体中质点扩散的特点与唯象理论

8.1.1 固体中质点扩散的特点

物质在流体（气体或液体）中的传递过程是一个早为人所知的自然现象。流体中质点间相互作用比较弱，质点间未形成规则结构，故质点无规行走轨迹示意如图 8-1 所示，完全随机地在三维空间任意方向上移动。质点每一步迁移的自由程（与其他质点发生碰撞之前所行走的路程）也随机地取决于该方向上最邻近质点的距离。质点所在流体密度越低（如在气体中），质点迁移的自由程也就越大。因此，在流体中发生的扩散传质具有很大的速率和各向同性的特点。

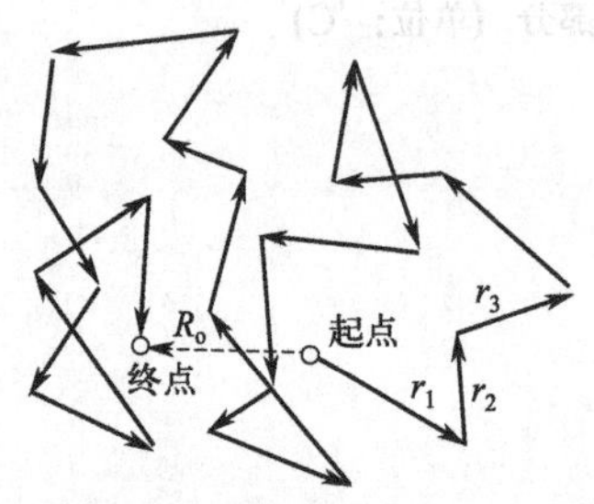

图 8-1 流体中扩散质点无规行走轨迹示意

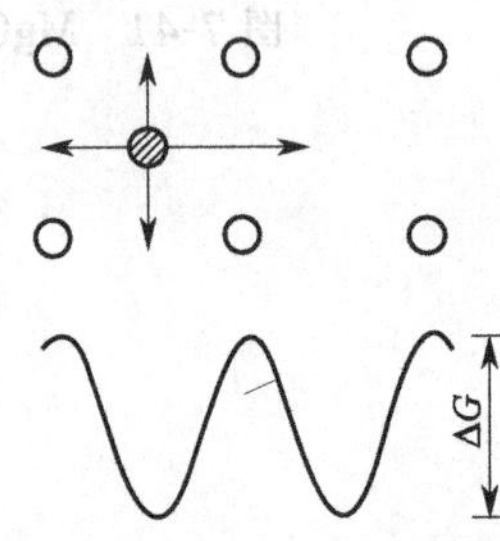

图 8-2 点阵中间隙位原子扩散势场示意图

与流体中的情况不同，质点在固体中的扩散远不如在流体中显著，其特点如下。

(1) 构成固体的所有质点均束缚在三维结构势阱中，质点与质点的相互作用较强。因此，质点的每一步迁移必须从热涨落中获取足够的能量以克服势阱的能量壁垒（简称能垒）。所以，固体中明显的质点扩散开始于较高的温度，但往往又低于固体的熔点。

(2) 晶体中原子或离子以一定方式堆积成的结构将以一定的对称性和周期性限制质点每一步迁移的方向和自由程。例如，图 8-2 中处于平面点阵内间隙位的原子，只存在 4 个等同的迁移方向，每一次迁移的发生均需要获取高于能垒 ΔG 的能量，迁移自由程则相当于晶格常数大小。所以，晶体中的质点扩散往往具有各向异性，其扩散速率也远远低于流体中的情况。

8.1.2 菲克定律

8.1.2.1 Fick 第一定律

1858年，菲克（Fick）参考傅里叶（Fourier）于1822年建立的导热方程，建立了如图8-3所示的描述物质从高浓度向低浓度迁移的扩散方程模型。假设有横截面积为 A 的非均匀固溶体棒材，其中某一组分浓度分布为 $C(x,t)$，在 t 时刻的 $\mathrm{d}t$ 时间内，沿 x 方向通过 x 处截面迁移物质的量（或称为扩散通量）与该处的浓度梯度成正比：

$$J_x=\frac{\mathrm{d}m}{A\mathrm{d}t}=-D\left(\frac{\partial C}{\partial x}\right) \tag{8-1}$$

式中　D——扩散系数，负号表示物质从高浓度处流向低浓度处；

J_x——扩散通量 x 方向上单位时间内通过单位横截面物质的数量，其量纲为物质量/（长度^2·时间），常用单位为粒子数/(m^2·s)、kg/(m^2·s) 或 mol/(m^2·s)。

对于三维的扩散体系，作为矢量的扩散通量 J 可分解为 x、y 和 z 坐标轴方向上的三个分量 J_x、J_y 和 J_z，此时相应于上式的扩散通量可写成：

$$J=iJ_x+jJ_y+kJ_z=-D\left(i\frac{\partial C}{\partial x}+j\frac{\partial C}{\partial y}+k\frac{\partial C}{\partial z}\right)$$

$$J=-D\nabla C \tag{8-2}$$

式中　i、j、k——x、y、z 方向的单位矢量。

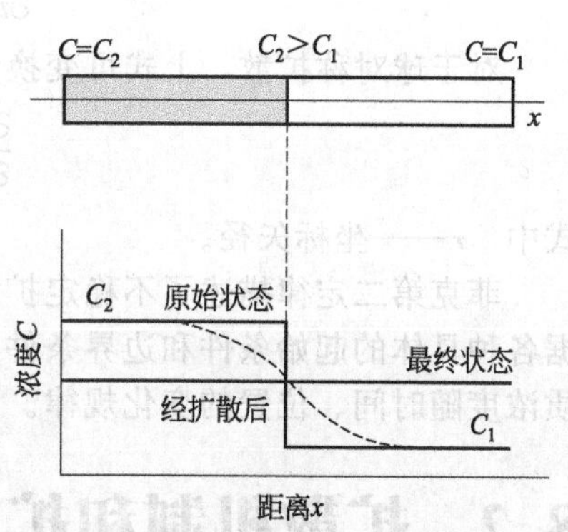

图 8-3　菲克第一扩散方程模型

上式即为菲克第一定律的数学表达式，它是描述扩散现象的基本方程。菲克第一定律指出：在任何由浓度梯度驱动的扩散体系中，物质将沿着其浓度场决定的负梯度方向进行扩散，其扩散流大小与浓度梯度成正比。值得注意的是，扩散方程是描述宏观扩散现象的唯象关系式，其中并不涉及扩散系统内部原子运动的微观过程，扩散系数反映了扩散系统的特性，并不仅仅取决于某一种组元的特性。扩散方程中浓度 C 是位置和时间的函数，扩散系数 D 理论上是一个含有9个分量的二阶张量，与扩散系统的结构对称性密切相关。对于各向同性的多晶材料或玻璃材料，扩散系数为常量。

8.1.2.2 Fick 第二定律

对于扩散物质在扩散介质中的浓度分布随时间发生变化的扩散，常称为非稳态扩散或不稳定扩散，其扩散通量随位置与时间变化。对于非稳态扩散，可以从物质的平衡关系着手，建立第二扩散微分方程式。

对于一维的非稳态扩散，沿垂直于扩散方向（x 轴）的平面切取宽度为 $\mathrm{d}x$ 的微元体，微元体垂直于 x 轴的两表面的面积均为 A。J_1、J_2 为两个面的扩散通量。扩散流通过微小体积的情况见图8-4。根据质量守恒原理，微元体中扩散物质的增加速率 Δm 等于微元体的物质流入量与流出量之差：

$$\Delta m=J_1A-J_2A=J_1A-\left[J_1A+\frac{\partial(JA)}{\partial x}\right]\mathrm{d}x=-\frac{\partial(JA)}{\partial x}\mathrm{d}x \tag{8-3}$$

如果体系无源无阱，则：

$$\Delta m=\frac{\partial(CA\mathrm{d}x)}{\partial t}=\frac{\partial C}{\partial t}A\mathrm{d}x \tag{8-4}$$

将上两式合并，消去 Δm，得：

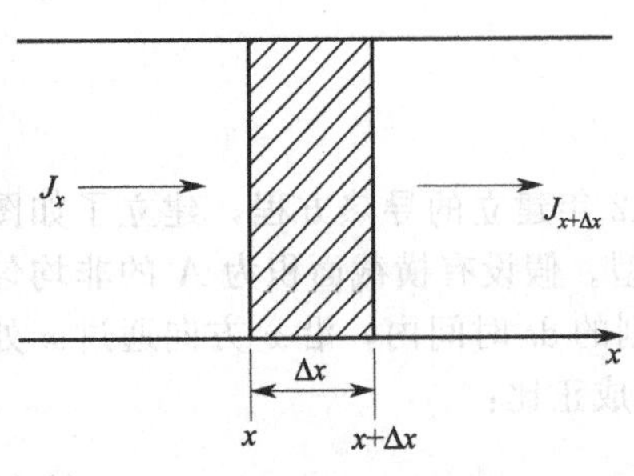

图 8-4 扩散流通过微小体积的情况

$$\frac{\partial C}{\partial t}=-\frac{\partial J}{\partial x} \tag{8-5}$$

将扩散菲克第一定律代入上式，便得到菲克第二扩散方程（定律）：

$$\frac{\partial C}{\partial t}=\frac{\partial\left(D\dfrac{\partial C}{\partial x}\right)}{\partial x} \tag{8-6}$$

如扩散系数 D 随坐标 x 变化不大，可近似看成为常数，则上式可写为：

$$\frac{\partial C}{\partial t}=D\frac{\partial^2 C}{\partial x^2} \tag{8-7}$$

对于各向同性的三维扩散体系，第二扩散方程可写为：

$$\frac{\partial C}{\partial t}=D\left(\frac{\partial^2 C}{\partial x^2}+\frac{\partial^2 C}{\partial y^2}+\frac{\partial^2 C}{\partial z^2}\right) \tag{8-8}$$

对于球对称扩散，上式可变换为极坐标表达式：

$$\frac{\partial C}{\partial x}=D\left(\frac{\partial^2 C}{\partial r^2}+\frac{2}{r}\times\frac{\partial C}{\partial r}\right) \tag{8-9}$$

式中 r——坐标矢径。

菲克第二定律描述了不稳定扩散条件下介质中各点物质浓度由于扩散而发生的变化。根据各种具体的起始条件和边界条件，对菲克第二扩散方程进行求解，便可以得到相应体系物质浓度随时间、位置的变化规律。

8.2 扩散机制和扩散系数

8.2.1 扩散的微观机制

扩散的宏观规律和微观机制之间存在密切关系。离子型晶体的主要扩散机制有三种，即空位扩散、间隙扩散和准间隙扩散，如图 8-5 所示。位于正常点阵位置上的离子扩散，大多数情况下是以空位为媒介而产生的，即离子从正常位置移动到相邻的空位上［如图 8-5(a)所示］。当温度在绝对零度以上时，每种晶体固体都存在空位。这种空位扩散过程的速率取决于离子由正常位置移动到空位上的难易程度，同时也取决于空位的浓度。以这种空位机制进行的迁移可能是引起原子（离子）扩散的最普遍的过程。这个过程相当于空位向相反方向的移动，因此称为空位扩散。

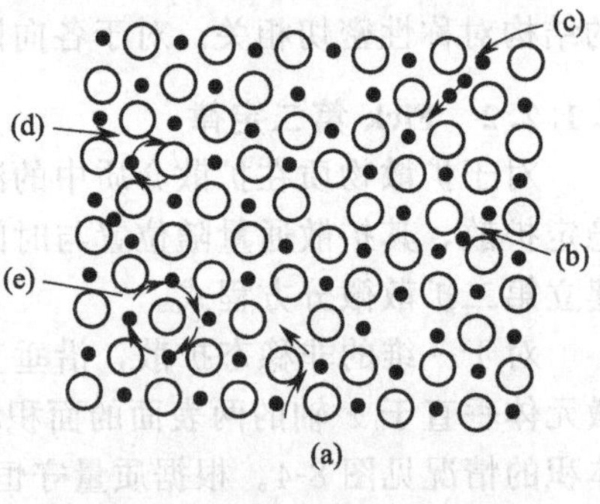

(c)
(d)
(b)
(e)
(a)

图 8-5 晶体中质点的扩散机制

另一种扩散机制是晶格间隙原子（离子）的扩散，分为两种情况：第一种是间隙原子本身从一个间隙位置移动到另一个间隙位置［图 8-5(c)］；第二种是间隙原子将正常点阵上的原子挤到间隙位置上去，自己进入其位置［图 8-5(b)］。所以前者称为间隙扩散，后者称为准间隙扩散。与空位扩散相比，间隙扩散引起的晶格变形大，因此间隙原子相对晶格位上原子尺寸越小，间隙扩散越容易发生；反之，间隙原子越大，间隙扩散越难发生。图 8-5(d) 和图 8-5(e) 分别称为易位和环形扩散，是指处于对等位置上的两个或两个以上的结点原子同时移动进行位置交换。该扩散机制虽然在无点缺陷晶体结构中可能发生，但至今还未在实验中得到证实。

扩散过程有多种机制，分别以不同名称命名。对于不同的具体材料和具体的环境条件，可能起主要作用的机制不同。扩散系数通用符号和名词含义见表8-1。

表8-1 扩散系数通用符号和名词含义

分类	名称	符号	含义
晶体内部原子的扩散	无序扩散(random diffusion)	D_r	发生在结构无序的非晶体中的扩散
	自扩散(self-diffusion)	D^*	不存在化学位梯度时质点的迁移
	示踪物扩散(tracer diffusion)	D^T	示踪原子在无化学位梯度时的扩散
	晶格扩散(lattice diffusion)	D_v	晶体内或晶格内部的任何扩散过程
	本征扩散(intrinsic diffusion)	D^i,D_a	晶体中热缺陷运动所引起的质点迁移过程
	互扩散(inter diffusion)	$\widetilde{D}$	在化学位梯度下的扩散
区域扩散	晶界扩散(grain boundary diffusion)	D_g	沿晶界发生的扩散
	界面扩散(boundary diffusion)	D_b	沿界面发生的扩散
	表面扩散(surface diffusion)	D_s	沿表面发生的扩散
	位错扩散(dislocation diffusion)		沿位错管的扩散
缺陷扩散	空位扩散(vacancy diffusion)	D_u	空位跃迁入邻近原子，原子反向迁入空位
	间隙扩散(interval diffusion)	D_i	间隙原子在点阵间隙中的迁移
	非本征扩散(extrinsic diffusion)	$D_{杂}$	非热能引起的扩散

8.2.2 扩散系数

8.2.2.1 自扩散

对空位扩散机制，单质系统的自扩散系数可由无规则行走运动推导出：

$$D=\frac{1}{6}f\overline{r^2} \tag{8-10}$$

式中 r——原子跳跃距离；

f——跳跃频率。

空位扩散的跳跃频率 f 应由原子成功越过势垒（空位迁移能 ΔG_m）的次数和该原子周围出现空位的概率的乘积所决定。条件如下：①只有具备足够大的能量，原子才能克服 ΔG_m；②只有在跃迁方向上遇到空位，跃迁才能实现。结点原子成功跃迁到相邻空位中的频率 f 应与结点原子振动频率 ν、空位浓度 N_v 相关。其中，$\nu=A\nu_0\exp\left(-\frac{\Delta G_m}{RT}\right)$，$\nu_0$ 为原子在晶格平衡位置上的振动频率。

$$f=A\nu_0N_v\exp\left(-\frac{\Delta G_m}{RT}\right) \tag{8-11}$$

其中空位浓度：

$$N_v=\exp\left(-\frac{\Delta G_f}{2RT}\right) \tag{8-12}$$

跃迁距离 r 与晶胞参数 a_0 成正比，$r=ka_0$，代入得到：

$$D=\gamma a_0^2\nu_0\exp\left(-\frac{\Delta H_m+\Delta H_f/2}{RT}\right)\exp\left(\frac{\Delta S_m+\Delta S_f/2}{R}\right) \tag{8-13}$$

式中，γ 为新引进的常数，$\gamma=\frac{A}{6}k^2$，它因晶体的结构不同而变化，故常称为几何因子。

所以对于空位扩散，本征扩散时，扩散激活能包括空位形成能 ΔH_f 和空位（原子）迁

移能 ΔH_m，而不论任何情况下：

$$D=D_0\exp\left(-\frac{Q}{RT}\right) \tag{8-14}$$

式中 D_0——频率因子（非温度显函数项）；

Q——扩散激活能。

显然在空位扩散机制中，扩散激活能等于空位形成能 ΔH_f 和空位迁移能 ΔH_m 之和，而间隙扩散激活能只包括间隙原子迁移能。

空位扩散机制：

$$D=D_0\exp\left(-\frac{\Delta H_m+\Delta H_f/2}{RT}\right) \tag{8-15}$$

间隙扩散机制：

$$D=D_0\exp\left(-\frac{\Delta H_m}{RT}\right) \tag{8-16}$$

对于空位扩散：$Q=\Delta H_m+\Delta H_f/2$。

对于间隙扩散：$Q=\Delta H_m$（间隙扩散迁移能）。

8.2.2.2 互扩散

两种以上原子的扩散，必须按互扩散规则处理。互扩散系数是两种原子扩散难易程度的度量，它可通过两种原子 A、B 各自本征扩散系数 D_A^i 和 D_B^i 由下式给出：

$$\widetilde{D}=x_BD_A^i+x_AD_B^i \tag{8-17}$$

式中，x_A 与 x_B 为 A、B 原子的摩尔分数；当 $x_B\approx 0$ 时，$\widetilde{D}$ 趋近于 D_B^i，说明 D_B^i 与稀固溶体中的扩散系数相对应。D_A^i 和 D_B^i 与各自的自扩散系数之间有如下关系：

$$\widetilde{D}=(x_BD_A+x_AD_B)\left(1+\frac{\partial\ln\gamma_A}{\partial\ln x_A}\right) \tag{8-18}$$

式中 γ_A——固溶体中 A 原子的活度因子。

由以上两式可得：

$$D_A^i=D_A\left(1+\frac{\partial\ln\gamma_A}{\partial\ln x_A}\right),\ D_B^i=D_B\left(1+\frac{\partial\ln\gamma_A}{\partial\ln x_A}\right) \tag{8-19}$$

8.3 固体中的扩散

8.3.1 离子型晶体中的扩散

大多数固体中的扩散是按空位机制进行的，但是在某些开放的晶体结构中，如在萤石（CaF_2）和 UO_2 中，阴离子却是按间隙机制进行扩散的。在离子型晶体中，影响扩散的缺陷来自两方面：①本征点缺陷，如热缺陷，其数量取决于温度，由这类缺陷引起的扩散称为本征扩散；②掺杂点缺陷，它来源于价数与溶剂离子不同的杂质离子，称为非本征扩散。

在测量离子晶体的扩散系数与温度的关系曲线时，由于这两种缺陷扩散激活能的差异而使曲线出现断裂或弯折，故这种断裂或弯折相当于从受杂质控制的扩散到本征扩散的变化。由于离子晶体中离子扩散激活能较高（表 8-2 列出某些离子晶体中扩散激活能），以致只有在很高温度时点缺陷浓度才足以引起明显的扩散。在低温时，少量杂质能大大加速扩散。在一些氧化物晶体中，由于扩散激活能更高，往往在测量温度范围内观察不到曲线的断裂或弯折。

□ 表 8-2　某些离子材料中扩散激活能

扩散离子	激活能/(kJ/mol)	扩散离子	激活能/(kJ/mol)
Fe^{2+} 在 FeO 中	96.2	Mg^{2+} 在 MgO 中	347.1
O^{2-} 在 UO_2 中	150.5	Ca^{2+} 在 CaO 中	322.0
U^{4+} 在 UO_2 中	317.8	Al^{3+} 在 Al_2O_3 中	476.7
Co^{2+} 在 CoO 中	104.5	Be^{2+} 在 BeO 中	276.0
Fe^{3+} 在 Fe_3O_4 中	200.7	Ti^{4+} 在 TiO_2 中	250.9
Cr^{3+} 在 $NiCr_2O_4$ 中	317.8	Zr^{4+} 在 ZrO_2 中	309.4
Ni^{2+} 在 $NiCr_2O_4$ 中	271.8	O^{2-} 在 ZrO_2 中	188.2
O^{2-} 在 $NiCr_2O_4$ 中	225.8		

8.3.2　共价晶体中的扩散

共价键晶体大多数都具有比较开放的晶体结构（由方向键所致，即化学键的方向性和饱和性），它比离子型晶体具有较大的间隙位置。但自扩散和互扩散仍以空位机制为主。例如，在金刚石立方结构中间隙位置的体积与原子位置的体积大体相同。然而从能量的角度看，间隙扩散是不利的，因为方向性成键轨道的共价键的几何关系得不到满足。这正是方向性键合使共价键固体的自扩散激活能通常高于熔点相近金属的激活能的缘故。

8.3.3　非化学计量化合物中的扩散

除掺杂点缺陷引起非本征扩散外，非本征扩散也发生于一些非化学计量氧化物晶体材料中，特别是过渡金属元素氧化物，如 FeO、NiO、CoO 或 MnO 等。在这些氧化物晶体中，金属离子的价态常因环境中的气氛变化而改变，从而在结构中出现阳离子空位或阴离子空位并导致扩散系数明显地依赖于环境中的气氛。在这类氧化物中典型非化学计量空位的形成可分成如下情况。

(1) 填隙离子扩散。当在还原气氛中加热氧化锌时，会形成填隙锌离子。锌蒸气与填隙锌离子及过剩电子保持以下平衡关系：$Zn(g) \longrightarrow Zn_i + e'$。间隙锌蒸气浓度和锌蒸气压有关，即 $[Zn_i] \approx p_{Zn}^{1/2}$。

锌离子扩散通过间隙机制进行，因此扩散系数随 p_{Zn} 而增加。与 Zn 填隙类似的还有在非化学计量的 UO_2 中出现氧的间隙扩散。

(2) 空位扩散——阳离子空位型。许多非化学计量氧化物，特别是过渡金属氧化物，如 FeO、NiO、MnO、CoO 等，因为有变价阳离子，所以阳离子空位浓度较大。如 $Fe_{1-x}O$ 含有 5%～15%的铁空位。简单的缺陷反应为：

$$2M_M + \frac{1}{2}O^2(g) \longrightarrow Oo + V_M'' + 2M_M^{\cdot}$$

式中　$M_M^{\cdot}$——阳离子位置上的电子空穴（例如 $M_M^{\cdot} = Fe^{3+}$、Co^{3+}、Mn^{3+}）。

上式为氧在金属氧化物 MO 中的溶解反应，平衡时$[M_M^{\cdot}] = 2[V_M'']$，由溶解反应自由能 ΔG_0（$\Delta G_0 = \Delta H_0 - T\Delta S_0$）来控制，即

$$\frac{4[V_M'']^3}{p_{O_2}^{1/2}} = K_0 = \exp\left(-\frac{\Delta G_0}{RT}\right) \tag{8-20}$$

将上式代入自扩散中频率计算公式中的空位浓度项，则得非化学计量空位扩散系数的贡献：

$$D_m = \gamma a_0^2 [V_M''] v_0 \exp\left(-\frac{\Delta G^*}{RT}\right)$$

$$=\gamma a_0^2 v_0\left(\frac{1}{4}\right)^{\frac{1}{3}} p_{O_2}^{\frac{1}{6}} \exp\left(-\frac{\Delta G_0}{3RT}\right)\exp\left(-\frac{\Delta G^*}{RT}\right)$$

$$=\gamma a_0^2 v_0\left(\frac{1}{4}\right)^{\frac{1}{3}} p_{O_2}^{\frac{1}{6}} \exp\left(\frac{\Delta S_0/3+\Delta S_f/2+\Delta S_m}{R}\right)\exp\left[-\left(\frac{\Delta H_0/3+\Delta H_f/2+\Delta H_m}{RT}\right)\right]$$

$$=D_0 p_{O_2}^{\frac{1}{6}} \exp\left[-\left(\frac{\Delta H_0/3+\Delta H_f/2+\Delta H_m}{RT}\right)\right] \tag{8-21}$$

式中 ΔG^*——Schottky（肖特基）缺陷形成能 ΔG_f 与空位迁移能 ΔG_m 之和。

如图 8-6 所示，若温度不变，根据上式用 $\lg D_m$ 与 $\lg p_{O_2}$ 作图，所得直线斜率为 1/6。若 p_{O_2} 不变，则 $\lg D_m$-$1/T$ 曲线上出现转折，低温阶段由氧溶解产生阳离子空位扩散，高温阶段为阳离子本征扩散。图 8-7 是实验测得氧分压对 CoO 中缺陷浓度和钴示踪物扩散率的影响。图 8-7 中 Co 离子的空位扩散系数与氧分压的 1/6 次方成正比，因而理论分析与实验结果一致。

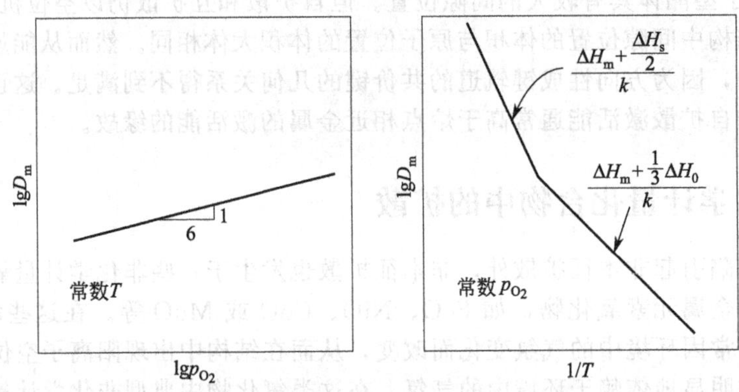

图 8-6 扩散系数随温度和氧压力变化示意图

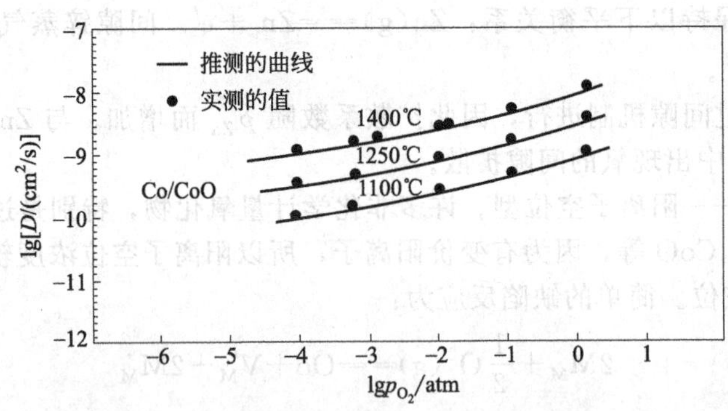

图 8-7 氧分压对 CoO 中缺陷浓度和钴示踪物扩散率的影响（1atm=101325Pa）

（3）空位扩散——阴离子空位型。以 ZrO_2 为例，高温下产生阴离子空位的结构缺陷，其缺陷反应：

$$O_O = \frac{1}{2}O_2(g) + V_O'' + 2e'$$

由 $2[V_O'']=[e']$，缺陷平衡时，反应平衡常数：

$$K=p_{O_2}^{\frac{1}{2}}[V_O'']{[e']}^2=4p_{O_2}^{\frac{1}{2}}{[V_O'']}^3=\exp\left(-\frac{\Delta G_0}{RT}\right) \tag{8-22}$$

$$[V_O'']=\left(\frac{1}{4}\right)^{\frac{1}{3}}p_{O_2}^{-\frac{1}{6}}\exp\left(-\frac{\Delta G_0}{3RT}\right) \tag{8-23}$$

于是非化学计量空位对阴离子的空位扩散系数贡献为：

$$\begin{aligned}D_M&=\gamma a_0^2[V_O'']v=\gamma a_0^2 v_0\left(\frac{1}{4}\right)^{\frac{1}{3}}p_{O_2}^{-\frac{1}{6}}\exp\left(-\frac{\Delta G^*}{3RT}\right)\exp\left(-\frac{\Delta G_m}{RT}\right)\\&=\gamma a_0^2 v_0\left(\frac{1}{4}\right)^{\frac{1}{3}}p_{O_2}^{-\frac{1}{6}}\exp\left(\frac{\Delta S_0/3+\Delta S_f/2+\Delta S_m}{R}\right)\exp\left[-\left(\frac{\Delta H_0/3+\Delta H_f/2+\Delta H_m}{RT}\right)\right]\\&=D_0 p_{O_2}^{-\frac{1}{6}}\exp\left[-\left(\frac{\Delta H_0/3+\Delta H_f/2+\Delta H_m}{RT}\right)\right]\end{aligned} \tag{8-24}$$

图 8-8 表示扩散系数与温度对数关系。图中显示出 $\lg D_0$-$1/T$ 曲线上有两个转折，这表明随着温度升高，扩散机制有以下三种变化。①低温区，此时氧空位浓度由杂质控制。例如，在 ZrO_2 中添加 CaO 时，$[V_O'']=[Ca_{Zr}'']$。②中温区，由于氧溶解度随温度而变化(非化学计量)，此时扩散系数与温度关系服从式(8-24)。③高温区，氧离子本征扩散，为热空位。

(4) 晶界、界面和表面扩散。多晶体中的扩散除了在晶粒的点阵内部进行外，还会沿着晶粒界面及表面发生。由于处在晶体表面、晶界和位错处的原子位能总高于正常晶格内的原子，因而这些区域内原子迁移率比晶格内原子迁移率高，而扩散激活能低。

因此，晶界、表面、界面和位错处往往成为原子扩散的快速通道，通常称其为短路扩散。当温度较低时，短路扩散起主要作用；温度较高时，点阵内部扩散起主要作用。温度较低且一定时，晶粒越细，扩散系数越大，这是短路扩散在起作用。

对于间隙固溶体，由于溶质原子尺寸较小，扩散相对较容易，因而短路扩散激活能与点阵扩散激活能差别不大。一般来说，表面扩散系数最大，其次是晶界扩散系数，而体积扩散系数最小，如图 8-9 所示。

① 表面扩散。表面扩散在催化、腐蚀与氧化、粉末烧结、气相沉积、晶体生长、核燃料中的气泡迁移等方面均起重要作用。

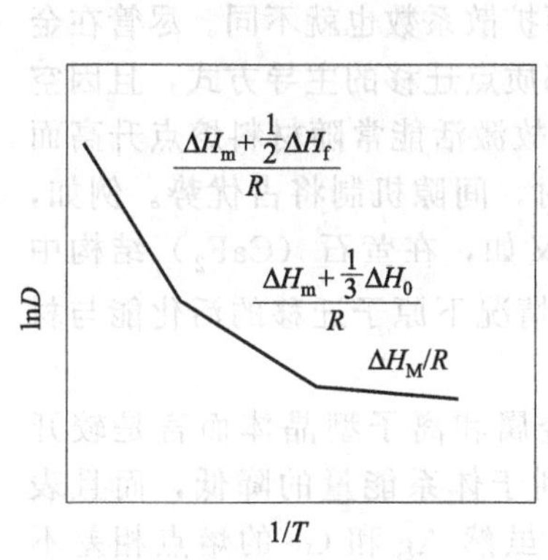

图 8-8　缺氧的氧化物中扩散系数与温度对数关系

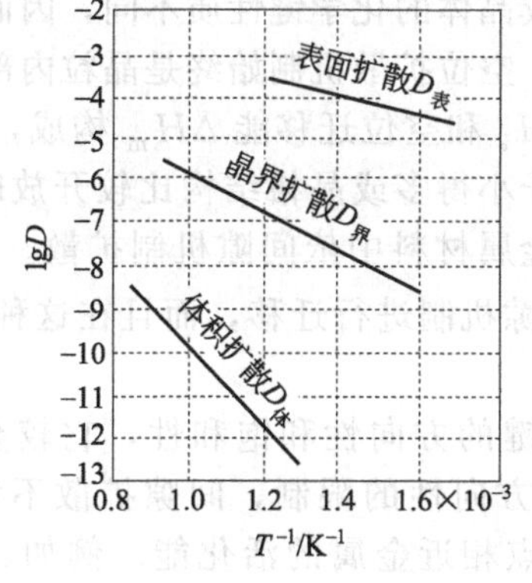

图 8-9　不同方式扩散时扩散系数与温度的关系

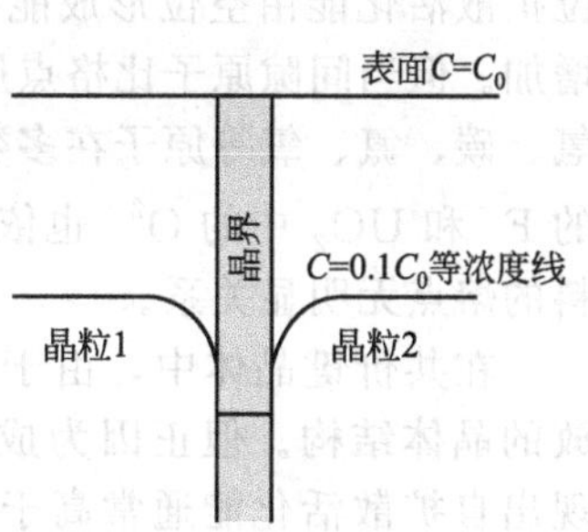

图 8-10　晶内和晶界上示踪原子的浓度分布

② 晶界扩散。通常采用示踪原子法观测晶界扩散现象。在试样表面涂以溶质或溶剂金属的放射性同位素的示踪原子，加热到一定温度并保温一定时间。示踪原子由试样表面向晶粒与晶界内扩散，示踪原子沿晶界的扩散速度快于点阵扩散，因此示踪原子在晶界的浓度会高于在晶粒内的浓度；与此同时，沿晶界扩散的示踪原子又由晶界向其两侧的晶粒扩散，结果形成如图 8-10 所示的浓度分布。其中，等浓度线在晶界上比晶粒内部的深度大得多。

晶界扩散具有结构敏感特性，在一定温度下，晶粒越小，晶界扩散越显著；晶界扩散与晶粒位向、晶界结构有关。晶界上杂质的偏析或淀析对晶界扩散均有影响。

8.4 影响扩散的因素

对于各种固体材料而言，扩散问题远比上面所讨论的要复杂得多。材料的组成、结构与键性，以及除点缺陷以外的各种晶粒内部的位错、多晶材料内部的晶界、晶体的表面等各种材料结构缺陷都将对扩散产生不可忽视的影响。

8.4.1 晶体组成的复杂性

大多数实际固体材料通常具有多种化学成分。因而一般情况下整个扩散并不局限于某一原子或离子的迁移，而可能是两种或两种以上的原子或离子同时参与的集体行为。所以，通过实测得到的相应扩散系数已不再是自扩散系数（一种原子或离子通过由该种原子或离子所构成的晶体中的扩散），而应是互扩散系数。互扩散系统不仅要考虑每种扩散组成与扩散介质的相互作用；同时，还要考虑各种扩散组分本身彼此间的相互作用。对于多元合金或有机溶液体系，尽管每种扩散组分具有不同的自扩散系数，但它们均具有相同的互扩散系数，并且各自扩散系数间将通过所谓的 Darken 方程得到联系。

Darken 方程已在金属材料的扩散实验中得到证实。但对于离子化合物的固溶体，该式不能直接用于描述离子的互扩散过程，而应进一步考虑体系电中性等复杂因素。

8.4.2 化学键的影响

不同的固体材料由于其构成晶体的化学键性质不同，因而扩散系数也就不同。尽管在金属键、离子键或共价键材料中，空位扩散机制始终是晶粒内部质点迁移的主导方式，且因空位扩散活化能由空位形成能 ΔH_f 和空位迁移能 ΔH_m 构成，故激活能常随材料熔点升高而增加。但当间隙原子比格点原子小得多或晶格结构比较开放时，间隙机制将占优势。例如，氢、碳、氮、氧等原子在多数金属材料中依间隙机制扩散。又如，在萤石（CaF_2）结构中的 F^- 和 UO_2 中的 O^{2-} 也依间隙机制进行迁移，而且在这种情况下原子迁移的活化能与材料的熔点无明显关系。

在共价键晶体中，由于成键的方向性和饱和性，它较金属和离子型晶体而言是较开放的晶体结构。但正因为成键方向性的限制，间隙扩散不利于体系能量的降低，而且表现出自扩散活化能通常高于熔点相近金属的活化能。例如，虽然 Ag 和 Ge 的熔点相差不多，但 Ge 的自扩散活化能为 289kJ/mol，而 Ag 的自扩散活化能却只有 184kJ/mol。显然，共价键的方向性和饱和性对空位的迁移是有强烈影响的。一些离子型晶体材料的扩散活化能列于表 8-3 中。

表 8-3　一些离子型晶体材料的扩散活化能

扩散离子	扩散活化能/(kJ/mol)	扩散离子	扩散活化能/(kJ/mol)
Fe^{2+}/FeO	96	$O^{2-}/NiCr_2O_4$	226
O^{2-}/UO_2	151	Mg^{2+}/MgO	348
U^{4+}/UO_2	318	Ca^{2+}/CaO	322
Co^{2+}/CoO	105	Be^{2+}/BeO	477
Fe^{3+}/Fe_3O_4	201	Ti^{4+}/TiO_2	276
$Cr^{3+}/NiCr_2O_4$	318	Zr^{4+}/ZrO_2	389
$Ni^{2+}/NiCr_2O_4$	272	O^{2-}/ZrO_2	130

8.4.3　结构缺陷的影响

多晶材料由不同取向的晶粒相结合而构成，因此晶粒与晶粒之间存在原子排列非常紊乱、结构非常开放的晶界区域。实验表明，在金属材料、离子晶体中，原子或离子在晶界上的扩散远比在晶粒内部扩散来得快。在某些氧化物晶体材料中，晶界对离子的扩散有选择性增强作用，如在 Fe_2O_3、CoO、$SrTiO_3$ 材料中晶界或位错有增强 O^{2-} 的扩散作用，而在 BeO、UO_2、Cu_2O 和 $(ZrCa)O_2$ 等材料中则无此效应。这种晶界对离子扩散的选择性增强作用是和晶界区域内电荷分布密切相关的。

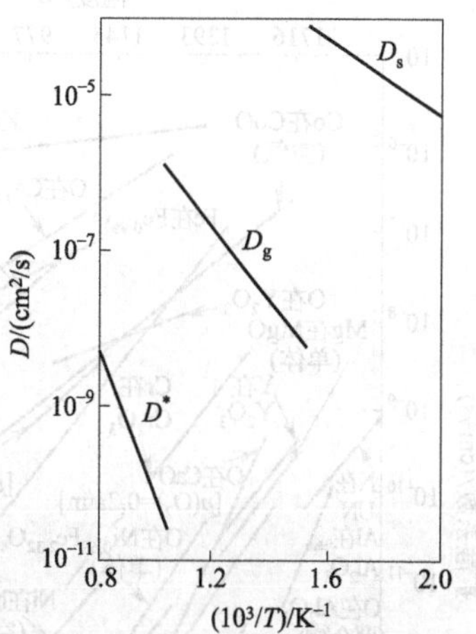

图 8-11　Ag 原子的自扩散系数 D^*、晶界扩散系数 D_g、表面扩散系数 D_s

图 8-11 表示 Ag 原子的自扩散系数 D^*、晶界扩散系数 D_g 和表面扩散系数 D_s。其扩散活化能数值分别为 193kJ/mol、85kJ/mol 和 43kJ/mol。显然，扩散活化能的差异与结构缺陷之间的差异是相对应的。在离子型化合物中，一般规律为：

$$Q_s=0.5Q_v;\ Q_g=(0.6\sim0.9)Q_v$$

$$D_v:D_g:D_s=10^{-14}:10^{-10}:10^{-9}$$

式中，Q_s、Q_g 和 Q_v 分别为表面扩散、晶界扩散和晶格内扩散的活化能。

除晶界以外，晶粒内部存在的各种位错也往往是原子容易移动的途径。结构中位错密度越高，位错对原子（或离子）扩散的贡献越大。

8.4.4　温度的影响

在固体中原子或离子的迁移实质是一个热激活过程。因此，温度对于扩散的影响具有特别重要的意义。一般而言，扩散系数与温度的依赖关系服从下式：

$$D=D_0\exp\left(-\frac{Q}{RT}\right) \tag{8-25}$$

扩散活化能 Q 越大，说明温度对扩散系数的影响就越显著。

图 8-12 为一些常见氧化物中参与构成氧化物的阳离子或阴离子的扩散系数随温度的变化关系。应该指出，对于大多数晶体材料，由于其或多或少地含有一定量的杂质以及具有一定的热历史，因而温度对其扩散系数的影响往往不完全是 $\ln D$-$1/T$ 间均呈直线关系，而可能出现曲线或在不同温度区间出现不同斜率的直线段。显然，这一差别主要是由扩散活化能

随温度变化所引起的。

温度和热过程对扩散影响的另一种方式是通过改变物质结构来实现的。例如，在硅酸盐玻璃中网络变性离子 Na^+、K^+、Ca^{2+} 等在玻璃中的扩散系数随着玻璃的不同热历史有明显差别。在急冷的玻璃中扩散系数一般高于同组成充分退火的玻璃中的扩散系数，两者可相差一个数量级或更多。这可能与玻璃中网络结构疏密程度有关。图 8-13 展示了硅酸盐玻璃中阳离子的扩散系数随温度的升高而变化的规律，中间的转折可能与玻璃在反常区间发生的结构变化相关。对于晶体材料，温度和热历史对扩散也可以引起类似的影响，如晶体从高温急冷时，高温时所出现的高浓度 Schottky 空位将在低温下保留下来，并在较低温度范围内显示出本征扩散。

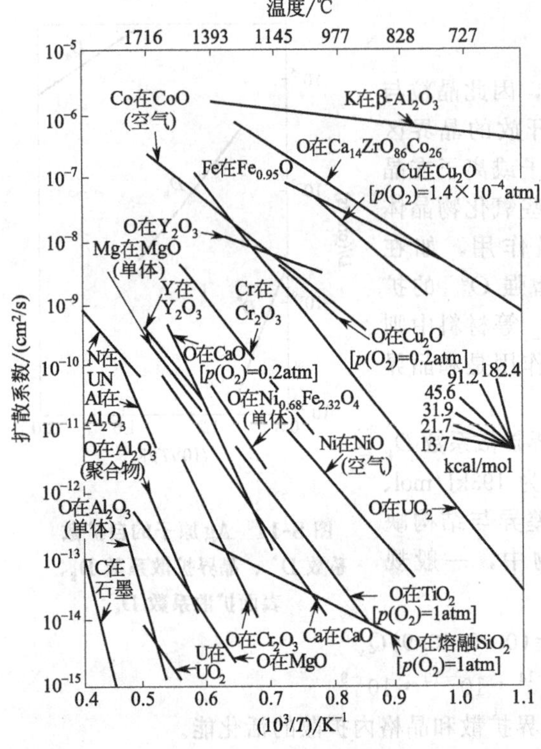

图 8-12　一些氧化物中离子扩散系数与温度关系

(1atm=101325Pa)

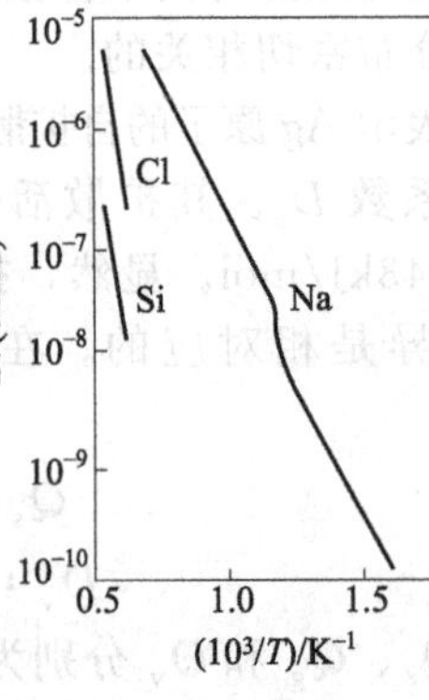

图 8-13　硅酸盐玻璃中阳离子的扩散系数随温度的升高而变化的规律

8.4.5　杂质的影响

利用杂质对扩散的影响是改善扩散的主要途径。一般而言，高价阳离子的引入可造成晶格中出现阳离子空位并产生晶格畸变，从而使阳离子扩散系数增大；当杂质含量增加时，非本征扩散与本征扩散温度转折点升高，这表明在较高温度时杂质扩散仍超过本征扩散。然而，必须注意的是，若所引入的杂质与扩散介质形成化合物，或发生淀析，则将导致扩散活化能升高，使扩散速率下降；反之，当杂质原子与结构中部分空位发生缔合时，往往会使结构中空位浓度增加而有利于扩散。如 KCl 中引入 $CaCl_2$，倘若结构中 $Ca_K^{\cdot}$ 和部分 V_K' 之间发生缔合，则总的空位浓度 $[V_K']$ 应为：

$$\sum[V_K'] = [V_K'] + (Ca_K^{\cdot} V_K') \tag{8-26}$$

总之，对于杂质对扩散的影响，必须考虑晶体结构、缺陷缔合、晶格畸变等众多因素，情况较为复杂。

8.4.6 过饱和空位及位错的影响

高温急冷或经高能粒子辐射会在试样中产生过饱和空位。这些空位在运动中可能消失，也可能会结合空位-溶质原子对。空位-溶质原子对的迁移率比单个空位更大，因此它们对在较低温度下的扩散起很大作用，使扩散速率显著提高。

位错对扩散也有明显的影响。刃型位错的攀移要通过多余半原子面上的原子扩散来进行。在刃型位错应力场的作用下，溶质原子常常被吸引扩散到位错线的周围形成柯垂耳气团。刃型位错线可看成是一条孔道，因此原子的扩散可以通过刃型位错线较快地进行。理论计算表明，沿刃型位错线的扩散激活能还不到完整晶体中扩散的一半，因此这种扩散也是短路扩散的一种。

还有许多其他因素会影响扩散，如外界压力、形变量大小及参与应力等。另外，温度梯度、应力梯度、电场梯度等都会影响扩散。

第9章 陶瓷相变

相变在材料的科研与生产中扮演着十分重要的角色。例如陶瓷、耐火材料的烧成和重结晶，引入矿化剂控制其晶型转化；在玻璃中防止失透或控制结晶来制造各种微晶玻璃；在单晶、多晶和晶须中采用的液相或气相外延生长；瓷釉、搪瓷和各种复合材料的熔融和析晶。新型铁电材料中由自发极化产生的压电、热释电、电光效应等都归结为相变过程。相变过程中涉及的基本理论对获得特定性能的材料和确定合理的工艺流程是极为重要的，目前对相变的研究已成为材料研究的重要课题。

9.1 相变的分类

在陶瓷的相变中可从不同角度对各类不同的相变进行分类，根据热力学参数改变的不同特征分为以下几类。

9.1.1 按热力学分类的陶瓷相变

9.1.1.1 一级相变

P. Ehrenfest 根据热力学将相变分为两类，分别称为一级相变和高级相变（连续相变）。n 级相变是指在相变点的热力学函数直至（$n-1$）阶导数都是连续的，但 n 阶导数不连续。实际材料中的相变多为一级和二级相变，三级以上相变很少见。

根据这个分类，一级相变的特点是两种相的自由能对温度或压力的一阶导数不相等，即其热力学函数（体积、熵等）在相变点发生不连续改变或突变，通常的气、液、固体之间发生的相变及同素异构转变大多为这种类型，如晶体的熔化、升华，液体的凝固、气化（或汽化），气体的液化（或聚集）以及晶体中大多数晶型转变都属于一级相变，这是最普遍的相变类型。

因此，体系由一相变为另一相时，如两相的化学势相等但化学势的一级偏微分（一级导数）不相等的相变称为一级相变，即

$$
\begin{aligned}
\mu_1 &= \mu_2 \\
(\partial\mu_1/\partial T)_p &\neq (\partial\mu/\partial T)_p \\
(\partial\mu_1/\partial p)_T &\neq (\partial\mu_2/\partial p)_T
\end{aligned}
\tag{9-1}
$$

式中　p——压力，Pa；

T——温度，K。

$(\partial\mu/\partial T)_p=-S$，$(\partial\mu/\partial p)_T=V$，即一级相变时 $S_1\neq S_2$，$V_1\neq V_2$。因此，在一级相变时，熵（S）和体积（V）有不连续变化。对于α、β的两相体系（忽略界面相），在相平衡时两相的化学势相等：

$$\mu^{\alpha}(T,p)=\mu^{\beta}(T,p)$$

则对于一级相变，两相平衡时有：

$$\mathrm{d}G=-S\mathrm{d}T+V\mathrm{d}p=0$$

因此，有

$$\frac{\mathrm{d}p}{\mathrm{d}T}=\frac{\Delta S}{\Delta V}=\frac{\Delta H}{T\Delta V} \tag{9-2}$$

上式称为 Clausius-Clapeyron 方程，适合于任意单组元的一级相变。对于固-固、固-液两相平衡体系，可利用上式得到压力对相转变温度的影响。由于发生一级相变时原子通常需要进行重新排列，一般两相的焓和体积的差别比较大。

两相的摩尔相变焓与温度的关系可以从 Planck 方程求得：

$$\frac{\mathrm{d}\Delta_{\alpha}^{\beta}H_{\mathrm{m}}}{\mathrm{d}T}=\Delta_{\alpha}^{\beta}C_{p,\mathrm{m}}+\frac{\Delta_{\alpha}^{\beta}H_{\mathrm{m}}}{T}-\left(\frac{\Delta_{\alpha}^{\beta}H_{\mathrm{m}}}{\Delta_{\alpha}^{\beta}V_{\mathrm{m}}}\right)\left(\frac{\partial\Delta_{\alpha}^{\beta}V_{\mathrm{m}}}{\partial T}\right) \tag{9-3}$$

式中，$C_{p,\mathrm{m}}$ 为摩尔等压热容或摩尔定压热容；$\Delta_{\alpha}^{\beta}H_{\mathrm{m}}=H_{\mathrm{m}}^{\beta}-H_{\mathrm{m}}^{\alpha}$；$\Delta_{\alpha}^{\beta}C_{p,\mathrm{m}}=C_{p,\mathrm{m}}^{\beta}-C_{p,\mathrm{m}}^{\alpha}$；$\Delta_{\alpha}^{\beta}V_{\mathrm{m}}=V_{\mathrm{m}}^{\beta}-V_{\mathrm{m}}^{\alpha}$。

材料发生一级相变时组分的变化是不连续的，新相的形成必须要通过形核（或成核）才能发生，即必须要克服能量势垒。形核势垒的大小与几何参数、界面能和相变热有关。由于不同的新相对应于不同的形核势垒，因此只有具有最低形核势垒的相最有可能成为主导相。当多个相的形核势垒比较接近时，将通过竞争生长来选择新相。

9.1.1.2 二级相变

二级（高级）相变时热力学量（自由能）的改变是连续的，体积、熵等热力学函数没有突变，但它们的一级导数（如熵对温度的导数）有突变，材料的定压热容或等压热容（C_p）、热膨胀系数（α）和压缩系数（β）有突变。两相的自由能对温度或压力的一阶导数相等，而二阶导数不相等。根据此规律可以定义更高级的相变。如 n 级相变是指两相的自由能对温度或压力直到（$n-1$）阶的导数都是连续的，而 n 阶导数不连续。属于二级相变的有正常态与超导态转变、铁磁体与顺磁体转变、有序无序转变等。

对于二级相变有：

$$\mu_1=\mu_2;(\partial\mu_1/\partial T)_p=(\partial\mu_2/\partial T)_p;(\partial\mu_1/\partial p)_T=(\partial\mu_2/\partial p)_T$$

而：

$$(\partial^2\mu_1/\partial T^2)_p\neq(\partial^2\mu_2/\partial T^2)_p;$$
$$(\partial^2\mu_1/\partial p^2)_T\neq(\partial^2\mu_2/\partial p^2)_T;$$
$$(\partial^2\mu_1/\partial T\partial p)\neq(\partial^2\mu_2/\partial T\partial p) \tag{9-4}$$

上面一组式子也可以写成：

$$\mu_1=\mu_2;S_1=S_2;V_1=V_2;C_{p1}\neq C_{p2};\beta_1\neq\beta_2;\alpha_1\neq\alpha_2 \tag{9-5}$$

其中：

$$\left(\frac{\partial^2 \mu}{\partial T^2}\right)_p = -\left(\frac{\partial S}{\partial T}\right)_p = -\frac{C_p}{T};\left(\frac{\partial^2 \mu}{\partial p^2}\right)_T = \left(\frac{\partial V}{\partial p}\right)_T = -V\beta;\left(\frac{\partial^2 \mu}{\partial T \partial p}\right) = \left(\frac{\partial V}{\partial T}\right)_p = V\alpha$$

发生二级相变时两相的化学势、熵和体积相等，但热膨胀系数、压缩系数等却不相等，即无相变潜热；没有体积的不连续变化，而只有热膨胀系数和压缩系数等的不连续变化。由于这类相变中比热容随温度的变化在相变温度 T_0 时趋于无穷大，因此可根据 C_p-T 曲线具有 λ 形状而称二级相变为 λ 相变，其相变点可称为 λ 点或居里点。

发生在 α、β 两相之间的二级相变，可以应用 Ehrenfest 方程：

$$\frac{\mathrm{d}p}{\mathrm{d}T} = \frac{\alpha^{\beta} - \alpha^{\alpha}}{\kappa^{\beta} - \kappa^{\alpha}} = \frac{C_{p,\mathrm{m}}^{\beta} - C_{p,\mathrm{m}}^{\alpha}}{TV_{\mathrm{m}}(\alpha^{\beta} - \alpha^{\alpha})} \tag{9-6}$$

式中　κ——材料的等温体压缩系数。

该方程也称为二级相变平衡曲线的斜率公式。

9.1.2　按结构变化分类的陶瓷相变

按结构变化将相变以母相与新相之间的晶体学关系进行分类，可归纳为两种基本的类型，称为重建型相变和位移型相变。相变可能涉及原子第一近邻的改变，如金刚石与石墨的转变，这个相变还伴随键型的改变；也可能涉及第二近邻的改变，如石英的相变；也可能为有序-无序转变等。

(1) 重建型相变。多数经化学反应引起的相变属于重建型相变，发生重建型相变时，材料中原先的化学键被破坏而重新建立，并伴随着晶胞类型、大小、对称性等的改变。新相与母相之间没有明确的晶体位向关系，相变势垒和潜热大，相变中晶格能变化大，相变速度相对缓慢。

(2) 位移型相变。位移型相变是在温度或压力变化时，晶体沿某一方向伸长或压缩，从而引起晶体结构的改变，其微观结构表现出孪晶结构。由于在相变过程中只涉及某些方向的伸长或压缩，位移型相变时晶格中不同原子的位移大小和方向可能不同。这种相变总体上原子位移量小，移动速度快，相变中能量变化小。这种相变通常出现在相变温度点附近，不同相两侧的焓比较接近，因此相变熵显得非常重要。

位移型相变可分为两类：一类以晶胞中的原子发生少量位移为主，称为第一类位移型相变；另一类位移型相变虽然也涉及原子间的相对位移，但以晶格畸变为主，称为第二类位移型相变，或马氏体相变。

(3) 有序-无序相变。陶瓷材料通常由多个组分组成，替代和填隙原子也存在有序-无序分布的问题。有序-无序相变包括有序结构与几种无序结构的相互转变。

无序结构包括化学无序（原子种类，如替代式固溶体）、化学键无序（键长、键角改变，如同素异构体）和拓扑无序（晶态向玻璃态或非晶态的转变）。

若原子的最近邻和次近邻的配位数均不发生变化，只发生原子种类的改变，则为化学无序。在陶瓷材料中，常常是完全有序或完全无序的；在较低温度下有序而在较高温度下无序。

(4) 马氏体相变。马氏体相变可总结为：替换原子经无扩散位移，由此产生形状改变和表面浮凸、呈不变平面应变特征的一级相变和形核-长大型相变。在材料冷却过程中直至某一温度 M_{S} 相变开始，随温度继续降低，相变的量增加，直至另一温度 M_{f} 时相变结束。这两个温度分别称为马氏体开始温度和马氏体结束温度，其值大小与材料的微观结构、杂质含量及冷却速度有关。

9.1.3 按质点迁移特征分类的陶瓷相变

根据相变过程中质点的迁移情况，可以将相变分为扩散型和无扩散型两大类。扩散型相变的特点是相变依靠原子（或离子）的扩散来进行。这类相变较为常见，例如晶型转变、熔体中析晶、气-固相变、液-固相变和有序-无序转变。

无扩散型相变主要是在低温下进行的纯金属（如锆、钛、钴等）同素异构转变以及一些合金（Fe-C、Fe-Ni、Cu-Al 等）中的马氏体转变。

9.1.4 按动力学分类的陶瓷相变

若按动力学特征进行分类，固态相变中的扩散型相变可分为以下五种。

① 脱溶转变。这是由亚稳定的过饱和固溶体转变为一个稳定的或亚稳定的脱溶物和一个更稳定的固溶体，可以表示为：$\alpha' \longrightarrow \alpha+\beta$。

② 共析转变。只有一个亚稳相被其他两个更稳定的相混合物代替，其反应可以表示为：$\gamma \longrightarrow \alpha+\beta$。

③ 有序-无序转变。有序-无序转变可以表示为：α'(无序)$\longrightarrow \alpha'$(有序)。

④ 块型转变。母相转变为一种或多种成分相同而晶体结构不同的新相。

⑤ 同素异构转变。又叫作多型性转变，是指同一元素在不同温度范围内具有不同晶体结构的相变。

9.2 固态相变

9.2.1 固态相变的特点

当温度、压力以及系统中各组元的形态、数值或比值发生变化时，固体将随之发生相变。当发生固态相变时，固体从一个固相转变到另一个固相，其中至少伴随着下述三种变化之一。

(1) 晶体结构的变化。如纯金属的同素异构转变、马氏体相变等。

(2) 化学成分的变化。如单相固溶体的调幅分解，其特点是只有成分转变而无相结构的变化。

(3) 有序程度的变化。如合金的有序-无序转变，即点阵中原子的配位发生变化，以及与电子结构变化相关的转变（磁性转变、超导转变等）。

固体材料性能发生变化的根源之一是发生了固态相变而导致组织结构的变化。固态相变与液-固相变过程一样，也符合最小自由能原理。相变的驱动力也是新相与母相间的体积自由能差，大多数固态相变也包括成核和生长两个基本阶段，而且驱动力也是靠过冷温度来获得，过冷温度对成核、生长的机制和速率都会产生重要的影响。但是，与液-固相变、气-液相变、气-固相变相比，固态相变时的母相是晶体，其原子呈一定规则排列，而且原子的键合比液态时稳定；同时，母相中还存在空位、位错和晶界等一系列晶体缺陷，新相与母相之间存在界面。因此，在这样的母相中产生新的固相时必然会出现以下特点。

① 固态相变阻力大。固态相变时成核的阻力，一般来自新相晶核与基体间形成界面所增加的界面能以及体积应变能（弹性能）。母相为气态、液态时，不存在体积应变能的问题，而且固相的界面能比气-液、液-固的界面能大得多。因此，固态相变的阻力大。

② 原子迁移率低。固态中的原子（或离子）键合远比液态中的牢固，所以原子（或离

子）扩散速率远比液态时的低，即使在熔点附近，固态中原子（或离子）的扩散系数也大约仅为液态扩散系数的十万分之一。

③ 非均匀成核。固相中的形核（或成核）几乎总是非均匀的。

④ 低温相变时会出现亚稳相。特别是在低温下，相变阻力大，原子迁移率小，意味着克服相变位垒的能力低，因此相变难以发生，系统处于亚稳状态。

⑤ 新相往往都有特定形状。液-固相变一般为球形成核，其原因在于界面能是晶核形状的主要控制因素。固态相变中体积应变能和界面能的共同作用，决定了析出物的形状。以相同体积晶核来比较，新相呈片状时应变能最小，呈针状时次之，呈球形时应变能最大，而界面积却按上述次序递减。当应变能为主要控制因素时，析出物多为片状或针状。

⑥ 多种结构形式的界面。按新相与母相界面原子的排列情况不同，存在共格、半共格、非共格等多种结构形式的界面。

⑦ 新相与母相之间存在一定的位向关系。其根本原因在于降低新相与母相间的界面能。通常，是以低指数、原子密度大且匹配较好的晶面彼此平行，从而构成确定位向关系的界面来实现的。当相界面为共格或者半共格时，新相与母相必定有位向关系，则两相的界面肯定是共格或半共格。

⑧ 母相上形成新相。为了维持共格，新相往往在母相的一定晶面上开始形成，这也是降低界面能的又一结果。

应特别指出，当温度越低时，固态相变的上述特点越显著。

9.2.2 陶瓷的马氏体转变

马氏体相变可以分为Bain应变、不变平面应变和刚体式旋转三个过程。晶体中的均匀畸变（Bain畸变）使得畸变前后的两种晶格有晶体学上的对应关系，可以用一个Bain矩阵表示这种转变：

$$B=\begin{bmatrix}\eta_1 & 0 & 0\\ 0 & \eta_2 & 0\\ 0 & 0 & \eta_3\end{bmatrix}$$

计算结果表明，在这种转变过程中总有一些面未受畸变，但相对于原位置经过了旋转。切变可以通过滑移或孪生两种方式实现，全部形状变化可用一个矩阵M表示：

$$M=BPR$$

式中，B为Bain畸变；P为不变平面应变；R为刚性旋转。这三个矩阵的操作次序可以是任意的。

ZrO_2从四方相（t）向单斜相（m）的转变是典型的马氏体相变，相变呈现表面突起及相变可逆等特征。新相与母相之间的晶体学关系为：$(100)_m//(110)_t$以及$(010)_m//(010)_t$，新相惯习面接近于$(100)_m$。Garvie等1975年发现掺杂ZrO_2的韧性和强度由于应力诱发马氏体相变而得到很大提高，立方或四方相能在室温下保持稳定。ZrO_2的t→m马氏体相变过程吸收部分断裂能量，使材料呈现高的强度和韧性。

影响ZrO_2从四方相（t）向单斜相（m）相变的因素比较复杂。相变发生的能量条件是：t相向m相转变的单位体积自由能的改变小于等于零，以及t相和m相的自由能差大于等于相变弹性应变能的改变与激发相变的外应力能量之差，即

$$\Delta G_{t\to m}\leqslant 0$$

$$G_t-G_m\geqslant \Delta U_\varepsilon-\Delta U_\alpha$$

相变弹性应变能的改变为

$$\Delta U_{\varepsilon}=\frac{1}{2}E\varepsilon^{2}$$

式中　E——m、t 两相的平均杨氏模量；

　　　ε——相变引起的应变。

而激发相变的单位体积的外应力能量为：

$$\Delta U_{\alpha}=\frac{1}{2}\sigma_{\alpha}\varepsilon$$

式中　σ_{α}——外应力。

比较上述两式，可以得到发生 t 相向 m 相相变的应力条件为：

$$\sigma_{\alpha}\geqslant\frac{2\left[\Delta U_{\varepsilon}-(G_{t}-G_{m})\right]}{\varepsilon}$$

马氏体相变形核过程的能量势垒很高，不能借助热激活过程进行，局域应变引起的软声子模对马氏体相变的形核过程起了重要作用。研究表明，ZrO_2 中的马氏体相变为非均匀成核，t-m 相变自由能差与稳定剂种类有关，能够与 ZrO_2 互溶的稳定剂将有利于抑制四方相向单斜相的转变。

除了加稳定剂可以将 ZrO_2 的四方相稳定在室温下，降低晶粒尺寸也可以获得同样的效果。这是因为当晶粒尺寸减小时，可供形核的缺陷数目也减少，最终导致 t 相在室温下稳定，计算大块材料的界面能可得到晶粒的临界尺寸约为 30nm。在纳米晶中，晶界所占的比例非常高，界面的性质会影响其相变形核，因而在研究纳米晶的相变时，还必须考虑界面应力的作用。

9.2.3　扩散型固态相变

9.2.3.1　有序-无序转变

有序-无序转变是固体相变的又一种机理。在理想晶体中，原子周期性地排列在规则的位置上，这种情况被称为完全有序。然而固体除了在 0K 的温度下可能完全有序外，在高于 0K 的温度下，质点热振动使其位置与方向均发生变化，从而产生位置与方向的无序性。在许多合金与固溶体中，在高温时原子排列呈无序状态，而在低温时则呈有序状态。这种随温度升降而出现低温有序和高温无序的转变过程称为有序-无序转变。

一般用有序参数 ζ 来表示材料中有序与无序的程度，完全有序时 ζ 为 1，完全无序时 ζ 为 0。

$$\zeta=\frac{R-\omega}{R+\omega}$$

式中　R——原子占据应该占据的位置数；

　　　ω——原子占据不应该占据的位置数；

　$R+\omega$——该原子的总数。

有序参数分为远程有序参数与近程有序参数，如为后者时，将 ω 理解为原子 A 最近邻原子 B 的位置被错占的位置数即可。

利用 ζ 可以衡量低对称相与高对称相的原子位置与方向间的偏离程度。有序参数可以用于检查磁性体（铁磁-顺磁体）、介电体（铁电体、顺电体）的相变。

有序-无序转变在金属中是普遍的，在 AB 合金中，最近邻原子可成为有序或无序而能量变化不大。在离子型材料中，阳离子、阴离子位置的互换在能量上是不利的，一般不会发生。

9.2.3.2 过饱和固溶体中的析出

将过饱和固溶体加热到高温双相区进行热处理时，固相中会扩散析出第二相粒子而得到双相组织。这种析出机理与下述的液-固相变过程相似，分为析出相晶核的形成和晶体的长大两个阶段。

9.2.3.3 共晶与共析转变

共晶转变是液相在低共熔温度下同时析出两种或两种以上晶相的转变，是一种液固相变。以二元系统为例，共晶反应为：

$$L \longrightarrow \alpha + \beta$$

共析转变类似于共晶反应，其中两个固体相以相互协作的方式从母相（母相为固相）中形成长大，其反应可以用下式表示：

$$\gamma \longrightarrow \alpha + \beta$$

共晶与共析转变比较相似。α 相和 β 相在共晶与共析组织中呈片状交替分布，并且在 α 晶体和 β 晶体之间的公共界面上往往存在着某种择优的位向关系。

9.3 相变过程热力学

9.3.1 相变过程的不平衡状态及亚稳区

从热力学平衡的观点来看，将物体冷却（或加热）到相转变温度时则会发生相变而形成新相。从图 9-1 的单元系统 T-p 相图中可以看到，OX 线为气-液相平衡线（界线），OY 线为液-固相平衡线，OZ 线为气-固相平衡线。当处于 A 状态的气相在恒压 p' 下冷却到 B 点时达到气-液平衡温度，开始出现液相，直到全部气相转变为液相为止，然后离开 B 点进入 BD 段液相区。继续冷却到 D 点达到液-固相变温度，开始出现固相，温度才能下降，离开 D 点进入 Dp' 段的固相区。但是，实际上当温度冷却到 B 或 D 的相变温度时，系统并不会自发产生相变，也不会有新相产生。而若要冷却到比相变温度更低的某一温度如 C（气-液）和 E（液-固）点时才能发生相变，即凝结出液相或析出固相。

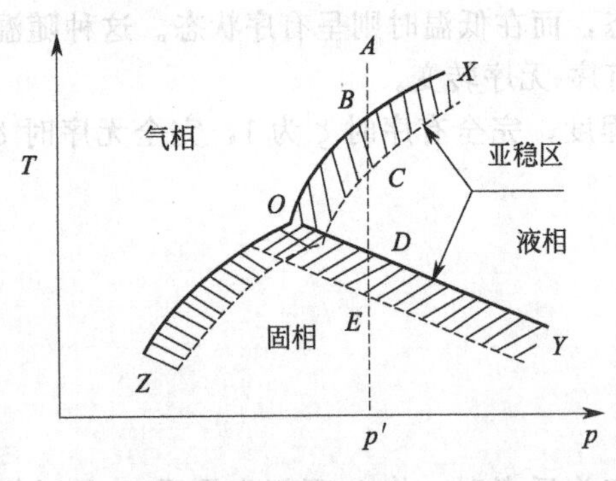

图 9-1 单元系统相变过程图

这种在理论上应发生的相变但实际却不能发生相变的区域（图 9-1 中阴影区）称为亚稳区。在亚稳区内，由于当一个新相形成时，其以一微小液滴或微小晶粒出现，由于颗粒很小，其饱和蒸气压与饱和溶解度远高于平面状态的蒸气压和溶解度。因此，在相平衡温度下，这些微粒还未达到饱和而重新蒸发和溶解，旧相能以亚稳状态存在，而新相还不能生成。因此可以得出以下结论。

（1）亚稳区具有不平衡状态的特征，是物相在理论上不能稳定存在，而实际却能稳定存在的区域。

（2）在亚稳区内，物系不能自发产生新相，要产生新相，必然要越过亚稳区，这就是过冷却的原因。

（3）在亚稳区内虽然不能自发产生新相，但是当有外来杂质存在时，或在外界能量影响下也有可能在亚稳区内形成新相，此时使亚稳区缩小。

9.3.2　相变过程推动力

相变过程的推动力是相变过程前后自由能的差值：$\Delta G_{T,p} \leqslant 0$。

(1) 相变过程的温度条件。由热力学可知，在等温等压下有：

$$\Delta G = \Delta H - T\Delta S$$

在平衡条件下 $\Delta G = 0$，则有 $\Delta H - T_0 \Delta S = 0$。

$$\Delta S = \Delta H / T_0 \tag{9-7}$$

式中　T_0——相变的平衡温度，K；

ΔH——相变热，J/mol。

若在任意温度 T 的不平衡条件下，则有：

$$\Delta G = \Delta H - T\Delta S \neq 0$$

若 ΔS 与 ΔH 不随温度变化，将式(9-7) 代入上式可得：

$$\Delta G = \Delta H - T\Delta H / T_0 = \Delta H \frac{T_0 - T}{T_0} = \Delta H \frac{\Delta T}{T_0} \tag{9-8}$$

从式(9-8) 可见，相变过程要自发进行，必须有 $\Delta G < 0$，则 $\Delta H \Delta T / T_0 < 0$。若相变过程放热（如凝聚过程、结晶过程等），$\Delta H < 0$；要使 $\Delta G < 0$，必须有 $\Delta T > 0$，$\Delta T = T_0 - T > 0$，即 $T_0 > T$，这表明在该过程中系统必须“过冷却”，或者说系统实际温度比理论相变温度还要低，才能使相变过程自发进行。若相变过程吸热（如蒸发、熔融等），$\Delta H > 0$，要满足 $\Delta G < 0$ 这一条件则必须满足 $\Delta T < 0$，即 $T_0 < T$，这表明系统要发生相变过程必须“过热”。由此得出结论，相变驱动力可以表示为过冷度（过热度）的函数，由此相平衡理论相变温度与系统实际温度之差即为该相变过程的推动力。

(2) 相变过程的压力和浓度条件。由热力学可知，在恒温可逆不做有用功时：

$$dG = V dp$$

对理想气体而言：

$$\Delta G = \int V dp = \int \frac{RT}{p} dp = RT \ln(p_2 / p_1)$$

当过饱和蒸气压力为 p 的气相凝聚成液相或固相（其平衡蒸气压为 p_0）时，有：

$$\Delta G = RT \ln(p_0 / p) \tag{9-9}$$

要使相变能自发进行，必须 $\Delta G \leqslant 0$，即 $p > p_0$，即要使凝聚相变自发进行，系统的饱和蒸气压应大于平衡蒸气压。这种过饱和蒸气压差就是凝聚相变过程的推动力。

对溶液而言，可以用浓度 c 代替压力 p，则式(9-9) 可写成：

$$\Delta G = RT \ln(c_0 / c) \tag{9-10}$$

若是电解质溶液则还需考虑电离度 a，即 1mol 能解离出 a 个离子

$$\Delta G = aRT \ln \frac{c_0}{c} = aRT \ln\left(1 + \frac{\Delta c}{c}\right) \approx aRT \frac{\Delta c}{c} \tag{9-11}$$

式中　c_0——饱和溶液浓度；

c——过饱和溶液浓度。

要使相变过程自发进行，应使 $\Delta G < 0$，式(9-11) 右边 a、R、T、c 都为正值，要满足这一条件必须满足 $\Delta c < 0$，即 $c > c_0$。液相要有过饱和浓度，它们之间的差值 $c - c_0$ 即为这一相变过程的推动力。

综上所述，相变过程的推动力应为过冷度、过饱和浓度、过饱和蒸气压，即相变时系统的温度、浓度和压力与相平衡时的温度、浓度和压力之差值。

(3) 晶核形成条件。均匀单相并处于稳定条件下的熔体或溶液，一旦进入过冷却或过饱和状态，系统就具有结晶的趋向，但此时所形成的新相的晶胚十分微小，很容易溶入母相溶液（熔体）中。只有当新相的晶核变成足够大时，它才不会消失而继续长大形成新相。那么至少要多大尺寸的晶核才不会消失而形成新相呢？

当一个熔体（溶液）冷却发生相转变时，则系统由一相变成两相，这就使体系在能量上出现两个变化：一是系统中一部分原子（离子）从高自由能状态（如液态）转变为低自由能的另一状态（如晶态），这就使系统的自由能减少（ΔG_1）；另一状态是产生新相，形成了新的界面（如固-液界面），这就需要做功，从而使系统的自由能增加（ΔG_2）。因此，系统在整个相变过程中自由能的变化（ΔG）应为此两项的代数和：

$$\Delta G=\Delta G_1+\Delta G_2=V\Delta G_V+A\gamma$$

式中 V——新相的体积；

ΔG_V——单位体积中旧相和新相之间的自由能之差（$G_{液}-G_{固}$）；

A——新相总表面积；

γ——新相界面能。

若假设生成的新相晶胚呈球形，则上式写为：

$$\Delta G=\frac{4}{3}\pi r^3 n\Delta G_V+4\pi r^2 n\gamma \tag{9-12}$$

式中 r——球形晶胚半径；

n——单位体积中半径为 r 的晶胚数。

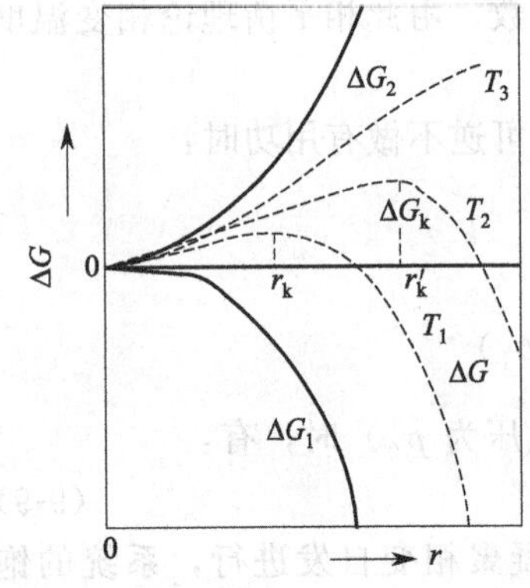

图 9-2 晶胚半径与自由能的关系

将式(9-8) 代入式(9-12) 得：

$$\Delta G=\frac{4}{3}\pi r^3 n\Delta H\ \frac{\Delta T}{T_0}+4\pi r^2 n\gamma \tag{9-13}$$

由式(9-13) 可见，ΔG 是晶胚半径 r 和过冷度 ΔT 的函数。图 9-2 表示 ΔG 与晶胚半径 r 的关系。

系统自由能 ΔG 是由两项之和决定的。图 9-2 中曲线 ΔG_1 为负值，它表示由液态转变为晶态时，自由能是降低的。图中曲线 ΔG_2 表示新相形成的界面自由能，它为正值。当新相晶胚十分小（r 很小）和 ΔT 也很小时，即系统温度接近于 T_0（相变温度）时，$\Delta G_1<\Delta G_2$。图 9-2 中在 T_3 温度时，ΔG 随 r 增加而增大并始终为正值。当温度远离 T_0，即温度下降时，晶胚半径逐渐增大，ΔG 开始随 r 增大而增加，接着随 r 增加而降低。此时 ΔG-r 曲线出现峰值，如图 9-2 中所示的 T_1、T_2 温度。在此两条曲线峰值的左侧，ΔG 随 r 增长而增长，即 $\Delta G>0$，此时系统内产生的新相是不稳定的。反之在曲线峰值的右侧，ΔG 随新相晶胚的长大而减少，即 $\Delta G<0$，故此晶胚在母相中能稳定存在并继续长大。显然，相对于曲线峰值的晶胚半径（r_k）是划分这两个不同过程的界限，故 r_k 也称为临界半径。从图 9-2 还可以看到，在低于熔点的温度下 r_k 才能存在，而且温度越低 r_k 值越小；图中 $T_3>T_2>T_1$，$r_k'>r_k$。r_k 值可以通过求曲线的极值来确定。

$$\mathrm{d}(\Delta G)/\mathrm{d}r=4\pi n\ \frac{\Delta H\Delta T}{T_0}r^2+8\pi\gamma nr=0$$

$$r_k=-\frac{2\gamma T_0}{\Delta H\Delta T}=-2\gamma/\Delta G_V \tag{9-14}$$

从式(9-14) 可以得出以下结论：

① r_k 是新相可以长大而不消失的最小晶胚半径，r_k 值越小，表示新相越容易形成。r_k 与温度的关系是系统温度接近变温时，$\Delta T \to 0$，则 $r_k \to \infty$。这表示析晶相变在熔融温度时，要求 r_k 无限大，显然析晶是不可能发生的。ΔT 越大则 r_k 越小，相变越容易进行。

② 在相变过程中，γ 和 T_0 均为正值，析晶相变系放热过程，则 $\Delta H<0$。若要式(9-14) 成立（r_k 永远为正值），则 $\Delta T>0$，即 $T_0>T$，这表明系统要发生相变必须过冷，而且过冷度越大，则 r_k 值越小。

③ 由式(9-14) 可知，影响 r_k 的因素有物系本身的性质如 γ 和 ΔH，以及外界条件。晶核的界面能降低和相变热 ΔH 的增加均可使 r_k 变小，有利于新相形成。

④ 相应于临界半径 r_k 时系统中单位体积的自由能变化可计算如下。将式(9-14) 代入式(9-13)，得到：

$$\Delta G_k=-\frac{32}{3}\times\frac{\pi n\gamma^3}{\Delta G_V^2}+16\frac{\pi n\gamma^3}{\Delta G_V^2}=\frac{1}{3}\left(\frac{16\pi n\gamma^3}{\Delta G_V^2}\right) \tag{9-15}$$

式(9-13) 中第二项为：

$$A_k=4\pi r_k^2 n=16\frac{\pi n\gamma^2}{\Delta G_V^2} \tag{9-16}$$

因此可得：

$$\Delta G_k=\frac{1}{3}A_k\gamma \tag{9-17}$$

由式(9-17) 可见，要形成临界半径大小的新相，则需要对系统做功，其值等于新相界面能的1/3。这个能量（ΔG_k）称为成核位垒。它是描述相变发生时所必须克服的位垒。这一数值越低，相变过程越容易进行。式(9-17) 还表明，液-固之间自由能差值只能供给形成临界晶核所需表面能的2/3。而另外的1/3（ΔG_k），对于均匀成核而言，则需依靠系统内部存在的能量起伏来补足。通常我们描述系统的能量均为其平均值，但从微观角度来看，系统内不同部位由于质点运动的不均衡性而存在能量起伏，动能低的质点偶尔较为集中，即引起系统局部温度的降低，为临界晶核的产生创造了必要条件。

系统内部形成 r_k 大小的粒子数 n_k 可用下式描述：

$$\frac{n_k}{n}=\exp\left(-\frac{\Delta G_k}{RT}\right) \tag{9-18}$$

式中，n_k/n 为半径大于和等于 r_k 大小粒子的分数。

由此式可见，ΔG_k 越小，具有临界半径 r_k 的粒子越多。

9.4 相变过程动力学

9.4.1 晶核形成过程动力学

晶核形成过程是析晶的第一步，它分为均匀成核和非均匀成核两类。所谓均匀成核是指晶核从均匀的单相熔体中产生的概率处处相同。非均匀成核是指借助于表面、界面、微裂纹、器壁以及各种催化位置等而形成晶核的过程。

(1) 均匀成核。当母相中产生临界核胚后必须从母相中将原子或分子逐个逐步加到核胚上，使其生长成稳定的晶核。因此成核速率除了取决于单位体积母相中核胚的数目以外，还取决于母相中原子或分子加到核胚上的速率，可以表示为：

$$I_V=\upsilon n_i n_k \tag{9-19}$$

式中　I_V——成核速率；

v——单个原子或分子与临界晶核的碰撞频率；

n_i——临界晶核周界上的原子或分子数。

碰撞频率 v 表示为：

$$v=v_0\exp(-\Delta G_m/RT) \tag{9-20}$$

式中 v_0——原子或分子的跃迁频率；

ΔG_m——原子或分子跃迁新旧界面的空位活化能。

因此成核速率可以写成：

$$\begin{aligned} I_V &= v_0 n_i n \exp\left(-\frac{\Delta G_k}{RT}\right)\exp\left(-\frac{\Delta G_m}{RT}\right) \\ &= B\exp\left(-\frac{\Delta G_k}{RT}\right)\exp\left(-\frac{\Delta G_m}{RT}\right) \\ &= PD \end{aligned} \tag{9-21}$$

式中 P——受核化位垒影响的成核因子；

D——受原子扩散影响的成核因子；

B——常数。

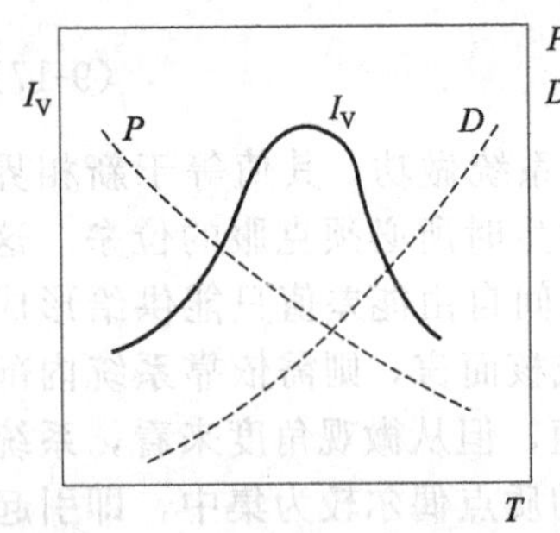

图 9-3 成核速率与温度的关系

式(9-21) 表示成核速率随温度变化的关系。当温度降低，过冷度增大时，由于 $\Delta G_k \propto 1/\Delta T^2$ [将式(9-8) 代入式(9-15) 即可得]，因而位垒下降，成核速率增大，直至达到最大值。若温度继续下降，液相黏度增加，原子或分子的扩散速率下降，ΔG_m 增大，使 D 剧烈下降，导致 I_V 降低，成核速率 I_V 与温度的关系应是曲线 P 和 D 的综合结果，如图 9-3 曲线所示。在温度低时，D 抑制了 I_V 的增长；温度高时，P 抑制了 I_V 的增长。只有在合适的过冷度下，P 与 D 的综合作用下才使 I_V 有最大值。

(2) 非均匀成核。熔体过冷或液体过饱和后不能立即成核的主要障碍是晶核形成液-固相界面时需要能量。如果晶核依附于已有的界面（如容器壁、杂质粒子、结构缺陷、气泡等）来形成，则高能量的晶核与液体的界面被低能量的晶核与成核基体之间的界面所取代。显然，这种界面的取代比界面的创立所需要的能量少。因此，成核基体的存在可降低成核位垒，使非均匀成核能在较小的过冷度下进行。

非均匀成核的临界位垒 ΔG_k^* 在很大程度上取决于接触角 θ 的大小。

当新相的晶核与平面成核基体接触时，形成的接触角为 θ，如图 9-4 所示。

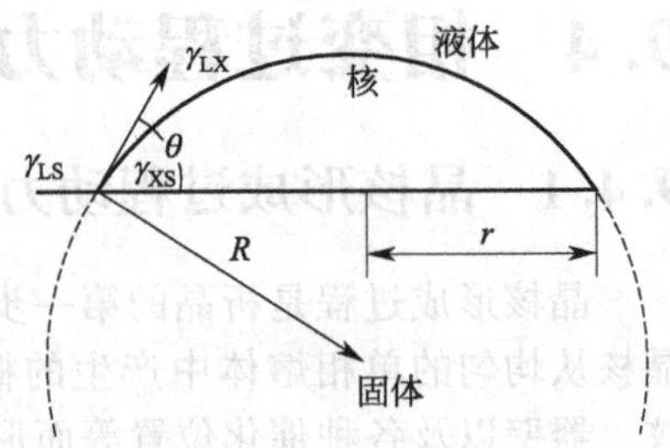

图 9-4 非均匀成核示意

晶核形成具有临界大小的球冠粒子，假设核的形状为球体的一部分，其曲率半径为 R，核在固体界面上的半径为 r，液体-核（LX）、核-固体（XS）和液体-固体（LS）的界面能分别为 γ_{LX}、γ_{XS} 和 γ_{LS}，液体-核界面的面积为 A_{LX}，形成这种晶核所引起的界面自由能变化是：

$$\Delta G_S=\gamma_{LX}A_{LX}+\pi r^2(\gamma_{XS}-\gamma_{LS})$$

当形成新界面 LX 和 XS 时，液固界面（LS）面积减少 πr^2。假如 $\gamma_{LS}>\gamma_{XS}$，则 $\Delta G_S<\gamma_{LX}A_{LX}$，说明在固体上形成晶核所需的总表面能小于均匀成核所需要的能量。接触角 θ 和

界面能的关系为：

$$\cos\theta=(\gamma_{LS}-\gamma_{XS})/\gamma_{LX}$$

因此

$$\Delta G_S=\gamma_{LX}A_{LX}-\pi r^2\gamma_{LX}\cos\theta$$

图 9-4 中假设球冠的体积是：

$$V=\pi r R^3\frac{2-3\cos\theta+\cos^3\theta}{3}$$

球冠的表面积是：

$$A=2\pi R^2(1-\cos\theta)$$

与固体接触面的半径是：

$$r=R\sin\theta$$

对于非均匀成核系统自由焓变化的计算，也是由相变时自由焓的降低和新生相界面能的增加两项组成。

将上式代入求 $d(\Delta G_k)/dr$ 的公式中，可以得出非均匀成核的临界半径：

$$R^*=-\frac{2\gamma_{LX}^3}{\Delta G_V}$$

同样将它处理后，得出：

$$\Delta G_k^*=\frac{16\pi\gamma_{LX}^3}{3(\Delta G_V)^2}\times\frac{(2+\cos\theta)(1-\cos\theta)^2}{4}=\Delta G_k f(\theta)$$

这时非均匀成核的临界位垒为：

$$\Delta G_k^*=\Delta G_k f(\theta) \tag{9-22}$$

式中 ΔG_k^*——非均匀成核时自由能的变化（非均匀成核的临界位垒）；

ΔG_k——均匀成核时自由能的变化。

则

$$f(\theta)=\frac{(2+\cos\theta)(1-\cos\theta)^2}{4} \tag{9-23}$$

由式(9-23) 可见，在成核基体上形成晶核时，非均匀成核的临界位垒随着接触角 θ 的减小而下降。若 $\theta=180°$，则 $\Delta G_k^*=\Delta G_k$；若 $\theta=0°$，由于 $f(\theta)\leqslant 1$，所以非均匀成核的临界位垒比均匀成核的位垒低，析晶过程容易进行，而湿润的非均匀成核的临界位垒又比不湿润的位垒更低，更容易形成晶核。因此在实际生产中，为了在制品中获得晶体，往往选定某种成核基体加入熔体中去。

非均匀晶核形成速率为：

$$I_S=B_S\exp\left(-\frac{\Delta G_k^*+\Delta G_m}{RT}\right) \tag{9-24}$$

式中 ΔG_k^*——非均匀成核的临界位垒；

B_S——常数。

I_S 与成核速率（I_V）极为相似，只是以 ΔG_k^* 代替 ΔG_k，用 B_S 代替 B 而已。

9.4.2 晶体生长动力学

在稳定的晶核形成后，母相中的质点按照晶格构造不断地堆积到晶核上去，使晶体得以生长。晶体生长速率还受到温度（过冷度）和浓度（过饱和度）等条件影响。它可以用物质扩散到晶核表面的速率和物质从液态转变为固态（晶体）的速率来确定，下面讨论理想生长过程的晶体生长速率。

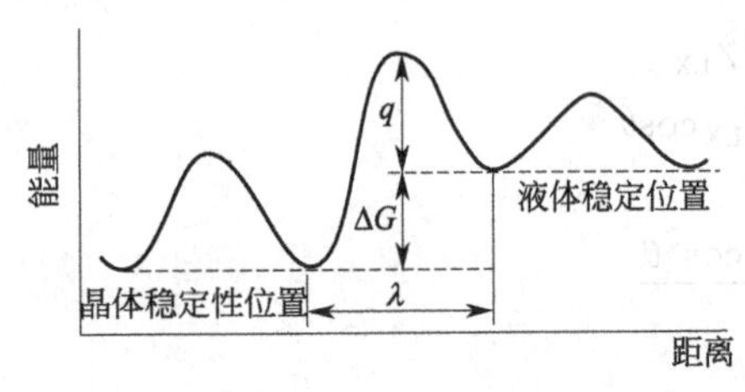

图 9-5 液-固相界面的能垒

图 9-5 表示析晶时液-固相界面的能垒。图中 q 为液相质点通过相界面迁移到固相的扩散活化能；ΔG 为液体与固体自由能之差，即析晶过程自由能的变化；$\Delta G+q$ 为质点从固相迁移到液相所需的活化能；λ 为界面层厚度。质点由液相向固相跃迁的速率应等于界面的质点数目 n 乘以跃迁频率 v_0，并应符合玻尔兹曼能量分布定律，即

$$Q_{\mathrm{L\to S}}=nv_0\exp[-q/(RT)]$$

从固相到液相的迁移率应为：

$$Q_{\mathrm{S\to L}}=nv_0\exp\left(-\frac{\Delta G+q}{RT}\right)$$

所以粒子从液相到固相的净速率为：

$$Q=Q_{\mathrm{L\to S}}-Q_{\mathrm{S\to L}}=nv_0\exp\left(-\frac{q}{RT}\right)\left[1-\exp\left(-\frac{\Delta G}{RT}\right)\right]$$

晶体生长速率是以单位时间内晶体长大的线性长度来表示的，因此也称为线性生长速率，用 u 表示。

$$u=Q\lambda=nv_0\lambda\exp\left(-\frac{q}{RT}\right)\left[1-\exp\left(-\frac{\Delta G}{RT}\right)\right] \tag{9-25}$$

式中，λ 为界面层厚度，约为分子直径大小。

又因为 $\Delta G=\Delta H\Delta T/T_0$；式中，$T_0$ 为晶体的熔点。$v_0\exp[-q/(RT)]$为液-晶相界面迁移的频率因子，可用 v 表示，$B=n\lambda$，这样式(9-25) 可表示为：

$$u=Bv\left[1-\exp\left(-\frac{\Delta H\Delta T}{RTT_0}\right)\right]$$

当过程离开平衡态很小时，即 $T\to T_0$，$\Delta G\ll RT$，则上式可写为：

$$u\approx Bv\left(\frac{\Delta H\Delta T}{RTT_0}\right)\approx Bv\frac{\Delta H}{RT_0^2}\Delta T \tag{9-26}$$

这就是说，此时晶体生长速率与过冷度 ΔT 呈线性关系。

当过程离平衡态很远，即 $T\ll T_0$ 时，则 $\Delta G\gg RT$。式(9-26) 可以写为 $u\approx Bv(1-0)\approx Bv$，即此时晶体生长速率达到了极限值，约为 9×10^{-5} cm/s。

晶体生长速率与过冷度的关系如图 9-6 所示。在熔点时，生长速率为零。开始时它随着过冷度增加而增加，由于进一步过冷，黏度增加使相界面迁移的频率因子 v 下降，故导致生长速率下降。曲线出现峰值是由于在高温阶段主要由液相变成晶相的速率控制，增大过冷度对该过程有利，故生长速率增加；在低温阶段，过程主要通过相界面的扩散控制，低温对扩散不利，故生长速度减慢，这与图 9-6 的晶核形成速率与过冷度的关系相似，只是其最大值较晶核形成速率的最大值所对应的过冷度更小而已。

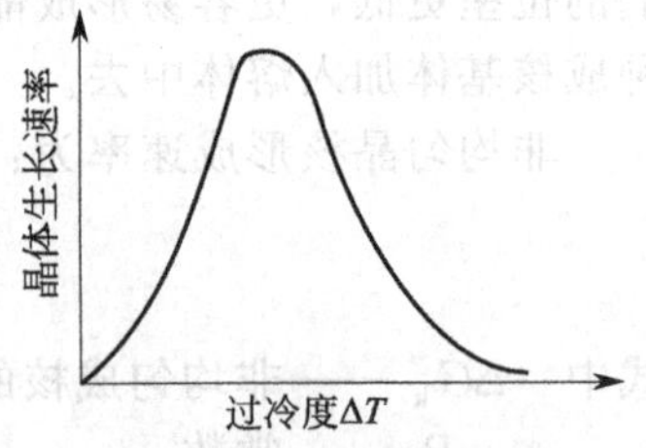

图 9-6 晶体生长速率与过冷度的关系

9.4.3 总结晶率

结晶过程包括成核和晶体生长两个过程，若考虑总的相变速度，则必须将这两个过程结合起来考虑。总的结晶速度常用结晶过程中已经结晶出的晶体体积占原来液体体积的分数和

结晶时间（t）的关系来表示，见表 9-1。

假如将一物相 α 快速冷却到与它平衡的新相 β 的稳定区，并将其维持一定的时间 t，则生成新相的体积为 V_β，原始相剩下的体积为 V_α。

表 9-1 结晶速度与结晶时间（t）的关系

时间	α 相	β 相
$t=0$	V	0
$t=\tau$	$V_\alpha=V-V_\beta$	V_β

在 dt 时间内形成新相的粒子数 N_τ 为：

$$N_\tau=I_V V_\alpha \mathrm{d}t \tag{9-27}$$

式中，I_V 为形成新相晶核的速度，即单位时间、单位体积内形成新相的颗粒数。

又假设形成新相为球状，u 为新相生长速率，单位时间内球形半径的增长随时间 t 而变化。在 dt 时间内，新相 β 形成的体积 dV_β 等于在 dt 时间内形成新相 β 的颗粒数 N_τ 与一个新相 β 颗粒体积 V_β 的乘积，即

$$\mathrm{d}V_\beta=V^\beta N_\tau \tag{9-28}$$

经过 t 时间：

$$V_\beta=\frac{4}{3}\pi r^3=\frac{4}{3}\pi(ut)^3 \tag{9-29}$$

将式(9-29)、式(9-27) 代入式(9-28) 可得：

$$\mathrm{d}V_\beta=\frac{4}{3}\pi u^3 t^3 I_V V_\alpha \mathrm{d}t \tag{9-30}$$

在相转变开始阶段 $V_\alpha \approx V$，所以有：

$$\mathrm{d}V_\beta \approx \frac{4}{3}\pi u^3 t^3 I_V V_\alpha \mathrm{d}t$$

在 t 时间内产生新相的体积分数为：

$$V_\beta/V=\frac{4}{3}\pi\int_0^t I_V u^3 t^3 \mathrm{d}t \tag{9-31}$$

在相转变初期 I_V 和 u 为常数，与 t 无关。

$$V_\beta/V=\frac{4}{3}\pi I_V u^3\int_0^t t^3 \mathrm{d}t=\frac{1}{3}\pi I_V u^3 t^4 \tag{9-32}$$

式(9-32) 是析晶相变初期的近似速度方程，随着相变过程的进行，I_V 与 u 并非都与时间无关，而且 V_α 也不等于 V，所以该方程会产生偏差。

阿弗拉米（Avrami）于 1939 年对相变动力学方程做了适当的校正，导出公式：

$$V_\beta/V=1-\exp\left(-\frac{1}{3}\pi u^3 I_V t^4\right) \tag{9-33}$$

在相变初期转化率较小时则式(9-33) 可写成：

$$V_\beta/V \approx \frac{1}{3}\pi u^3 I_V t^4$$

可见，在这种特殊条件下式(9-33) 可还原为式(9-32)。

克拉斯汀（Christion）在 1965 年对相变动力学方程做了进一步修正，考虑到时间 t 对新相晶核的形成速率 I_V 及新相的生长速度 u 的影响，导出如下公式：

$$V_\beta/V=1-\exp(-Kt^n) \tag{9-34}$$

式中 V_β/V——相转变的转变率；

n——阿弗拉米指数；

K——包括新相晶核形成速率及新相生长速率的系数。

当 I_V 随时间 t 减小时，阿弗拉米指数可取 $3 \leqslant n \leqslant 4$；而 I_V 随 t 增大时，可取 $n > 4$。阿弗拉米方程可用来研究两类相变，其一是属于扩散控制的相变，其二是蜂窝状转变，典型代表为对镜转变。

9.4.4 析晶过程

当熔体过冷却到析晶温度时，由于粒子动能的降低，液体中粒子的“近程有序”排列得到了延伸，为进一步形成稳定的晶核准备了条件。在一定条件下，核胚数量一定，一些核胚消失，另一些核胚又会出现。温度回升时，核胚解体。如果继续冷却，可以形成稳定的晶核，并不断长大形成晶体。因而析晶过程是由晶核形成过程和晶粒长大过程共同构成的。这两个过程都各自需要有适当的过冷度，但并非过冷度越大、温度越低越有利于这两个过程的进行。因为成核与生长受两个互相制约因素的共同影响。一方面当过冷度增大时，温度下降，熔体质点动能降低，离子键吸引力相对增大，因而容易聚结和附在晶核表面上，有利于晶核形成。另一方面，由于过冷度增大，熔体黏度增大，使粒子不易移动，从熔体中扩散到晶核表面也困难，对晶核形成和长大过程都不利，尤其对晶粒长大过程影响更甚。由此可见，过冷度 ΔT 对晶核形成和长大速率的影响存在一个最佳值。过冷度对晶核生长及晶体生长速率的影响见图 9-7。

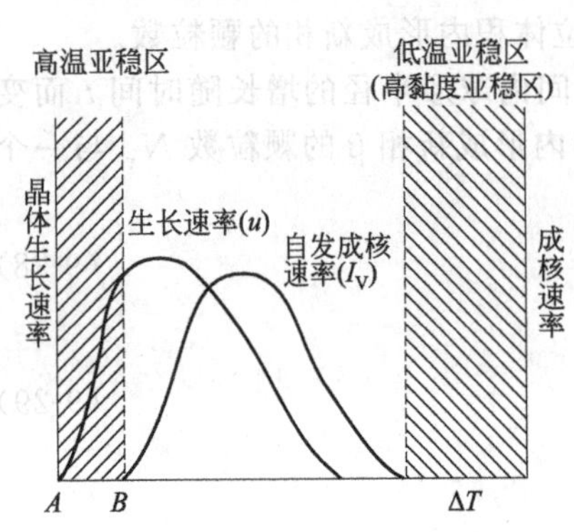

图 9-7　过冷度对晶核生成及晶体生长速率的影响

从图 9-7 中可以得出以下结论。

① 过冷度过大或过小对成核与生长均不利，只有在一定的过冷度下才能有最大的成核和生长速率。图中对应有 I_V 和 u 的两个峰值。理论上峰值的过冷度可以用 $\partial I_V/\partial T=0$ 和 $\partial u/\partial T=0$ 来求得。由于 $I_V=f_1(T)$，$u=f_2(T)$，$f_1(T)\neq f_2(T)$，因此成核速率和生长速率两条曲线的峰值往往不重叠，而且成核速率曲线的峰值一般位于较低温度处。

② 成核速率与晶体生长速率两曲线的重叠区通常称为“析晶区”。在这一区域内，两个速率都有一个较大的数值，所以最有利于析晶。

③ 图中 A 点为熔融温度（T_m）；两侧阴影区为亚稳区。高温亚稳区表示理论上应该析出晶体，而实际上却不能析晶的区域。B 点对应的温度为初始析晶温度，在 T_m 温度，$\Delta T \to 0$；由式 9-14 可知 $r_k \to \infty$，此时无晶核产生。而此时如有外加成核剂存在，晶体仍能在成核剂上生长，因此晶体生长速率在高温亚稳区内不为零，其曲线起始于 A 点。图中右侧为低温亚稳区，在此区域内由于扩散速率太小，黏度过大，以致质点难以移动而无法成核与长大。在此区域内不能析晶而只能形成过冷液体——玻璃体。

④ 成核速率与晶体生长速率两曲线峰值的大小、相对位置（重叠面积的大小）、亚稳区的宽窄等都是由系统本身性质决定的。而它们又直接影响析晶过程及制品的性质。如果成核与生长曲线重叠面积大，析晶区宽则可以用控制过冷度大小来获得数量和尺寸不等的晶体。若 ΔT 大，控制在成核率较大处析晶，则往往容易获得晶粒多而尺寸小的细晶；若 ΔT 小，控制在生长速率较大处结晶，则容易获得晶粒少而尺寸大的粗晶。若要使其在一定的过冷度下析晶，一般可以移动成核曲线的位置，使它向生长曲线靠拢；还可以加入适当的催化剂，

使成核位垒降低，用非均匀成核代替均匀成核，使两曲线重合而容易析晶。

熔体形成玻璃是因为过冷熔体中晶核形成最大速率所对应的温度低于晶体生长最大速率所对应的温度。当熔体冷却到其生长速率最大值时，成核速率变得很小；当温度降到使得成核速率达到最大值时，生长速率又显著减小。因此，两曲线重叠区越小，越容易形成玻璃；反之，重叠区越大，则越容易析晶而难以实现玻璃化。由此可见，要使自发析晶能力强的熔体形成玻璃，只有采取增加冷却速率以迅速越过析晶区的方法，从而使熔体在来不及析晶的情况下实现玻璃化。

9.4.5　影响析晶能力的因素

9.4.5.1　熔体组成

不同组成的熔体其析晶能力各异，析晶机理也有所不同。从相平衡观点出发，当熔体冷却到液相线温度时，如果熔体系统的组成越简单，化合物各组成部分相互碰撞排列成一定晶格的概率越大，这种简单的熔体更容易析晶。同理，具有相图中一定化合物组成的玻璃也较容易析晶。当熔体组成位于相图中的相界线上，特别是在低共熔点上时，因系统要同时析出两种以上的晶体，在初期形成晶核结构时相互产生干扰，从而降低玻璃的析晶能力。因此，从降低熔制温度和抑制析晶的角度出发，玻璃的组分设计应倾向于多组分配比，并且其组成应尽量选择在相界线或共熔点附近。

9.4.5.2　熔体的结构

从熔体结构分析，还应考虑熔体中不同质点间的排列状态及其相互作用的化学键强度和性质。目前认为熔体的析晶能力主要取决于以下方面的因素。

① 熔体结构网络的断裂程度。网络断裂越多，熔体越容易析晶。在碱金属氧化物含量相同时，阳离子对熔体结构网络的断裂作用大小取决于其离子半径。

② 熔体中所含网络变性体及中间体氧化物的作用。电场强度大的网络变性体离子由于对硅氧四面体的配位要求，使近程有序范围增加，容易产生局部积聚现象，因此含有电场强度较大的网络变性离子的熔体皆易析晶。当阳离子的电场强度相同时，加入易极化的阳离子使熔体析晶能力降低，吸引了部分网络变性离子使积聚程度下降，因而熔体析晶能力也减弱。

以上两种因素应全面考虑。当熔体中碱金属氧化物含量高时，前一因素对析晶起主要作用；当碱金属氧化物含量不多时，则后一因素影响较大。

③ 界面情况。虽然晶态比玻璃态更稳定，具有更低的自由能，但由过冷熔体转变为晶态的相变过程却不会自发进行。如果要使该过程得以进行，必须消耗一定的能量以克服由亚稳的玻璃态转变为稳定的晶态所需的势垒。由这个观点可知，各相的分界面对析晶最有利，在它上面较容易形成晶核，所以存在相分界面是熔体析晶的必要条件。

④ 外加剂。微量外加剂或杂质会促进晶体的生长，因为外加剂在晶体表面上引起的不规则性犹如晶核的作用。此外，熔体中的杂质还会增加界面处的流动度，使晶格更快定向。

第10章

固相反应

10.1 固相反应的类型

固相反应在无机非金属材料的高温过程中是一个普遍的物理化学现象，它是一系列金属合金材料、传统硅酸盐材料以及各种新型无机材料制备所涉及的基本过程之一。广义地讲，凡是有固相参与的化学反应都可以称为固相反应，例如固体的热分解、氧化以及固体与固体、固体与液体之间的化学反应等都属于固相反应的范畴。但在狭义上，固相反应常指固体与固体间发生化学反应产生新的固体产物的过程。

在实际研究中常根据反应物的聚集状态、反应性质或反应机理对固相反应进行分类。

根据反应物的聚集状态固相反应可分为以下几种反应。①纯固相反应。即反应物和生成物都是固体，没有液相和气体参加，反应式可以写为 $A(s)+B(s) \longrightarrow AB(s)$。②有液相参与的反应。在固相反应中，液相可来自反应物的熔化 [$A(s) \longrightarrow A(l)$]，反应物与反应物生成的低共熔物 [$A(s)+B(s) \longrightarrow (A+B)(l)$，$A(s)+B(s) \longrightarrow (A+AB)(l)$ 或 $(A+B+AB)(l)$]。例如，硫和银反应生成硫化银，就是通过液相进行的，硫首先熔化 [$S(s) \longrightarrow S(l)$]，液态硫与银反应生成硫化银 [$S(l)+2Ag(s) \longrightarrow Ag_2S(s)$]。③有气体参与的反应。在固相反应中，如有一个反应物升华 [$A(s) \longrightarrow A(g)$] 或分解 [$AB(s) \longrightarrow A(g)+B(g)$] 或反应物与第三组分反应都可能出现气体 [$A(s)+C(g) \longrightarrow AC(g)$]。普遍反应式为 $A(s) \longrightarrow A(g)$，$A(g)+B(s) \longrightarrow AB(s)$。在实际的固相反应中，通常是三种形式的各种结合。

根据反应性质划分，固相反应可分为氧化反应、还原反应、加成反应、置换反应和分解反应，如表10-1所列。此外还可以按反应机理划分，分为扩散控制过程、化学反应速率控制过程、晶核成核速率控制过程和升华过程等。

表 10-1 固相反应依反应性质分类

名称	反应式	例子
氧化反应	$A(s)+B(g) \longrightarrow AB(s)$	$2Zn+O_2 \longrightarrow 2ZnO$
还原反应	$AB(s)+C(g) \longrightarrow A(s)+BC(g)$	$Cr_2O_3+3H_2 \longrightarrow 2Cr+3H_2O\uparrow$
加成反应	$A(s)+B(s) \longrightarrow AB(s)$	$MgO+Al_2O_3 \longrightarrow MgAl_2O_4$
置换反应	$A(s)+BC(s) \longrightarrow AC(s)+B(s)$	$Cu+AgCl \longrightarrow CuCl+Ag$
	$AC(s)+BD(s) \longrightarrow AD(s)+BC(s)$	$AgCl+NaI \longrightarrow AgI+NaCl$
分解反应	$AB(s) \longrightarrow A(s)+B(g)$	$MgCO_3 \longrightarrow MgO+CO_2\uparrow$

10.2　固相反应的特点

固相反应与一般气、液反应相比在反应机理、反应速率等方面有自己的特点。

① 固体质点（原子、离子或分子）间具有很强的键结合力，故固态物质的反应活性通常较低，反应速度较慢。在多数情况下，固相反应总是发生在两种组分界面上的非均相反应。因此，参与反应的固相相互接触是反应物间发生化学作用和物质输送的先决条件。固相反应一般包括相界面上的反应和物质迁移两个过程。

② 固相反应开始温度常远低于反应物的熔点或系统低共熔温度。这一温度与反应物内部开始呈现明显扩散作用的温度相一致，常称为泰曼温度或烧结开始温度。不同物质的泰曼温度与其熔点（T_m）间存在一定的关系。例如，金属为（0.3～0.4）T_m；盐类和硅酸盐则分别为 $0.57T_m$ 和约 $0.9T_m$。此外，当反应物之一存在多晶转变时，则此转变温度也往往是反应开始变得显著的温度，这一规律常称为海德华定律。

③ 固相反应通常需在高温下进行，而且由于反应发生在非均一系统，传热和传质过程都对反应速率有重要影响。伴随反应进行，反应物和产物的物理化学性质将会发生变化，并导致固体内部温度和反应物浓度分布及其物性的变化，这都可能对传热、传质和化学反应过程产生影响。

④ 若固态物质间的反应可以直接进行，且气相或液相没有或不起重要作用时，通常这种反应被称为纯固相反应。然而，在某些情况下，反应物可能转化为气相或液相，并通过颗粒外部扩散到另一固相的非接触表面上进行反应。此时，气相或液相也可以对固相反应过程产生重要影响，这种影响取决于反应物的挥发性和系统的低共熔温度。

10.3　固相反应的机理

从热力学的观点看，系统自由焓的降低就是促使一个反应自发进行的推动力，固相反应也不例外。为了理解方便，可以将其分成三类：①反应物通过固相产物层扩散到相界面，然后在相界面上进行化学反应，这一类反应有加成反应、置换反应和金属氧化反应；②通过一个流体相传输的反应，这一类反应有气相沉积、耐火材料腐蚀及气化；③反应基本上在一个固相内进行，这类反应主要有热分解和在晶体中的沉淀。

固相反应绝大多数是在等温等压下进行的，故可用 ΔG 来判别反应进行的方向及其限度。可能发生的几个反应生成几个变体（A_1、A_2、A_3、…、A_n），若相应的自由焓变化值大小顺序为 $\Delta G_1<\Delta G_2<\Delta G_3<\Delta G_4\cdots<\Delta G_n$，则最终产物将是 ΔG 最小的变体，即 A_1 相。但当 ΔG_2、ΔG_3、ΔG_4、…、ΔG_n 都是负值时，则生成这些相的反应均可进行，而且生成这些相的实际顺序并不完全由 ΔG 的相对大小决定，而是和动力学因素（即反应速率）有关。在这种条件下，反应速率愈大，反应进行的可能性也愈大。

若反应物和生成物都是固相的纯固相反应，总是向放热的方向进行，一直到反应物之一耗完为止，则出现平衡的可能性很小，只在特定的条件下才有可能。这种纯固相反应，其反应的熵变小到可忽略不计，则 $T\Delta S\to 0$，因此 $\Delta G\approx\Delta H$。所以，没有液相或气相参与的固相反应，只有 $\Delta H<0$ 时，放热反应才能进行，这称为范特霍夫规则。如果过程中放出气体或有液体参加，由于 ΔS 很大，这个原则就不适用。要使 ΔG 趋向于零，有下列几种情况。

① 纯固相反应中反应物的生成热很小时，ΔH 很小，使得差值$(\Delta H-T\Delta S)\to 0$。

② 当各相能够相互溶解，生成混合晶体或者固溶体、玻璃体时，均能导致 ΔS 增大，促使 $\Delta G\to 0$。

③ 当反应物和生成物的总比热容差很大时，熵变就变得大起来，因为 $\Delta S_r = \int_0^r \frac{\Delta C_p}{T} dT$，促使 $\Delta G \to 0$。

④ 当反应有液相或气相参加时，可能会达到一个相当大的值，特别在高温时，$T\Delta S$ 项增大，使得 $T\Delta S \to \Delta H$，即$(\Delta H - T\Delta S) \to 0$。

一般认为，为了固相之间进行反应，放出的热大于 1kcal/mol（即约 4.184kJ/mol）就足够了。在晶体混合物中，许多反应的产物生成热相当大，大多数硅酸盐反应测得的反应热为每摩尔几十到几百千焦。因此，从热力学观点看，没有气相或液相参与的固相反应，在放热反应下有自发进行的趋势。实际上，由于固体之间的反应主要是通过扩散进行，如果接触不良，反应就不能进行到底，即反应会受到动力学因素的限制。

在反应过程中，系统处于更加无序的状态，因此其熵必然增大。在温度上升时，$T\Delta S$ 总是起着促进反应向着增大液相数量或放出气体的方向进行。例如，高温下碳的燃烧优先向如下反应方向进行：$2C + O_2 = 2CO$，在任何温度下存在着 $C + O_2 = CO_2$ 的反应，而且其反应热比前者大得多。高于 700～750℃的反应 $C + CO_2 = 2CO$，虽然伴随着很大的吸热效应，但是反应还是能自动地进行，这是因为系统中气态分子数增加时，熵增大，导致 $T\Delta S$ 足以克服反应的吸热效应。因此，当固相反应中有气体或液相参与时，范特霍夫规则就不适用了。

各种物质的标准生成热 $\Delta H^{\ominus}$ 和标准生成熵 $\Delta S^{\ominus}$，几乎与温度无关。因此，标准自由焓 $\Delta G^{\ominus}$ 基本上与 T 成为比例关系，其比例系数等于 $\Delta S^{\ominus}$。当金属被氧化生成金属氧化物时，反应的结果使气体分子数减少，$\Delta S^{\ominus} < 0$，这时 $\Delta G^{\ominus}$ 随着温度的上升而增大，如 $Ti + O_2 = TiO_2$ 反应；当气体分子数没有增加时，$\Delta S \approx 0$，在 $\Delta G^{\ominus}$-T 关系中出现水平直线，如碳的燃烧反应 $C + O_2 = CO_2$；对于 $2C + O_2 = 2CO$ 的反应，由于气体量增大，$\Delta S > 0$，随着温度的上升，ΔG 是直线下降的，因此温度升高对其是有利的。当反应物和产物都是固体时，$\Delta S \approx 0$，$T\Delta S \approx 0$，则 $\Delta G^{\ominus} \approx \Delta H^{\ominus}$，$\Delta G$ 与温度无关，故其在曲线 ΔG-T 中是一条平行于 T 轴的水平线。

10.4 固相反应动力学

固相反应动力学旨在通过反应机理的研究，提供有关反应体系、反应随时间变化的规律性信息。由于固相反应的种类和机理可以是多样的，对于不同反应乃至同一反应的不同阶段，其动力学关系也往往不同。固相反应的基本特点在于它通常由几个简单的物理化学过程组成，如化学反应、扩散、熔融、升华等。因此，整个反应的速率将受到各动力学阶段速率限制的影响。

10.4.1 一般动力学关系

固相物质 A 和 B 进行化学反应生成 C 过程的模型如图 10-1 所示。反应一开始是反应物颗粒之间混合接触，并在表面发生化学反应形成细薄且含大量结构缺陷的新相，随后发生产物新相的结构调整和晶体生长。当在两个反应物颗粒之间所形成的产物层达到一定厚度时，进一步的反应将依赖于一种或几种反应物通过产物层的扩散而得以进行，这种物质的运输过程可能通过晶体晶格内部、表面、晶界、位错或晶体裂缝进行。当然对于广义的固相反应，由于反应体系可能存在气相或液相，进一步反应所需要的传质过程往往可以在气相或液相中发生。此时气相或液相的存在可能对固相反应起到重要作用。由此可以认为固相反应是固体直接参与化学反应并起化学作用，同时至少在固体内部或外部的某一过程起着控制作用的反应。显然，在固相反应中，控制反应速率的不仅限于化学反应本身，反应新相晶格缺陷调整速率、晶粒生长速率及反应体系中物质和能量的输送速率都将影响反应速率。显然，所有环节中最慢的一环，将对整体反应速率有着决定性影响。

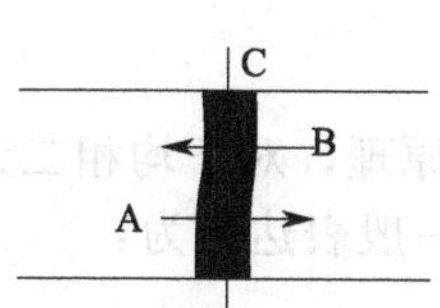

图 10-1　固相物质 A 和 B 进行化学反应生成 C 过程的模型

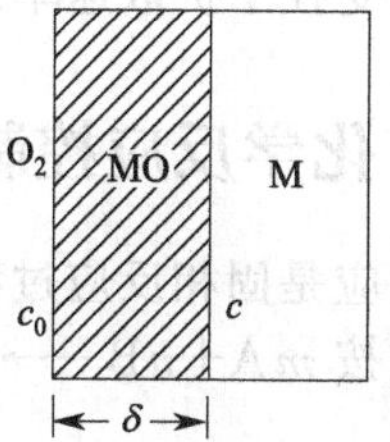

图 10-2　金属 M 表面氧化反应模型

现以金属氧化为例，建立整体反应速率与各阶段反应速率间的定量关系。假设反应依图 10-2 所示模型进行，其反应方程式为：

$$M(s)+\frac{1}{2}O_2(g)\longrightarrow MO(s)$$

反应经 t 时间后，金属 M 表面已经形成厚度为 δ 的产物层 MO。进一步的反应将由氧气通过产物层扩散到 M-MO 界面和金属氧化两个过程所组成。根据化学反应动力学一般原理和扩散第一定律，单位面积界面上金属氧化速率 v_R 和氧气扩散速率 v_D，分别有如下关系：

$$v_R=kc;v_D=D\left.\frac{dc}{dx}\right|_{x=\delta} \tag{10-1}$$

式中　k——化学反应速率常数；

c——界面处氧气浓度；

D——氧气在产物层中的扩散系数。

显然，当整个反应过程达到稳定时，整体反应速率 v 为：

$$v=v_R=v_D$$

由 $kc=D\left.\frac{dc}{dx}\right|_{x=\delta}=D\frac{c_0-c}{\delta}$ 得到界面氧气浓度：

$$c=\frac{c_0}{1+\frac{k\delta}{D}}$$

故

$$\frac{1}{v}=\frac{1}{kc_0}+\frac{1}{Dc_0/\delta} \tag{10-2}$$

由此可见，由扩散和化学反应构成的固相反应过程其整体反应速率的倒数等于扩散最大速率的倒数和化学反应最大速率的倒数之和。若将反应速率的倒数理解成反应的阻力，则式(10-2) 将具有与大家所熟悉的串联电路欧姆定律相似的形式：反应的总阻力等于各环节分阻力之和。反应过程与电路的这一相似形式对于研究复杂反应过程有很大的便利。例如，当固相反应不仅包括化学反应、物质扩散，还包括结晶、熔融、升华等物理化学过程，且这些单元过程间又以串联模式依次进行时，那么固相反应的速率应为：

$$v=1/\left(\frac{1}{v_{1\max}}+\frac{1}{v_{2\max}}+\frac{1}{v_{3\max}}+\cdots+\frac{1}{v_{n\max}}\right) \tag{10-3}$$

式中，$v_{1\max}$，$v_{2\max}$，…，$v_{n\max}$ 分别代表构成反应过程各环节的最大可能速率。

因此，为了确定过程中总的动力学速率，确定整个过程中各个基本环节的具体动力学关系是应首先予以解决的问题。但是对实际的固相反应过程，掌握所有反应环节的具体动力学关系往往十分困难，故应抓住问题的主要矛盾才能使问题比较容易地得到解决。例如，若在固相反应中，物质扩散速度较其他各环节都慢得多，则由式(10-3) 可知反应阻力主要来源于扩散过程。此时，若其他各项反应阻力较扩散项是一小量并可忽略不计时，则总反应速率将几乎完全受控于扩散速率。

10.4.2 化学反应控制的反应动力学

化学反应是固相反应过程的基本环节。根据物理化学原理，对于均相二元反应系统，若化学反应式按 $m\mathrm{A}+n\mathrm{B}\longrightarrow p\mathrm{C}$ 进行，则化学反应速率的一般表达式为：

$$v_{\mathrm{R}}=\frac{\mathrm{d}c_{\mathrm{C}}}{\mathrm{d}t}=kc_{\mathrm{A}}^{m}c_{\mathrm{B}}^{n} \tag{10-4}$$

式中 c_{A}，c_{B}，c_{C}——反应物 A、B 和 C 的浓度；

k——反应速率常数。

k 与温度间存在阿伦尼乌斯关系：

$$k=k_0\exp[-\Delta G_{\mathrm{R}}/(RT)]$$

式中 k_0——常数；

ΔG_{R}——反应活化能。

然而，对于非均相的固相反应，式(10-4) 不能直接用于描述其化学反应动力学关系。首先对于大多数固相反应，浓度的概念对反应整体已失去了意义；其次多数固相反应以固相反应物间的机械接触为基本条件。因此考虑取代式(10-4) 中的浓度时，可在固相反应中引入转化率 G 的概念，同时应考虑反应过程中反应物间的接触面积。

转化率一般定义为：在化学反应中，特定反应物被转化的量占其初始量的比例。设反应物颗粒呈球状，半径为 R_0；则经 t 时间反应后，反应物颗粒外层 x 厚度已被反应，则定义转化率 G 为：

$$G=\frac{R_0^3-(R_0-x)^3}{R_0^3}=1-\left(1-\frac{x}{R_0}\right)^3 \tag{10-5}$$

根据式(10-4) 的含义，固相化学反应中动力学一般方程式可写成：

$$\frac{\mathrm{d}G}{\mathrm{d}t}=kF(1-G)^n \tag{10-6}$$

式中 n——反应级数；

k——反应速率常数；

F——反应截面，当反应物颗粒为球形时，$F=4\pi R_0^2(1-G)^{2/3}(1-G)$。

不难看出式(10-6) 与式(10-4) 具有完全相同的形式和含义。在式(10-4) 中浓度 c 既反映了反应物的量，又反映了反应物中接触或碰撞的概率。而这两个因素在式(10-6) 中则用反应截面 F 和剩余转化率 $(1-G)$ 加以充分反映。考虑到一级反应，由式(10-6) 得到的动力学方程式为：

$$\frac{\mathrm{d}G}{\mathrm{d}t}=kF(1-G) \tag{10-7}$$

当反应物颗粒为球形时：

$$\frac{\mathrm{d}G}{\mathrm{d}t}=4k\pi R_0^2(1-G)^{2/3}(1-G)=k_1(1-G)^{5/3} \tag{10-8a}$$

若反应截面在反应过程中不变（如金属平板的氧化过程）则有：

$$\frac{\mathrm{d}G}{\mathrm{d}t}=k_1'(1-G) \tag{10-8b}$$

由积分式(10-8a) 和式(10-8b) 并考虑到初始条件 $t=0$，$G=0$ 得：

$$F_1(G)=[(1-G)^{-2/3}-1]t=k_1t \tag{10-9a}$$

$$F_1'(G)=\ln(1-G)=-k_1't \tag{10-9b}$$

式(10-9a) 和式(10-9b) 便是反应截面分别以球形和平板模型变化时，固相反应转化率或反应度与时间的函数关系。

碳酸钠 Na_2CO_3 和二氧化硅 SiO_2 在 740℃下进行固相反应：

$$Na_2CO_3(s)+SiO_2(s)\longrightarrow Na_2O\cdot SiO_2(s)+CO_2(g)$$

当颗粒 $R_0=36\mu m$，并加入少许 NaCl 作为溶剂时，整个反应动力学曲线完全符合式(10-9a)，如图 10-3 所示。这说明反应体系在该反应条件下，总反应速率被化学反应动力学所控制，而扩散的阻力已小到可忽略不计，且反应属于一级化学反应。

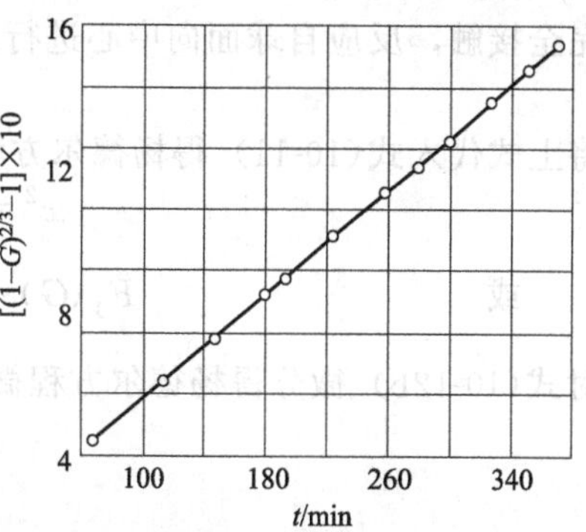

图 10-3　在 NaCl 参与下反应 $Na_2CO_3+SiO_2\longrightarrow Na_2O\cdot SiO_2+CO_2$ 动力学曲线（T= 740℃）

10.4.3　扩散控制的反应动力学

固相反应一般都伴随着物质的迁移。由于在固相中的扩散速度通常较为缓慢，在多数情况下，扩散速率往往控制整个反应的速率。根据反应截面的变化情况，扩散控制的反应动力学方程也将有所不同。在众多的反应动力学方程中，基于平行板模型（或平行模板式）和球体模型（或球粒模式）所导出的杨德尔方程和金斯特林格方程具有一定的代表性。

10.4.3.1　杨德尔方程

如图 10-4(a) 所示，设反应物 A 和 B 以平行模板式相互接触反应和扩散，并形成厚度为 x 的产物 AB 层，随后物质 A 通过 AB 层扩散到 B-AB 界面继续与 B 反应。若界面化学反应速率远大于扩散速率，则可认为固相反应总速率由扩散过程控制。

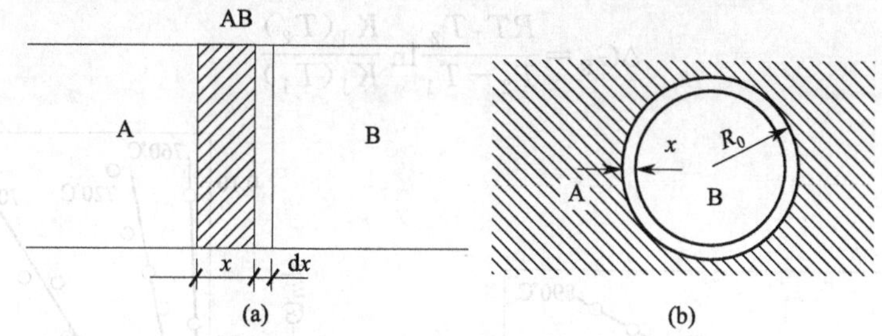

图 10-4　固相反应杨德尔（Jander）模型

（a）反应物以平行模板式接触；（b）反应物以球粒模式接触

设 t 到 $t+dt$ 时间内通过 AB 层单位截面的 A 物质量为 dm。显然，在反应过程中的第一时刻，反应截面 B-AB 处 A 物质浓度为零；而界面 A-AB 处 A 物质浓度为 c_0。由扩散第一定律得：

$$\frac{dm}{dt}=D\left(\frac{dc}{dx}\right)_{x=t}$$

设反应产物 AB 密度为 ρ，分子量为 M，则 $dm=\frac{\rho dx}{M}$；又考虑到扩散属稳定扩散，因此有：

$$\left(\frac{dc}{dx}\right)_{x=t}=\frac{c_0}{x};\frac{dx}{dt}=\frac{MDc_0}{\rho x} \tag{10-10}$$

积分上式并考虑边界条件 $t=0$，$x=0$ 得：

$$x^2=\frac{2MDc_0}{\rho}t=Kt \tag{10-11}$$

式(10-11)说明，反应物以平行模板式接触时，反应产物层厚度与时间的平方根成正比。由于式(10-11)存在二次方关系，故常称之为抛物线速率方程式。

考虑实际情况中固相反应通常以粉末物料为原料。为此杨德尔假设：①反应物是半径为 R_0 的等径球粒；②反应物 A 是扩散相，即 A 成分总是包围着 B 的颗粒，而且 A、B 与产物完全接触，反应自球面向中心进行，如图 10-4(b) 所示。于是由式(10-5)得：

$$x=R_0[1-(1-G)^{1/3}]$$

将上式代入式(10-11)得杨德尔方程积分式：

$$x^2=R_0^2[1-(1-G)^{1/3}]^2=Kt \tag{10-12a}$$

或

$$F_J(G)=[1-(1-G)^{1/3}]^2=\frac{K}{R_0^2}t=K_Jt \tag{10-12b}$$

对式(10-12b)微分得杨德尔方程微分式：

$$\frac{dG}{dt}=K_J\frac{(1-G)^{2/3}}{1-(1-G)^{1/3}} \tag{10-13}$$

杨德尔方程作为一个较经典的固相反应动力学方程已被广泛地接受，但仔细分析杨德尔方程推导过程可以发现，将圆球模型的转化率公式(10-5)代入平行模板式的抛物线速率方程的积分式(10-11)，这就限制了杨德尔方程只能用于反应转化率较小（或$\frac{x}{R_0}$比值很小）和反应截面 F 可近似看成为常数的反应初期。

杨德尔方程在反应初期的正确性在许多固相反应的实例中都得到证实。图 10-5 和图 10-6 分别表示了反应 $BaCO_3+SiO_2 \longrightarrow BaSiO_3+CO_2$ 和 $ZnO+Fe_2O_3 \longrightarrow ZnFe_2O_4$，在不同温度下的反应动力学曲线关系。显然温度的变化所引起直线斜率的变化完全由反应速率常数 K_J 变化所致。由此变化可求得反应的活化能：

$$\Delta G_R=\frac{RT_1T_2}{T_2-T_1}\ln\frac{K_J(T_2)}{K_J(T_1)} \tag{10-14}$$

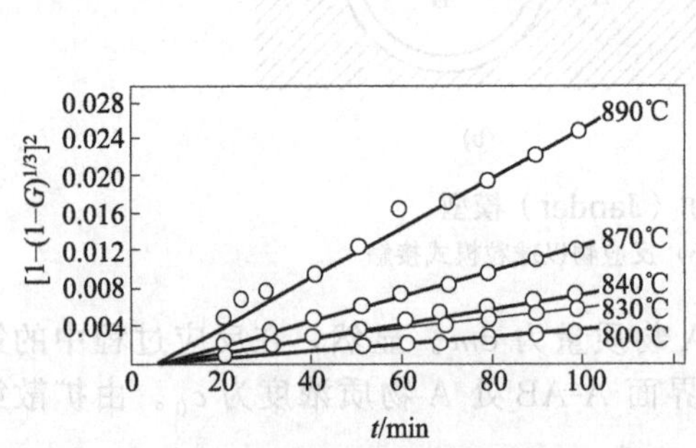

图 10-5　在不同温度下 $BaCO_3+SiO_2 \longrightarrow BaSiO_3+CO_2$ 的反应动力学曲线

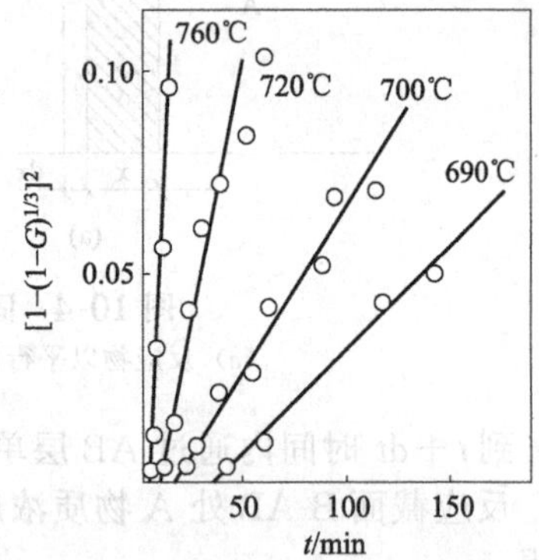

图 10-6　在不同温度下 $ZnO+Fe_2O_3 \longrightarrow ZnFe_2O_4$ 的反应动力学曲线

10.4.3.2　金斯特林格方程

金斯特林格（Ginstling）针对杨德尔方程只能适用于转化率较小的情况，考虑在反应过程中截面随反应进程变化这一事实，认为实际反应开始以后生成产物层是一个厚度逐渐增加的球壳而不是一个平面。

为此，金斯特林格提出了如图 10-7 所示的反应扩散模型。图中，c 为在产物层中 A 的浓度；c_1 为在 A-AB 界面上 A 的浓度。当反应物 A 和 B 混合均匀后，若 A 的熔点低于 B 的熔点，A 可以通过表面扩散或通过气相扩散而布满整个 B 的表面。在产物层 AB 生成之后，反应物 A 在产物层中的扩散速率远大于 B 的扩散速率，且 AB-B 界面上，由于化学反应速率远大于扩散速率，扩散到该处的反应物 A 迅速与 B 反应生成 AB，因而 AB 界面上 A 的浓度可恒为零。但在整个反应过程中，反应生成物位于球壳外壁（即 A 界面）上，扩散相 A 浓度恒为 c_0，故整个反应速率完全由 A 在生成物球壳 AB 中的扩散速率所决定。设单位时间内通过 $4\pi r^2$ 球面扩散入产物层 AB 中 A 的量为 dm_A/dt，由扩散第一定律：

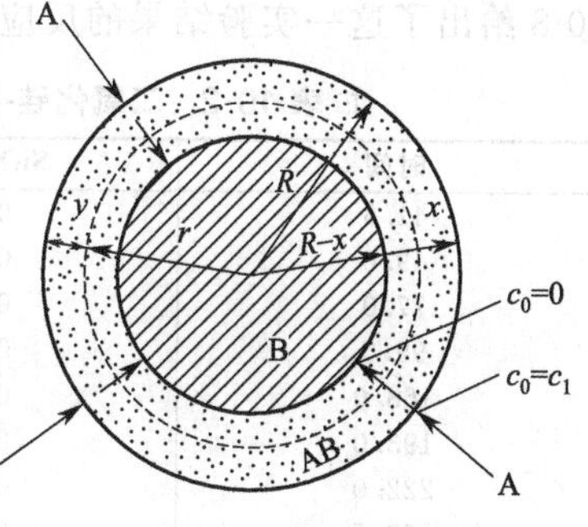

图 10-7 金斯特林格反应扩散模型

$$dm_A/dt = 4D\pi r^2 (\partial c/\partial r)_{r=R-x} dt = M(x) \tag{10-15}$$

式中，D 为反应物 A 在 AB 界面中的扩散系数；r 为在扩散方向上产物层中任意时刻球面的半径。

假设这是稳定扩散过程，因而单位时间内将有相同数量的 A 扩散通过任一指定的 r 球面，其量为 $M(x)$。若生成物 AB 密度为 ρ，分子量为 M，AB 中 A 的分子数为 n，令 $\rho n/M=\varepsilon$。这时产物层 $4\pi r^2 dx$ 体积中积聚 A 的量为：

$$4\pi r^2 dx\varepsilon = 4D\pi r^2 (\partial c/\partial r)_{r=R-x} dt$$

所以

$$dx/dt = \frac{D}{\varepsilon}(\partial c/\partial r)_{r=R-x} \tag{10-16}$$

由式(10-15) 移项并积分可得：

$$(\partial c/\partial r)_{r=R-x} = \frac{c_0 R(R-x)}{r^2 x} \tag{10-17}$$

将式(10-17) 代入式(10-16)，令 $K_0=(D/\varepsilon)c_0$ 得：

$$\frac{dx}{dt} = K_0 \frac{R}{x(R-x)} \tag{10-18a}$$

积分式(10-18a) 得

$$x^2\left(1-\frac{2}{3}\frac{x}{R}\right) = 2K_0 t \tag{10-18b}$$

将球形颗粒转化率关系式(10-5) 代入式(10-18b) 并整理，即可得出以转化率 G 表示的金斯特林格动力学的积分和微分式：

$$F_K(G) = 1-\frac{2}{3}G-(1-G)^{2/3} = \frac{2DMc_0}{R_0^2\rho n}t = K_K t \tag{10-19}$$

$$\frac{dG}{dt} = K_K' \frac{(1-G)^{1/3}}{1-(1-G)^{1/3}} \tag{10-20}$$

式中，$K_K'=\frac{1}{3}K_K$，称为金斯特林格动力学方程速率常数。

大量实验研究表明，金斯特林格方程比杨德尔方程能适用于更高的反应程度。例如，碳酸钠与二氧化硅在 820℃下的固相反应，测定不同反应时间的二氧化硅转化率 G 得到表 10-2 所列的实验数据。根据金斯特林格方程拟合实验结果，在转化率从 0.2458 变到 0.6156 区间内，$F_K(G)$ 对于 t 有相当好的线性关系，其速率常数 K_K 恒等于 1.83。但若以杨德尔方程处理实验结果时，$F_K(G)$ 与 t 的线性关系较差，其速率常数 K_K 从 1.81 偏离到 2.25。图

10-8 给出了这一实验结果的反应动力学曲线。

□表 10-2 二氧化硅-碳酸钠反应动力学数据（R_0= 0.03mm， T= 820℃）

时间	SiO_2 转化率	$K_K \times 10^4$	$K_J \times 10^4$
41.5	0.2458	1.83	1.81
49.0	0.2666	1.83	1.96
77.0	0.3280	1.83	2.00
99.5	0.3686	1.83	2.02
168.0	0.4640	1.83	2.10
193.0	0.4920	1.83	2.12
222.0	0.5196	1.83	2.14
263.5	0.5600	1.83	2.18
296.0	0.5876	1.83	2.20
312.0	0.6010	1.83	2.24
332.0	0.6156	1.83	2.25

此外，金斯特林格方程有较好的普遍性，从其方程本身可以得到进一步说明。

令 $\zeta=\dfrac{x}{R}$，由式(10-18a) 得：

$$\frac{\mathrm{d}x}{\mathrm{d}t}=K\frac{R_0}{(R_0-x)x}=\frac{K}{R_0}\frac{1}{\zeta(1-\zeta)}=\frac{K'}{\zeta(1-\zeta)} \tag{10-21}$$

作 $\dfrac{1}{K'}\times\dfrac{\mathrm{d}x}{\mathrm{d}t}$-$\zeta$ 关系曲线（图 10-9），得产物层增厚速率 $\dfrac{\mathrm{d}x}{\mathrm{d}t}$ 随 ζ 变化规律。

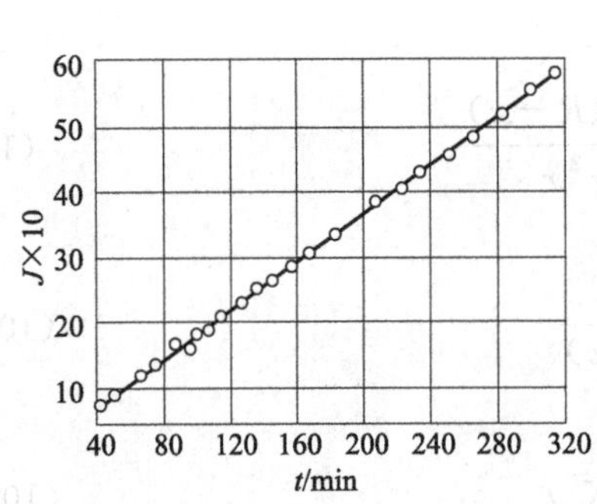

图 10-8 碳酸钠和二氧化硅的反应动力学曲线

$[SiO_2]:[Na_2CO_3]=1(r=0.03\text{mm}, T=820℃)$

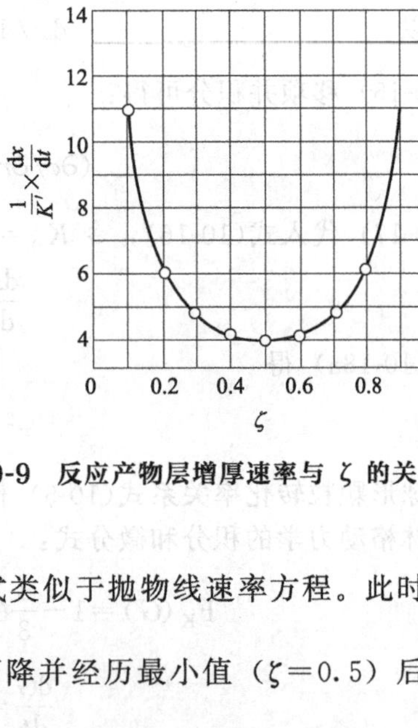

图 10-9 反应产物层增厚速率与 ζ 的关系曲线

当 ζ 很小即转化率很低时，$\dfrac{\mathrm{d}x}{\mathrm{d}t}=K/x$，方程形式类似于抛物线速率方程。此时金斯特林格方程等价于杨德尔方程。随着 ζ 增大，$\dfrac{\mathrm{d}x}{\mathrm{d}t}$ 很快下降并经历最小值（$\zeta=0.5$）后逐渐上升。当 $\zeta\to1$（或 $\zeta\to0$）时，$\dfrac{\mathrm{d}x}{\mathrm{d}t}\to\infty$，这说明在反应的初期或终期扩散速度极快，故反应进入化学反应动力学范围，其速率由化学反应速率控制。

比较式(10-14) 和式(10-20)，令 $Q=\left(\dfrac{\mathrm{d}G}{\mathrm{d}t}\right)_K\Big/\left(\dfrac{\mathrm{d}G}{\mathrm{d}t}\right)_J$ 得：

$$Q=\frac{K_K(1-G)^{1/3}}{K_J(1-G)^{2/3}}=K(1-G)^{-1/3}$$

依上式作关于转化率 G 的曲线（图 10-10）。由此可见，当 G 较小时，$Q=1$，这说明两

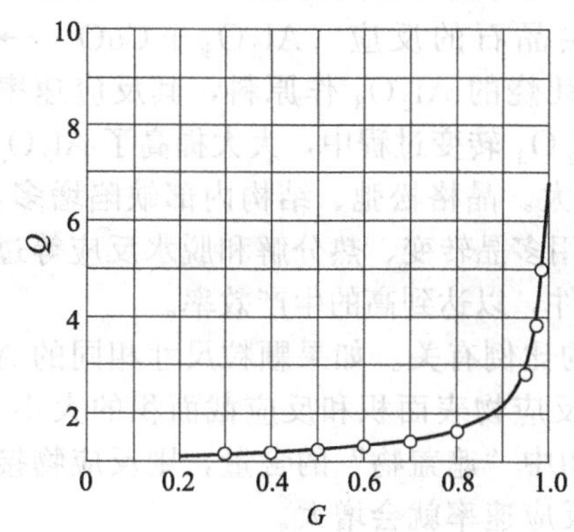

图 10-10　金斯特林格方程与杨德尔方程比较

方程一致；随着 G 逐渐增大，Q 不断增大，尤其到反应后期 Q 随 G 陡然上升，这意味着两方程偏差值越来越大。因此，如果说金斯特林格方程能够描述转化率很大情况下的固相反应，那么杨德尔方程只能在转化率较小时才适用。

然而，金斯特林格方程并非对所有扩散控制的固相反应都能适用。由以上推导可以看出，杨德尔方程和金斯特林格方程均以稳定扩散为基本假设，它们的不同仅在于其几何模型的差别。

因此，不同颗粒形状的反应物必然对应着不同形式的动力学方程。例如，对于半径为 R 的圆柱状颗粒，当反应物沿圆柱表面形成的产物层扩散的过程起控制作用时，其反应动力学方程式：

$$F_0(G)=(1-G)\ln(1-G)+G=Kt \tag{10-22}$$

另外，金斯特林格动力学方程中没有考虑反应物与生成物密度不同所带来的体积效应。实际上由于反应物与生成物密度差异，扩散相 A 在生成物 C 中扩散路程并非 $R_0 \to r$，而是 $r_0 \to r$（此处 $r_0 \neq R_0$，为未反应的 B 加上产物层后的临时半径），并且 $|R_0-r_0|$ 随着反应进一步进行而增大，为此卡特（Carter）对金斯特林格方程进行了修正，得到的卡特动力学方程为：

$$F_{ca}(G)=[1+(Z-1)G]^{2/3}+(Z-1)(1-Z)^{2/3}=Z+2(1-Z)Kt \tag{10-23}$$

式中　Z——消耗单位体积 B 组分所生成产物 C 的体积。

卡特将该方程用于镍球氧化过程的动力学数据处理，发现反应一直进行到反应度为 100%时方程仍然与事实结果符合得很好，如图 10-11 所示。H. O. Schmalyrieel 也在 ZnO 与 Al_2O_3 反应生成 $ZnAl_2O_4$ 实验中，证实卡特方程在反应度为 110%时仍然有效。

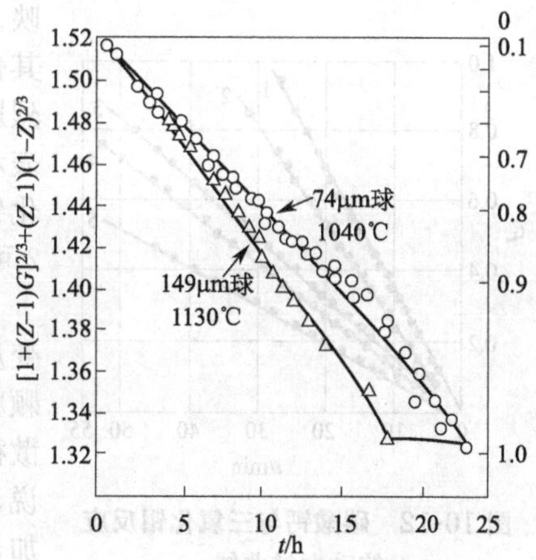

图 10-11　在空气中镍球氧化的 $[1+(Z-1)G]^{2/3}+(Z-1)(1-Z)^{2/3}$ 对 t 的关系

10.5　影响固相反应的因素

由于固相反应过程涉及相界面的化学反应和相内部或外部的物质运输等若干环节，因此除反应物的化学组成、特性和结构状态以及温度、压力等因素外，凡是可能活化晶格、促进物质内外传输作用的因素均会对反应产生影响。

10.5.1　反应物化学组成与结构

反应物化学组成与结构是影响固相反应的内因，也是决定反应方向和反应速率的重要因素。从热力学角度看，在一定温度、压力条件下，反应可能进行的方向是自由能减少（$\Delta G<0$）的方向，而且 ΔG 的负值越大，反应的热力学推动力也越大；从结构的观点看，反应物的结构状态、质点间的化学键性质以及各种缺陷的多少都将对反应速率产生影响。事实表

明，同组成反应物，其结晶状态、晶型由于其热历史的不同易出现很大的差别，影响到这种物质的反应活性。例如用氧化铝和氧化钴生成钴铝尖晶石的反应（$Al_2O_3+CoO \longrightarrow CoAl_2O_4$）中，若分别采用轻烧 Al_2O_3 和在较高温度下死烧的 Al_2O_3 作原料，其反应速率可相差近十倍。研究表明轻烧 Al_2O_3 在 γ-Al_2O_3 向 α-Al_2O_3 转变过程中，大大提高了 Al_2O_3 的反应活性，即物质在相转变温度附近质点可动性显著增大。晶格松弛、结构内部缺陷增多，故反应和扩散能力增强。因此，在生产实践中往往可以利用多晶转变、热分解和脱水反应等过程引起的晶格活化效应来选择反应原料和设计反应工艺条件，以达到高的生产效率。

在同一反应系统中，固相反应速率还与各反应物间的比例有关。如果颗粒尺寸相同的 A 和 B 反应形成产物 AB，改变 A 与 B 的比例就会影响到反应物表面积和反应截面积的大小，从而改变产物层的厚度和影响反应速率。例如增加反应物中“遮盖物”的含量，则反应物接触机会和反应物截面积就会增加，产物层变薄，相应的反应速率就会增大。

10.5.2 反应物颗粒尺寸及分布

反应物颗粒尺寸对反应速率的影响，在杨德尔、金斯特林格动力学方程中明显地得到反映。反应速率常数 K 反比于颗粒半径的平方。因此，在其他条件不变的情况下反应速率受到颗粒尺寸大小的强烈影响。图 10-12 中碳酸钙与三氧化钼反应的动力学曲线表示出不同三氧化钼颗粒尺寸对 $CaCO_3$ 和 MoO_3（三氧化钼）在 600℃反应生成 $CaMoO_4$ 的影响，比较曲线 1 和 2 可以看出颗粒尺寸的微小差别对反应速率有明显影响。

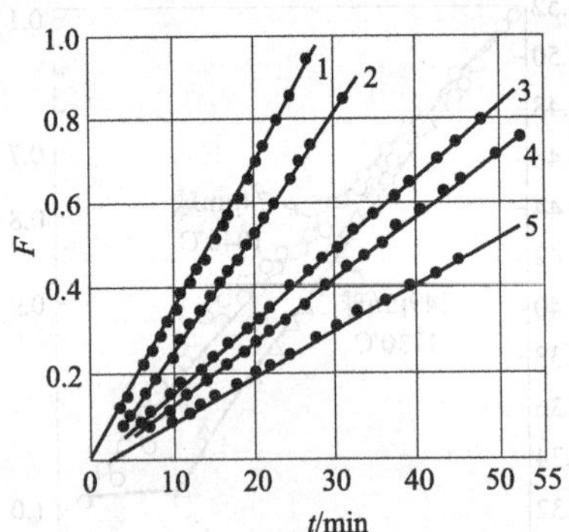

图 10-12 碳酸钙与三氧化钼反应的动力学曲线

$r_{CaCO_3}<0.030$mm，

$[CaCO_3]:[MoO_3]=15$；

MoO_3 颗粒尺寸：1—0.052mm；

2—0.064mm；3—0.019mm；

4—0.013mm；5—0.153mm

颗粒尺寸大小对反应速率影响的另一方面是通过改变反应界面和扩散截面以及颗粒表面结构等来完成的。颗粒尺寸越小，反应体系比表面积越大，反应界面和扩散截面也相应增加，因此反应速率增大。按威尔表面学说，随颗粒尺寸减小，键强分布曲线变平，弱键比例增加，故使反应和扩散能力增强。

值得指出的还有：同一反应体系由于物料颗粒尺寸不同，其反应机理也可能会发生变化，而属不同动力学范围控制。例如前面提到的 $CaCO_3$ 和 MoO_3 反应，当取等分子比并在较高温度（600℃）下反应时，若 $CaCO_3$ 颗粒尺寸大于 MoO_3 则反应由扩散控制，反应速率随 $CaCO_3$ 颗粒度减小而加速；倘若 $CaCO_3$ 颗粒尺寸减小到小于 MoO_3 并且体系中存在过量的 $CaCO_3$ 时，则由于产物层变薄，扩散阻力减小，反应由 MoO_3 的升华过程所控制，并随 MoO_3 粒径减小而加强。图 10-13 展现了 $CaCO_3$ 与 MoO_3 反应升华所控制的动力学情况，其动力学规律符合由布特尼柯夫和金斯特林格推导的升华控制动力学方程：

$$F(G)=1-(1-G)^{2/3}=Kt \tag{10-24}$$

最后应该指出，在实际生产中往往不可能控制均等的物料粒径。这时反应物粒径的分布对反应速率的影响是同样重要的。理论分析表明，由于物料颗粒尺寸大小以平方关系影响着反应速率，颗粒尺寸分布越是集中对反应速率越是有利。因此，缩小颗粒尺寸分布范围，以避免少量较大尺寸的颗粒存在而显著延缓反应进程，是生产工艺在减小颗粒尺寸的同时应注意到的另一个问题。

10.5.3　反应温度、压力与气氛

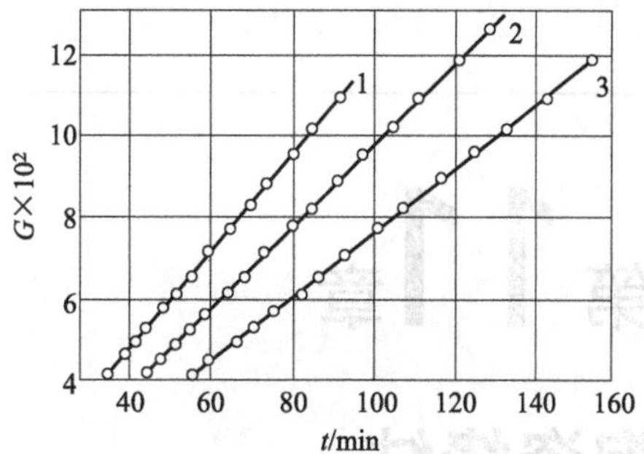

图 10-13　碳酸钙与三氧化钼的反应动力学情况

$[MoO_3]:[CaCO_3]=1:1$；$r_{MoO_3}=0.036mm$；

1—$r_{CaCO_3}=0.13mm$，$T=600℃$；

2—$r_{CaCO_3}=0.135mm$，$T=600℃$；

3—$r_{CaCO_3}=0.13mm$，$T=580℃$

温度是影响固相反应速率的重要外部条件之一，一般可以认为温度升高均有利于反应的进行。这是由于温度升高，固体结构中质点热振动动能增大及反应能力和扩散能力均得到增强的原因所致。对于化学反应，其反应速率常数 $K=A\exp\left(-\frac{\Delta G_R}{RT}\right)$。式中，$\Delta G_R$ 为化学反应活化能，A 是与质点活化控制过程相关的指前因子。对于扩散，其扩散系数 $D=D_0\exp\left(-\frac{Q}{RT}\right)$。因此，无论是扩散控制还是化学反应控制的固相反应，温度的升高都将提高扩散系数或反应速率常数；而且，扩散活化能 Q 通常比反应活化能 ΔG_R 小，因此温度的变化对化学反应影响远大于对扩散的影响。

表 10-3　不同水蒸气压力下高岭土的脱水活化能

水蒸气气压 p_{H_2O}/Pa	脱水温度 T/℃	活化能 ΔG_R/(kJ/mol)
<0.10	390～450	214
613	435～437	352
1867	450～480	377
6265	470～495	469

压力是影响固相反应的另一外部因素。对于纯固相反应，压力的提高可显著改善粉料颗粒之间的接触状态，如缩短颗粒之间距离、增加接触面积等，并提高固相反应速率。但对于有液相、气相参与的固相反应，扩散过程不是主要通过固相粒子直接接触进行的。因此，提高压力有时并不表现出积极作用，甚至会适得其反。例如，黏土矿物脱水反应和伴有气相产物的热分解反应，以及某些由升华控制的固相反应等，增加压力会使反应速率下降。由表 10-3 所列数据可见，随着水蒸气气压的升高，高岭土的脱水温度和活化能明显提高，脱水速率降低。

此外，气氛对固相反应也有重要影响。它可以通过改变固体吸附特性而影响表面活性。对于一系列能形成非化学计量化合物的 ZnO、CuO 等，气氛可以直接影响晶体表面缺陷的浓度和扩散机制与速度。

10.5.4　矿化剂及其他影响因素

在固相反应体系中加入少量非反应物物质或某些可能存在于原料中的杂质时，则常会对固相反应产生特殊作用。这些物质通常被称为矿化剂，它们在反应过程中不与反应物或反应产物起化学反应，但它们以不同的方式和程度影响着反应的某些环节。

实验表明矿化剂可以产生如下作用：①影响晶核的生成速率；②影响结晶速率及晶格结构；③降低体系共熔点，改善液相性质等。例如，在 Na_2CO_3 和 Fe_2O_3 反应体系中加入 NaCl 可使反应转化率提高 50%～60%，而且当颗粒尺寸越大时，这种矿化效果越明显。又如在硅砖中加入 1%～3% Fe_2O_3 和 $Ca(OH)_2$ 作为矿化剂，能使其大部分 α-石英不断熔解同时不断析出 α-鳞石英，从而促使 α-石英向 α-鳞石英转化。关于矿化剂的一般矿化机理则是复杂多样的，可因反应体系的不同而完全不同，但可以认为矿化剂总是以某种方式参与到固相反应过程中去的。

第11章 陶瓷烧结

在制造陶瓷和耐火材料的过程中，烧结是必不可少的一个环节。烧结的定义是将固体粉料成型体，在低于其熔点的温度下加热，使物质自发地填充颗粒间的空隙，使成型体的致密度和强度增加，成为具有一定性能和几何外形的整体。人们把完成这样一个烧结过程的工艺称为烧成。在烧成过程中，往往发生多种物理和化学变化，如脱水、热分解、多晶转变、熔融、固相反应、析晶和晶粒长大等。烧结过程中可以有液相参加，也可以只有固相参加；可以有化学反应，也可以没有化学反应。水泥熟料在高温下进行处理，是为了通过固相反应得到所需的相，同时处理后粉料球团变得坚硬和致密，因此也称之为烧成。由于烧结对于陶瓷材料、耐火材料及粉末冶金材料的最终产品性能具有极大影响，因此探讨烧结的机理、了解其定性甚至定量的规律具有重要意义。

11.1 烧结推动力及烧结模型

由于烧结过程的复杂性，虽然已对其进行了大量研究，但迄今为止仍未建立一个统一的理论体系，与无机材料物理化学的其他几个方面的研究相比，它显然是比较不成熟的。已有的研究基本上是根据烧结伴随的宏观变化，并用十分简化的模型来考察烧结机理和动力学关系。

11.1.1 烧结过程

图 11-1 是新鲜电解铜粉成型体在氢气气氛下烧结时，密度、电导率和抗拉强度的变化，它们随着温度的升高而升高，但是密度的增加是在温度进一步提高时才快速增大。图 11-2 是用一个具象的图案来描绘铜粉颗粒在烧结过程中的变化。

烧结开始时先产生颗粒间的黏结和重排，颗粒相互靠拢，这时大空隙逐渐消失，气孔的总体积迅速减少。但颗粒之间仍以点接触为主，总表面积并未减少，如图 11-2(a) 所示。而图 11-2(a)→(b) 阶段开始有明显的传质过程，颗粒间由点接触逐渐扩大为面接触，接触界面的面积增加，而固-气表面积则相应地减少，但空隙仍然是连通的，如图 11-2(b) 所示。图 11-2(b)→(c) 显示出颗粒接触界面进一步扩大，气孔则变小而成为孤立状的封闭气孔；同时，颗粒接触界面开始移动，晶粒发育长大而数目减少。通常当气孔体积小到一定的数量(约≤5%)时，密度不再增加，烧结过程也就结束了，如图 11-2(d) 所示。所以，基于以上分析，整个烧结过程可以分为初期［(a)→(b)］、中期［(b)→(c)］和后期［(c)→(d)］三个阶段。

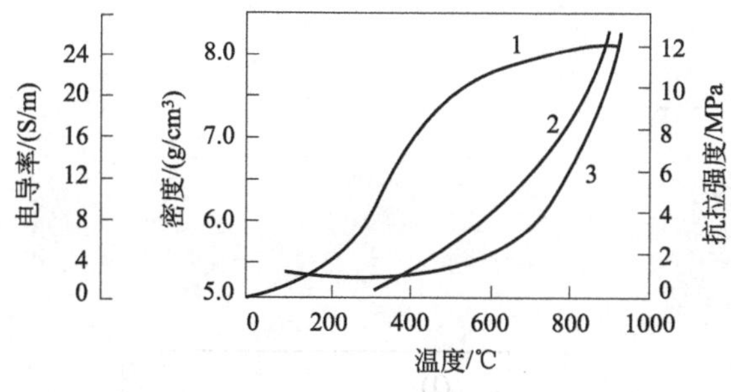

图 11-1　烧结温度对 Cu 粉烧结体性质的影响

1—电导率；2—抗拉强度；3—密度

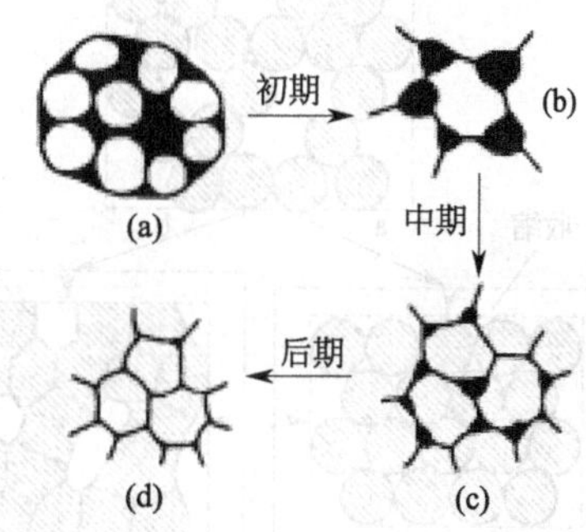

图 11-2　铜粉颗粒成型体的烧结过程示意

以上所述是纯固相烧结的情况。如果有液相参与，虽然其传质的途径及动力学是不同的，但是颗粒之间的关系基本上与图 11-2 相似。

11.1.2　烧结推动力

从以上所述可见，烧结中的致密化过程是依靠物质的定向迁移实现的。因此，在系统中必须存在能使物质发生定向迁移的推动力。这个推动力就是构成坯体的原料粉体具有很大的比表面积从而使系统具有很高的表面能。根据最小能量原理，系统具有自发地向低能量状态变化的趋势。当高温下质点具有足够的流动性时，这个变化的趋势就会变成颗粒之间通过形成点接触并发展成为面接触，从而使颗粒的两个表面被一个界面所代替的实际过程，系统的能量得到降低，密度与强度得以提高，坯体达到烧结。例如 Al_2O_3 的表面能为 $1J/m^2$，而界面能为 $0.4J/m^2$，因此表面被界面所代替在能量上是有利的。但是，共价键化合物如 Si_3N_4 等，由于原子之间成键时具有饱和性和强烈的方向性特点，界面能比较高，与表面能之间的差值减小，这也是共价键化合物比离子键化合物难以烧结的基本原因之一。系统表面能的降低是通过烧结过程中形成能量差、压力差和空位差实现的。粉料成型后形成具有一定外形的坯体，坯体内一般包含 35%～60%的气体而颗粒之间只有点接触。在高温下发生的主要变化是：颗粒间接触面积增大→颗粒聚集→颗粒中心逼近→逐渐形成晶界→气孔形状变化→体积缩小→从连通的气孔变成各自孤立的气孔并逐渐减小，以致最后大部分甚至全部气孔从晶体中排出。这就是烧结过程中所涉及的主要物理变化过程，如图 11-3 所示。这些物理变化过程随烧结温度的升高而逐渐推进；同时，粉末压块的性质也随这些物理变化过程的进行而出现坯体收缩、气孔率下降、致密度和强度增加、电阻率下降等变化，如图 11-4 所示。

11.1.3　烧结模型

烧结是一个古老的工艺过程，但关于烧结现象及其机理的研究是从 1922 年才开始的。1949 年，库津斯基（Kuczynski）提出孤立的两个颗粒或颗粒与平板的烧结模型，为研究烧结机理开拓了新的方法。双球模型便于测定原子的迁移量，从而更易于定量地掌握烧结过程，并进一步为研究物质迁移的各种机理奠定了基础。库津斯基提出粉末压块是由等径球体作为模型，随着烧结的进行，各接触点处开始形成颈部，并逐渐扩大，最后烧结成一个整体。由于各颈部所处的环境和几何条件相同，所以只需确定两个颗粒形成颈部的成长速率就基本代表了整个烧结初期的动力学关系。

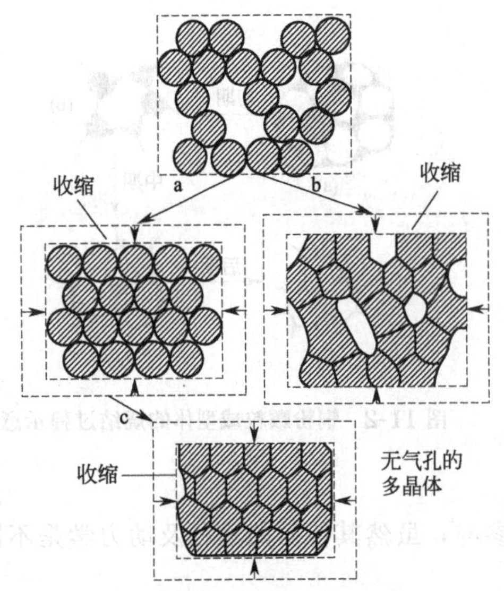

图 11-3 烧结现象示意图

a—颗粒聚集；b—开口堆积体中颗粒中心逼近；c—封闭堆积体中颗粒中心逼近

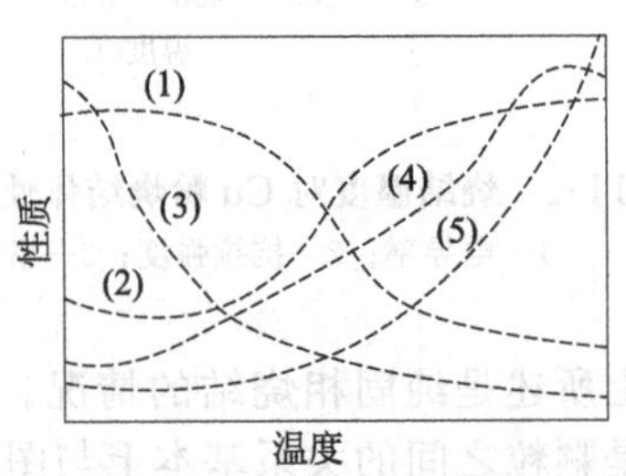

图 11-4 烧结温度对气孔率 (1)、致密度 (2)、电阻率 (3)、强度 (4)、晶粒尺寸 (5) 的影响

在烧结时，由于传质机理各异而引起颈部增长的方式不同，因此双球模型的中心距有两种情况：一种是中心距不变，如图 11-5(a) 所示；另一种是中心距缩短，如图 11-5(b) 所示。图 11-5 介绍了三种模型，并列出由简单几何关系计算得到的颈部曲率半径 ρ、颈部体积 V、颈部表面积 A 与颗粒半径 r 和接触颈部半径 x 之间的关系（假设烧结初期 r 变化很小，$x \geqslant \rho$）。两球颈部生长示意见图 11-6。

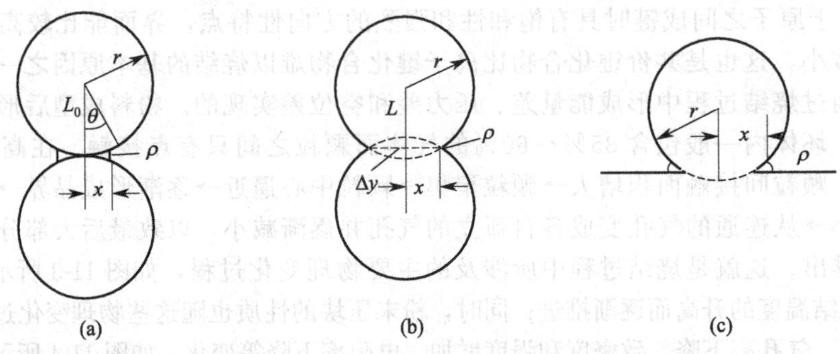

图 11-5 烧结模型

(a) $\rho=\frac{x^2}{2r}$，$A=\frac{\pi^2 x^2}{r}$，$V=\frac{\pi x^4}{2r}$；(b) $\rho=\frac{x^2}{4r}$，$A=\frac{\pi^2 x^3}{2r}$，$V=\frac{\pi x^4}{4r}$；

(c) $\rho=\frac{x^2}{2r}$，$A=\frac{\pi x^3}{r}$，$V=\frac{\pi x^4}{2r}$

描述烧结程度或速率一般用颈部生长率 x/r 和烧结收缩率 $\Delta L/L_0$（ΔL 为两球中心之间缩短的距离，L_0 为两球初始时的中心距离）来表示，因实际测量 x/r 比较困难，故常用烧结收缩率 $\Delta L/L_0$ 来表示烧结速率。对于模型（a）虽然存在颈部生长率 x/r，但烧结收缩率 $\Delta L/L_0=0$；对于模型（b），烧结时两球靠近，中心距缩短，如图 11-6 所示，则

$$\frac{\Delta L}{L_0}=\frac{r-(r+\rho)\cos\varphi}{r} \quad (11\text{-}1)$$

烧结初期式(11-1) 变为

$$\frac{\Delta L}{L_0}=\frac{r-r-\rho}{r}=-\frac{\rho}{r}=-\frac{x^2}{4r^2} \quad (11\text{-}2)$$

式中的负号表示是一个收缩过程，所以式(11-2)可写成

$$\frac{\Delta L}{L_0}=-\frac{x^2}{4r^2} \quad (11\text{-}3)$$

以上三个模型对烧结初期一般是适用的，但随烧结的进行，球形颗粒逐渐变形，因此在烧结中、后期应采用其他模型。

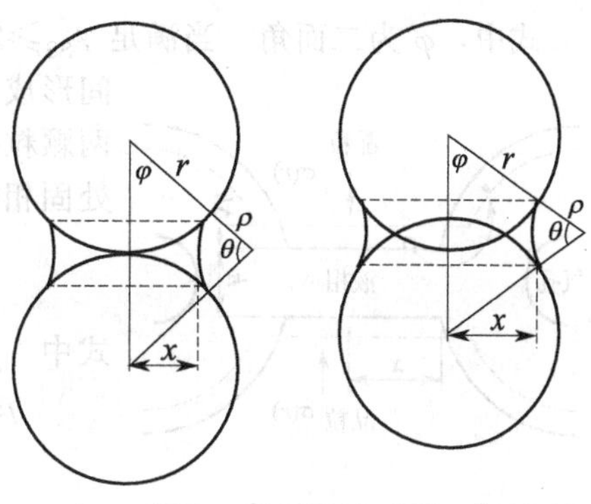

图 11-6　两球颈部生长示意

(a) 两球间距不变；(b) 两球互相接近

11.2　烧结机制

11.2.1　蒸发-凝聚传质

当系统在高温下具有较高的蒸气压时，有可能通过蒸发-凝聚的方式进行传质。按开尔文公式

$$\ln\frac{p}{p_0}=\frac{2M\gamma}{\rho RTr}$$

式中　p_0——平表面的平衡蒸气压；

p——凸表面或凹表面的蒸气压。

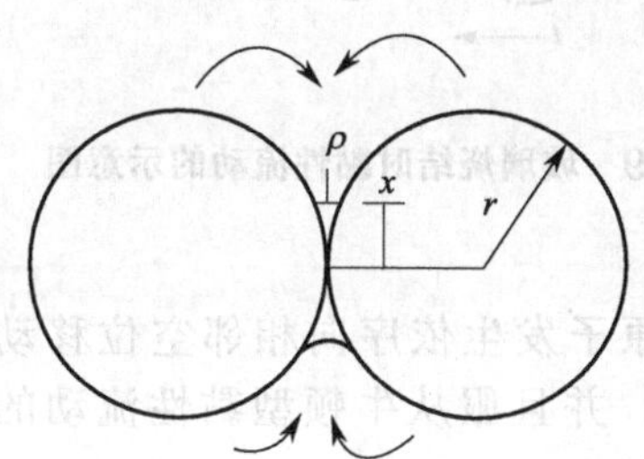

图 11-7　蒸发-凝聚传质示意图

由于平表面 $r=0$，凸表面 r 为正值，凹表面 r 为负值，所以，$p_{凸}>p_0>p_{凹}$。当粉体颗粒（可近似视为球形）相互接触时，两颗粒之间就会形成主曲率为凹的曲面（两颗粒接触颈部的外表面），见图 11-7。由于凸表面的蒸气压大于凹表面的蒸气压，在同一系统中对凸表面来说蒸气压是不饱和的，而对于凹表面而言已经是饱和了。因此，物质不断地从凸表面蒸发而在凹表面处凝聚下来，使两个颗粒之间接触颈部长大，实现密度和强度的增大。这种通过气相传质的烧结过程要求系统在高温下有可观的蒸气压，如对尺寸为微米级的粉体颗粒，要求其蒸气压为 $10^{-5}\sim10^{-4}$atm（1atm=101.325kPa）。在对卤化物如 NaCl 的烧结机理的研究中发现，蒸发-凝聚的气相传质起着重要的作用。但是，因为绝大多数氧化物材料在高温下的蒸气压很低，所以蒸发-凝聚的传质机理通常不起主导作用。

11.2.2　溶解-沉淀传质

当系统在高温下具有足够的液相且液相黏度不太高时，有可能通过溶解-沉淀的传质机理进行烧结。在溶解-沉淀的传质方式中，首要条件是液相必须湿润固相。当液固相接触并达到平衡时，有如下关系

$$\gamma_{SS}=2\gamma_{SL}\cos\frac{\varphi}{2}$$

式中，φ 为二面角。当满足 $\gamma_{SS} \geqslant 2\gamma_{SL}$ 时，固体颗粒将被液相湿润并拉紧，在两颗粒之间形成一层薄膜。如图 11-8 所示，在液相膜的拉紧作用下，两颗粒接触点处受到很大的压应力，此压应力将引起接触点处固相物质的化学位或活度增加，如下式所示

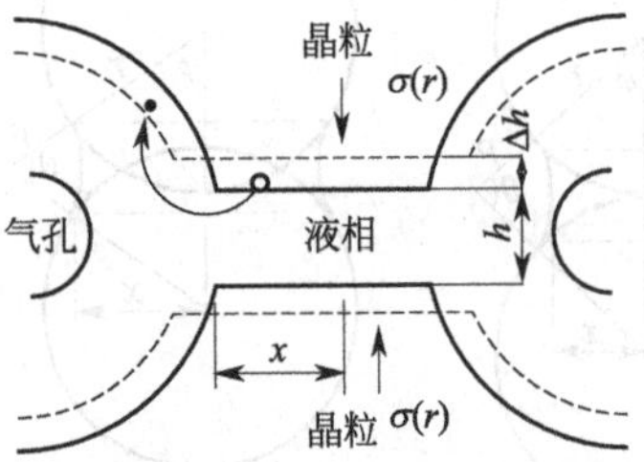

$$\mu - \mu_0 = RT\ln\frac{a}{a_0} = \Delta p V_0 \tag{11-4}$$

式中　μ、a——接触点处物质的化学位、活度；

μ_0、a_0——非接触表面上物质的化学位、活度；

V_0——摩尔体积；

Δp——由表面张力引起的压应力。

图 11-8　溶解-沉淀传质示意图

由于接触点处活度增加，物质在接触点处溶解，然后在颗粒表面处沉淀下来，其结果是颗粒之间的接触面积扩大，颗粒中心距离接近，整个坯体致密化，这就是溶解-沉淀的传质机理。此外，由于小颗粒具有比大颗粒更大的溶解度，所以在液相中小颗粒将会优先溶解，通过液相扩散并在大颗粒表面沉淀析出，也会使晶粒接触界面不断推移，空隙被填充，从而达到致密化的目的。在含少量低黏度的液相 MgO 以及添加了碱土金属硅酸盐的高铝瓷的烧结中，这种传质机理起着重要作用。

11.2.3　流动传质

所谓流动传质就是物质在表面张力的作用下通过变形、流动产生的迁移。属于这类机理的有黏性流动和塑性流动两种。

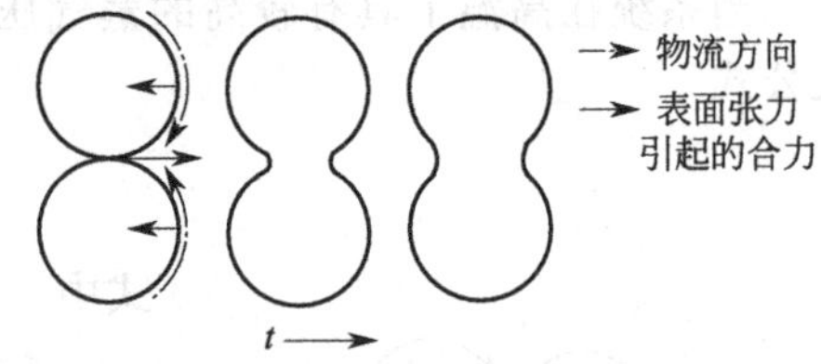

图 11-9　玻璃烧结时黏性流动的示意图

① 黏性流动。玻璃粉末成型体在高温下发生软化，这时在表面张力的外力场作用下，质点就会优先沿着表面张力作用的方向进行移动，如图 11-9 所示。而对于晶体物质，当温度升高时，空位浓度增加，在表面张力的作用下，有可能成排的原子而非单个的原子发生依序向相邻空位移动的情况，出现相应的物质流。其迁移量与表面张力成比例，并且服从牛顿型黏性流动的规律：

$$\sigma = \eta\varepsilon$$

式中　σ——应力；

ε——应变；

η——黏度系数。

弗伦克尔最早利用此关系式研究了相互接触的两固体颗粒和颈部曲面在毛细孔引力作用下的烧结问题，即固体表面层物质在该作用下产生黏性流动传质。大多数硅酸盐系统的烧结，因有液相参与，多属于黏性流动传质机理。如由 50%高岭土、25%长石和 25%硅石组成的半透明日用瓷在烧结过程中产生大量的高黏度玻璃相，其主要传质机理即属于此。

② 塑性流动。如果表面张力足以使晶体产生位错，这时质点可以通过整排原子的协同运动或晶面的滑移来实现物质的传递。这种流动传质过程在流变学上相当于具有屈服点的塑性流动类型：

$$\sigma = \eta\varepsilon + \tau$$

式中　τ——屈服剪切力。

塑性流动与黏性流动不同，塑性流动只有在作用力超过固体屈服点时才能产生。在陶瓷

烧结过程中，塑性流动是表面张力作用下位错运动的结果。20 世纪 60～70 年代以来，十分活跃的热压烧结方法能在较低温度下快速地进行烧结，其主要传质机理就是在外加压应力下通过高温下的蠕变、烧结体中的空隙以及封闭气孔通过物料的塑性流动得以快速消除。氧化物和共价键陶瓷都能通过热压烧结方法进行快速烧结。

11.2.4 扩散传质

扩散传质是指质点借助于空位浓度梯度推动而迁移的一种传质机理。颗粒表面不饱和键引起的黏附作用使颗粒间形成接触点并扩大成为具有负曲率的接触区即颈部，如图 11-10 所示。颈部表面由于曲面特征所引起的毛细孔引力为：

$$\Delta p=\gamma\left(\frac{1}{\rho}+\frac{1}{r}\right)\approx\frac{\gamma}{\rho}\tag{11-5}$$

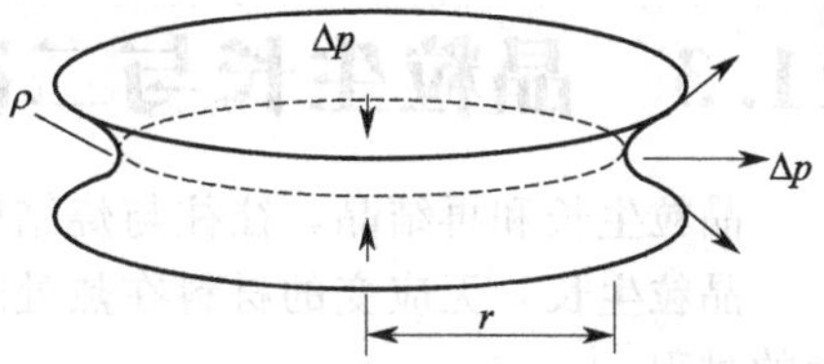

图 11-10　两个颗粒形成的颈部区域

对于一个不受应力的晶体，其空位浓度 c_0 取决于温度和空位形成能 ΔG_f，即

$$c_0=\frac{n}{N}=\exp\left(-\frac{\Delta G_f}{kT}\right)\tag{11-6}$$

若空位体积为 δ^3，则在颈部表面区域每形成一个空位时，毛细孔引力所做的功 $\Delta W=\frac{\gamma\delta^3}{\rho}$，则在颈部表面形成一个空位所需的能量变为 $\Delta G_f-\frac{\gamma\delta^3}{\rho}$，而相应的空位浓度 c' 为

$$c'=\exp\left(-\frac{\Delta G_f}{kT}+\frac{\gamma\delta^3}{\rho kT}\right)\tag{11-7}$$

则颈部表面相对于其他正常区域的过剩空位浓度 Δc 由下式得出：

$$\frac{\Delta c}{c_0}=\frac{c'-c_0}{c_0}=\exp\left(\frac{\gamma\delta^3}{\rho kT}\right)-1\approx\frac{\gamma\delta^3}{\rho kT}\tag{11-8}$$

$$\Delta c=\frac{\gamma\delta^3}{\rho kT}c_0\tag{11-9}$$

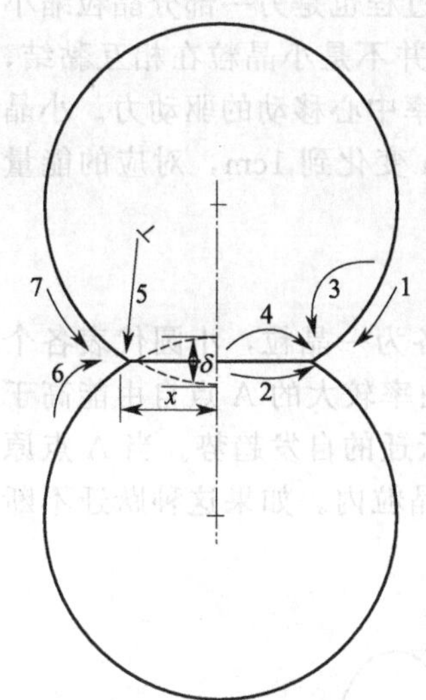

图 11-11　固相烧结时的传质途径

1—表面扩散；2—晶界扩散；3—物质源是表面的体积扩散；4—物质源是晶界的体积扩散；5—物质源是位错的体积扩散；6—蒸发-凝聚；7—从颗粒表面向颈部或从小颗粒向大颗粒的溶解-沉淀（液相烧结）

又由于颈部表面受到张应力，与此张应力平衡，颗粒接触界面中心处受到一个大小也为 Δp 的压应力。由于在颗粒接触界面中心处要产生一个空位所需的能量 $\Delta G_f+\frac{\gamma\delta^3}{\rho}$，所以该处的空位浓度最小。若将颗粒接触界面中心处的空位浓度记为 c''，则颈部表面、正常区域或平表面和颗粒接触界面中心三者的空位浓度大小次序为：

$$c'>c_0>c''$$

由于存在以上空位浓度差，因而形成物质定向迁移的推动力。在此推动力作用下，空位从颈部表面不断地向颗粒其他地方扩散，而质点则反方向地向颈部表面扩散。这样，颈部表面起着提供空位的空位源的作用。而迁移出去的空位最终将在颗粒接触界面、颗粒表面等处消失，这个消失空位的地方也称为空位井，实际上也就是提供使颈部长大所需的原子或离子的物质源。所以，通过扩散传质机理进行的烧结过程的推动力也是表面张力。由于空位的扩散从颈部表面出发可以沿颗粒表面、界面和颗粒内部进行，并在颗粒表面和颗粒晶界等处消失，通常称之为表面扩散、界面扩散和体积扩散等。图 11-11 表示不同烧结机理的传质途径，箭头所指的方向是物质流的迁移方向。在这些途径当中，必须特别指出的一点是：只有以颗粒接触界面处为物质源的扩散方式(图 11-11 中的 2、4）方可以使两颗粒的中心间距缩短，而其他的一些方式(图 11-11 中的 1、3、6）并不会使两颗粒中心的距离缩短（对系统而言是形成宏观的收缩)，而仅仅是颈部长大，并伴随气孔的形状发生变化。在烧结过程中，应该不会只有一种传质机理在起作用，但在不同的烧结阶段，一般总有某一两种传质机理起主导作用。

11.3 晶粒生长与二次再结晶

晶粒生长和再结晶，往往与烧结中、后期的传质过程，是同时进行的高温动力学过程。

晶粒生长：无应变的材料在热处理时，平均晶粒尺寸在不改变其分布的情况下，连续增大的过程。

初次再结晶：在已发生塑性变形的基质中，出现新生的无应变晶粒的成核长大的过程。

二次再结晶：少数巨大晶粒在细晶消耗时，成核长大的过程。

11.3.1 晶粒生长

在烧结的中、后期，细晶粒要逐渐长大，而一些晶粒的长大过程也是另一部分晶粒缩小或消灭的过程，其结果是平均晶粒尺寸都增大了。这种晶粒长大并不是小晶粒在相互黏结，而是晶界移动的结果。晶界两侧物质的自由焓之差是使界面向曲率中心移动的驱动力。小晶粒生长为大晶粒，则使界面面积和界面能降低。晶粒尺寸由 1μm 变化到 1cm，对应的能量变化范围为 0.42～21J/g。

11.3.1.1 界面能与晶界移动

图 11-12(a) 表示两个晶粒之间的晶界结构，弯曲晶界两边各为一晶粒，小圆代表各个晶粒中的原子。对凸面晶粒表面 A 点与凹面晶粒的 B 点而言，曲率较大的 A 点自由能高于曲率小的 B 点。位于 A 点晶粒内的原子必然有向能量低的位置跃迁的自发趋势。当 A 点原子到达 B 点并释放出 ΔG^* ［图 11-12(b)］的能量后就稳定在 b 晶粒内。如果这种跃迁不断

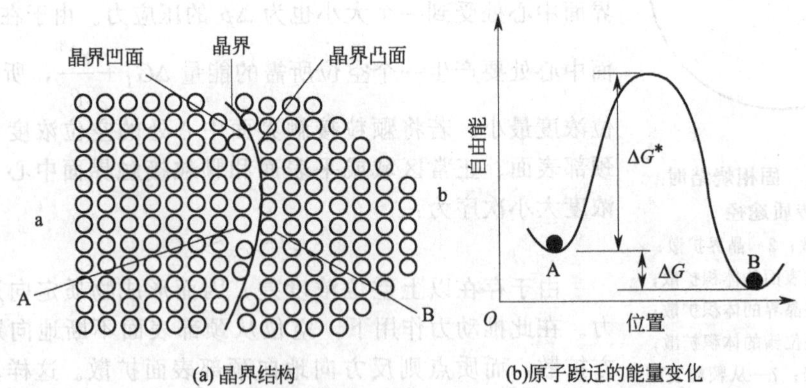

(a) 晶界结构　　(b)原子跃迁的能量变化

图 11-12　晶界结构

发生，则晶界就朝着 a 晶粒曲率中心不断推移，导致 b 晶粒长大而 a 晶粒缩小，直至晶界平直化，界面两侧自由能相等为止。由此可见，晶粒生长是晶界移动的结果，而不是简单的小晶粒之间的黏结，晶粒生长取决于晶界移动的速率。

由许多颗粒组成的多晶体界面移动情况如图 11-13 所示。由图 11-13 可以看出，大多数晶界都是弯曲的。从晶粒中心往外看，大于六条边时边界向内凹。由于凸面界面能大于凹面界面能，晶界向凸面曲率中心移动。结果为小于六条边的晶粒缩小，甚至消失；而大于六条边的晶粒长大。总的结果是平均晶粒增长。

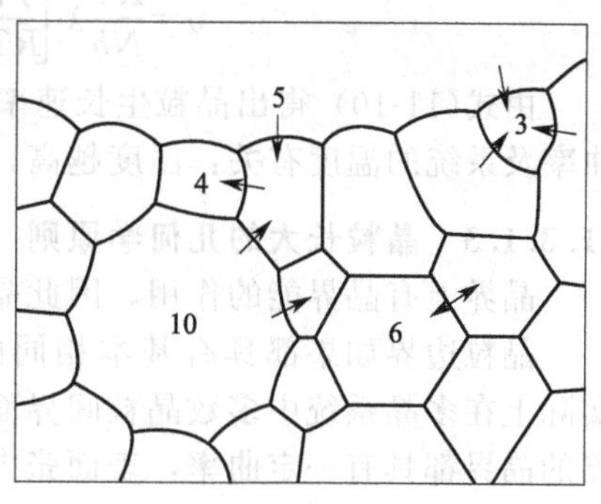

图 11-13　多晶体界面移动情况

11.3.1.2　晶界移动的速率

晶粒生长取决于晶界移动的速率。如图 11-12(a) 所示，a、b 晶粒之间由于曲率不同而产生的压力差为

$$\Delta p=\gamma\left(\frac{1}{r_1}+\frac{1}{r_2}\right)$$

式中　γ——表面张力；

r_1,r_2——曲面的主曲率半径。

由热力学可知，当系统只做膨胀功时，有

$$\Delta G=-S\Delta T+V\Delta p$$

当温度不变时，有

$$\Delta G=V\Delta p=\gamma\bar{V}\left(\frac{1}{r_1}+\frac{1}{r_2}\right)$$

式中　ΔG——跨越一个弯曲界面的自由能变化；

$\bar{V}$——摩尔体积。

颗粒接触界面移动速率还与原子越过晶界的速率有关，原子由 A→B 的频率 f 为原子振动频率（ν）与获得 ΔG^* 能量的粒子的概率（P）的乘积：

$$f=P\nu=\nu\exp\left(\frac{\Delta G^*}{RT}\right)$$

由于可跃迁的原子的能量是量子化的，即 $E=h\nu$，一个原子平均振动能量 $E=kT$，所以：

$$\nu=\frac{E}{h}=\frac{kT}{h}=\frac{RT}{Nh}$$

式中　h——普朗克常量；

k——玻尔兹曼常数；

R——气体常数；

N——阿伏伽德罗常数。

因此，原子由 A→B 跳跃频率为：

$$f_{\mathrm{AB}}=\frac{RT}{Nh}\exp\left(\frac{-\Delta G^*}{RT}\right)$$

原子由 B→A 跳跃频率：

$$f_{\mathrm{BA}}=\frac{RT}{Nh}\exp\left[\frac{-(\Delta G^*+\Delta G)}{RT}\right]$$

颗粒接触界面移动速率 $v=\lambda f$，λ 为每次跃迁的距离。

$$v=\lambda(f_{AB}-f_{BA})=\frac{RT}{Nh}\lambda\exp\left(-\frac{\Delta G^{*}}{RT}\right)\left[1-\exp\left(-\frac{\Delta G}{RT}\right)\right]$$

因为 $1-\exp\left(-\frac{\Delta G}{RT}\right)\approx\frac{\Delta G}{RT}$；$\Delta G=\gamma\bar{V}\left(\frac{1}{r_1}+\frac{1}{r_2}\right)$，$\Delta G^{*}=\Delta H^{*}-T\Delta S^{*}$，所以

$$v=\frac{RT}{Nh}\lambda\left[\frac{\gamma\bar{V}}{RT}\left(\frac{1}{r_1}+\frac{1}{r_2}\right)\right]\exp\frac{\Delta S^{*}}{R}\left(-\frac{\Delta H^{*}}{RT}\right) \tag{11-10}$$

由式(11-10) 得出晶粒生长速率随温度以指数规律增加。因此，晶界移动的速率与晶界曲率及系统的温度有关：温度越高，曲率半径越小，晶界向其曲率中心移动的速度也越快。

11.3.1.3 晶粒长大的几何学原则

晶界上有晶界能的作用，因此晶粒形成一个在几何学上与肥皂泡沫相似的二维阵列。

晶粒边界如果都具有基本相同的表面张力，则界面间交角为120°，晶粒呈正六边形。实际上在多晶系统中多数晶粒间界面能不等，因此从一个三界汇合点延伸至另一个三界汇合点的晶界都具有一定曲率，表面张力将使晶界移向其曲率中心。

在晶界上的第二相夹杂物（杂质或气泡），如果它们在烧结温度下不与主晶相形成液相，则将阻碍晶界移动。

11.3.1.4 晶粒长大平均速率

晶界移动速率与弯曲晶界的半径成反比，因而晶粒长大的平均速率与晶粒的直径成为反比关系。晶粒长大定律为

$$\frac{\mathrm{d}D}{\mathrm{d}t}=\frac{K}{D}$$

式中 D——时间 t 时的晶粒直径；

K——常数。

积分后得

$$D^2-D_0^2=Kt \tag{11-11}$$

式中 D_0——时间 $t=0$ 时的晶粒平均尺寸。

当处于晶粒生长后期时，$D\gg D_0$，此时式(11-11) 为 $D=Kt^{1/2}$。用 $\lg D$ 对 $\lg t$ 作图得到直线，其斜率为1/2。然而一些氧化物材料的晶粒生长实验表明，直线的斜率常常在1/3～1/2，且经常还更接近1/3。其主要原因是晶界移动时遇到杂质或气孔而限制了晶粒的生长。

11.3.1.5 晶粒生长影响因素

(1) 夹杂物（如杂质、气孔等）的阻碍作用。经过相当长时间的烧结后，多晶材料应当烧结成一个单晶。但实际上由于存在第二相夹杂物的阻碍作用，晶粒长大受到阻止。晶界移动遇到夹杂物时形状的变化如图11-14所示。晶界为了通过夹杂物，界面能降低，降低的量正比于夹杂物的横截面积。通过障碍以后，弥补界面又要付出能量，结果使界面继续前进能力减弱，界面变得平直，晶粒生长则逐渐停止。

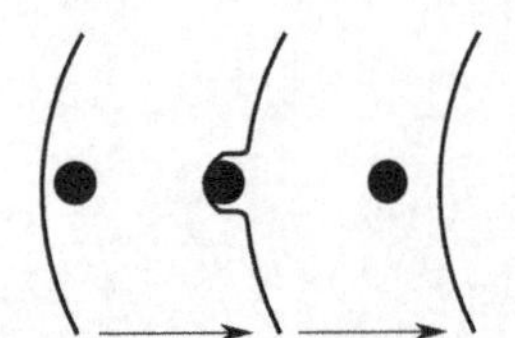

图 11-14 晶界移动遇到夹杂物时形状的变化

随着烧结的进行，气孔往往位于晶界上或三个晶粒交点上。气孔在晶界上是随晶界移动还是阻止晶界移动，与晶界曲率有关；也与气孔的直径、数量、气孔作为空位源向晶界扩散的速度、气孔内气体压力大小、包围气孔的晶粒数目等因素有关。当气孔汇集在晶界上时，晶界移动出现的情况如图11-15所示。在烧结初期，晶界上气孔数目很多，气孔牵制了晶界的移动。晶界移动速率为 v_b，气孔移动速率为 v_p，此时气孔阻止晶

界移动，因而 $v_b=0$ [图 11-15(a)]。在烧结中、后期，温度控制适当，气孔逐渐减少，可以出现 $v_b=v_p$，此时晶界带动气孔以正常速率移动，使气孔保持在晶界上，如图 11-15(b) 所示，气孔可以利用晶界作为空位传递的快速通道而迅速汇集或消失。图 11-16 说明气孔随晶界移动而聚集在三晶粒交点的情况。

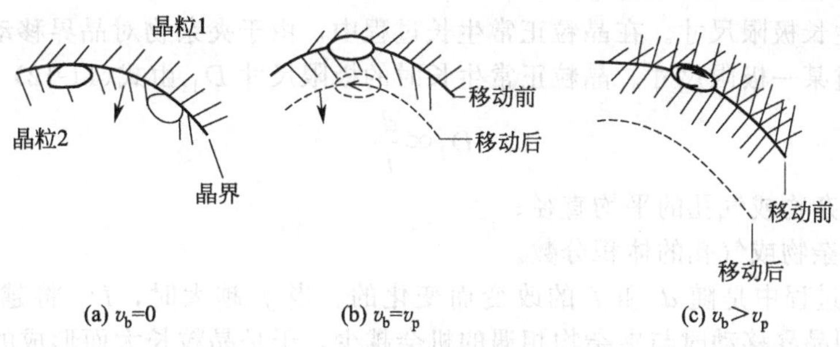

图 11-15 晶界移动遇到气孔时的情况

→晶界移动方向；⇢气孔移动方向；v_b—晶界移动速率；v_p—气孔移动速率

当 $v_b=v_p$ 时，烧结过程已接近完成；严格控制温度是十分重要的。继续维持 $v_b=v_p$，气孔易迅速排出而实现致密化，如图 11-17 所示。此时烧结体应适当保温，如果继续升高温度，由于晶界移动速率随温度而以指数增加，必然导致 $v_b \gg v_p$，晶界越过气孔而向曲率中心移动，一旦气孔包入晶体内部（图 11-17），只能通过体积扩散来排出，这是十分困难的。在烧结初期，当晶界曲率很大和晶体迁移驱动力也大时，气孔常常被遗留在晶体内，结果在个别大晶粒中心会留下小气孔群；烧结后期，若局部温度过高，则可能以个别大晶粒为核出现二次再结晶。晶界移动太快，也会将气孔包入晶粒内，晶粒内的气孔不仅使坯体难以致密化，而且还会严重影响材料的各种性能。因此，烧结中控制晶界的移动速率是十分重要的。

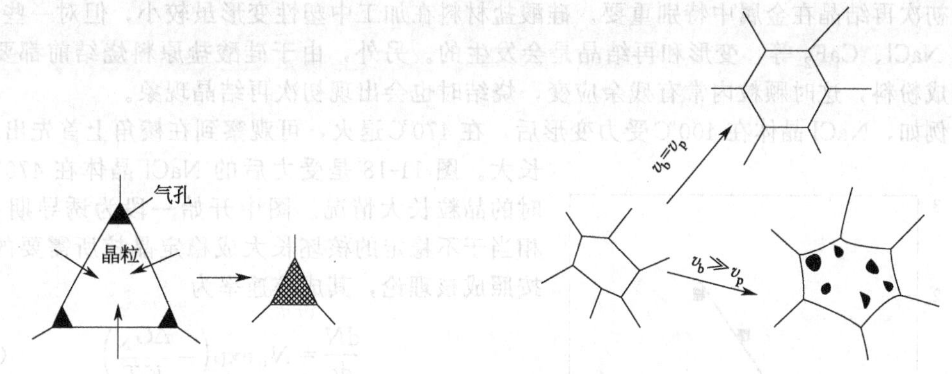

图 11-16 气孔在三晶粒交点聚集 **图 11-17 晶界移动与坯体致密化关系**

气孔在烧结过程中能否排出，除了与晶界移动速率有关外，还与气孔内压力的变化有关。随着烧结的进行，气孔逐渐缩小，而气孔内的气压不断增加。当气压增加至 $2\gamma/r$ 时，即气孔内气压等于烧结推动力，此时烧结就停止了。如果继续升高温度，气孔内气压大于 $2\gamma/r$，这时气孔不仅不能缩小反而膨胀，对致密化不利。如果不采取特殊措施难以实现坯体的完全致密化，要想获得接近理论密度的制品，必须采用气氛、真空烧结或热压烧结等方法。

(2) 晶界上液相的影响。约束晶粒长大的另外一个因素是有少量液相出现在晶界上。少量液相使晶界上形成两个新的固-液界面，界面移动的推动力降低，同时扩散距离增加。因此，少量液相可以起到抑制晶粒长大的作用。例如，95%（质量分数）Al_2O_3 中加入少量石英、黏土，可使之产生少量硅酸盐液相，阻止晶粒异常生长。但当坯体中有大量液相时，可以促进晶粒生长和出现二次再结晶。

(3) 晶粒生长极限尺寸。在晶粒正常生长过程中，由于夹杂物对晶界移动的牵制而使晶粒大小不能超过某一极限尺寸。晶粒正常生长时的极限尺寸 D_1 由式(11-12) 决定：

$$D_1 \propto \frac{d}{f} \tag{11-12}$$

式中 d——夹杂物或气孔的平均直径；

f——夹杂物或气孔的体积分数。

D_1 在烧结过程中是随 d 和 f 的改变而变化的。当 f 越大时，D_1 将越小。当 f 一定时，d 越大，则晶界移动时与夹杂物相遇的机会越少，于是晶粒长大而形成的平均晶粒尺寸就越大。烧结初期，坯体内有许多小而数量多的气孔，因而 f 相当大，此时晶粒的起始尺寸 D_0 总大于 D_1，这时晶粒不会长大。随着烧结的进行，小气孔不断沿晶界聚集或排出，d 由小变大，f 由大变小，D_1 也随之增大。当 $D_1 > D_0$ 时，晶粒开始均匀生长，直到晶粒尺寸等于 D_1，晶粒的长大就停止了。

11.3.2 初次再结晶

初次再结晶是指在已发生塑性形变的基质中出现新生的无应变晶粒的成核和长大过程。此过程的推动力是基质塑性变形所增加的能量。储存在形变基质中的能量为 0.5～1cal/g (1cal=4.1840J) 的数量级。该值与熔融热相比是很小的，但足以使晶界移动和晶粒长大。

初次再结晶在金属中特别重要。硅酸盐材料在加工中塑性变形虽较小，但对一些软性材料如 NaCl、CaF_2 等，变形和再结晶是会发生的。另外，由于硅酸盐原料烧结前都要破碎、研磨成粉料，这时颗粒内常有残余应变，烧结时也会出现初次再结晶现象。

例如，NaCl 晶体在 400℃受力变形后，在 470℃退火，可观察到在棱角上首先出现晶核长大。图 11-18 是受力后的 NaCl 晶体在 470℃退火时的晶粒长大情况。图中开始一段为诱导期 t_0，它相当于不稳定的核坯长大成稳定晶核所需要的时间。按照成核理论，其成核速率为

$$\frac{dN}{dt} = N_0 \exp\left(-\frac{\Delta G_N}{KT}\right) \tag{11-13}$$

式中 N_0——常数；

ΔG_N——成核活化能。

因此，诱导期 t_0 与成核速率及退火温度有关，温度升高，t_0 减小。

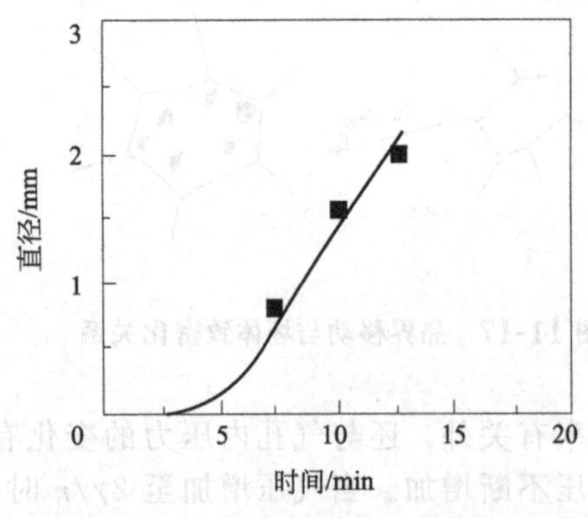

图 11-18 在 400℃受应力作用的 NaCl 晶体置于 470℃时再结晶情况

晶粒长大时，质点通过晶粒界面扩散跃迁，故晶粒长大速率 u 和温度的关系为

$$u = u_0 \exp\left(-\frac{E_u}{RT}\right) \tag{11-14}$$

式中　u_0——常数；

E_u——活化能。

若晶粒长大而不互相碰撞，则晶粒长大速率 u 是恒定的，于是晶粒尺寸 d 随时间 t 的变化为

$$d=u(t-t_0) \tag{11-15}$$

因此，最终晶粒的大小取决于成核和长大的相对速率。由于两者都与温度密切相关，故晶粒尺寸的变化速率随温度变化而迅速变化。若提高再结晶温度，最终的晶粒尺寸增加，这时晶粒长大速率的增加会超过成核速率的增加。

11.3.3　二次再结晶

二次再结晶是指在细晶粒消耗时，成核长大形成少数巨大晶粒的过程。当正常的晶粒生长由于夹杂物或气孔等的阻碍作用停止以后，如果在均匀基相中有若干大晶粒，则这个晶粒的边界数目比邻近晶粒的边界数目多，晶界曲率也较大，甚至于晶界可以越过气孔或夹杂物而进一步向邻近小晶粒曲率中心推进，而使大晶粒成为二次再结晶的核心，不断吞并周围小晶粒而加速长大，直至与邻近大晶粒接触为止。

二次再结晶的推动力是大晶粒晶面与邻近小曲率半径的晶面相比有较低的表面能。在表面能的驱动下，大晶粒界面向曲率半径小的晶粒中心推进，以致大晶粒进一步长大而小晶粒消失。

晶粒生长与二次再结晶的区别在于前者是坯体内晶粒尺寸均匀生长，服从式(11-12)；而二次再结晶是个别晶粒异常生长，不服从式(11-12)。晶粒生长是平均尺寸增长，不存在晶核，界面处于平衡状态，界面上无应力；二次再结晶的大晶粒界面上则有应力存在。晶粒生长时气孔都维持在晶界上或晶界相交处，二次再结晶时气孔被包裹到晶粒内部。影响二次再结晶的因素有以下几个方面。

(1) 晶粒晶界数。大晶粒的长大速率取决于晶粒的边缘数。在细晶粒基相中，少数晶粒比平均晶粒尺寸大，这些大晶粒成为二次再结晶的晶核。如果坯体中原始晶粒尺寸是均匀的，在烧结时，晶粒长大按式(11-11) 进行，直至达到式(11-12) 的极限尺寸为止。此时烧结体中每个晶粒的晶界数为 3～7 或 3～8 个。晶界曲率都不大。当其长大达到某一程度时，大晶粒直径 (d_g) 远大于基质晶粒直径 (d_m)，即 $d_g \gg d_m$。大晶粒长大的驱动力随着晶粒长大而增加，晶界移动时快速扫过气孔，在短时间内小晶粒被大晶粒所吞并，而生成含有封闭气孔的大晶粒，这就导致不连续的晶粒生长。

(2) 起始物料颗粒的大小。当由细粉料制成多晶体时，则二次再结晶的程度取决于起始粉料颗粒的大小。粗的起始粉料相对而言晶粒长大要小得多。图 11-19 为 BeO 晶粒相对生长率（即最后晶粒与起始颗粒尺寸的比例）与起始粒度的关系。

(3) 工艺因素。从工艺控制考虑，造成二次再结晶的原因主要是起始粒度不均匀、烧结温度偏高和烧结速度太快，其他还有坯体成型压力不均匀、局部有不均匀液相等。图 11-20 展示了起始颗粒尺寸分布对烧结后多晶结构的影响。在起始粉料很细的基质中夹杂个别粗颗粒，最终晶粒尺寸比由粗而均匀的起始粉料制成的坯体中的晶粒要粗大得多。

为避免气孔封闭在晶粒内和晶粒的异常生长，应防止致密化速度太快。在烧结体达到一定的体积密度以前，应该控制温度来降低晶界移动速率。

防止二次再结晶的最好方法是引入适当的添加剂。它能抑制晶界迁移，有效地加速气孔的排出；如 MgO 加入 Al_2O_3 中可制成达理论密度的制品。当采用晶界迁移抑制剂时，晶粒生长公式(11-11) 应写成以下形式：

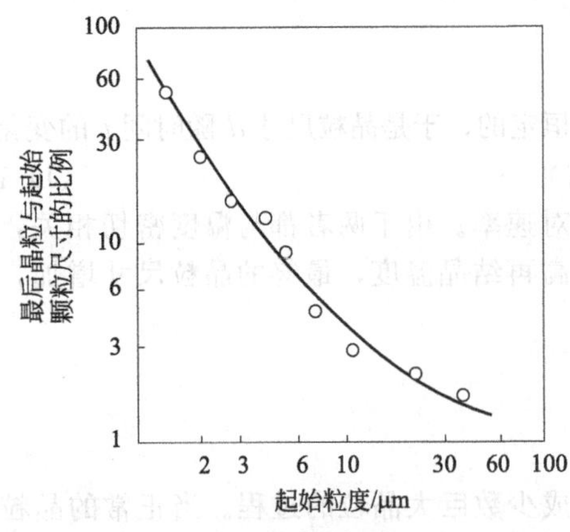

图 11-19　BeO 在 2000℃下保温 0.5h 晶粒相对生长率与起始粒度的关系

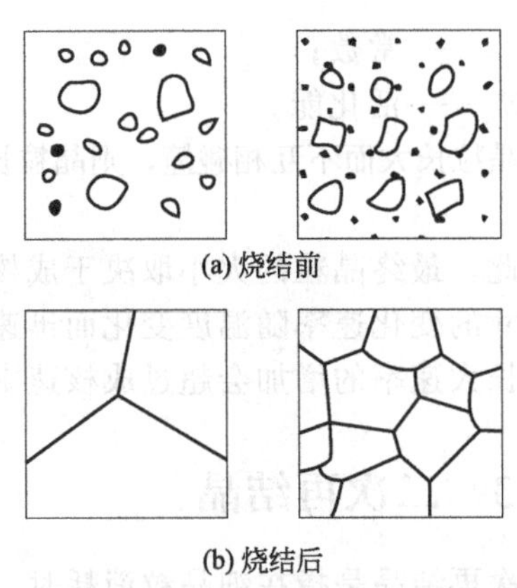

图 11-20　起始颗粒尺寸分布对多晶结构的影响

$$D^3-D_0^3=Kt \tag{11-16}$$

当烧结体中出现二次再结晶时，由于大晶粒受到周围晶界应力的作用或本身易产生缺陷，大晶粒常出现隐裂纹，导致材料力学性能和电性能恶化，因而工艺上需采取适当措施防止其发生。但在硬磁铁氧体 $BaFe_{12}O_{19}$ 烧结中，在形成择优取向方面利用二次再结晶是有益的。在成型时通过高强磁场的作用，使颗粒取向；烧结时则控制大晶粒为二次再结晶的核，从而得到高度取向、高磁导率的材料。

晶界是多晶体中不同晶粒之间的交界面，据估计晶界宽度为 5～60nm。晶界上原子排列疏松混乱，在烧结传质和晶粒生长过程中晶界对坯体致密化起着十分重要的作用。

晶界是气孔（空位源）通向烧结体外的主要扩散通道。如图 11-21 所示，在烧结过程中坯体内空位流与原子扩散流利用晶界做相对扩散，空位经过无数个晶界传递最后排出表面；同时，导致坯体的收缩。接近晶界的空位最易扩散至晶界，并于晶界上消失。

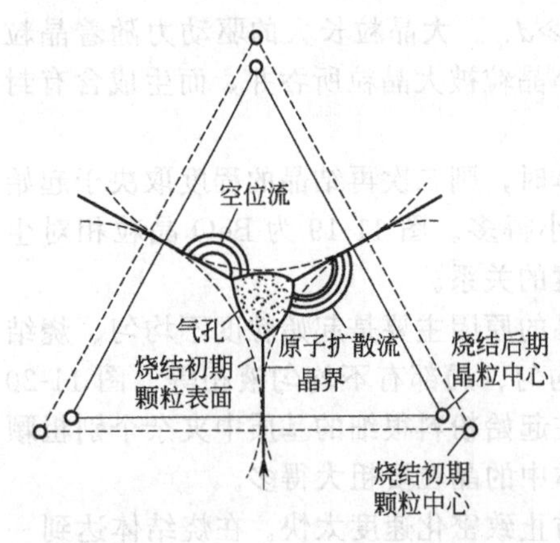

图 11-21　气孔在晶界上排出和收缩模型

在离子晶体中，阴阳离子必须同时扩散才能导致物质的传递和烧结。一般来说，阴离子体积大，扩散速度总比阳离子慢。烧结速率一般由阴离子扩散速率控制。实验表明，在氧化铝中 O^{2-} 在 20～30μm 多晶体中自扩散系数比在单晶体中约大两个数量级，而 Al^{3+} 自扩散系数与晶粒尺寸无关。Coble 等提出在晶粒尺寸很小的多晶体中，O^{2-} 依靠晶界区域所提供的通道而大大加快其扩散速度，并有可能 Al^{3+} 的体积扩散成为控制因素。

晶界上溶质的偏聚可以延缓晶界的移动，加速坯体致密化。为了从坯体中完全排出气孔获得致密烧结体，空位扩散必须在晶界上保持相当高的速率。只有抑制晶界的移动才能使气孔在烧结时始终保持在晶界上，避免晶粒的不连续生长。利用溶质易在晶界上偏析的特征，在坯体中添加少量溶质（烧结助剂），就能达到抑制晶界移动的目的。

晶界对扩散传质烧结过程是有利的。在多晶体中晶界阻碍位错滑移，因而对位错滑移传质不利。

11.4 影响烧结的因素

11.4.1 原始粉料的粒度

在固态或液态的烧结中，细颗粒由于增加了烧结的推动力，因而缩短了原子扩散距离和提高了颗粒在液相中的溶解度而导致烧结过程的加速。如果烧结速率与起始粒度的1/3次方成为比例关系，从理论上计算，当起始粒度从2μm缩小到0.5μm时，烧结速率增加64倍。该结果相当于粒径小的粉料烧结温度降低150～300℃。

有资料报道MgO的起始粒度为20μm以上时，即使在1400℃保持很长时间，也仅能达到相对密度的70%，而不能进一步致密化；若粒径在20μm以下，温度为1100℃时，或粒径在1μm以下，温度为1000℃时，烧结速度很快；如果粒径在0.1μm以下时，其烧结速率与热压烧结相差无几。

从防止二次再结晶考虑，起始粒径必须小而均匀，如果细颗粒内有少量大颗粒存在，则易发生晶粒异常生长而不利烧结。一般氧化物材料最适宜的粉末粒度为0.05～0.5μm。

原料粉末的粒度不同，烧结机理有时也会发生变化。例如AlN烧结，据报道当粒度为0.78～4.4μm时，粗颗粒按体积扩散机理进行烧结，而细颗粒则按晶界扩散或表面扩散机理进行烧结。

11.4.2 物料活性

烧结是通过在表面张力作用下的物质迁移而实现的。高温氧化物较难烧结，主要原因就是它们具有较大的晶格能和较稳定的结构状态，质点迁移需要较高的活化能，因此提高活性有利于烧结的进行。其中，通过降低物料粒度来提高活性是一个常用的方法。但单纯靠机械粉碎来减小物料粒度是有限的，而且能耗太高，故也用化学方法来提高物料活性和加速烧结。如利用草酸镍在450℃轻烧制得的活性NiO很容易制得致密的烧结体，其烧结致密化时所需的活化能仅为非活性NiO的1/3。

活性氧化物通常用其相应的盐类热分解制成。采用不同形式的前驱体盐以及热分解条件，对所得的氧化物活性有重要影响。如在300～400℃低温分解$Mg(OH)_2$制得的MgO，比高温分解制得的具有更高的比热容、溶解度，并呈现很高的烧结活性。

11.4.3 外加剂

在固相烧结中，少量外加剂（烧结助剂）可与主相形成固溶体，从而促进缺陷的生成。在液相烧结中，外加剂能改变液相的性质（如黏度、组成等），进而能起促进烧结的作用。外加剂在烧结体中的作用如下。

(1) 外加剂与烧结主体形成固溶体。当外加剂与烧结主体的离子大小、晶格类型及电价数接近时，它们能互溶成固溶体，致使主晶相晶格畸变，缺陷增加，便于结构基元移动而促进烧结。一般而言，它们之间形成有限置换型固溶体会比形成连续固溶体更有助于促进烧结。外加剂离子的电价和半径与烧结主体离子的电价、半径相差愈大，晶格畸变程度愈大，促进烧结的作用也愈明显。例如Al_2O_3烧结时，加入3% Cr_2O_3形成连续固溶体可以在1860℃烧结，而加入1%～2% TiO_2只需在1600℃左右就能实现致密化。

(2) 外加剂与烧结主体形成液相。外加剂与烧结体的某些组分可生成液相，由于液相中扩散传质阻力小、流动传质速度快，因而降低了烧结温度而且提高了坯体的致密化。例如在制造95%Al_2O_3材料时，一般加入CaO、SiO_2，在CaO∶SiO_2=1时，由于生成CaO-Al_2O_3-SiO_2液相，而使材料在1540℃即能烧结。

(3) 外加剂与烧结主体形成化合物。在烧结透明的Al_2O_3制品时，为抑制二次再结晶，消除晶界上的气孔，一般加入MgO或MgF_2，高温下形成镁铝尖晶石（$MgAl_2O_4$）而包裹在Al_2O_3晶粒表面，抑制晶界移动；充分排出晶界上的气孔，对促进坯体致密化有显著作用。

(4) 外加剂阻止多晶转变。ZrO_2由于有多晶转变，体积变化较大而使烧结困难。当加入5% CaO以后，Ca^{2+}进入晶格置换Zr^{4+}，由于电价不等而生成阴离子缺位固溶体；同时，抑制晶型转变，使致密化易于进行。

(5) 外加剂起扩大烧结范围的作用。加入适当外加剂能扩大烧结温度范围，为工艺控制带来方便。锆钛酸铅材料的烧结温度范围只有20～40℃，如加适量La_2O_3和Nb_2O_3后，烧结温度范围可以扩大到80℃。

必须指出的是，外加剂只有加入量适当时才能促进烧结，如不恰当地选择外加剂或加入量过多，反而会阻碍烧结。因为过多的外加剂会妨碍基体相颗粒的直接接触，影响传质过程的进行。Al_2O_3烧结时外加剂种类和数量对烧结活化能的影响较大。加入2% MgO可使Al_2O_3烧结活化能降低到398kJ/mol，比纯Al_2O_3烧结活化能502kJ/mol低，因而促进了烧结过程；而加入5% MgO时，烧结活化能升高到545kJ/mol，则起抑制烧结的作用。烧结加入外加剂量多少较合适，尚不能完全从理论上解释，还应通过实验来决定。

11.4.4 其他因素

(1) 烧结温度和保温时间。在晶体中晶格能越大，离子结合也越牢固，离子的扩散也越困难，所需烧结温度也就越高。各种晶体键合情况不同，因此烧结温度也相差很大，即使对同一种晶体烧结温度也不是一个固定不变的值。提高烧结温度无论对固相扩散还是对溶解-沉淀等传质都是有利的。但是，单纯提高烧结温度不仅浪费燃料，很不经济，而且还会导致二次再结晶而使制品性能恶化。在有液相的烧结中，温度过高则会使液相量增加，黏度下降，使制品变形。因此，不同制品的烧结温度必须通过仔细实验来确定。

由烧结机理可知，只有体积扩散才能导致坯体致密化，表面扩散只能改变气孔形状，而不能引起颗粒中心距的逼近，因此不出现致密化过程。在烧结高温阶段主要以体积扩散为主，而在低温阶段以表面扩散为主。如果材料的烧结在低温时间较长，不仅不会引起致密化，反而会因表面扩散改变了气孔的形状而给制品性能带来损害，因此从理论上分析应尽可能快地从低温升到高温以创造体积扩散的条件。短时间高温烧结是制造致密陶瓷材料的好方法，但还要结合材料的热导率、二次再结晶温度、扩散系数等各种因素考虑，合理确定烧结温度。

(2) 盐类的选择及其煅烧条件。在通常条件下，原始配料均以盐类形式加入，经过加热后以氧化物形式发生烧结。盐类具有层状结构，当其分解时，这种结构往往不能完全被破坏，原料盐类与生成物之间若保持结构上的关联性，那么盐类的种类、分解温度和时间将影响烧结氧化物的结构缺陷和内部应变，从而影响烧结速率与性能。

① 盐类的选择。从表11-1中所列数据可以看出，随着原料盐的种类不同，所制得的MgO烧结性能有明显差别，由碱式碳酸镁、乙酸镁、草酸镁、氢氧化镁制得的MgO，其烧结体可以达到理论密度的82%～93%；而由氯化镁、硝酸镁、硫酸镁制得的MgO，在同样条件下烧结，仅能达到理论密度的50%～66%。如果对煅烧获得的MgO性质进行比较，则可以看出，采用能够生成粒度小、晶格常数较大、微晶较小、结构松弛的MgO的原料盐获

得的活性 MgO，其烧结性能良好；反之，采用生成结晶性较好、粒度大的 MgO 的原料盐制备的 MgO，其烧结性能差。

表 11-1 镁化合物分解条件与 MgO 性能的关系

镁化合物	最佳温度/℃	颗粒尺寸/nm	所得 MgO		1400℃、3h 烧结体	
			晶格常数/nm	微晶尺寸/nm	体积密度/(g/cm^3)	相对密度/%
碱式碳酸镁	900	50～60	0.4212	50	3.33	93
乙酸镁	900	50～60	0.4212	60	3.09	87
草酸镁	700	20～30	0.4216	25	3.03	85
氢氧化镁	900	50～60	0.4213	60	2.92	82
氯化镁	900	200	0.4211	80	2.36	66
硝酸镁	700	600	0.4211	90	2.03	58
硫酸镁	1200～1500	106	0.4211	30	1.76	50

② 煅烧条件。关于盐类的分解温度与生成氧化物性质之间的关系有大量研究与报道。例如 $Mg(OH)_2$ 分解温度与生成的 MgO 的性质关系；低温下煅烧所得的 MgO，其晶格常数较大，结构缺陷较多；随着煅烧温度升高，结晶性较好，其烧结温度也相应提高。随着 $Mg(OH)_2$ 煅烧温度的变化，烧结表观活化能 E 及频率因子 A 也相应发生变化。实验结果显示在 900℃煅烧 $Mg(OH)_2$ 所得的 MgO 烧结活化能最小，烧结活性较高。可以认为，煅烧温度愈高，烧结活性愈低的原因是 MgO 的结晶良好、活化能增加所造成的。

(3) 气氛的影响。烧结气氛一般分为氧化、还原和中性三种，在烧结中气氛的影响是很复杂的。

一般而言，在由扩散控制的氧化物烧结中，气氛的影响与扩散控制因素有关，也与气孔内气体的扩散和溶解能力有关。例如 Al_2O_3 材料的烧结过程是由阴离子（O^{2-}）扩散速率控制的。当它在还原气氛中烧结时，晶体中的氧从表面脱离，从而在晶格表面产生很多氧离子空位，使 O^{2-} 扩散系数增大导致烧结过程加速。用透明氧化铝制造的钠光灯管必须在氢气炉内烧结，就是利用加速 O^{2-} 扩散、气孔内气体在还原气氛下易于逸出的原理来使材料致密化，从而提高其透光度。若氧化物的烧结是由阳离子扩散速率控制，则在氧化气氛中烧结时，表面积聚了大量氧，使阳离子空位增加，有利于阳离子扩散的加速而促进烧结。

进入封闭气孔内气体原子的尺寸越小，越易于扩散，气孔消除也越容易。如像氩或氮那样的大分子气体，在氧化物晶格内不易自由扩散最终残留在坯体中。但若像氢或氦那样的小分子气体，扩散性强，可以在晶格内自由扩散，因而烧结与这些气体的存在无关。

当样品中含有铅、锂、铋等易挥发性物质时，控制烧结时的气氛更为重要。例如锆钛酸铅材料烧结时，必须要控制一定分压的铅气氛，以抑制坯体中铅的大量逸出，并保持坯体严格的化学组成，否则将影响材料的性能。

关于烧结气氛的影响常会出现不同的结论。这与材料组成、烧结条件、外加剂种类和数量等因素有关，必须根据具体情况慎重选择。

(4) 成型压力。粉料成型时必须施加一定的压力，除了使其具有一定形状和一定强度外，同时也为烧结创造了颗粒间紧密接触的条件，使烧结时扩散阻力减小。一般而言，成型压力越大，颗粒间接触越紧密，对烧结越有利。但若压力过大使粉料超过塑性变形限度，就会发生脆性断裂。适当的成型压力可以提高生坯的密度，而生坯的密度与烧结体的致密化程度有正比关系。

(5) 烧结外压力的影响。在烧结的同时施加一定的外压力被称为热压烧结。普通烧结（无压烧结）的制品一般还存在小于 5%的气孔。这是因为一方面随着气孔的收缩，气孔中的气压逐渐增大而抵消了作为推动力的界面能的作用；另一方面，封闭气孔只能由晶格内的扩散物质填充。为了克服这两个弱点而制备的高致密度材料，可以采用热压烧结，采用热压烧结后制品密度可达理论密度的99%甚至100%。

以共价键结合为主的材料（如碳化物、硼化物、氮化物等），由于它们在烧结温度下有高的分解压力和低的原子迁移率，用无压烧结很难使其致密化。例如BN粉料，用等静压在200MPa压力下成型后，在2500℃下无压烧结制得的材料相对密度为0.66；而采用压力为25MPa，在1700℃下热压烧结能制得相对密度为0.97的BN材料。一般无机非金属材料烧结温度 $T_s=0.7\sim0.8T_m$，而热压温度 $T_{HP}=0.5\sim0.6T_m$。但以上关系也并非绝对，T_{HP} 与压力有关。

影响烧结因素除了以上之外还有生坯内粉料的堆积程度、加热速度、保温时间、粉料的粒度分布等。影响烧结的因素很多，而且相互之间的关系也较复杂，在研究烧结时如果不充分考虑这些众多因素，并给予恰当运用，则可能无法获得具有重复性好和高致密度的制品。

第12章 陶瓷的力学性能

12.1 陶瓷的弹性

12.1.1 陶瓷的弹性变形与弹性模量

一般而言，材料在静态拉伸载荷作用下都要经过弹性变形、塑性变形和断裂3个阶段，这3个阶段通常可以用应力-应变曲线表示。陶瓷材料与金属材料的拉伸应力-应变曲线见图12-1。

对金属材料而言，断裂前都不同程度地存在一个塑性变形阶段；而陶瓷材料在室温静态拉伸或静态弯曲载荷下，一般均不出现塑性变形阶段，即弹性变形阶段结束后立即发生脆性断裂。

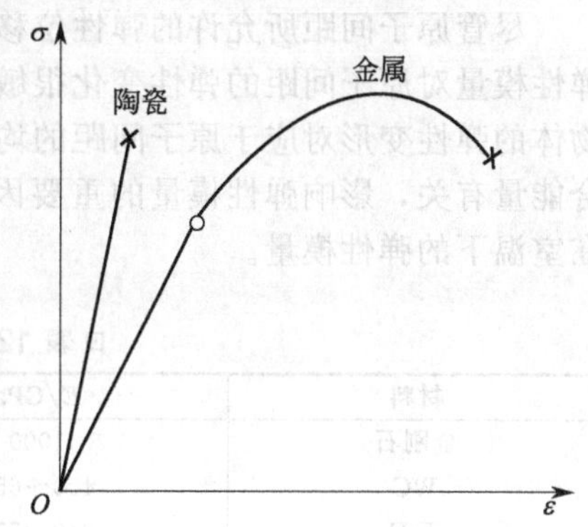

图12-1 陶瓷材料与金属材料的拉伸应力-应变曲线

材料弹性变形阶段的应力-应变关系服从胡克定律：

$$\sigma = E\varepsilon \tag{12-1}$$

描述材料弹性变形阶段力学行为的重要性能指标为 σ-ε（应力-应变）曲线中直线部分的斜率，即弹性模量 E。弹性模量 E 的物理含义是材料产生单位应变所需的应力，弹性模量的大小反映了材料原子间结合力的大小，E 越大，材料的结合强度越高。

当材料受到剪切应变时，剪切应力 τ 正比于剪切应变 γ：

$$\tau = G\gamma \tag{12-2}$$

式中，G 为剪切模量或切变模量。

弹性模量在工程上反映了材料刚度的大小。一般经常用弹性模量（E）与工程构件截面积（F）的乘积表示构件的刚度，它反映了构件弹性变形的难易程度。

如前所述，陶瓷材料具有强大的离子键或共价键，因此陶瓷材料不仅具有高的熔点，也具有高的弹性模量。一般而言，熔点和弹性模量均反映了原子间结合力的大小，两者总是保持一致关系，甚至保持正比关系。图12-2所示为300K时弹性模量 E 与熔点 T_m 的关系图，图中 V_a 为原子体积或分子体积，k 为常数。

陶瓷的弹性变形实际上是在外力的作用下原子间距通过平衡位产生了很小位移的结果。这个原子间微小的位移所允许的临界值很小，超过此值，就会产生键的断裂（室温下的陶瓷）或产生原子面滑移塑性变形（高温下的陶瓷）。弹性模量反映的是原子间距微小变化所需外力的大小。固体中两个原子间的引力与斥力可用著名的 Condon Moase 曲线来描述，原子结合力示意见图 12-3。

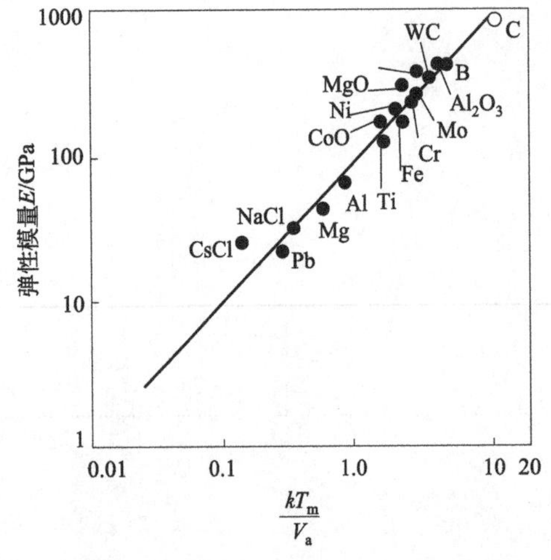

图 12-2　弹性模量 E 与熔点 T_m 的关系图

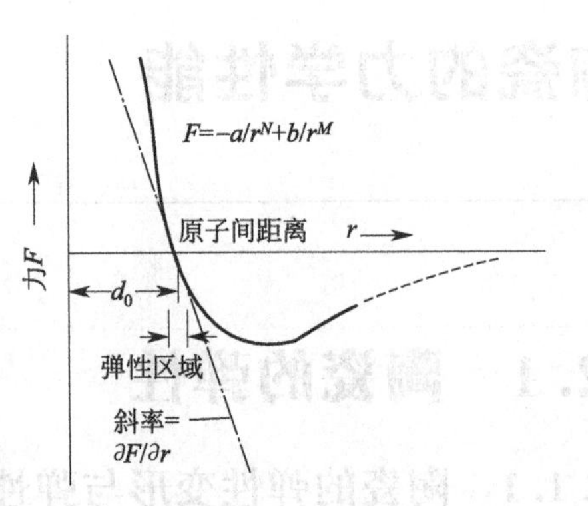

图 12-3　原子结合力示意

图 12-3 中，d_0 为两原子间的平衡距离。弹性模量反映了两原子从平衡间距 d_0 离开或靠近时所需的外力，即 d_0 处曲线的斜率。

尽管原子间距所允许的弹性位移范围很小（0.1%～0.2%），但所需的外力却很大。即弹性模量对原子间距的弹性变化很敏感，所以弹性模量要比塑性变形加工硬化指数高得多。物体的弹性变形对应于原子间距的均匀变化，因此弹性变形所需的外力与原子间结合力及结合能量有关，影响弹性模量的重要因素是原子间结合力，即化学键。表 12-1 给出一些陶瓷在室温下的弹性模量。

表 12-1　一些陶瓷材料的弹性模量

材料	E/GPa	材料	E/GPa
金刚石	1000	玻璃	35～45
WC	400～650	碳纤维	250～450
TaC	310～550	AlN	310～350
WC-Co	400～530	$MgO\cdot SiO_2$	90
NbC	340～520	Al_2O_3	390
SiC	450	BeO	380
ZrO_2	160～241	TiC	379
莫来石	145	Si_3N_4	220～320
SiO_2	94	MgO	250
NaCl,LiF	15～68	多晶石墨	10
BN	84	TiO_2	29
$MgAl_2O_4$(镁铝尖晶石)	240	烧结氧化铝(气孔率约 5%)	365.44

12.1.2　显微结构对弹性模量的影响

除了材料的结合键以外，陶瓷材料的弹性模量还与材料的显微结构、组成相有关，这一点与金属材料有较大差别。金属材料，特别是钢铁材料的弹性模量是一个极为稳定的力学性能指标，合金化、热处理、冷热加工工艺难以改变其数值。但陶瓷材料的配方与工艺过程及随后得到的不同的显微结构（组成相、气孔率等）对弹性模量均会产生较大影响。

对于陶瓷材料复杂的多相结构，各相的弹性模量相差甚大，弹性模量的理论计算是很困难的。通常从宏观均质的假定出发进行平均弹性模量的测定。

在陶瓷材料结构中，可能同时存在结晶相、玻璃相和气孔相。一般而言，多相材料的弹性模量与各种相各自的弹性模量以及每个相所占的体积分数有关，可简单表示为：

$$E=E_1V_1+E_2V_2+\cdots \tag{12-3}$$

式中，V_i 为各相占据的体积分数。对于复合材料，通常有：

$$E>E_1V_1+E_2V_2+\cdots \tag{12-4}$$

此外，其刚度比组成的任何一个单独组分都大。可以用混合定律来界定其上限值和下限值，可参考有关文献。

同时，弹性模量也与材料的组成相及显微结构有关。例如，陶瓷材料中通常都有一定比例的气孔。当气孔的体积分数较小时，可以认为气孔相的 $E=0$，材料的弹性模量可表示为：

$$E=E_0(1-k_1p+k_2p^2) \tag{12-5}$$

或者

$$E=E_0\exp(-kp) \tag{12-6}$$

式中，k_1、k_2、k 均为常数。总之，存在气孔时，材料的弹性模量会减小，材料的泊松比也随材料气孔率的增加而有所减小。

弹性模量的数值与温度也密切相关，可以表示为：

$$E=E_0-BT\exp(-T_C/T) \tag{12-7}$$

式中，E_0 为温度为 0℃时材料的弹性模量值；B 与 T_C 为由物质本身决定的常数。从式 (12-7) 可知，随温度升高，陶瓷材料的弹性模量值降低。但对某些材料有例外，例如石英等材料随温度升高，弹性模量值随之增加。

物质的熔点与物质中原子的结合力大小有关，弹性模量值与熔点一般呈线性关系，在温度低于 300K 时

$$E=\frac{100kT_m}{V_a} \tag{12-8}$$

式中，k 为常数；T_m 为熔点；V_a 为原子或者分子的体积。因此，熔点高的材料弹性模量值也大。弹性模量可以有多种表达形式，除了上面提到的，还可以用键的强度与键的密度的比例关系来衡量，如 $E=v^2\rho$。式中，v 为材料的纵波声速；ρ 为密度。

单晶体在不同晶体学方向上的物理性质是各向异性的。因此，在不同晶体学方向上，弹性模量值不相等。例如立方结构的 MgO 单晶，在＜100＞、＜110＞、＜111＞方向上的弹性模量值分别为 248GPa、316GPa 和 349GPa。而多晶体由于各晶粒的混乱排列和在不同方向上的各向同性，可以认为其弹性模量在材料内是均匀的。

总体来说，陶瓷材料的弹性模量与组成相的种类和分布、气孔率及温度等的关系密切，而与材料中各相的晶粒大小及表面状态的关系不大，结构敏感性较小。

12.2 陶瓷材料的硬度

硬度是材料抵抗外力引起形变的能力。然而，在物理量中，硬度是一个难以确定的量，一般是用一种更硬的物质（如金刚石锥）在材料表面加载施力使之引起形变后，根据测量压痕的尺寸来衡量硬度值。因此，在谈论硬度值时必须要讲明是哪一种硬度测量标准，如维氏 (vickers) 硬度、布氏 (brinell) 硬度等。如果压头的尺寸很小，仅在一个微区内加载施力，得到的硬度值称为显微硬度。显微压头的尺寸最小可以达到纳米量级，称为纳米压头，它可

对材料微区力学性能做出更好的表征。对于在高温下使用的结构材料来说，其高温硬度的测量值很重要。

12.2.1 陶瓷的硬度

金属的硬度测定是测其表面的塑性变形程度，因此金属材料的硬度与强度之间有直接的对应关系。而陶瓷材料属脆性材料，硬度测定时，在压头压入区域会发生包括压缩、剪断等复合破坏的伪塑性变形。因此，陶瓷材料的硬度很难与其强度直接对应起来。但硬度高、耐磨性好是陶瓷材料的主要优良特性之一，硬度与耐磨性有密切关系。陶瓷材料硬度的测定有如下方便之处：①可沿用金属材料硬度测试方法；②试验方法及设备简便，试样小而经济；③硬度作为材料本身的物性参数，可获得稳定的数值；④在测定维氏硬度（HV）的同时，可以间接测得材料的断裂韧性（K_{IC}）。因此，在陶瓷材料的力学性能评价中，硬度测定是使用最普遍，且数据获得比较容易的评价方法之一，占有重要的地位。

目前，用于测定陶瓷材料硬度的方法，主要采用金刚石压头加载压入法，以此测定维氏硬度、显微硬度等。

陶瓷材料的硬度较高。事实上，陶瓷材料硬度值的覆盖范围很广。表12-2为莫氏硬度分级标准和代表性材料。

▣表12-2　莫氏硬度分级标准和代表性材料

硬度分级	材料	硬度分级	材料	硬度分级	材料
1	滑石	6	正长石	11	熔融氧化铝
2	石膏	7	SiO_2 玻璃	12	刚玉
3	方解石	8	石英	13	碳化硅
4	萤石	9	黄玉	14	碳化硼
5	磷灰石	10	石榴石	15	金刚石

注：在莫氏十级分类中不包含7，10，11，13，14级。

由表12-2可知，共价性强的陶瓷如BC、SiC的硬度大。材料的晶体结构对其硬度的影响很大，如金刚石的sp^3四面体键结构使其成为自然界中最硬的材料，而石墨为sp^2层状结构，软到可以制作润滑剂和铅笔芯。单晶体的硬度与晶体取向有关，最密排面往往是硬度最大的晶面。

此外，材料的硬度与晶粒大小有关。一般而言，纳米晶的硬度比同组分大晶粒材料的硬度大。纳米/纳米多层膜的硬度能够有大幅度提高，例如纳米复合膜Ti-Si-N的硬度甚至超过了金刚石的硬度。因此，设计和制造的纳米复合材料有可能具有超高硬度。

12.2.2 高温硬度

高温硬度测定大都是采用维氏硬度法和显微硬度法进行的。高温维氏硬度测定时要考虑到加热方法、试样温度测定、保温时间、压头的温度变化、保护气氛等因素。试样的温度严格来说应是压头压入试样时，试样表面附近的温度。但必须考虑压头本身的温度及热导率，试样内部的温度分布等，可通过控制试样温度均匀性和选择适当的压头预加热方法来保证测得稳定的硬度数据。另外，在高温加热时金刚石压头易于氧化，因此应采用真空或惰性气氛保护，同时应控制好真空及气氛中的温度分布。

当压头本身没有加热装置时，应将压头在试样待测表面附近处（加载预备状态）保持一定的时间，待压头的温度与试样温度接近后，连续打数个压痕，待对角线长度稳定后再开始测试。试验研究表明，这种方法是有效的，只有开始的两个压痕可以看出压头压入而使温度下降的影响，随后基本可以得到稳定的压痕对角线长度。

陶瓷材料的高温硬度测定，同其他高温性能测试相比，所用试样量少，且测定方法简便。另外，高温硬度与高温强度有一定对应性，同时通过长时间保持载荷可以显示其蠕变特性，所以高温硬度常用于表征材料的高温性能。通过高温维氏硬度虽然可以表征陶瓷的高温断裂韧性，但高温硬度对温度的敏感性比强度对温度的敏感性大，即随温度的提高硬度值比强度值下降得快，测得的韧性与其他方法相比有较大的差异。因此，用压痕法测高温断裂韧性时，要对其计算公式加以修正。图 12-4 为 HP-Si_3N_4（HP 表示热压烧结）与 CVD-Si_3N_4（CVD 表示化学气相沉积）的高温硬度。

12.2.3　硬度与其他性能之间的关系

结构陶瓷材料的维氏硬度（HV）与弹性模量（E）大体上呈直线关系（图 12-5）。随着温度的升高，弹性模量 E 与维氏硬度的比值将增加。维氏硬度法测得的硬度与断裂韧性的比值可以作为衡量陶瓷材料脆性的指标。该比值并非无量纲数，也难以赋予确切的物理意义，但硬度在某种意义上表征的是变形抗力，断裂韧性表征的是裂纹扩展阻力。因此，两者比值在某种程度上可以表示材料的脆性断裂程度。

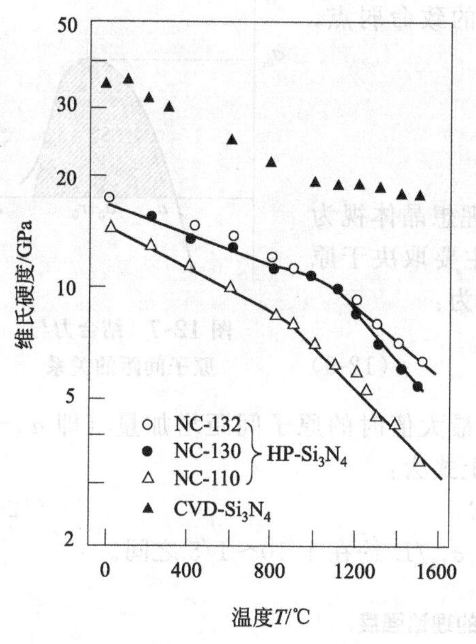

图 12-4　HP-Si_3N_4 与 CVD-Si_3N_4 的高温硬度

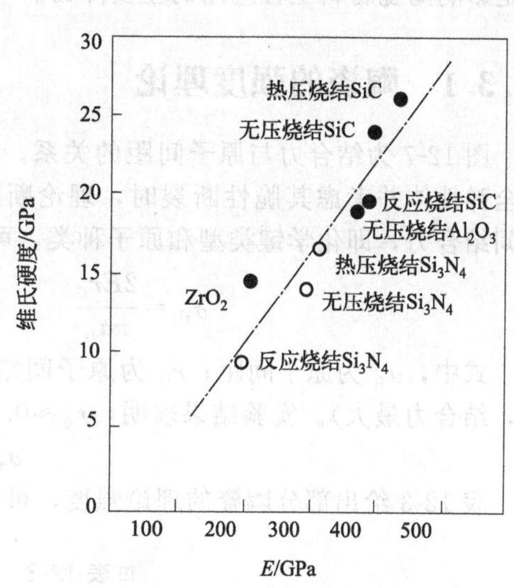

图 12-5　结构陶瓷材料的维氏硬度与弹性模量的关系

12.3　陶瓷材料的强度

材料强度是指材料在一定载荷作用下发生破坏时的最大应力值。鉴于陶瓷材料的化学键性质，其在室温下几乎不能产生滑移或位错运动，因而很难产生塑性变形，因此其破坏方式为脆性断裂。图 12-6 为陶瓷与金属的应力-应变曲线类型。一般陶瓷材料在室温下的应力-应变曲线如图 12-6 中的曲线 1 所示，即在断裂前几乎没有塑性变形。因此，陶瓷材料室温强度

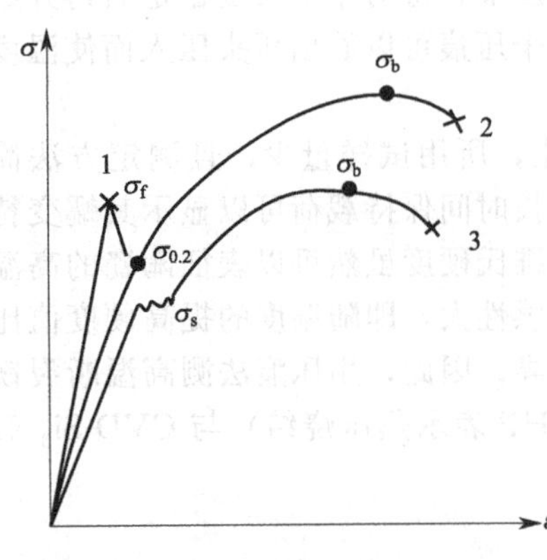

图 12-6 陶瓷与金属的应力-应变曲线类型

测定只能获得一个断裂强度 σ_f 值。而金属材料则可获得屈服强度（或 $\sigma_{0.2}$）和极限强度 σ_b（见图 12-6 中曲线 2 和曲线 3）。

由此可知，陶瓷材料的室温强度是弹性变形抗力，即当弹性变形达到极限程度而发生断裂时的应力。强度与弹性模量及硬度一样，是材料本身的物理参数，它取决于材料的成分及组织结构；同时，也随外界条件（如温度、应力状态等）的变化而变化。

陶瓷材料在室温下不出现塑性变形或难以发生塑性变形的情况，与陶瓷材料结合键性质和晶体结构有关。其原因是：①金属键没有方向性，而离子键与共价键都具有明显的方向性；②金属晶体的原子排列取最密排、最简单、对称性高的结构，而陶瓷材料晶体结构复杂，对称性低；③金属中相邻原子（或离子）电性质相同或相近，价电子组成公有电子云，不属于个别原子或离子，而属于整个晶体。在陶瓷材料中，若为离子键，则正负离子相邻，位错在其中若要运动，会引起同号离子相遇，斥力大，位能急剧升高。由于上述原因，位错在金属中运动的阻力远小于陶瓷，从而极易产生滑移运动和塑性变形。在陶瓷材料中，位错极难运动，几乎不发生塑性变形。因此，塑韧性差成为陶瓷材料的致命弱点，也是影响陶瓷材料工程应用的主要障碍。

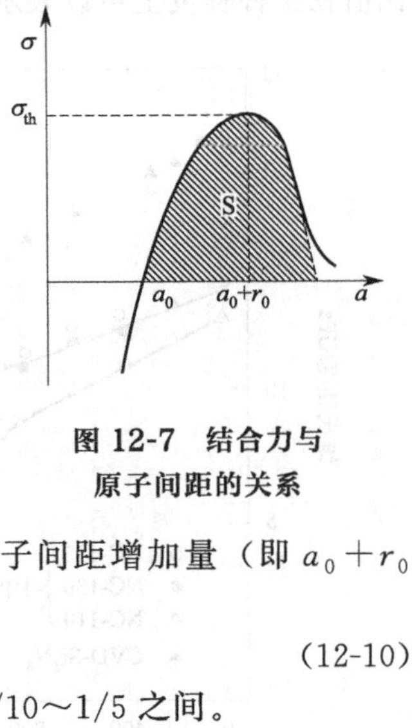

12.3.1 陶瓷的强度理论

图 12-7 为结合力与原子间距的关系。将完整理想晶体视为完全弹性体并考虑其脆性断裂时，理论断裂强度主要取决于原子间结合力，即化学键类型和原子种类，可近似写为：

$$\sigma_{th}=\frac{2Er_0}{\pi a_0} \tag{12-9}$$

图 12-7 结合力与原子间距的关系

式中，a_0 为原子间距；r_0 为原子间结合力为最大值时的原子间距增加量（即 a_0+r_0 时，结合力最大）。实验结果表明，$r_0\approx 0.14a_0$，上式为：

$$\sigma_{th}\approx 0.1E \tag{12-10}$$

表 12-3 给出部分陶瓷的理论强度，可以看出，σ_{th}/E 约在 1/10～1/5 之间。

表 12-3 部分陶瓷的理论强度

材料	晶向	$\gamma^s/(J/m^2)$	E/GPa	σ_{th}/GPa	σ_{th}/E
SiO_2	—	0.56	73	16	0.22
MgO	<100>	1.20	245	37	0.15
Al_2O_3	<0001>	1.00	460	46	0.10
Si	<111>	1.20	188	32	0.17
金刚石	<111>	5.40	1210	205	0.17
W	<100>	3.00	390	86	0.22
α-Fe	<111>	2.00	260	46	0.18

注：γ^s 为断裂产生新表面的表面能。

实际上陶瓷材料的强度要比理论强度小两个数量级，如 Al_2O_3 的 σ_{th} 为 46GPa；而几乎无

缺陷的 Al_2O_3 晶须的强度约为 14GPa，表面精密抛光的 Al_2O_3 单晶细棒的强度约为 7GPa，而块状多晶 Al_2O_3 材料的强度只有 0.1～1GPa。基于上述事实，Griffith 认为，实际材料的断裂，并非像理想晶体那样的原子键破坏，而是比原子键破坏容易得多，即材料内因存在微小裂纹的扩展连接而导致材料整体的断裂。Griffith 根据能量准则导出了断裂应力。

12.3.2 影响强度的因素

陶瓷材料本身的脆性主要源于其化学键的种类，实际陶瓷晶体中大都以方向性较强的离子键和共价键为主，多数晶体的结构复杂，平均原子间距大，因而表面能小。同金属材料相比，陶瓷材料在室温下几乎没有移动的滑移系，位错的滑移、增殖很难发生，因此很容易由表面或内部存在的缺陷引起应力集中而产生脆性破坏。这是产生陶瓷材料脆性的原因所在，也是其强度值分散性较大的原因。

通常陶瓷材料都是用烧结的方法制造的，在晶界上大都存在着气孔、裂纹和玻璃相，而且在晶粒内部存在气孔、孪晶界、层错、位错等缺陷。陶瓷的强度除取决于本身材料种类（成分）外，上述微观组织因素对强度也有显著影响（即微观组织敏感性）。其中，气孔率与晶粒尺寸是两个最重要的影响因素。

12.3.2.1 气孔率对强度的影响

气孔是绝大多数陶瓷的主要组织缺陷之一，气孔明显地降低了载荷作用横截面积；同时，气孔也是引起应力集中的位置（对于孤立的球形气孔，应力增加一倍）。实验发现，多孔陶瓷的强度随气孔率的增加近似按指数规律下降。有关气孔率与强度的关系有多种，其中最常用的是 Ryskewitsch 提出的经验公式：

$$\sigma=\sigma_0\exp(-\alpha p) \tag{12-11}$$

式中，p 为气孔率；σ_0 为 $p=0$ 时的强度；α 为常数，其值在 4～7 之间。许多试验数据与此式接近。根据此关系可推断，当 $p=10\%$ 时，陶瓷的强度就下降到无气孔时的一半。硬瓷的气孔率约为 3%，陶器的气孔率约为 10%～15%。当材料成分相同时，气孔率的不同将引起强度的显著差异。图 12-8 所示为 Al_2O_3 陶瓷的弯曲强度与气孔率之间的关系。图 12-9 给出气孔率对金属及石膏相对强度的影响，实验值与理论值较为符合。由上述可知，为了获得高强度，应制备接近理论密度的无气孔陶瓷材料。

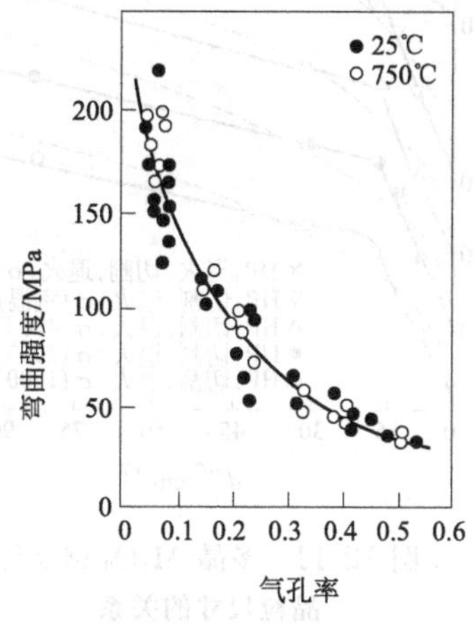

图 12-8 Al_2O_3 陶瓷的弯曲强度与气孔率之间的关系

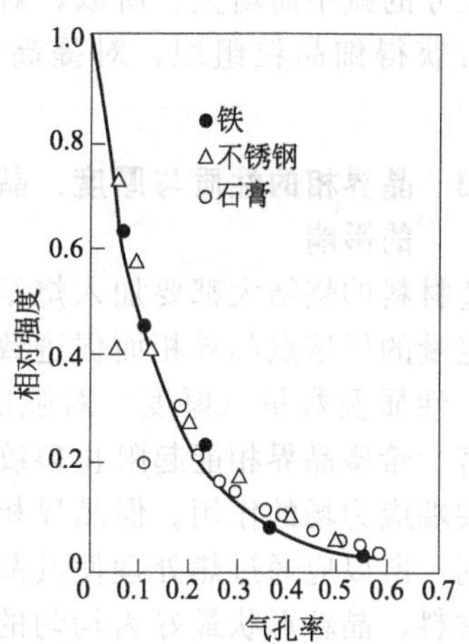

图 12-9 气孔率对金属及石膏相对强度的影响

12.3.2.2 晶粒尺寸对强度的影响

断裂应力与晶粒尺寸对强度的关系如图 12-10 所示，这与金属的规律类似，也符合 Hall-petch 关系式：

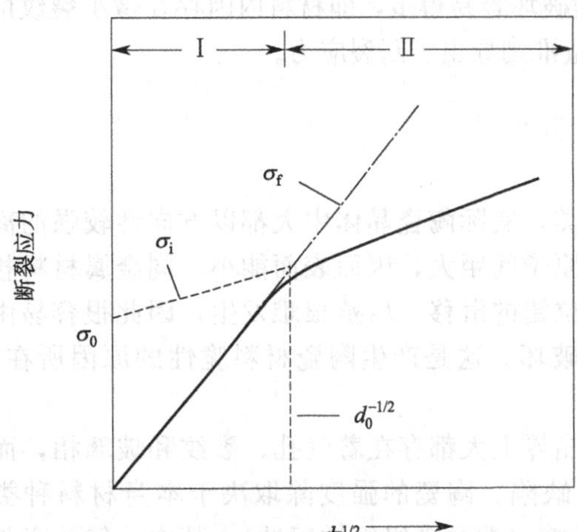

图 12-10 断裂应力与晶粒尺寸对强度的关系

$$\sigma_f=\sigma_0+kd^{-1/2} \tag{12-12}$$

式中，σ_0 为无限大单晶的强度；k 为系数；d 为晶粒直径。如图 12-10 所示，σ_f 与 $d^{-1/2}$ 的关系曲线分为两个区域，但在两区域内都呈直线关系。在Ⅰ区，符合关系式：

$$\sigma_f=\frac{1}{Y}\sqrt{2E\gamma^*/c} \tag{12-13}$$

此时 $c\approx d$，故有 $\sigma_f\propto d^{-1/2}$ 的关系。式中，Y 为几何因子，对不同的试样与裂纹形状可求出相应的数值；γ^* 为考虑应力松弛而引起变化的表面能；c 为裂纹半长；E' 为弹性模量。

在Ⅱ区，符合由金属中位错塞积模型推导出的滑移面剪切应力 τ_i 与位错塞积群长度 L（与晶粒 d 大小有关）之间的关系式：

$$\tau_i=\tau_0+k_sL^{-1/2} \tag{12-14}$$

式中，τ_0 为位错运动摩擦力；k_s 为比例常数，它与裂纹形成时的表面能有关。对多晶体来说，近似地有 $\sigma_i=2\tau$ 的关系。由于 $L\propto d$，所以有 $\sigma_f\propto d^{-1/2}$ 的比例关系。图 12-11 为多晶 Al_2O_3 强度与晶粒尺寸的关系，可以看出随 d 的减小强度显著提高。

从定性的角度上讲，实验研究已经得到了与 $\sigma_f\propto d^{-1/2}$ 关系变化趋势相一致的结果。但对烧结体陶瓷来讲，要做出只有晶粒尺寸大小不同而其他组织参量都相同的试样是非常困难的，因此往往其他因素与晶粒尺寸同时对强度起影响作用。因此，陶瓷中的 σ_f 与 $d^{-1/2}$ 的关系并非那么容易搞清，还有待于进一步研究。但无论如何，室温断裂强度都会随晶粒尺寸的减小而增大。所以，对于结构材料来说，努力获得细晶粒组织，对提高室温强度是有利的。

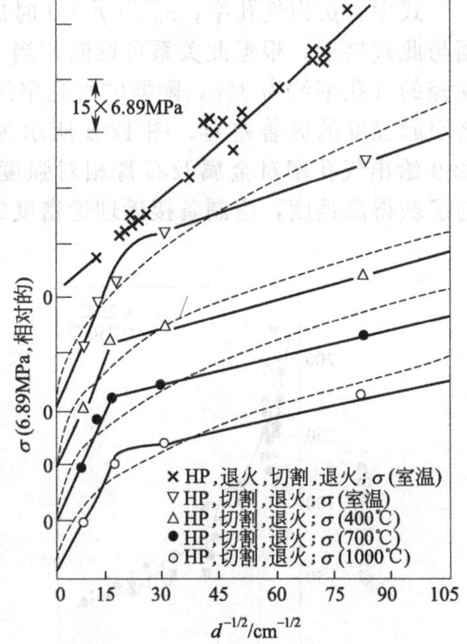

图 12-11 多晶 Al_2O_3 强度与晶粒尺寸的关系

12.3.2.3 晶界相的性质与厚度、晶粒形状对强度的影响

陶瓷材料的烧结大都要加入烧结助剂，目的是形成一定量的低熔点晶界相而促进致密化。晶界相的成分、性质及数量（厚度）对强度有显著影响。一般而言，希望晶界相能起阻止裂纹过界扩展并松弛裂纹尖端应力场的作用。但晶界相为玻璃相时对强度不利，所以应通过热处理使其晶化。对单相多晶陶瓷材料，晶粒形状最好为均匀的等轴晶粒，这样承载时变形均匀而不易引起应力集中，从而使强度得到充分发挥。

综上所述，高强度单相多晶陶瓷的显微组织应符合如下要求：①晶粒尺寸小，晶体缺陷少；②晶粒尺寸均匀、等轴，不易在晶界处引起应力集中；③晶界相含量适当，并尽量减少脆性玻璃相含量，应能阻止晶内裂纹过界扩展，并能松弛裂纹尖端应力集中；④尽量减小气孔率，使其接近理论密度。

12.3.2.4 陶瓷的复合强化

为了提高陶瓷材料的强度，除了要控制上述组织因素外，更常见的是通过复合的办法提高强度，如自生复相陶瓷棒晶强化、加入第二相的颗粒弥散强化、纤维强化、晶须强化等。在陶瓷的强韧化一节中，除微裂纹韧化外，其他韧化方法均有强化效果，这里不再赘述。

12.3.3 温度对强度的影响

陶瓷材料的一个最大的特点就是高温强度比金属高得多。汽车用燃气发动机的预计温度为 1370℃。这样的工作温度，Ni、Cr、Co 系的超耐热合金已无法承受，而 Si_3N_4、SiC 陶瓷却大有希望。

当温度 $T<0.5T_m$（T_m 为熔点）时，陶瓷材料的强度基本保持不变。当温度高于 $0.5T_m$ 时，才出现明显的降低。图 12-12 为陶瓷的断裂应力与温度的依赖关系。可以看出，整个曲线可分为三个区域。在低温 A 区，断裂前无塑性变形，陶瓷的断裂主要取决于试样内部既存缺陷（裂纹、气孔等）引起裂纹的扩展，为脆性断裂，其断裂应力为：

$$\sigma_f=\frac{1}{Y}\sqrt{2E'\gamma^*/c} \qquad (12\text{-}15)$$

式中的 E'、γ^* 及 c 等参数对温度不敏感，所以在 A 区 σ_f 随温度升高变化不大；在中间温度 B 区，由于断裂前产生塑性变形，因而强度对既存缺陷的敏感性降低，断裂受塑性变形控制，σ_f 随温度的上升有明显的降低。共价键及离子键晶体由于位错运动而产生塑性变形时，变形应力对温度的变化很敏感。此时的断裂应力受位错塞积机制控制，即 $\sigma_f=\sigma_0+kd^{-1/2}$。当温度进一步升高时（C 区），二维滑移系开动，位错塞积群中的一部分位错产生交叉滑移而沿另外的滑移面继续滑移，松弛了应力集中，因而抑制了裂纹的萌生。由于位错的交叉滑移随温度的升高而变得活跃，因此产生的对位错塞积群前端应力的松弛作用就更加明显。故在此区域内，断裂应力有随温度的升高而上升的趋势。

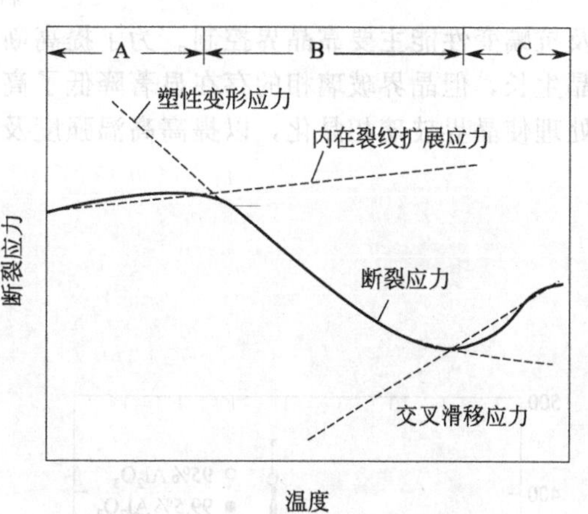

图 12-12 陶瓷的断裂应力与温度的依赖关系

图 12-13 为几种陶瓷断裂机理与温度之间的关系。共价键性很强的 Si_3N_4 很难产生位错运动，因此在很宽的温度范围内均为 A 区。这种材料即使在很高的温度下，σ_f 也下降很少，所以很适合作高温结构材料。Al_2O_3 陶瓷在约 1000℃以下为 A 区，约 1000℃以上则出现 B 区。对很容易产生塑性变形的 MgO 来说，没有 A 区；在温度约 1700℃范围内均为 B 区，在约 1700℃以上时便出现 C 区。

陶瓷材料的强度随材料的纯度、微观组织结构因素及表面状态（粗糙度）的变化而变化，因此即使是同一种材料，由于制备工艺不同，其 σ_f 及其随温度的变化关系也有差异。图 12-14 为两种纯度不同的 Al_2O_3 陶瓷的强度随温度的变化关系曲线。可以看出，高纯 Al_2O_3 陶瓷的强度变化比较简单，即随温度的升高单调下降。而低纯 Al_2O_3 陶瓷的强度在

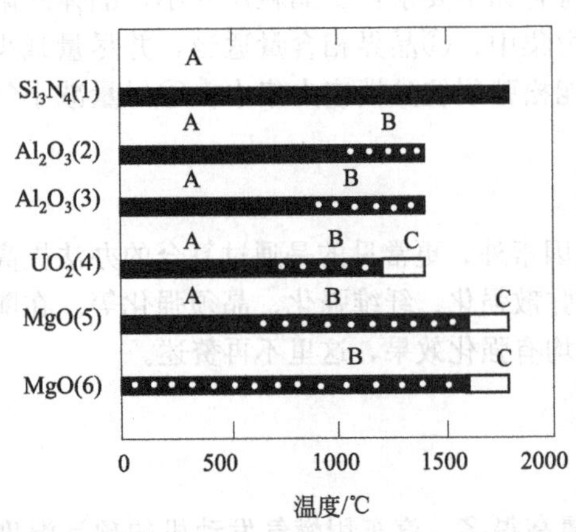

图 12-13 几种陶瓷的断裂机理与温度之间的关系

低温下高于高纯 Al_2O_3 陶瓷，且在 800℃附近出现峰值，温度在 800℃以上强度急剧下降。这是由于晶界玻璃相对致密化及愈合组织缺陷产生了有利作用。因此，在较低温度下玻璃相尚未软化时低纯 Al_2O_3 的强度较高。800℃时出现的强度峰值是晶界玻璃相产生晶化的贡献。当温度较高时，玻璃相软化而使强度急剧下降。

图 12-15 所示为温度对陶瓷材料强度的影响。根据这些曲线，可以确定相应陶瓷材料的最高使用温度。对于 SiC 及 Si_3N_4 等难烧结陶瓷，在烧结时往往加入烧结助剂（MgO 或 $Al_2O_3+Y_2O_3$ 等）。烧结时形成低熔点晶界相促进了致密化。由于烧结助剂及烧结工艺的不同，晶界相的含量分布及性质也不同，因而对陶瓷的高温性能产生显著影响。这些添加了烧结助剂的陶瓷其高温强度及抗蠕变性能主要靠晶界控制。为了提高断裂韧性，往往采用液相烧结而促使柱状晶及板状晶生长，但晶界玻璃相的存在显著降低了高温性能。为了解决这一问题，烧结后还应通过热处理使晶界玻璃相晶化，以提高高温强度及抗蠕变性能。

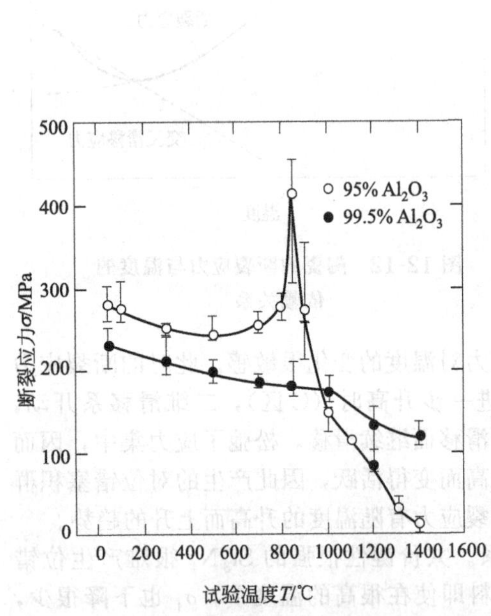

图 12-14 两种纯度不同的 Al_2O_3 陶瓷的强度随温度的变化关系曲线

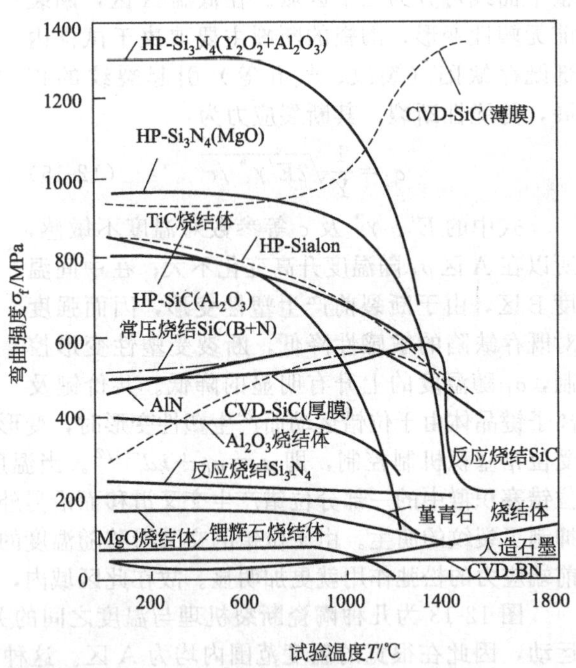

图 12-15 温度对陶瓷材料强度的影响

12.4 陶瓷材料的塑性变形和蠕变

大多数陶瓷材料虽在室温下很难产生塑性变形，但随温度的升高，滑移系逐渐开动后，即可产生塑性变形。搞清楚陶瓷在室温下的塑性变形行为及机理，对于探索陶瓷的超塑性机理、陶瓷零件的超塑性成型工艺，以及搞清楚陶瓷高温蠕变特性与提高高温抗蠕变性能均有重要意义。

12.4.1　陶瓷材料的塑性变形行为

只有少数陶瓷在室温下可以产生塑性变形，而绝大多数陶瓷只有在较高温度下才能产生塑性变形。图 12-16 给出 KBr 和 MgO 晶体弯曲试验时的应力-应变曲线。可以看出，与高强钢的应力-应变曲线相类似，曲线连续光滑，无明显的屈服点。图 12-17 给出 LiF 晶体屈服点的应力-应变曲线。可以看出，其与低碳钢的应力-应变曲线相似，出现明显的屈服现象。其他陶瓷在高温下变形应力-应变曲线大体上都符合上述两种形式。

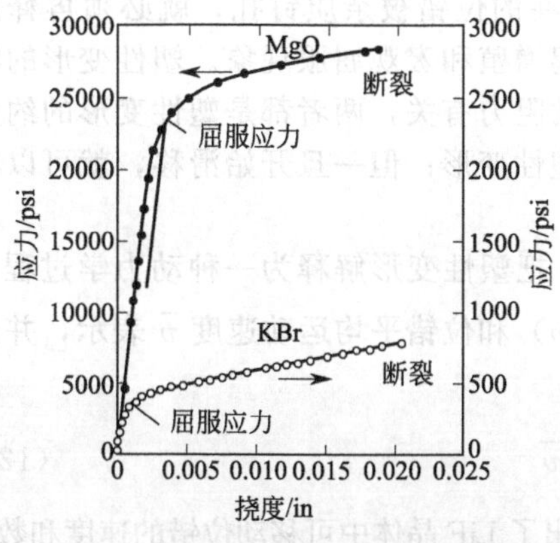

图 12-16　KBr 和 MgO 晶体弯曲试验时的应力-应变曲线

(1psi=6.894757kPa；1in=25.4mm)

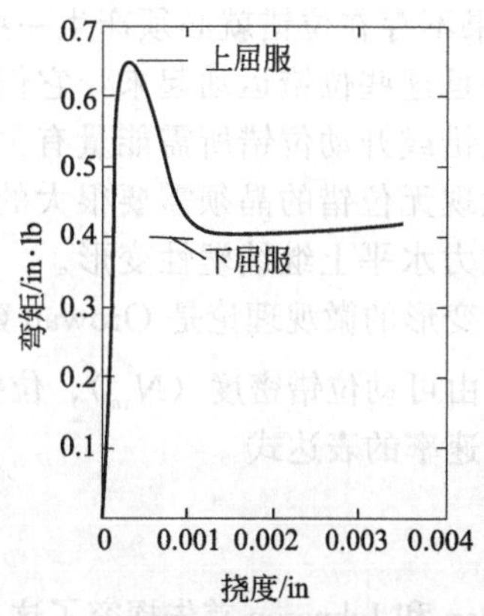

图 12-17　LiF 晶体屈服点的应力-应变曲线

(1in·lb=0.113N·m)

同金属材料一样，滑移和孪生也是陶瓷材料塑性变形的两种基本机理。对于同一种材料，在较低温度下易产生孪生，在较高温度下，则滑移变得容易。表 12-4 给出部分陶瓷晶体中的滑移系统。单晶滑移塑性变形所需的外加应力的大小取决于滑移面上的分切应力是否达到足以开动此滑移系的临界值（临界分切应力）$\tau_{临界}$：

$$\tau_{临界}=\sigma\cos\varphi\cos\psi \tag{12-16}$$

式中，σ 为外加轴拉应力；φ 为滑移面法向与外加应力方向的夹角；ψ 为滑移方向与外加应力方向的夹角。同一晶体中不同的滑移系统由于滑移单位矢量 b 大小不同，因而临界分切应力也大不相同。

表 12-4　部分陶瓷晶体中的滑移系统

晶体	滑移系统	独立滑移系统	附注
C(金刚石),Si,Ge	{111}　<1$\bar{1}$0>	5	$T>0.5T_m$
NaCl,LiF,MgO,NaF	{110}　<1$\bar{1}$0>	2	低温
NaCl,LiF,MgO,NaF	{110}　<1$\bar{1}$0> {001}　<1$\bar{1}$0> {111}　<1$\bar{1}$0>	5	高温
TiC,UC	{111}　<1$\bar{1}$0>	5	高温
PbS,PbTe	{001}　<1$\bar{1}$0> {110}　<001>	3	

续表

晶体	滑移系统	独立滑移系统	附注
CaF_2, UO_2	{001} $\langle 1\bar{1}0\rangle$	3	
CaF_2, UO_2	{001} $\langle 1\bar{1}0\rangle$ {110} {111}	5	高温
C(石墨), Al_2O_3, BeO	{0001} $\langle 11\bar{2}0\rangle$	2	
TiO_2	{101} $\langle 10\bar{1}\rangle$ {110} $\langle 001\rangle$	4	
$MgAl_2O_4$	{111} $\langle 1\bar{1}0\rangle$ {110}	5	

为使宏观变形得以发生（即实验上观察到的屈服现象），就必须使位错开始运动（滑移）。如果不存在位错就必须产生一些位错，如果存在的位错被杂质钉扎，就必须再释放出位错。一旦这些位错运动起来，它们就会加速并引起增殖和宏观屈服现象。塑性变形的特征与形成位错或开动位错所需能量有关，还与位错运动阻力有关，两者都是塑性变形的约束阻力。已发现无位错的晶须需要很大的应力才能产生塑性变形；但一旦开始滑移，就可以在低得多的应力水平上继续塑性变形。

塑性变形的微观理论是 Orowan 建立的。Orowan 把塑性变形解释为一种动力学过程，滑移速率可由可动位错密度（N_m）、位错的柏氏矢量（b）和位错平均运动速度 $\bar{v}$ 表示，并给出塑性变形速率的表达式

$$\dot{\varepsilon}=\frac{d\varepsilon}{dt}=N_m b\bar{v} \tag{12-17}$$

Gilman 和 Johnston 首先探究了这一关系，并计算出了 LiF 晶体中可移动位错的速度和数量。

腐蚀坑技术可用来识别单独的位错环运动。大的平底腐蚀坑对应于位错的起始（露头）位置，而尖底腐蚀坑表示位错运动以后的位错位置。

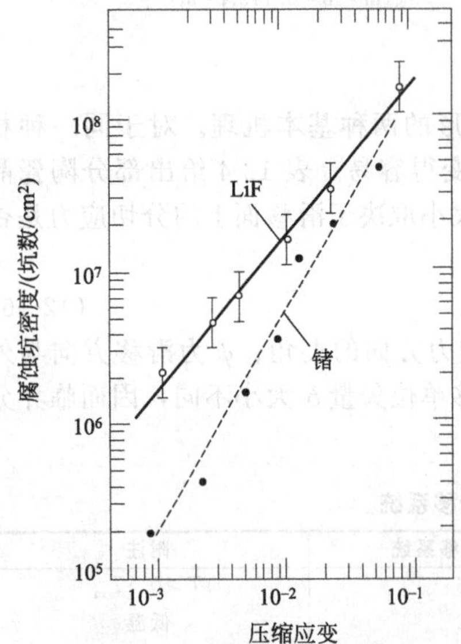

图 12-18　LiF 及锗中平均腐蚀坑密度与塑性应变的关系

晶体的塑性变形速率取决于有多少位错在运动及运动速度，一旦变形开始，大量位错都是通过再生增殖而形成。增殖的主要方式有两种，即 Frank-Read 源和交叉滑移源，两者是类似的，但后者对大多数碱金属卤化物型晶体可能更普遍。由于这些过程，平均位错密度随应变量的增大而增加。LiF 及锗中平均腐蚀坑密度与塑性应变的关系见图 12-18。

通常在屈服过程的开始阶段，应力-应变曲线可以有不同的形状，屈服过程的起始阶段应力-应变的不同形状见图 12-19。图 12-19 中的曲线 A 存在大量位错，当应力略大于位错开始应力时，位错密度和速度的乘积使得施加于晶体上的应变速率提高，从而发生变形。曲线 C 原始的位错数量要少得多，因此需要已有位错挣脱钉扎和增殖来产生变形，一旦有足够的运动位错，应力就下降；曲线 B 介于曲线 A 与曲线 C 之间。

大多数金属对应变速率不如离子晶体敏感，因此有比 LiF 更陡的曲线。像 Al_2O_3 这样的部分离子型晶体，显然对应变速率更敏感，因此也有比 LiF 更平缓的曲线。表 12-5 给出部分晶体的位错速度的应力敏感性指数。

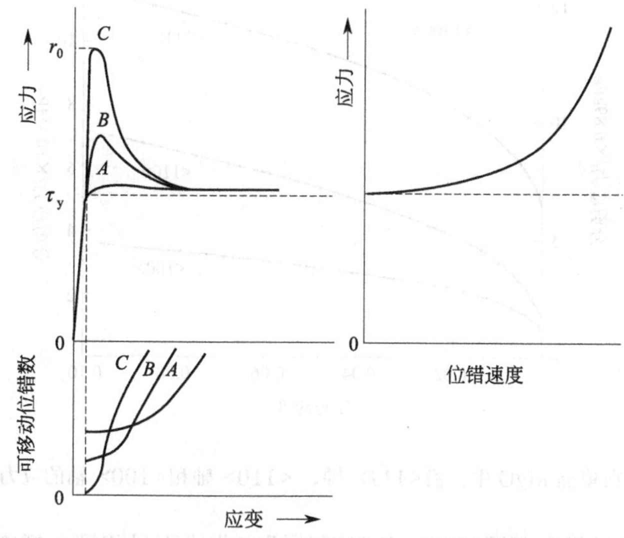

图 12-19 屈服过程的起始阶段应力-应变的不同形状

表 12-5 位错速度的应力敏感性指数（$V \sim \tau^m$）

材料	晶体结构	m(室温)①
LiF	岩盐型	13.5～21
NaCl	岩盐型	7.8～29.5
NaCl(超高纯)	岩盐型	3.9
KCl	岩盐型	20
KBr	岩盐型	65
MgO	岩盐型	2.5～6
CaF_2	萤石型	7.0
UO_2	萤石型	4.5～7.3
Ge	金刚石型	1.35～1.9②
Si	金刚石型	1.4～1.5②
GaSb	金刚石型	2.0②
InSb	金刚石型	1.87②

① m 值可能对杂质和先前的热历史比对晶体结构更敏感。此外，均一的温度（这里是 $298K/T_m$）是重要的；
② 室温以上。

当位错应变场开始相互作用时，位错滑移就更加困难，因此屈服应力对总应变是敏感的，即应变硬化。Taylor 最先提出，随塑性变形的增加，塑性流变应力与位错密度 N_m 的平方根或塑性应变的平方根以比例增加：

$$\sigma_y \propto N_m^{1/2} \propto N\varepsilon_m^{1/2} \tag{12-18}$$

图 12-20 为在单晶 MgO 中，沿<111>轴、<110>轴和<100>轴的应力-应变曲线，所表示的是三个方向压缩的 MgO 的应变硬化（σ 对 ε 的斜率）随晶体学方向的不同而变化。

12.4.2 陶瓷材料的蠕变

蠕变是指在恒定应力作用下，材料随时间变化而表现出缓慢和持续的形变过程，材料的应变一般随时间的增加而逐渐增加。在常温下，陶瓷材料的塑性很小，几乎不发生蠕变。在高温下，材料的塑性有所增加，会发生不同程度的蠕变。陶瓷发生蠕变的温度大约为材料熔点温度的一半。蠕变曲线是材料的应变量 ε 与时间 t 之间的关系曲线，蠕变速率定义为 $\frac{d\varepsilon}{dt}$。

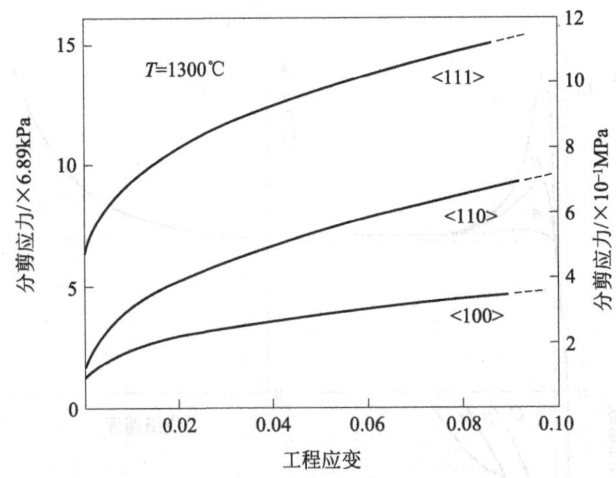

图 12-20 在单晶 MgO 中，沿<111> 轴、<110> 轴和<100> 轴的应力-应变曲线

一般来说，不同材料在不同温度或负载下的蠕变曲线不尽相同，蠕变应变与时间的关系曲线通常可以划分出三个明显的区域，或称三个阶段。陶瓷材料高温蠕变的三个阶段见图 12-21。

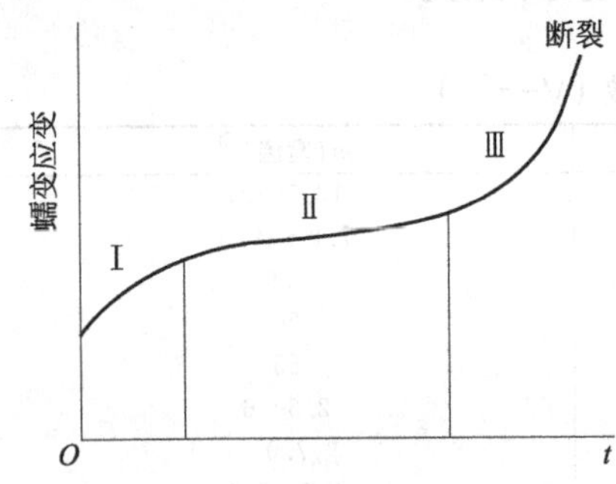

图 12-21 陶瓷材料高温蠕变的三个阶段

在第一阶段，高温蠕变除了受温度、外加应力和环境等外在因素的影响外，与材料的化学成分和晶体结构、显微结构和晶体缺陷、气孔率、晶粒尺寸、晶界组成和形状等有关，如气孔率高的材料蠕变速度也快。这个阶段也称为初期蠕变或瞬态蠕变，这一阶段的蠕变速率较大。但随时间的增加，蠕变速率的改变量有所减少，只有在蠕变开始的很短时间内为弹性区。第二阶段为稳态蠕变，蠕变应变随时间变化率基本保持不变，为恒速蠕变阶段。第三阶段的蠕变应变随时间增加得很快，最后使材料达到蠕变断裂。在这个阶段，材料因损伤积累引起内部空穴或裂纹的形核和长大。

材料的蠕变与温度和应变速率紧密相关，表征蠕变特征最常用的是蠕变速率和达到蠕变破坏的时间。通常认为陶瓷和金属的高温蠕变机制基本相同，只是陶瓷材料的蠕变机制比金属材料更加复杂。晶内位错滑移和攀移及晶界滑动和迁移为多晶陶瓷材料在高温下蠕变的主要方式，但目前对有些机制的理解还不够深刻。

陶瓷材料的塑性蠕变不太重要。蠕变形式主要为扩散蠕变（晶界机理）和位错蠕变（晶格机理），两者均引起晶界滑动和晶粒形状的改变。一般而言，塑性蠕变与应力成正比，扩散蠕变与扩散路径（约为晶粒的平均尺寸）的 n 次幂成正比（体积扩散时 $n=2$，晶界扩散时 $n=3$），而位错蠕变与应力的 m 次幂成正比。由于陶瓷材料中位错难以形成和滑移，因此对扩散蠕变机制的研究比位错蠕变显得更为重要。

总体上说，影响陶瓷蠕变的因素有：应力、时间、温度、晶粒尺寸和形状、晶粒长大、显微结构（或微结构、微观结构）、晶界体积分数以及晶界上玻璃相的黏滞性等。

陶瓷材料的塑性变形可表示为：

$$\dot{\varepsilon}=A\sigma^{-n}\exp\left(-\frac{Q}{kT}\right) \tag{12-19}$$

式中，A 为常数；σ 为施加的应力；n 为应力指数；Q 为塑性变形的热激活能；k 为玻尔兹曼常数；T 为温度。

扩散蠕变是一种热激活过程。对于扩散蠕变来说，如果扩散途径主要通过体扩散，那么蠕变的应变速率可以表示为 Nabarro-Herring 关系：

$$\dot{\varepsilon}=\frac{8\sigma\Omega D_{\mathrm{i}}}{kTd^{2}} \tag{12-20}$$

式中，σ 为施加的应力；Ω 为原子体积；D_{i} 为体扩散系数；k 为玻尔兹曼常数；T 为温度；d 为晶粒尺寸。从上式可以得出以下结论。

① 扩散蠕变速率反比于晶粒尺寸的平方。也就是说，大晶粒陶瓷材料中蠕变的发生要比小晶粒陶瓷困难些，这个现象已经被实验所证实。

② 扩散蠕变速率正比于施加的应力，但仅在较低的应力下成立，这也为实验所证实。

③ 曲线 $\ln\left(T\dfrac{\mathrm{d}\varepsilon}{\mathrm{d}t}\right)$-$\dfrac{1}{kT}$的斜率对应于蠕变的扩散激活能，对于晶格扩散机制，激活能与实验结果符合得很好。

④ 压应力引起负的应变，即材料收缩，而张应力引起在施加应力方向上材料的伸长。

如果温度较低，或者晶粒很细小，那么晶界扩散将起主导作用。Coble 提出晶界扩散情况下蠕变速率的关系式：

$$\dot{\varepsilon}=\frac{14\pi V_{\mathrm{a}}\omega_{\mathrm{gb}}D_{\mathrm{gb}}}{kTd^{3}} \tag{12-21}$$

式中，V_{a} 为原子体积；ω_{gb} 为晶粒间界的宽度；$1/d$ 为单位面积的晶粒数目（即晶粒密度的倒数）；D_{gb} 为晶界扩散系数。在这种情况下，蠕变速率反比于 d^{3}。

陶瓷材料中另一种重要的蠕变形式为位错蠕变。在高温下，位错可以通过滑移或攀移的方式运动。通过吸收空位，位错可以攀移到滑移面之外，到其滑动不受阻的原子面上。位错攀移过程主要取决于晶格空位的扩散，因而与晶粒尺寸关系不大。位错蠕变的应变速率：

$$\dot{\varepsilon}=b\left[\rho_{\mathrm{dis}}v(\sigma)+\frac{\mathrm{d}\rho(\sigma)}{\mathrm{d}t}\lambda\right] \tag{12-22}$$

式中，b 为位错的柏氏矢量；ρ_{dis} 为位错密度；v（σ）为在应力作用下位错的平均运动速度；$\dfrac{\mathrm{d}\rho(\sigma)}{\mathrm{d}t}$为在应力作用下位错的成核速度；$\lambda$ 为位错被钉扎前移动的平均距离。

陶瓷体内常残留有玻璃相，在高温下软化或熔化成为软晶间相。软晶间相的存在使蠕变速率增加和蠕变破坏时间变小。同时，陶瓷材料的晶粒间界内也常常存在玻璃相，这些较软和黏滞玻璃相的流变常成为陶瓷材料中蠕变的主要方式，称为黏滞蠕变。材料中的玻璃相比晶相容易发生变形，而处在晶粒间界的玻璃相更加容易发生变形。当玻璃相完全润湿晶相时，蠕变的抵抗力大减。

另外，玻璃和非晶态的蠕变速率比相应的晶态大得多，例如 Si_3N_4 是优秀的高温结构材料，由于常采用液相烧结的方法制备，因此材料中不可避免地存在少量玻璃相，从而引起黏滞蠕变，造成在两个晶粒的接触面间形成孔洞及应力断裂。通常可以选择合适的玻璃成分使之在最初加工阶段就晶化，或者采取添加第二相，如 SiC，以限制晶粒间界的移动。

12.5　陶瓷材料的脆性

如前所述，陶瓷材料在室温下甚至在 $T/T_{\mathrm{m}}\leqslant 0.5$ 的温度范围很难产生塑性变形，因此其断裂方式为脆性断裂，所以陶瓷材料的裂纹敏感性很强。断裂力学性能是评价陶瓷材料力学性能的重要指标。基于陶瓷的这种特性，其断裂行为非常适合于用线弹性断裂力学来描述，用来评价陶瓷材料韧性的断裂力学参数是断裂韧性（K_{IC}）。

根据弹性理论，各向同性的线弹性体中存在的尖锐裂纹尖端附近的应力场，可以通过以裂纹尖端为原点的局部极坐标（r，θ）用下式表示［如图 12-22(a)］：

$$\sigma_{ij}=\frac{1}{\sqrt{2\pi r}}\left[K_{\mathrm{I}}f_{ij}^{\mathrm{I}}(\theta)+K_{\mathrm{II}}f_{ij}^{\mathrm{II}}(\theta)+K_{\mathrm{III}}f_{ij}^{\mathrm{III}}(\theta)\right] \tag{12-23}$$

式中，角标Ⅰ、Ⅱ、Ⅲ代表三种裂纹尖端变形模型，如图 12-22(b) 所示；Ⅰ型裂纹为张开型，Ⅱ型裂纹为错开型，Ⅲ型裂纹为撕开型。上式表示的应力 σ_{ij} 对 $r^{-1/2}$ 有奇异性。即在 r 趋于 0 时，$r^{-1/2}$ 值远远大于其他项。表 12-6 示出三种裂纹形式的应力分量，其中 K_{I}、K_{II}、K_{III} 称为应力强度因子，可以根据材料的形状、尺寸及边界条件计算求得，单位为 MPa・m$^{1/2}$。对于某一裂纹而言，一旦应力强度因子确定，则裂纹尖端附近的应力、应变及位移等都随之而定，即用应力强度因子可以描述裂纹尖端附近的力学环境。

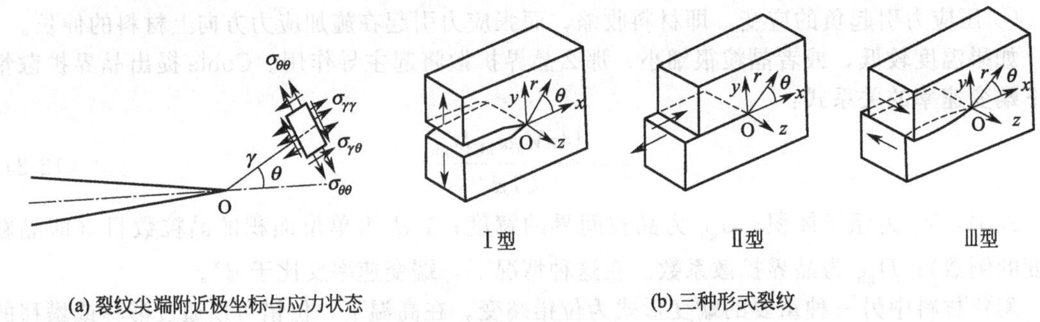

(a) 裂纹尖端附近极坐标与应力状态　　(b) 三种形式裂纹

图 12-22　裂纹尖端应力场极坐标与三种形式的裂纹

表 12-6　三种裂纹的应力分量

Ⅰ型	$\begin{Bmatrix}\sigma_x\\ \sigma_y\\ \tau_{xy}\end{Bmatrix}=\frac{K_{\mathrm{I}}}{\sqrt{2\pi r}}\cos\frac{\theta}{2}\begin{Bmatrix}1-\sin\frac{\theta}{2}\sin\frac{3\theta}{2}\\ 1+\sin\frac{\theta}{2}\sin\frac{3\theta}{2}\\ \sin\frac{\theta}{2}\cos\frac{3\theta}{2}\end{Bmatrix}$
Ⅱ型	$\begin{Bmatrix}\sigma_x\\ \sigma_y\\ \tau_{xy}\end{Bmatrix}=\frac{K_{\mathrm{II}}}{\sqrt{2\pi r}}\begin{Bmatrix}-\sin\frac{\theta}{2}(2+\cos\frac{\theta}{2}\cos\frac{3\theta}{2})\\ \sin\frac{\theta}{2}\cos\frac{\theta}{2}\cos\frac{3\theta}{2}\\ \sin\frac{\theta}{2}(1-\sin\frac{\theta}{2}-\sin\frac{3\theta}{2})\end{Bmatrix}$
Ⅲ型	$\begin{Bmatrix}\tau_{xz}\\ \tau_{yz}\end{Bmatrix}=\frac{K_{\mathrm{III}}}{\sqrt{2\pi r}}\begin{Bmatrix}-\sin\frac{\theta}{2}\\ \cos\frac{3\theta}{2}\end{Bmatrix}$

应力强度因子的一般表达式为：

$$K=\sigma Y\sqrt{c} \tag{12-24}$$

式中，σ 为应力；c 为裂纹尺寸；Y 为由裂纹形状、尺寸及载荷形式所决定的无量纲系数。

表 12-7 给出不同形状裂纹及应力状态的应力强度因子。当裂纹尖端应力强度因子达到某一临界值时，则裂纹失稳扩展而导致断裂。此时的临界应力强度因子称为断裂韧性。对Ⅰ型裂纹，失稳扩展条件为：

$$K_{\mathrm{I}} \geqslant K_{\mathrm{IC}} = \sigma_{\mathrm{f}} Y \sqrt{c} \tag{12-25}$$

K_{IC} 即为断裂韧性（全称是平面应变断裂韧性）。当裂纹尖端应力场不满足平面应变条件时，用 K_{C} 表示以示区别。K_{IC} 与表面能及弹性模量之间关系为：

$$K_{\mathrm{IC}} = \sqrt{2E'\gamma^{*}} \tag{12-26}$$

表 12-7 不同形状裂纹及应力状态的应力强度因子

裂纹与载荷形式	应力强度因子
	$K_{\mathrm{I}}=\sigma\sqrt{\pi a}$ $K_{\mathrm{II}}=\tau\sqrt{\pi a}$ $K_{\mathrm{III}}=0$
	$K_{\mathrm{I}}=\beta\sigma\sqrt{\pi a}$，$\beta\approx 1.1215$ $K_{\mathrm{II}}=0$ $K_{\mathrm{III}}=\tau\sqrt{\pi a}$
	$K_{\mathrm{I}}=\sigma\sqrt{\pi a}F(2a/W)$ $\zeta\approx 2a/W$ $F(\zeta)\approx(1-0.5\zeta+0.370\zeta^2-0.044\zeta^3)/\sqrt{1-\zeta}$ $K_{\mathrm{II}}=K_{\mathrm{III}}=0$
	$K_{\mathrm{I}}^{\mathrm{A}}=\frac{2}{\pi}\sigma\sqrt{\pi a}$ $K_{\mathrm{II}}^{\mathrm{A}}=\frac{4\cos\theta}{\pi(2-\nu)}\tau\sqrt{\pi a}$ $K_{\mathrm{III}}^{\mathrm{A}}=\frac{4(1-\nu)\sin\theta}{\pi(2-\nu)}\tau\sqrt{\pi a}$

同样对于Ⅱ型及Ⅲ型裂纹可以定义相应的断裂韧性为 K_{IIC} 和 K_{IIIC}。表 12-8 给出一些陶瓷材料的断裂韧性值，并附几种常用金属材料的断裂韧性以作对比，可见金属材料的 K_{IC} 值比陶瓷高一个数量级。为使陶瓷材料的特长得到充分发挥，扩大在实际中的应用，应必须想办法大幅度提高和改善陶瓷的韧性。

表 12-8 一些陶瓷与一些金属断裂韧性值的比较

材料	K_{IC}/MPa·m$^{1/2}$
Al_2O_3	4～4.5
Al_2O_3-ZrO_2	4～4.5
ZrO_2	1～2
ZrO_2-Y_2O_3	6～15
ZrO_2-CaO	8～10

续表

材料	K_{IC}/MPa·$m^{1/2}$
ZrO_2-MgO	5～6
ZrO_2-CeO_2	约 35
Si_3N_4	5～6
Sialon	5～7
SiC	3.5～6
B_4C	5～6
马氏体时效钢	100
Ni-Cr-Mo 钢	45
Ti6Al4V	40
7075 铝合金	50

12.6 陶瓷材料的疲劳特性

在很长一段时间，人们认为位错很难在陶瓷中运动。在应变载荷下，陶瓷中的应变硬化和裂纹扩展几乎不会发生，因此陶瓷材料不存在疲劳断裂。然而，疲劳试验发现，陶瓷材料要么裂纹很难扩展，要么裂纹一旦扩展就很快发生断裂，在陶瓷材料疲劳循环过程中，裂纹长度的变化比金属材料小得多。

和金属一样，许多陶瓷应用于交变载荷和振动环境时，在交变或波动应力作用下会引起材料的破坏和断裂，而且在这种条件下，引起材料破坏和断裂的极限应力远小于材料在静载荷作用下引起材料破坏或断裂的应力值。这种在长时间动载条件下引发材料的形变和断裂分别称为疲劳应变和疲劳断裂，相应的抵抗材料疲劳和材料不被破坏的强度称为疲劳强度或疲劳极限。由于陶瓷的晶体结构比金属复杂，材料在相同制备条件下又可能形成不同的显微结构，因而其疲劳强度值的分散性大。

金属疲劳时，局部的塑性变形起很大作用，而陶瓷在较低温度下塑性极小，难以发生塑性变形。因此，陶瓷材料的疲劳行为比金属材料复杂，陶瓷材料在交变负载下的疲劳行为可分为静态疲劳、循环疲劳和动态疲劳。但是，至今还没有一个微观机理可以较好地解释陶瓷中疲劳试验的数据。

在疲劳试验中规定循环应力振幅：

$$\sigma_{amp}=\frac{1}{2}(\sigma_{min}+\sigma_{max}) \tag{12-27}$$

载荷比

$$R=\frac{\sigma_{min}}{\sigma_{max}} \tag{12-28}$$

式中，σ_{min} 和 σ_{max} 分别为材料在循环应力作用下的最小和最大应力值。由于施加的应力值可以是拉伸-拉伸应力、压缩-压缩应力或者拉伸-压缩应力，因此 R 值可以为正值或负值。对于无裂纹的光滑试样，典型的疲劳曲线是以 σ_{amp} 或者 σ_{max} 的对数为纵坐标，循环时间为横坐标，循环时间的终点为材料达到疲劳断裂的时间，如图 12-23（a）所示。图 12-23（b）为疲劳循环时裂纹生长速率 lg（dc/dN）与 lgΔK_t 之间的关系。其中，dc/dN 为每个循环的裂纹生长速率；ΔK_{I} 为在疲劳循环过程中 K 的最大值与最小值的差，有：

$$\Delta K_{\text{I}}=K_{\text{I}}(\max)-K_{\text{I}}(\min)=\zeta(\sigma_{max}-\sigma_{min})\sqrt{\pi c} \tag{12-29}$$

式中，K_{I} 为应力强度因子；ζ 为几何因子常数；c 为试样中的裂纹长度，在疲劳断裂时试样中的裂纹最长。

图 12-23(b)的 $\lg(dc/dN)$-$\lg\Delta K_{\rm I}$ 关系曲线可明显分为三个区域。在区域Ⅰ，裂纹并不因施加循环负载而生长，区域Ⅱ为裂纹生长区域，每个循环的裂纹生长速率 dc/dN 与 $\Delta K_{\rm I}$ 有以下关系：

$$\frac{dc}{dN}=B(\Delta K_{\rm I})^{q} \tag{12-30}$$

这里，B 和 q 均为常数，可以从实验上测得。在区域Ⅲ，裂纹迅速生长直至材料断裂。

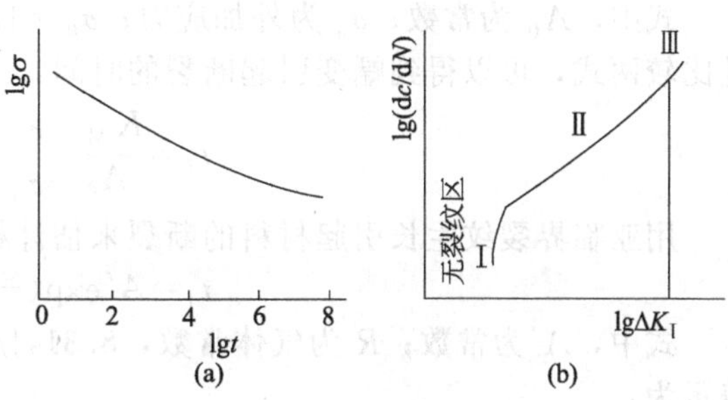

图 12-23　疲劳循环曲线

(a) $\lg\sigma$-$\lg t$ 曲线；(b) $\lg(dc/dN)$-$\lg\Delta K_{\rm I}$ 曲线

根据陶瓷材料的静态疲劳特点可以给出在一定载荷下材料裂纹扩展与材料寿命之间的关系。裂纹扩展速度与应力强度因子之间有如下关系：

$$v=A(K_{\rm I})^{n} \tag{12-31}$$

式中，A 与 n 为材料常数；n 也称为应力腐蚀指数，它是描述陶瓷材料疲劳特性的重要参数。不同材料的数值可以相差很大，例如玻璃材料的 n 值在 10～20，而非氧化物陶瓷可达 100 以上。

从静态疲劳裂纹扩展曲线 $\lg v$-$\lg K$ 的斜率可以求得 n，n 值因测试方法、测试介质的不同而有所区别。另外，陶瓷材料的静态裂纹扩展速度与材料的断裂韧性有关，对于给定的应力强度因子值，材料的断裂韧性越高，裂纹扩展的速度就越低。

除了蠕变和疲劳，陶瓷中还存在亚临界裂纹生长（subcritical crack growth，SCG）。它是在应力和腐蚀气氛中材料亚临界裂纹的缓慢生长现象。SCG 是一种热激活过程，在高温下尤其重要，即使在常温下对材料的破坏也不容忽略。例如，在含水的气氛中，氧化硅可以以 10^{-17} m/s 的速度被分解，材料中裂纹的生长速率可达 10^{-3} m/s。这个过程为水的离解性化学吸附，可解释为水分子通过扩散和被吸附到裂纹尖端并与那里的 Si—O—Si 键发生反应形成 2 个 Si—OH 键。

除了水，其他极性分子也能引起 SCG，但要求其分子足够小（小于 0.3nm），与扩展裂纹的尺度相当。

亚临界裂纹生长的速率可表示为：

$$v=A\left(\frac{K_{\rm I}}{K_{\rm IC}}\right)^{n} \tag{12-32}$$

式中，A 为与温度有关的常数；n 可以通过分别测量在两个不同的恒定应变速率下的断裂应力值得到，即

$$\left(\frac{\sigma_1}{\sigma_2}\right)^{n+1}=\frac{\dot{\varepsilon}_1}{\dot{\varepsilon}_2} \tag{12-33}$$

蠕变、疲劳和亚临界裂纹生长对陶瓷材料都有一定的破坏作用，但又是不能避免的。因此，根据它们的特点来预测材料的寿命是有实际意义的。

对于蠕变过程中材料寿命 $t_{\rm f}$ 的预测可采用 Monkman-Grant 方程，即

$$\dot{\varepsilon}t_{\rm f}=K_{\rm MG} \tag{12-34}$$

式中，$K_{\rm MG}$ 为常数。如果认为蠕变速率与晶粒尺寸无关，式(12-34) 可改写为：

$$\dot{\varepsilon}=A_0\left(\frac{\sigma_{\rm a}}{\sigma_0}\right)^{p}\exp\left(\frac{Q_{\rm c}}{kT}\right) \tag{12-35}$$

式中，A_0 为常数；σ_a 为外加应力；$\sigma_0=1\text{MPa}$；Q_c 为蠕变激活能；p 为晶粒指数。通过比较两式，可以得到蠕变引起断裂的时间：

$$t_f=\frac{K_{MG}}{A_0}\left(\frac{\sigma_a}{\sigma_0}\right)^p\exp\left(\frac{Q_c}{kT}\right) \tag{12-36}$$

用亚临界裂纹生长引起材料的断裂来估计材料的寿命 t_f，有：

$$t_f=A'\exp(-\beta K_{\mathrm{I}}/RT) \tag{12-37}$$

式中，A'为常数；R 为气体常数，8.314J/(mol·K)；β 为经验常数。应力强度因子可表示为：

$$K_{\mathrm{I}}=A\sigma_a\sqrt{\pi c} \tag{12-38}$$

式中，A 为常数；σ_a 为外加应力；c 为裂纹长度。

降低 K_{I} 可以明显提高材料的寿命。例如，二氧化硅玻璃在 300K 温度的水气氛中，已知 $\beta=0.182\text{m}^{5/2}$，如果 K_{I} 可以从 $0.5\text{MPa}\cdot\text{m}^{1/2}$ 减小到 $0.4\text{MPa}\cdot\text{m}^{1/2}$，材料的寿命增加的倍数为：

$$\frac{t_f(0.4)}{t_f(0.5)}=\frac{\exp\left(-\frac{0.182\times0.4\times10^6}{8.314\times300}\right)}{\exp\left(-\frac{0.182\times0.5\times10^6}{8.314\times300}\right)}\approx1470$$

前面讨论的疲劳寿命都是在恒定应力作用下得到的，而实际上应力并不一定是定值。为了确保材料使用时的安全性，常采用最小寿命：

$$t_{\min}=\frac{2(K_{\mathrm{IC}}\sigma_a/\sigma_p)^{2-n}}{(n-2)AE^2\sigma_a^2} \tag{12-39}$$

式中，σ_a 和 σ_p 分别为使用应力和保证应力。如果材料的 K_{IC}、E、A、n 均已知，那么可以从对应的 σ_a/σ_p 的值得到 $t_{\min}$ 与 σ_a 之间的关系，两者的关系图称为寿命保证实验图。

12.7 陶瓷材料的强韧化

陶瓷材料具有耐高温、耐腐蚀、耐磨损等优异性能，但是陶瓷材料固有的脆性一直制约着陶瓷材料的发展与应用。因此，如何改善陶瓷的断裂韧性，实现材料强韧化，提高其可靠性和使用寿命是研究者们所面临的核心课题之一。从显微结构角度考虑，陶瓷的断裂主要由裂纹扩展导致。因此，通过提高陶瓷材料抵抗裂纹扩展的能力，减缓裂纹尖端的应力集中效应，可在一定程度上克服陶瓷的脆性，提高陶瓷断裂韧性和强度。

到目前为止，已经发展出多种陶瓷增韧方法，包括相变增韧、微裂纹增韧、裂纹偏转和桥联增韧、晶须/纤维增韧、畴转和孪晶增韧、自增韧等。从韧化陶瓷的显微组织形式上看，可分为以下两类。一类是自增韧陶瓷，它是由烧结或热处理等工艺使其微观结构内部自生出增韧相（组分），如 ZrO_2 相变增韧陶瓷和 α-Sialon 自增韧陶瓷、β-Sialon 自增韧陶瓷。另一类是在试样制备过程中添加起增韧作用的第二相（组分），如纤维增韧、晶须增韧及颗粒增韧陶瓷。实际上，陶瓷材料中的增韧机制通常不止一种，而是以上几种机制的叠加，即为协同韧化。

12.7.1 相变增韧

相变增韧是指通过第二相的相变消耗大量裂纹扩展所需的能量，使得裂纹尖端应力松弛，阻碍裂纹的进一步扩展；同时，相变产生的体积膨胀使周围基体受压，促使其他裂纹闭合，从而提高了材料的断裂韧性和强度。这种相变增韧也称为应力诱发相变、相变诱发韧性。相变增

韧 ZrO_2 陶瓷是一种极有发展前途的新型结构陶瓷，其主要是利用 ZrO_2 相变特性来提高陶瓷材料的断裂韧性和抗弯强度，使其具有优良的力学性能、低的热导率和良好的抗热震性。它还可以用来显著提高脆性材料的韧性和强度，是复合材料和复合陶瓷中重要的增韧剂。

纯 ZrO_2 在室温下为单斜晶系，通过添加 CaO 或 Y_2O_3，在高温下合成部分稳定 ZrO_2。在应力作用下，亚稳态的四方晶型 ZrO_2 可诱发相变重新转化为单斜晶型，产生体积膨胀，从而对裂纹形成压应力，阻碍裂纹扩展，起到增韧的作用。这就是著名的 Garvie 应力诱导相变增韧机理。另外，相变增韧也可以应用于功能陶瓷，如采用铁电/压电性畴转变增韧机制等。在压电陶瓷材料中，可利用外应力通过压电效应转变为电能，间接影响材料的微观结构从而达到增韧的目的。

ZrO_2 增韧机理可归结为如下。①利用 ZrO_2 t-m 马氏体相变时的体积膨胀产生应力场和消耗外加载荷的能量，达到阻止裂纹扩展和增加断裂韧性的目的。②在增韧过程中会在被增韧的基体相和 ZrO_2 相间，由于热膨胀系数差或相变等原因引起体积差，从而产生弥散的均匀分布的微裂纹。当引起材料断裂的主裂纹扩展至此时，这些微裂纹会引起主裂纹的分叉，从而增加了裂纹扩展过程中的表面能，使得裂纹扩展受阻。③裂纹偏转增韧，残余应力及高强度、高韧性的第二相颗粒的阻挡作用可以使得裂纹在扩展过程中发生偏转和扭折，从而减少裂纹尖端的应力强度因子，提高材料的断裂韧性。④表面残余压应力增韧，通过表面研磨、冷处理等，可以使陶瓷材料的表面发生 t-m 相变，引起局部体积膨胀，使得材料表面处于压应力状态，有利于提高材料的断裂韧性。

相变粒子的尺寸、含量、分布、界面结构、局部应力状态、相变速度及相变过程对晶体微观结构的影响等因素都对增韧效果有着直接影响，且相变增韧大多伴有材料强度的下降。常见的 ZrO_2 增韧陶瓷有：ZrO_2-MgO，ZrO_2-Al_2O_3，ZrO_2-Y_2O_3，ZrO_2-CaO，ZrO_2-CeO_2，晶须-ZrO_2 复合增韧陶瓷等。用氧化锆增韧的陶瓷材料性能与基体性能比较见表 12-9。

表 12-9 用氧化锆增韧的陶瓷材料性能与基体性能比较

材料	陶瓷基体		ZrO_2 增韧陶瓷	
	断裂韧性/MPa·$m^{1/2}$	抗弯强度/MPa	断裂韧性/MPa·$m^{1/2}$	抗弯强度/MPa
立方氧化锆	2.4	180	2～3	200～300
PSZ			6～8	600～800
TZP			7～12	1000～2500
Al_2O_3	4	500	5～8	500～1300
莫来石	1.8	150	4～5	400～500
尖晶石	2	180	4～5	350～500
堇青石	1.4	120	3	300
烧结 Si_3N_4	5	600	6～7	700～900

12.7.2 微裂纹增韧

微裂纹增韧的根本原因是增大了裂纹扩展路径，即增加了裂纹扩展所需克服的表面能，从而提高了材料抵抗断裂的能力。微裂纹增韧是一种常用的陶瓷增韧机制，在陶瓷基体相和分散相之间，由于温度变化引起的热膨胀差或相变引起的体积差，会产生弥散分布的微裂纹。当主裂纹扩展时，这些均匀分布的微裂纹会促使主裂纹分叉，使主裂纹扩展路径曲折不平，增加了扩展过程中的表面能，从而使裂纹快速扩展受到阻碍，增加材料韧性。

目前，微裂纹增韧的陶瓷材料主要为 ZrO_2 增韧的氧化铝陶瓷（Al_2O_3-ZrO_2，ZTA）。ZTA 同时包含微裂纹增韧和相变增韧两种机理，其中微裂纹又可分为球形颗粒开裂和颗粒相变应变引起基体开裂两种。ZTA 复合陶瓷具有优良的抗腐蚀性、抗热震性、高强度和高韧性，可用于制作加工铸铁和合金的陶瓷刀具、耐磨瓷球和生物医用材料如牙齿等。

12.7.3 裂纹偏转和桥联增韧

在陶瓷基体中，高强度高韧性的第二相颗粒的弥散分布，使得裂纹在扩展过程中，当遇到分散相粒子的阻碍时，裂纹尖端会沿颗粒发生弯曲。另外，当分散相粒子与基体相交界周围产生残余压应力，裂纹遇到分散粒子时，原来的前进方向会发生转向（图 12-24）。颗粒与基体的热膨胀系数差异是决定增韧效果的主要因素。裂纹桥联通常发生在裂纹尖端，依靠桥联单元连接裂纹的两个表面并在两个界面之间产生闭合应力，从而导致应力强度因子随裂纹扩展而增加。裂纹桥联可能发生穿晶破坏，也有可能出现裂纹绕过桥联单元沿晶发展及偏转的情况。裂纹桥联增韧值与桥联单元粒径的平方根成正比。复合材料中存在的微裂纹也会导致主裂纹在扩展过程中发生偏转，增加复合材料的韧性。

目前，在陶瓷基体中加入的第二相颗粒通常为强度较高的氮化物和碳化物陶瓷颗粒。塑性良好的金属颗粒作为第二相颗粒也可以增强脆性陶瓷基体的韧性。金属粒子作为延性第二相引入陶瓷基体内，不仅可以改善陶瓷的烧结性能，也可以以多种方式阻碍陶瓷中裂纹的扩展，使得复合材料的抗弯强度和断裂韧性得以提高。其增韧机制有两种：①扩展裂纹的上下表面在裂纹尖端后方一定的距离内被完整的颗粒所钉住，颗粒通过阻止裂纹的张开而减小了裂纹尖端的应力强度因子，从而实现增韧；②裂纹扩展过程中导致颗粒的塑性变形，消耗了宏观裂纹扩展的驱动力。

在 Al_2O_3 或 Si_3N_4 等材料的陶瓷基体中加入 SiC 和 TiC 等颗粒物制作的陶瓷刀具已被广泛使用。裂纹偏转和桥联增韧不受温度限制，同时又可以避免微裂纹对材料的劣化作用，是高温结构陶瓷比较有潜力的增韧方法之一。

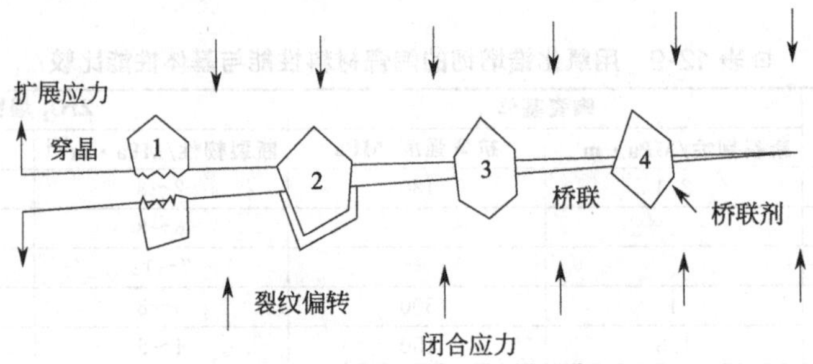

图 12-24 裂纹偏转和桥联示意图

12.7.4 晶须/纤维增韧

晶须/纤维增韧被认为是高温结构陶瓷最有希望的增韧方式之一，通过添加适量的晶须/纤维可使材料的强度和韧性大幅度提高。晶须/纤维自身特性及纤维与陶瓷基体的界面结合特性是影响纤维增韧的主要因素。在陶瓷基体中掺入高强度高韧性的晶须/纤维，可使宏观裂纹在穿过晶须/纤维时受阻，从而提高陶瓷材料的强度和韧性。其增韧机理为：陶瓷基体中晶须/纤维的脱黏、拔出和桥联（图 12-25 为纤维增韧原理示意图），主要内容如下。

① 当纤维或晶须与基体的结合力较弱，晶粒的断裂强度超过裂纹的扩展应力时，裂纹会偏离原来结合面而沿晶须/纤维与基体的结合面扩展，从而引发晶须/纤维与基体界面脱黏，进而阻碍裂纹扩展。

② 当晶须/纤维较短或发生断裂时，晶须/纤维在裂纹扩展过程中脱黏并拔出，晶须/纤维的断裂及拔出都会使得裂纹尖端应力松弛，减缓裂纹的扩展，消耗裂纹扩展的能量。

③ 陶瓷基体中的晶须/纤维产生桥联时，其两端会牵拉住两裂纹面，即在裂纹表面产生压应力，抵消一部分外加压力的作用，阻止裂纹的进一步扩展。

目前常用的晶须/纤维材料为 SiC、Si_3N_4 和 Al_2O_3 等材料，陶瓷基体通常为 Al_2O_3、ZrO_2、Si_3N_4 和莫来石等。纤维增韧陶瓷主要用途有两类：要求高强度、高硬度和高温结构稳定性的材料；绝热、高温空气过滤材料以及作为金属的增强材料，适用于航天和化学工业。利用纤维增韧陶瓷材料制作的零部件可以用于爆破箱和密封件等，轻质增强纤维构件还可用于飞机发动机。用碳纤维补强的石英基复合材料是最有成效的应用案例之一。在石英基体中加入 25%（体积分数）的碳纤维组成的复合材料，其强度和韧性都显著提高，表现出优异的抗机械冲击和热冲击性能，并成功用于我国的空间技术中。

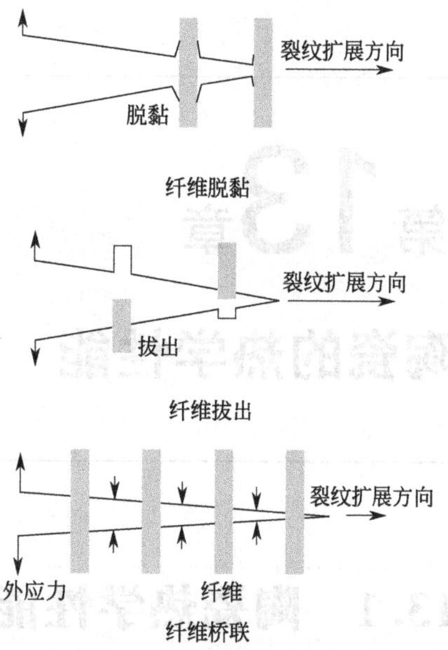

图 12-25　纤维增韧原理示意图

12.7.5　畴转和孪晶增韧

畴转和孪晶增韧是将压电陶瓷作为第二相加入结构陶瓷中，以达到增韧和增强的目的。在裂纹扩展过程中，陶瓷基体中的压电第二相不仅对裂纹有桥联和偏折作用，压电效应和电畴偏转也会消耗裂纹扩展驱动力，从而起到增韧作用。因此，在压电相增韧的陶瓷材料中，除了裂纹桥联和偏折增韧，裂纹扩展的能量还可以通过三种途径释放：通过压电效应将机械能转化为电能；通过应力诱导铁电相发生相变而消耗能量；通过应力导致压电第二相中畴壁运动以提高复合材料的断裂韧性。

这一方法在 $BaTiO_3/Al_2O_3$、$Nd_2Ti_2O_7/Al_2O_3$ 和 $LaTaO_3/Al_2O_3$ 复合陶瓷上得到了很好的增韧效果。$BaTiO_3/Al_2O_3$ 是其中典型的案例。但 $BaTiO_3$ 含量较高时，增韧相与基体之间发生反应，生成大量的杂相，复合材料的断裂韧性反而降低。因此，这种增韧方法的关键在于确保铁电相与基体的共存。

12.7.6　自增韧

自增韧也称为原位增韧，即在陶瓷基体中加入可以生成第二相的原料，控制生成条件和反应过程，直接通过高温化学反应或者相变过程，在基体中生长出均匀分布的晶须、高长径比的晶粒和晶片形态的增强体，形成陶瓷复合材料。自增韧的韧化机理类似于晶须/纤维增韧的作用，主要是借助自生增强体的拔出、桥联与裂纹的偏转机制。这种方法可以有效克服加入第二相增韧中存在的两相不相容、分布不均等问题，因此得到的复合材料的强度和韧性都高于第二相增韧的同种材料。

自增韧在陶瓷复合材料中应用广泛，包括 Si_3N_4、Sialon、Al-Zr-C、Ti-B-C、SiC、Al_2O_3 和玻璃陶瓷等。自增韧复合陶瓷材料与外加纤维、晶须增韧陶瓷复合材料相比，优点在于不必先制备纤维或晶须，降低了制备成本。另外，烧结过程中不会对纤维和晶须造成损伤，与基体之间界面结合较好。自增韧陶瓷复合材料一般会使材料的断裂韧性提高，但断裂强度会受到一定影响。

第13章 陶瓷的热学性能

13.1 陶瓷热学性能的一般表征

固体材料的热学性能与其结构中的原子和自由电子的能量变化有关。表征陶瓷热学性能的物理量主要有比热容、热膨胀系数和热导率等与温度变化有关的参数。在陶瓷材料的制造和使用过程中，比热容和热导率共同决定了陶瓷材料温度变化的速率，热膨胀系数则是评估陶瓷体内热应力大小的重要依据。在许多工程应用领域，如耐火材料和隔热材料、高导热基片材料、高温结构部件等，材料的热学性能和抗热震性能是首先需要考虑的因素。因此，研究陶瓷材料的热学性能具有非常重要的意义。

13.1.1 比热容

比热容简称比热，是指温度升高或降低1K时单位质量物质（m）吸收或放出的热量（ΔQ）。根据此定义，可得出以下公式：

$$c=\frac{\Delta Q}{m\Delta T} \tag{13-1}$$

比热容的单位为J/(kg·K)。当单位质量的材料以摩尔计算时，对应的比热容为材料的摩尔热容，单位为J/(mol·K)。如果温度变化过程中材料的体积不变，单位摩尔物质温度升高时所吸收的热量即为材料内能的改变（以ΔU_{mol}表示），其对于温度的变化率即为摩尔等容热容$C_{v,m}$：

$$C_{v,m}=\left(\frac{\Delta U_{mol}}{\Delta T}\right)_v \tag{13-2}$$

如果温度变化过程中材料的压力不变，单位摩尔物质温度升高时所吸收的热量即为材料的摩尔焓变（以ΔH_{mol}表示），其对于温度的变化率即为摩尔等压热容$C_{p,m}$：

$$C_{p,m}=\left(\frac{\Delta H_{mol}}{\Delta T}\right)_p \tag{13-3}$$

$C_{p,m}$与$C_{v,m}$均为材料的特性量，在接近0K温度时，两者非常接近；而在其他温度时，$C_{p,m}>C_{v,m}$，并满足以下关系：

$$C_{p,m}-C_{v,m}=\frac{1}{n}\left[\left(\frac{\partial U}{\partial T}\right)_T+p\right]\left(\frac{\partial V}{\partial T}\right)_p \tag{13-4}$$

式中，n为摩尔数。对于纯固体，$(\partial V/\partial T)_p$很小，温度不太高时近似有$C_{p,m}=C_{v,m}$；

在标准状态下或者在某个温度区间，物质的摩尔热容可以通过查表或通过计算得到。在温度为 T 时可以通过以下经验公式计算$C_{p,m}$：

$$C_{p,m}=a+bT+cT^2 \tag{13-5}$$

或

$$C_{p,m}=a+bT+c'T^{-2} \tag{13-6}$$

上述公式(13-5) 多用于低温下，公式(13-6) 多用于高温下，上述两式中各系数 a、b、c、c'均为经验常数，对不同材料和不同温度可以通过查表得到。

陶瓷材料的摩尔热容对晶体结构的变化不甚敏感，大部分陶瓷材料在高温下的摩尔等容热容接近于三倍的气体常数值，为 24.9J/(mol·K)。但单位体积的热容与材料中的气孔率密切相关。多孔材料的单位体积热容较小，因而轻质耐火砖温度上升时所需要的热量远低于致密的材料。

根据 Debye（德拜）模型计算来源于声子的摩尔等容热容与温度的关系绘于图 13-1。由图 13-1 可见，在 Debye 温度以上时热容的改变量很小。此外，材料的热容也与晶粒尺寸有关。例如，室温下多晶 Al_2O_3 的比热容为 760J/(kg·K)，纳米晶 Al_2O_3 的比热容为 820J/(kg·K)，这种区别与晶界组元的开放结构有关。图 13-1 中的θ_D 为 Debye 温度，定义为：

$$\theta_D=\frac{hv_{max}}{k} \tag{13-7}$$

式中，h 为普朗克常量；k 为玻尔兹曼常数；v_{max} 为固体的最大振动频率。当温度大大低于 Debye 温度时，随着材料的密度降低，最高振动频率也降低，热容可近似地表示为：

$$C_v\approx\frac{12\pi^4R}{5}\left(\frac{T}{\theta_D}\right)^3 \tag{13-8}$$

式中，R 为气体常数。但是，对于玻璃态和非晶材料，在低温下C_v 不满足上述 T^3 关系，而是与 T 呈线性关系。

图 13-2 为纳米 Al_2O_3（80 nm）块体的比热容与测量温度的关系。由图 13-2 可知，随温度升高纳米块体的比热容也增加。

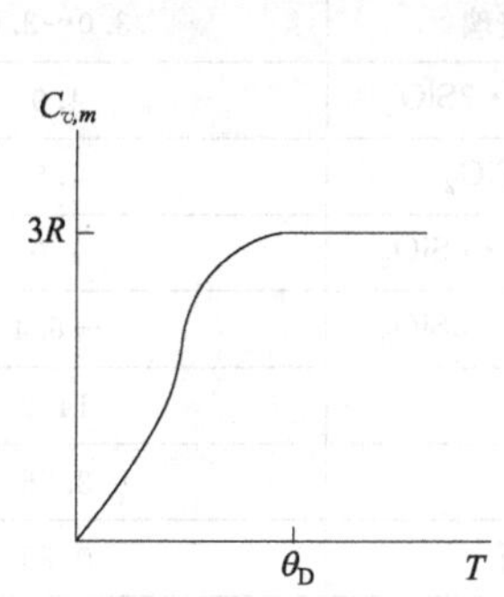

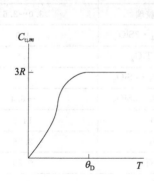

图 13-1　摩尔等容热容计算值与温度的关系曲线

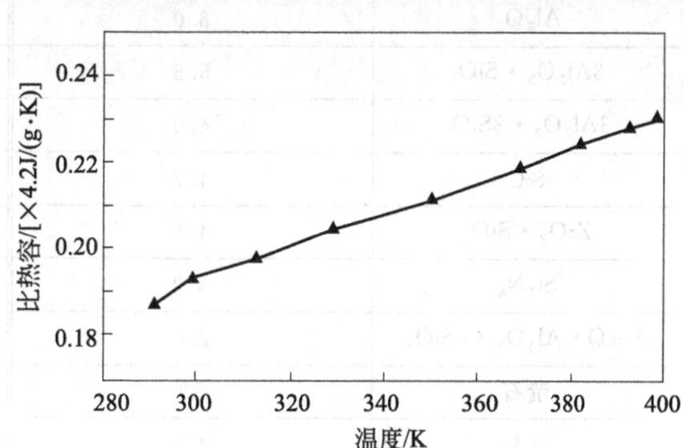

图 13-2　纳米 Al_2O_3（80 nm）块体的比热容与测量温度的关系

13.1.2　热膨胀系数

长度和体积随温度的改变而发生的变化对许多应用来说是重要的。在任一特定的温度下，我们可以定义线膨胀系数为

$$\alpha_1=\frac{dl}{l dT} \tag{13-9}$$

定义体膨胀系数为

$$\alpha_V=\frac{dV}{V dT} \tag{13-10}$$

α_1 和 α_V 均为温度的函数，在有限的温度范围内通常采用其平均值。在一般情况下，陶瓷材料的热膨胀系数即为线膨胀系数。

固体的热膨胀与原子振动有关，起因于原子势能与原子间距曲线的非对称性。材料的热膨胀系数与晶体结构即原子堆积的紧密程度和方式密切相关。一些陶瓷材料的平均热膨胀系数见表 13-1。

同种化合物，如果材料堆积时内部的空隙较大，其热膨胀系数一般较小。如多晶石英的热膨胀系数为 $12\times10^{-6}℃^{-1}$，而石英玻璃仅为 $0.5\times10^{-6}℃^{-1}$。氧化物陶瓷由于结构上多为氧的密堆积，因而其热膨胀系数一般较大。而网状硅酸盐材料具有较低的密度，热膨胀系数一般较低。如果在 SiO_2 结构中加一些 Na^+、Ca^{2+} 等修饰剂，使 Si-O 配位数从 4 增加到 6～8，结构将会变得致密，材料的热膨胀系数也会增大。材料热膨胀系数可为正或负值，取决于原子势能曲线的非对称形式：即随温度增加，如果原子间排斥能的变化大于吸引能时，原子间的平均距离增大，晶体体积增加，热膨胀系数大于零；反之，热膨胀系数小于零。

表 13-1　一些陶瓷材料的平均热膨胀系数（20～700℃）

材料	热膨胀系数/$\times10^{-6}℃^{-1}$	材料	热膨胀系数/$\times10^{-6}℃^{-1}$
MgO	13.5	TiC	7.4
ZrO_2(立方)	11.0	TiC 金属陶瓷	9.0
BeO	9.5	玻璃	8.0～10.0
$MgO\cdot Al_2O_3$	9.0	石英玻璃	0.5
Al_2O_3	8.0	刚玉瓷	5.0～5.5
$3Al_2O_3\cdot SiO_2$	5.5	硼酸盐玻璃	3.0～3.6
$3Al_2O_3\cdot 2SiO_2$	4.0	$BeO\cdot Al_2O_3\cdot 2SiO_2$	4.0
SiC	4.7	$Al_2O_3\cdot TiO_2$	1.5
$ZrO_2\cdot SiO_2$	4.5	$Li_2O\cdot Al_2O_3\cdot 4SiO_2$	1.0
Si_3N_4	3.2	$Li_2O\cdot Al_2O_3\cdot 2SiO_2$	−6.4
$3BeO\cdot Al_2O_3\cdot 6SiO_2$	2.0	CaO	14.0
萤石	19	SnO_2	3.76
B_4C	4.5	金刚石	0.89
Be_2C	10.5	WC	6.2
ZrB_2	4.5	BN	3.8

陶瓷材料的热膨胀系数也与制备过程和显微结构有关。在高温下烧结制品的热膨胀系数比同组分材料在较低温度下烧结制品的热膨胀系数高一些，多次加热制品的热膨胀系数也有增加。

材料的热膨胀系数表征了晶格中原子间距的变化，它与原子间的引力、斥力、键能密切相关。键能较大的材料，热膨胀系数一般较小。材料的熔点反映了材料中原子的结合强度，陶瓷材料大多为强化学键和高熔点，热膨胀系数一般较低。材料的熔点与其热膨胀系数存在确定的关系。一些陶瓷材料的熔点与线膨胀系数的关系见图 13-3。

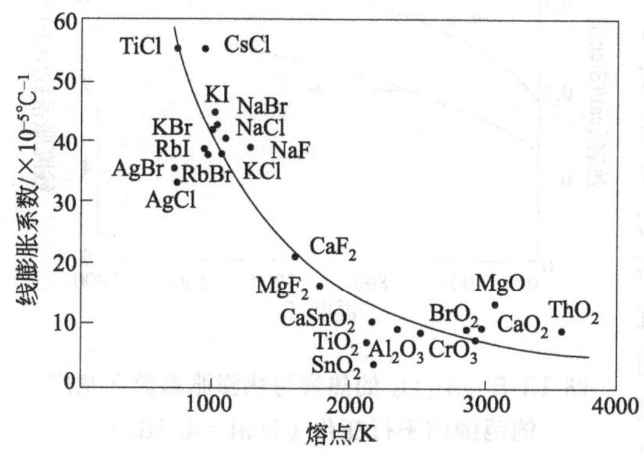

图 13-3 一些陶瓷材料的熔点与线膨胀系数的关系

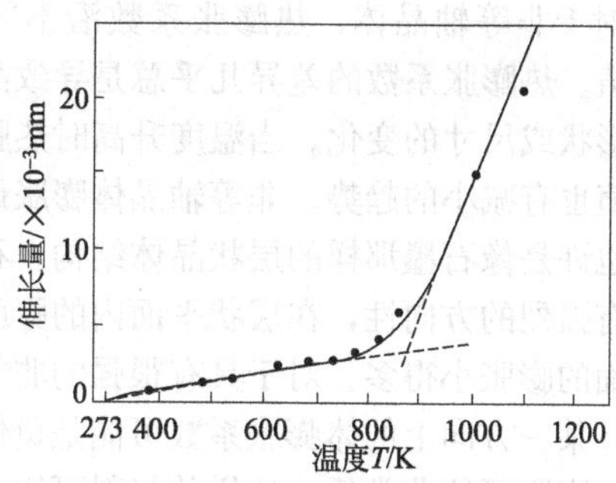

图 13-4 非晶 Si_3N_4 块体热膨胀系数与温度的关系

材料的热膨胀系数与温度有关，并多随温度升高而有所增加；热膨胀系数与晶粒尺寸也有关，并随晶粒尺寸的减小而增大，但都在同一数量级范围，如不同晶粒尺寸 α-Al_2O_3 的热膨胀系数 α(80nm)为 9.3×10^{-6}℃$^{-1}$，热膨胀系数 α(105nm)为 8.9×10^{-6}℃$^{-1}$，热膨胀系数 $\alpha(5\mu m)=4.9\times10^{-6}$℃$^{-1}$。晶态材料与非晶材料的热膨胀系数也有所不同，纳米晶及非晶的热膨胀系数比同组分多晶材料的热膨胀系数大得多。图 13-4 为非晶 Si_3N_4 块体热膨胀系数与温度的关系，图上明显存在两个线性区。

对于等轴晶系单晶和一般的多晶陶瓷材料，材料各部分的热膨胀系数大致是均匀的。而对于非等轴晶系的单晶材料，由于在不同结晶学方向上原子堆积方式和键合情况不同，其热膨胀系数可能相差较大。例如层状结构的石墨在平行 c 轴和垂直 c 轴方向上的热膨胀系数分别为 27.0×10^{-6}℃$^{-1}$ 和 1.0×10^{-6}℃$^{-1}$。表 13-2 列出一些陶瓷在垂直和平行于 c 方向上的热膨胀系数。不仅如此，这些材料沿不同轴方向上的热膨胀系数随温度变化的趋势也不同。

由于点阵振动而引起的体积变化与所含能量的增加以及密度的变化有关。因此，热膨胀系数随温度的变化$[\alpha_l=dl/(ldT)]$类似于热容的变化（图 13-5）。热膨胀系数在低温时增加很快，但在德拜特征温度以上时则趋近于常数。高于此温度时，所观察到的热膨胀系数持续增加通常是由形成 Frenkel 缺陷与 Schottky 缺陷所致。

表 13-2 一些陶瓷在垂直和平行于 c 方向上的热膨胀系数 单位：$\times10^{-6}$℃$^{-1}$

材料	垂直 c 轴	平行 c 轴	材料	垂直 c 轴	平行 c 轴
Al_2O_3	8.3	9.0	$LiAlSi_2O_6$	6.5	−2.0
Al_2TiO_3	−2.6	11.5	$LiAlSiO_4$	8.2	−17.6
莫来石	4.5	5.7	$NaAlSi_3O_8$	4.0	13.0
$CaCO_3$	−6.0	25.0	石英	14.0	9.0
TiO_2	6.8	8.3	$ZrSiO_4$	3.7	6.2

热膨胀系数随温度而变的一个重要实际结论是：对许多氧化物来说，把最常见的室温下的热膨胀系数值用于一个很宽的温度范围内或应用于不同的温度范围内是错误的。

对立方晶体来说，沿不同晶轴的膨胀系数都相等，晶体尺寸随温度的变化是对称的。因此，在任何方向上测得的线膨胀系数都一样。对于各向同性材料，在有限的温度范围内其平均体膨胀系数（$\overline{\alpha}_V$）与平均线膨胀系数（$\overline{\alpha}_l$）之间有如下关系：

$$\overline{\alpha}_V=3\overline{\alpha}_1+3\overline{\alpha}_1^{\,2}\Delta T+\overline{\alpha}_1^{\,3}\Delta T^2 \quad (13\text{-}11)$$

对大多数情况，因为 α 很小，因此在有限的温度范围内下式为良好的近似：

$$\overline{\alpha}_V=3\overline{\alpha}_1 \quad (13\text{-}12)$$

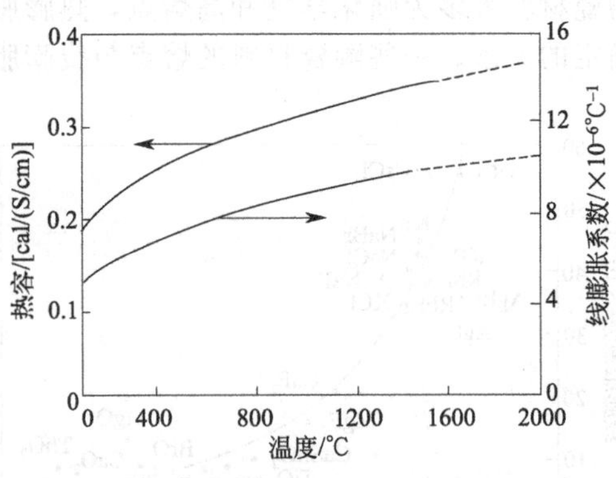

图 13-5　Al_2O_3 的热容与热膨胀系数在宽广的范围内平行变化（1cal = 4.18J）

对于非等轴晶体，热膨胀系数沿不同晶轴有不同值。热膨胀系数的差异几乎总是导致晶体在高温下形状或尺寸的变化。当温度升高时热膨胀系数的比值也有减小的趋势。非等轴晶体膨胀最突出的例子也许是像石墨那样的层状晶体结构。石墨的结合力有强烈的方向性，在层状平面内的膨胀比垂直于层面的膨胀小得多。对于具有很强的非等轴性的晶体，某一方向上的体膨胀系数可能是负值，结果使得体膨胀可能非常低。这样的材料可用在受热震作用的地方。极端的例子是钛酸铝、堇青石以及各种锂铝硅酸盐。最有趣的是β-锂霞石，总的体膨胀系数是负的。在这些材料中，很小或负的体膨胀与高度各向异性结构有关。

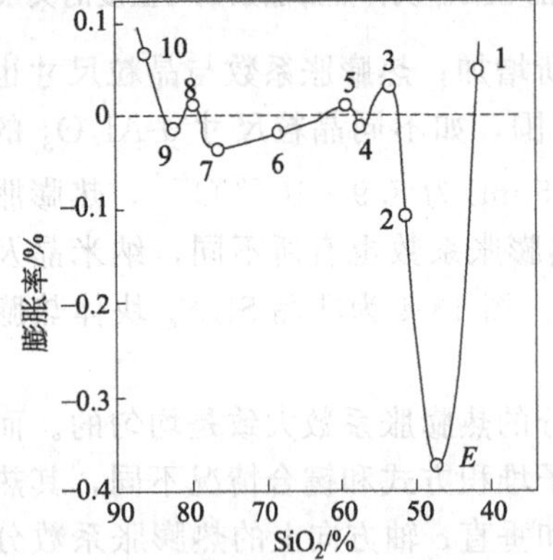

图 13-6　700℃时 LAS 体系中硅含量对复合材料热膨胀系数的影响

热膨胀系数的绝对值与晶体结构和键合强度密切相关。键合强度高的材料（如钨、金刚石以及碳化硅）具有低的热膨胀系数。然而这些材料具有高的特征温度，因此比较它们在室温下的热膨胀系数值并不完全令人满意。当讨论结构效应时最好在材料的特征温度下进行。

材料在具体应用中要求具有合适的热膨胀系数，这可以通过对材料进行设计和复合来达到，使热膨胀系数为正值、零或负值。图 13-6 为 Li_2O-Al_2O_3-SiO_2（LAS）体系中硅含量对复合材料热膨胀系数的影响。当 SiO_2 含量增加到 40%以上时，材料的热膨胀系数急剧减小并为负值；达到最小值后，SiO_2 开始固溶，材料的热膨胀系数又有所增加。

现在已经可以通过设计、模拟计算，以及在实验上用复合的方式制备出具有所需要热膨胀系数的材料。例如，在微电子工业中应用的基片多元复合材料就能够达到与硅等半导体材料热膨胀系数的匹配。氧化物的热膨胀系数大多较高，它们间的复合可能得到较低热膨胀系数的陶瓷材料，如复合氧化物 Li_2O-Al_2O_3-SiO_2 和 $2MgO$-$2Al_2O_3$-$5SiO_2$（堇青石）等是典型的低热膨胀系数工程陶瓷。这些材料的抗热震性能好，可应用于催化剂载体、耐火材料、电绝缘、化工设备主体材料等。

13.1.3　热导率

热传递主要有三种方式：对流、辐射和热传导。在温度不太高时，比较致密的固体中的传热主要为热传导。固体热传导机制主要有两种：一是通过自由电子进行热传递，这是金属材料的导热机制；二是通过晶格振动弹性波即声子进行热传递，这是电绝缘介质导热的主要机制。

如果物体在传热过程中流入任一截面的热量等于流出的热量，那么材料中单位时间传递的热量可以表示为：

$$\frac{\mathrm{d}Q}{\mathrm{d}t}=-\lambda S\frac{\mathrm{d}T}{\mathrm{d}x} \tag{13-13}$$

式中，S 为传热物体的截面积；$\mathrm{d}T/\mathrm{d}x$ 为温度梯度；λ 为热导率，是表征材料热传导能力的量，为材料常数。热导率物理意义是：以热的方式在单位时间内通过与定向能量迁移正交的单位面积所传递的能量，单位为 W/(m·K)。热导率的倒数为热阻率。如果定义单位时间和单位面积内通过的热量流为 J，那么有：

$$J=-\lambda\frac{\mathrm{d}T}{\mathrm{d}x} \tag{13-14}$$

该公式在形式上与扩散方程（Fick 第一定律）类似，表明由温度梯度引起的热传导与由化学势梯度引起的原子扩散是材料输运过程中的不同方式。

如果物体在传热过程中流入任一截面的热量不等于流出的热量，即为不稳定传热，热量的传播速度称为热扩散系数，可表示为：

$$k=\frac{\lambda}{c\rho} \tag{13-15}$$

式中，c 为材料的比热容；ρ 为密度。

材料的导热可能是由自由电子传递的，在高温区的电子将动能传递给低温区的电子，或者是低温区的电子向高温区迁移和发生碰撞而得到能量。对于自由电子，材料的热导率（λ_e）与电导率 σ 存在如下关系：

$$\frac{\lambda_e}{\sigma}=\frac{\pi^2}{3}\left(\frac{k}{e}\right)^2T \tag{13-16}$$

公式右边温度项的系数称为 Lorentz（洛伦兹）常数，约为 $2.45\times10^{-8}\ \mathrm{V/K^2}$。实际上，该系数在不同温度区域并不一定为常数。

有一些无机材料与金属材料类似，其热导率和电导率均很高，如石墨，这可以归结为材料中自由电子传导的贡献。金刚石是所有材料中热导率最高的，而且电绝缘性也很好。多数导热陶瓷材料不仅热导率很高，电绝缘性也很好，如蓝宝石、BeO、AlN 等。绝缘材料的热传导机制不可能是自由电子的贡献，而是由声子的产生和运动引起的，或者说是弹性波将热能从高温区传递到低温区。

如果材料中的热能主要由声子传递，多晶的晶界会干扰声子传播热能。因此，多晶的热导率低于单晶。例如，多晶金刚石的热导率为 800～1500W/(m·K)，而单晶金刚石可达 2000W/(m·K)。一般玻璃态和非晶材料的热导率较同组分的晶体材料低，结构比较复杂的材料热导率较低，如尖晶石结构等。晶体中存在第二相也会降低热导率，如在 MgO 中添加 NiO 会降低热导率。根据气体分子运动理论和近似关系，声子热导率可以表示为：

$$\lambda_P=\frac{1}{3}C_v\bar{v}l \tag{13-17}$$

式中，C_v 为单位体积的等容热容；$\bar{v}$ 为声子的平均速度；l 为声子在两次碰撞间隔的平均自由程，它与声子的碰撞机制有关。碰撞机制可能是声子间的碰撞，声子与杂质、晶体缺陷间的碰撞，或者是声子与晶界的碰撞。如果杂质与晶体内原子的质量相差较大，那么杂质引起晶体密度的改变较大，杂质对声子的散射也强，使得声子在两次碰撞间隔的平均自由程 l 变小，声子热导率降低。另外，在极低温下，声子-声子及声子-杂质的碰撞变得不那么重要。

多数陶瓷材料的电子或声子自由程随温度的降低而增大，因而其热导率随温度的降低而增大。而在极低温度下（接近 0K 时）只有长波长的声学波被激发，对比热容产生影响。陶瓷的热导率与温度的三次方成正比（在接近 0K 时纯金属材料的热导率与温度的一次方成正比）。热导率主要受晶粒间界的影响，声子的平均自由程随温度降低而增加。在温度低于 30K 时，热导率主要被晶粒间界和晶粒汇合点控制。而在高温下，所有的声子都被激发，热导率与温度一次方的倒数成正比。表 13-3 为几种材料在不同温度下的热导率 λ 和声子自由程 l。

表 13-3 几种材料在不同温度下的热导率 λ 和声子自由程 l

材料	273K		20K	
	λ/[W/(m·K)]	l/nm	λ/(W/m·K)	l/μm
石英	14	9.7	760	75
CaF_2	11	7.2	85	10
NaCl	6.4	6.7	45	2.3
Si	150	43	4200	410

除了电子和声子，光子也可以参与热传导，固体材料的热导率为此三部分的贡献。但是，在不同材料和不同条件下，热传导机制有所不同。温度较高时，光子传导的作用不容忽略，对光吸收小的透明介质中的光子传导更为重要。在 1500℃以上时，即使不透明陶瓷也会变为半透明的，此时光子传导变得更重要。光子热导率与光的频率有关，与折射率的平方成正比，与温度的三次方成正比，以及与光子自由程成正比。

热导率与材料的成分、晶体结构、显微结构、密度等因素密切相关。一般而言，晶体结构越复杂，材料的热导率越低；材料的气孔率增加，则热导率降低；晶粒减小，热导率也可能变小；材料中的杂质一般会降低材料的导热性能。同时，玻璃态等无序结构会对热波有较强的散射，如石英玻璃的热导率比石英晶体要低一个数量级，因此在制备导热陶瓷时应尽量避免使用玻璃态添加剂。此外，晶体微结构对材料热导率的影响是复杂的，例如当材料中气孔很多且连成通道时，材料中的对流传热将变得明显。

各种材料的热导率可以相差很大，例如致密稳定的 ZrO_2 热导率为 10W/(m·K)，而金刚石的热导率约为 2000W/(m·K)。高导热陶瓷多为共价键很强的一元或二元材料，结构有序，晶胞中原子（离子）尺寸均匀，平均原子量较小。这将减少对晶格波的散射，如金刚石、SiC、BeO、AlN 等。晶体中离子质量相差较大材料的热导率一般较低，如 UO_2、ZrO_2 等。

如果用激光脉冲对试样的一侧进行加热，记录另一侧的温度变化，这里存在一时间滞后量并与热扩散系数成正比，而温度的降低与材料的热容成正比。因此，可以应用以下公式计算材料的热导率：

$$\lambda=\rho C_p k \tag{13-18}$$

式中，ρ、C_p、k 分别为材料的密度（kg/m^3）、等压热容[(J/(kg·K)]和热扩散系数（m^2/s）。

在较低温度下，晶态材料的热导率一般随温度的增加而有所增加。在到达一峰值后，在较高温度下，随温度增加其热导率下降。固溶体的热导率多比纯材料的低（这是由于置换原子造成的晶格畸变增加了晶格波散射，减小了平均自由程）。在固溶浓度很低时，杂质对热导率的影响特别明显，热导率下降很多，以后趋于缓慢变化。一些陶瓷材料的热导率见表 13-4。图 13-7 为一些陶瓷材料热导率与温度的变化关系。

表 13-4 一些陶瓷材料的热导率

材料	热导率/[W/(m·K)]	
	100℃	1000℃
致密 Al_2O_3	30.14	6.28
致密 BeO	219.8	20.5
致密 MgO	37.68	7.12
ThO_2	10.48	2.93

续表

材料	热导率/[W/(m·K)]	
	100℃	1000℃
UO_2	10.05	3.35
石墨	180	62.8
立方 ZrO_2	1.97	2.30
熔融 SiO_2 玻璃	2.01	2.51
$MgAl_2O_4$	15.07	5.86

玻璃和非晶态陶瓷的热导率比同组分晶态小，并随温度的降低而略有减小，但变化不大，这是因为这些材料中的电子或声子的平均自由程在任何温度下均很小且变化不大。例如，室温下石英玻璃的声子自由程为 0.8nm，与 [SiO_4] 四面体的尺寸 0.7nm 接近。热导率与温度的关系主要取决于热容随温度的变化。

如果晶体是各向异性的，那么热导率也表现出各向异性，如石英的热导率在垂直于 z 方向比沿 z 方向要小。对于层状结构的材料，由于在垂直层的方向上原子之间的结合力很弱。因此，材料在此方向上的热导率要比层面上低得多，表现出热传导的各向异性。

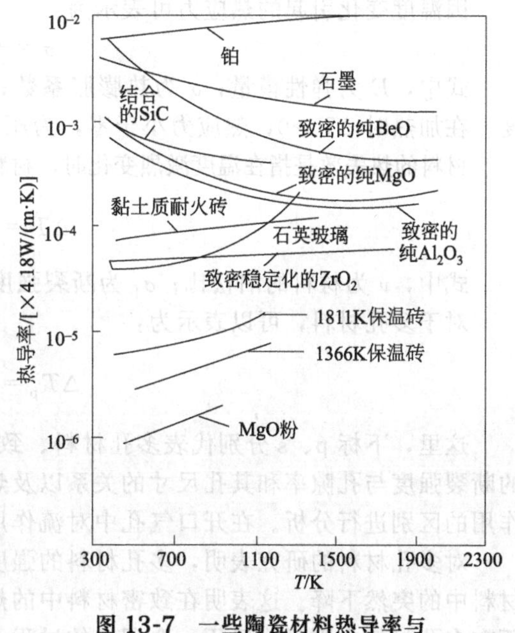

图 13-7 一些陶瓷材料热导率与温度的变化关系

$PbWO_4$ 为响应快、密度高和耐辐射的新型闪烁晶体，属于白钨矿型结构。结构中 [WO_4] 四面体沿 c 轴畸变，并不直接相连，而是通过 Pb^{2+} 与 O^{2-} 的作用连在一起。Pb^{2+} 与邻近的 4 个 [WO_4] 四面体中的 8 个 O 相连，形成不规则的 [PbO_8] 多面体。[WO_4]$^{2-}$ 四面体与 Pb^{2+} 分别形成与 (100) 面平行的层状结构，层间的结合力弱。这种结构使材料的热导率在 [001] 方向和在 [100] 方向上有显著差异。

应根据应用场合的不同来确定对陶瓷材料热学性能的要求。对于应用于导热和散热的场合，应使用热导率高的材料，如热沉材料 BeO 及应用于高温陶瓷热交换器的 SiC 等。对于应用于绝热隔热的场合，则应选择热导率很低的材料，如多孔陶瓷等。

应用于电子技术的电真空瓷、集成电路的基片、封装管壳等，要求材料的绝缘性好、导热性好且与连接材料的热膨胀系数匹配，力学性能好。随着电子技术的发展，对这些材料综合性能的要求越来越高。因此，在研究陶瓷热学性质时，需要根据应用要求同时提高其电学、光学、力学等其他物理性能。

热导率的测量主要有稳态法（热流计法、平板法等）和瞬态法（激光闪射法等）。

13.2 热应力

热应力是指在加热和冷却过程中，因材料的热膨胀和收缩受阻而产生的一种内应力，其本质是材料内部热膨胀的不均匀性。陶瓷材料烧结温度较高，又常为多相组成，晶界和晶内原子的排列也不相同，因此在温度变化过程中，材料不可避免地会产生这种热应力；同时，单相材料中热膨胀系数的各向异性也会导致热应力。如果热应力超过材料的断裂强度，即会导致材料的开裂和失效。

总体来说，陶瓷材料的热膨胀系数比金属要小得多，例如金的热膨胀系数为 $44.1\times10^{-6}℃^{-1}$，约为 SiC 陶瓷的 10 倍，石英玻璃的 100 倍。但是，由于实际陶瓷材料常为多种相共存以及存在大量的晶界和晶体缺陷，材料内部各部分热膨胀的不均匀性导致材料的热应力较大。热应力也与温度有关。一般而言，温度变化越激烈，材料中的热应力也越大。

材料中的热应力大致有两类：一类热应力是由温度梯度引起的；另一类热应力是由材料的不均质引起的，如热膨胀系数各向异性、化学反应、相变膨胀或收缩等。

因温度变化引起的热应力可表示为：

$$\sigma=-\alpha E\Delta T \tag{13-19}$$

式中，E 为弹性模量；α 为热膨胀系数；$\Delta T=T'-T_0$，T_0 为初始温度，T' 为新的温度。在加热时 $\Delta T>0$，热应力小于零，为压应力；在冷却时 $\Delta T<0$，为张应力。

材料的热失效是指在温度激烈变化时，材料的热应力达到其断裂强度，此时的温度差为：

$$\Delta T=\frac{(1-\nu)\sigma_f}{E\alpha} \tag{13-20}$$

式中，ν 为材料的泊松比；σ_f 为断裂强度。

对于多孔材料，可以表示为：

$$\Delta T_p=\frac{0.2\Delta T_s}{(\rho/\rho_s)^{1/2}} \tag{13-21}$$

这里，下标 p、s 分别代表多孔材料、致密材料。但是，上述公式没有考虑到多孔材料的断裂强度与孔隙率和其孔尺寸的关系以及热传导的作用，也没有对开口和闭口气孔中对流作用的区别进行分析。在开口气孔中对流作用很明显，而在闭口气孔中对流很难进行。

对多孔材料的研究表明，多孔材料的强度在热作用下是渐渐降低的，而不是如同在致密材料中的突然下降。这表明在致密材料中的热失效机理可能是材料中晶体缺陷的快速扩展，而在多孔材料中则可能经历一个积累的过程。开口气孔中连通的气孔使热传递更均匀，因而材料中的热应力有所下降。

13.3 抗热震性

抗热震性是指材料承受温度剧烈变化而不发生失效的能力，抗热震性与许多因素有关。材料的强度高、导热好、热膨胀系数低、弹性模量低、泊松比小，其抗热震性一般较好。材料的抗热冲击（或抗热震）能力不仅取决于材料的力学性能和热学性能，还与构件的几何形状、环境介质、受热方式等诸多因素有关。

13.3.1 热震断裂

热震断裂是指当材料固有强度不足以抵抗热冲击温差 ΔT 引起的热应力而产生的材料瞬时断裂。

热震断裂理论基于热弹性理论，以热冲击应力 σ_H 和材料固有强度 σ_f 之间的平衡条件作为热震断裂的判据，即

$$\sigma_H\geqslant\sigma_f \tag{13-22}$$

当温度应变（ΔT）引起的热冲击应力 σ_H 超过了材料的固有强度时，则发生瞬时断裂，即热震断裂。

热冲击产生的瞬态热应力比正常情况下的热应力要大得多，它是以极大的速度和冲击形式作用在物体上。对于无任何边界约束的试件，热应力的产生是由试件表面和内部温度场瞬态不均匀分布造成的。当试件受到一个急冷温差 ΔT 时，在初始瞬间，表面收缩率为 $\alpha \propto \Delta T$；而内层还未冷却收缩，于是表面层受到一个来自里层的拉（张）力，而内层受到来自表面的压应力。这个由于急剧冷却而产生于材料表面的拉应力表示为

$$\sigma_t = \frac{E\alpha}{1-\nu}\Delta T \tag{13-23}$$

式中，E、α、ν 分别为材料的弹性模量、膨胀系数、泊松比。

试件内、外温差随时间的增长而变小，表面应力也随之减小，所以式(13-23) 代表热应力的瞬态峰值；相反，若试件受到急热，则表面受到瞬态压应力，内层受到拉应力。由于脆性材料表面受拉应力比受压应力更容易引起破坏，所以陶瓷材料的急冷比急热更危险。

一般将表面热应力达到材料固有强度 σ_f 作为临界状态，以临界温差 ΔT_c 为抗热震系数(R)，根据式(13-23)，可得到下式

$$R = \Delta T_c = \frac{\sigma_f(1-\nu)}{E\alpha} \tag{13-24}$$

对于气孔率很小的精细陶瓷，必须避免热应力裂纹的形成和热冲击应力产生的瞬时快速断裂。从热震断裂抗力公式(13-24) 可以看出，陶瓷材料应同时具有高的强度、低的弹性模量和低的热膨胀系数，才能得到高的热震断裂抗力。

13.3.2 抗热震损伤

材料的热震损伤是指在热冲击应力的作用下，材料出现开裂、剥落，直至破裂或整体断裂的热损伤过程。

热震损伤理论基于断裂力学理论，分析材料在温度变化条件下的裂纹成核、扩展及抑制等动态过程，以热弹性应变能 W 和材料的断裂能 U 之间的平衡条件作为热震损伤的判据。

$$W \geqslant U \tag{13-25}$$

当热应力导致的储存于材料中的应变能 W 足以满足裂纹成核及扩展所需的新生表面能量 U 时，裂纹将开始形成和扩展。

设有一个半径为 r 的受热球体，沿径向的温度分布为抛物线型。当球中心的热应力相当于材料的断裂强度 σ_f 时，球体所蕴藏的总弹性应变能是

$$W = \frac{4\pi r^3 \sigma_f^2 (1-\nu)}{3nE} \tag{13-26}$$

式中，n 为几何因子。

若该弹性应变能因产生了 N 个裂纹面为 $2A$ 的裂纹而消耗殆尽，则新生裂纹所需的总表面能为

$$U = 2AN\gamma_f \tag{13-27}$$

式中，γ_f 为新生裂纹的断裂表面能。

由于 $W=U$

则
$$A = \frac{2\pi r^3(1-\nu)}{3nEN\gamma_f}\sigma_f^2 \tag{13-28}$$

得到裂纹面 A 与球体截面积 πr^2 之比为

$$\frac{A}{\pi r^2} = \frac{2(1-\nu)\sigma_f^2}{3nE\gamma_f} \times \frac{r}{N} \tag{13-29}$$

由上式可以看出，$A/\pi r^2$ 愈大，热应力裂纹产生愈多，相对裂纹面积愈小，因此裂纹面积是构件损伤程度的一种量度；$A/\pi r^2$ 愈小，则构件的抗热震损伤能力愈强。若将与试样形状有关的几何因素排除，其 $A/\pi r^2$ 的倒数可以作为材料抗热震损伤参数 R^{IV}，表达式如下

$$R^{\mathrm{IV}}=\frac{E\gamma_{\mathrm{f}}}{(1-\nu)\sigma_{\mathrm{f}}^2} \tag{13-30}$$

将 $K_{\mathrm{IC}}=(2E\gamma_{\mathrm{f}})^{1/2}$ 代入式(13-31)，可得

$$R^{\mathrm{IV}}=\frac{1}{(1-\nu)}\left(\frac{K_{\mathrm{IC}}}{\sigma_{\mathrm{f}}}\right)^2 \tag{13-31}$$

根据上式可以看出，抗热震损伤性能好的材料应该具有尽可能高的弹性模量、断裂表面能和尽可能低的强度。不难看出，这些要求正好与高热震断裂抗力的要求相反。或者说，要提高材料的热震损伤抗力应当尽可能提高材料的断裂韧性，降低材料强度。实际上，陶瓷材料不可避免地存在或大或小数量不等的微裂纹或气孔，在热震环境中出现的微裂纹也不总是导致材料立即断裂，例如气孔率为10%～20%的非致密性陶瓷中的热震裂纹往往受到气孔的抑制。这里气孔的存在不仅起着钝化裂纹尖端、减小应力集中的作用，而且促使热导率下降而起到隔热作用；相反，致密高强陶瓷在热震作用下则易发生炸裂。

热冲击对陶瓷材料的损伤主要体现在强度衰减上。一般情况下，陶瓷材料受到热冲击后，残余强度的衰减反映了该材料的抗热冲击性能。

最常见的热震方法是将陶瓷试样直接从高温落（淬）入室温的水中（水冷）或落入空气中（空冷），然后测试它的强度衰减量或找出强度不产生大幅度下降的临界温差。

在工程应用中，陶瓷构件的失效分析是十分重要的。如果材料的失效主要是热震断裂，例如对高强、致密的精细陶瓷，则裂纹的萌生起主导作用。为了防止热失效，应该提高热震断裂抗力，即应致力于提高材料的强度，并降低它的弹性模量和膨胀系数。若导致热震失效的主要因素是热震损伤，这时裂纹的扩展起主要作用，例如对于非致密性陶瓷件（工业 SiC 窑具、陶瓷蓄热器、陶瓷高温过滤器等）而言，这时应当设法提高断裂韧性，降低强度。

13.3.3 影响陶瓷抗热震性的主要因素

陶瓷材料的抗热震性是其力学性能和热学性能的综合表现，因此一些热学和力学参数，如热膨胀系数、热导率、弹性模量、断裂能等是影响陶瓷抗热震性的主要参数。

（1）热膨胀系数。由表 13-1 可以看出，密堆积的离子键氧化物，如 Al_2O_3、MgO 等具有较高的热膨胀系数，其热膨胀系数随温度而升高，线膨胀系数略有增大。大部分硅酸盐晶体，如堇青石（$2MgO \cdot 2Al_2O_3 \cdot 5SiO_2$）、锂霞石（$Li_2O \cdot Al_2O_3 \cdot 2SiO_2$）等，由于晶体中原子堆积较松，其热膨胀系数降低，抗热震性较好。共价键晶体，如 SiC 等，虽然其晶体中原子紧密堆积，但由于具有高的价键方向性和较大的键强度，晶格振动需要更大的能量，因而其热膨胀系数较小；因此，共价键晶体热膨胀系数比离子晶体低。为了改善陶瓷材料的抗热震性，应该选择热膨胀系数较小的组分。

（2）热导率。热震性好的陶瓷材料，一般应具有较高的热导率。Al_2O_3、MgO、BeO 等纯氧化物陶瓷的热导率比结构复杂的硅酸盐要高。结构复杂的硅酸盐晶界构成连续相，可使热导率降低。由于热在陶瓷中的传导主要依靠晶格振动，因而硬度高的 SiC 陶瓷由于晶格振动速度大，其热导率较高。

（3）弹性模量。根据式(13-23)，可以看到热应力是弹性模量的增函数。由于陶瓷材料的弹性模量比较高，其所产生的热应力也较高。一般弹性模量随原子价的增大和原子半径的减小而提高，因此选择适当的化学组分是控制陶瓷材料弹性模量的一个途径。由于陶瓷材料的弹性模量随

气孔率的增大而减小，因此为了提高陶瓷的抗热震性，应增大气孔率，降低弹性模量。

(4) 断裂能。断裂（表面）能是决定材料强度和断裂韧性的重要因素，无论是抗热震断裂参数、抗热震损伤参数均是断裂能的增函数。因此，凡是可提高断裂能的材料组分、显微结构等均可提高陶瓷材料的抗热震性。

13.4 耐火陶瓷

耐火陶瓷是指应用在节能和减少环境污染等方面具有发热、导热、绝热等功能的陶瓷材料，如可用作燃料电池的基板材料、热电陶瓷、可充电电池、传输电能的氧化物高温超导材料、陶瓷发热体、绝热耐火材料、高温陶瓷热交换器、电-热储能用耐火陶瓷、高辐射节能耐火涂层、轻质耐火陶瓷、ZrO_2 测氧探头等。

13.4.1 耐热陶瓷

材料的耐热性可以用高温强度、抗氧化和耐烧蚀性三个方面来衡量。陶瓷材料总体上熔点高、抗氧化性好、耐烧蚀，因此许多陶瓷材料都可以被用作耐火材料。

开发轻质耐热陶瓷可以充分、有效地利用能源，使用轻质耐热陶瓷作为炉衬使炉膛容量增加，炉衬质量减小，可大幅度节约原材料和能源。以 SiC 为代表的高辐射节能耐火涂层可显著提高耐火材料的辐射能力，提高热效率。此外，大功率陶瓷发热体得到迅猛发展，用于绝热的耐火材料散热和蓄热损失小，一般是密度低的轻质材料。

一般来说，炉膛的散热损失主要通过传导、对流和热辐射过程实现。如果不采用高导热陶瓷作为炉墙，那么热传导的作用相对较小。对流传热系数与炉墙所处的方位有关，一般在炉顶处最大，在炉底处最小。热辐射与炉壁的黑度有关，炉壁材料的黑度越大，热辐射系数也越大；同时，对流和辐射过程与炉内的温度有关，温度越高，过程越明显。

采用轻质材料，如用耐火纤维代替一般的耐火陶瓷作为炉衬，可使炉衬厚度减小，炉膛的容积增加，炉膛的质量相应减小，消耗的燃料和使用的钢结构等均大幅度减少。常用的轻质耐火陶瓷纤维以 SiO_2、Al_2O_3 等为主要成分，因含有 Fe_2O_3、TiO_2、CaO、MgO 等杂质，在热处理时，常需要通入保护气体以防止金属工件在炉内被氧化，因而应该选取不易被还原的陶瓷耐火材料作为炉壁，如抗还原能力较强的 Al_2O_3、钙长石轻质隔热材料及含钙高铝等陶瓷。

一般耐火材料本身的辐射能力小，而固体材料的吸收和辐射频率范围比气体宽得多。如果采用高辐射耐火固体涂料涂刷炉内壁表面，提高炉壁的黑度，可大幅度增加对加热工件的辐射能力，提高热效率。高反射节能耐火涂料多选取陶瓷，对这种涂料的总体要求是：辐射能力强、与炉膛内壁的附着力好、化学稳定、耐高温和易于涂刷。SiC 等陶瓷材料以及 SiC-ZrO_2-SiO_2 等多元陶瓷体系是较好的辐射节能耐火涂料。

13.4.2 热交换器和陶瓷发热体

高温陶瓷热交换器要求材料的气密性好，高温强度大，具有高导热或高辐射或高的热反射能力，抗热震性好，耐腐蚀，抗氧化。热交换器材料多使用陶瓷，其中 SiC 和 Si_3N_4 最有应用价值。和金属热交换器相比，陶瓷热交换器的使用温度和节能效率高，但气密性相对较差。SiC 价格便宜，导热和抗热震性好，是目前应用最广的高温陶瓷热交换器材料之一。但 SiC 的耐腐蚀性差一些。Si_3N_4 的耐腐蚀性好，更适合应用于温度变化大的场合，但生产成本较高。

电-热储能用耐热材料将多余的电能转化为热能储存起来，需要时再将热能转化为电能应用，可以减少低峰用电时电力的损失。电-热储能装置要求材料的热容高，导热性好，热稳定性和抗热震性好，得到应用的电-热储能用耐热材料有镁橄榄石砖（$Mg_2SiO_4+Fe_2SiO_4$+少量杂质)、镁铁砖（含 MgO、SiO_2、Al_2O_3、Fe_2O_3 及少量杂质）等。

陶瓷发热体是使用电阻发热的发热体能源，基本无污染，容易控制加热温度，成本低。对发热体的要求是：加热快和易控制、加热温度高、功率大以及热效率高和无污染。SiC、$MoSi_2$、ZrO_2、ThO_2、$LaCrO_3$、炭素等氧化物或非氧化物是优秀的发热体材料。表 13-5 列出了一些发热体的最高使用温度。相比金属发热体，陶瓷发热体的使用温度比一般金属材料高得多，甚至超过高熔点金属 Mo、W、Ta 及贵金属 Pt 等的使用温度，但价格却比这些金属低得多。

表 13-5　一些发热体的最高使用温度

发热体材料	最高使用温度/℃	使用气氛
SiC	1600	空气
$MoSi_2$	1700～1800	空气
$LaCrO_3$	1900	空气
ZrO_2	2200	空气
ThO_2	2500	空气
炭素	3300	惰性或还原气氛

图 13-8 为 $La_{1-x}Ca_xCrO_3$ 陶瓷发热体的电导率在不同温度下随杂质 Ca 含量的变化关系。发热体的电阻率-温度关系是发热体应用时的重要参数。由于纯化合物陶瓷的电阻率很高，为了增加发热体的导电性，在制备发热体时必须对材料进行掺杂，以提高其导电性。因此，陶瓷发热体导电行为的本质是半导体的特性，其电阻率随杂质含量的增加而有所降低，并随温度的增加而降低。

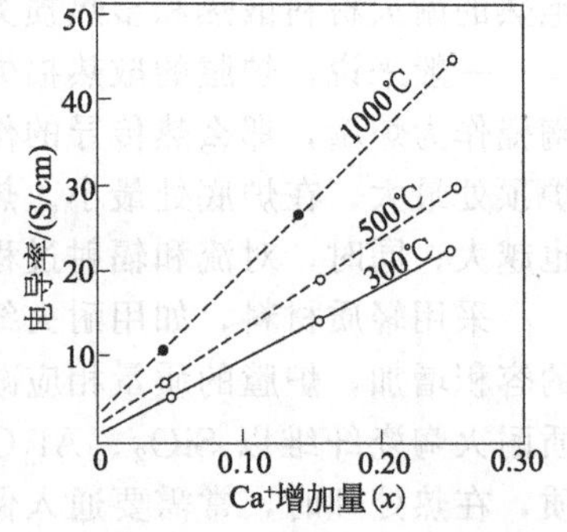

图 13-8　$La_{1-x}Ca_xCrO_3$ 陶瓷发热体的电导率在不同温度下随杂质 Ca 含量的变化关系

应用中需要解决的问题是如何提高陶瓷发热体的表面发热温度和辐射效率，延长陶瓷发热体的使用寿命。在设计发热体电炉时必须考虑发热体单位表面积向外辐射热量的数值，并将其定义为发热体的表面热负载密度。平衡发热体表面温度与炉温的大小，可以增加发热体的使用寿命。图 13-9 为根据文献公式绘制的不同炉温下表面热负载密度与发热体表面温度的关系曲线。

通常情况下，发热体的电阻值随加热时间的增加而明显增加。而在相同炉温下，发热体的表面热负载密度越小，其电阻值随时间的增加量也越小，从而发热体的使用寿命得以延长。

此外，陶瓷发热体的电阻率随气氛的不同以及随材料被氧化的程度而改变。加强发热体抗氧化性可以采用在非氧化物陶瓷表面涂覆抗氧化保护层或使用不易氧化的氧化物类陶瓷材料作为发热体；同时，选择高温机械强度高的材料有利于延长发热体的使用寿命。另外，陶瓷高温发热体的性能除了与材料本身的热学性能有关，还与使用的气氛、氧分压以及工作温度等因素有关。图 13-10 为几种陶瓷发热体的电阻率随温度的变化关系。

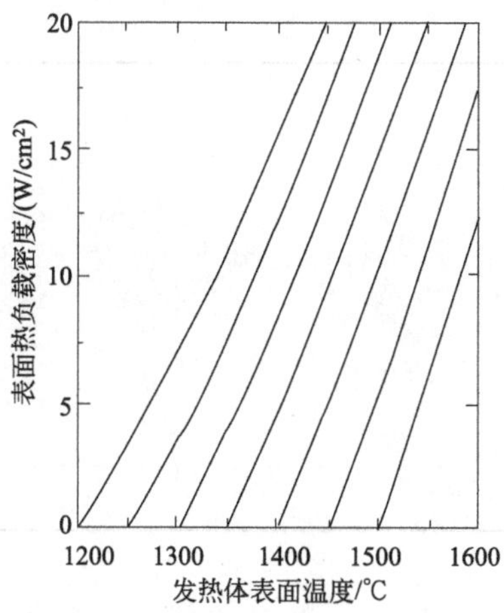

图 13-9　不同炉温下表面热负载密度与发热体表面温度的关系曲线

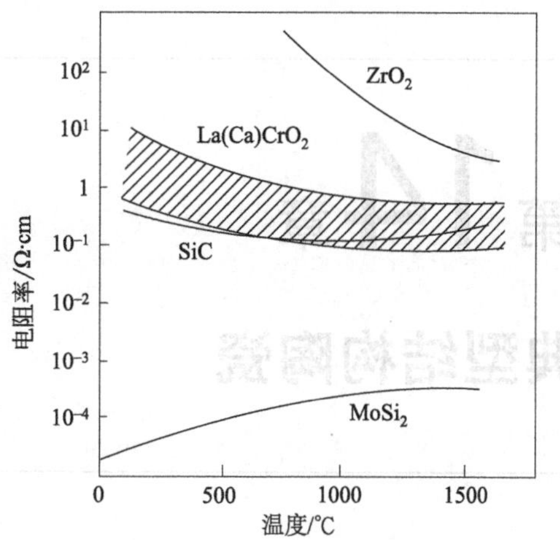

图 13-10　几种陶瓷发热体的电阻率随温度的变化关系

13.4.3　低热膨胀陶瓷

随着功能陶瓷的发展，绝缘陶瓷、介电陶瓷和微波介质陶瓷等被广泛用于各类封装和基片，对于可控低热膨胀系数的陶瓷材料提出了更高的技术要求。通常，按照热膨胀系数 α 的大小，可以把材料区分为高膨胀（$\alpha > 8\times10^{-6}℃^{-1}$）、中膨胀（$2\times10^{-6}℃^{-1} \leqslant \alpha \leqslant 8\times10^{-6}℃^{-1}$）和低膨胀（$0 \leqslant \alpha < 2\times10^{-6}℃^{-1}$）材料。负膨胀系数材料，按其热膨胀系数绝对值的大小，也可参照上述方法分为三类。

生产非常低的膨胀系数或者零膨胀系数的可控热膨胀材料，可以最大限度地减少高温材料的内应力，增加材料的抗热冲击强度。设计、合成这种可控热膨胀材料的一个实例是 $Ca_{1-x}Sr_xZr_4P_6O_{24}$ 固溶体系列的研究。当形成固溶体时，化合物的膨胀系数介于两端化合物的相应膨胀系数之间，同时削弱了固溶体膨胀系数的各向异性程度。根据这个原理，调整固溶体各种成分的比例就可以生产可控制热膨胀的材料。

目前在技术上较成熟的低膨胀材料主要为以下几个系列。①堇青石系列，系绿柱石的类质同晶化合物，其理想化学组成是 $2MgO \cdot 2Al_2O_3 \cdot 5SiO_2$。②$Li_2O$-$Al_2O_3$-$SiO_2$ 系列，它分属于白榴石结构（$KAlSi_2O_6$）和β-锂霞石结构（$LiAlSiO_4$）。③NZP（$NaZr_2P_3O_{12}$）或 CTP（$CaTi_4P_6O_{24}$）系列。④长期用作标准抗冲击物质的硅石和 SiO_2-TiO_2 玻璃。⑤Zerodur 半透明玻璃陶瓷。⑥PMN 即 Pb（$Mg_{1/3}Nb_{2/3}$）O_3 类、PZN 即 Pb（$Zn_{1/3}Nb_{2/3}$）O_3 类铁电陶瓷系列。⑦因瓦合金，这种合金主要由 64%的 Fe 和 36%的 Ni 组成，呈面心立方结构，其牌号为 4J36，中文名字为殷钢，英文名字为 invar，意思是体积不变，又名不膨胀钢。这种合金在磁性温度即居里点附近热膨胀系数显著减小，出现所谓反常热膨胀现象，从而可以在室温附近很宽的温度范围内，获得很小甚至接近零的膨胀系数。利用材料的负膨胀性可以生产出非常低的膨胀系数或者零膨胀系数的可控热膨胀材料，最大限度地降低高温材料的内应力，增加材料的抗热冲击强度。

第14章

典型结构陶瓷

14.1 氧化物陶瓷

氧化物陶瓷材料的原子结合以离子键为主，存在部分共价键，性能优良。大部分氧化物具有很高的熔点。因其良好的电绝缘性能，特别是优异的化学稳定性和抗氧化性，在工程领域已得到广泛应用。表14-1列出了一些常见氧化物陶瓷及其主要性能。

表14-1 一些常见氧化物陶瓷及其主要性能

主要性能	Al_2O_3	BeO	MgO	ZrO_2	$MgO \cdot Al_2O_3$	$ZrO_2 \cdot SiO_2$
密度/($\times10^3$kg/m^3)	3.97	3.01	3.58	5.9	3.58	4.60
熔点/℃	2050	2550	2800	2677	2135	2420(分解)
氧气氛中的最高温度/℃	1950	2400	2400	2500	1900	1870
热导率/[W/(m·K)]	30.2	219.6	36.0	1.98	15.0	5.81
热膨胀系数/$\times10^{-6}$℃$^{-1}$	7.6	7.7	12.8	9.4	7.2	3.0
莫氏硬度	9	9	6	6.5	8	7.5
抗压强度/MPa	3000	800	—	2100	1900	—
抗张强度/MPa	270	100	98	140	134	—
弹性模量/$\times10^4$MPa	38	32	21	19	24	—
耐酸	好	好	好	好	较好	好
耐碱	好	较好	差	差	好	差
还原气氛中的稳定性	好	极好	差	好	—	较好

14.1.1 氧化铝陶瓷

氧化铝陶瓷又称刚玉瓷，是氧化物陶瓷中应用最广、用途最宽、产量最大的陶瓷材料。据研究报道，Al_2O_3有12种同质多晶型变体，但应用较多的主要有3种，即α-Al_2O_3、β-Al_2O_3和γ-Al_2O_3。工业上所指的氧化铝陶瓷一般是指以α-Al_2O_3为主晶相的陶瓷材料。根据Al_2O_3含量和添加剂的不同，将氧化铝陶瓷分为不同的系列，有75瓷、85瓷、95瓷和99瓷等不同牌号；根据其主晶相的不同又可分为莫来石瓷、刚玉-莫来石瓷和刚玉瓷；根据添加剂的不同又分为铬刚玉、钛刚玉等，各自对应不同的应用范围和使用温度。

14.1.1.1 Al_2O_3晶体结构

在所有温度下，α-Al_2O_3是热力学上稳定的Al_2O_3晶型。除此之外，氧化铝的其他多种同素异构体主要有γ-Al_2O_3、β-Al_2O_3等，但在高温下将几乎全部转化为α-Al_2O_3。α-

Al_2O_3 结构紧密，活性低，高温稳定，电学性能好，具有优良的力学性能。

α-Al_2O_3 俗称刚玉，属三方柱状晶体，晶体结构中氧离子形成六方最紧密堆积，铝离子则分布在 6 个氧离子围成的八面体中心，但只填满这种空隙的 2/3。由于 α-Al_2O_3 具有熔点高，硬度大，耐化学腐蚀，优良的介电性，是氧化铝各种形态中最稳定的晶型，也是自然界中唯一存在的氧化铝的晶型。用 α-Al_2O_3 为原料制备的氧化铝陶瓷材料，其力学性能、高温性能、介电性能及耐化学腐蚀性能都是非常优异的。

β-Al_2O_3 严格来说不是氧化铝的变体，而是一种含碱金属（或碱土金属）的铝酸盐，其通式为 $R_2O \cdot 11Al_2O_3$ 或 $RO \cdot 6Al_2O_3$。β-Al_2O_3 是一种不稳定的化合物，加热时，会分解生成 Na_2O（或 RO）和 α-Al_2O_3，Na_2O 则挥发逸出。其分解温度取决于高温煅烧时的气氛和压力，在空气或氢气中 1200℃时便开始分解，超过 1650℃则剧烈分解。其中的 Na-β-Al_2O_3 具有层状结构，Na^+ 能在层间（即垂直于 c 轴的松散堆积平面内）迁移、扩散和进行离子交换，在层间的方向具有较强的离子导电能力和松弛极化现象，可作为钠硫电池的导电隔膜材料；而在平行于 c 轴的方向上 Na^+ 不能扩散，沿 c 轴方向很小甚至无离子导电能力。由于 β-Al_2O_3 的结构，具有明显的离子导电能力和松弛极化现象，介质损耗大，电绝缘性能差，在制造无线电陶瓷时不允许 β-Al_2O_3 的存在。

γ-Al_2O_3 是氧化铝的低温形态，属立方晶系，尖晶石型结构，自然界不存在，一般是由含水的矿物（$Al_2O_3 \cdot H_2O$ 或 $Al_2O_3 \cdot 3H_2O$）加热而成。氧离子排列成立方密堆积，Al^{3+} 填充在间隙中。γ-Al_2O_3 结构疏松，密度小，易于吸水，且能被酸碱溶解，高温下不稳定，加热到 1100～1200℃时，缓慢转变成 α-Al_2O_3，直至 1450℃时这一过程完成，同时伴随着放热 32.8kJ/mol，体积收缩 14.3%。因此，不适于直接用来生产氧化铝陶瓷。

14.1.1.2 Al_2O_3 陶瓷制备工艺要点

(1) 原料。对于工业 Al_2O_3 粉末，采用拜耳法制备：以铝土矿为原料，通过烧结、溶出、脱硅、分解、煅烧等步骤，将铝土矿中的 Al_2O_3 成分溶解于氢氧化钠（NaOH）溶液中，将得到的偏铝酸钠（$NaAlO_2$）溶液，冷却至过饱和态，加水分解就会析出氢氧化铝［Al（OH）$_3$］沉淀，再将它煅烧即可得到 Al_2O_3。但在制备高纯度 Al_2O_3 原料时一般采用有机铝盐加水热分解法、铝的水中放电氧化法、铵明矾热分解法等。目前最常用的是铵明矾热分解法，此方法制备的 Al_2O_3 纯度高、细度小（约 1μm 以下），且颗粒分布范围窄、团聚程度轻。

(2) 预烧。预烧的作用如下。①由于各种方法制得的氧化铝粉末未经高温煅烧前几乎都是 γ-Al_2O_3 晶型，因此煅烧使 γ-Al_2O_3 转变为稳定的 α-Al_2O_3，这样制品在烧成时的线收缩率可以从 22%降为 14%，或者体积收缩率从 53%降为 37%。②煅烧后的氧化铝粉末可能形成极细小的 α-Al_2O_3 球状单晶颗粒。③球状氧化铝的脆性提高，易于研磨。④预烧还可以排除原料中的杂质 Na_2O，提高原料的纯度，从而提高产品的性能。

煅烧后的原料粉末质量与煅烧温度有关。煅烧温度偏低，不能使 γ-Al_2O_3 完全转变为 α-Al_2O_3；温度过高，则粉料发生烧结，不易粉碎，且活性降低。因此，为了获得高质量的粉末，对工业 Al_2O_3 通常要加入适量添加剂，如 H_3BO_3、NH_4F、AlF_3 等，加入量一般为 0.3%～3%。此外，煅烧气氛对 Al_2O_3 的煅烧质量也有重要影响。

(3) 磨细与配料。原始粉料的颗粒度对材料的烧结过程和材料性能有重要影响，因此必须对煅烧的 Al_2O_3 粉进行磨细。一般认为，细颗粒有利于降低烧结温度。当粒径为 5μm 的 Al_2O_3 粉末含量大于 10%～15%时，烧结明显受阻；粒径小于 1μm 的 Al_2O_3 粉末含量应控制在 15%～30%。若大于 40%，烧结时会出现重结晶现象，晶粒急剧长大。此外，成型方法不同，对粉末细度要求也会有所不同。

纯 Al_2O_3 主要靠固相烧结，液相很少，因此难以烧结，而且烧成温度很高。在生产中，根据产品性能要求不同，可以加入不同类型和不同量的添加剂，以降低烧成温度。目前使用较多的有两类添加剂：第一类添加剂能与 Al_2O_3 形成固溶体，主要为变价氧化物，如 TiO_2、Cr_2O_3 及 Fe_2O_3 等；第二类添加剂能与 Al_2O_3 生成液相，主要包括高岭土、SiO_2、CaO、MgO 等。Al_2O_3 与这些添加剂可以生成二元、三元或更复杂的低共熔物，使烧成温度降低。

(4) 成型。根据制品形状、尺寸等，常用的成型方法有模压成型、热压注、注浆、冷等静压、热压等。

(5) 烧成。烧结之前需排出成型时所加入的各种有机添加成分。烧结过程中，应严格控制升温速率和烧成温度，根据成分不同烧成温度一般为 1650～1950℃。实验表明，气氛对 Al_2O_3 陶瓷的烧结有很大影响，其中以氩气最好；其次为氢气、氨气、氧气、氮气及空气。如果考虑气氛对晶粒长大的影响，则氨气更为显著。

14.1.1.3 Al_2O_3 陶瓷性能

(1) 力学性能优良。Al_2O_3 陶瓷的莫氏硬度为 9，抗磨损性优良，广泛地用于制造刀具、磨轮、磨料、拉丝模、挤压模、轴承等。用 Al_2O_3 陶瓷刀具加工汽车发动机和飞机零件时，可以以高的切削速度获得高的精度；机械强度高，氧化铝烧结后的抗弯强度可达 250MPa，热压产品可达 500MPa。氧化铝的成分愈纯，强度愈高，并且强度在高温下可维持到 900℃。图 14-1 为烧结 Al_2O_3 及其复合材料的高温强度。

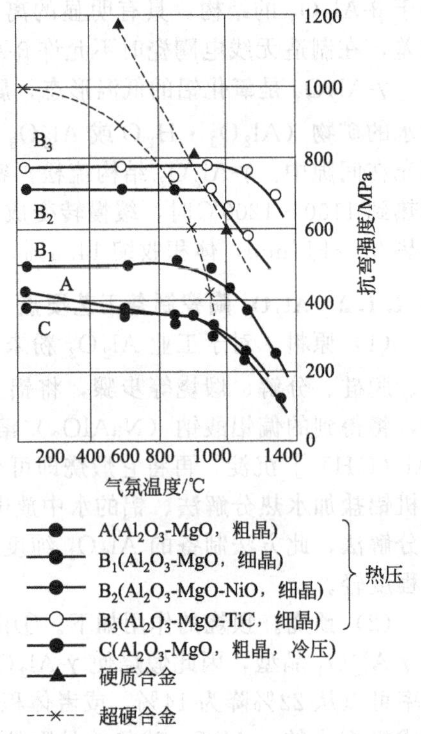

图 14-1 烧结 Al_2O_3 及其复合材料的高温强度

(2) 熔点高，抗腐蚀。Al_2O_3 的熔点约为 2050℃，与大多数熔融金属不发生反应，只有 Mg、Ca、Zr 和 Ti 在一定温度以上时对其有还原作用；能较好地抵抗一些熔融金属的侵蚀，可用作耐火材料、炉管、热电偶保护套等。

(3) 化学稳定性好。热的浓硫酸能溶解 Al_2O_3，热的 HCl、HF 对其也有一定的腐蚀作用。许多复合的硫化物、磷化物、砷化物、氯化物、溴化物、碘化物、氧化物以及硫酸、盐酸、硝酸、氢氟酸等不与 Al_2O_3 作用。因此，Al_2O_3 可以制备人体关节、人工骨等生物陶瓷材料。

(4) 绝缘性能优良。Al_2O_3 陶瓷体电阻率大于 $1.5\times10^{15}\,\Omega\cdot m$，电绝缘强度超过 15kV/mm，具有优异的电绝缘性能和较低的介质损耗特点，可作为微波电介质、雷达天线罩，以及超高频大功率电子管支架、窗口、管壳、晶体管底座，大规模集成电路基板和元件等。

14.1.1.4 透明 Al_2O_3 陶瓷

透明 Al_2O_3 陶瓷的最大特点在于对可见光和红外光有良好的透过性。

一般陶瓷不透明的主要原因在于其对透过光所产生的反射和吸收损失。这些损失的原因主要源于陶瓷内部杂质对光的吸收，以及表面、晶界、气孔等对光的反射和散射。为使陶瓷具有透光性，必须具备下面的条件：①致密度要高（为理论密度的 99%以上）；②晶界上不存在空隙，或空隙大小比光的波长小得多；③晶界没有杂质及玻璃相，或晶界的光学性质与微晶体之间差别很小；④晶粒较小而且均匀，其中没有空隙；⑤晶体对入射光的选择吸收很小；⑥无光学各向异性，晶体结构最好是立方晶系；⑦表面光洁程度高。

制备透明氧化铝陶瓷时的注意事项如下。①采用 Al_2O_3 含量不低于 99.95%的高纯原料。②适当的转相（或预烧）温度。若转相温度过高，则活性降低，影响产品烧成时的准确烧结；若转相温度过低，则转相不全。③充分排除气孔。④细晶化，加入适当的 MgO 作为晶粒生长抑制剂，烧结时在 Al_2O_3 颗粒表面形成尖晶石（$MgAl_2O_4$）薄膜阻碍 Al_2O_3 晶粒的过度长大，不会造成晶内气孔，使颗粒间的空隙能充分排除，形成无气孔的致密烧结体，其总透光率可达 96%。⑤采用热压烧结技术，所得制品可基本排除气泡，接近理论密度。

除了良好的透光性以外，透明 Al_2O_3 还具有高温强度高、耐热性好、耐腐蚀性强、耐强碱和氢氟酸腐蚀等特点。高压钠灯发光效率高，但在气体放电发光时，灯管中心温度达1000℃以上，同时附带高温钠蒸气的严重侵蚀。透明 Al_2O_3 陶瓷在满足透光性要求的同时，又满足了耐热性和耐钠蒸气侵蚀的要求。此外，透明 Al_2O_3 陶瓷还可以用作红外检测窗口材料、熔制玻璃的坩埚等（在某些场合可以代替铂金坩埚），还可以用作集成电路基片、高频绝缘材料及结构材料等。

14.1.1.5　Al_2O_3 复相陶瓷

为了改善 Al_2O_3 的韧性和抗热震性，经常在材料中加入其他化合物或金属元素，形成复合型 Al_2O_3 陶瓷材料。根据添加剂种类的不同，可以把它分为以下四类。①Al_2O_3 为主体，以 MgO、NiO、SiO_2、TiO_2、Cr_2O_3、Y_2O_3 等氧化物为添加剂，添加剂加入的主要目的是降低烧结温度或者达到某些特殊功能方面的要求。②Al_2O_3 为主体，以金属 Cr、Co、Mo、W、Ti 等元素（记为 Me）为添加剂。③Al_2O_3 为主体，以 WC、TiC、TaC、NbC 和 Cr_3C_2 等碳化物作为添加剂。④在 Al_2O_3 或 Al_2O_3＋TiC、Al_2O_3＋氮化物（如 TiN）、Al_2O_3＋硼化物（如 TiB）中加入 SiC 晶须。表 14-2 列出热压 Al_2O_3 及几种复相陶瓷的主要物理力学性能。

由表 14-2 看出，Al_2O_3 基复相陶瓷的抗弯强度是 Al_2O_3 陶瓷的 1.5～2 倍，这是因为分散的第二相具有阻止 Al_2O_3 晶粒长大且可以阻碍微裂纹扩展的作用，所以强度和韧性均得到提高。

表 14-2　热压 Al_2O_3 及几种复相陶瓷的物理力学性能

主要物理力学性能	冷压烧结 Al_2O_3	热压 Al_2O_3＋Me	热压 Al_2O_3＋TiC	热压 Al_2O_3＋ZrO_2	热压 Al_2O_3＋SiC
密度/(g/cm^3)	3.4～3.99	5.0	4.6	4.5	3.75
熔点/℃	2050	—	—	—	—
抗弯强度/MPa	280～420	900	800	850	900
洛氏硬度(HR)	91	91	94	93	94.5
热导率/[W/(m·K)]	4～4.5	33	17	21	33
平均晶粒尺寸/μm	3.0	3.0	1.5	1.5	3.0

14.1.2　氧化锆陶瓷

14.1.2.1　ZrO_2 的晶体结构与相结构

ZrO_2 也是常见的一种氧化物结构材料，其断裂韧性高，热膨胀系数低。纯 ZrO_2 有三种同素异形体结构：立方结构（c 相）、四方结构（t 相）及单斜结构（m 相），如图 14-2 所示。三种同素异构体的转变关系为

$$m\text{-}ZrO_2 \xrightarrow{1000℃} t\text{-}ZrO_2 \xrightarrow{2370℃} c\text{-}ZrO_2$$

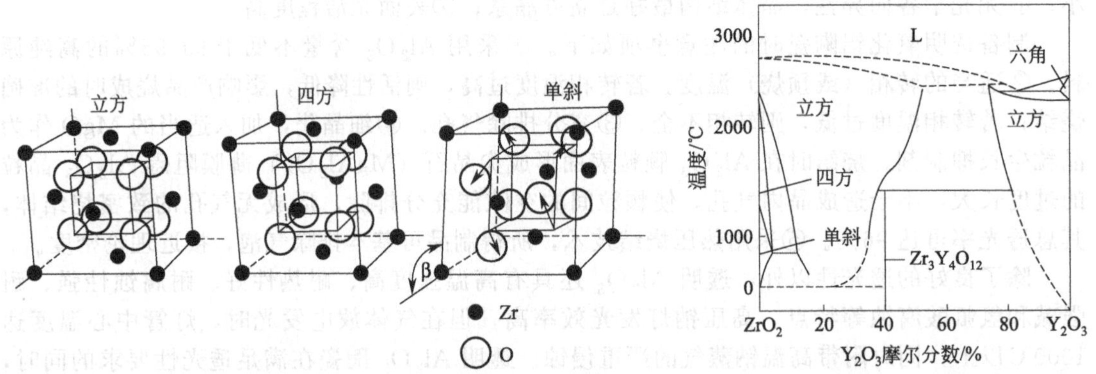

图 14-2　ZrO_2 的三种晶体结构　　**图 14-3　ZrO_2-Y_2O_3 体系的相图**

c-ZrO_2 具有萤石（CaF_2）结构，阳离子（Zr）构成面心立方结构，其中 8 个四面体中心间隙位置被阴离子（O）所占据。当 c-ZrO_2 转变为 t-ZrO_2 时，c 轴拉长（$a=b<c$）；t-ZrO_2 转变为 m-ZrO_2 时，$a\neq b\neq c$，$\alpha=\gamma=90°\neq\beta$。三种晶型的密度分别为：m 相 5.65g/$cm^3$；t 相 6.10g/$cm^3$；c 相 6.27g/$cm^3$。

t-m 相变为马氏体相变，伴有 7%～9%的体积膨胀。因此，对 ZrO_2 进行烧结时，在加热和冷却过程中发生这种无扩散型相变会引起材料的体积变化，材料很难变得致密，甚至会产生裂纹和开裂。如果在 ZrO_2 中加入适量的稳定剂如 MgO、CaO 等，通过适当的加热和冷却过程，可以将高温的立方或四方 ZrO_2 相保留到室温，这种 ZrO_2 具有很高的强度和韧性。Y_2O_3 也是 ZrO_2 体系常使用的稳定剂。图 14-3 为 ZrO_2-Y_2O_3 体系的相图。

从图 14-3 看出，在 ZrO_2 中添加稳定剂（Y_2O_3）的量对体系的相结构有很大影响，如果在高温烧结冷却后，添加的稳定剂能够使 ZrO_2 在高温时的立方相稳定到室温，那么称其为全稳定 ZrO_2 陶瓷（FSZ）。这种陶瓷在冷却过程中几乎没有体积变化。如果烧结后将四方相稳定到室温，则称其为四方 ZrO_2 多晶陶瓷（TZP）。如果只有部分四方相稳定到室温，则称其为部分稳定 ZrO_2 陶瓷（PSZ）。

14.1.2.2　ZrO_2 的性质与用途

纯 ZrO_2 的熔点为 2715℃，加入 15%（摩尔分数）MgO 或 CaO 后熔点为 2500℃。在 0～1500℃内热膨胀系数约为（8.8～11.8）$\times10^{-6}℃^{-1}$，热导率为 1.6～2.03W/(m·K)。烧结后的稳定 ZrO_2 约含有 5%的气孔，密度为 5.6g/cm^3，莫氏硬度为 7。其弹性模量比氧化铝小得多，约为 1.7×10^5MPa（氧化铝约为 3.7×10^5MPa）。稳定 ZrO_2 耐火度高，比热容与热导率小，是理想的高温隔热材料，可以用作高温炉内衬；也可作为各种耐热涂层，以改善金属或低耐火度陶瓷的耐高温、抗腐蚀能力。稳定 ZrO_2 化学稳定性好，高温时仍能抗酸性和中性物质的腐蚀，但不能抵抗碱性物质的腐蚀。周期表中第Ⅴ、Ⅵ、Ⅶ族金属元素与其不发生反应，可以用来作为熔炼这些金属的坩埚，特别适用于铂、钯、铷、铑、铱等金属的冶炼与提纯。稳定 ZrO_2 对钢水也很稳定，可以作为连续铸锭用的耐火材料。纯 ZrO_2 是良好的绝缘体，室温电阻率为 $10^{13}\sim10^{14}\Omega\cdot cm$；随温度升高，电阻率迅速下降，加入稳定剂可进一步降低电阻率。如果加入少量 MgO，1000℃时的电阻率为 $10^4\Omega\cdot cm$，1700℃时为 6～7$\Omega\cdot cm$；加入 13% CaO 后 1000℃时的电阻率为 13$\Omega\cdot cm$。由于其明显的高温离子导电特性，可作为 2000℃使用的发热元件；高温电极材料（如磁流体发电装置中的电极），还可用作产生紫外线的灯。此外，利用稳定 ZrO_2 的氧离子传导特性，可制成氧气传感器进行氧浓度的检测。目前，稳定 ZrO_2 陶瓷氧量计，可作为气体、液体或钢水氧含量的连续测量装置，也用于对汽车燃料是否充分燃烧的测量与控制。

部分稳定的 ZrO_2 比稳定的 ZrO_2 具有更高的强度和断裂韧性，抗热冲击性能好。据报道其弯曲强度可达到 2000MPa 以上，断裂韧性达到 30MPa・$m^{1/2}$，热导率小，热膨胀系数大，且与金属匹配好，因而可以应用于汽车、飞机等的部件。由于其生物相容性较好，也可应用于生物陶瓷材料。表 14-3 为部分稳定 ZrO_2 陶瓷性能指标。

表 14-3 部分稳定 ZrO_2 陶瓷性能指标

性能	高强型	高抗热震型
弯曲强度/MPa	690	600
断裂韧性/MPa・$m^{1/2}$	8～15	—
抗压强度/MPa	1850	1800
弹性模量/GPa	205	205
维氏硬度(HV)/MPa	112	102
密度/(g/cm^3)	5.75	5.70

由于部分稳定 ZrO_2 陶瓷有很好的力学性能，同时热导率小，隔热效果好，而热膨胀系数又比较大，比较容易与金属部件匹配。在目前正在研制的陶瓷发动机中其可用于气缸内壁、活塞、缸盖板、气门座和气门导杆，其中某些部件是与金属复合而成的。由于陶瓷发动机尚处于研制阶段，有许多问题有待解决。

此外，部分稳定 ZrO_2 陶瓷还可作为采矿和矿物工业的无润滑轴承，喷砂设备的喷嘴，粉末冶金工业所用的部件，制药用的冲压模，紫铜和黄铜的冷挤和热挤模具泵部件，球磨件等。部分稳定 ZrO_2 陶瓷还可用作各种高韧性、高强度工业与医用器械。例如，纺织工业落筒机用剪刀、羊毛剪，微电子工业用工具。此外，由于其不与生物体发生反应，也可用作生物陶瓷材料。

14.1.3 氧化镁陶瓷

14.1.3.1 氧化镁陶瓷制备

工业用 MgO 原料主要从含镁的矿物菱镁矿（$MgCO_3$）、水镁石［$Mg(OH)_2$］、水镁矾（$MgSO_4 \cdot H_2O$）或海水中提取。将含镁的矿物加热，溶于酸与水中，再沉淀，可得到氧化镁和镁的水化物、碳酸盐或其他盐类。最后用煅烧、电熔、化学沉淀等方法制取 MgO。

氧化镁晶格中离子堆积紧密，离子排列对称性高，晶格缺陷少，难以烧结。为了改善烧结性能需加入添加剂，ZrO_2、MnO、Cr_2O_3、Fe_2O_3 等都可以与 MgO 形成置换型或间隙型固溶体，CaF_2、B_2O_3、TiO_2 等可以与 MgO 形成低共熔点液相促进烧结。若加入的添加物形成第二相，则一般会妨碍烧结。

14.1.3.2 氧化镁陶瓷性质与用途

MgO 属立方晶系氯化钠型结构，熔点为 2800℃，理论密度为 3.58g/cm^3，在高温下具有较高的比体积电阻，介质损耗低（10^{-4}～2×10^{-4}），介电系数（20℃、1MHz）为 9.1，具有良好的电绝缘性，属于弱碱性物质。MgO 对碱性金属熔渣有较强的抗侵蚀能力，与镁、镍、铀、钍、锌、铝、钼、铁、铜、铂等不起反应，可用于制备熔炼金属的坩埚，浇注金属的模子，高温热电偶的保护管，高温炉的炉衬材料等。但是 MgO 高于 2300℃时易挥发，在高温下易被还原成金属镁，在空气中（特别是在潮湿空气中）极易水化，形成氢氧化镁。影响水化能力的因素是煅烧温度和粉粒细度。如果采用电熔 MgO 作原料时，水化问题可得到改善。

14.2 氮化物陶瓷

氮化物包括非金属和金属元素氮化物，它们都是高熔点物质。目前工业上应用较多的氮化物陶瓷有氮化硅（Si_3N_4）、氮化硼（BN）、氮化铝（AlN）、氮化钛（TiN）等。

大多数氮化物的熔点都比较高，特别是周期表中ⅢB、ⅣB、ⅤB、ⅥB过渡元素都能形成高熔点氮化物，如表 14-4 所示。但 BN、Si_3N_4、AlN 等在高温下不出现熔融状态，而是直接升华分解。多数氮化物在蒸气压达到 10^{-6}Pa 时对应的温度都在 2000℃以下，表明氮化物易蒸发，从而限制了其在真空条件下的使用。氮化物陶瓷一般都有非常高的硬度，即使对于硬度很低的六方 BN，当其晶体结构转变为立方结构后则具有仅次于金刚石的硬度。与氧化物相比，氮化物抗氧化能力较差，从而限制了其在空气中的使用。氮化物的导电性能变化很大，一部分过渡金属氮化物属于间隙相，其晶体结构与原来金属元素的结构是相同的，氮则填隙于金属原子间隙之中。它们都具有金属的导电特性，B、Si、Al 元素的氮化物则由于生成共价键晶体结构而成为绝缘体。

表 14-4 典型氮化物材料的性能

材料	熔点/℃	密度/(g/cm³)	电阻率/Ω·cm	热导率/[W/(m·K)]	膨胀系数/$\times10^{-6}$℃$^{-1}$	莫氏硬度
H_fN	3310	14.0	—	21.6	—	8～9
TaN	3100	14.1	135×10^{-8}	—	—	8
ZrN	2980	7.32	13.6×10^{-6}	13.8	6～7	8～9
TiN	2950	5.43	21.7×10^{-6}	29.3	9.3	8～9
ScN	2650	4.21	—	—	—	—
UN	2650	13.52	—	—	—	—
ThN	2630	11.5	—	—	—	—
Th_3N_4	2360	—	—	—	—	—
NbN	2050(分解)	7.3	200×10^{-6}	3.76	—	8
VN	2030	6.04	85.9×10^{-6}	11.3	—	9
CrN	1500	6.1	—	8.76	—	—
BN	3000(升华分解)	2.27	10^{13}	15.0～28.8	0.59～10.51	2
AlN	2450	3.26	2×10^{11}	20.0～30.1	4.03～6.09	7～8
Be_3N_2	2200	—	—	—	2.5	—
Si_3N_4	1900(升华分解)	3.44	10^{13}	1.67～2.09	9	—

一般来说，氮化物陶瓷原料和制品的制造成本都比氧化物陶瓷高；同时，一些共价键强的氮化物难以烧结，往往需要加入烧结助剂，甚至需要采用热压工艺。此外，氮化物陶瓷的后加工也是非常困难的。

14.2.1 氮化硅陶瓷

14.2.1.1 氮化硅陶瓷晶体结构

Si_3N_4 是一种共价键化合物，其基本结构单元为［SiN_4］四面体。硅原子位于四面体的中心，在其周围有 4 个氮原子，分别位于四面体的 4 个顶点，所有四面体共享顶角构成三维空间网，形成氮化硅（图 14-4）。

Si 原子与 N 原子电负性相近，主要以共价键结合（其中离子键仅占30%），键结合强度

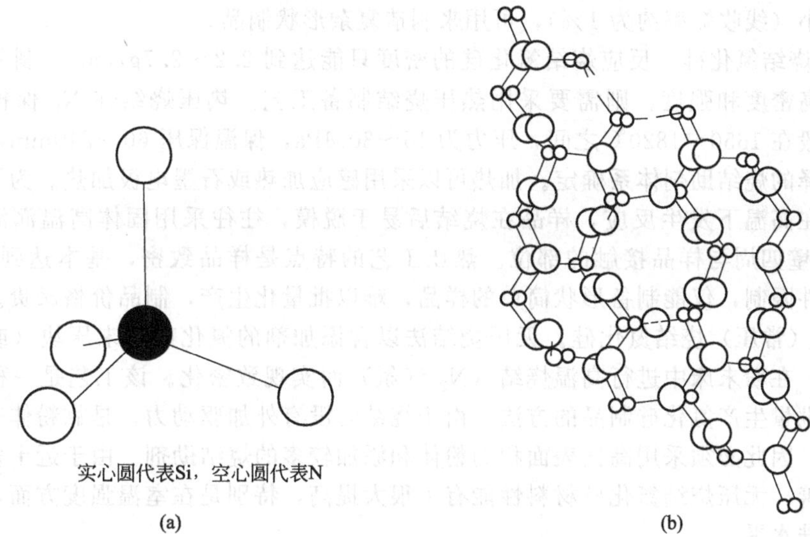

图 14-4　Si_3N_4 的晶体结构

(a) Si_3N_4 四面体结构；(b) Si_3N_4 四面体的排列

高，导致氮化硅具有高强度、高硬度、耐高温、绝缘等性能。因为 Si-N 之间的强共价键，高温下原子扩散很慢，所以烧结过程中需加入高温形成液相的添加剂促进扩散，加快烧结致密进程。氮化硅没有熔点，在常压下于 1870℃升华分解，具有高的蒸气压。

Si_3N_4 属六方晶系，有 α-Si_3N_4 和 β-Si_3N_4 两种晶型，不论哪种结构 Si 原子都在由 N 原子构成的配位四面体中，N 原子位于由 Si 原子构成的三配位体中。两种结构中 Si 原子和 N 原子的配位状态类似，因此两者的密度也几乎一致［(3.19±0.01) g/cm^3］。两者的基本差别是 α-Si_3N_4 c 轴 (0.5617nm) 大约是 β-Si_3N_4 c 轴 (0.2917nm) 的两倍，因此在结构上 β-Si_3N_4 对称性高，摩尔体积小，在 1500℃时热力学稳定。

14.2.1.2　氮化硅陶瓷工艺要点

(1) 粉体制备。氮化硅粉体都是人工合成的。作为制备高性能氮化硅材料所需的粉体必须具备窄的颗粒尺寸分布，低的金属杂质含量 (Fe、Ti 等) 和氧含量，价格低廉适中。

氮化硅粉末主要合成方法如下。

① 工业硅直接氮化：$3Si+2N_2 \longrightarrow Si_3N_4$

② 二氧化硅还原和氮化：$3SiO_2+6C+2N_2 \longrightarrow Si_3N_4+6CO$

③ 亚胺硅和氨基硅的热分解：$3Si(NH)_2 \longrightarrow Si_3N_4+2NH_3$；$3Si(NH_2)_4 \longrightarrow Si_3N_4+8NH_3$

④ 卤化硅或硅烷与氨的气相反应：

$3SiH_4+4NH_3 \longrightarrow Si_3N_4+12H_2$；$3SiCl_4+16NH_3 \longrightarrow Si_3N_4+12NH_4Cl$

其中，方法①是工业上大多数使用的氮化硅粉的制备方法，获得的粉末价格昂贵且纯度低；方法②反应速度比方法①快得多，纯度可控，生产工艺简单，已用于生产高强度氮化硅陶瓷；方法③和④通常是在需要有相当高纯度的氮化硅薄膜时使用，不能用于大量生产。

(2) 烧结。Si_3N_4 的共价键很强，离子扩散系数很低，很难烧结。主要烧结方法如下。

① 反应烧结氮化硅。将硅粉或硅粉与 Si_3N_4 的混合料按一般成型方法成型，在氮化炉中边反应边烧结，所得材料显微结构由针状 α-Si_3N_4、等柱状 β-Si_3N_4、游离硅、杂质和 12%～30%气孔组成；同时，含有尺寸分布相当宽的气孔 (气孔直径在 0.01～1.0μm 的小气孔直至 50μm 孤立的大气孔)，因此材料力学性能比其他致密烧结工艺低。烧结前后坯体

尺寸变化很小（线收缩率约为1%），可用来制造复杂形状制品。

② 热压烧结氮化硅。反应烧结氮化硅的密度只能达到2.2～2.7g/cm^3，制品的强度较低。为了提高密度和强度，则需要采用热压烧结制备工艺。热压烧结在N_2保护气氛下进行，温度一般在1650～1820℃之间，压力为15～30MPa，保温保压60～240min，具体工艺参数依据选择的烧结助剂体系确定。加热可以采用感应加热或石墨电极加热。为了避免石墨模具与样品在高温下发生反应，样品在烧结后易于脱模，往往采用固体高温润滑剂（例如BN）涂于模壁四周与样品接触的部位。热压工艺的特点是样品致密，基本达到理论密度，但受工艺条件限制，仅能制备形状简单的样品，难以批量化生产，制品价格昂贵。

③ 无压（常压）烧结氮化硅。无压烧结法以含添加剂的氮化硅粉末压块（或反应烧结氮化硅坯体）在粉末床中进行高温烧结（N_2气氛）而实现致密化。该工艺是一种制备复杂形状、适宜批量生产氮化硅制品的方法。由于烧结时没有外加驱动力，是靠粉体表面张力作为烧结动力，因此必须采用高比表面积的粉体和添加较多的烧结助剂。由于近十多年内工艺的改进和完善，无压烧结氮化硅材料性能有了很大提高，特别是在室温强度方面，有可能接近热压氮化硅水平。

14.2.1.3 氮化硅陶瓷的性能

(1) 强度、比强度、比模量高。反应烧结Si_3N_4室温抗弯强度为200MPa，并可一直保持到1200～1350℃，衰减不大；热压氮化硅气孔率接近于零，室温抗弯强度可达800～1000MPa，断裂韧性约为6MPa·m$^{1/2}$，比模量为11.9×10^{4}MPa，而钢仅为2.8×10^{4}MPa。

(2) 高的硬度与耐磨性。氮化硅的莫氏硬度≥9，HV＝18～21GPa，HR＝92～93，仅次于金刚石、立方BN、B_4C等少数几种超硬材料。另外，氮化硅的摩擦系数小（0.05～0.1），具有自润滑性，作为机械耐磨材料使用时具有较大的潜力。

(3) 良好的电绝缘性能。Si_3N_4的电绝缘性能可以与氧化铝陶瓷相提并论，介电常数为9.4～9.5；常温电阻率比较高，且在高温下仍具有较高的电阻率，可以作为较好的绝缘材料。

(4) 抗热震性能优良。Si_3N_4陶瓷材料的热膨胀系数小，约为2.53×10^{-6}℃$^{-1}$；同时，具有较高的抗弯强度、较高的热导率，中等的弹性模量。因此，其抗热震性大大优于其他陶瓷材料。

(5) 良好的化学稳定性。耐氢氟酸以外的所有无机酸和某些碱液的腐蚀，也不被铅、铝、锡、银、黄铜、镍等熔融金属合金所浸润与腐蚀；高温氧化时材料表面形成的氧化硅膜可以阻碍进一步氧化，抗氧化温度达1400℃；在还原气氛中最高使用温度可达1800℃。

Si_3N_4陶瓷可用于切削工具、高级耐火材料，还可用于抗腐蚀、耐磨损的密封部件等。表14-5为不同方法制备的Si_3N_4陶瓷的典型性能。

表14-5 Si_3N_4陶瓷的典型性能

材料种类	反应烧结Si_3N_4	常压烧结Si_3N_4	热压烧结Si_3N_4
密度/(g/cm^3)	2.7～2.8	3.2～3.26	3.2～3.4
洛氏硬度(HR)	83～85	91～92	92～93
弯曲强度/MPa	250～400	600～800	900～1200
弹性模量/GPa	160～200	290～320	300～320
热膨胀系数/×10^{-6}℃$^{-1}$	3.2(室温～1200℃)	3.4(室温～1000℃)	2.6(室温～1000℃)
热导率/[W/(m·K)]	17	20～25	30
抗热震性参数ΔT_c/℃	300	600	600～800

14.2.1.4 赛隆陶瓷

在开发Si_3N_4材料的过程中发现了一些新的物质和材料，其中最为重要的是赛隆（Sialon）陶瓷，它是 Si_3N_4-Al_2O_3-AlN-SiO_2 系列化合物的总称。当使用 Al_2O_3 作为添加剂加入 Si_3N_4 进行烧结时，发现β-Si_3N_4 晶格中部分 Si 和 N 被 Al 和 O 取代形成单相固溶体，它保留着β-Si_3N_4 的结构，只不过晶胞尺寸增大了，形成了 Si-Al-N-O 元素组成的一系列相同结构的物质，将这些物质统称为 Sialon 陶瓷。

Sialon 的晶体结构仍属六方结构，有α-Sialon 和β-Sialon 两种晶型。α-Sialon 性能较差，β-Sialon 则具有优良的性能。

图 14-5 为 Si_3N_4-Al_2O_3-AlN-SiO_2 系相图。这个相图是以等电价百分比来表示的，是在 1750℃下得到的 Si_3N_4-Al_2O_3-AlN-SiO_2 系统进行反应的等温相图。可以看出，β-Si_3N_4（β-Sialon）并不在 Si_3N_4-Al_2O_3 的连线上，而是处在 Si_3N_4-Al_2O_3 · AlN 的连线上。在 Si_3N_4 中金属原子（Si）和非金属原子（N）之比为 3∶4，而 Al_2O_3 与 Si_3N_4 的价数不同。当仅以 Al_2O_3 去取代 Si_3N_4 时，为了保持电价平衡，必然出现 Si 空位，可是 Si_3N_4 的共价键特性又很难出现空位，因此单纯加入 Al_2O_3 不可能形成无组分缺陷的固溶体。只有在 Si_3N_4-Al_2O_3 · AlN 连线上才能保持金属原子（Si 和 Al）和非金属原子（O 和 N）之比为 3∶4，而且其价态也是平衡的。因此，在 Si_3N_4-Al_2O_3 · AlN 连线上才能形成无组分缺陷的单相固溶体β-Sialon。β-Sialon 具有优良的抗氧化、耐腐蚀性能。可以将β-Sialon 固溶体写成 $Si_{6-x}Al_xO_xN_{8-x}$，其中 x 的取值在 0～4.2 之间，在此范围内均可形成单相 Sialon（赛隆）。$x=0$ 时对应β-Si_3N_4，随 x 值的增大，固溶进去的 Al_2O_3 增加，晶格膨胀，密度下降，硬度和弯曲强度也略有下降。当 $x>4.2$ 时，Al_2O_3 · AlN 过多，已不能保持β-Sialon 的晶体结构，在相图右下角出现了 15R、12H、21R、27R 等相，都是 AlN 的多型体。

α-Sialon 也是 Al、O 原子部分置换 Si_3N_4 中 Si、N 原子的固溶体，α-Sialon 的组织结构中存在严重的晶格缺陷，其强度比β-Sialon 低。但其最大的优点是高硬度（HR=93～94），高耐磨，高抗热震，有良好的抗氧化和高低温性能。

由于 Sialon 有很宽的固溶范围，可通过调整固溶体的组分比例按预定性能对 Sialon 进行成分设计。通过添加剂加入量的适当调节，可以得到最佳β-Sialon 和α-Sialon 的比例，以获得最佳强度和硬度配合的材料。

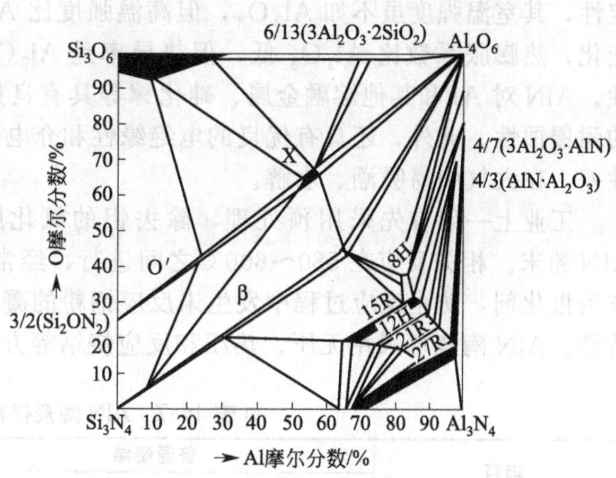

图 14-5　Si_3N_4-Al_2O_3-AlN-SiO_2 系相图（8H、15R、12H、21R、27R 为不同晶胞尺寸的新相）

从理论上讲，赛隆陶瓷是单相固溶体，所加入的烧结助剂应进入晶格，在晶界上没有玻璃相，具有优异的高温强度和抗蠕变性能。然而实际上不可能没有玻璃相，所以赛隆陶瓷比 Si_3N_4 陶瓷更易于烧结。在无压力情况下，其可烧结至理论密度，特别是 x 值较大时；综合考虑使用性能和烧结性能，x 的取值一般在 0.4～1.0 之间。

经常采用无压烧结或热压烧结的方法制备赛隆陶瓷，主要添加成分为 MgO、Al_2O_3、AlN、SiO_2 等。添加 Y_2O_3、Al_2O_3 能获得强度很高的赛隆陶瓷。此外，加入 Y_2O_3 可降低赛隆陶瓷的烧结温度。在制备赛隆陶瓷时应选择超细、超纯、高α相的氮化硅粉末，采用适当的工艺措施控制其晶界相的组成和结构，才能获得性能优异的材料。

近年来又出现了 Y-Sialon、Mg-Sialon 和 C-Sialon 等一系列相同结构的赛隆家族产品，主要差别在于加入了不同的烧结助剂。

陶瓷材料通常除了具有较低热膨胀系数，较高耐腐蚀性，高的热硬性，优良的耐热冲击性能，优异的高温强度等优良性能外，其最大的优越性在于制备工艺相对容易实现。表14-6列出了Sialon烧结体的主要物理力学性能。

表14-6 Sialon烧结体的主要物理力学性能

项目	常压烧结Sialon	热压Sialon
密度/(g/cm^3)	2.93	3.2
气孔率/%	8.6	
抗弯强度/MPa	340～1000	>1000
热导率/[W/(m·K)]	—	24.2(40℃)
热膨胀系数/$\times10^{-6}℃^{-1}$	—	3.8(0～1000℃)

由于赛隆陶瓷所具有的优良性能，其应用范围比Si_3N_4更广泛，其主要应用领域为：①热机材料，用于汽车发动机的针阀和挺杆垫片；②切削工具，Sialon陶瓷的热硬性比Co-WC合金和氧化铝高，当刀尖温度大于1000℃时仍可进行高速切削；③轴承等滑动件及磨损件，Sialon陶瓷易于直接烧结到工件所需尺寸，硬度高，耐磨性能好。

14.2.2 氮化铝陶瓷

氮化铝（AlN）晶体是以［AlN_4］四面体为结构单元的共价键化合物，具有纤锌矿型结构，属六方晶系。其密度为3.26g/cm^3，无固定熔点，在2200～2250℃升华分解，热硬性很高，即使在分解温度前也不软化变形。在2000℃以内的非氧化性气氛中具有良好的稳定性，其室温强度虽不如Al_2O_3，但高温强度比Al_2O_3高，通常随温度升高，强度不发生变化；热膨胀系数比Al_2O_3低，但热导率是Al_2O_3的2倍，因此AlN具有优异的抗热震性。AlN对Al和其他熔融金属、砷化镓等具有良好的耐蚀性，尤其对熔融Al液具有极好的耐侵蚀性。此外，还具有优良的电绝缘性和介电性质。但AlN高温（>800℃）时抗氧化性差，在大气中易吸潮、水解。

工业上一般首先采用预处理，除去铝的氧化膜，将铝和氮气（或氨）直接反应制备AlN粉末。相关反应在580～600℃之间进行，经常添加少量的氟化钙或者氟化钠等氟化物作为催化剂，防止反应过程中发生未反应铝粉的凝聚。表14-7列出了AlN陶瓷材料的基本特性。AlN陶瓷可采用无压、热压和反应烧结等方法制备。

表14-7 AlN陶瓷材料的基本特性

项目	普通烧结		热压热结	
	AlN	AlN+Y_2O_3	AlN	AlN+Y_2O_3
密度/(g/cm^3)	2.61	3.26～3.50	3.2	3.26～3.5
抗弯强度/MPa	100～300	450～650	300～400	500～900
硬度/MPa	—	11760～15680	11760	11760～15680
抗氧化性	劣	优	良好	优
机械加工性	良	良	良	—

氮化铝陶瓷是一种高技术新型陶瓷。氮化铝基板具有极高的热导率（是Al_2O_3的2～3倍），无毒、耐腐蚀、耐高温，热化学稳定性好，是大规模集成电路、半导体模块控制电路和大功率器件的理想封装材料、散热材料、电路元件及互连线承载体，也是提高高分子材料热导率和力学性能的最佳添加料。氮化铝陶瓷可用作熔炼有色金属的坩埚、热电偶的保护管、高温绝缘件、微波介电材料以及耐高温与耐腐蚀结构陶瓷及透明氮化铝微波陶瓷制品，还可用作高导热陶瓷生产原料及树脂填料等。氮化铝是电绝缘体，介电性能良好。砷化镓表面的氮化铝涂层，能保护其退火时免受离子的注入。

14.2.3 氮化硼陶瓷

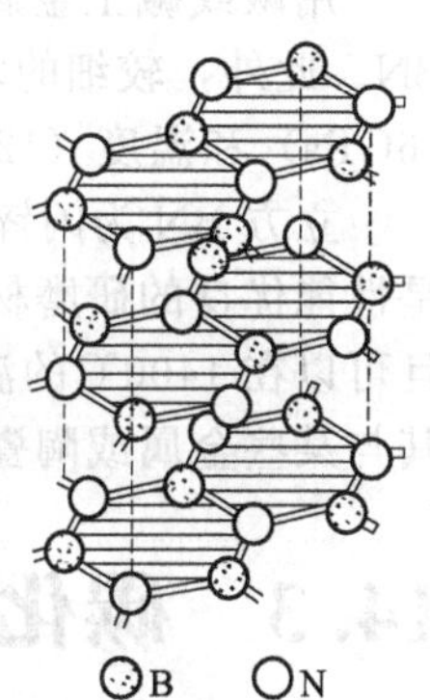

图 14-6 六方 BN 的晶体结构

六方氮化硼陶瓷（BN）也是常见的氮化物陶瓷之一，具有与石墨相似的结构和性能，其晶体结构如图 14-6 所示。与石墨不同之处在于石墨层中存在共有自由电子，而 BN 的层中电子为满壳层结构，无自由电子，故为良好的绝缘体。由于其层间为分子键，层间距离大，易破坏，硬度很低，有润滑性，因此也被称为“白石墨”。层内的强共价键不易破坏，要到 3000℃以上时才发生分解，所以 BN 是良好的高温材料。立方 BN 则具有金刚石的特性，硬度接近金刚石，但比金刚石耐高温、抗氧化，是优良的超硬材料。

六方 BN 陶瓷密度小（2.27g/cm^3），硬度低，可进行各种机械加工，容易制成尺寸精确的陶瓷部件。通过车、铣、刨、钻等加工，其制品精度可达 0.01mm。由于其耐热性好、润滑性好、耐酸碱、绝缘、导热、耐热冲击、抗辐射能力强等特点（六方 BN 的物理性质见表 14-8），被广泛用于高温固体润滑剂、半导体封装的散热板、坩埚、红外和微波窗口、原子反应堆吸收中子的屏蔽材料、电致发光材料、飞机和宇宙飞船的结构材料等领域。

表 14-8 六方 BN 的物理性质

熔点/℃	使用温度/℃	密度/(g/cm^3)	莫氏硬度	热导率/[W/(m·K)]	热膨胀系数/$\times10^{-6}$℃$^{-1}$	击穿电压/(kV/m)	介电常数	介电损耗/$\times10^{-4}$	电阻率/Ω·m
3000（分解）	900～1000(空气)；2800(N_2)	2.27	2	16.75～50.24	7.5	(3.0～4.0)$\times10^4$	4.0～4.3	2～8	$>10^{12}$

六方 BN 耐热性非常好，可以在 900℃以下的氧化气氛和 2800℃以下的氮气和惰性气氛中使用。氮化硼陶瓷无明显熔点，在常压氮气中于 3000℃升华，在氨中加热至 3000℃也不熔解。在 0.5Pa 的真空中，其于 1800℃开始迅速分解为 B 和 N。

热压六方 BN 的热导率与不锈钢相当，在陶瓷材料中仅次于 BeO，且随温度的变化不大，在 900℃以上时热导率优于 BeO；六方 BN 的热膨胀系数和弹性模量都较低，因此具有非常优异的热稳定性，可在 1500℃至室温反复急冷急热条件下使用。

氮化硼陶瓷对酸、碱和玻璃熔渣有良好的耐侵蚀性，对大多数熔融金属如 Fe、Al、Ti、Cu、Si 等，以及砷化镓、水晶石和玻璃熔体等既不润湿也不发生反应，因此可以用作熔炼有色金属、贵金属和稀有金属的坩埚、器皿、管道、输送泵部件，用于硼单晶熔制器皿、玻璃成型模具、水平连铸分离环、热电偶保护管等；还可用于制造砷化镓、磷化镓、磷化铟等半导体材料的容器，各种半导体封装的散热底板，以及半导体和集成电路用的 p 型扩散源。

氮化硼陶瓷既具有优良的热导性能，又是电的绝缘体。它的击穿电压是氧化铝的 4～5 倍，介电常数是氧化铝的 1/2，到 2000℃时仍然是电绝缘体，可用来制作超高压电线的绝缘材料。其对微波和红外线是透明的，可用作透红外和微波的窗口（如雷达窗口）。

由于硼原子的存在，氮化硼陶瓷具有较强的中子吸收能力，在原子能工业中可以作为原子反应堆的屏蔽材料。

氮化硼陶瓷在超高压下性能稳定，可以作为压力传递材料和容器。氮化硼陶瓷是相对较轻的陶瓷材料，用于飞机和宇宙飞行器的高温结构材料是非常有利的。

此外，利用氮化硼陶瓷的发光性，可用作电致发光材料。涂有氮化硼陶瓷的无定形碳纤维可用于火箭的喷嘴等。

用碱或碱土金属为催化剂，在1500～2000℃、6～9GPa下六方BN晶体可转化为立方BN。此外，较细的六方BN粉料（粒度为0.1μm或≤1μm），不加催化剂，在较低的压力（6GPa）和温度（1200～1450℃）下，也可合成立方BN。

立方BN为闪锌矿结构，化学稳定性高，导热及耐热性能好，硬度与人造金刚石相近，是性能优良的研磨材料。与金刚石相比，其最突出的优点在于高温下不与铁系金属反应，并且可以在1400℃的温度使用（金刚石为800℃）。立方BN除了直接用作磨料外，还可以将其与某些金属或陶瓷混合，经烧结制成块状材料，制作各种高性能切削刀具。

14.3 碳化物陶瓷

碳化物陶瓷包括SiC、B_4C、TiC、ZrC、VC、TaC、WC、Mo_2C等。它们具有很高的熔点（很多碳化物软化点都在3000℃以上），比高熔点的金属有更优的抗氧化能力，在许多情况下碳化物氧化后所形成的氧化膜有提高抗氧化性能的作用。各种碳化物开始强烈氧化的温度如表14-9所示。大多数碳化物硬度高，绝缘性好，耐热冲击，具有较高的电阻率和热导率（表14-10）。许多碳化物都有非常高的硬度，特别是B_4C的硬度仅低于金刚石和立方氮化硼，但碳化物的脆性一般较大。

表14-9 碳化物开始强烈氧化的温度

碳化物	TiC	ZrC	TaC	NbC	VC	Mo_2C	WC	SiC
强烈氧化温度/℃	1100～1400				800～1000	500～800		1300～1400

过渡金属碳化物不水解，不和冷的酸起作用，但硝酸和氢氟酸的混合物能侵蚀碳化物。按照对一般的酸和混合酸的稳定性，过渡金属碳化物排列顺序为：TaC＞NbC＞WC＞TiC＞ZrC＞HfC＞Mo_2C。碳化物在500～700℃时可与氯和其他卤族元素反应，大部分碳化物在高温和氮作用下生成氮化物。

过渡金属元素碳化物（如TiC、ZrC、HfC、VC、NbC、TaC等）属于间隙相，WC、Mo_2C则属于间隙化合物。SiC和B_4C是最重要的高温碳化物结构陶瓷材料。

表14-10 碳化物的电阻率和热导率

碳化物	电阻率/Ω·cm	热导率/[W/(m·K)]	显微硬度/MPa
TiC	$(1.8\sim2.5)\times10^{-4}$	17.1	300
HfC	6×10^{-4}	22.2	291
ZrC	6.4×10^{-4}	20.5	293
B_4C	0.3～0.8	28.8	495
SiC	$10^{-5}\sim10^{13}$	33.4	334

14.3.1 碳化硅陶瓷

14.3.1.1 碳化硅晶体结构和性质

碳化硅具有类似金刚石的晶体结构，其晶格的基本结构单元是[SiC_4]或[CSi_4]配位四面体。四面体的中心是一种元素的原子，而四面体的顶角是另一种元素的原子。四面体基本结构单元中Si-Si或C-C间的原子间距约为3.08Å（1Å=0.1nm，全书同），Si—C键长约为1.89Å。SiC晶体结构由这些四面体顶角彼此连接而成。由于四面体相邻层可以是互相平行或反平行结合，因而四面体具有不同的堆积次序，从而决定了SiC具有大量的多型体。

碳化硅主要有两种晶体结构，即六方晶系的α-SiC和立方晶系的β-SiC（图14-7）。α-SiC是高温稳定的晶型，β-SiC是低温稳定的晶型。碳化硅是共价键很强的化合物，离子键约占 12%。碳化硅晶体的基本结构单元是相互穿插的［SiC_4］和［CSi_4］四面体。四面体共边形成平面层，并以顶点与下一叠层四面体相连形成三维结构。SiC 四面体按图 14-7 所示的方式排列，即以 3 个硅原子和 3 个碳原子为一组，构成具有一定角度的六边形，呈平行层状结构排列。层状结构可按立方、六面紧密堆积排列，可以按 ABC、ABC…循环重复，或按 AB、AB…循环重复。

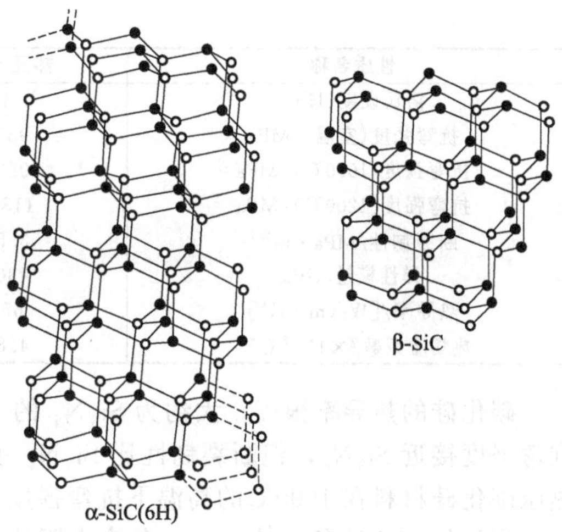

图 14-7　SiC 的晶体结构

α-SiC 有 100 多种变体，其中最主要的是 4H、6H、15R 等，4H、6H 属于六方晶系，在 2100℃和在 2100℃以上时是稳定的；15R-SiC 为菱面（斜方六面）晶系，在 2000℃以上时是稳定的。

β-SiC 的密度为 3.215g/cm^3，各种 α-SiC 变体的密度基本不变，为 3.217g/cm^3。β-SiC 在 2100℃以下时是稳定的，高于 2100℃时 β-SiC 开始转变为 α-SiC，转变速度很慢，到 2400℃时转变迅速。这种转变在一般情况下是不可逆的。在 2000℃以下时合成的 SiC 主要是 β 型，在 2200℃以上时合成的主要是 α-SiC，而且以 6H 为主。

工业生产中合成的 SiC 一般都含有少量杂质，如所含主要杂质为Ⅴ族元素和 Fe，则 SiC 呈绿色；如所含主要杂质为Ⅱ、Ⅳ族元素，则 SiC 呈黑色；如所含杂质较少，粒度很细，则呈灰色。

SiC 是共价性很强的化合物。SiC 结晶时碳和硅的外层电子形成能量稳定的 sp^3 杂化轨道。按照 Pauling 对电负性的计算，SiC 中 Si—C 键的离子性仅为 12%左右，理论计算表明 Si—C 键中总能量的 78%属于纯共价键状态，其余（约 10%）则属于混合状态。SiC 的强共价键性决定了 SiC 材料对于各种外界环境的稳定性，在力学、化学等方面有优越的技术特性，如高硬度、高弹性模量、耐磨以及耐酸碱腐蚀等。

14.3.1.2　碳化硅陶瓷性能

碳化硅由于其共价键结合的特点，很难采取通常的离子键结合材料所用的单纯化合物常压烧结途径来制取高致密化材料，必须借助添加剂以特殊的工艺手段促进烧结。目前制备高温 SiC 陶瓷的方法主要有无压烧结、热压烧结、热等静压烧结、反应烧结等。

碳化硅没有固定熔点，在常压下 2500℃时发生分解。碳化硅的硬度很高，莫氏硬度为 9.2～9.5，显微硬度为 33400MPa，仅次于金刚石、立方 BN 和 B_4C 等少数几种物质。

表 14-11 为 SiC 陶瓷的烧结方法及某些性能。不同烧结工艺研制出的 SiC 陶瓷性能存在差异。一般而言，就烧结密度和抗弯强度指标而言，热压烧结和热等静压烧结 SiC 相对较高，无压烧结 SiC 次之，反应烧结 SiC 相对较低。在同种烧结工艺下，SiC 陶瓷的力学性能还随添加剂的不同而变化。采用常压烧结工艺，当添加 C 时，所制得 SiC 陶瓷的强度仅为 301MPa；而以 Al_2O_3 和 Y_2O_3 作为添加剂时，其强度却达到 405.5MPa。这是因为在烧结过程中，Al_2O_3 和 Y_2O_3 能抑制 SiC 晶粒长大，促进液相烧结。

⊡表 14-11　不同烧结方法制得的 SiC 陶瓷的性能

性质名称	热压 SiC	常压烧结 SiC	反应烧结 SiC
密度/(g/cm^3)	3.2	3.14～3.18	3.10
气孔率/%	<1	2	<1

续表

性质名称	热压 SiC	常压烧结 SiC	反应烧结 SiC
洛氏硬度(HR)	94	94	94
抗弯强度(室温)/MPa	989	590	490
抗弯强度(1000℃)/MPa	980	590	490
抗弯强度(1200℃)/MPa	1180	590	490
断裂韧性/MPa·$m^{1/2}$	3.5	3.5	3.5～4
弹性模量/GPa	430	440	440
热导率/[W/(m·K)]	65	84	84
热膨胀系数/$\times10^{-6}$℃$^{-1}$	4.8	4.0	4.3

碳化硅的热导率很高，大约为 Si_3N_4 的 2 倍；其热膨胀系数大约相当于 Al_2O_3 的 1/2；抗弯强度接近 Si_3N_4，但断裂韧性比 Si_3N_4 小。其具有优异的高温强度和抗高温蠕变能力，热压碳化硅材料在 1600℃的高温下抗弯强度基本和室温时相同；抗热震性好。

高纯的 SiC 具有 $10^{14}\Omega\cdot cm$ 的高电阻率。当有铁、氮等杂质存在时，电阻率（$\Omega\cdot cm$）减小到零点几，电阻率变化的范围与杂质种类和数量有关。碳化硅具有负电阻温度系数特点，即温度升高，电阻率下降，可作为发热元件使用。

碳化硅的化学稳定性高，不溶于一般的酸和混合酸中，沸腾的盐酸、硫酸、氢氟酸不能分解碳化硅，发烟硝酸和氢氟酸的混合酸能将碳化硅表面的氧化硅溶解，但对碳化硅本身无作用。熔融的氢氧化钾、氢氧化钠、碳酸钠、碳酸钾在高温时能分解碳化硅，过氧化钠和氧化铅强烈分解碳化硅，Mg、Fe、Co、Ni、Cr、Pt 等熔融金属能与 SiC 反应。

碳化硅和水蒸气在 1300～1400℃时开始作用，直到 1775～1800℃时才发生强烈作用。碳化硅在 1000℃以下开始氧化，1350℃时显著氧化；在 1300～1500℃时可以形成表面氧化硅膜，阻碍进一步氧化，直到 1750℃时碳化硅才强烈氧化。碳化硅和某些金属氧化物能生成硅化物。

SiC 陶瓷具有优良的高温力学性能，同时表现出抗氧化性强、耐磨损性好、热稳定性佳、热膨胀系数小、硬度高以及抗热震和耐化学腐蚀等优良性能，被广泛应用于精密轴承、密封件、汽轮机转子、喷嘴热交换器部件及原子反应堆材料等，并日益受到人们的重视。随着现代信息技术的发展，硅器件已难以承受高温环境。碳化硅陶瓷具有击穿场强高、禁带宽度大、介电常数小等特性，所以其在光电器件、高温电子器件和高频大功率器件等方面应用前景广阔。

氧化物、氮化物结合碳化硅材料已经大规模应用于冶金、轻工、机械、建材、环保、能源等领域的炉膛结构材料、隔焰板、炉管、炉膛，以及各种窑具制品中，起到了节能、提高热效率的作用。碳化硅材料制备的发热元件正逐步成为 1600℃以下时氧化气氛加热的主要元件；高性能碳化硅材料可以用于高温、耐磨、耐腐蚀机械部件，在耐酸泵、耐碱泵的密封环中已得到广泛应用，其性能比氮化硅更好。碳化硅材料可用于制造火箭尾气喷管、高效热交换器、各种液体与气体的过滤净化装置，取得了良好的效果。此外，碳化硅是各种高温燃气轮机高温部件提高使用性能的重要候选材料。在碳化硅中加入 BeO 可以在晶界形成高电阻晶界层，以满足超大规模集成电路衬底材料的要求。

14.3.2 碳化硼陶瓷

碳化硼的晶体结构以斜方六面体为主，如图 14-8 所示。每个晶胞中含有 15 个原子，在斜方六面体的角上分布着硼的正二十面体，在最长的对角线上有 3 个硼原子，碳原子很容易取代这 3 个硼原子的全部或部分，从而形成一系列不同化学计量比的化合物。当碳原子取代

3 个硼原子时，形成严格化学计量比的碳化硼（B_4C）；当碳原子取代 2 个硼原子时，形成 $B_{12}C_2$ 等。因此，碳化硼是由相互间以共价键相连的 12 个原子（$B_{11}C$）组成的二十面体群，以及由二十面体之间的 C-B-C 原子链构成的，而 $B_{13}C_2$ 是由 $B_{11}C$ 组成的二十面体和 B—B—C 链构成的。由于 B、C 原子在二十面体及其之间的原子链内的相互取代，碳化硼的含碳量可以在一个范围（8.82%～20%，质量分数）内变化，如图 14-9 所示。

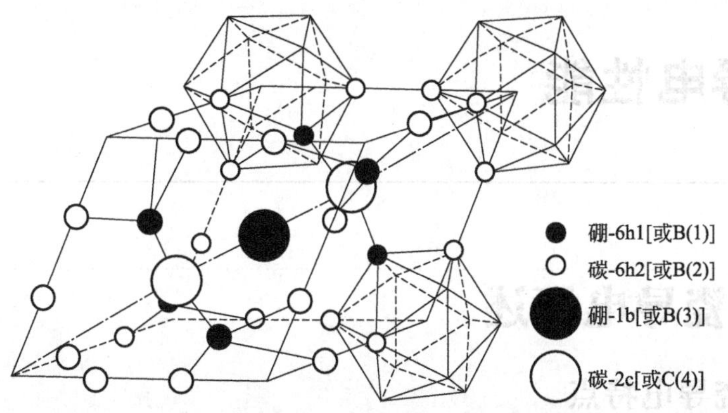

图 14-8　碳化硼的晶体结构

碳化硼是新型陶瓷中重要的耐磨损和高硬度结构陶瓷材料。硼与碳都为非金属元素，而且原子半径接近。其结合方式不同于一般间隙化合物，使得碳化硼陶瓷具有高熔点（约 2450℃）、低密度（2.52g/cm^3，仅为钢的 1/3），低热膨胀系数（$2.6\times10^{-6}\sim5.8\times10^{-6}$℃$^{-1}$）、高热导率［100℃时的热导率为 29W/(m·K)］，以及超高硬度和高耐磨性（硬度仅低于金刚石和立方 BN），较高强度和一定的断裂韧性（热压 B_4C 的抗弯强度为 400～600MPa，断裂韧性为 6.0MPa·m$^{1/2}$），较大的热电动势（100μV/K），是高温 p 型半导体。碳化硼随 B_4C 中碳含量的减少，可从 p 型半导体转变成 n 型半导体；具有高的中子吸收截面。

B_4C 所具有的优异性能，使其除了大量用作磨料之外，还可用于各种耐磨零件（如喷砂嘴、拉丝模、切削刀具、高温耐蚀轴承等），以及热电偶元件、高温半导体、宇宙飞船上的热电转化装置、防弹装甲、反应堆控制棒与屏蔽材料等。

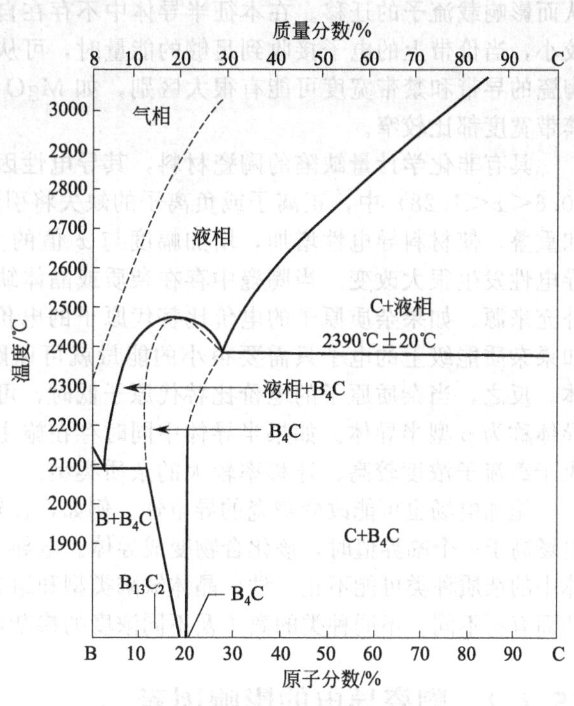

图 14-9　B-C 相图

第15章

陶瓷的导电性能

15.1 陶瓷导电概述

15.1.1 陶瓷导电特点

从电性能分类，材料可分为导体、半导体和绝缘体。金属是导体的代表性材料。具有准确化学计量比的单纯陶瓷多为绝缘体。实际上，陶瓷材料由于化学计量比偏离和掺杂等原因，各种陶瓷材料中或多或少都会存在一定数量能够传递电荷的微观粒子，这些微观粒子称为载流子。在定向电场的作用下，由于载流子的漂移和扩散使材料具有导电能力。

陶瓷材料中可能同时存在一种或几种离子、电子、空穴等载流子。材料中载流子浓度及其迁移率是影响陶瓷导电能力的重要因素。载流子在晶体中作定向迁移时会遭受各种散射，从而影响载流子的迁移。在本征半导体中不存在自由价电子，但价带与导带间的禁带宽度比较小，当价带上的电子接收到足够的能量时，可从价带跃迁到导带上，引起电的传导。各种陶瓷的导带和禁带宽度可能有很大区别，如 MgO 的导带和禁带都很宽，而 TiO_2 的导带和禁带宽度都比较窄。

具有非化学计量缺陷的陶瓷材料，其导电性因计量比偏离程度不同而异。例如在 TiO_x ($0.6<x<1.28$) 中，正离子或负离子的缺失将引起晶胞的收缩和 Ti 的 3d 轨道导带的变宽和重叠，使材料导电性增加，增加幅度与 x 值的大小有关。非化学计量可以使绝缘陶瓷的导电性发生很大改变。当陶瓷中存在杂质或晶体缺陷时，它们可能是半导体中电子或空穴的补充来源。如果杂质原子的电价比替代原子的电价高，则可能有多余电子，形成施主能级。如果杂质能级上的电子只需要很小的能量就可以跃迁到导带上，这种半导体称为 n 型半导体。反之，当杂质原子的电价比替代原子低时，可能引起电子欠缺，形成受主能级，这种半导体称为 p 型半导体。如果半导体中同时存在施主和受主两类杂质，那么其导电类型主要取决于载流子浓度较高、迁移率较大的杂质类型。

施加电场也可能改变陶瓷的导电性。例如，在较低电场下，$ZnO\text{-}Bi_2O_3$ 为绝缘体，但是当电场高于一个临界值时，该化合物变成导体。电导率与温度的关系则比较复杂，主要是因为晶体中的杂质种类可能不止一种，晶体缺陷类型和组态也很复杂。另外，材料的组成也可能因掺杂而有所不同。不同种类的离子及不同浓度的掺杂对陶瓷的电学性质可能产生不同的影响。

15.1.2 陶瓷导电的影响因素

影响陶瓷电导率的主要因素如下。

（1）玻璃相。通常，晶相的电导率比玻璃相小。由于玻璃相形成了较为松弛的网络结构，活化能较低，故含玻璃相的陶瓷材料的电导率很大程度上取决于玻璃相的种类和含量。玻璃相含量较高的陶瓷材料其电导率也相应较高。如果陶瓷材料含有大量碱性氧化物的无玻璃相，则其电导率较高。在实际陶瓷中，作为绝缘用的电瓷往往含有大量碱金属氧化物，这些氧化物形成含碱金属的玻璃相，电导率较高；刚玉陶瓷含玻璃相较少，电导率较低。

（2）缺陷。填隙离子和空位都是晶体中的缺陷。由热运动形成的本征填隙离子和空位缺陷称为热缺陷。热缺陷是晶体中普遍存在的一种缺陷。杂质也是一种缺陷，该缺陷称为化学缺陷或杂质缺陷。填隙离子、空位、电子和空穴都是带电质点，在电场作用下这些带电质点规则地迁移，形成电流。晶体一般可分为离子晶体、原子晶体和分子晶体。离子晶体中占据结点的是正负离子，它们离开结点时就能产生电流。原子晶体和分子晶体中占据结点的是电中性的原子和分子，它们不能直接充当载流子。只有当这类晶体中存在杂质离子时，才能引起离子导电。固溶体陶瓷材料的导电机制较复杂，既有电子导电，也有离子导电。此时，杂质与缺陷成为影响导电性的主要内在因素。对于多价型阳离子的固溶体而言，当非金属原子过剩时，会形成空穴半导体；当金属原子过剩时，则形成电子半导体。

（3）晶界。晶界对于多晶陶瓷的导电性能影响应与离子运动的自由程及电子运动的自由程相联系。除了薄膜及超细颗粒外，晶界的散射效应比晶格小得多，因而均匀材料的晶粒大小对导电性能影响很小。然而，当半导体陶瓷急剧冷却时，晶界在低温时迅速达到平衡，结果是晶界比晶粒内部有更高的电阻率。由于晶界包围晶粒，所以整个陶瓷具有很高的直流电阻。例如 SiC 电热元件，二氧化硅在半导体颗粒间形成，晶界中 SiO_2 含量越高，电阻越大。

（4）气孔。对于少量气孔分散相，气孔率的增加，会导致陶瓷材料的电导率减小。这是由于一般气孔相电导率较低。然而，如果气孔量很大，形成连续相，导电性能主要受气相控制。这些气孔形成的通道使环境中的潮气、杂质容易进入，影响陶瓷材料的电导率。当气孔率较小时，材料形成连续相，有助于提高陶瓷材料的电导率。

15.2 离子导电

15.2.1 离子导电的特点

材料中的载流子几乎全部为离子，其导电行为称为离子导电。离子导电在陶瓷的导电行为中占据重要地位，研究离子导电行为需要区分导电离子的种类、各种载流子的浓度和迁移率等。离子导电材料在结构上一般需要满足三个条件：晶格中导电离子可能占据的位置比实际填充的离子数目多得多；邻近导电离子之间的势垒不太大；晶格中存在导电离子运动的通道。另外，离子导电还常存在明显的各向异性。例如，β-Al_2O_3 在 c 轴方向上的电导率比在其他方向上大许多，这是因为离子通道存在明显的方向性。

材料的离子导电性与晶体结构密切相关，例如 α 相和 γ 相结构的氧化铝均为很好的绝缘体，而 β-Al_2O_3 是离子导体。此外，离子导电行为，特别是离子迁移率，主要受晶体显微结构的影响，如晶粒尺寸、晶界密度、晶界杂质及偏析和其他晶体缺陷等。在晶格对载流子散射的影响中，晶格完整性好的晶体可以减少晶格散射的影响，使陶瓷材料的载流子具有较高的迁移率，其导电能力也更强。在较高温度下，多数陶瓷的离子电导率随时间下降，这种现象称为“老化”。电导率老化的速度与退火温度、热处理时间、掺杂剂种类和浓度等有关。

15.2.2 离子导体

离子导体包括快离子导体和其他固体电解质材料。快离子导体要求结构中有离子移动的通道和存在能够快速移动的离子，也可称其为超离子导体或固体电解质。陶瓷中参与导电的载流子可能为正负离子或离子空位，电导激活能较低。晶格中部分离子的移动接近于液体迁移率，而其余离子不移动。随温度升高，快离子导体在从非导电相到导电相的转变过程中常有较大的熵变和电导率变化。这种变化可以是在某个温度的突变，或者是连续的变化，以及对应于熔化过程、一级相变，或者是离子迁移的有序无序转变。快离子导体的主要特点如下。

① 结构为敞形，晶体中存在各种间隙相连形成的通道。

② 有一定数量的某种可迁移离子。如在 AgI 中的可迁移离子为 Ag^+，其在晶格中的可占用位置数大大超过它们的实际数目，而且是高度随机地分布在这些可占用位置上，并能在这些位置间迁移。虽然迁移离子的浓度高，但迁移速度不快。

③ 由于电子迁移率比离子迁移率高几个数量级，而快离子导体中的导电粒子为离子，因此陶瓷中的电子载流子浓度几乎可以忽略。

④ 温度降低时，晶体结构可从无序变为有序，导致离子电导率下降。

⑤ 用尺寸较大的离子部分替代晶格中的离子可使无序相稳定。

⑥ 陶瓷在相变温度时发生的相变可以是突变型的，即其中某一种为离子有序-无序转变，如 AgI 等；也可以是缓变的扩散型相变，如 $RhAg_4I_5$ 等。

重要的快离子导体有以下三类。

(1) 银和铜的卤化物及硫化物。如 AgI，当温度高于 146℃时，结构为 α 相；低于 146℃时为 β 相。β 相转变为 α 相是突发性的相变，电导率提高约三个数量级。α-AgI 为体心立方结构，结构中 I^- 占据立方体顶点和体心位置，Ag^+ 无序地处在负离子配位多面体的各种间隙位置上。由于相邻间隙位置间的势垒很小，晶格中形成正离子通道，正离子可以在这些位置间移动。

(2) 具有 β-Al_2O_3 结构的氧化物。β-Al_2O_3 结构属于六角晶系，其化学结构式类似于 $AM_{11}O_{17}$。其中，A 为一价碱金属离子，M 为三价离子，如 $Na_2O \cdot 11Al_2O_3$。其他类似结构包括如 AM_7O_{11} 及具有极高电导率的 AM_5O_8。这种结构的导电性源于 A^+ 的高迁移性和高可交换性。晶胞中氧离子采取立方密堆，Al^{3+} 处在如同尖晶石结构中的八面体和四面体间隙位置上。尖晶石晶格中的密堆积氧层通过一价 A^+ 连接在一起，这种疏松的连接层是无序的，它提供了原子通道，使晶格中的单价 A^+ 很容易移动。

(3) 具有类似氟化钙晶体结构的氧化物。这类氧化物包括萤石和反萤石结构及其畸变结构。相变为扩散型的，即在四面体配位中的正离子或负离子的无序有序转变是逐渐进行的。此相变为二级相变，其比热容-温度曲线的形状为“λ”形。这种材料常存在变价的正离子或者在固溶体中存在另一种低价的正离子，如 CaO-ZrO_2、Y_2O_3-ZrO_2 等体系。

15.3 电子导电

15.3.1 电子导电的特点

电子或空穴的迁移率比离子大得多，因此材料中即使有少量的电子或空穴存在时，其对导电性能的贡献不能忽略，主要取决于这类载流子的浓度。相对于不同的载流子浓度，陶瓷材料的电子导电性能可以相差很大，从接近于金属到接近于绝缘体。电子导电的特征是具有

Hall（霍尔）效应，即当电流流过材料时，如在垂直于电流方向上施加一个磁场，则会在垂直于电流和磁场的平面上产生一个电场。如果材料中存在自由电子或空穴，它们在电场作用下会产生定向移动。由于离子的质量比电子大得多，因而在磁场的作用下离子不会产生横向移动。因此，利用 Hall 效应可以区分陶瓷材料是离子导电，还是电子（或空穴）导电。

陶瓷材料的电子导电从本质上说有两类。一类是由材料本身能带中的电子引起的，如过渡金属氧化物 VO_2、TiO_2、CrO_2 等。这些材料由于电子轨道的重叠，产生宽的未填满的 d 能带或 f 能带，从而引起 $10^{22}\sim10^{23}/cm^3$ 浓度的准自由电子形成类似金属的导电现象。这种情况在陶瓷材料中并不多见。另一类是由电子或空穴的移动引起的，这是陶瓷材料中电子导电的主要原因。

在化学计量整数比的纯材料中，电子的数目等于空穴的数目。但由于掺杂和晶体缺陷等原因，材料中的电子数目可以不等于空穴数目，典型的为 p 型（空穴多余）和 n 型（电子多余）两类半导体。电子导电的电导率正比于载流子的浓度和迁移率。陶瓷材料中的载流子浓度变化通常有三个来源：本征激发、杂质激发和偏离化学计量比导致的缺陷形成。

15.3.2 氧分压的影响

在不同生长条件下，氧化物陶瓷可能是氧缺位或氧过剩的。在考虑电导率与晶体缺陷间关系时，氧分压是一个重要的因素。以目前应用最为广泛的 $BaTiO_3$ 材料为例，当氧分压较低时，晶体为 n 型导电，而氧分压较高时为 p 型导电。

15.3.3 电价控制半导体

在掺杂形成半导体过程中，如果替代离子的价位与原来的离子有所不同，这种半导体被称为电价控制半导体或价控半导体。电价控制半导体比采用非化学计量比形成的半导体有较大优势，这是因为非化学计量比形成的半导体的性质特别容易受气氛、杂质、制备工艺等环节的影响，很难重复得到性能一致的产品。但电价控制半导体对掺杂离子有一定要求，即必须与原结构中被替代离子有相近的尺寸大小，且价态固定。

例如在 NiO 中掺入少量的 Li_2O，可使晶体的导电性提高，晶体中 Li^+（74pm）占据了 Ni^{2+}（59pm）的位置。若在氧化气氛下烧成时，则每添加一个 Li^+ 将有一个 Ni^{2+} 转变为 Ni^{3+} 状态，其中所失去的电子处于 O_{2p} 价带。这一导电机制和半导体硅中所出现的能带机制存在以下不同：对于 NiO 晶体，其载流子浓度仅由掺杂量决定，与温度无关；而迁移率却受温度影响。因此，虽然 NiO 晶体的电导率和温度的函数关系与能带导电特性相似，但微观机制却有所不同。

15.4 高温超导氧化物

15.4.1 超导电现象

1908 年，卡末林·昂内斯（Kamerlingh Onnes）将气体氦成功液化，获得了人造液态氦的低温条件（4.2K），为超导的发现提供了可能。根据历史经验，金属的电阻率随温度的降低而减小，因此昂内斯对金属电阻在新低温区的变化规律进行了研究。他根据杜瓦经验预测，随着温度的降低，电阻率会平缓地趋于零。对不纯的铂所做的实验表明，其电阻率趋于不为零的剩余值，该值与其所含杂质的量有关。由于汞易于纯化，所以他首先测量了汞在 4.2K 温区的电阻，并于 1911 年发现，在 4.2K 附近汞的电阻突降为它在 0℃时电阻值的百万分之一。昂内斯称他发现了汞的一个新物态，在该新物态中汞的电阻实际上为零，并将这种显示出超导电性的物态称为超导态。这种现象称为超导电现象。

15.4.2 高温超导氧化物的性质

（1）完全导电性——零电阻特性。当超导材料被冷却到某一温度之下时，其电阻会突然消失。图 15-1 为超导材料的 R-T 特性曲线，图中 R_n 为电阻开始急剧减小时的电阻值，对应的温度称为起始转变温度 T_s。当电阻值减小到 $0.5R_n$ 时的温度称为中点温度，以 T_M 表示。当电阻减小至零时的温度为零电阻温度 T_0。超导体的转变温度与外部环境条件有关，当外部环境条件（电流、磁场和应力等）维持在足够低的数值时，测得的超导转变温度定义为超导临界温度，用 T_c 表示。电阻消失之前的物理状态被称为“正常态”，电阻消失之后的物理状态被称为“超导态”。由正常态向超导态过渡时，电阻从 $0.9R_n$ 减小到 $0.1R_n$ 的温度区间称为转变温度宽度 ΔT_c，取决于材料的纯度和晶格的完整性。越均匀纯净的样品超导转变时的电阻陡降越迅速。理想的超导样品的转变温度宽度 ΔT_c 只有 0.01K 或更小。

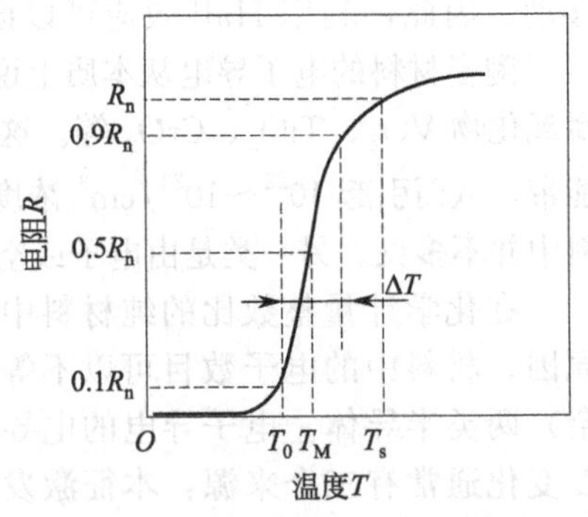

图 15-1 超导材料的 R-T 特性曲线

超导材料的零电阻特性是超导材料实用化的最重要基础。由于其无发热损耗，在超导输电、超导发电、储能、磁材料、变压器、电机等方面较常规材料有着巨大的优越性。

（2）完全抗磁性——迈斯纳效应。当把一个导体放置于磁场中时，导体的表面将会出现感生电流，来屏蔽外部磁场。由于电阻的存在，电流随着时间衰减，当电流衰减为零时，导体内部的磁场将等于外部磁场。如果这个导体是超导体或者完全导体，由于感生电流不会衰减，外部磁场将被完全屏蔽，此时，超导体或者完全导体内的磁场为零，且不随时间变化。人们预想如果将超导体或者完全导体在正常态时加磁场，由于电阻的存在，其内部磁场将等于外部磁场；当场冷至零电阻状态后，撤去磁场，由于无阻感生电流的存在，其内部磁场应该保持不变。

但是，当置于磁场中的导体通过冷却过渡到超导态时，原来进入此导体中的磁力线会瞬间被完全排斥到超导体之外，超导体内磁感应强度变为零，这与磁化过程没有关系。这表明超导体是完全抗磁体的，这个现象称为迈斯纳效应。迈斯纳效应示意见图 15-2。该特性是超导磁悬浮、储能、重力传感器等应用的基础。超导态可以被外磁场所破坏，在低于 T_c 的任一温度下，当外加磁场强度 H 小于某一临界值 H_c 时，超导态可以保持；当 H 大于 H_c 时，超导态会被突然破坏而转变成正常态。临界磁场强度 H_c 的大小与材料的组成和环境温度等有关。超导材料的性能由临界温度 T_c 和临界磁场 H_c 两个参数决定，高于临界值时是一般导体，低于此数值时为超导体。

迈斯纳效应的发现揭示了超导态的一个本质：超导体内部磁感应强度 B 必须为 0。超导态必须同时具有 $\rho=0$ 和 $B=0$ 两个条件。单纯的 $\rho=0$ 并不能保证有迈斯纳效应，而 $B=0$ 必须要求 $\rho=0$，因此 $\rho=0$ 是存在迈斯纳效应的必要条件。为了保证超导体内部 $B=0$，必须有一个无阻（即 $\rho=0$）的表面电流以屏蔽超导体内部，这个屏蔽外磁场的电流叫作迈斯纳电流。$\rho=0$ 要求超导体内 E（电场强度）为 0，而 $B=0$ 只保证在超导体内没有感应电场，并不能保证任何情况下 $E=0$ 都成立。从 $\rho=0$、$B=0$ 的超导态转变到 $\rho\neq0$ 和 $B\neq0$ 的正常态时，不同物质都有各自的特征参数：临界温度 T_c、临界磁场 H_c、临界电流密度 J_c。T_c、H_c（T）和 J_c（T）统称为超导电性。理想导电性只能说明超导体内磁通量冻结不变，迈斯纳效应则表明不变的磁通只能等于零。图 15-3 为迈斯纳效应与理想导体情况的比较（图中 N 表示正常态，S 表示超导态，L 表示电阻无限小状态）。电性质 $R=0$（或 $E=0$），磁性质 $B=0$ 是超导体两个最基本的特性，这两个性质既彼此独立又紧密相关。

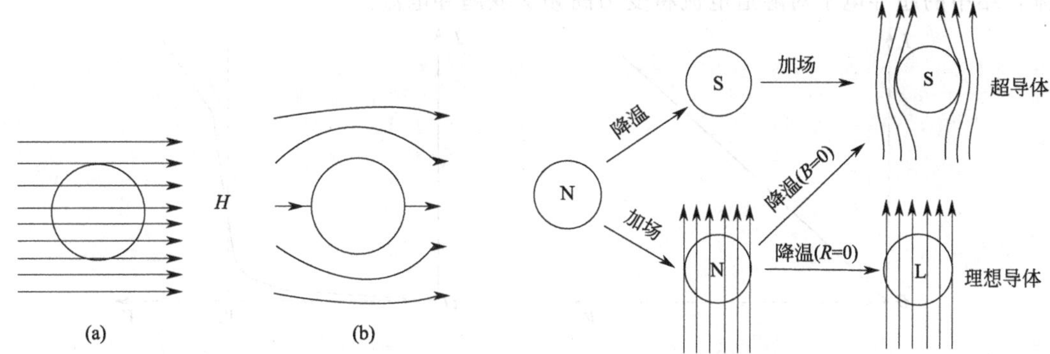

图 15-2 迈斯纳效应示意

(a) 正常态（$T>T_c$）；(b) 超导体（$T<T_c$）

图 15-3 迈斯纳效应与理想导体情况的比较

(3) 磁通量子化。若考虑一个圆环由正常态进入超导态的情况，由于磁感应强度为 0，磁力线一定是闭合或无限的，磁力线不能穿过超导体。于是，当外场被移走后，超导圆环中的磁场无法脱离而被俘获。

(4) 超导隧道效应与约瑟夫森效应。在经典力学中，若两个空间区域被一个势垒隔开，则只有粒子具有足够的能量越过势垒时，才会从一个空间区域进入另一个空间区域中去。而在量子力学中，情况却并非如此。当两块超导体被一个薄势垒层（如薄绝缘层）隔开时，存在的超导电子对电流（简称超流）可以通过量子力学隧道效应从一个超导体传输到另一个超导体。这种效应在低温条件下尤为显著，此时超导体中的电子对能够形成一种稳定的量子波状态，即超导隧道状态。图 15-4 为正常金属 N、绝缘层 I 和超导体 S 组成的结，绝缘体通常对于从一种金属流向另一种金属的传导电子起阻挡层的作用。如果阻挡层足够薄，则由于隧道效应，电子具有相当大的概率穿越绝缘层。不同情形下的电流-电压曲线见图 15-5。当两个金属都处于正常态时，夹层结构（或隧道结）的电流-电压曲线在低电压下是欧姆型的，即电流正比于电压。如果金属中的一个变为超导体时，电流-电压的特性曲线由图 15-5（a）的直线变为图 15-5（b）的曲线。正常金属-绝缘体-超导体（NIS）结和超导体 1-绝缘体-超导体 2（S_1IS_2）结的超导隧道效应可以用超导能隙来解释，其隧道电流都是正常电子穿越势垒。正常电子导电时，通过绝缘介质层的隧道电流是有电阻的。这种情况的绝缘介质厚约为几十纳米到几百纳米。如果 SIS 隧道结的绝缘层厚度只有 1nm 左右，那么理论和实验都证实了将会出现一种新的隧道现象，即库柏电子对的隧道效应，电子对穿过位垒后仍保持着配对状态。

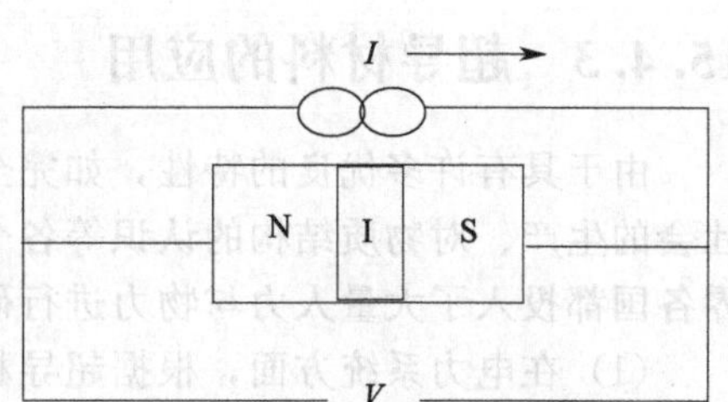

图 15-4 正常金属 N、绝缘层 I 和超导体 S 组成的结

约瑟夫森效应是一种横跨约瑟夫森结的超电流现象。约瑟夫森结由两个互相微弱连接的超导体组成，这个微弱连接可以是薄绝缘层、非超导金属或者是超导性被弱化的狭窄部分。

直流约瑟夫森效应：在不存在任何电场时，有直流电流通过结。通过结的超导电子对电流 J 和相对位相 δ 的依赖关系是

$$J=J_0\sin\delta=J_0\sin(\theta_2-\theta_1) \tag{15-1}$$

式中，电流 J_0 正比于迁移相互作用，是能够通过结的最大零电压电流；θ_2、θ_1 分别为两个超导体的位相。

交流约瑟夫森效应：当约瑟夫森结两端施加直流电压时，如果产生的电流大于临界电流，结中的超导电子对隧道电流将变为高频交变超导电流。

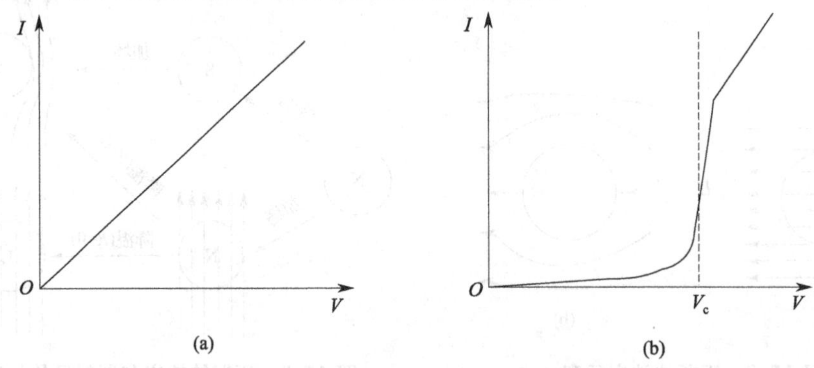

图 15-5　不同情形下的电流-电压曲线

（a）被氧化层隔开的正常金属结的电流-电压曲线；（b）被氧化层隔开的正常金属与金属超导体结的电流-电压曲线

在约瑟夫森结两端施加 1μV 的直流电压后，产生的高频超导正弦波电流振荡的频率为 483.6MHz。

15.4.3　超导材料的应用

由于具有许多优良的特性，如完全的导电性和完全的抗磁性，因此超导材料将会对人类社会的生产、对物质结构的认识等各个方面产生重大影响，可能会带来许多领域的变革。世界各国都投入了大量人力与物力进行研究，相关应用主要有下面几个方面。

（1）在电力系统方面，根据超导材料零电阻的特性，可以无损耗地远距离输送极大的电流和功率；可以制作高温超导线，也能制成超导储能线圈，还可以制造大容量、高效率的超导发电机及磁流体发电机等。

（2）在交通运输方面，可以制造超导磁悬浮列车，靠磁力在铁轨上“漂浮”滑行，速度高，运行平稳，安全可靠。

（3）在环保方面，可以利用基于超导技术的设备对造纸厂、石油化工厂等排放的废水进行净化处理。在医药卫生方面，可以利用超导技术去除细菌、病毒、重金属等。

（4）在高能核实验和热核聚变方面，利用超导体的强磁场，可使粒子加速以获得高能粒子，以及利用超导体制造探测粒子运动径迹的仪器。

（5）在电子工程方面，可利用超导体的约瑟夫森效应提高电子计算机的运行速度和缩小体积。约瑟夫森隧道结的开关时间为 10^{-12}s，超高速开关时产生的热量仅为 10^{-6}W，功耗很小，其运算速度比硅晶体管快 50 倍，产生的热量仅为硅晶体管的 1/1000。还能制成超导器件，如超导二极管、超导量子干涉器件、超导场效应晶体管等。

15.5　表面荷正电氧化物

15.5.1　氧化物表面荷电特性

目前，荷电陶瓷膜主要通过物理或化学的表面修饰改性方法制备而得，其基本原理是利用不同的方法将荷电控制剂引入普通陶瓷膜的表面及本体中，使膜表面在一定的 pH 值范围内具有正负电荷，以此达到陶瓷膜表面具有荷电性的目的。对于液体分离膜而言，膜的荷电性一般用 Zeta 电位或者等电点表示，其中等电点是指当膜表面 Zeta 电位等于零时，膜所在体系溶液所对应的 pH 值大小。当溶液的 pH 值比膜的等电点大时，膜表面带有负电荷；反之，则膜带正电荷。在深层过滤水溶液过程中，如果微小颗粒物质和膜表面带有相反电荷，则由于静电吸附作用，粒子会吸附到膜表面而被截留，深层净化水透过膜流出，进而达到膜去除水中微小颗粒的目的。这是一种利用功能化的荷电陶瓷膜来分离物质组分的新思路。

陶瓷膜表面电性能对膜的分离、过滤及抗污染等性能具有重要影响。而通过对膜的修饰改性可实现其表面带电荷的功能，且膜表面引入无机或有机荷电控制剂的方法一般是通过物理或化学方法实现的。目前，制备荷电陶瓷膜的方法主要包括溶胶-凝胶法（sol-gel）、浸渍-烧结法、均相沉淀法、接枝法等，但每种方法都有其优缺点。

膜表面的荷电特性是其重要性质，膜表面的电荷主要来自溶液的离子吸附或膜表面如羧基、氨基、磺酸基等官能团的解离。膜表面中重要的电化学性质是膜的 Zeta 电位。在膜分离过程中，一般通过调节溶液的 pH 值或者加入电解质使膜 Zeta 电位发生变化，从而优化荷电陶瓷膜的分离性能。不同阳离子类型及不同阴离子类型的盐对微滤过程影响不同，发生特征吸附的高价态阳离子的存在会使颗粒分散性变好，并在膜表面发生吸附，改变表面性质，使膜通量有所下降。由于两种离子平衡的变化，其对微滤过程的影响主要是降低膜和颗粒的电势，颗粒粒径增大，使膜通量增大。荷电陶瓷膜可以应用在具有电荷的溶液体系，如菌体颗粒、蛋白和无机酸等溶液。James 等研究了陶瓷膜在过滤酵母悬浮液时 Zeta 电势（电位）对渗透通量的影响，实验发现 pH 值对膜的 Zeta 电势影响大于 $Al_2(SO_4)_3$ 浓度，在 UF 陶瓷膜过滤酵母悬浮液时，调节 pH 值可以获得更高的渗透通量。Lawrence 等使用纳滤膜浓缩乳清蛋白，通过调节 pH 值改变蛋白的荷电性，可以使其与膜之间的静电力变为排斥力，从而降低膜的污染并增加其渗透通量。Pastor 等通过调节 pH 值的方法来改变 RO 膜对水中硼酸的去除率，在 pH 值为 9.5 时，硼酸以 $B(OH)_4^-$ 的形式存在，荷电的 RO 膜对其去除率可达到 90%以上，而 pH 值为 6 时仅为 60%。总之，通过改变荷电陶瓷膜的荷电性以及膜与溶质之间的相互作用力，能有效地改变荷电陶瓷膜的截留效果和渗透通量。

15.5.2　氧空位对表面电性能的影响

金属氧化物陶瓷的等电点特性在水处理领域被广泛应用。例如，采用前驱体 $ZrOCl_2$ 转化为 ZrO_2 金属氧化物时，若采用真空煅烧进行，则能够提高氧化锆的等电点，其原因在于 $ZrOCl_2$ 中 Zr 原子与 O 原子的比率为 1∶1，其分解过程需要 O_2 参加。然而，在真空煅烧过程中，环境中无法提供足够的氧原子使得前驱体完全转化为 ZrO_2，因此产物中存在氧空位，增加了其等电点。此外，通过在煅烧过程中添加还原性气体 H_2，更有利于 ZrO_2 氧空位的产生，并且还对其晶型转化产生了影响，出现了部分四方相晶体，进一步提升了氧化锆的荷正电性能。通过 N_2/H_2 混合气氛煅烧 SiO_2/Y_2O_3 复合纤维后，不但表面荷电性能有了一定提高，并且 SiO_2 和 Y_2O_3 之间形成了化学键结合。最终得到的复合纤维等电点达到 9.23，对于细菌的最大去除率接近 100%，细菌的对数减少值为 6。使用带有两个负电荷的小分子（钛黄）模拟病毒时，最大饱和吸附容量为 87.96 mg/cm^3，去除率达到 99.999%。

第16章

陶瓷的介电性能

从电性能的角度分类，可将固体材料分为超导体、导体、半导体和绝缘体。绝缘体材料也称电介质，是在电场中没有稳定传导电流通过，而以感应的方式对外场做出相应扰动的物质的统称。电介质的特征是通过正负电荷中心不重合的电极化方式传递、存储或记录电的作用和影响，但其中起主要作用的是束缚电荷。

电介质陶瓷是指电阻率大于$10^8\Omega\cdot m$的陶瓷材料，这种类型的陶瓷材料能承受较强的电场而不被击穿。铁电陶瓷是指具有自发极化，且这种自发极化方向能随外电场（即外加电场）方向变化的一类陶瓷，其特点是介电常数呈非线性而且比较高。压电陶瓷材料除了具有一般介质材料所具有的介电性能和弹性性能外，还具有压电性能。热释电性则是指一些晶体除了由机械应力作用引起压电效应外，还可由温度作用使其电极化强度发生变化的性能。

16.1 电介质陶瓷

16.1.1 电介质陶瓷的基本性质

无论哪一类电介质陶瓷，其一般特性为电绝缘、极化和介电损耗。

绝缘性是指电介质陶瓷中正负电荷质点（分子、原子、离子）彼此强烈地束缚，在弱电场的作用下，虽然正电荷沿电场方向移动，负电荷逆电场方向移动，但它们并不能挣脱彼此的束缚而形成电流，因而具有较高的体积电阻率，表现出绝缘性。电荷的移动，造成了正负电荷中心不重合，在电介质陶瓷内部形成偶极矩，产生了极化现象；同时，在与外电场垂直的电介质陶瓷表面上会出现感应电荷。介电损耗是指任何电介质在交变电场作用下，将部分电能转变成热能使介质发热，在单位时间内因这种转变而消耗的电能。

电介质陶瓷在外电场下发生的电击穿主要有电子击穿、热击穿以及电-机械击穿和次级效应击穿等方式，其中最主要的为电子击穿和热击穿。

(1) 电子击穿。在低电场强度时电介质中存在一定的直流导电性，说明陶瓷中或多或少存在与电子、离子及晶体缺陷有关的载流子。随电场强度的增加，直流导电量也增加。当电场强度达到某一值后，由电极的场发射能够产生足够多的有效电子和形成电流脉冲，电子受电场作用加速。通过碰撞后再释放出附加的电子，使此过程不断加速进行，引起电子雪崩，使电介质在短时间内遭到击穿和破坏，即发生了电子击穿。

这种击穿并非电场对分子的直接作用，而是由晶体中粒子间的碰撞引起的，特别是电子与声子的电离碰撞引起的。发生电子击穿的另一个条件是介质中要有足够数目的电子才能产生这种雪崩效应。

(2) 热击穿。热击穿是由电流引起电介质中局部过热而导致的击穿。电流流过介质时通常都会引起材料发热和温度升高，如果累积的热量不能及时散发掉，温度升高又会使介质的电导率进一步增加，进而使得材料温度不断升高，甚至可能使介质产生熔化和气化。有时该过程只引起局部电导率的增加，并在晶体内产生电流的通道，引起材料局部的不稳定和击穿。

热击穿延续的时间长短不一，有时甚至可以长达几天或更长。热击穿的发生强烈依赖于电介质中玻璃态的电导率和碱含量，其破坏程度随温度的升高和外加电压时间的延长而增加；同时，也与材料的组成结构、晶体缺陷、耐热性及导热性等因素有关。

16.1.2 电绝缘陶瓷和电容器陶瓷

(1) 电绝缘陶瓷。电绝缘陶瓷又称为装置陶瓷，是在电子设备中作为安装、固定、支撑、保护、绝缘、隔离及连接各种无线电子元件及器件的陶瓷材料。其具有以下性质：①高的体积电阻率；②介电常数小；③高频电场下的介电损耗小；④机械强度高；⑤良好的化学稳定性。

电绝缘陶瓷的性能，主要强调三个方面，即高体积电阻率、低介电常数和低介电损耗。除此之外，还要求具有一定的机械强度。这类陶瓷材料按化学组成分为氧化物系列和非氧化物系列两大类。氧化物系列主要有 Al_2O_3 和 MgO 等电绝缘瓷等。非氧化物系列主要有氮化物陶瓷，如 Si_3N_4、BN、AlN 等。大量应用的多元系统陶瓷主要有 $BaO\text{-}Al_2O_3\text{-}SiO_2$ 系统、$Al_2O_3\text{-}SiO_2$ 系统、$MgO\text{-}Al_2O_3\text{-}SiO_2$ 系统、$CaO\text{-}Al_2O_3\text{-}SiO_2$ 系统、$ZrO_2\text{-}Al_2O_3\text{-}SiO_2$ 系统等。

氧化铝瓷是一类电绝缘性能更佳的高频、高温、高强度装置瓷，主晶相为 $\alpha\text{-}Al_2O_3$。其电性能和物理性能随 Al_2O_3 含量的增多而提高。常用的有 Al_2O_3 含量分别为 75%、95%、99%的高铝氧瓷。在一些要求极高的集成电路中，甚至还使用 Al_2O_3 含量达 99.9%的纯刚玉瓷，其性质与蓝宝石单晶相近。高铝氧瓷，尤其是纯刚玉瓷的缺点是制造困难、烧成温度高、价格贵。有学者通过将适量的低成本黏土与氧化锆和氧化铝混合来配制具有良好力学性能和电气强度的陶瓷绝缘子。在陶瓷的基础成分中添加氧化锆表明，它促进了样品的致密化和孔隙率的降低。添加氧化锆会提高烧结温度（1250～1350℃），由于减小了影响线性收缩率和孔隙率的孔径，颗粒彼此靠近，从而提高了所得材料的力学性能和电气性能；力学性能和电气性能的显著改善，使得新型绝缘子可用于承受高机械应力和电应力的高压环境中。

(2) 电容器陶瓷。电容器陶瓷是指主要用来制造电容器的陶瓷介质材料。早在 19 世纪，人们就开始了对电容器的研究，先后出现了以各种材料为介质的电容器：有机介质电容器、无机介质电容器、电解电容器和可变电容器。其中，无机介质电容器按其介质不同又可分为：云母电容器、陶瓷介质电容器、独石电容器、玻璃釉电容器等。其中，陶瓷介质电容器（简称陶瓷电容器或瓷介电容器）以其体积小、容量大、结构简单、耐高温、耐腐蚀、高频特性优良、品种繁多、价格低廉以及便于大批量生产而广泛应用于家用电器、通信设备、工业仪器仪表等领域。陶瓷电容器的外形以片式居多，也有管形、四片形等形状。

电容器陶瓷是目前飞速发展的电子信息技术的重要材料基础之一。今后，随着集成电路（IC）、大规模集成电路（LSI）的发展，预计电容器陶瓷将迎来更广阔的发展前景。近十年来，电子线路的小型化、高密度化有了明显发展，而且元器件向着芯片化、自动插入线路板的方向发展。因此，对电容器小型化、大容量的要求越来越高，迫切需要研制新的电容器用陶瓷材料或电容器陶瓷。

电容器陶瓷按其用途可分为低频高介电容器瓷、高频热补偿电容器瓷、高频热稳定电容器瓷和高压电容器瓷等。按其结构和机理可分为单层和多层，以及内边界层电容器陶瓷。若按制造这些电容器陶瓷的材料性质则可分为以下四类。

第一类为非铁电电容器陶瓷，主要用于制造高频电路中的高稳定性陶瓷电容器和温度补偿电容器。这类陶瓷最大的特点是高频损耗小，在使用的温度范围内介电常数随温度呈线性变化。非铁电电容器陶瓷不仅起谐振电容的作用，而且还以负的介电常数-温度系数值补偿回路中的电感或电阻的正的温度系数值，以维持谐振频率的稳定，故也有人称之为热补偿电容器陶瓷。

第二类为铁电电容器陶瓷，主要用于制造低频电路中的旁路、隔直流和滤波用的陶瓷电容器。其主要特点是：介电常数随温度呈非线性变化，损耗角正切值较大，且 $\tan\delta$ 及 ε 值随温度的变化率较大，具有很高的介电常数（ε 为 1000～3000），故又称之为强介电常数电容器陶瓷(强介瓷)，是制造高比容电容器的重要电介质材料之一，适合于制作小体积、大容量（几千至几万皮法）的低频电容器。目前已经得到广泛使用的这类材料，主要是以 $BaTiO_3$ 为基础成分，具有钙钛矿结构的多种固溶体陶瓷，通过掺杂改性而得到高介电常数（室温下可达 20000）和温度变化率低的瓷料。以平缓相变型铁电体铌镁酸铅（$PbMg_{1/3}Nb_{2/3}O_3$）等为主成分的低温烧结型低频独石电容器瓷料，也是重要的低频电容器瓷料。

第三类为反铁电电容器陶瓷。反铁电体的晶体结构与同型铁电体相近，但相邻离子沿反平行方向产生自发极化，所以单位晶胞中总的自发极化为零，特点是具有双电滞回线，是一种优良的储能材料，利用反铁电相-铁电相的相变可用于储能电容器。目前，反铁电储能陶瓷材料主要是 $PbZrO_3$ 或以 $PbZrO_3$ 为基的固溶体为主晶相的组成，典型如以 Pb（Zr，Ti，Sn）O_3 固溶体为基础，采用 La^{3+} 替代部分 Pb^{2+}，或用 Nb^{5+} 替代部分（Zr，Ti，Sn)$^{4+}$，可获得两个系列的材料，供实际应用。

第四类为半导体电容器陶瓷。这种陶瓷利用半导体化的陶瓷外表面或晶粒间的内表面（晶界）上形成的绝缘层作为电容器介质，具有非常大的体积比电容量，主要用于制造汽车、电子计算机等电路中要求体积非常小的陶瓷介质电容器。其特点是该陶瓷材料的晶粒为半导体，利用陶瓷的表面与金属电极间的接触势垒层或晶粒间的绝缘层作为介质，因而这种材料的介电常数很高，可达 7000～100000。这类电容器主要有晶界层(BLC）和表面阻挡层（SLC）两种结构类型。其中利用陶瓷晶界层的介电性质而制成的边界层电容器是一类新型的高性能、高可靠性的电容器，它的介电损耗小，绝缘电阻及工作电压高。半导体电容器瓷主要有 $BaTiO_3$ 及 $SrTiO_3$ 两大类。在以 $BaTiO_3$、$SrTiO_3$ 或二者固溶体为主晶相的陶瓷中，加入少量主掺杂物和其他添加物，在特殊的气氛下烧成后，即可得到 n 型半导体陶瓷。然后，再在表面上涂覆一层氧化物浆料（如 CuO 等），通过热处理使氧化物向陶瓷的晶界扩散，最终在半导体的所有晶粒之间形成一绝缘层。这种陶瓷的介电常数极高、介质损耗小、体电阻率高、介质色散频率高、抗潮性好，是一种高性能、高稳定的电容器介质。半导体陶瓷电容器是近年来才生产与广泛使用的，它的生产过程和常规陶瓷电容器有较大差异。

锆酸铅（$PbZrO_3$ 或 PZ）基反铁电（AFE）材料作为一种重要的电子材料，因其所具有的外部电场感应的 AFE 状态和铁电（FE）状态之间的相切换行为，在高能量存储电容器、微致动器、热电安全传感器、冷却装置等领域受到越来越多的关注。对于 AFE 薄膜，其电性能强烈取决于其厚度、晶体取向和电极材料的特性。与块状陶瓷相比，AFE 薄膜和厚膜始终显示出更好的电场耐受能力。因此，在具有正交晶系结构的 APE 薄膜和厚膜中可以观察到室温电场诱导的 AFE-FE 相变，而且 AFE 薄膜更容易与硅技术集成。

16.2 铁电陶瓷

具有自发极化，且这种自发极化随外电场取向（转向）的一类陶瓷称为铁电陶瓷，具有铁电性，一般具有以下特点。

(1) 铁电体是具有铁电性的物质，也是处于热力学平衡的晶态物质。其内部存在许多畴，畴的尺寸比晶胞尺寸大得多。在每个畴内，即使无外电场存在，离子（或原子团）的电偶极矩也是自发平行排列的，而晶体中各畴间的极化方向相对无序，因此材料总体上极化强度为零。当有外电场时，各畴的极化取向都转向外电场的方向，晶体总的极化强度不再为零。从能量的角度来看，电畴的产生是为了降低晶体的静电能和应力场能。

(2) 铁电体的自发极化方向与晶体结构有关。例如，四方结构的 $BaTiO_3$ 晶体中自发极化方向只有 6 个，为± [100]、± [010] 和± [001]，因此晶体中只能出现 90°畴和 180°畴。在外电场作用下，各畴的极化方向会趋于一致。

(3) 铁电体的介电常数在一定温度下急剧增加，但是介电常数在某温度范围急剧增加的材料并不一定为铁电体。例如，反铁电体在某温度范围也会有介电常数的异常增加。

(4) 铁电体是非线性电介质，即其极化强度与外电场强度不存在线性关系，存在明显的滞后效应。

16.2.1 钛酸钡晶体结构和性质

(1) $BaTiO_3$ 晶体结构。已知 $BaTiO_3$ 的晶体结构有六方相、立方相、四方相、斜方相和三方相。它们的稳定温度范围如下：

$$\text{六方相} \xrightleftharpoons{120℃<T<1460℃} \text{立方相} \xrightleftharpoons{5℃<T<120℃} \text{四方相} \xrightleftharpoons{-90℃<T<5℃} \text{斜方相} \xrightleftharpoons{T<-90℃} \text{三方相}$$

在铁电陶瓷的生产中，六方相是应该避免出现的晶相。实际上，也只有烧成温度过高时才会出现六方钛酸钡。立方相、四方相、斜方相和三方相都属于钙钛矿结构的变体。钙钛矿结构的化学分子式为 ABO_3。其中，A 代表二价或一价金属，B 代表四价或五价金属。其结构特点是具有氧八面体结构，在氧八面体中央为半径较小的金属离子，而氧又被挤在半径较大的金属离子中间。图 16-1 为 $BaTiO_3$ 的晶胞结构。

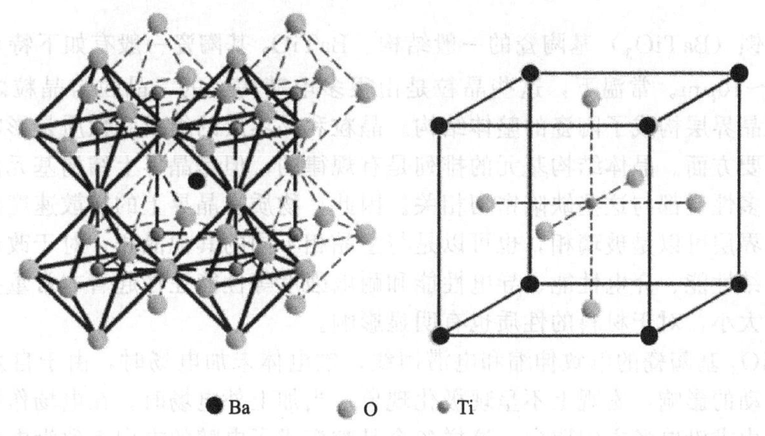

图 16-1　$BaTiO_3$ 的晶胞结构

(2) $BaTiO_3$ 晶体的电畴结构。$BaTiO_3$ 铁电晶体中存在着许多自发极化方向不相同的小区域。每个小区域由很多自发极化方向相同的晶胞构成，这样的小区域称为“电畴”。具有这种电畴结构的晶体称为铁电晶体或铁电体。四方相和立方相间的相变温度，即铁电晶体失去自发极化（电畴结构消失）的最低温度称为居里（Curie）温度（用 T_C 表示）。对 $BaTiO_3$ 晶体来说，$T_C \approx 120℃$。铁电晶体中自发极化只能沿［100］、［010］和［001］方向进行，因此相邻电畴的自发极化方向相交角度为180°或90°，相应电畴的界面分别为90°畴壁和180°畴壁。由于电场在畴壁上的变化是连续的，所以空间电荷不会在畴壁上集结。通常，铁电晶体内不同方向分布的电畴的自发极化强度相互抵消，即铁电晶体在极化处理前，自发极化的总和为零，宏观上不呈现极性。当立方 $BaTiO_3$ 晶体自然冷却到居里温度以下转变为四方相时，相互邻近的晶胞的自发极化方向只能分别沿着原来的三个晶轴方向进行，晶体中出现了许多自发极化方向相同的电畴。这种自发极化使得四方 $BaTiO_3$ 单晶中，相互邻近的电畴的自发极化方向只能在这些角度，如180°和90°相交。

(3) $BaTiO_3$ 晶体的介电常数-温度特性和居里-外斯定律

① $BaTiO_3$ 晶体的介电常数很高，在 a 轴方向测得的 ε 值远大于 c 轴方向测得的 ε 值。高的 ε 值与铁电体的自发极化和电畴的结构有关。这表明在电场作用下，$BaTiO_3$ 晶体中的离子沿 a 轴方向可动性更大，产生了更大的极化强度。

② 在相变温度附近，介电常数均呈现峰值，在居里温度时则呈现最大的峰值介电常数。

③ 介电常数随温度的变化存在热滞现象。

④ 同时，介电常数随温度的变化呈现出非常明显的非线性特性。

$BaTiO_3$ 晶体或 $BaTiO_3$ 基固溶体是 $BaTiO_3$ 基铁电陶瓷介质的主晶相，也是 $BaTiO_3$ 基铁电陶瓷介质性能的决定因素。在居里温度以上时，$BaTiO_3$ 晶体的介电常数随温度的变化遵从居里-外斯（Curie-Weiss）定律。该定律表示如下：

$$\varepsilon=\frac{K}{T_C-T_0}+\varepsilon_0 \tag{16-1}$$

式中，T_C 为居里温度（$BaTiO_3$ 晶体的 $T_C \approx 120℃$）；T_0 为居里-外斯特征温度［$T_C - T_0 \approx (10\sim11)℃$］；$K$ 为居里常数［$K=(1.6\sim1.7)\times10^5$］；ε_0 为电子位移极化对介电常数的贡献。一般情况下，ε_0 可忽略。

16.2.2 钛酸钡基铁电陶瓷的组成、结构、性质和应用

(1) 钛酸钡（$BaTiO_3$）基陶瓷的一般结构。$BaTiO_3$ 基陶瓷一般有如下特点：通常晶粒的粒径约为 3～10μm。常温下，这些晶粒是由很多电畴构成的，晶粒与晶粒之间存在着晶界层，晶粒和晶界层构成了陶瓷的整体结构。晶粒和晶界层的组成和性质是影响或决定陶瓷性质的两个重要方面。晶体结构基元的排列是有规律的，但是晶界上结构基元的排列存在缺陷，晶界的许多性质都与这些缺陷密切相关。因此，物质在晶界上的扩散速度比在晶粒内部要快得多。晶界层可以是玻璃相，也可以是与主晶相不同的其他晶相，对于改善陶瓷材料的性质，例如烧结性能、介电性能、导电性能和耐电强度等性能往往起着非常重要的作用。陶瓷材料晶粒的大小，对于材料的性质也有明显影响。

(2) $BaTiO_3$ 基陶瓷的电致伸缩和电滞回线。铁电体未加电场时，由于自发极化取向的任意性和热运动的影响，宏观上不呈现极化现象。当加上外电场时，在电场作用下，每个晶粒中的电畴都力求沿电场方向取向，这样各个晶粒变成了电畴的方向大致沿电场方向取向的一个个单畴晶粒，晶粒中沿几个晶轴方向随机取向的电畴，在电场作用下大致沿电场方向取向的同时，必然伴随着晶粒沿电场方向的伸长和在垂直电场方向的收缩（这是由 c 轴为极化

轴，极化时 c 轴伸长、a 轴缩短所决定的）。在晶粒和晶体产生这种伸缩的同时，相应要在晶体内产生内应力。若撤掉外电场，则沿电场取向的电畴会部分地偏离原来的电场方向，以使陶瓷中（包括晶界和晶粒中）的内应力得到缓冲，这会导致陶瓷材料与施加外电场情况相反的伸缩，所以电致伸缩也称为电致应变。此时，各晶粒的自发极化强度向量和不再为零，会有一个“剩余极化强度”，同时试样纵向上仍然存在着“剩余伸长”，而在横向上仍然存在着“剩余收缩”。如果对具有“剩余收缩”的试样，再逐渐施加一个与原电场反向的外电场，则试样在纵向和横向仍会出现电致应变。

所有处于铁电态的陶瓷材料都具有电致伸缩和电滞回线这一共同特征，只是电致伸缩程度有强有弱，电滞回线形状有长短宽窄之分。就钛酸钡铁电陶瓷材料来说，电致伸缩程度的强弱和电滞回线形状的长短宽窄都与陶瓷主晶相的轴率大小密切相关。

(3) $BaTiO_3$ 陶瓷的介电常数-温度特性。$BaTiO_3$（钛酸钡）陶瓷的介电常数-温度特性曲线与 $BaTiO_3$ 晶体的介电常数-温度特性曲线类似，钛酸钡陶瓷的介电常数较大且在相变温度附近时介电常数具有峰值。钛酸钡铁电陶瓷介电常数随外电场或温度的变化不呈直线关系，显示出明显的非线性。介电常数在居里点附近达到最大数值，在居里点附近纯 $BaTiO_3$ 铁电体陶瓷的介电常数有急剧变化的特性，其变化率数量级可达 $10^4 \sim 10^5$，此即铁电体在临界温度的“介电反常”现象。而当温度高于居里点后，随着温度升高，介电系数下降，介电系数随温度的变化遵从居里-外斯定律。

(4) 压力对钛酸钡陶瓷介电性能的影响。对于铁电陶瓷介质的电极施加与电极平面垂直的单向压力，介电常数-温度曲线上的居里峰会随单向压力的增大，而受到越来越大的压抑。这种现象与钛酸钡陶瓷存在纵向电致伸长现象联系紧密。

(5) $BaTiO_3$ 陶瓷的置换改性和掺杂改性。以化合物单体 $BaTiO_3$、$CaTiO_3$、$SrTiO_3$、$CaZrO_3$、$SrZrO_3$、$BaZrO_3$ 等所形成的简单钙钛矿型铁电陶瓷，往往在性能上不能满足实际应用要求。为寻求一种具有更高介电常数、稳定性更为优良的铁电陶瓷，以满足更多应用领域的需求，实现叠层陶瓷器件的微型化、集成化，常通过固溶体置换或掺杂改性的方法形成复合钙钛矿型化合物陶瓷来改善并提高其介电特性。复合钙钛矿型介质陶瓷材料介电特性的优化是通过钙钛矿结构中 A、B 位的金属元素组合的改变而进行的。

(6) $BaTiO_3$ 铁电陶瓷的击穿。$BaTiO_3$ 铁电陶瓷的耐电强度不仅取决于陶瓷材料本身的结构和性质，也与试样的形状、尺寸（厚度等）密切相关。居里温度以上时和以下时的 $BaTiO_3$ 铁电陶瓷具有不同的击穿特征。

(7) $BaTiO_3$ 铁电陶瓷的老化。当某一 $BaTiO_3$ 铁电陶瓷介质从烧成或被涂覆电极冷却后，其介电常数和介质损耗角的正切值随着存放时间的推移而逐渐降低，这种现象称为老化。实验研究发现，$BaTiO_3$ 铁电陶瓷的介电常数具有以下一些老化特点。

① 当铁电陶瓷材料经历一段时间产生老化以后，如果将材料重新加热到居里温度以上并保持几分钟后再冷却到室温，该铁电陶瓷瓷料的介电常数将恢复到初始的数值，而老化也将随存放或使用而重新开始。

② $BaTiO_3$ 铁电陶瓷介电常数的老化速率与主晶相（通常为四方 $BaTiO_3$）的轴率 c/a 之间存在着反比关系，即轴率越大，老化速率越低；轴率越小，老化速率越高。

③ 当铁电陶瓷材料的温度从低向高逐渐靠近居里温度时，老化速率也逐渐增加。

铁电陶瓷材料的老化机理十分复杂，科学界提出了很多铁电老化理论。目前普遍认可的铁电老化机理是铁电体内的 90°畴成核或 90°畴分裂的过程伴随着应力的松弛或畴夹持效应的增强，导致了材料有关性能随时间而变化即铁电陶瓷的老化。在外电场的作用下，与之同向的电畴趋于沿电场方向伸长，而与之反向者则收缩。因此，各电畴的形变都受到约束，极化改变小于自由状态下的数值，即介电常数因畴夹持作用而减小。

(8) 铁电陶瓷的非线性。铁电陶瓷的非线性通常是指铁电陶瓷介电常数随外电场（或温度）变化而呈现明显非线性变化的特性。从 $BaTiO_3$ 铁电陶瓷的电滞回线可以看出，铁电陶瓷材料随外电场强度（简称场强）E 的极化是非线性的，即极化强度 P 与电场强度 E 不遵从正比关系。铁电体的介电常数不是固定不变的常数，而是依赖于外电场。铁电陶瓷的介电常数与温度也有类似关系。这就是说，铁电陶瓷的介电常数随温度也呈强烈的非线性关系。

(9) 铁电陶瓷的应用。对于铁电陶瓷电容器来说，由于陶瓷材料的介电常数高，与同容量的高频陶瓷电容器相比，电容器的体积可以做得较小。但是，钛酸钡的介电损耗大，存在电滞回线和电致伸缩。在直流高压下静电电容显著下降，在交流高压下静电电容增加；同时，介电损耗急剧增大，电致伸缩效应又使得抗电强度大大下降。因此，铁电陶瓷不宜在高频下工作，否则损耗产生的热量将导致铁电电容器温升较高，使其不能正常工作。铁电陶瓷介质的介质损耗，通常在频率超过某一数值后，随频率的继续升高而急剧加大，故铁电陶瓷电容器一般适用于低频或直流电路。在使用铁电陶瓷电容器时，必须注意铁电陶瓷材料的老化特性，即铁电电容器的电容量随时间而降低以及随温度和电场而变化的特性。在高温及强直流（低频）作用下，要注意作为电极材料的金属银可能在该条件下发生银离子的迁移及由此引起的电性能的恶化。作为高压充放电电容器时，要考虑电容器的“反复击穿特性”，即在低于其耐电强度的条件下，因反复充放电而破坏的特性。

16.2.3 反铁电陶瓷

对于反铁电体陶瓷材料来说，在开始施加电场时，极化强度随场强呈线性增加，介电常数几乎不随场强而变。但当场强增加到一定数值后，极化强度与场强之间即呈现出明显的非线性关系。反铁电陶瓷材料的电容量或介电常数随场强的变化规律是：在低压下保持定值，至一定场强时电容量逐渐增大，然后达到最大值。场强更高时，电容量下降，极化强度达到饱和后电容量降到一定值。反铁电陶瓷是较好的高压陶瓷介质材料，其介电常数与铁电陶瓷相近，但无铁电陶瓷容易介电饱和的缺点。在较高的直流电场下，介电常数随外电场的增加不是减小而是增大。反铁电陶瓷只有在很高的电场下才会出现介电饱和，而且可以避免剩余极化，是较适合作为高压陶瓷电容器的瓷料。

反铁电介质瓷是由反铁电体 $PbZrO_3$ 或以 $PbZrO_3$ 为基的固溶体（包括 PLZT）组成。反铁电体与铁电体的不同之处在于：当外加作用电场强度降至零时，反铁电体没有剩余极化，而铁电体则有剩余极化。当作用于反铁电体的电场强度由弱逐渐增强，由线性特征转变为非线性时，反铁电体即相变为铁电体。而当电场强度降低，由非线性特征转变为线性时，铁电体又相变为反铁电体。所以当材料由反铁电体相变为铁电体时，材料的极化强度迅速增大，材料中几乎所有反铁电体都相变为铁电体时，极化强度（P_{max}）趋于饱和。P_{max} 为相应于饱和场强 E_{max} 时的极化强度。除了电场能强迫介电陶瓷的反铁电态与铁电态进行相变外，温度与压力也能使反铁电态与铁电态之间相互转变。

反铁电体的应用主要有两方面：其一是利用 D-E 非线性关系即双电滞回线，作为储能电容器和电压调节元件；其二是利用反铁电-铁电相变，作为相变储能和爆电换能器件。反铁电体是比较优越的储能材料，用它制成的储能电容器具有储能密度高和储能释放充分的优点。由于反铁电体储能电容器是利用介电陶瓷在反铁电态与铁电态相变时的储能变化，而以 $PbZrO_3$ 为基的反铁电材料相变场强较高（一般为 40～100kV/cm），加之反铁电材料具有较高介电常数以及在一定高压下介电常数进一步增大的特性，所以反铁电体陶瓷电容器适用于高压环境。但发展反铁电陶瓷电容器有一重大难题，因其具有很大的电致应变，尤其是当反铁电态相变为铁电态时，将同时产生很大的应变和应力，有可能导致瓷件被击穿和受到破坏。

16.3　压电陶瓷

压电陶瓷材料除了具有一般介质材料所具有的介电性能和弹性性能外，还具有压电性能。由于压电材料各向异性，每一项性能参数在不同的方向所表现出的数值不同，这就使得压电陶瓷材料的性能参数比一般各向同性的介质材料大得多。压电陶瓷材料的众多性能参数是其得到广泛应用的重要基础。在没有对称中心的晶体上施加压力、张力或切向力时，会发生与应力成比例的介质极化；同时，在晶体两端面将出现正负电荷，这一现象称为正压电效应。反之，在晶体上施加电场而引起极化时，则将产生与电场强度成比例的变形或机械应力，这一现象称为逆压电效应。这两种正、逆压电效应统称为压电效应。晶体是否出现压电效应由构成晶体的原子和离子的排列方式，即晶体的对称性所决定。

常用的压电陶瓷有钛酸钡系、钛酸铅-锆酸铅二元系及在二元系中添加第三种 ABO_3 型化合物的三元系，如 $Pb(Mn_{1/3}Nb_{2/3})O_3$ 和 $Pb(Co_{1/3}Nb_{2/3})O_3$ 等组成的三元系。如果在三元系统上再加入第四种或更多化合物，可组成四元系或多元系压电陶瓷。钛酸钡是最早使用的压电陶瓷材料，它的压电系数约为石英的 50 倍，但居里点温度只有 115℃，使用温度不超过 70℃，温度稳定性和机械强度都不如石英。此外，还有一种铌酸盐系压电陶瓷，如氧化钠（或氧化钾）· 氧化铌（$Na_{1/2}K_{1/2}NbO_3$）和氧化钡（或氧化锶）· 氧化铌（$Ba_xSr_{1-x}Nb_2O_5$）等，它们不含有毒性较大的铅，对环境保护有利。目前使用较多的压电陶瓷材料是锆钛酸铅（PZT）系列，它是钛酸铅（$PbTiO_3$）和锆酸铅（$PbZrO_3$）组成的［Pb（ZrTi）O_3］。其居里点温度在 300℃以上，性能稳定，有较高的介电常数和压电系数。目前，世界各国正在大力研制、开发无铅压电陶瓷，以保护环境并降低其对人们健康的危害。

16.3.1　压电效应

压电陶瓷是属于铁电体一类的物质，也是一种经极化处理后的人工多晶铁电体。所谓“铁电体”，是指它具有类似铁磁材料磁畴结构的电畴结构。电畴是分子自发形成的区域，它有一定的极化方向，从而存在一定的电场。在无外电场作用时，各个电畴在晶体上杂乱分布，它们的极化效应被相互抵消，因此原始的压电陶瓷内极化强度为零，不具有压电性。要使之具有压电性，必须进行极化处理，即在一定温度下对其施加强直流电场。一般极化电场强度为 3～5kV/mm，温度为 100～150℃，时间为 5～20min，通过人工极化迫使“电畴”趋向外电场方向作规则排列。当直流电场去除后，陶瓷内仍能保留相当的剩余极化强度，则陶瓷材料宏观具有极性，也就具有了压电性能。

同样，若在陶瓷片上施加一个与极化方向相同的电场，由于电场的方向与极化强度的方向相同，所以电场的作用使极化强度增大。这时，陶瓷片内的正负束缚电荷之间距离也增大，即陶瓷片沿极化方向产生伸长形变。同理，如果外电场的方向与极化方向相反，则陶瓷片沿极化方向产生缩短形变。这种由于电效应而转变为机械效应或者由电能转变为机械能的现象，就是逆压电效应。

16.3.2　压电陶瓷的性能参数

（1）压电系数。压电系数是压电陶瓷重要的特性参数，它是压电介质把机械能（或电能）转换为电能（或机械能）的比例常数，反映了应力或应变和电场或电位移之间的联系，直接反映了材料机电性能的耦合关系和压电效应的强弱。常见的四种压电常数如下：d_{ij}、g_{ij}、e_{ij}、h_{ij}（$i=1$，2，3；$j=1$，2，3，…，6），其中 i 表示电学参量的方向（即电场或电位移的方向），j 表示力学参量（应力或应变）的方向。压电常数的完整矩阵应有18个独立参量，对于四方钙钛矿结构的压电陶瓷只有 3 个独立分量，以 d_{ij} 为例，即 d_{31}、d_{33}、d_{15}。

① 压电应变常数 d_{ij}

$$d=\left(\frac{\partial S}{\partial E}\right)_T,d=\left(\frac{\partial D}{\partial T}\right)_E \tag{16-2}$$

② 压电电压常数 g_{ij}

$$g=\left(-\frac{\partial E}{\partial T}\right)_D,g=\left(\frac{\partial S}{\partial D}\right)_T \tag{16-3}$$

由于习惯上将张应力及伸长应变定为正，压应力及压缩应变定为负，电场强度与介质极化强度同向为正，反向为负。所以，当 D 为恒值时，ΔT 与 ΔE 符号相反，故式中带有负号。如前所述，对四方钙钛矿压电陶瓷，g_{ij} 有 3 个独立分量：g_{31}、g_{33}、g_{15}。

③ 压电应力常数 e_{ij}

$$e=\left(\frac{\partial T}{\partial E}\right)_S,e=\left(\frac{\partial D}{\partial S}\right)_E \tag{16-4}$$

同样，e_{ij} 也有 3 个独立分量：e_{31}、e_{33}、e_{15}。

④ 压电劲度常数 h_{ij}

$$h=\left(-\frac{\partial T}{\partial D}\right)_S,h=\left(\frac{\partial E}{\partial S}\right)_D \tag{16-5}$$

同理，h_{ij} 有 3 个独立分量：h_{31}、h_{33}、h_{15}。

由此可见，选择不同的自变量，可得到 d、g、e、h 四组压电常数。压电陶瓷的各向异性使其压电常数在不同方向有不同数值，即有：

$$d_{31}=d_{32},d_{33},d_{15}=d_{24}$$

$$g_{31}=g_{32},g_{33},g_{15}=g_{24}$$

$$e_{31}=e_{32},e_{33},e_{15}=e_{24}$$

$$h_{31}=h_{32},h_{33},h_{15}=h_{24}$$

这四组压电常数并不是彼此独立的，有了其中一组，即可求得其他三组。压电常数直接建立了力学参量和电学参量之间的联系，同时对建立压电方程有着重要的作用。

(2) 机械品质因数 Q_m。机械品质因数 Q_m 表示在振动转换时，材料内部能量损耗的程度，机械品质因数越高，能量的损耗就越少。产生机械损耗的原因是存在内摩擦，在压电元件振动时，要克服摩擦而消耗能量，机械品质因数与机械损耗成反比，即

$$Q_m=2\pi\frac{W_1}{W_2} \tag{16-6}$$

式中，W_1 为谐振时振子内储存的机械能量；W_2 为谐振时振子每周期的机械阻尼损耗能量。Q_m 也可根据等效电路计算而得：

$$Q_m=\frac{1}{C_1\omega_s R_1} \tag{16-7}$$

式中，R_1 为等效电阻；ω_s 为串联谐振频率；C_1 为振子谐振时的等效电容：

$$C_1=\frac{\omega_p^2-\omega_s^2}{\omega_p^2}(C_0+C_1) \tag{16-8}$$

式中，ω_p 为振子并联谐振频率；C_0 为振子的静电容。则：

$$Q_m=\frac{\omega_p^2}{(\omega_p^2-\omega_s^2)\omega_s R_1(C_0+C_1)} \tag{16-9}$$

由于配方不同，工艺条件不同，压电陶瓷的 Q_m 值也不相同；PZT 压电陶瓷的 Q_m 值在 50～3000，有些压电材料 Q_m 值还要更高。

(3) 频率常数 N。对于压电陶瓷材料，其压电振子的谐振频率和振子振动方向长度的乘积是个常数，即频率常数。如果外电场垂直于振动方向，则谐振频率为串联谐振频率；如果电场平行于振动方向，则谐振频率为并联谐振频率。因此，对于 31 模式和 15 模式的谐振和对于平面或径向模式的谐振，其对应的频率常数为 N_{E1}、N_{E5} 和 N_{EP}，而 33 模式的谐振频率常数为 N_{D3}；对于一个纵向极化的长棒来说，纵向振动的频率常数通常以 N_{D_t} 表示。对于一个厚度方向极化的任意大小的薄圆片，厚度伸缩振动的频率常数通常以 N_{D_p} 表示。圆片的 N_{D_t} 和 N_{D_p} 是重要的参数。除了频率常数 N_{D_p} 外，其他频率常数通常等于陶瓷体中主声速的一半，各频率常数具有相应的下角标。

根据频率常数的概念，就可以得到各种振动模式的频率常数，长条形样品的长度振动的频率常数为：

$$N_{31}=f_s l_1 \tag{16-10}$$

式中，f_s 为长条形振子的串联谐振频率；l_1 为长条形振子振动方向的长度。

频率常数是由材料性质决定的，这是因为在长条形振子中，声波在振子中传播速度为：

$$V=2l_1 f_s \tag{16-11}$$

而声波的大小仅与材料性质有关，与尺寸无关，例如纵波声速：

$$V=\frac{Y}{\rho} \tag{16-12}$$

式中，Y 为弹性模量；ρ 为材料密度。对于一定组成的材料来说，Y 和 ρ 为常数，当然 V 也是常数，所以对于一定组成的材料来说，N_{31} 也是常数；N_{31} 知道后，可以根据需要的频率来设计振子的尺寸。此外，知道频率常数还可以计算出材料的弹性模量。振子的振动形式不同，其频率常数也不同。

(4) 机电耦合系数 K。机电耦合系数又称有效机电耦合系数，是综合反映压电陶瓷材料性能的一个重要参数，也是衡量材料压电性能好坏和压电材料机电能量转换效率的一个重要物理量。它反映压电陶瓷材料的机械能与电能之间的耦合关系，可用下式来表示机电耦合系数 K：

$$K^2=\frac{\text{电能转变为机械能}}{\text{输入的电能}}\text{或}K^2=\frac{\text{机械能转变为电能}}{\text{输入的机械能}} \tag{16-13}$$

因为机械能转变为电能总是不完全的，所以 K^2 总是小于 1。因为 K 是能量间的比值，所以无量纲。例如 PZT 陶瓷，K 在 0.5～0.8；对于居里点在 24℃的罗息盐，K 高达 0.9。压电陶瓷的振动形式不同，其机电耦合系数 K 的形式也不相同。即使是同一种压电材料，由于其振动方向和极化方向的相对关系不同，可导致能量转换情况的差异，因而具有不同形式的 K 值。常见的有平面机电耦合系数 K 和径向机电耦合系数 K。

(5) 压电陶瓷振子与振动模式。压电元件常用于振荡器、滤波器、换能器、光调幅器以及延迟线等各种机电、光电器件，这些器件都是通过压电效应激发压电体的机械振动来实现的。因此，只有通过对压电元件的振动模式进行分析，才能较深入地了解压电元件的工作原理和具体工作性质。虽然压电晶体（包括已极化的压电陶瓷）是各向异性体，但是压电元件都是根据工作需要，选择有利方向切割下来的晶片，这些晶片大多数为薄长片、圆片、方片等较简单的形状。虽然它们的基本振动模式（如伸缩振动、切变振动等）大体上与各向同性的弹性介质相同，都是在有限介质中以驻波的形式传播。但是，只有在非常简单的情况下，才可能得到波动方程的准确解。对于稍复杂的情况，只能得到近似解，一般需要数值计算才能得到精确解。

① 压电振子的谐振特性。极化后的压电体即压电振子。对压电振子施加交变电场，当电场频率与压电体的固有频率一致时，产生谐振。谐振频率为形成驻波的频率。形成驻波的条件为 $L=n\lambda/2$。振动频率为 $f_r=u/\lambda$（u 是声波的传播速度，其值与物体的密度和弹性模量有关）。谐振线度尺寸与频率的关系为 $L=n\ (u/f_r)\ /2$。当 $n=1$ 时的频率为基频，其他为二次、三次等谐振。

把压电振子、信号发生器和毫伏表串联，逐渐增加输入电压的频率，当外电压的某一频率使压电振子产生谐振时，就发现此时输出的电流最大，而振子阻抗最小，常以 f_m 表示最小阻抗（或最大导纳）的频率。当频率继续增大到某一值时，输出电流最小，阻抗最大，常以 f_n 表示最大阻抗（或最小导纳）的频率，被称为反谐振频率。

② 压电振子的等效电路。压电振子的谐振特性，即阻抗随频率变化的曲线，与 LC 电路谐振特性类似，即与二端网络的三元件电路（一个电感与一个电容串联，再与一个电容并联的电路）的阻抗随频率的变化曲线类似。电感的意义在于当某一振子在交变电场的作用下，发生形变，引起另一压电振子形变，从而感应出电荷。其是由振子的惯性引起的，可等效为振子的质量，而电容可等效为弹性常数，电阻由内摩擦引起。

③ 振动模式。压电陶瓷根据振动模式又可分为横效应振子和纵效应振子以及厚度切变振子三种。

横效应振子包括薄长条片振子和薄圆片振子。横效应振子的特点如下：电场方向与弹性波传播方向垂直；沿弹性波传播方向电场 E 为常数；串联谐振频率 f_s 等于压电陶瓷的机械共振频率。

纵效应振子包括细长棒振子和薄板的厚度伸缩振子。纵效应振子特点如下：电场方向与弹性波传播方向平行；沿弹性波传播方向电场 D 为常数；串联谐振频率 f_p 等于压电陶瓷的机械共振频率。

厚度切变振子若压电陶瓷片的极化方向和激励电场相互垂直，就可产生厚度切变振动，常称为剪切片。它是制作压电加速度器等常用的振动模式。

16.3.3 压电陶瓷的应用

在自然界中大多数晶体都具有压电效应，但压电效应可能十分微弱，没有实际应用价值。随着对材料的深入研究，逐渐发现了石英晶体、钛酸钡、锆钛酸铅等材料是性能优良的压电材料。目前，压电陶瓷已广泛应用于生产与生活中的各个领域。

（1）利用压电陶瓷将机械力转换成电能的特性，可以制造出压电点火器、移动 X 射线电源、炮弹引爆装置。采用两个直径 3mm、高 5mm 的压电陶瓷柱取代普通的火石，可以制成一种可连续打火几万次的气体电子打火机。

（2）用压电陶瓷把电能转换成超声振动，可以用来探寻水下鱼群的位置和形状，对金属进行无损探伤，以及超声清洗、超声医疗；还可以做成各种超声切割器、焊接装置及烙铁，对塑料甚至金属进行加工。

（3）压电陶瓷可将极其微弱的机械振动转换成电信号。利用这一特性，可应用于声呐系统、气象探测、环境保护、家用电器等方面。在医学上，将压电陶瓷探头放在人体的检查部位，通电后发出超声波，碰到人体的组织后产生回波，然后将回波接收，显示在荧光屏上，医生便能了解人体的内部状况。

(4) 有研究表明人骨具有压电特性。这种压电特性可以加速骨修复，因此有学者研究将具有压电效应的陶瓷材料引入骨组织工程中，用于因创伤等引起的骨缺损修复。

(5) 在航天领域，压电陶瓷制作的压电陀螺，是在太空中飞行的航天器、人造卫星的“舵”。依靠“舵”，航天器和人造卫星才能保证其既定的方位和航线。

(6) 压电陶瓷也可用作汽车的压电陶瓷爆震传感器、超声波传感器、加速度传感器等。压电陶瓷在汽车燃油系统的喷油器上的应用目前处于更前沿的开发阶段。

随着高新技术的发展，压电陶瓷的应用必将越来越广阔。

16.4 热释电陶瓷

16.4.1 热释电效应

热释电性是指一些晶体除了机械应力作用引起压电效应外，还可由温度作用使其电极化强度发生变化，也称热电性。

取一块电气石，在加热它的同时，让一束硫黄粉和铅丹粉经过筛孔喷向这个晶体。结果会发现，晶体一端出现黄色，另一端变为红色。这就是坤特法显示的天然矿物晶体电气石的热释电性实验。实验表明，如果电气石不是在加热过程中，喷粉实验不会出现两种颜色。现在已经认识到，电气石是三方晶系 3m 点群，结构上只有唯一的三次旋转轴，具有自发极化。没有加热时，它们的自发极化电偶极矩完全被吸附的电荷屏蔽。但在加热时，由于温度变化，自发极化改变，电气石晶体在沿其三次轴的两端产生数量相等而符号相反的电荷，则屏蔽电荷失去平衡。因此，晶体尖的一端带正电荷吸引硫黄粉显黄色，而钝的一端带负电荷吸引铅丹粉显红色。

热释电效应指的就是这种电介质的极化随温度改变的现象。一个简单畴化了的铁电体，其中极化的排列使靠近极化矢量两端的表面附近出现束缚电荷。在热平衡状态，这些束缚电荷被来自电极和体内的等量反号的自由电荷所屏蔽，所以铁电体对外界并不显示电的作用。当温度改变时，极化发生变化，原先的自由电荷不能再完全屏蔽束缚电荷，于是表面出现自由电荷，它们在附近的空间形成电场，对带电微粒有吸引或排斥作用。如果与外电路连接，则可在电路中观测到电流在升温和降温两种情况下电流的方向相反。

16.4.2 热释电陶瓷材料

32 种晶体学材料中有 22 种既不显示热电，也不显示压电。但是，通过打破晶格对称性，可以规避此限制。尽管事实上 $SrTiO_3$ 并不是热电的，但 TiO_2 端接的 $SrTiO_3$ 的 (100) 表面在室温下本质上是热电的。发现热释电层的厚度约为 1nm，其极化程度可与强极性材料（如 $BaTiO_3$）的极化程度相媲美。可以通过形成或去除纳米 TiO_2 层来调节热电效应的开关。热电是极性表面弛豫的结果，可以通过使用 TiO_2 覆盖层改变晶格对称性以抑制热释电。观察到 $SrTiO_3$ 表面出现的热电现象也表明它本身就是压电的。这些发现可以通过适当破坏表面和人工纳米结构（例如异质界面和超晶格）的对称性，为观察和调整任何材料中的压电和热电提供了思路。

冷冻干燥法在水基悬浮液中制造出具有对齐孔通道和不同孔隙率的多孔锆钛酸铅 (PZT) 陶瓷，由于将孔隙引入陶瓷微结构中，降低了介电常数和体积比热容，多孔压电 PZT 获得了较高的压电和热电品质。孔隙平行于冰冻方向排列的 PZT 表现出最高的压电和热电响应，这是铁电材料沿极化方向的互连性增强以及未极化材料的比例降低而导致更高极化的结果。该结果有利于能量收集和传感器应用设备中高性能多孔热释电和压电材料的设计和制造。基于半导体材料的紫外线光电探测器可以通过紫外线转换为电信号，并通过光电效应进行操作；同时，利用紫外线照射的自然温度变化和铁电材料的热电效应，通过简单的制造工艺，可以制备PZT材料的自供电紫外线光电探测器，可以很好地利用光感应温度变化来检测365nm紫外线。热释电陶瓷材料还可用于制造热释电红外探测器和热释电红外摄像管。

目前用此材料已制成单体探测器，在红外探测和热成像系统中得到应用。用改性的$PbTiO_3$陶瓷制成的热释电探测器，其探测度已经达到与TGS探测器同一数量级（但在高频下使用稍差）。由于$PbTiO_3$元件阻抗很高，为了有效地提高灵敏度，需要使用高输入阻抗（场效应晶体管）的前置放大器。这种探测器已经用来制造人造卫星上的红外地平仪，发挥出耐辐射、工作温度高、稳定性好等特长。此外，还做成了$PbTiO_3$热释电红外辐射温度计，这种温度计不用偏压电源，不用附加制冷装置，可在接近室温的情况下使用，效率比热敏电阻高十倍，主要用于精密温度测量、远距离温度测量以及有害气体测量等方面。

$Pb_{1-x}La_x(Zr_yTi_{1-y})_{1-x/4}O_3$陶瓷材料（PLZT）居里点高，热释电系数也高，而且随La含量的增加，热释电系数上升。但其介电常数和介质损耗较大，对热释电探测器的电压灵敏度不利。如果能进一步降低它的介电常数和电导率，就能改进探测器性能。PLZT被认为是制造均匀性好的大面积探测器的很有前途的材料。

第17章

陶瓷的磁性能

磁性材料是指材料的磁学性能有被利用价值的材料，即有自发磁化的材料。磁性材料具有磁畴结构，其静态性能由磁化和磁滞回线表示；磁各向异性、磁致伸缩、退磁化等对磁畴的结构和运动有很大影响，也直接影响材料的磁性能。磁性陶瓷的晶体结构普遍较复杂，其化学成分变化范围宽，因此可通过调控材料的成分和结构改变磁性能。磁性陶瓷的电阻率比铁磁合金要高出 6～12 个数量级，其磁损耗小，在高频环境中得到广泛使用。铁氧体是重要的磁性陶瓷材料，结构上包括尖晶石型、磁铅石型、石榴石型和钙钛矿型。在磁性陶瓷的磁性质中，饱和磁化强度、磁感应强度、居里温度等与材料成分和相种类的关系较密切；而磁导率、矫顽力、磁滞回线矩形比等磁性能与材料的制备条件和晶体缺陷、杂质和第二相及其分布等的关系更加密切。

磁性材料按其导电性差异，可分为金属和铁氧体磁性材料两大类。磁性陶瓷也是先进陶瓷材料中极其重要的一类，可分为含铁的铁氧体陶瓷和不含铁的磁性陶瓷。它们多属于半导体材料，电阻率为 $(10\sim97)\times10^{6}\,\Omega\cdot\text{m}$，是现代电子技术中不可缺少的一种材料，用它们代替低电阻率的金属和合金磁性材料，可以大大降低涡流损耗，适用于高频场合。磁性陶瓷的高频磁导率也较高，这是其他磁性材料所不能比拟的。铁氧体的最大弱点是饱和磁化强度比较低，大约只有纯铁的 1/5～1/3，居里温度也不高，不宜在高温或低频大功率条件下工作。尽管如此，它们在现代无线电电子学、自动控制、微波技术、电子计算机、信息存储、激光调制等方面或领域都得到了广泛应用。

17.1 顺磁性和抗磁性

17.1.1 顺磁性

物质的磁性来源于原子的磁性，原子的磁性主要来源于原子壳层内不成对电子的轨道磁矩和电子自旋磁矩。原子核的磁矩比电子磁矩小 3～4 个数量级，通常可以忽略；同时，原子中满壳层电子的磁矩总和为零。原子磁矩 μ_a 的大小可通过下式进行计算：

$$\mu_a = p\mu_B \tag{17-1}$$

式中，$\mu_B=\dfrac{eh}{2m}=9.273\times10^{-24}\text{J/T}$，为 Bohr（玻尔）磁子；$p=g\sqrt{J(J+1)}$，称为原子或离子的有效 Bohr 磁子数；$g$ 称为 Lande 因子，并且有：

$$g=1+\frac{J(J+1)+S(S+1)-L(L+1)}{2J(J+1)} \tag{17-2}$$

J、S、L 分别为未满壳层中电子的总角动量、原子的轨道角动量和原子的自旋角动量，并且满足：$\vec{J}=\vec{L}+\vec{S}$。描述材料的磁性主要采用磁导率 μ 和磁化率 χ。常使用相对磁导率，定义为：

$$\mu_r=\frac{B}{u_0 H} \tag{17-3}$$

式中，μ_0 为真空磁导率，数值为 $4\pi\times10^{-7}$ H/m；B 为磁感应强度，T 或 Wb/m^2；H 为磁场强度，A/m。材料的磁导率与物质种类有关，同时也与晶体显微结构有关。

在具有未成对电子的原子、分子或离子中，由于具有未成对电子而具有磁矩，这种磁矩是由未成对电子的轨道运动和自旋运动共同提供的，这类物质就具有顺磁性。在顺磁体上加上磁场，磁矩则按磁场方向排列，这种现象称为磁化。磁化强度与磁场强度成正比，去掉磁场，则磁化为零。磁化强度和磁场强度之间的关系反映了材料的磁化率。材料的磁化率表示材料被磁化的难易程度，通常定义如下：

$$\chi=\frac{M}{H} \tag{17-4}$$

式中，M 为材料的磁化强度，是单位体积内所有磁矩的矢量和，A/m。因此，磁化率与相对磁导率一样，是无量纲的。磁化率是材料常数。而实际上，由于晶体的内电场影响电子的轨道运动，因此自旋磁矩的取向也与晶体结构有关。如果施加同样的外磁场或外加磁场，在不同的晶体学方向上材料的磁化强度将不同。因此，磁化强度并不一定与外磁场成为线性关系。除了晶体取向各向异性的影响，磁化强度还与材料本身的形状有关，存在形状各向异性。例如，细小的针形材料特别容易沿其长轴方向磁化。

磁感应强度

$$\vec{B}=\mu_0(\vec{H}+\vec{M}) \tag{17-5}$$

因此有：

$$\mu=1+\chi \tag{17-6}$$

如果未填满电子的壳层中有不成对的电子，那么每个原子都具有由电子轨道和自旋运动引起的净磁矩。没有外加磁场时，这些磁矩的方向是杂乱的，而在外磁场作用下，磁偶极子将尽量按磁场方向排列，产生诱导磁矩，磁化强度随外加磁场呈线性变化。由于晶格振动的干扰，这种取向排列的程度实际上很低。在外磁场作用下，磁偶极子并不能够都沿磁场方向排列。外磁场取消后，原子磁矩的总和又马上回到零。材料的这种性质称为顺磁性，具有顺磁性的固体为顺磁体。许多陶瓷材料都是顺磁体。

顺磁性理论建立在独立磁性离子模型的基础上，认为在顺磁晶体中有许多非磁性离子把磁性离子隔离开相当的距离。顺磁材料的磁化率在 $10^{-5}\sim10^{-2}$，因此顺磁材料在外加磁场下，材料磁化强度的增加量很小。例如，在磁化率为 10^{-6} 的磁场下，顺磁体 $FeSO_4$ 的磁化强度只有 10^{-3} A/m。Curie 得到顺磁磁化率随温度 T 的变化规律为：

$$\chi=\frac{\mu_0 C}{T} \tag{17-7}$$

式中，μ_0 为真空磁导率；C 为 Curie（居里）常数。上式适合于材料中所含磁性离子较少和相互作用较弱时。当相互作用较强时，应表示为 Curie-Weiss 关系，式中分母上的 T 用 $T-T_C$ 代替。T_C 有时也称为顺磁居里温度，可能来源于交换作用、偶极子相互作用或晶体内电场的作用。

由于热运动对磁矩的排列起到干扰作用，因此温度越高，顺磁效应越不明显。

Langevin假定每个原子或离子的固有磁矩为μ_a，在空间可以任意取向，得到顺磁体的摩尔磁化率为：

$$\chi_M=\frac{\mu_0 N_0 \mu_a^2}{3kT} \tag{17-8}$$

式中，χ_M为磁体的摩尔磁化率；k为玻尔兹曼常数；T为热力学温度；μ_0为真空磁导率；N_0为阿伏伽德罗常数（6.022×10^{23}粒子/mol）。

顺磁性的应用也很广泛，如：超顺磁性氧化铁（SPIO）纳米颗粒作为临床常用磁共振造影剂，具有易于表面化学修饰的特点。若结合靶向功能基团其可以实现主动靶向功能，靶向性SPIO可以实现更精准、更早期的诊断。近年来，SPIO结合胰腺癌不同特异性肿瘤标志物靶向基团可以用于胰腺癌的早期诊断，这为胰腺癌的早期诊断开辟了新方法，也为SPIO的临床转化相关研究提供了新方向。

17.1.2　抗磁性

在抗磁性材料中，每个电子的磁矩不同，总体上相互抵消。施加外磁场后，每个电子产生的感生磁矩的方向都与外磁场方向相反，总体上形成了与外磁场相反的感生磁场。抗磁性一般与温度无关，顺磁性和抗磁性的磁性比铁磁性弱得多，而且抗磁性比顺磁性更弱。因此，虽然抗磁性存在于任何材料中，但常常因其太弱而被掩盖了；材料表现的顺磁、抗磁或铁磁性质，是由材料总体特点决定的。

根据计算，每摩尔物质的抗磁磁化率（χ_{dia}）大小与其中每个原子含有的电子数z有以下简单关系：

$$\chi_{dia}=-z\times10^{-5}/\text{mol} \tag{17-9}$$

共价晶体和离子晶体的价电子是饱和结构，没有固有磁矩，属于抗磁性材料。晶体总的磁化率近似为其中各离子磁化率与离子浓度乘积的和，有：

$$\chi\approx\sum_i n_i\chi_i \tag{17-10}$$

式中，n_i为第i种离子的浓度。

对于顺磁和抗磁材料有：$|\chi|\ll1$，$\mu\approx1$，两者均为与磁场强度无关的常数。完全的抗磁性是指材料中完全不能有磁通量进入，即$B=0$，代入公式得到：

$$\chi=\frac{M}{H}=-\infty \tag{17-11}$$

超导体即为完全的抗磁性材料，超导抗磁性也称为Meissner（迈斯纳）效应。但是，造成超导抗磁性的原因与普通的抗磁性不同，其感应电流不是由电子轨道运动引起的，而是超导体表面产生的感应电流引起的。当增加外磁场时，这种超导电流产生的磁感应强度把材料体内的磁感应电流完全抵消掉；随外加磁场强度增加，超导转变温度下降。利用抗磁性科学家们制备了磁悬浮温度计及制冷剂等。

17.2　铁磁性

17.2.1　铁磁性和磁畴

（1）铁磁性。铁磁性材料的特点是：在外磁场作用下原子磁矩平行排列，表现出强烈的磁化作用，而且即使外磁场等于零，铁磁体中仍具有磁矩。这种磁矩是由自发磁化引起的，自发磁化来源于电子自旋磁矩。铁磁性材料存在居里温度，在此温度以上时，材料的自发磁化消失。铁磁性薄膜材料的居里温度一般比同组成的块体材料低，且膜厚度越小，差别越大。单原子层的超薄膜也有自发磁化现象。此外，纳米晶由于存在大量界面，其居里温度也比同组分多晶材料的温度低。

自发磁化与材料的各向异性有关。例如磁粉大多为针状的，针状磁粉的长轴方向即为易磁化方向；其自发磁化中的63%～70%来源于本身形状的各向异性，23%～30%来源于磁晶各向异性。科学家们研究发现，三维和一维镉-钴（Cd-Co）异质金属氧化物的可逆动态结构转换显示出可切换的自旋倾斜反铁磁性。

铁磁性材料包括过渡族及铁族金属、稀土元素（如 Gd、Dy）、合金和陶瓷材料等。铁磁性陶瓷的饱和磁化强度和居里温度比磁性金属或合金高，铁磁性陶瓷中产生的涡旋电流和能量损失较小。表 17-1 列出了一些铁磁体的居里温度和室温饱和磁化强度，其中 $Gd_3Fe_5O_{12}$ 的室温饱和磁化强度为零，是因为其抵消点温度为 286K。该材料在 0K 温度时的饱和磁化强度为 6.05×10^5 A/m。

表 17-1　一些铁磁体的室温饱和磁化强度与居里温度

材料	居里温度/K	饱和磁化强度/(10^3 A/m)
CrO_2	393	515
MnBi	633	620
$MnFe_2O_4$	573	410
$NiFe_2O_4$	858	270
$CoFe_2O_4$	793	400
$MgFe_2O_4$	713	110
$Gd_3Fe_5O_{12}$	564	0
MnAs	318	670
$Y_3Fe_5O_{12}$	560	130

此外，通过掺杂磁性元素，可以使非铁磁半导体陶瓷具有铁磁性。如在 ZnO 中掺入少量磁性物质 Mn 或 Co，并与之形成固溶体。该固溶体在室温下即具有铁磁性，这种材料被称为稀磁半导体。

（2）磁畴。在低于居里温度时，铁磁体中电子自旋磁矩的排列形成自发磁化区，称为磁畴。温度越低，自发磁化强度的值越大。自发磁化来源于相邻原子与电子间的交换作用，这种作用直接与电子自旋之间的相对取向有关。Weiss 把这种电子交换作用引起的场称为分子场，其大小正比于自发磁化强度。自发磁化使得电子在自发平行排列时的能量降低。在每个磁畴内部，原子的磁矩相互平行排列，但由于各磁畴排列无序，在不施加外磁场时，材料总的磁化强度为零。

磁畴与磁畴间的区域为畴壁，它为一个有限厚度的过渡层并将相邻沿不同方向磁化的畴分隔开。畴壁具有一定的厚度，通常为 30～100nm，两相邻磁畴间畴壁的磁化方向从壁的一侧到另一侧逐渐改变。畴壁是高能区，能量的数值通常在 10^{-3}J 的量级。磁畴的尺寸取决于磁畴壁能量的大小，磁畴壁能与静磁能、磁交换能、磁各向异性能及磁弹性能等有关，决定磁畴尺寸的因素是如何获得总能量的最小值。

磁畴的形状大致可分为片状、封闭状和旋转状等，分别对应了磁通的开放、封闭和旋转形式。实际上，磁畴的结构相当复杂并与许多因素有关。

图 17-1 是单轴晶体内磁畴形成示意。图 17-1(a) 中整个晶体均匀磁化，退磁场能最大；

于是，晶体内形成两个和四个磁化方向相反的磁畴，退磁场能稍有降低，如图 17-1(b) 和图 17-1(c) 所示。当晶体内含有 n 个磁畴时，如图 17-1(d) 所示，晶体内的退磁场能仅为均匀磁化时的 $1/n$。

在畴壁内，磁矩遵循能量最低原理，按照一定的规律逐渐改变方向。畴壁内各个磁矩取向不一致，必然增加交换能和磁晶各向异性而构成畴壁能量。因此，不能单纯考虑降低退磁场能而在铁磁体内形成无限个磁畴，而是要综合考虑退磁场能和畴壁能的作用，由它们共同决定的能量最小值来确定磁畴的数目。因此，在磁畴形成的过程中，磁畴的数目和磁畴结构等，应由退磁场能和畴壁能的平衡条件来决定。

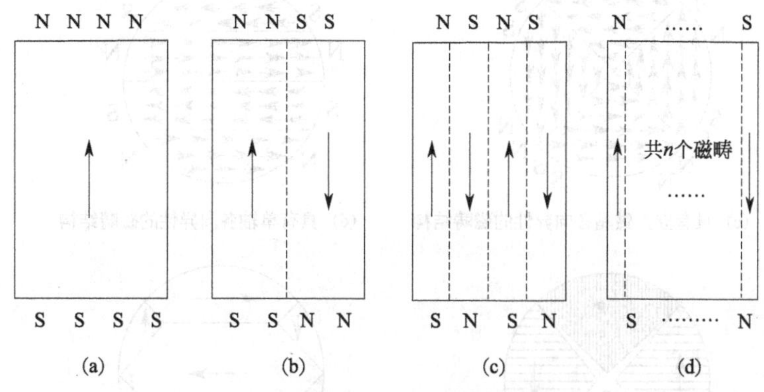

图 17-1 单轴晶体内磁畴形成示意

图 17-2 为各种因素影响的磁畴结构。磁畴的形成与磁畴结构除了退磁场这个重要的影响因素外，还存在其他一些影响因素。考虑一个圆盘形铁磁体的磁化情况，如图 17-2 (a) 中所示，圆盘沿一个直径方向均匀磁化到饱和，则在圆盘边缘出现自由磁极 N 和 S，产生退磁能。一种能消除退磁能的可能的自旋分布是如图 17-2 (b) 所示的圆形分布。由于磁化强度不发散，所以不出现自由磁极，退磁场能为零。但相邻自旋夹角不为零，产生交换能。在一些非晶膜材中，已经观察到了这种圆形自旋结构。当铁磁材料磁晶各向异性很大时，自旋被迫平行于易磁化轴取向。于是，具有立方晶体结构的圆盘出现了如图 17-2 (c) 所示的磁畴结构，具有单易磁化轴的六角晶结构的圆盘出现了如图 17-2 (d) 所示的磁畴结构。伴随着表面磁极和磁畴的出现，圆盘铁磁体中产生了退磁场和畴壁能。如果铁磁体具有大的磁致伸缩，则磁畴由于磁致伸缩效应而伸长，于是晶格在畴边界处断开，如图 17-2 (e) 所示。当然，这只是假想情况。实际上通常很小，磁致伸缩效应并不能使晶格断裂，而在晶体中产生弹性能。为了使晶体中弹性能降低，磁化方向平行于某个易磁化轴的主磁畴体积增大，而磁化强度沿其他轴的磁畴体积减小，如图 17-2 (f) 所示。晶体中的总能量是由上述几种能量综合构成的，真实的磁畴结构由总能量的极小值来确定。

17.2.2 磁滞回线

在外磁场作用下，铁磁体中的磁畴会发生运动，这是依靠畴壁移动进行的。随外磁场的增加，畴壁移动由可逆变为不可逆，进一步加大外磁场，畴壁发生转动，图 17-3 示意性地画出了磁畴运动不同阶段所对应的磁滞回线。达到饱和磁化强度 M_s 后，在撤除外磁场的退磁过程中，曲线不沿原路回去，而是回到点 M，该值称为剩余磁化强度。只有施加反向磁场，才能使材料的磁化强度回到零，这个过程称为反磁化。使铁磁体完全退磁所需要的反向磁场强度的大小称为矫顽磁场强度或矫顽力。继续增加反向磁场强度，材料的磁化强度反向

(a) 均匀磁化的单畴结构

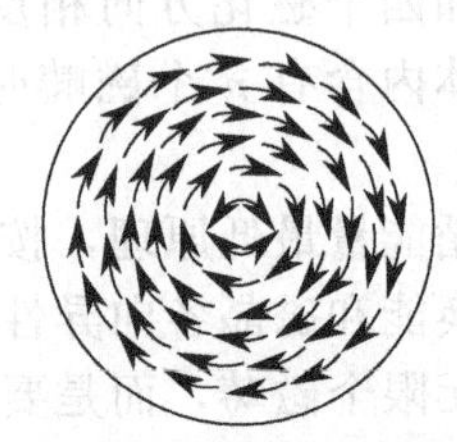
(b) 无自由磁极的圆形自旋结构

(c) 具有立方磁晶各向异性的磁畴结构

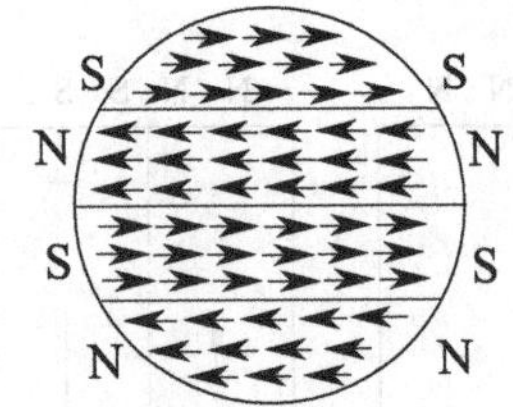

(d) 具有单轴各向异性的磁畴结构

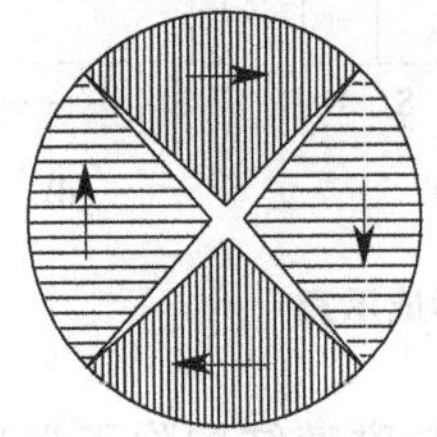
(e) 具有大的磁致伸缩的假想磁畴结构

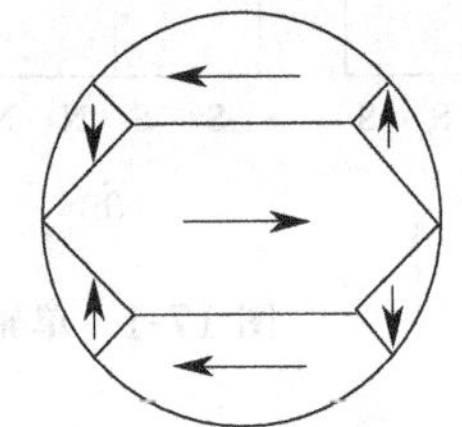
(f) 具有正常磁致伸缩的实际磁畴结构

图 17-2　各种因素影响的磁畴结构

增加，并达到反向饱和值。

矫顽力除了与材料组成有关，还与制备过程及晶体显微结构密切相关。软磁和硬磁材料的矫顽力可以相差很大，分别为小于 1kA/m 和大于 10kA/m。如软磁铁氧体为 1～10A/m，而硬磁铁氧体如 $BaO \cdot 6Fe_2O_3$ 为 144kA/m。因此，可以用矫顽力的大小来区分软磁和硬磁材料。

由于晶体的各向异性及可能存在不同的易磁化方向，在不同晶体学方向上的磁化曲线有所不同。图 17-3 中的磁化曲线可将材料的磁化过程分为以下阶段。

第一阶段（$0 \rightarrow a$）：外磁场较小，在外磁场作用下，畴壁可以可逆移动，是弹性区。随外磁场增加，自发磁化方向与外磁场方向一致的畴区变大，自发磁化方向与外磁场方向相反的畴区缩小。

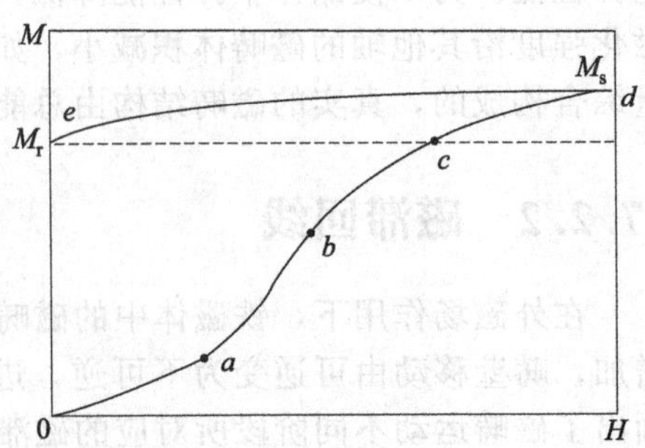

图 17-3　磁畴运动不同阶段所对应的磁滞回线

第二阶段（$a \rightarrow b$）：随外磁场继续增大，材料的磁化强度增加较快，磁畴壁发生 Barkhausen 跳跃及磁畴结构发生突变。Barkhausen 跳跃是分次的跳跃行为，这是一种不可逆过程。

第三阶段（$b \rightarrow c$）：随外磁场继续增加，材料磁畴壁的移动已经基本结束，开始发生磁畴壁的转动，使磁畴逐渐与外磁场方向一致，畴壁转动包含可逆和不可逆两个部分。只要外磁场足够强，多晶畴中的磁矩可以离开原来的易磁化方向并向外磁场方向靠近。

第四阶段（$c \to d$）：随外磁场的继续增加，磁畴中的磁矩继续转动，材料的磁化强度继续增加，但增加量变小并最后达到饱和磁化强度 M_s。

$d \to e$ 则为外磁场逐渐减小直至撤除的过程。在此过程，磁畴壁发生与磁化过程相反的转动，至 e 点时的磁畴结构与 b 点类似。在这个阶段的反磁化过程中，各畴基本上只有转动而没有发生移动，保留剩磁。

恒磁导率即磁导率为常数，因此只要加很小的磁场即可达到峰值磁导率，回线很窄，表明磁滞损耗很小。恒磁导率材料中的畴壁很容易移动，基本上是可逆的，具备这种回线特征的主要是高磁导率的铁氧体。

在低的磁场下，高磁导率回线展现出低的磁导率和接近于零的磁滞损耗。当增加磁场强度时，磁导率急剧上升并随磁场减弱而呈现回线，但剩磁和矫顽力基本为零。在经退火处理的材料中，如果达到饱和磁化，原先的畴结构完全被破坏，磁滞回线回到普通型。在接近居里温度但稍低于居里温度的条件下，退火过程使得离子或空位等形成有序，诱发了各向异性，使畴壁在增加一个弱磁场时作弹性变形。磁场加大后，这种有序被打乱了，高磁导率也不复存在。高磁导率材料多为致密和高纯材料，要求晶粒尺寸大及畴是高迁移性的，晶粒内没有气孔，晶粒尺寸分布均匀，晶界很薄，使得畴壁容易越过晶界。

影响磁滞损耗的因素主要有：磁各向异性、磁致伸缩、内应力和外加应力、孔隙、包裹体和位错、空洞的比例、饱和磁化强度等。可以说，除了材料的化学成分和晶体结构，材料的显微结构对磁滞损耗起了非常重要的作用。对于高频低损耗下的应用，要求晶粒尺寸小及各晶粒组分均匀、没有孔隙，晶界是高电阻率的，且很薄。

17.2.3　磁泡畴

在磁性薄膜中有一种特殊的圆柱形磁畴称为磁泡畴。最早是在微弱的铁磁性材料，如 $MFeO_3$（M 为稀土离子）薄膜这类正铁氧体单轴磁性晶体中发现的。材料中垂直于膜的方向是易磁化方向，而平行于膜的方向是难磁化方向。如果沿易磁化方向施加磁场，薄膜中会出现以磁场方向为中心轴的圆柱形磁畴，称为磁泡。磁泡是薄膜磁性材料中发生的圆柱形磁畴，直径约为 1～100μm，显微镜中看到它很像气泡。由于它体积小，能高速转移，可作为电子计算机的存储元件，近年得到较大发展。产生磁泡需要单轴各向异性材料，制成薄膜或薄片，使易磁化的轴垂直于表面。当未加外磁场时，薄片由于退磁能的作用，出现带状磁畴。施加磁场后，饱和磁化强度 M_s 取向与磁场同方向的磁畴变宽，反向的磁畴变窄。磁场再加强时，变窄的反向磁畴缩成分立的柱形畴，如图 17-4 所示。

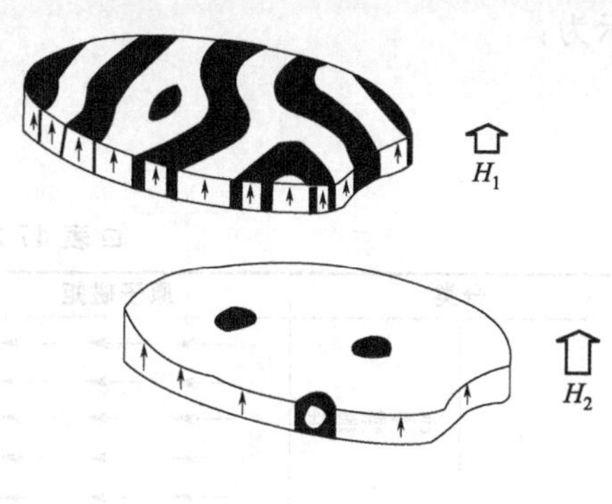

图 17-4　柱形畴

磁泡的尺寸是由各种能量平衡的结果决定的。设磁泡的半径为 r，厚度为 h，磁泡的能量近似地可表示为：

$$E=\sigma(2\pi rh)-\mu_0 M_s^2(\pi r^2 h)+\mu_0 M_s H(2\pi r^2 h) \tag{17-12}$$

式中，σ 为单位磁畴壁的能量；μ_0 为真空磁导率；M_s 为饱和磁化强度。式中右边的三项分别为磁泡的磁畴壁能、静磁能及在外加磁场强度 H 下的势能。

实际应用中，磁泡的尺度在 1～3μm，要求能实现垂直方向上的磁化，以及使磁泡容易反转。在形成磁泡后如果保持外磁场不变，磁泡将是稳定的，没有新的磁泡出现，已形成的磁泡也不会消失。利用在磁性薄膜中不同区域磁泡的“有”或“无”，可以存储二进制的数字信息。在记忆材料的应用中，半导体材料的存储速度快，但存储容量小；而磁盘等材料存储容量大，信息能长期保存，但存储速度慢。磁泡存储器的容量比半导体大，速度比磁盘快，又能长期保存信息。此外，磁泡器件为固体器件，无机械运转，可以瞬间停止和启动，可靠性高，可应用于高密度信息记录、高速存储器等。如果磁泡的尺寸小到亚微米量级，其稳定性和迁移率将提高，存储密度也将会更高。

17.3 反铁磁性和亚铁磁性与铁氧体

17.3.1 反铁磁性

铁磁性物质的特征是在外磁场作用下才表现出很强的磁化作用。依其原子磁矩结构，又可分为两种不同类型。其一，像 Fe、Co、Ni 等，属于本征铁磁性材料，在某一宏观尺寸大小的范围内，原子磁矩的方向趋向一致（此范围称为磁畴）。这种铁磁性称为完全铁磁性，如表 17-2 中的最上一栏所示。其二，如表 17-2 中的第二栏所示，大小不同的原子磁矩（图中分别用 A、B 表示）反平行排列，二者不能完全抵消（从而形成原子磁矩之差），相对于外磁场显示出一定程度的磁化作用，称此种铁磁性为亚铁磁性。这种磁性在信息科学等领域中的应用十分广泛。具有亚铁磁性的典型物质之一是后面将要讨论的铁氧体系列，作为高技术磁性材料，其已受到高度重视。

反铁磁性是 Neel 在 1932 年提出的，反铁磁材料中存在的原子磁矩大小相等、方向相反。由于原子磁矩的反平行排列，材料总体上的磁化强度为零。反铁磁性陶瓷有 FeO、MnO、MnF_2、FeF_2、CoF_2、CoO、NiO、MnS、MnSe、FeO_4 等。有一些反铁磁材料如 $FeCl_2$，在施加强磁场时即转变为铁磁体，这种性质称为变磁性。在温度高于 Neel 温度 T_N 时，反铁磁性转变为顺磁性，磁化率χ与温度 T 的关系与 Curie-Weiss 定律类似，可表示为：

$$\chi=\frac{\mu_0 C}{T+T_C} \tag{17-13}$$

表 17-2　磁性分类及其产生机制

分类		原子磁矩	磁化强度-磁场强度特征	M_e 和 $1/\chi$ 随温度的变化
强磁性	完全铁磁性	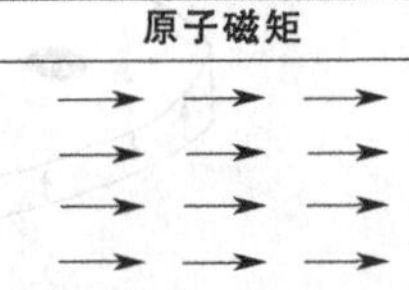 → → →	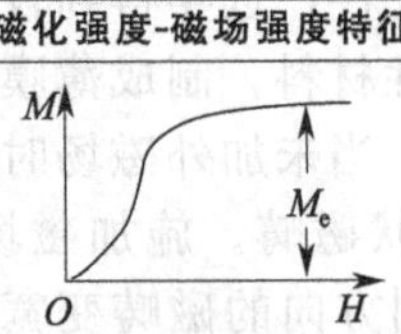 M, M_e, O, H	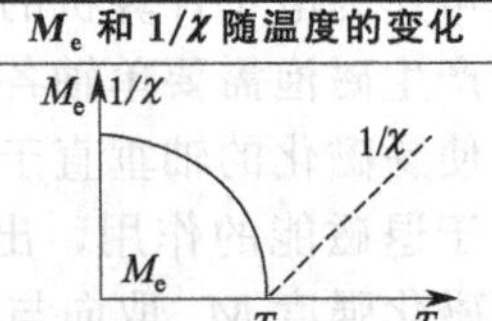 M_e, $1/\chi$, M_e, T_e, T
	亚铁磁性	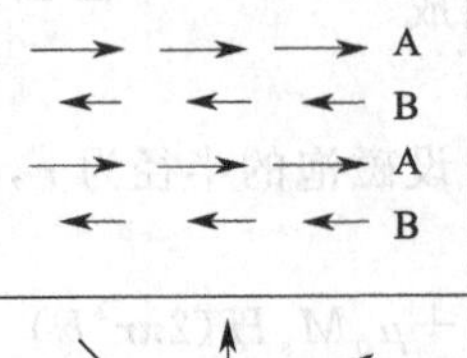 A → B ← A → B ←	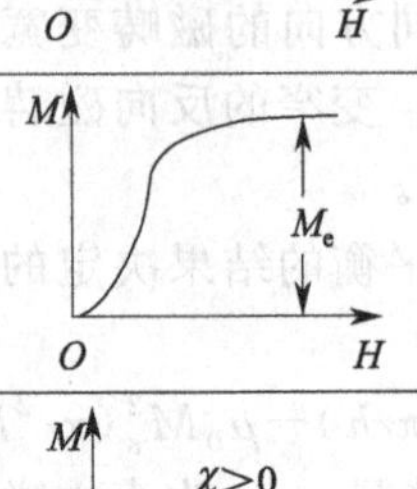 M, M_e, O, H	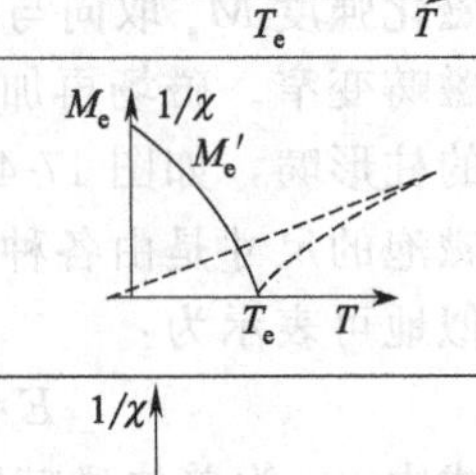 M_e, $1/\chi$, M_e', T_e, T
弱磁性	顺磁性	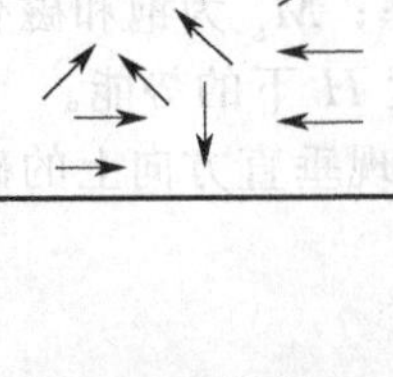	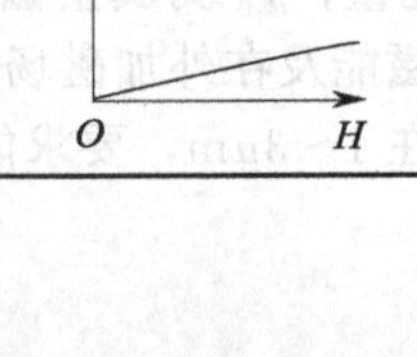 M, $\chi>0$, O, H	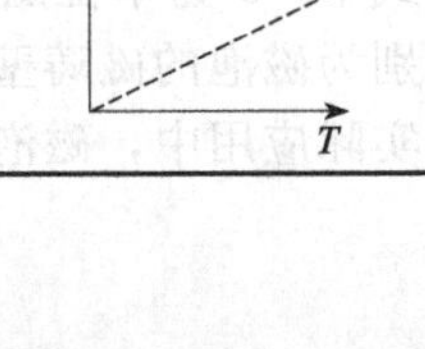 $1/\chi$, T

续表

分类		原子磁矩	磁化强度-磁场强度特征	M_e 和 $1/\chi$ 随温度的变化
弱磁性	反铁磁性	→ A ← B → A ← B	$\chi>0$	$1/\chi$, T_b, T
反磁性		轨道电子的拉摩回旋运动	$\overline{\chi}\approx-10^{-3}$ $\chi<0$	

式中，C 为常数，多数反铁磁体的顺磁居里温度 $T_C<0$。

当 $T<T_N$（Neel 温度）时，自旋反平行排列呈现有序化，净磁矩为零，磁化率随温度的降低而减小。图 17-5（a）为在 Neel 温度以下不同磁场对反铁磁体的磁化率-温度关系的影响，在 Neel 温度时磁化率出现极大值。当温度低于 Neel 温度时，外加磁场平行或垂直于自旋轴时的磁化率是不同的，如图 17-5（b）所示；同时，反铁磁体的比热容在 Neel 温度附近也出现异常，如图 17-5（c）所示。

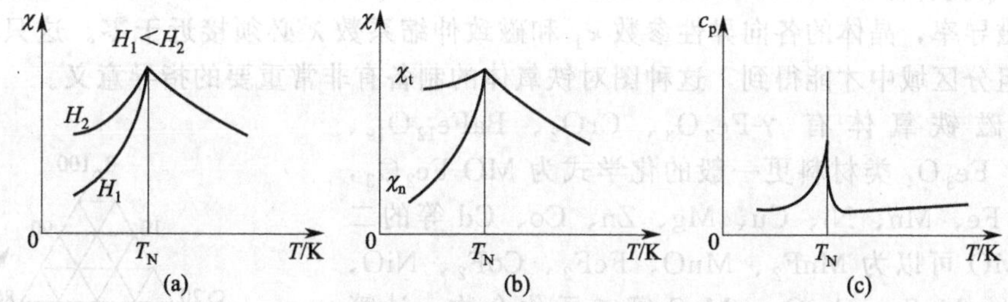

图 17-5 不同磁场（a）及磁矩与外磁场不同取向（b）时反铁磁体的磁化率-温度关系；（c）比热容与温度的关系

中子衍射结果表明，室温时 MnO 的晶体结构为 NaCl 结构，$a=0.443\text{nm}$。而在 80K 时，MnO 的晶体结构虽仍是立方结构，但 $a=0.885\text{nm}$，约比原先大了一倍；同时，衍射峰数目有所增加，表明晶体发生了结构相变。结构相变的原因是在低温下离子本征磁矩发生有序排列。此时在同一（111）面上的 Mn^{2+} 的自旋方向是相同的，而两相邻（111）面上 Mn^{2+} 的自旋方向是相反的。如图 17-6 所示，晶胞中原子内部的箭头代表磁矩的有序方向。表 17-3 列出了一些反铁磁陶瓷的结构和特征温度。

表 17-3 一些反铁磁陶瓷的结构和特征温度

材料	顺磁晶体结构	Neel 温度 T_N/K	顺磁居里温度 T_C/K	Curie-Weiss 温度/K
MnO	面心立方	116	−610	610
MnS	面心立方	160	−528	528
MnTe	六角层状	307	—	690
MnF_2	体心四方	67	−113	82
FeF_2	体心四方	79	48	117
FeO	面心立方	198	−570	570
CoO	面心立方	291	−280，−330	330
$NiCl_2$	六角层状	50	68.2	68.2
NiO	面心立方	525	−1310	2000

其他如 MnTe、$FeCl_2$、$FeCO_3$、$CoCl_2$、CrSb、Cr_2O_3、α-Fe_2O_3 等也是反铁磁材料。

反铁磁体虽然没有自发磁化现象，但由于晶体中每个原子都有磁矩，如果将其与铁磁体材料结合，可能产生一些特殊功能。

通常，顺磁性、反铁磁性物质被称为弱磁性体。相对于外磁场的改变，磁化强度呈线性变化。当外磁场取消后，原子磁矩的总和为零，而铁磁性物质是强磁性体。顺磁体、铁磁体和反铁磁体在居里温度或 Neel 温度以下的磁化率-温度关系有明显区别。

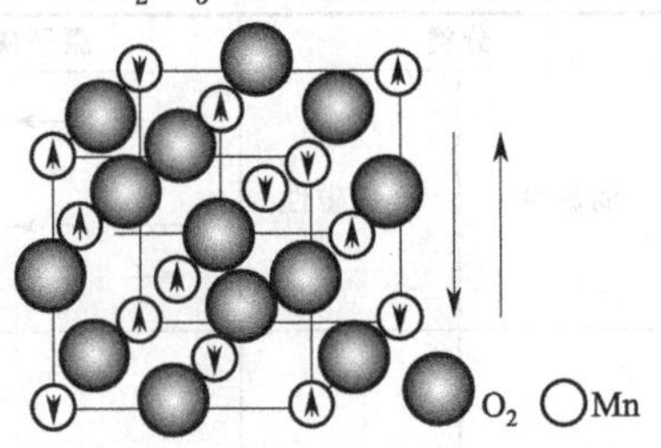

图 17-6 MnO 晶体中 Mn^{2+} 自旋的有序排列

17.3.2 亚铁磁性

如果材料中原子磁矩方向相反、大小不等，那么该材料有比顺磁材料大许多的自发磁化强度，但比铁磁性材料的自发磁化强度值小，这种性质称为亚铁磁（性）。亚铁磁材料多为铁氧体。具有亚铁磁性的铁氧体陶瓷在没有外磁场作用下也表现出自发极化，材料由自饱和畴组成，有磁滞回线，介电损耗低。

铁氧体的磁导率与原料组分、纯度和制备工艺密切相关。图 17-7 给出了 20℃ 时 $MnZnFe_2O_4$ 复合体系中组分与晶体的各向异性参数 κ_1 及磁致伸缩系数 λ 之间的关系。要获得高的磁导率，晶体的各向异性参数 κ_1 和磁致伸缩系数 λ 必须接近于零。这只有在很窄的温度和组分区域中才能得到，这种图对铁氧体的制备有非常重要的指导意义。

亚铁磁铁氧体有 γ-Fe_2O_3、CrO_2、$BaFe_{12}O_{19}$、Fe_3O_4 等。Fe_3O_4 类材料更一般的化学式为 MO Fe_2O_3，M 可以为 Fe、Mn、Ni、Cu、Mg、Zn、Co、Cd 等的二价离子，MO 可以为 MnF_2、MnO、FeF_2、CoF_2、NiO、CoO、FeO、MnSe、Cr_2O_3、MnS 等二元化合物。计算表明，如果 Fe_3O_4 取正尖晶石结构，则不具有磁性；如果取反尖晶石结构，分子磁矩为 $4\mu_B$。在尖晶石结构的铁氧体中，如果八面体中的离子数大于四面体中的离子数，则显现出磁性。因此，调节结构中离子组成和其在尖晶石结构中 A、B 位置的占有数，可以改变材料的磁化强度值。MFe_2O_4（M＝Mn、Cu、Ni、Zn、Fe）和 $CuCr_2S_4$、$CuCr_2Se_4$、$CuCr_2Te_4$ 等具有尖晶石结构的材料是亚铁磁体，钇铁石榴石 $Y_3Fe_5O_{12}$（YIG）和 $M_3Fe_5O_{12}$（M 为三价的顺磁稀土正离子）等稀土化合物也具有亚铁磁性。

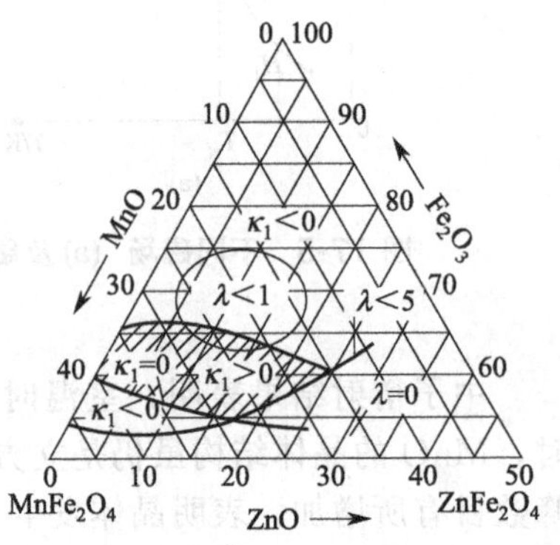

图 17-7 晶体各向异性参数和磁致伸缩系数随组分的变化关系

17.3.3 铁氧体

在本节中，主要介绍铁氧体的四种晶体结构。此前应用较多的铁氧体有三种晶体结构，分别是尖晶石结构、石榴石结构和钙钛矿结构等。根据结构类型，铁氧体主要有以下几类。

(1) 尖晶石型。尖晶石的化学式为 AB_2O_4，这种结构中的 A-B 的作用比 A-A 或 B-B 的作用要大得多。因此，具有磁性的 AB_2O_4 化合物，如 $MnFe_2O_4$、$CoFe_2O_4$、$NiFe_2O_4$、$CuFe_2O_4$、$MgFe_2O_4$ 等均取反尖晶石结构。处在 A 位和 B 位上的 Fe^{3+} 的磁矩互相抵消，使得磁矩仅仅是由二价金属离子贡献的。这类材料属软磁材料，矫顽力一般小于 10^3 A/m。

反尖晶石结构磁性材料的电阻率和磁导率高，磁饱和强度和居里温度低，高频下磁感应强度低，磁损耗少，适合制备低矫顽力的软磁材料，主要有锰锌铁氧体、镍锌铁氧体等。受晶体各向异性的限制，材料的使用频率通常不超过 100MHz。

尖晶石型铁氧体是指具有和镁铝尖晶石（$MgO\cdot Al_2O_3$）结构相似晶体结构的铁氧体。它属于立方晶系，化学分子式一般表示为（$MeFe_2O_4$），通常 Me 为+2 价离子。天然铁氧体——磁铁矿（Fe_3O_4）化学分子式可改写为 $Fe^{2+}Fe_2^{3+}O_4$，晶体结构为尖晶石结构，因此称为铁氧体。其中 Me 还可以由 Mg^{2+}、Mn^{2+}、Ni^{2+}、Fe^{2+}、Co^{2+}、Cd^{2+}、Cu^{2+}、Li^{2+} 等取代，相应的铁氧体称为镁铁氧体、锰铁氧体等，以此类推。

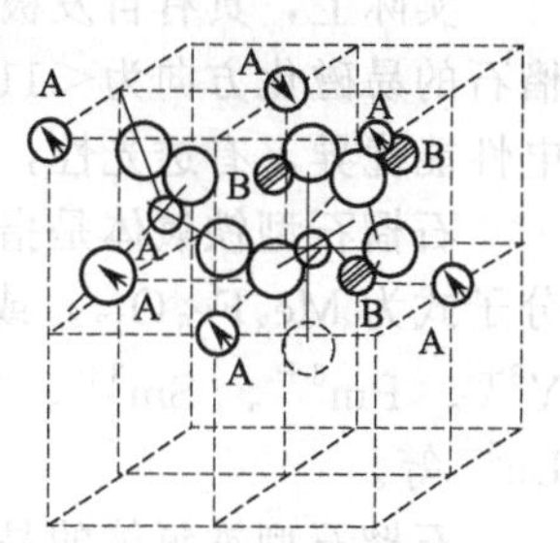

图 17-8　尖晶石晶胞的一部分

众所周知，尖晶石型铁氧体单位晶胞中有 8 个 $MeFe_2O_4$ 分子，可分为 8 个小立方分区，如图 17-8 所示。每两个共面的小立方体属于不同类型的结构，每两个共棱的小立方体属于相同类型的结构。在 8 个 $MeFe_2O_4$ 分子中，共含 32 个 O^{2-}、16 个 Fe^{3+} 和 8 个 Me^{2+}。32 个 O^{2-} 构成 64 个氧四面体间隙（简称 A 位）和 32 个氧八面体间隙（简称 B 位），B 位空隙较 A 位空隙大。显而易见，空隙数远大于阳离子数目，因此存在部分的空隙未被占据的情况。一般情况下，金属离子 Me^{2+} 和 Fe^{3+} 均可占据 A 位和 B 位。尖晶石型铁氧体按照金属离子分布状况可分为以下三种类型。①正尖晶石结构。所有 Me^{2+} 占据 A 位、Fe^{3+} 占据 B 位（［Me^{2+}］四面体及其［Fe^{3+}］八面体）。②反尖晶石结构。所有 Me^{2+} 占据 B 位、Fe^{3+} 占据 A 位及其余 B 位，且 B 位被 Me^{2+} 及 Fe^{3+} 各占一半（［Fe^{3+}］四面体、［Me^{2+}，Fe^{3+}］八面体）。③中间型尖晶石。存在一种结构介乎尖晶石结构和反尖晶石结构两者之间，Me^{2+} 和 Fe^{3+} 同时占据 A 位和 B 位。其结构的类型取决于 Me^{2+} 离子半径。

具有磁性的结构是反尖晶石结构，原因是相反方向排列的磁矩数目不等，晶体总磁矩不等于零，所以显现磁性，即亚铁磁性。不具有磁性的结构是正尖晶石结构，是因为其总磁矩等于零，所以不显现磁性。中间型尖晶石结构的磁性强度介于二者之间。三种尖晶石型铁氧体的金属离子分布见表 17-4。

表 17-4　尖晶石型铁氧体的金属离子分布

类型	正尖晶石	中间型尖晶石	反尖晶石
A 位(四面体)	[Me^{2+}]	[$Me_x^{2+}+Fe_{1-x}^{3+}$]	[Fe^{2+}]
B 位(八面体)	[Fe_2^{3+}]	[$Me_{1-x}^{2+}+Fe_{1+x}^{3+}$]	[$Me^{2+}Fe^{3+}$]
实例	$ZnFe_2O_4$ $CdFe_2O_4$	$Mg_{0.1}Fe_{0.9}[Mg_{0.9}Fe_{1.1}]O_4$ $Mn_{0.2}Fe_{0.8}[Mn_{0.2}Fe_{1.8}]O_4$	$NiFe_2O_4$ $CoFe_2O_4$ $MeFe_2O_4$
备注	磁性较弱	有磁性	磁性较强

另外，在尖晶石型铁氧体通式 $MeFe_2O_4$ 中，Me^{2+} 及 Fe^{3+} 可以被两种或两种以上的其他阳离子的组合所代替。如（$Mn_{0.6}^{2+}Zn_{0.4}^{2+}$）、（$Li_{0.5}^{1+}Fe_{0.5}^{3+}$）等代替 Me^{2+}，（$Ti_{0.5}^{4+}Fe_{0.5}^{2+}$）代替 Fe^{3+}，此时只需把括号内看成一个离子。只要它们的电价分别为+2 价和+3 价，满足电中性条件即可。

(2) 石榴石型。稀土铁石榴石的化学式为 $3R_2O_3 \cdot 5Fe_2O_3$（R＝Y、Sc 等稀土元素）。石榴石也可以是硅、锗、铝、镓石榴石，所有石榴石的空间群都为 La_3d，属于立方结构。每个晶胞中有 8 个分子，大的稀土离子处在氧十二面体间隙位置，周围有 8 个氧，Fe^{3+} 占据 16 个八面体和 24 个四面体间隙位置，周围分别有 6 个氧和 4 个氧。

实际上，具有自发极化的晶体不可能获得真正的立方结构。在居里温度以下，如钇铁石榴石的易磁化方向为<111>方向，表明它实际上已转变为正交结构。这种材料的磁性和介电性能优异，有透光性，为软磁铁氧体，主要应用于微波、磁泡、磁光等方面。

石榴石型铁氧体是指具有和天然石榴石结构相似晶体结构的铁氧体。它属于立方晶系，分子式为 $Me_3Fe_5O_{12}$，或写成 $3Me_2O_3 \cdot 5Fe_2O_3$。通常 Me 表示＋3 价稀土金属离子，如 Y^{3+}、Pm^{3+}、Sm^{3+}、Eu^{3+}、Gd^{3+}、Tb^{3+}、Dy^{3+}、Ho^{3+}、Er^{3+}、Tm^{3+}、Yb^{3+}、Lu^{3+} 等。

石榴石型铁氧体的晶体结构比较复杂，但是金属离子的分布也是有一定规律的，其氧离子仍为密堆积结构。在 O^{2-} 之间存在三种间隙，即四面体间隙、八面体间隙和十二面体间隙。前两种间隙的情况和尖晶石结构的间隙完全一样，而十二面体间隙是由 8 个氧离子组成的。磁性石榴石型铁氧体中最重要的品种是 $Y_3Fe_5O_{12}$（简写为 YIG）。以其为基础发展起来的一系列材料，一般称为 YIG 型材料。被保持在磁化状态下的 YIG 型材料在超高频（微波）场内的磁损耗比其他任何品种的铁氧体要低一个到几个数量级，因而 YIG 型材料是超高频铁氧体器件中的一种特殊材料。

石榴石型铁氧体具有优异的磁性和介电性能，体积电阻率高，损耗小；同时，还具有一定的透光性，在微波、磁泡、磁光等领域中是极其重要的一种磁性材料。

(3) 钙钛矿结构。钙钛矿锰氧化物的分子式为 $RE_{1-x}M_xMnO_3$，其中 RE 为 La、Pr、Nd 等稀土元素，M 为 Cu、Sr、Ba 等元素。(RE、M) 构成钙钛矿结构的 A 位，Mn 构成 B 位。因此，钙钛矿结构的一般通用分子式为 ABO_3。

理想的钙钛矿晶体属立方结构，钙钛矿型结构如图 17-9 所示，其中 A 位离子（La^{3+}、Sr^{2+} 等）位于立方晶胞的顶点，B 位离子（Mn^{3+} 或 Mn^{4+}）位于立方晶胞体心位置，O^{2-} 位于立方晶胞的面心位置，Mn 离子位于 O^{2-} 所组成的正八面体中心。实际的 ABO_3 晶体都会发生晶格畸变，形成正交对称性或菱形对称性结构。ABO_3 式中的 A 位用 RE 和 A 取代就是前面所讲到的 $RE_{1-x}M_xMnO_3$，它具有特殊的磁电阻效应。1993 年合成出来的具有钙钛矿结构的 $LaMnO_3$ 化合物，由于具有很大的磁电阻值，称为庞磁电阻材料，它已成为国际上研究的热点，具有明显的应用背景和科学价值。

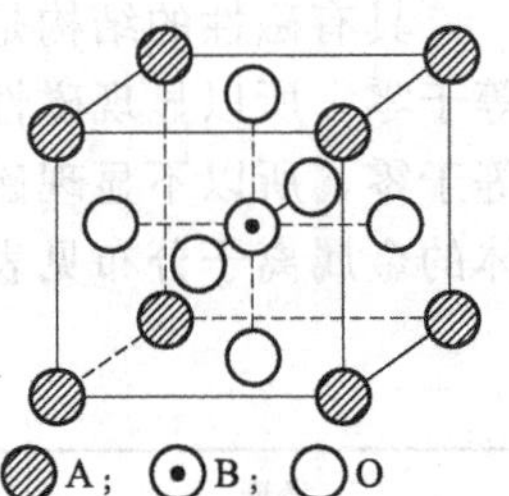

图 17-9 钙钛矿型结构 (ABO_3)

此外，有的材料，如锌铁氧体本身没有磁应用价值，但与其他磁性材料形成固溶体后可以具有很高的磁性。例如，$ZnFe_2O_4$ 与 Fe_3O_4 的固溶体具有优异的磁性能。从磁性能上分，铁氧体的分类如下。

(1) 软磁铁氧体（矫顽力<1000A/m）。如 Mn-Zn 铁氧体和 Ni-Zn 铁氧体等。这类铁氧体属尖晶石结构，在低磁场下易磁化，容易反转磁化方向，具有高磁导率，主要用于高频磁芯元件、记忆元件和磁头。用于磁记录的铁氧体还要求具有高密度和耐磨性。软磁铁氧体是易于磁化和去磁的一类铁氧体，其特点是具有很高的磁导率和很小的剩磁、矫顽力。这类材料要求起始磁导率高，饱和磁感应强度大，电阻率高，各种损耗系数和损耗因子 $\tan\delta$ 低（特别是应用在高频场合下的截止频率高），稳定性好等。其中，尤以高磁导率和低损耗系数

最为重要。如果起始磁导率高，即使在较弱的磁场下也有可能储存更多的磁能。要求有尽可能小的矫顽力 H_c，截止频率高，其目的是可以在高频下使用。

软磁材料应用范围广，可根据不同的工作条件提出不同的要求，但共同的要求是：①矫顽力和磁滞损耗低；②电阻率较高，磁通变化时产生的涡流损耗小；③高的磁导率，有时要求在低的磁场下具有恒定的磁导率；④高的饱和磁感应强度；⑤某些材料的磁滞回线呈矩形，要求高的矩形比。

目前应用较多、性能较好的有 Mn-Zn 铁氧体，Ni-Zn 铁氧体，加入少量 Cu、Mn、Mg 的 Ni-Zn 铁氧体、$NiFe_2O_4$ 等。一般在音频、中频和高频范围用含锌尖晶石型铁氧体，在超高频范围（$>10^8$ Hz）则用磁铅石型六方铁氧体。这些铁氧体又因制备工艺不同，分为普通烧结铁氧体、热压铁氧体、真空烧结高密度铁氧体、单晶铁氧体、取向铁氧体等。软磁铁氧体主要用于各种电感元件，如天线的磁芯、变压器磁芯、滤波器磁芯等，还大量用于制作磁记录元件等。

(2) 硬磁铁氧体（矫顽力$>10^4$ A/m）或永磁铁氧体。如 $BaO_xFe_2O_3$（$x=5\sim6$）、$SrO\cdot6Fe_2O_3$ 等，要求电声响应好，常用于拾音器、电话机中的各种电声元件及控制仪表的磁芯。硬磁铁氧体是指矫顽力 H_c 大、磁化后不易退磁而能长期保留磁性的铁氧体，又称为永磁材料。主要特点是剩余磁感应强度 B_r 大，而且矫顽力 H_c 也大。这样才能保存更多的磁能，不容易退磁，否则留下的磁能也不易保存。最大磁能积 $(BH)_{max}$ 反映硬磁材料储存磁能的能力。最大磁能积越大，则在外磁场撤去后，单位面积所储存的磁能也越大，即性能也越好。这种材料经磁化后，就能产生稳定的磁场，不需再继续从外部提供能量。此外，硬磁材料对温度、时间、振动和其他干扰的稳定性也好。

工业上通用的硬磁铁氧体从成分角度分析主要有两种：钡铁氧体和锶铁氧体；其典型成分分别为 $BaFe_{12}O_{19}$ 和 $SrFe_{12}O_{19}$。压制成型工艺是决定硬磁铁氧体性能的关键工艺之一，根据压制工艺的不同，硬磁铁氧体可分为干式与湿式两大类，并进一步分为各向同性与各向异性（其中各向异性是通过在磁场中加压使晶体定向排列得到的）。在性能上，各向异性的硬磁铁氧体通常优于各向同性的硬磁铁氧体。湿法（磁场中加压）已成为改善各向异性永磁体性能的主要手段。

(3) 旋磁铁氧体。旋磁铁氧体是指在高频磁场作用下，平面偏振的电磁波在磁性介质中按一定方向传播的过程中，偏振面不断绕传播方向旋转的一种铁氧体；偏振面因反射而引起的旋转称为克尔效应，因透射而引起的旋转称为法拉第旋转效应。在高频磁场作用下，平面偏振的电磁波在旋磁铁氧体中按一定方向传播过程中，偏振面会不停绕传播方向旋转。其广泛应用于微波（$10^8\sim10^{11}$ Hz）领域，用于制作雷达、通信、电视、测量、人造卫星、导弹系统等方面的微波器件。

由于金属磁性材料的电阻小，在高频下的涡流损失大，加之趋肤效应，磁场不能到达内部，而铁氧体的电阻高，可在几万兆赫兹的高频下应用。因此，在微波范围几乎都采用铁氧体。旋磁铁氧体主要用作微波器件，故又称为微波铁氧体。铁氧体在微波波段中具有许多特殊性质和效应。目前，主要利用铁氧体如下三方面特性制作微波器件：

① 铁磁共振吸收现象，用于工作在铁磁共振点的器件，例如共振式隔离器；

② 旋磁特性，用于各种工作在弱磁场的器件，例如法拉第旋转器、环行器、相移器；

③ 高功率非线性效应，用于非线性器件，如倍频器、振荡器、参量放大器、混频器等。

法拉第旋转效应有非倒易性。当传播方向与磁场方向一致时偏振面右旋，相反时则左旋。利用这种旋转方向正好相反的特性，不仅可制回相器、环行器等非倒易性器件及调制器、调谐器等微波倒易性器件，还可用作大型电子计算机的外存储器——磁光存储器。通过控制这两种不同取向对偏振状态的不同作用，可将其作为二进制的“1”和“0”，从而实现信息的“读”“写”功能。利用铁氧体这种磁光材料制作的存储器具有很高的存储密度

(10^7 位/cm^2)，比一般的磁鼓、磁盘存储器要高 10^2～10^3 倍。

常用的微波旋磁铁氧体有尖晶石型和石榴石型两大类，前者价格便宜，后者性能优良。此外，在毫米波段也可使用六方晶系铁氧体。

尖晶石型铁氧体中主要有 Mg、Ni、Li 等系铁氧体，通常加 Al、Cr 以控制饱和磁化强度，加 Mn、Bi 以增大电阻率，加 Cu、Bi 作为助熔剂以增加密度。Li 铁氧体具有高居里点、低磁致伸缩系数、较大的磁各向异性、窄的铁磁共振线以及良好的矩形磁滞回线，价格比石榴石型铁氧体便宜，易制造高功率、低温度系数锁式铁氧体器件。高温下 Li 易挥发，可加入 Bi_2O_3，降低烧成温度，获得完全烧结的致密产品。

石榴石型旋磁铁氧体目前已经可以满足微波频段大部分器件的需要。其中，钇铁石榴石铁氧体在微波段作为低功率器件的磁性材料，性能十分优异，但成本较贵。为了适应各波段器件的需要，常以多种离子如 In、Sn、Gd、Ge、Zr、Ti、Al、Ca、V 离子等置换 Fe、Y 离子，以改变 M 值，提高温度稳定性。常用的石榴石型铁氧体有 Y-Al 石榴石系、Y-Ca-V 石榴石系、Y-Gd 石榴石系等。在微波长波段也常常使用无 Y（钇）的石榴石型铁氧体。为了提高材料密度，控制一定的晶粒尺寸，在制备微波铁氧体时常用热压工艺。为了防止 Fe^{2+} 产生，提高电阻，降低介电损耗，通常可以在氧气气氛中进行烧结。

(4) 矩磁铁氧体。这种铁氧体的磁滞回线呈矩形，主要用于信息存储和记忆元件。矩磁铁氧体是具有矩形磁滞回线，且矫顽力较小的铁氧体。利用矩形磁滞回线可制成记忆元件、无触点开关元件、逻辑元件等。

矩磁铁氧体磁芯的存储原理如图 17-10 所示。其工作原理如下：利用矩形磁滞回线上与磁芯感应强度 B_m 大小相近的两种剩磁状态 $+B_r$ 和 $-B_r$，分别代表二进制计算机的“1”和“0”。当输入 $+I_m$ 电流脉冲信号时，相当于磁芯受到 $+H_m$ 的激励而被磁化至 $+B_m$，脉冲过后，磁芯仍保留 $+B_r$ 状态，表示存入信号“1”。反之，当通过 I_m 电流脉冲后，则保留 $-B_r$ 状态，表示存入信号“0”。在读出信息时可通入 $-I_m$ 脉冲，如果原存为信号“0”，则磁感应的变化由 $+B_r \to -B_r$ 变化很小，感应电压也很小（称为杂音电压 V_o），近乎没有信号电压输出，这表示读出“0”。而当原存为信号“1”时，则磁感应由 $+B_m \to -B_m$，变化很大，感应电压也很大，有明显的信号电压输出（称为信号电压 V_s），表示读出“1”。这样，根据感应电压的大小，就可判断磁芯原来处于 $+B_r$ 或 $-B_r$ 的剩磁状态。利用这种性质就可以使磁芯作为记忆元件，可判别磁芯所存储的信息。

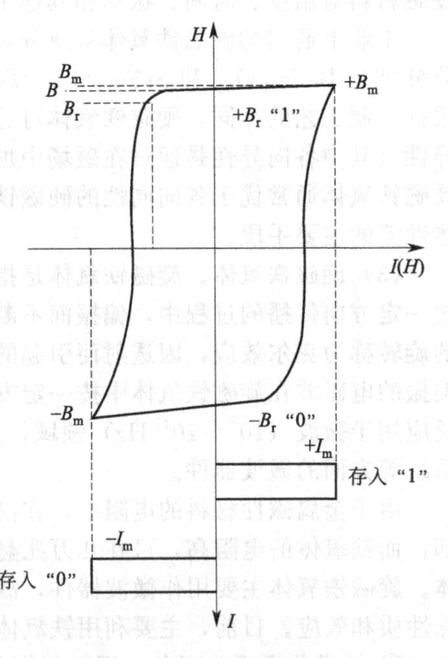

图 17-10 磁芯的存储原理

利用上述性质，还可以使磁芯作为开关元件。若令 V_s 代表“开”，V_m 代表“关”，便可得到无触点的开关元件，对磁芯输入信号。从其感应电流上升到最大值的10%时开始计算，直到感应电流下降到最大值10%的时间间隔定义为开关时间 t_s，它由下式表示（式中 H_0 为初始磁场强度）：

$$S_m=(H_a-H_0)t_s \tag{17-14}$$

式中 S_m—开关常数［常用的矩磁铁氧体材料 S_m 在 (2.4～12) $\times 10^{-5}$C/m之间］，C/m；

H_a——外加磁场强度，A/m；$H_a \approx H_c$（矫顽力）。

铁氧体磁芯的开关时间 t_s 很小，约为 10^{-14}s。

(5) 压缩铁氧体。要求材料的磁致伸缩系数高、电阻率高。这类铁氧体广泛应用于超声波仪的换能器、计算机存储器、水下电视、电信及测量仪器等。压缩铁氧体与压电陶瓷的应用领域相似，压缩铁氧体适合在几万赫兹频率下应用，而压电陶瓷使用的频率更高。以磁致伸缩效应为应用原理的铁氧体称为亚磁铁氧体。压磁性是指由应力引起材料磁性的变化或由磁场引起材料的应变。狭义的压磁性是指已磁化的强磁体中一切可逆与叠加的磁场近似成为线性关系的磁弹性现象，而不包括未磁化强磁体中不可逆与磁场成为近似线性关系的磁弹性现象。广义的压磁性也就是磁致伸缩效应，它包括了上述两种现象。由于晶体内存在各向异性，因此在不同方向上磁致伸缩的程度是不同的。

由于晶体内存在各向异性（如在不同方向上磁化的难易程度不同等），一般而言，在不同方向上磁致伸缩的程度也不同。通过定义磁致伸缩系数 $\lambda = \Delta l / l$，可导出结构简单、对称程度高的晶体（如尖晶石型）的磁致伸缩系数的计算式。由于铁氧体是晶粒均匀分布的多晶材料，可用统计平均的方法来算出饱和磁致伸缩系数。还有一种磁致伸缩效应，如对同一圆柱状强磁体同时施以沿轴线的纵向磁场和沿圆周的横向磁场，合成磁场为螺线形，则产生的形变也为螺线形，称为扭转磁致收缩。压磁材料的另一个重要的参数是压磁耦合系数 K。K^2 则是能够转换成机械能的磁能与材料中总磁能之比。这个系数还与材料的磁性状态有关，一般常用剩磁状态下的压磁耦合系数 K_r 来表示这种材料的压磁耦合性能。

铁氧体压磁材料目前应用的都是含 Ni 的铁氧体系统，如 Ni-Zn、Ni-Cu、Ni-Cu-Zn 和 Ni-Mg 等。为了改善铁氧体的压磁性能，可提高其密度和温度稳定性。前者可用提高烧成温度和用 Cu 部分取代 N（或 Zn）来实现；后者可加入 Co 以调整性能来实现。

压磁材料有着广泛用途，如在超声工程方面作为超声发声器、接收器、探伤器、焊接机等，在水声器件方面作为声呐、回声探测仪等；在电信器件中作为滤波器、稳频器、振荡器、微音器等；在计算机中作为各类存储器。

(6) 磁泡铁氧体和铁氧体单晶与薄膜。与多晶铁氧体相比较，这种材料的存储器容量更大。把这类材料切成薄片（50μm）或制成厚度为 2～15μm 的薄膜，使易磁化轴垂直于表面。当未加磁场时薄片由于自发磁化，就有带状磁畴形成。当加入一定强度的、磁场方向与膜面垂直的磁场时，那些反向磁畴就局部缩成分立的圆柱形磁畴，在显微镜下观察，很像气泡，所以称为磁泡。其直径约为 1～100μm。

由于磁泡畴具有能在单晶片中稳定存在，且易于移动的特性，磁泡铁氧体被用于制作存储器，即把传输磁泡的线路制作在单晶面上，使磁泡适当排列。利用某一区域的磁泡存在与否来表示二进制的数码“1”和“0”的信息，实现信息的存储和处理。

磁泡铁氧体与矩磁铁氧体相比，具有存储器体积小、容量大的优点，其具体类型主要如下。

① 稀土正铁氧体 $RFeO_3$，其中 R 代表钇和稀土元素，晶体结构属于斜方晶系，具有变形的钙铁矿型结构。稀土正铁氧体基本上是反铁磁性，这是由于 Fe^{3+} 的磁矩稍微倾斜，呈现弱的自发磁化所造成的。

② 氧化铅铁氧体 $MFe_{12-x}Al_xO_{19}$，其中 M 代表铅、钡和锶，是六角晶系晶体。

③ 稀土石榴石 $R_3Fe_5O_{12}$，R 代表钇和稀土元素，为立方晶系晶体。

人们研究、开发了许多新型的磁性陶瓷，如开关电源用高频低功耗功率铁氧体、宽频微波吸收铁氧体、高矫顽力纳米晶磁性陶瓷、R_2CuO_2 型超导和磁有序材料、室温磁制冷材料等。这些材料的性能更好、用途更广，必将对电子、计算机、自动控制等产业的发展起到重要的推动作用。

（7）磁性液体。将铁氧体超细微粒溶于特定溶液得到的磁性胶体溶液称为磁性液体，也称磁（性）流体。磁流体是吸附有表面活性剂的纳米量级强磁性微粒在基载液中高度弥散分布所形成的稳定胶体溶液。在静态时不具有磁性，外加磁场作用时，具有强的磁性和高的流动性。磁性微粒多选取 Fe_3O_4 等铁氧体材料，其粒径和吸附层的厚度直接影响磁流体的流动性，液体载体使微粒稳定地悬浮在载液中。载液可以是水、酯等不导电的介质，也可以是水银等导电和导热的介质。

磁性流体的组成包括磁性颗粒、表面活性剂和基载液三部分。磁性流体不仅有强磁性，还具有液体的流动性。在重力和电磁力的作用下能够长期保持稳定，也不会出现沉淀或分层现象。表面活性剂的主要作用是防止磁性微粒因团聚而沉淀，常用的表面活性剂有油酸、亚油酸、硅烷偶联剂等。选择表面活性剂时，首先需考虑是否能使相应的磁性微粉稳定地分散在基载液中，其次要考虑表面活性剂与基载液的适应性，即是否有较强的亲水性（水性基载液）或亲油性（油性基载液）。基载液是磁性流体中体积分数最大的成分。基载液性质决定着磁性流体的应用。纳米磁性流体基载液的种类主要有水、烃类、煤油、硅油以及氟碳化合物等。基载液的选择主要依据制备条件及产品用途。

磁性流体有较广泛的用途：①利用外加磁场可以改变光在磁流体中的透射性质，制作光传感器、磁强计等；②利用磁性流体在磁场作用下发生黏度变化的特性，可制成阻尼器；③利用磁性流体在梯度磁场中产生的悬浮效应，可制成密度计、加速度表等；④利用磁场控制磁性流体的运动性质，可制备药物吸收剂、造影剂、流量计、控制器（制动器）等；⑤利用流体的热交换性可制成能量交换机、磁流体发电机等。

磁性流体最大的用途是用于动态磁密封技术中。采用化学共沉淀法制备了氟醚酸包覆的 Fe_3O_4 纳米磁性颗粒，将其分散于氟醚油中制备出饱和磁化强度高达 0.289A/m 且具有耐高温、耐酸碱腐蚀等优异特性的氟醚油基磁性液体，并成功应用于高温转动轴密封环境中。

例如，把磁流体放入扬声器的音频线圈的磁隙中，可以有效地解决音频线圈的散热问题。又如，采用 HCl 溶解铁盐制得 $FeCl_3 \cdot 6H_2O$ 和 $FeCl_2 \cdot 4H_2O$，其混合液在剧烈搅拌下，加入氨水得到黑色沉淀物，并将洗涤干燥后的纳米颗粒分散于去离子水中。在分散过程中，采用四甲基氢氧化铵为表面活性剂，得到稳定的纳米磁性流体。包覆后的纳米颗粒饱和磁化强度可达 0.292A/m，平均粒径小于 20nm，且该纳米磁性流体表现出良好的导热性。

磁性流体在美国已用于宇航空间技术中，如宇宙服可动部分的密封，在失重状态下将火箭液体燃料送入燃烧室等。

目前，除用铁氧体材料制备磁流体外，还用各种金属磁粉制备不同用途的磁性流体。

17.4 其他磁性能

17.4.1 磁各向异性

晶体材料的磁化呈现出方向性，即沿不同晶体学方向进行磁化所需的能量不同，称为磁各向异性。磁各向异性使晶体中存在难磁化轴和易磁化轴方向，沿易磁化轴方向自发磁化所需能量最少。金属铁和镍的易磁化方向分别为＜100＞和＜111＞，大部分尖晶石结构铁氧体的易磁化方向为体对角线＜111＞方向，也有的铁氧体材料为＜100＞方向。铁磁单晶体本身具有磁各向异性，对应于不同晶体学方向上磁化的难易程度和需要的能量不同。

对于立方晶体，如果自发磁化方向与晶体的三个坐标轴间的夹角分别为 α、β、γ，那么磁各向异性能 E_a 可表示为：

$$E_a = K_1(\cos^2\alpha\cos^2\beta + \cos^2\beta\cos^2\gamma + \cos^2\gamma\cos^2\alpha) + K_2\cos^2\alpha\cos^2\beta\cos^2\gamma \tag{17-15}$$

式中，K_1、K_2 为立方晶体的各向异性常数，与物质种类有关。如果 K_2 项可以忽略，那么当 $K_1<0$ 时，<111>方向为易磁化轴；而当 $K_1>0$ 时，<100>方向为易磁化轴。

对于六角晶体，如果自发磁化方向与晶体的六次轴的夹角为 0，那么晶体的磁各向异性能为：

$$E_a = K'_1\sin^2\theta + K'_2\sin^4\theta \tag{17-16}$$

式中，系数 K'_1 和 K'_2 均为单轴晶体的磁各向异性常数，也是物质常数。如果上式第二项可以忽略，那么也只需根据系数 K'_1 来判断易磁化方向：当 $K'_1>0$ 时，c 轴为易磁化方向，如 $BaNi_2W$；当 $K'_1<0$ 时，在与 c 轴垂直的平面上的任意方向均为易磁化方向，称为平面型，如 $BaCo_2W$。六角晶系的对称性较立方晶系低，因而具有较高的磁各向异性，可制备永磁体、磁记录材料和超高频电磁波旋磁材料等。

对材料进行人工处理可以造成材料的磁各向异性，这种磁各向异性被称为诱导磁各向异性。例如将铁氧体在磁场中进行高温热处理后冷却，可诱导单轴磁各向异性。一般而言，软磁体的磁各向异性较小，而硬磁体的磁各向异性较大。

在同一单晶体内，由于磁晶各向异性的存在，磁化强度随磁场的变化便会因方向不同而有所差别。也就是说，在某些方向容易磁化，在另一些方向上不容易磁化。把容易磁化的方向称为易磁化方向，或易轴；不容易磁化的方向称为难磁化方向，或难轴。铁单晶的易磁化方向为<100>，难磁化方向为<111>；镍单晶恰好与铁相反，易轴为<111>，难轴为<100>；钴单晶的易磁化方向为［0001］，难磁化方向为与易轴垂直的任一方向。对于磁各向异性的研究表明：温度引起的磁各向异性变化会控制亚微米区域的产生，从而使超薄的 Co/NiO 双分子层失磁。应力诱导的磁各向异性使富铁非晶微丝的磁柔软性提升，众多薄膜都有垂直的磁各向异性。

17.4.2　磁致伸缩

铁磁体中磁化方向的改变会引起晶面间距的改变，因而磁化过程中铁磁体的尺寸和形状均会发生变化，这种现象称为磁致伸缩。磁致伸缩分为线性磁致伸缩和体积磁致伸缩。一般体积磁致伸缩比线性磁致伸缩效应要弱得多，因此通常指的磁致伸缩多为线性磁致伸缩，也称为 Joule（焦耳）效应，即材料磁化状态改变时产生应力的效应。

Joule 效应的逆效应为材料在受到应力时磁化状态改变的效应，称为 Villari 效应。在被磁化的丝状棒中通过电流时，棒发生扭转的效应为 Wiedemann 效应。磁化的棒受到扭曲时产生电流的效应为其逆效应，称为 Matteucci 效应。材料的磁化状态改变引起弹性模量改变的效应为 ΔE 效应。反过来，当材料在受到变化的应力或应变时，其磁化率也会发生变化。上述各种磁致伸缩效应均为各向异性。

磁致伸缩效应的大小通常用磁致伸缩系数来衡量，有

$$\lambda = \Delta l / l \tag{17-17}$$

磁致伸缩的大小与外加磁场强度的大小有关。图 17-11 为磁性材料的磁致伸缩系数与外加磁场强度 H 的关系。外磁场达到饱和磁化场时，纵向磁致伸缩系数为一确定值，称为磁性材料的饱和磁致伸缩系数（λ_s）。饱和磁致伸缩系数也是磁性材料的一个磁性参数。不同材料的饱和磁致伸缩系数是不同的，有的小于零，有的大于零。

磁致伸缩是一个复杂的效应，其大小不仅与测量磁场有关，还与测量的方向有关。材料的磁致伸缩大致由三方面的原因引起：一是晶体的自发磁致伸缩，即通过改变晶体自身的形

状和尺寸来降低系统的能量；二是由外加磁场引起的，当磁场强度小于饱和磁化强度时，材料主要产生长度上的形变，而当磁场强度大于饱和磁化强度时，则主要为体积磁致伸缩；三是形状效应，此效应比较弱，是为了抵消磁能的作用而引起材料形状的变化。此外，磁场作用可以使材料的弹性模量、压缩系数等物理量发生变化。

磁致伸缩引起晶体尺度的变化量级很小，相对量在 10^{-6} 量级。磁致伸缩也引起磁各向异性，称为磁致伸缩磁各向异性。二价铁的铁氧体的磁致伸缩是沿磁化方向拉长的，称为正磁致伸缩，其余铁氧体均为负磁致伸缩。因而通过调节多元材料的组分可以得到磁致伸缩为零的磁性材料。

由自旋极化的电子间各向同性交换作用的变化而引起材料体积变化的效应称为体积效应，其逆效应为：在被磁化的材料上施加流体静压力时，会引起材料磁化状态的变化，与体积效应相关的磁致伸缩效应表现出各向同性的特性。因此，磁致伸缩可以分为各向异性和各向同性两类。

顺磁体、抗磁体、铁磁体和亚铁磁体等磁性材料都具有磁致伸缩性质，但它们的磁致应变大小不同，铁磁体和亚铁磁体的磁致应变数量级在 $10^{-5}\sim10^{-2}$，顺磁体和抗磁体的效应很弱。图 17-12 为铁磁体的磁致伸缩曲线，一般将磁致伸缩率达到饱和的值称为饱和磁致伸缩系数 λ_s。磁致伸缩系数（λ）为无量纲的物质常数，可以为正值或负值，分别代表沿磁场方向的伸长或收缩。铁氧体的磁致伸缩系数的数值大多为负值，数量级在 $10^{-5}\sim10^{-4}$，例如 $CoFe_2O_4$ 的磁致伸缩系数为 -1.1×10^{-4}。稀土材料的磁致伸缩系数有正有负，且数值较大，磁致伸缩系数超过 10^{-3} 时称为超磁致伸缩效应。

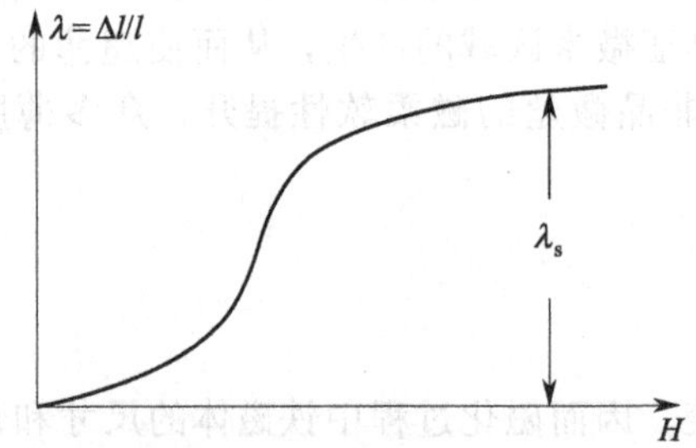

图 17-11　磁致伸缩系数与外加磁场强度 H 的关系

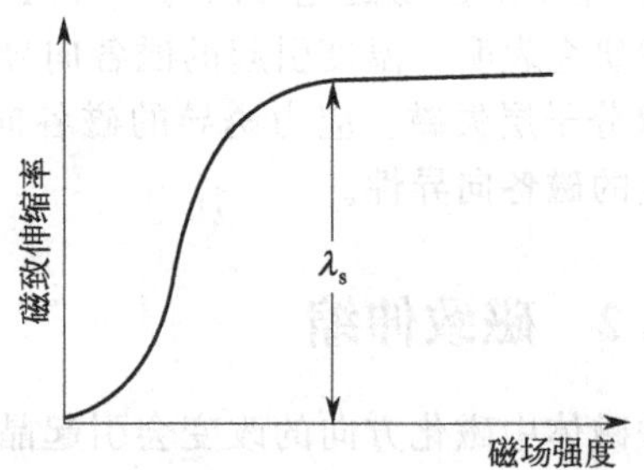

图 17-12　铁磁体的磁致伸缩曲线

磁致伸缩除了与晶体结构的各向异性有关，材料形状、应力、磁场、退火和塑性应变等也能引起各向异性，在设计和应用磁致伸缩材料时需要考虑这些因素。表 17-5 列出了一些多晶铁氧体的饱和磁致伸缩系数，表中的正值表示外磁场引起在磁场方向上强度的增加，负值则相反。

表 17-5　一些多晶铁氧体的饱和磁致伸缩系数

材料	Fe_3O_4	$MnFe_2O_4$	$CoFe_2O_4$	$NiFe_2O_4$	$MgFe_2O_4$
饱和磁致伸缩系数/10^{-6}	40	−5	−110	−26	−6

磁致伸缩材料主要为过渡族元素铁、钴、镍及其合金，稀土金属及其化合物，含有过渡族元素的氧化物和铁氧体，包括上述材料的单晶、多晶和非晶。利用磁致伸缩效应可以实现磁能和机械能的相互转换，应用于各种超声波脉冲接收器、滤波器件和传感器等。

当有一外加磁场平行于一棒状样品轴线进行磁化时，磁场一方面克服各向异性能将磁矩取向于外磁场方向；另一方面，棒的长度也将发生变化。饱和磁致伸缩系数λ_s是铁磁性材料内在特性参数之一：当棒伸长时，$\lambda_s>0$；当棒缩短时，$\lambda_s<0$。大多数铁磁性材料$\lambda_s<0$，且数量级在 $10^{-5}\sim10^{-6}$。

铁磁体的磁致伸缩同磁晶各向异性的来源一样，是由于原子或离子的自旋与轨道的耦合作用而产生的。图 17-13 中的模型描述了磁致伸缩机理。

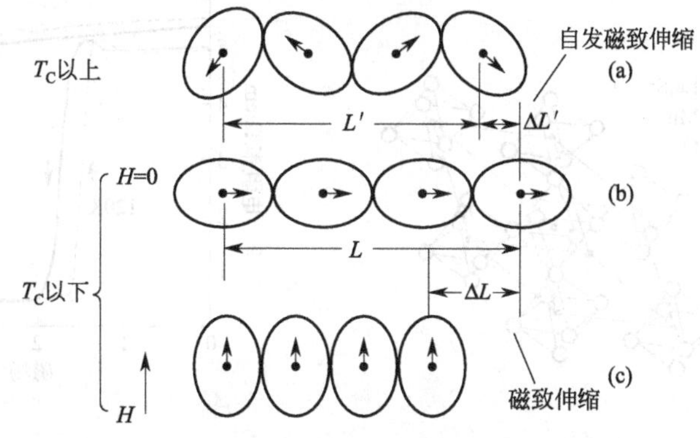

图 17-13　磁致伸缩机理

在图 17-13 中，黑点代表原子核，箭头代表原子磁矩，椭圆代表原子核外电子云。图 17-13(a) 中描述了 T_C 温度（居里温度）以上时顺磁状态下的原子排列状况；图 17-13(b) 中，T_C 温度以下时，出现自发磁化，原子磁矩定向排列，并出现自发磁致伸缩 $\Delta L'/L'$；图 17-13(c) 中，施加垂直方向的磁场，原子磁矩和电子云旋转 90°取向排列，磁致伸缩量为 $\Delta L/L$。

17.4.3　巨磁阻效应

外加磁场可能改变材料的某些物理性能，如可以引起材料电阻值的改变。在磁场中，材料的电阻称为磁电阻。巨磁阻效应是指磁性材料的电阻率在有外加磁场作用时较无外加磁场作用时存在巨大变化的现象。

通常情况下，磁场中材料电阻值改变的量很小，例如实用的磁性合金的磁电阻变化范围在 2%～3%。磁电阻系数定义为：

$$\eta=\frac{R_H-R}{R} \tag{17-18}$$

式中，R_H 为磁电阻；R 为无磁场时材料的电阻值。如果磁电阻值大于无磁场时的电阻值，称为正磁阻效应，否则称为负磁阻效应。

巨磁阻效应与材料的晶体结构有关。例如 $LaMnO_3$ 是钙钛矿结构，Mn 处在立方体晶胞的体心位置，La 在顶点，O 在面心，这种结构的 Mn-O 层存在反平行排列的自旋。如果用二价的 Sr^{2+} 部分替代三价的 La^{3+}，形成 $La_{1-x}Sr_xMnO_3$。随着置换 Sr 量的增加，材料从反铁磁性的绝缘体转变为绝缘的铁电体并继续转变为铁磁性的导体。这种相变的发生与温度、外加磁场、杂质量等因素有关，称为磁场诱导的结构相变，外加磁场值在 1～2T。该相变使材料的电阻率大大降低。

温度在 250K 以下时，当 $x=0.17\sim0.18$ 时，$La_{1-x}Sr_xMnO_3$ 会发生这种铁磁金属相变。当温度较高时，该材料为三角结构，温度较低时倾向于正交结构（图 17-14）。相变发生的温度除了与掺杂 Sr 的量有关，还与外磁场的大小有关，随外磁场的增加，相变温度下降；同时，在增加磁场和减小磁场的变化过程中，相同磁场对应的磁电阻值不同，出现明显的滞后现象。图 17-15 给出了 $Pr_{0.5}Sr_{0.5}MnO_3$ 的电阻率与外磁场大小的变化关系，图中的虚线为磁场减小时电阻率的变化关系。

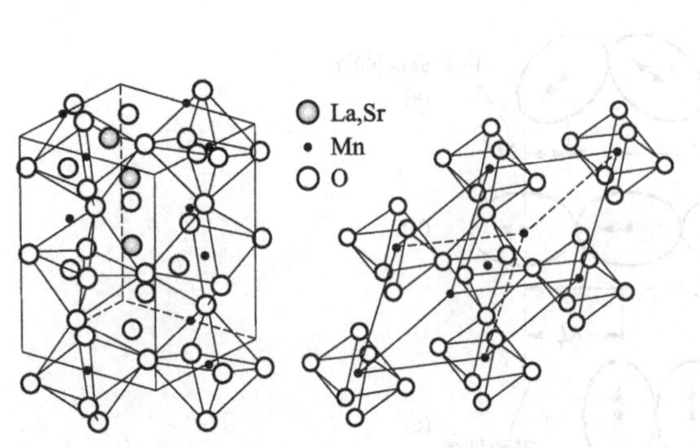

图 17-14 $La_{1-x}Sr_xMnO_3$ 的铁磁金属相变

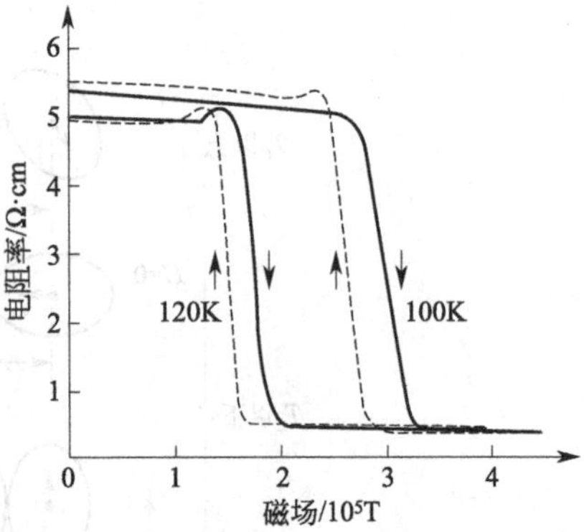

图 17-15 $Pr_{0.5}Sr_{0.5}MnO_3$ 的电阻率与外磁场大小的变化关系

掺杂会改变化合物体系的磁电阻效应。例如 $La_{0.7}Sr_{0.3}MnO_3$ 和 $La_{0.5}Sr_{0.5}Mn_{0.9}Sc_{0.1}O_3$ 的金属-绝缘体转变温度分别为 238K 和 100K，掺 Sc 后的低温磁电阻系数有较大提高，但在室温附近磁电阻效应基本消失。如果 Sc 的掺杂量增加到 0.2，材料将不出现金属-绝缘体转变，磁电阻效应也下降。

除了钙钛矿结构的 Mn 化合物，钙钛矿结构的 Co 化合物、烧绿石结构的 $Tl_2Mn_2O_7$、尖晶石结构的 ACr_2X_4（A＝Fe、Cu、Cd，X＝S、Se、Te）等在居里温度附近也具有巨磁阻效应。例如，$Tl_2Mn_2O_7$ 为立方结构，居里温度为 142K。该材料在 135K 和 5.57×10^6 A/m 磁场下的磁阻效应达 600%，而且即便是化学计量整数比时，材料仍具有较大的磁电阻。

稀土氧化物陶瓷中观察到的巨磁阻效应，其发生机制与磁场诱发的结构相变有关；而磁性多层膜和纳米材料的巨磁阻效应主要由材料本身的各向异性引起，它们的巨磁阻系数相差很大。在磁性纳米材料中普遍观察到巨磁电阻。当纳米粒子尺寸与电子平均自由程相当时，巨磁阻效应最大，而且巨磁阻效应与粒子形状有关。

17.4.4 磁光效应

光在透明铁磁性或亚铁磁性材料中透射或反射时，光与自发磁化区相互作用将产生特殊的光现象，被称为磁光效应。磁光效应包括 Seemann 效应、Farady（法拉第）效应和 Kerr 效应。Seemann 效应是在强磁场中一条光谱线分裂成几条的效应，它证明了原子具有磁矩和空间量子化。Farady 效应是当线偏振光透过透明铁磁性或亚铁磁性材料时，如果在入射光方向上施加一个磁场，透射光将在其偏振面上旋转一个角度偏出。Kerr 效应是当光入射到被磁化或添加了外磁场材料的表面时，其反射光的偏振面发生旋转的现象。利用这些效应可以进行光磁记录。

高密度磁光记录薄膜包括亚铁磁性的石榴石和铁氧体。石榴石 $R_3Fe_5O_{12}$（R 代表稀土）

中的 R 占据氧十二面体间隙位置，Fe 占据四面体和八面体间隙位置，形成一个复杂的立方结构。$CoO \cdot Fe_2O_3$ 等铁氧体和磁性多层膜，以及 MnGaGe、MnAlGe、$Nd_2Fe_{14}B$ 等均是很好的磁光记录材料。

17.4.5　热磁效应

与热电效应类似，有些陶瓷材料中存在热磁效应。热磁效应是指存在温度梯度时，材料两端会出现磁场的效应。

在交流磁场中进行热磁处理后，体心立方晶格软磁性铁硅合金磁性能各向同性改善机制的本质是通过应用交错的磁场来调整晶体轴邻近硅（Si）原子的排列结构，并改变其原子排序的稳定性，使得原本位于铁硅合金晶体平衡位置的硅原子在立方晶胞中重新分布。在这种情况下，原子间的键合力减弱，它们就有可能通过移动磁畴壁而发生位移。同时，纳米团簇的破坏导致弱耦合硅原子在晶格中重新排列，从而使得铁硅合金的磁性能得到各向同性的改善。这解释了铁硅合金热磁处理效果对磁场强度的依赖关系，低磁场和高磁场的热磁处理效果分别为各向异性和各向同性。

17.5　应用磁性材料

17.5.1　磁记录材料

磁记录材料是使用记录磁头在磁记录介质内写入磁化强度的图纹作为信息存储的材料。最早的磁记录应用之一可以追溯到 1877 年发明的留声机。现在，磁记录是大规模存储电子信息的主要技术，分为视频磁记录介质、音频磁记录介质和数字磁记录介质。提高数据存储的密度是未来实现廉价数字技术的关键。云存储中的大部分存储是由硬盘驱动器组成的。而它的持续发展依赖于热辅助磁记录（HAMR）的商业引进。热辅助磁记录是正在开发的新一代磁记录技术。

为了得到高信号输出和高记录密度，要求记录介质具有高矫顽力且磁致伸缩小、薄的记录层以及窄的开关场分布和高的相对剩磁。常用的材料有 γ-Fe_2O_3、CrO_2、钡铁氧体磁粉等。

颗粒的形状和尺寸对磁粉性能有重要影响，钡铁氧体晶体具有高的各向异性，磁粉颗粒的形状不一定为针形的。钡铁氧体为六角小片状颗粒，有很高的内禀磁性与磁各向异性，易磁化轴方向垂直于片的平面。其他种类磁粉材料的形状必须为针形，这样能够引入较高的磁各向异性，产生高的矫顽力。

磁粉颗粒的形状、颗粒尺寸和分布对其性能有很大影响，因此，对磁粉的生长工艺要求甚高。为了得到窄的颗粒尺寸分布，在制备磁粉时要将颗粒的形核和长大两个阶段分开，控制形核的数目，并使不同晶面的生长速度不同，以增加材料的各向异性。对于立方结构的晶体材料，往往需要在生长初期先得到非立方结构的各向异性较大的针状初级颗粒，再在此基础上得到针状立方结构的晶体。如制备 γ-Fe_2O_3 时，第一步生长六角结构的针状颗粒，第二步再转变为立方结构的针状颗粒，γ-Fe_2O_3 结构中的针轴方向多为＜110＞方向。在这种转变过程中，对材料微结构的控制至关重要。

CrO_2 为金红石结构，天然晶体即为针状，掺 Fe 等能够增加材料的矫顽力和各向异性。Co 改性的氧化铁可以增加材料的矫顽力，但是矫顽力与温度密切相关。为了增加材料的矫顽力，往往只将 Co 掺在 1～2nm 磁粉颗粒的表面，有望提高其性能。这里有两种方法。一种方法是单独使用 Co 离子改性，称为吸钴型磁粉。另一种方法为如果同时使用 Co^{2+} 和 Fe^{2+} 进行改性，这种磁粉称为 Co 外延氧化铁磁粉。这两种方法均可以在氧化铁磁粉颗粒表面包裹一层 $CoFe_2O_4$。但前一种方法只能吸附单层的 Co^{2+}，而后一种方法可以形成外延层。经掺钴处理和随掺钴量的增加，氧化铁磁粉矫顽力可有明显增加。影响磁粉特性的因素主要如下。

(1) 颗粒尺寸、颗粒表面性质。磁粉颗粒的窄开关场分布通常要求颗粒具有针状，颗粒尺寸限制了记录波长的最小值。这是因为在记录短波长信号时，要求减小颗粒尺寸以及增大磁粉的表面积及黏结界面。磁粉性能与颗粒表面的化学性质、表面电荷态、表面极性、pH 值、磁粉颗粒的流动性、黏结剂的化学结合作用及界面特性等密切相关；同时，颗粒间介质区越薄，相邻磁畴过渡层越锐，记录层的比磁化强度越高，磁头的记录信号也越强。

(2) 包裹层的晶体结构、微结构、磁各向异性。对于颗粒外层包裹其他材料的磁粉，包裹层的种类、结晶性、晶体结构和微结构对磁粉的磁性能有较大影响。上述提到用钴或铁离子包裹的氧化铁磁粉可以增加其矫顽力和磁各向异性，但有些材料包裹后会使磁粉的磁各向异性减少。例如在钡铁氧体外包裹过渡金属离子，即会减小其磁各向异性。在有些应用场合，由于钡铁氧体的磁各向异性过高，需要适当包裹过渡金属离子以使其磁各向异性有所降低。

(3) 磁粉表面的化学稳定性。磁粉应用时其表面与环境或气氛接触，表面存在各种吸附气体或可能发生的表面化学反应，引起元件老化和磁性能降低。

与磁粉颗粒同时发展的是磁性薄膜。磁性薄膜制备方便，可以采用物理或化学方法淀积，厚度随意，可以从 1nm 至几微米不等。膜中不含有高聚物黏结剂，磁性薄膜一般比颗粒磁粉的磁化强度高，比较容易控制磁晶的取向。通常，薄膜比烧结磁粉更均匀和平整，基本上不含有气孔且致密性高，力学性能也较好。但是，磁性薄膜中的硬磁相和非磁性相可能占有一定的比例。然而在有些情况下，介质表面高磁化强度的颗粒磁粉更加适合应用于高频存储。

17.5.2 稀土永磁材料

稀土永磁陶瓷相较稀土永磁合金的磁性能更加优异且价格更为低廉，如 $R_2Fe_{14}B$ (R=La、Ce、Lu、Y、Nd 等)、$R_2Fe_{14}C$、$R_2Fe_{17}C$、$R_2Fe_{17}N_3$ 等。铁氧体 $MFe_{12}O_{19}$ (M=Ba、Sr、Pb) 也是优秀的永磁材料，在此不讨论稀土与金属材料的合金。

$R_2Fe_{14}B$ 和 $R_2Fe_{17}C$ 为四方相。在 $R_2Fe_{14}B$ 中，与铁原子磁矩平行的轻稀土元素的原子具有磁矩。重稀土元素的磁矩是反平行排列的，因而轻稀土元素的磁化强度较高。$R_2Fe_{17}C$ 是低温相，在较低温度下退火和通过下列固相反应可以生成 $R_2Fe_{14}C$：

$$R_2Fe_{17}C + RFeC \longrightarrow R_2Fe_{14}C \tag{17-19}$$

对应于不同的稀土元素 R，上述反应式的反应温度有所不同。实际的反应过程可能相当复杂，因而得到的反应产物常常不是单相的，而且有些稀土如 La、Ce、Nd 等，很难通过上述化学反应得到这种化合物。掺杂可以改变反应温度，如掺 Mn、B 等可以促进 $Ce_2Fe_{17}C$ 和 $Pr_2Fe_{17}C$ 的反应形成单相化合物。此外，少量的 B 取代 C 有利于四方相的形成。图 17-16 为不同稀土化合物 $R_2Fe_{17}C$ (实线) 及 2% (原子分数) B 替代 C 后 (虚线) 化合物的转变温度。图 17-17 为 $Nd_6Fe_{70}Co_4C_{9.5}B_{0.5}$ 的磁滞回线。

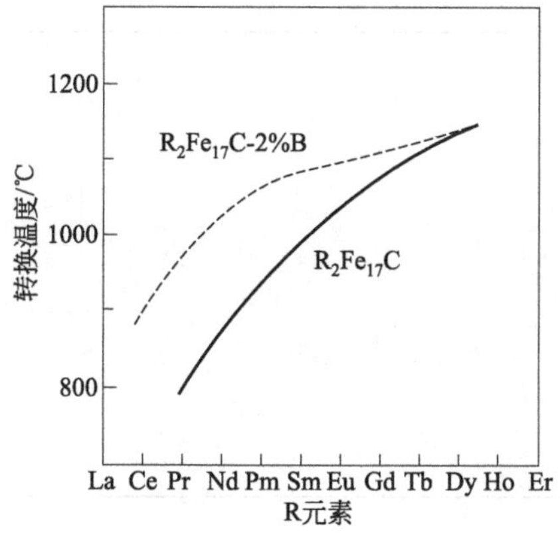

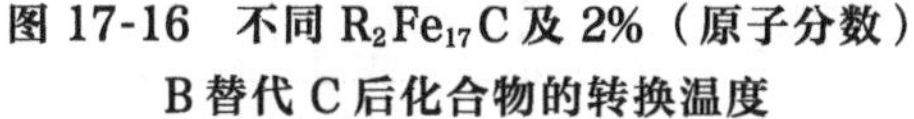
图 17-16　不同 $R_2Fe_{17}C$ 及 2%（原子分数）B 替代 C 后化合物的转换温度

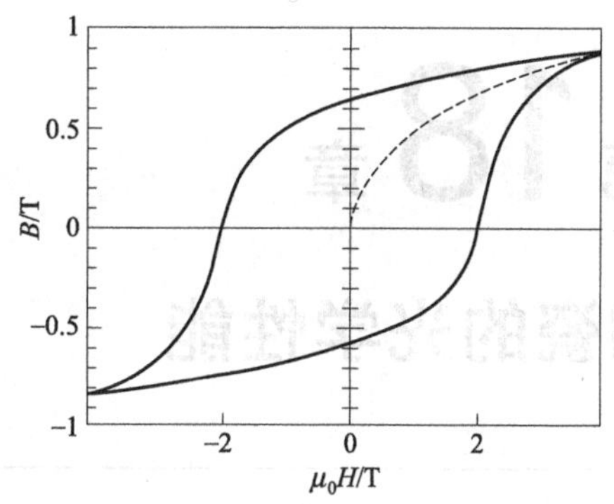

图 17-17　$Nd_6Fe_{70}Co_4C_{9.5}B_{0.5}$ 的磁滞回线

R_2Fe_{17} 的晶体结构属于六角晶系，当掺入 C 或 B 时，这些杂质占据结构中的八面体间隙位置，使得晶胞常数变大和居里温度升高。其结构通式常写为 $R_2Fe_{17}C_x$，结构类型随 C 含量的增加从六角变为三角结构。如果在氮气气氛下加热 R_2Fe_{17}，则可生成 $R_2Fe_{17}N_x$，例如反应：

$$2R_2Fe_{17}+3N_2 \rightleftharpoons 2R_2Fe_{17}N_3 \tag{17-20}$$

该反应的生成焓小于零。在反应过程中，N 占据了 R_2Fe_{17} 的全部八面体间隙位置，实际生成物中 N 的化学计量比一般小于 3。上述反应的逆反应在 750K 时开始发生，至 900K 分解完毕。该氮化物较碳化物的居里温度高一些，但铁原子的磁矩增加得不多。此外，掺 N 可得较大的磁晶各向异性，其各向异性磁场随温度的增加而下降。

Fe_3B 常是亚稳相，可以通过快速淬火的方法得到。形成 Fe_3B 稳定相的温度高于 1000K，其居里转变温度约为 800K，可以在低于居里温度下时使用。该材料的矫顽力较低，并取决于退火温度，并且呈现磁各向同性。由于该化合物中不含稀土元素，因而价格较低廉。

铁氧体 $MFe_{12}O_{19}$（M＝Ba、Sr、Pb）的磁晶各向异性大，居里温度一般大于 700K，使用温度高。随温度升高其矫顽力增加，化学稳定性好，也是优秀的永磁材料；材料多为六角结构，氧和 M 处在密排面上，氧以立方密堆，每 5 层氧中有一个氧被 M 替代，Fe 处在 5 个不等价的间隙位置上。该结构可以看成为含有 M 的六角结构与不含 M 的尖晶石结构相互堆砌而成，每个晶胞包含两个分子，共 64 个原子。在制备这类铁氧体时常添加一些氧化物，如 SiO_2、B_2O_3 等，以控制晶粒长大和得到理想的微结构。

永磁体可应用于电动机各向异性整流子片、扬声器的各向异性环等。稀土永磁体与我们的生活息息相关，钕铁硼磁铁经过精心设计和优化，适用于需要以合理成本获得高性能的广泛领域。例如，电动个人交通工具已经从电动自行车发展到拥有电动驱动的轿车和卡车，而且似乎将挑战内燃机的主导地位。人们开始利用独创性和想象力进行设计，以更有效地利用现有的稀土资源以优化特定永磁体。一个巨大的机器人新市场正在崭露头角，而增材制造所提供的机会才刚刚开始被探索。此外，提高磁体在高温下稳定性的新方法正在开发中，目前正在设想，将具有其他有用性能的硬磁体集多种功能于一体。

第18章 陶瓷的光学性能

18.1 光在介质中的传播

18.1.1 折射

光的本质就是电磁波，它具有波粒二象性。固定波长的电磁辐射可以理解成由能量为 $h\nu$ (h 为普朗克常量）的光子组成。因此，辐射强度 I 即为单位时间射到单位面积上的光子数目。电磁辐射具有粒子的本质。在一定条件下，光能发生干涉和衍射，即光具有波动性。光在透明和非磁性的各向同性介质中的传播可以用 Maxwell（麦克斯韦）方程描述。光通过介质时可能同时发生光的透射、反射和吸收，引起光能量的重新分配、相位和偏振态的改变等，入射光强度可以分为三部分强度之和：

$$I_0=I_T+I_R+I_A \tag{18-1}$$

光照射到物体时的现象如图 18-1 所示。其中，下标 0、T、R 和 A 分别代表入射光、透射光、反射光和光吸收。光在通过两种不同的介质时会发生折射，这是因为光在不同介质中的传播速度不同。光从介质 1 到介质 2 的折射率可表示为：

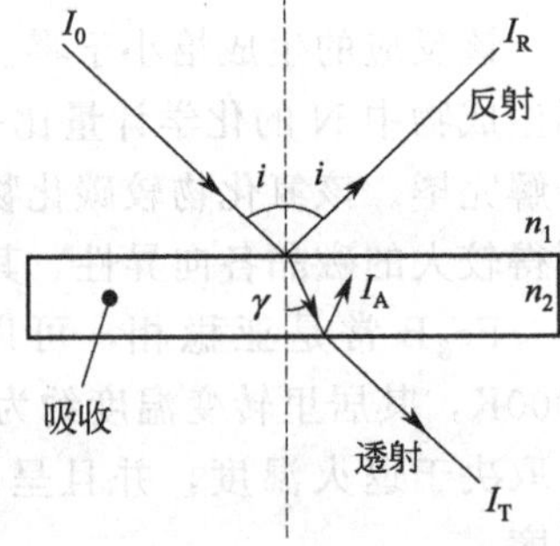

图 18-1 光照射到物体时的现象

$$n=\frac{v_1}{v_2} \tag{18-2}$$

式中，v_1、v_2 分别为光在介质 1、2 中的传播速度。光在真空中的传播速度最快，为 2.9979×10^8 m/s。表 18-1 给出了一些材料的折射率。

表 18-1 一些材料的折射率

材料	折射率	材料	折射率	材料	折射率
CaF_2	1.43	PbS	3.91	MgO	1.74
BaF_2	1.48	$TiBr_4$	2.37	PbO	2.61
KBr	1.56	ZnS	2.2	TiO_2	2.71
KCl	1.51	Al_2O_3（刚玉）	1.76	ZrO_2	2.19
LiF	1.39	BeO	1.72	ZnO	2.00
NaF	1.33	BaO	1.98	$MgAl_2O_4$	1.72
NaI	1.77	$BaTiO_3$	2.40	$SrTiO_3$	2.49
PbF_2	1.78	Y_2O_3	1.92	金刚石	2.42

由于光是由同一频率的交变电场和交变磁场组成的同步波，那么光波必然会改变电子云在核周围的电荷分布，即引起电子极化。介电材料在可见光作用下产生极化电场，引起原子正负电荷中心相对周期位移。这种电子位移极化基本上与温度无关，低于紫外线频率时也与频率无关。由于极化的相互作用，固体介质中光的行进方向将发生改变；与真空中相比，光的速度和波长变小，这种现象称为光的折射。不同组成、不同结构介质的折射率是不同的。影响折射率（n）的因素有以下方面。

（1）材料的介电常数。根据 Maxwell 电磁波理论，光在介质中的传播速度应为：

$$v=\frac{c}{\sqrt{\varepsilon\mu}} \tag{18-3}$$

式中，c 为真空中的光速；ε 为介质的介电常数；μ 为介质的磁导率。

根据式(18-2) 和式(18-3) 可得

$$n=\sqrt{\varepsilon\mu} \tag{18-4}$$

在无机材料电介质中，$\mu=1$，$\varepsilon\neq1$，则

$$n=\sqrt{\varepsilon} \tag{18-5}$$

即介质的折射率随介质介电常数 ε 的增大而增大。ε 与介质的极化现象有关。当光的电磁辐射作用到介质上时，介质的原子受到外电场的作用而极化，正电荷沿着电场方向移动，负电荷沿着电场反方向移动，导致正负电荷的中心发生相对位移。外电场越强，原子正负电荷中心距离越大。由于电磁辐射和原子的电子体系的相互作用，光波传播速度会降低。

（2）材料的结构、晶型和非晶态。折射率还和离子的排列密切相关。如非晶态（无定形体）和立方晶体这些各向同性的材料，当光通过时，光速不因传播方向改变而变化，材料只有一个折射率，称之为均质介质。但是除立方晶体以外的其他晶型，都是非均质介质。当光进入非均质介质时，一般都要分为振动方向相互垂直、传播速度不等的两个波，它们分别构成两条折射光线，这个现象被称为双折射。双折射是非均质晶体的特性，这类晶体的所有光学性能都与双折射有关。

上述两条折射光线，平行于入射面的光线的折射率，称为常光折射率 n_0，不论入射光的入射角如何变化，n_0 始终为一常数，因而常光折射率严格服从折射定律；另一条与之垂直的光线折射率，则随入射光线方向的改变而变化，称为非常光折射率 n_e，它不遵守折射定律。当光沿晶体光轴方向入射时，只有 n_0 存在；与光轴方向垂直入射时，n_e 达最大值，此值为材料特性。如：石英的 $n_0=1.543$，$n_e=1.552$；方解石的 $n_0=1.658$，$n_e=1.486$；刚玉的 $n_0=1.760$，$n_e=1.768$。总之，沿着晶体密堆积程度较大的方向 n_e 较大。

（3）材料所受的内应力。有内应力的透明材料，垂直于受拉主应力方向的 n 值大，平行于受拉主应力方向的 n 值小。

（4）同质异构体。在同质异构材料中，高温时的晶型折射率较低，低温时的晶型折射率较高。例如，高温下的石英玻璃，$n=1.46$，数值最小；常温下的石英晶体，$n=1.55$，数值最大。高温时的鳞石英，$n=1.47$；低温时的方石英，$n=1.49$。至于普通钠钙硅酸盐玻璃，$n=1.51$，比常温下的石英晶体的折射率小。提高玻璃折射率的有效措施是掺入铅和钡的氧化物。例如，含 PbO 90%（体积分数）的铅玻璃，$n=2.1$。

18.1.2 反射和透射

当光通过折射率分别为 n_1 和 n_2 两种介质的界面时，界面上会发生光的透射，Fresnel（菲涅尔）给出了透射光强度的公式。透射光有振幅透射率、光强透射率和能流透射率。光

强 I 与光振幅 E 之间的关系为：

$$I = AnE^2 \tag{18-6}$$

式中，A 为常数，$A=\frac{1}{2c\mu_0}$；c 为光速；μ_0 为真空磁导率；n 为光传播介质的折射率。由于反射光与入射光处在界面同一侧的介质内，反射光强 I_R 与振幅反射率 r 的关系为：

$$I_R = r^2 \tag{18-7}$$

而折射光与入射光分别处在界面两侧不同的介质内，透射光强 I_T 与振幅透射率 t 之间的关系为：

$$I_T = \frac{n_2}{n_1}t^2 \tag{18-8}$$

式中，n_i（$i=1$，2）分别为界面两侧介质的折射率。

此外，当光投射到两种介质的界面时，会有一部分“反射”而折回原介质中。这一现象由反射定律确定。反射线处于入射线和通过入射点的法线所决定的平面上，反射线和入射线分别在法线的两侧，反射角等于入射角（参见图 18-1）。

反射改变了光线的方向，但仍然保持着光能的形式，而没有转变为其他能量形式。

18.2 光学窗口材料和薄膜光学

18.2.1 光学窗口材料

光学窗口材料主要为陶瓷（包括玻璃）材料，也可以是聚合物材料。其所涉及的光波长范围包括 X 射线、真空紫外、可见光、红外线和微波。光学窗口材料需具备以下性能要求：

① 较好的光学透过率、材料折射率均匀和稳定、剩余反射（散射、吸收）损耗低；

② 较好的热稳定性、较小的吸收系数、较低的自发辐射率；

③ 机械强度高、化学性能稳定，易于加工制备，成本低。

如今，虽然已经有近百种可用于透过某些波段的光学窗口材料，但是既能满足光学性质要求，又能承受恶劣环境的材料却为数不多。例如，作为在航天中应用的红外窗口材料要求红外透过率高，有高的强度，抗机械冲击和抗热震性好，抗辐射、耐腐蚀，具有一定的尺寸。

一些热压陶瓷，如卤化物和氧化物是优秀的红外窗口材料。图 18-2 为热压 MgO、MgF_2 和 CaF_2 的透过率曲线。在可见光和红外光波段范围内 MgO 有很好的透过率，在偏向中红外波段范围 CaF_2 具有良好的透过率。虽然在可见光波段内 MgO 的透过率比 MgF_2 高，但 MgF_2 具有良好的热学性能和力学性能，常常用作可见光和红外窗口的涂层（如飞行器的红外窗口），可以降低因窗口材料与空气的折射率差引起的光反射损失。蓝宝石（掺少量 Ti^{3+} 的 Al_2O_3）的应用波段范围为中红外区，其具有优异的光学性质和力学性质。但是，由于其难以加工等缺陷限制了广泛应用。

AlON 透明陶瓷是一种很有应用前景的窗口材料。图 18-3 为 AlON 透明陶瓷的透过率曲线。其在近紫外、可见光和中红外波段范围具有良好的透过率，透过波段范围为 0.2～6μm；在 0.4～4μm 波段，透过率可达到 85%。AlON 透明陶瓷的硬度和强度仅次于蓝宝石和金刚石，分别为 18.5GPa 和 300MPa，且耐腐蚀、耐摩擦、抗风沙，化学性质稳定。其在军事设备方面，可用作导弹头罩和窗口、坦克及潜艇观测窗、各种护目镜片等。Surmet 公司制备的 AlON 防弹窗口能抵抗大口径瞬爆弹，窗口的厚度和面密度仅为玻璃装甲的 2/5 和 1/2。AlON 透明陶瓷可用于工业及医用安全护具、POS 机透明窗口、高压钠灯、特种仪器制造、光学元器件等方面。表 18-2 是 AlON 透明陶瓷在光学、力学和热学等方面的基本性能。

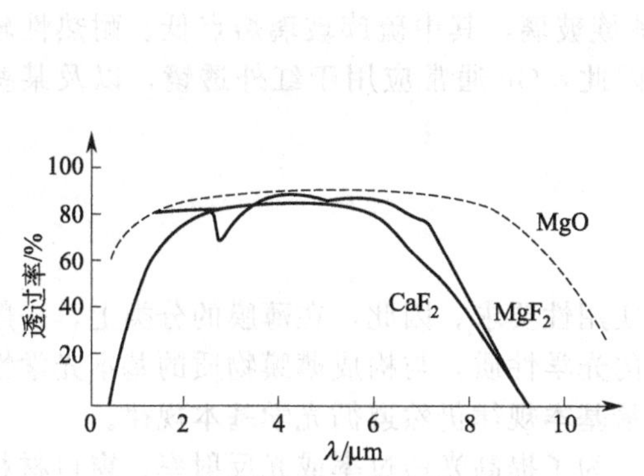

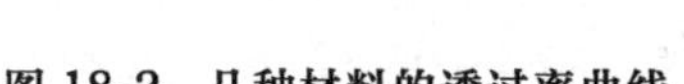
图 18-2 几种材料的透过率曲线

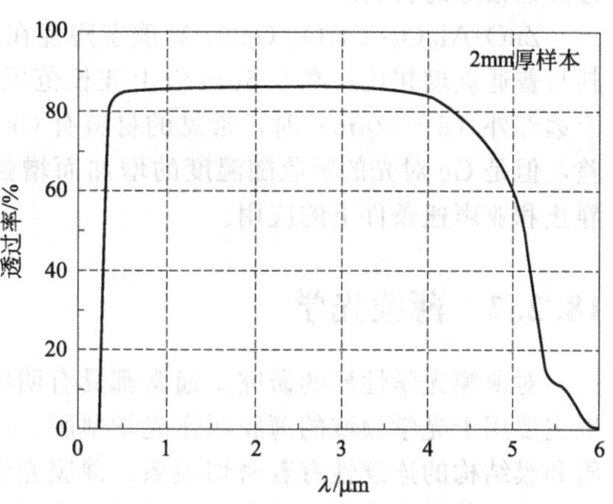

图 18-3 AlON 透明陶瓷的透过率曲线

表 18-2 AlON 透明陶瓷的基本性能

性能	数值
晶粒尺寸/μm	150～250
密度/(g/cm³)	3.691～3.696
熔点/℃	2150
泊松比	0.24
弹性模量/GPa	334
剪切模量/GPa	135
抗弯强度/MPa	300～700
透过波段/μm	0.22～6
热膨胀系数/K^{-1}	30～200℃：5.65×10^{-6} 30～400℃：6.40×10^{-6} 30～600℃：6.93×10^{-6} 30～900℃：7.50×10^{-6}
折射率	1.803(@0.48μm) 1.787(@0.70μm) 1.653(@5.00μm)
介电常数及损耗因子	35～45GHz：介电常数 9.190，$\tan\delta=31\times10^{-5}$ 55～60GHz：介电常数 9.181，$\tan\delta=31\times10^{-5}$ 90～110GHz：介电常数 9.175，$\tan\delta=31\times10^{-5}$
红外吸收系数	0.080(@3.800μm) 1.230(@4.902μm) 11.030(@5.814μm)

当光的吸收可忽略时，反射率与透过率是相补的。如果样品的厚度较大，或者在光吸收边附近不容易测量透过率，可以进行反射光的测量。反射波长与光子能量 E 的关系为：$\lambda=\frac{hc}{E}$，这里 h 为 Plank（普朗克）常量，$h=6.626\times10^{-34}$ J·s；c 为光速，$c=2.9979\times10^{8}$ m/s。

与传统玻璃相比，玻璃态陶瓷具有更高的硬度和更好的抗机械损伤性能，在 1～3μm 波段范围的光透过率高。如果将玻璃在真空或 Ar 气氛中熔化，则可以得到在 3～5μm 波段光透过性很好的材料。

ZnO-Al_2O_3-Ta_2O_3-GeO_2 玻璃态陶瓷在紫外到中红外光波段范围都有很好的光透过率。其与普通玻璃相比，在 5.5μm 以上波长范围的光透过性得到了很大提高。当窗口材料应用于远红外（8～12μm）时，常见的材料有 Ge 和硫族玻璃，其中硫族玻璃熔点低、耐热性较差，但是 Ge 对光的吸收随温度的增加而增强。因此，Ge 通常应用于红外透镜，以及某些静止和亚声速条件下的应用。

18.2.2 薄膜光学

对薄膜光学性质的研究，通常都具有明确的实用性要求。因此，在薄膜的分类上，一般把主要用于光学领域的薄膜叫作光学薄膜。薄膜的光学性质，与构成薄膜物质的基本光学性质和膜结构的连续性有着密切关系。薄膜光学的最基本规律仍然遵循光学基本规律。

陶瓷薄膜在光透过或光反射领域有重要应用。为了提高光透过率或光反射率，窗口材料上常沉积不同折射率的薄膜，以达到增透或增反的效果。

单层薄膜实际上只是一个由折射率分别为 n_0、n_1 和 n_2 的透明媒质 0、Ⅰ和Ⅱ构成的系统。媒质 0、Ⅰ、Ⅱ分别由相互平行的两个平面（界面）S_1 与 S_2 隔开。当光从媒质 0 以入射角 φ_0 入射到 S_1 面上时，将有一部分由 S_1 面反射回媒质 0，成为反射光；另一部分则进入媒质Ⅰ，成为折射光。这部分光再入射到 S_2 面后，又会发生相应的反射与折射。光在 S_1 和 S_2 面上的行为，由反射、折射定律和菲涅尔公式所决定。

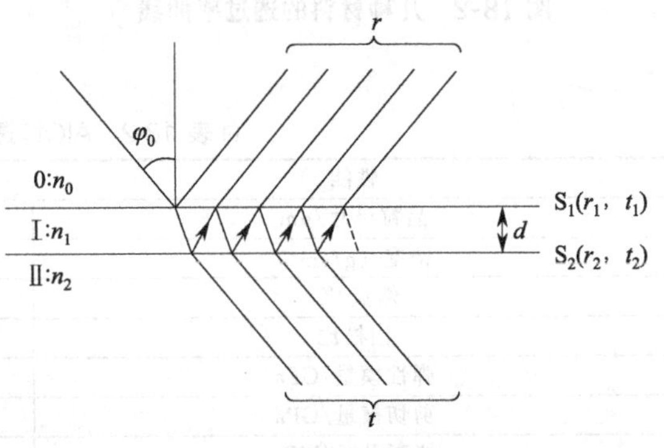

图 18-4 薄膜对光的反射与透射

如果媒质 0 是大气，媒质Ⅰ是厚度为 d 的透明薄膜，媒质Ⅱ是透明性的衬底，那么这就是一种实际的单层薄膜的情况。单层薄膜对光的反射与折射，就是经过 S_1 面与 S_2 面多次反射与折射后的总体效果，如图 18-4 所示。

18.2.3 透明导电膜

透明导电膜（TCO）是一种同时具有透明和导电两种特性的薄膜。其电阻率一般低于 $1\times10^{-3}\Omega\cdot cm$，在可见光波段（400～760nm）范围内的光透过率高于 80%，在近红外波段（大于 760nm）范围内具有较高的反射率，在信息、国防、光电产业等领域有着广泛应用。

早在 1907 年就报道了透明导电膜，通过辉光放电的方法制备出 CdO 半透明导电薄膜，引起了研究者的广泛关注。从 1950 年开始，相继出现了以 SnO_2 和 In_2O_3 为主体掺杂的透明导电薄膜；十年后，被广泛使用并持续至今的商业透明导电薄膜 In_2O_3:Sn(ITO) 出现了。由于 ITO 薄膜中 In 元素在地壳中储量有限，研究者通过对 ZnO 掺杂 Al 得到了透明和导电性能出色的 AZO 薄膜。该薄膜具有成本低廉的优势，人们对其进行了广泛研究。

透明导电膜的制备途径主要有两种：掺杂和制造导电夹层。掺杂可以提高膜的导电性能，使得其电阻率降低，也降低了光透过率，故需要严格控制掺杂量。导电夹层即在两层介质膜之间插入一层导电膜，如Ag膜。由于导电膜很薄，因而对光的吸收很小；另外，膜厚过小会增大面电阻。因此，需要适中地调节各种结构参数和减少表面散射、晶界散射和电子俘获等，这需要控制夹层的界面结构和界面反应。

目前透明导电膜的主体材料包括In、Sn、Zn和Cd的氧化物，可以分为TCO薄膜和金属基叠层TCO薄膜。其中，金属基叠层TCO薄膜又可以分为D（介质层）/M（金属层）/D（介质层）和TCO/M/TCO两种结构。透明导电膜体系如表18-3所示。

表18-3 透明导电膜体系

透明导电膜分类		实例
TCO薄膜	一元	In_2O_3、SnO_2、ZnO、CdO等
	二元	In_2O_3:Sn、SnO_2:F、ZnO:Al等
	多元	$Zn_3In_2SnO_6$、$Zn_2In_2O_5$-$MgIn_2O_4$、$GaInO_3$-$Zn_2In_2O_5$等
	钛酸盐体系	$SrTiO_3$、$SrTiO_3$-$BaTiO_3$等
金属基叠层TCO薄膜	D/M/D	D:ZnO、SnO_2、TiO_2、ZnS、V_2O_5等，M:Ag等
	TCO/M/TCO	TCO:ITO、AZO、GZO等，M:Ag等

常见透明导电膜有以下几种。

(1) In_2O_3透明导电薄膜。In_2O_3晶体结构是立方铁锰矿结构。In原子配位数是6，O原子配位数是4，其晶格常数为1.0017nm，属于Ia3空间群，光学带隙为3.0eV，介电常数为9.0，熔点为1910℃。一般情况下，In_2O_3内部的氧空位使其具有较高的导电性，呈n型半导体特性。In_2O_3薄膜在可见光波段范围内平均透过率均高于80%，常用的提高导电和透过性能的方法为掺杂。掺杂SnO_2的ITO（In_2O_3：SnO_2）薄膜，In_2O_3晶格中的In^{3+}被Sn^{4+}所取代，形成n型半导体。在商业领域内，ITO薄膜是应用最为广泛的一种。其可见光区透过率高达80%以上，电阻率低至$10^{-4}\Omega\cdot cm$，载流子浓度为$10^{21}cm^{-3}$，功函数约为4.6～4.9eV，具有制备工艺成熟而简单、容易刻蚀和化学性稳定等优点。

(2) SnO_2透明导电薄膜。SnO_2是一种直接带隙宽禁带金属氧化物。其为正金红石结构，晶格常数$a=0.47371nm$，$c=0.31861nm$，禁带宽度（E_g）在3.7～4.6eV之间。所以，在可见光波段范围内具有高的光透过率，高达80%以上。晶体中的缺陷使其具有导电性，如氧空位和金属间隙原子可以生成自由载流子，呈n型半导体特性。通常是通过掺杂的形式来获得更高的导电性，掺杂元素有F、Cl、Sb等。目前应用最多的是SnO_2:F(FTO)，掺杂F元素是为替换SnO_2晶格中的O^{2-}或者形成晶格间隙F原子。FTO透明陶瓷具有以下优势：①较强的耐酸腐蚀能力，可化学刻蚀；②较好的附着性，耐高温；③化学性质稳定，硬度高，价格低廉，可大规模生产。

(3) ZnO透明导电薄膜。ZnO是一种宽带隙半导体，禁带宽度为3.4eV。晶体结构为纤锌矿，晶格常数$a=0.32498nm$，$c=0.53066nm$。本征ZnO导电性很低，主要是因为其导电性是通过氧空位晶格缺陷实现的。在实际应用中可采用掺杂的方式提高其导电性和光透过性。Al掺杂的AZO（ZnO：Al）薄膜应用最为广泛。ZnO具有储量丰富、成本低且无毒无害等优势，因此ZnO透明薄膜具有广泛的应用前景。

(4) 金属基叠层透明导电薄膜。近年来，随着光电子技术的不断发展，金属基叠层导电薄膜也得到广泛研究和应用。目前金属基叠层导电薄膜主要分为两类，分别为DMD叠层膜系和TCO/M/TCO叠层膜系。由光学增透原理可知，当膜厚为入射光波长的1/4时，反射光相互抵消，提高了透射光强度，达到增透的目的。采用金属薄膜和具有高折射率的电介质形成叠层薄膜，可提高其导电性和透光性。目前，金属薄膜一般选用Ag膜，薄膜厚度在10nm左右。若厚度太小，薄膜不够连续，导电性差；而厚度过大，导电性提高了，但是透过率会降低。

18.3 陶瓷半导体的光学性质

半导体陶瓷，又称半导瓷，是使用陶瓷工艺制成的具有半导体特性的材料。半导体材料的导电性能介于金属与绝缘体之间，其电导率约在 10^{-10}～10^{3}S/cm 之间，而且其电导率受外界条件影响可能发生显著的变化，如温度、光照、电场、气氛、湿度等。半导体材料的这种特性，使得它可以把外界物理量的变化转变为便于处理的电信号，从而制成各种用途的传感器件。

18.3.1 本征光吸收

与绝缘体陶瓷的不同之处在于半导体陶瓷具有较小的 E_g，一般在 3eV 以下。因此，半导体材料有本征光吸收，而绝缘材料没有。

如果光的频率为 ν，则发生本征光吸收的条件是：

$$h\nu \geqslant E_g \tag{18-9}$$

半导体的禁带分为直接能带和间接能带。直接能带的价带顶与导带底在 k 空间处于同一位置。间接能带的价带顶与导带底不在 k 空间的同一位置。因此，间接能带间隙半导体（也称为间接带隙半导体）在发生本征光吸收时要求：

$$h\nu \geqslant E_g + h\omega \tag{18-10}$$

式中，$h\omega$ 为声子的能量，其值在 0.01～0.03eV，比半导体的能带间隙（简称带隙）要小很多。可以通过光吸收的实验来确定半导体属于直接能带或是间接能带类型。与间接带隙半导体相比，直接带隙半导体具有较高的发光效率，主要是因为在复合过程中直接带隙半导体的复合系数高于间接带隙 3～4 个数量级。间接带隙半导体可通过适当掺杂方式使电子的跃迁具有直接跃迁的性质。

通过调节化合物的成分调控半导体的禁带宽度，可实现光电转换。如 $GaInP_2$ 的禁带宽度大，可以发红光；掺 Al 后的 $GaIn_{1-x}Al_xP_2$ 可以发黄光。如果提高 Al 的掺杂量，则可以发绿光。

18.3.2 光电导效应

光照射半导体会引起材料电导率的改变，这种现象称为光电导效应。光电导效应是光电效应的一种。这时，必然会导致载流子密度和迁移率的改变，也就是导致物质电导率的改变。只有半导体和电介质才能呈现内光电效应。基于光电导效应的半导体器件称为光敏电阻。具有较强光电导效应的半导体材料有：硒（Se）、硫化铅（PbS）、硫化镉（CdS）、硫化铊（Tl_2S）、硫化锌（ZnS）、锗（Ge）、锗掺金（Ge-Au）、锗掺锑（Ge-Sb）、锗掺铜（Ge-Cu）、锗掺锌（Ge-Zn）等。

光电导效应的物理实质是由于入射光量子的作用。半导体晶格中的电子或与单个原子紧密结合的电子吸收了光量子的能量转变成传导电子，在半导体（指电子半导体）中由于禁区较窄，同时有杂质能级插于其中，转变成传导电子所需的能量较小。当入射光量子的能量 $h\nu$ 足以使电子克服禁带时，就会产生光电导效应。

半导体的光电导效应是结构敏感的，复合中心、多数载流子和少数载流子均可以起陷阱的作用，陷阱对半导体的光电导效应起了非常重要的作用。因此，光电导效应比单纯的光吸收过程要复杂得多，它不仅包含光吸收，还包括非平衡载流子的产生、复合、扩散等过程。

光生电动势是当能量足够大的光子照射到半导体的 pn 结上，产生电子-空穴对，使得 n 型区积累负电荷，p 型区积累正电荷的现象。这一效应的产生，除了要求入射光强能够产生足够的非平衡载流子外，还需要这些非平衡载流子有足够的寿命能被 pn 结收集。利用光生电动势效应可制作光电池和太阳能电池。

18.3.3 光催化效应

1972 年 Fujishima 和 Honda 发现了当光照射在电化学装置上的 TiO_2 电极时，水被分解的现象。此后，广大研究学者对 TiO_2 光催化的机理和提高光催化效率的方法进行了详尽研究。光催化研究与能源的取代和储存密不可分。特别是近几年，以 TiO_2 为基础的催化剂在降解空气和废水中有机化合物方面有潜在应用，可用于净化环境，目前已经成为多相光催化中最热门的研究领域之一。

光催化效应的本质是光电化学。研究学者一致认为，基本的光化学反应发生在受光照的半导体上。半导体能带由价带、导带和带隙组成。一系列彼此靠得很近的能级构成价带，其能量大小与原子之间的共价键有关。一系列彼此分散但能量相近的能级构成导带，其具有更高的能量。富电子的导带和富空穴的价带之间存在一个禁带，限制了导带电子的热运动（即导电能力），带隙同时限制了半导体的激发波长。

当光的能量大于带隙能量时，光的激发会使一个电子从价带转移到导带上，在价带边缘产生一个空位，即空穴 h^+。空穴是半导体粒子晶格中因受激发而形成的电子空位。空穴可引发进一步的界面电子转移，或促进其他吸附物质的化学反应。借助表面上束缚的氢氧基团，空穴本身可以扩散到溶液本体中。此外，由于电子或空穴的捕获速度非常快，通常物质与空穴之间的反应是决定性步骤，而不是其捕获过程本身。

光生电子（e^-）通常很快弛豫到导带的边缘（空穴在价带的边缘）。但是，光生电子进一步失活却很难，因为电子和空穴的能量极不匹配。只有在特殊情况下，没有经过弛豫的“热电子”才能穿过半导体的表面。利用脉冲辐射或急速激发悬浮的半导体，可以在 TiO_2 簇上产生导带电子。电子的迁移率至少为 $1\times10^4\,m^2/(V\cdot s)$。在阱里，电子很快通过平衡定位被捕获，最终在半导体表面上和光生空穴结合。当粒子缺少适当的受体时，粒子上可以存在一定数量的负电荷。

与金属材料不同，半导体材料没有连续的能级促进电子和空穴的复合，这就使电子-空穴对有足够的时间参与界面电子转移。光激发产生的电子和空穴，对应分布在导带和价带的边缘。当活化的电子和空穴穿过界面时，可以各自还原或氧化吸附在表面上的物质，在半导体的表面上形成氧化了的电子给体和还原了的电子受体。

当半导体接触具有氧化还原对的电解质时，半导体的费米能级在氧化还原电位的作用下趋向于平衡。半导体和电解质构成肖特基电池。肖特基电池的电场使光生电子和空穴位于电势相反的位置上，导致电子和空穴的更大分离，引起能带向固液界面弯曲。此外，半导体的费米能级和氧化还原对的电位会趋向平衡。电荷载体通过扩散或者空间电荷导致的迁移，运动到表面捕获位上。

如果一个光生空穴可以到达半导体的表面上，它就能够通过界面电荷转移与表面上吸附的物质发生反应，同时吸附的物质必须具有适当的氧化还原电位，能够发生热力学允许的反应。只有这样，吸附的电子给体才可以把电子转移给表面上的光生空穴，本身发生氧化反应，而吸附的电子受体也可以接受表面上的电子发生还原反应。

这些自由基离子可以发生以下反应：①自由基离子之间的反应；②自由基离子和转移回来的电子反应；③自由基离子可以离开半导体的表面，参与溶液本体的化学反应。如果在动力学上，D^+（带正电荷的离子或缺陷）的形成速率和电子转移回来的速率相竞争的话，只要物质的氧化电位低于半导体的价带，都可以发生光诱导氧化反应；同样，如果任何分子的还原电位低于半导体的导带则不受动力学限制，可以发生光诱导还原反应。与体相材料相比，纳米半导体比常规半导体光催化活性高得多，原因如下。

① 量子尺寸效应使其导带和价带能级变成分立能级，带隙变宽，导带电位变得更负；而价带电位变得更正，从而使纳米半导体颗粒具有更强的氧化和还原能力，提高了光催化氧化有机物的活性。

② 纳米半导体粒子的粒径小，其光生载流子比粗颗粒更容易通过扩散从粒子内迁移到表面，有利于得失电子，促进氧化和还原反应。

③ 纳米半导体粒子的比表面积很大，吸附有机污染物的能力强，从而提高了光催化降解有机污染物的能力。

④ 纳米半导体的颗粒尺寸与其紫外光吸收能力有关。Judin 认为尺寸为 20～30nm 的 TiO_2 对紫外光具有较强的吸收。

光催化效应是光与半导体材料的作用和反应，这种反应的速度可以很快。半导体光催化材料主要为宽禁带的 n 型氧化物，如 TiO_2（金红石和锐钛矿结构）、ZnO、WO_3、Fe_2O_3、SnO_2、SiO_2、Ge_2O_3、In_2O_3 等。

第19章

陶瓷的敏感特性

19.1 敏感陶瓷概述

敏感元件是将物理、化学、生物信息等转换为电信号的功能元件。利用陶瓷对力、热、光、声、电、磁、气氛的敏感特性，可以制成各种敏感元件，如热敏、压敏、气敏、湿敏和光敏元件等。敏感陶瓷材料具有性能稳定、可靠性好、成本低、易于多功能化和集成化等优点，已用作上述敏感元件的制作材料。由敏感陶瓷材料制成的传感器可以检测温度、湿度、气体、压力、位置、速度、流量、光、磁和离子浓度等，因而敏感陶瓷是一种潜力很大、很有发展前景的敏感功能材料。

19.1.1 敏感陶瓷分类

敏感陶瓷是某些传感器中的关键材料之一，用于制造敏感元件。敏感陶瓷多属于半导体陶瓷，是继单晶半导体材料之后又一类新型多晶半导体电子陶瓷。敏感陶瓷是根据某些陶瓷的电阻率、电动势等物理量对热、湿、光、电压及某种气体、某种离子的变化特别敏感这一特性来制作敏感元件的。按其相应的特性，可把这些材料称为热敏、气敏、湿敏、压敏、光敏及离子敏感陶瓷。此外，还有具有压电效应的压力、速度、位置、声波敏感陶瓷，具有铁氧体性质的磁敏陶瓷以及具有多种敏感特性的多功能敏感陶瓷等。这些敏感陶瓷已广泛应用于工业检测、控制仪器、交通运输系统、机器人、防灾减灾及家用电器等方面和领域。

19.1.2 敏感陶瓷的结构与性能

现代电子技术要求传感器将检测到的信息（如温度、湿度、气体浓度等）以电信号的形式输出，因此敏感陶瓷常具有半导体特性。其制备过程主要是在绝缘陶瓷中掺入微量的杂质，并在适当的气氛中烧结，以控制其化学计量比偏离，形成预先设计的微观结构，获得相应的半导体化特征，以便使其具备某种特定要求的性能。

陶瓷是由晶粒、晶界、气孔组成的多相系统，通过人为掺杂，造成晶粒表面的组分偏离，在晶粒表层产生固溶、偏析及晶格缺陷；在晶界（包括同质晶界、异质晶界及晶粒间界）处产生异质相的析出、杂质的聚集、晶格缺陷及晶格各向异性等。这些晶粒边界层的组成、结构变化，显著改变了晶界的电性能，从而导致整个陶瓷电气性能的显著变化。表 19-1 给出了晶粒界区的组成和特性形成的主要原因。

表 19-1 晶粒界区的组成和特性形成的主要原因

组成的主要部分	特性形成的主要原因	电特性和化学特性
晶粒	组分：组分偏离 偏析：溶质、杂质 晶格缺陷：晶格间原子或离子非连续性	禁带能级、空间电荷、变形衰减：电位势垒影响电传导
表层	空位浓度 位错密度	边界面能级 极化
晶界	晶格缺陷：格点排列的非周期性 杂质：析出	可动离子：离子的导电性 晶粒界区扩散
析出相气孔	组分	氧化、还原状态

半导体陶瓷的晶界效应，显示了许多单晶体所不具有的性质。人们可以从宏观上调节化学组分、气孔率（从致密到多孔质），从微观上控制微区组分（主要是晶界组分）和微观结构（晶粒、晶界及其缺陷等），可以获得一系列特殊功能材料。这些功能材料的应用特性虽然与晶粒本身性质有关，但更主要是利用晶界及材料表面的特性，这是单晶体所不及的。目前已获得实用的半导体陶瓷可分为以下三类。

① 利用晶粒本身的性质：负电阻温度系数（NTC）热敏电阻、高温热敏电阻、氧气传感器。

② 利用晶界性质：正电阻温度系数（PTC）热敏电阻、ZnO 压敏电阻。

③ 利用表面性质：气体传感器、湿度传感器。

敏感陶瓷多属半导体陶瓷，半导体陶瓷一般是氧化物。在正常条件下，氧化物具有较宽的禁带（$E_g > 3\text{eV}$），属绝缘体。要使绝缘体变成半导体，必须在禁带中形成附加能级——施主能级或受主能级，施主能级多靠近导带底，而受主能级多靠近价带顶。它们的电离能较小，在室温可受热激发产生导电载流子，形成半导体。通过化学计量比偏离或掺杂的办法，可以使氧化物陶瓷半导化。

(1) 化学计量比偏离。在氧含量高的气氛中烧结时，陶瓷内的氧过剩，例如氧化物 MO 变成 MO_{1+x}；而在缺氧气氛中烧结时，由于氧不足，MO 变成 MO_{1-x}。当氧化物存在化学计量比偏离时，晶体内将出现空格点或填隙原子，产生能带畸变。图 19-1 是晶体 MO 中金属离子空格点即金属离子空位 V 产生的能带畸变模型。

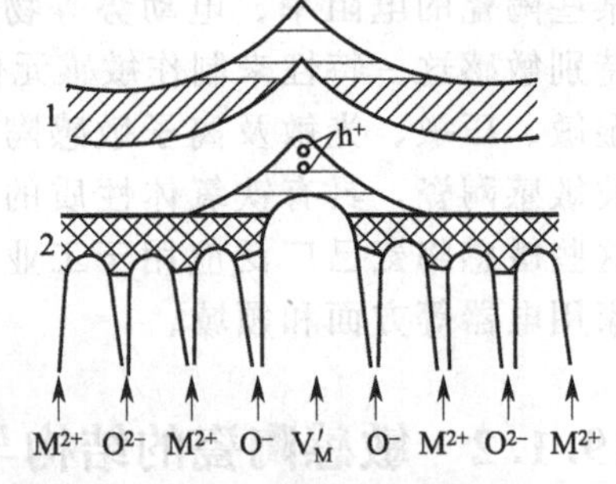

图 19-1 晶体 MO 中金属离子空位产生的能带畸变

在氧化物 MO 中，当出现金属离子空位时，其周围氧离子的负电荷得不到抵消。为保持电中性，邻近两个 O^{2-} 变成 O^- 而产生两个空穴 h^+。在空穴附近的价带电子只要获得很小能量就可以填充到空穴中去，使 O^- 重新变成 O^{2-}。禁带中附加的空穴能级位于价带顶上，可接受电子，称为受主能级。在较高温度下，价带的电子受热激发可跃迁到受主能级上，使价带产生空穴。在电场作用下，价带中的空穴在晶体中做漂移运动，产生电流。此外，因氧不足造成的能带畸变也使陶瓷半导化。

(2) 掺杂。在实际生产中，通常通过掺杂使陶瓷半导化。在氧化物晶体中，高价金属离子或低价金属离子的替位，都引起能带畸变，分别形成施主能级或受主能级，得到 n 型或 p 型半导体。多晶陶瓷的晶界是气体或离子迁移的通道和掺杂聚集的地方。晶界处易产生晶格缺陷和偏析等现象。晶粒表层易产生化学计量比偏离和缺陷等现象。这些都导致晶体能带畸变，禁带变窄，载流子浓度增加。晶粒边界上离子的扩散激活能比晶体内低得多，易引起氧、金属及其他离子的迁移。通过控制杂质的种类和含量，可获得所需的半导体陶瓷。

19.2 热敏陶瓷

热敏陶瓷是半导体陶瓷材料中的一类。热敏陶瓷温度传感器是利用材料的电阻、磁性、介电性等性质随温度变化而变化的特性制作的器件，可用于制作温度测量、线路温度补偿及稳频等元件，具有灵敏度高、稳定性好、制造工艺简单及价格便宜等特点。按照热敏陶瓷的电阻温度特性，一般可分为三大类：

(1) 电阻随温度的升高而增大的热敏电阻，称为正温度系数热敏电阻，简称 PTC 热敏电阻；

(2) 电阻随温度的升高而减小的热敏电阻，称为负温度系数热敏电阻，简称 NTC 热敏电阻；

(3) 电阻在某特定温度范围内急剧变化的热敏电阻，称为临界温度电阻器（CTR）热敏电阻或 CTR 热敏陶瓷。

热敏陶瓷是对温度变化敏感的陶瓷材料，可分为热敏电阻、热敏电容、热电和热释电等陶瓷材料。

19.2.1 热敏陶瓷的基本性能与参数

(1) 热敏电阻的阻值

① 实际阻值（R_T）是环境温度为 T(℃) 时，采用引起电阻值变化不超过 0.1%的测量功率所测得的电阻值。

② 标准阻值（R_{25}）是热敏电阻器在 25℃时的电阻值。即在规定温度（25℃）下，采用引起电阻值变化不超过 0.1%的测量功率所测得的电阻值。热敏电阻器的电阻值 R_T 与其自身温度 T 有如下关系式。

负温度系数热敏电阻值为：

$$R_T = A_N e^{B_N/T} \tag{19-1}$$

正温度系数热敏电阻值为：

$$R_T = A_P e^{B_P/T} \tag{19-2}$$

在测量时，如果环境温度不符合 (25±0.2)℃的规定，可分别修正。

负温度系数热敏电阻为：

$$R_{25} = R_T e^{B_N\left(\frac{1}{298}-\frac{1}{T}\right)} \tag{19-3}$$

或

$$R_{T_1} = R_{T_2} e^{B_N\left(\frac{1}{T_1}-\frac{1}{T_2}\right)} \tag{19-4}$$

正温度系数热敏电阻为：

$$R_{25} = R_T e^{B_P(298-T)} \tag{19-5}$$

或

$$R_{T_1} = R_{T_2} e^{B_P(T_1-T_2)} \tag{19-6}$$

式中 R_{T_1}，R_{T_2}——相对于热力学温度 T_1 和 T_2 时的电阻值；

A_N，A_P——取决于材料物理特性和热敏电阻器结构尺寸的常数；

B_N，B_P——表征材料物理特性的常数。

③ 工作点电阻 R_G 是在规定的工作环境下，热敏电阻工作于某一指定的功率下的电阻值。

④ 工作点微分电阻 R_d 是在伏（V）-安（I）曲线上指定工作点处的切线斜率值，可用

下式表示：

$$R_{\mathrm{d}}=\frac{\mathrm{d}V}{\mathrm{d}I} \tag{19-7}$$

⑤ 阻值允许偏差（精度）是热敏电阻器的实际阻值 R_T 和标准阻值 R_{25} 之间的最大允许偏差范围。

(2) 热敏电阻的材料常数 B_{N} 是描述热敏电阻材料物理特性的一个参数。对于负温度系数热敏电阻器来说，B_{N} 与材料的激活能 ΔE 有下列关系：

$$B_{\mathrm{N}}=\frac{\Delta E}{2K} \tag{19-8}$$

式中，ΔE 是激活能；K 是玻尔兹曼常数。

但在工作温度范围内，B_{N}、B_{P} 并不是严格的常数，随温度变化而略有改变，一般情况下是随温度的升高而略有增加。

负温度系数热敏电阻器的 B_{N}：

$$B_{\mathrm{N}}=2.303\times\frac{\lg R_1-\lg R_2}{\dfrac{1}{T_1}-\dfrac{1}{T_2}} \tag{19-9}$$

正温度系数热敏电阻器的 B_{P}：

$$B_{\mathrm{P}}=2.303\times\frac{\lg R_1-\lg R_2}{T_1-T_2} \tag{19-10}$$

式中，R_1，R_2 分别为 T_1、T_2 时的阻值；T 为温度，K。

(3) 电阻温度系数 α_τ 是温度变化 1K 时电阻值的变化率，即

$$\alpha_\tau=\frac{1}{R_T}\times\frac{\mathrm{d}R_T}{\mathrm{d}T} \tag{19-11}$$

式中，α_τ 和 R_T 分别为对应温度 T(K) 的电阻温度系数和电阻值。

在工作温度范围内，α_τ 不是一个常数。将式(19-1)、式(19-2) 分别代入式(19-11) 中，通过运算可得负温度系数热敏电阻器的温度系数：

$$\alpha_{\mathrm{TN}}=\frac{-B_{\mathrm{N}}}{T^2} \tag{19-12}$$

由式(19-12) 看出，负温度系数热敏电阻器的温度系数 α_{TN} 绝对值随温度增加而减小。正温度系数热敏电阻器的温度系数：

$$\alpha_{\mathrm{TP}}=B_{\mathrm{P}} \tag{19-13}$$

由式(19-13) 可知，正温度系数热敏电阻器的温度系数 α_{TP} 值正好等于材料常数 B_{P} 值。

(4) 耗散系数 H 表示热敏电阻器温度升高 1K 所消耗的功率，是描述热敏电阻器工作时，电阻体与外界环境进行热量交换的一个量。H 的大小与热敏电阻的材料、结构以及媒质的种类及状态有关。在工作温度范围内，H 随温度 T 的升高而略有增大，实际上常取工作温度范围内的平均值来表示。

$$\overline{H}=\frac{\sum_{i=1}^{n}\dfrac{\Delta P_i}{\Delta T_i}}{n} \tag{19-14}$$

式中，$\overline{H}$ 为平均耗散系数，mW/K；ΔT_i 为耗散功率 ΔP_i 对应的温度，K。

耗散系数 H 也可以简单定义为热敏电阻器温度变化 1K 时所耗散功率的变化量，即

$$H=\frac{\Delta P}{\Delta T} \tag{19-15}$$

(5) 热容 C 是用来表示热敏电阻器温度升高 1℃(1K)时所消耗的热能(J/℃)。热容的大小与热敏电阻器的材料、结构和尺寸有关。热容大的热敏电阻器的热惰性也大。

(6) 时间常数 τ 是描述热敏电阻器热惰性的一个参数，τ 与耗散系数 H 和热容 C 有如下关系：

$$\tau=\frac{C}{H} \tag{19-16}$$

τ 在数值上等于热敏电阻器零功率测量状态下，当环境温度突变时，电阻体温度达到其变化总量的 63.2%所需的时间。通常，由起始温度到最终温度的选择取决于具体测试，如 85℃与 25℃或 100℃与 0℃作为测量范围。

如热敏电阻器用在测热或控温的场合时，则要求 τ 值愈小愈好，也就是说热容 C 值愈小愈好。C 值小，热惰性就小，耗散功率大些更为理想。为获得 τ 值小的热敏电阻器，应从材料的选取、结构的设计、尺寸的大小等全面考虑、合理选用才能满足应用上的要求。

(7) 功率

① 最大容许功率 P_m 也称额定功率，是热敏电阻器长期连续负荷，并保证其温度不超过最高工作温度 T_m 时，所容许的最大功率。P_m 按下式计算：

$$P_m=H(T_m-T_0) \tag{19-17}$$

式中，H 为耗散系数；T_m 为最高工作温度；T_0 为环境温度。

② 测量功率 P_c。热敏电阻器在环境温度下，电阻体被测量电流加热，而引起的电阻值变化不超过 0.1%时所消耗的功率。

$$P_c\leqslant\frac{H}{1000\alpha_\tau} \tag{19-18}$$

③ 功率灵敏度 S_P。其定义为热敏电阻器的阻值变化 1%时所消耗的外加功率，单位为 W/%。可由下式表示：

$$S_P=\frac{\Delta P}{\frac{\Delta R}{R}\times 100} \tag{19-19}$$

式中，ΔP 为外加功率；ΔR 为电阻值变化量；R 为原始电阻值。

功率灵敏度 S_P 与耗散系数 H、电阻温度系数 α_τ 的关系如下：

$$S_P=\frac{\Delta P\cdot R}{\Delta R\times 100}=\frac{\Delta P/\Delta T}{100\times\frac{1}{R}\times\frac{\Delta R}{\Delta T}}=\frac{H}{100\alpha_\tau} \tag{19-20}$$

功率灵敏度 S_P 也可以简单地表示为热敏电阻器在工作点附近，消耗功率变化 1mW 所引起的电阻值变化。即

$$S_P=\frac{dR}{dP} \tag{19-21}$$

在工作温度范围内，S_P 随环境温度的变化而略有变化。

④ 工作点消耗功率 P_R 是热敏电阻器在规定的温度与工作环境条件下，其阻值达到 R_R 时所消耗的功率。即

$$P_R=\frac{U_R^2}{R_R} \tag{19-22}$$

式中，U_R 为电阻器达到热平衡时的端电压。

(8) 最高工作温度 T_m、最低工作温度 T_{min} 和转变点温度 T_c

① 最高工作温度 T_m 是热敏电阻器在保证其性能变化仍能符合技术条件规定的情况下，

能长期连续工作的最高温度。T_m 与热敏电阻器所处的环境温度 T_0 和它自身温度升高 ΔT 时的关系：

$$T_m = T_0 + \Delta T \tag{19-23}$$

也可以用额定功率和耗散系数来表示：

$$T_m = T_0 + \frac{P_m}{H} \tag{19-24}$$

式中，T_0 为环境温度，K 或℃；P_m 为环境温度 T_0 时的额定功率，W；H 为耗散系数。

② 最低工作温度 T_{min} 是热敏电阻器在长期连续工作的情况下，并保证其性能变化仍能符合技术条件规定的最低温度。

③ 转变点温度 T_c 是热敏电阻器的电阻-温度特性曲线上的拐点温度。临界正温度系数热敏电阻器和临界负温度系数热敏电阻器存在一个临界温度 T_c。当超过 T_c 以后，其阻值急剧上升或下降，这个临界温度 T_c 称为转变点温度。

19.2.2 PTC 热敏陶瓷

(1) PTC 热敏陶瓷分类。目前，PTC 热敏陶瓷有两大系列：一类是采用 $BaTiO_3$ 为基材制作的 PTC 热敏陶瓷，在理论和工艺上研究得比较成熟；另一类是氧化钒基材，是 20 世纪 80 年代出现的大功率 PTC 热敏陶瓷。

① $BaTiO_3$ 系 PTC 热敏陶瓷。$BaTiO_3$ 系 PTC 热敏陶瓷，具有优良的 PTC 效应，在 T_c 温度时电阻率跃变（ρ_{max}/ρ_{min}）达 $10^3 \sim 10^7$，因此是十分理想的测温和控温元件，得到广泛应用。

$BaTiO_3$ 陶瓷是否具有 PTC 效应，完全由其晶粒和晶界的导电性能所决定。具有 PTC 效应的材料应该具有均匀晶粒尺寸的显微结构，晶粒应有优良的导电性，希望它像导体；而晶界应具有高的势垒层，希望它像绝缘体。$BaTiO_3$ 陶瓷晶粒的半导化虽然既可采用化学计量比偏离方法，也可采用掺杂途径。但是，采用化学计量比偏离方法时，虽然能使 $BaTiO_3$ 陶瓷晶粒半导化，但同时也使晶界半导化，不利于 PTC 效应的产生。因此，使 $BaTiO_3$ 陶瓷半导化一般采用施主掺杂半导化技术。在高纯 $BaTiO_3$ 中，用离子半径与 Ba^{2+} 相近而电价比 Ba^{2+} 高的金属离子（例如稀土元素离子 La^{2+}、Ce^{4+}、Sm^{3+}、Dy^{2+}、Y^{3+} 等）置换其中的 Ba^{2+}，或者用离子半径与 Ti^{4+} 相近且电价比 4 价 Ti 高的金属离子（如 Nb^{5+}、Ta^{5+}、W^{6+} 等）置换其中的 Ti^{4+}，用一般陶瓷工艺烧成，就可使 $BaTiO_3$ 陶瓷晶粒半导化，得到室温电阻率为 $10^3 \sim 10^5 \Omega \cdot cm$ 的半导体陶瓷。因为稀土元素 La^{3+}、Y^{3+} 等是 +3 价，这样每添加一个三价的稀土离子，就多一个 +1 价电荷。根据电中性原理，部分 Ti^{4+} 离子就俘获一个电子，使一部分的 Ti^{4+} 变成 Ti^{3+}，可用下式表示这一变价过程：

$Ba^{2+}Ti^{4+}O_3^{2-} + xM^{3+} \longrightarrow Ba_{1-x}^{2+}M_x^{3+}Ti_{2-x}^{4+}(Ti^{4+}+e^-)_xO_3^{2-} + xBa^{2+}$（$M^{3+}$ 表示金属离子）

又因为 Ti^{4+} 俘获的电子处于亚稳态，容易激发。当陶瓷材料受到电场作用时，这个电子参与导电，如同半导体的施主提供电子参与电传导一样，表现出 n 型半导体特征，因而 $BaTiO_3$ 具有半导性。

同样，在 $BaTiO_3$ 中，用 Nb^{5+} 等取代 Ti^{4+}，也可使 $BaTiO_3$ 变成具有相当高的室温电导率的 n 型半导体。通常，掺杂量一般控制在 0.2%～0.3%（摩尔分数）这样一个狭窄范围内，掺杂量稍高或稍低，均可能导致重新绝缘化。一般来说，以化学共沉淀法引入时，促

使 $BaTiO_3$ 陶瓷半导化的施主离子引入量仅为氧化物混合法掺杂引入量的 1/5～1/4。

② 氧化钒系 PTC 热敏陶瓷。氧化钒系 PTC 热敏陶瓷是以 V_2O_3 为主要成分，掺入少量的 Cr_2O_3 烧结而成的 $(V_{1-x}Cr_x)_2O_3$ 系固溶体。$(V_{1-x}Cr_x)_2O_3$ 系 PTC 热敏陶瓷最显著的优点是其常温电阻率极小，$\rho_{20}=(1\sim3)\times10^{-3}\Omega\cdot cm$，并且由于其 PTC 效应是材料本身在特定温度下发生的金属-绝缘体（M-I）相变，属于体效应，所以不存在电压效应及频率效应。鉴于 $(V_{1-x}Cr_x)_2O_3$ 系 PTC 热敏陶瓷具有上述优良性能，因此，它可应用于大电流领域的过流保护。而 $BaTiO_3$ 系热敏陶瓷的常温电阻率较高（$\rho_{20}\geqslant3\Omega\cdot cm$），这就极大地限制了 $BaTiO_3$ 系陶瓷在大电流领域的应用。将 $BaTiO_3$ 系和 V_2O_3 系 PTC 热敏陶瓷的主要特性进行比较，列于表 19-2 中。

▫表 19-2　$BaTiO_3$ 系和 V_2O_3 系热敏陶瓷的 PTC 特性

性能＼材料	$BaTiO_3$	V_2O_3
室温电阻率 $\rho_{20}/\Omega\cdot cm$	3～10000	$(1\sim3)\times10^{-3}$
无负载电阻增加比	$10^3\sim10^7$	5～400
最大负载电阻增加比	约 150	5～30
转变温度/℃	－30～＋320	－20～＋150
电阻温度系数/(%/K)	约 20	约 4
最大额定电流密度/(A/mm^2)	约 0.01	约 1
最大电流密度/(A/mm^2)	—	约 400
相关电压/频率	有/有	无/无

关于 $(V_{1-x}Cr_x)_2O_3$ 系 PTC 效应的导电机理，可以做如下解释：由于 $(V_{1-x}Cr_x)_2O_3$ 属于三角晶系，在100℃左右，晶格常数发生突变，a 轴膨胀，c 轴收缩，单胞体积也增大；当其晶格常数大于某一临界值时，材料发生从金属相到绝缘相的突变。发生相变的主要原因是：当晶格常数过大时，单位体积内的电子浓度很小，电子与空穴形成束缚态，材料呈绝缘态或半导体态。当材料晶格常数减小时，单位体积内电子浓度增加，电子-电子、电子-空穴间的库仑势的屏蔽效应增加且屏蔽常数 $q\infty n^{1/6}$（n 为电子浓度），故当晶格常数小于某一临界值时，会造成库仑势的瓦解，系统中所有电子变成自由态，材料由绝缘相变为金属相。

(2) PTC 热敏陶瓷的应用。PTC 热敏陶瓷因其独特的电阻率随温度的变化关系，被广泛应用于从工业自动化到日常生活的各个领域，而且应用范围还在不断扩大。目前，PTC 热敏电阻的应用大致可归纳为三个方面：对温度敏感特性的应用、延迟特性的应用及加热器方面的应用。下面简单介绍一些典型的应用实例。

① 温度监控传感器。PTC 热敏电阻元件适合作为温度传感器，特别是需要对特定温度进行监控的情况。例如，PTC 元件作为过热保护装置（如对电动机的过热保护）时，利用 PTC 元件与负载串联，即可构成负载（如电动机)的过热保护装置。其优点是不必附加电子电路就能直接自动控制电路中的电流。

② 气流和液面传感器。PTC 元件的放热系数可随气流而变化，若将指示灯与 PTC 元件并联，或将一系列 PTC 元件放入液体的不同深度处，即可用数字显示不同深度的液面。

根据相同的原理，将 PTC 元件与负载串联，即可用于各种家用电器的限流器。正常情况下，PTC 元件允许流过某一安全电流，如故障电路中流过反常大电流时，由于 PTC 元件的自热作用，其阻值大大增加，故能限制通过负载的电流。因此，PTC 限流器的作用类似于既无触点又能自动复原的“保险丝”。

③ PTC 延迟特性。利用 PTC 元件的延迟特性，可制成自动消磁器。

④ 发热体。PTC 元件作为发热体时，有如下优点：与同类型的其他电热元件相比，可省电约 30%。此外，PTC 发热元件本身温度并不高，无明火，安全可靠。由于其在居里温度以下时呈现负电阻温度系数特性，使之升温速度极快；PTC 发热温度完全取决于居里温度，受外界影响很小，可使装置结构简单，而且使用寿命延长。

19.2.3 NTC 热敏陶瓷

根据应用范围，通常将 NTC 热敏陶瓷分为三大类：低温型、中温型及高温型陶瓷。各种典型 NTC 热敏陶瓷的主要成分及应用范围列于表 19-3 中。

表 19-3 各种典型 NTC 热敏陶瓷的主要成分及应用范围

种类	主要成分	晶系	用途
低温 NTC 热敏陶瓷（4.2～300℃）	MnO、CuO、NiO、Fe_2O_3、CoO 等	尖晶石型	低温（包括极低温）测温、控温（遥控）
中温 NTC 热敏陶瓷（约 300℃）	CuO-MnO 系 CoO-MnO 系 NiO-MnO 系 MnO-CoO-NiO 系 MnO-CuO-NiO 系 MnO-CoO-CuO 系 MnO-CoO-NiO-Fe_2O_3 系	尖晶石型	各种取暖设备、家用电器制品、工业上的温度检测
高温 NTC 热敏陶瓷（约 1000℃）	ZrO_2、CaO、Y_2O_3、CeO_2、Nd_2O_3、TbO_2	萤石型	汽车排气、喷气发动机和工业上高温设备的温度检测，催化剂转化器和热反应器等的温度异常报警等
	MgO、NiO、Al_2O_3、Cr_2O_3、Fe_2O_3	尖晶石型	
	CoO、MnO、NiO、Al_2O_3、Cr_2O_3、$CaSiO_4$		
	NiO、Al_2O_3、CoO		
	BaO、SrO、MgO、TiO_2、Cr_2O_3	钙钛矿型	
	NiO-TiO_2 系		
	Al_2O_3、Fe_2O_3、MnO	刚玉型	
CTR 热敏陶瓷	VO_2	金红石型	控温、报警

(1) 中温 NTC 热敏陶瓷。中温 NTC 热敏陶瓷大多是尖晶石型含锰氧化物陶瓷，有些是二元系材料，有的是三元系、四元系氧化物陶瓷材料。含锰二元系主要包括钴锰系（CoO-MnO 系）、铜锰系（CuO-MnO 系）及镍锰系（NiO-MnO 系）等。含锰三元系 NTC 热敏陶瓷主要包括 MnO-CoO-NiO 系、MnO-CuO-NiO 系及 MnO-CuO-CoO 系等。这三种含锰三元系 NTC 陶瓷的电导率 σ 与组成之间的关系，有一个共同特点：在三元系浓度三角形的中央区域内，材料的电导率与其阳离子成分的变化关系较小。这是由于含锰三元系材料在一个相当宽的范围内能生成一系列结构稳定的立方尖晶石或其连续固溶体。这些立方尖晶石的晶格参数比较接近，且又有较高的互溶性，因此这类材料的电参数（σ 和 ΔE 等）在浓度三角形中央区域变化的数量级较小。由于含锰三元系热敏陶瓷的电参数对成分变化不敏感，因而有可能生产出重复性、一致性和稳定性都比较好的性能优良的 NTC 热敏陶瓷。

(2) 高温 NTC 热敏陶瓷。普通 NTC 热敏电阻的最高使用温度为 300℃左右。但是，随着科学技术的发展，更希望把热敏电阻的应用扩展到能解决高温领域的测温与控温上。一般而言，对高温热敏电阻有如下要求：①热敏感性高，电阻温度系数大；②热稳定性好，特性受热的影响小；③通过调整配料比和粒度，能够改变电阻的温度特性；④在使用温度范围内，材料不发生结晶转变；⑤元件烧成后，与电极的接触状态良好，而且陶瓷基体与电极的热膨胀差异小；⑥元件不易随环境气氛而变质。

ZrO_2-Y_2O_2 系、ZrO_2-CaO 系萤石型结构的材料以及以 Al_2O_3、MgO 为主要成分的尖晶石型结构的材料等能基本满足上述要求。

除氧化物高温热敏陶瓷外，一些非氧化物也可作为高温 NTC 热敏陶瓷，如β-碳化硅、半导体金刚石、氮化硼等。其中，以β-SiC 较为重要。在 SiC 中掺氮可得到 p 型 SiC，当掺杂浓度 $n=10^{17}\,cm^{-3}$ 时可得到较好的半导体特性；在 300～1000K 之间，电阻率 $\rho=10^{-4}$～$10^{-3}\,\Omega\cdot m$。

高温热敏陶瓷的质量问题主要集中在如何解决在高温直流负荷下的时间老化和稳定性问题上。稳定性问题的影响因素很多且复杂，应由实验来确定热敏陶瓷的高温稳定性。一般通过下列途径解决：首先注意选择过渡金属氧化物为主要原料，因为它们在烧结后的冷却过程以及在高温连续工作条件下对氧的再吸收小，从而减少了体内缺陷浓度的改变；其次尽量采用多种复合氧化物配方，因多组元的互相扩散可使性能互补，从而使高温稳定性有所提高；最后可考虑掺入形成高焓值氧化物的元素（例如稀土元素），以改善高温热敏陶瓷的高温老化特性。

(3) 低温 NTC 热敏陶瓷。随着宇航技术的发展，以及一系列低温工程与超导研究领域的开拓，常需要专门测量低温（包括极低温）领域的物体温度及与温度有关的物理量。由于氧化物陶瓷材料受磁场影响小，低温热敏电阻的灵敏度又高，热惯性也小，低温阻值大，便于遥测。与其他低温温度计相比，其价格较为低廉。因此，低温 NTC 热敏电阻在低温物理与低温工程领域有其特殊的地位。

对于低温下使用的热敏电阻，为保证低温电阻值不高于某一允许值，随着温度的降低，必须选择 B 值较小的材料，参见式(19-12)，由 $\alpha=-B/T^2$ 关系，选定电阻温度系数 α，可得到不同温度下的 B，列于表 19-4 中。

表 19-4 $\alpha=-10\%/K$ 时不同温度下的 B 值

T/K	4	10	20	77	90	200
B/K	1.6	10	70	570	800	4000

低温 NTC 热敏陶瓷一般以 Mn、Cu、Fe、Ni、Co 等两种以上的过渡金属氧化物为主要成分来形成尖晶石结构，为了降低 B 值，可掺入少量稀土元素（如 La、Nd、Yb 等）。刘剑等采用固相法制备了 $Zn_{0.1}Fe_{0.3}Co_{1.5}Mn_{1.1}O_4$ NTC 热敏陶瓷材料，借助 SEM 和电性能测试手段，系统地分析了成型工艺（干压和等静压）和封装工艺（树脂封装和玻璃封装）对 $Zn_{0.1}Fe_{0.3}Co_{1.5}Mn_{1.1}O_4$ NTC 热敏陶瓷材料电性能的影响。结果表明，热敏陶瓷的微观形貌和晶粒大小不受成型工艺影响，等静压成型有利于提高材料的致密性和电性能的精度，树脂封装工艺对电性能基本不影响。但玻璃封装工艺在 705℃持续 2min 时的热冲击作用对电性能影响较大，电阻率分别升高了 38.59%和 15.63%。通过使用玻璃管壳，可以降低高温对热敏陶瓷材料的热冲击。

19.2.4 CTR 热敏陶瓷

CTR 热敏陶瓷主要是以 VO_2 为基本成分的半导体陶瓷，在 68℃附近电阻值突变可达 3～4 个量级，具有很大的负温度系数。CTR 热敏电阻是在 VO_2 中混合 1～2 种 B、Si、P、Mg、Ca、La 等氧化物，并在还原性气氛中烧结，采用急冷方式冷却，得到以 V^{4+} 形式存在

的 VO_2 陶瓷。VO_2 陶瓷材料在 65～75℃间存在着急变临界温度，其临界温度偏差可控制在 ±1℃，温度系数变化在 －100%/K～－30%/K，响应时间为 10s。这可能是由于 VO_2 在 67℃以上时呈规则的四方晶系的金红石结构，当温度降至 67℃以下时，VO_2 晶格畸变，转变为单斜结构。这种结构上的变化，使其在金红石结构中氧八面体中心的 V^{4+} 的晶体场发生变化，使得 V^{4+} 的 3d 带产生分裂，从而导致 VO_2 由导体转变为半导体。

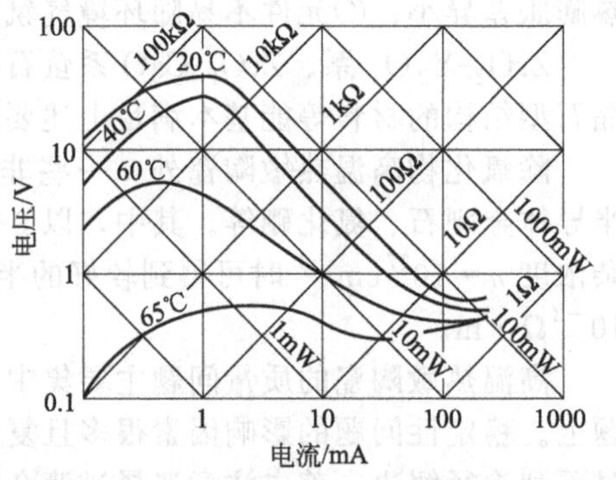

图 19-2 CTR 热敏电阻的电流-电压特性

CTR 热敏陶瓷的重要应用首先是利用其在特定温度附近电阻值剧变的特性，可用于电路的过热保护和火灾报警等方面。其次是利用 CTR 热敏电阻的电流-电阻与温度有依赖关系的特性。CTR 热敏电阻的电流-电压特性如图 19-2 所示。在剧变温度附近，电压峰值有很大变化，这是可以利用的温度开关特性，用于制造以火灾传感器为代表的各种温度报警装置。与其他相同功能的装置相比，由于无触点和微型化，其具有可靠性高和反应时间短等特点。以前难以制造的，在 35s 内能够开始动作的火灾传感器，通过利用 CTR 热敏电阻而有可能满足要求。

19.3 气敏陶瓷

在工业生产、科研工作及日常生活中，各种可燃气体，如液化石油气、天然气、氢气等，常用来作为燃料、原料。这些气体易燃、易爆、有毒，如泄漏至大气中会造成大气污染，甚至引起火灾、爆炸等，使生命财产遭受损失。因此需对易燃易爆、有毒有害气体进行检测、监控。需要检测的气体很多，随着检测气体种类、组成、浓度的不同，检测的方法也不相同，如电化学法、光学法、色谱分离法等。这些方法共同的缺点是设备复杂、成本高，难以广泛使用。近些年发展起来的半导体气敏元件检测法，以设备结构简单、灵敏度高、使用方便、价格便宜等优点引起人们的关注。半导体气敏元件可分为表面效应型和体效应型，根据使用的材料也可分为 SnO_2 系、ZnO 系、Fe_2O_3 系等，按制造方法和结构形式则可分为烧结型、厚膜型、薄膜型。陶瓷材料是制造气敏元件的重要材料，各种气体传感器应运而生。半导体气敏陶瓷传感器具有灵敏度高、性能稳定、结构简单、体积小、价格低廉、使用方便等优点，得到迅速发展。

19.3.1 气敏陶瓷的特性

气敏陶瓷也称气敏半导体陶瓷。半导体表面吸附气体分子时，半导体的电导率将随半导体类型和气体分子种类的不同而有所变化。吸附一般分为物理吸附和化学吸附两大类。前者吸附热低，可以是多分子层吸附，无选择性；后者吸附热高，只能是单分子层吸附，有选择性。两种吸附不能截然分开，可能同时发生。

被吸附的气体一般也可分为两类。若气体传感器材料的功函数比被吸附气体分子的电子亲和力小时，则被吸附气体分子就会从材料表面夺取电子而以阴离子形式吸附。具有阴离子吸附性质的气体称为氧化性（或电子受容性）气体，如 O_2、NO_x 等。若材料的功函数大于被吸附气体的离子化能量，被吸附气体将把电子给予材料而以阳离子形式吸附。具有阳离子吸附性质的气体称为还原性（或电子供出性）气体，如 H_2、CO、乙醇等。

氧化性气体吸附于n型半导体或还原性气体吸附于p型半导体气敏材料，都会使载流子数目减少，电导率降低；相反，还原性气体吸附于n型半导体或氧化性气体吸附于p型半导体气敏材料，会使载流子数目增加，电导率增大。

气敏半导体陶瓷传感器要在较高温度下长期暴露在氧化性或还原性气氛中，因此要求半导体陶瓷元件必须具有物理和化学稳定性。除此之外，还必须具有下列特性。

(1) 灵敏度 S。气敏半导体材料接触被测气体时，其电阻发生变化，电阻变化量越大，气敏材料的灵敏度就越高。假设气敏材料在未接触被测气体时的电阻为 R_0，而接触被测气体时的电阻为 R_1，则该材料此时的灵敏度为：

$$S=R_1/R_0 \tag{19-25}$$

灵敏度反映气敏元件对被测气体的反应能力，灵敏度越高，可检测气体的下限浓度就越低。

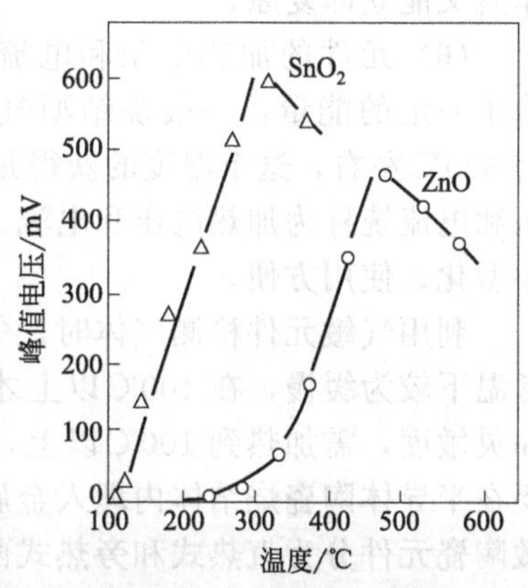

图 19-3 气敏半导体检测灵敏度和温度的关系曲线

图 19-3 是气敏半导体检测灵敏度和温度的关系曲线，被测气体是浓度 0.1% 的丙烷。在室温下 SnO_2 能大量吸附气体，但其电导率在吸附前后变化不大，因此吸附气体大部分以分子状态存在，对电导率贡献不大。100℃以后，气敏电阻的电导率随温度的升高而迅速增加，至 300℃达到最大值，然后又下降。在 300℃以下时，物理吸附和化学吸附同时存在，化学吸附随温度升高而增加。对于化学吸附，半导体陶瓷表面所吸附的气体以离子状态存在，气体与陶瓷表面有电子交换，故对电导率的提高有贡献。超过 300℃后，由于解吸作用，吸附气体减少，电导率下降。ZnO 的情况类似于 SnO_2，但其灵敏度峰值温度出现在 450℃左右。

(2) 选择性。选择性是指在众多的气体中，气敏半导体陶瓷元件对某一种气体表现出很高的灵敏度，而对其他气体的灵敏度甚低或者不灵敏。在实际应用中，选择性地检测某种气体具有十分重要的意义。若气敏元件的选择性能不佳或在使用过程中逐渐变差，均会给气体检测、控制或报警带来很大困难，甚至造成重大事故。

提高气敏元件的气体选择性可采用下述几种办法，只有适当组合应用这些方法，才能获得理想的效果。这些方法是：①在材料中掺杂金属氧化物或其他添加物；②控制、调节烧结温度；③改变气敏元件的工作温度；④采用屏蔽技术。

(3) 稳定性 W。气敏半导体陶瓷元件的稳定性包括两个方面：一是其性能随时间的变化；二是气敏元件的性能对环境条件的适应能力。稳定性 W 相关性能随时间的变化，一般用灵敏度随时间的变化来表示：

$$W=\frac{S_2-S_1}{t_2-t_1} \tag{19-26}$$

由上式可知，W 越小，则稳定性越好。

环境条件（如环境温度与湿度等）会严重影响气敏元件的性能。因此，要求气敏元件的性能随环境条件的变化越小越好。

(4) 初始特性。气敏元件不工作时，可能吸附一些环境气体或杂质在其表面，因此元件在加热工作初期会发生因吸附气体或杂质挥发造成的电阻变化，如图 19-4 中曲线 a 所示。

另外，即使气敏元件没有吸附气体或杂质，也会发生因元件从室温加热到工作温度时本身 PTC 特性和 NTC 特性造成的阻值变化，如图 19-4 中曲线 b 所示。也就是说，在通电加热过程中，元件的电阻首先急剧下降，一般经 2～10min 后达到稳定状态，这时可以开始正常的气体检测。这一状态称为初始稳定状态，或称为元件的初始特性。

(5) 响应时间和恢复时间。响应时间是指气敏元件接触被测气体时，其电阻值达到给定值的时间，它表示气敏元件对被测气体的响应速度。给定值一般是气敏元件在被测气氛中的最终值，也有人定义为最终值的2/3。

恢复时间是表示气敏元件脱离被测气体恢复到正常空气中阻值的时间。恢复时间表示气敏元件的复原特性。气敏元件的响应时间和恢复时间越小越好，这样接触被测气体时能立即给出信号，脱离气体后又能立即复原。

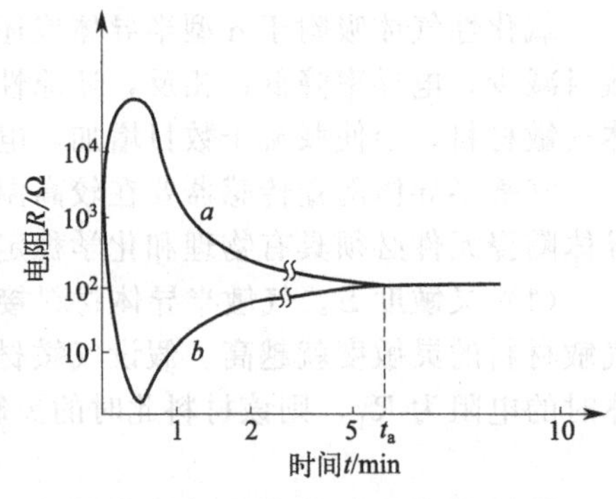

图 19-4 气敏元件加热特性示意

(6) 元件的加热电压和电流。元件在应用时要给予一定的能量，一般烧结型气敏元件的使用温度为300℃左右，这个温度的获得是通过加热元件或电热丝而得到的。电热丝或加热元件的电压和电流统称为加热电压和电流。气敏元件的加热电压和电流越小，功耗越小，则越有利于小型化，使用方便。

利用气敏元件检测气体时，气体在半导体表面上的吸脱附必须迅速。但一般的吸脱附在常温下较为缓慢，在100℃以上才会有足够大的吸脱附速度。为了提高气敏元件的响应速度和灵敏度，需加热到100℃以上，接近灵敏度的峰值温度工作。因此，在制备气敏元件时，要在半导体陶瓷烧结体内埋入金属丝，作为加热丝和电极。按照对元件的加热方式，可把气敏陶瓷元件分为直热式和旁热式两种类型。

气敏元件在较高的温度下工作不仅消耗额外的加热功率，而且增加安装成本，带来不安全因素。为了使气敏元件能在常温下工作，必须采用催化剂，以提高气敏元件在常温下的灵敏度。例如，在SnO_2中添加2%（质量分数）的$PdCl_2$就可大大提高它对还原性气体的灵敏度。研究表明，在添加$PdCl_2$的SnO_2气敏元件中，钯（Pd）大部分以PdO的形态存在，也含有少量的$PdCl_2$或金属Pd，而起催化作用的主要是PdO。PdO与气体接触时可以在较低温度下促使气体吸附并使还原性气体氧化，而PdO本身被还原为金属钯并放出O^{2-}，表面增加了还原性气体的化学吸附，由此可提高气敏元件的灵敏度。可用作气敏半导体陶瓷元件的催化剂有如下一些材料：Au、Ag、Pt、Pd、Ir、Rh、Fe以及一些金属盐类。表19-5列出各种气敏半导体陶瓷的使用范围和工作条件。

表 19-5 各种气敏半导体陶瓷的使用范围和工作条件

气敏半导体陶瓷	添加物质	可探测气体	使用温度/℃
SnO_2	PdO、Pd	CO、C_3H_8、乙醇	200～300
SnO_2+SnCl_2	Pt、Pd、过渡金属	CH_4、C_3H_8、CO	200～300
SnO_2	$PdCl_2$、$SbCl_3$	CH_4、C_3H_8、CO	200～300
SnO_2	PdO+MgO	还原性气体	150
SnO_2	Sb_2O_3、MnO_2、TiO_2、Tl_2O_3	CO、煤气、乙醇	250～300
SnO_2	V_2O_5、Cu	乙醇、苯等	250～400
SnO_2	稀土类金属	乙醇系可燃气体	—
SnO_2	Sb_2O_3、Bi_2O_3	还原性气体	500～800
SnO_2	过渡金属	还原性气体	250～300
SnO_2	瓷土、Bi_2O_3、WO_3	碳化氮系还原性气体	200～300
ZnO		还原性和氧化性气体	—
ZnO	Pt、Pd	可燃性气体	—
ZnO	V_2O_5、Ag_2O	乙醇、苯	250～400

续表

气敏半导体陶瓷	添加物质	可探测气体	使用温度/℃
Fe_2O_3	—	丙烷	—
WO_3、MoO、CrO 等	Pt、Ir、Rh、Pd	还原性气体	600～900
$(LnM)BO_3$	—	乙醇、CO、NO_x	270～390

19.3.2　气敏机理

气敏过程是元件表面对气体的吸附和脱附引起电阻率改变的过程，这是一个受多种因素控制的物理化学过程，吸附过程可以分为物理吸附和化学吸附两种。物理吸附热低，可以是多分子层的吸附，无选择性；化学吸附为单分子层吸附，有选择性，吸附气体与材料表面形成化学键，有电子交换。一般情况下，这两种吸附是同时发生的，但对气敏效应有贡献的主要为化学吸附。

根据元件的功函数与被吸附气体功函数的大小，可将吸附气体分为两类：如果被吸附气体的电子亲和力大于气敏元件表面的功函数，被吸附气体的分子会从元件表面夺取电子而以阴离子的形式吸附。具有阴离子吸附性质的气体称为氧化性气体，如 O_2、NO_x 等。如果元件的功函数大于被吸附气体的离子化能量，元件表面夺去被吸附气体分子的电子从而以阳离子形式吸附于元件表面，具有阳离子吸附性质的气体称为还原性气体，如 H_2、CO、乙醇等。

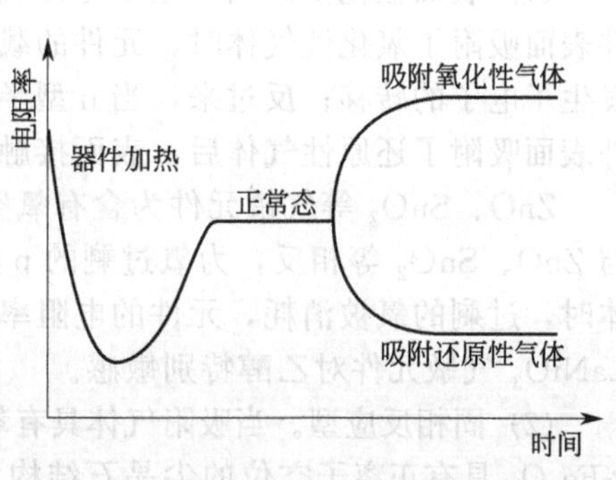

图 19-5　n 型气敏元件工作时的电阻率变化

如果气敏元件本身为半导体材料，那么当氧化性气体吸附于 n 型半导体或者还原性气体吸附于 p 型半导体时都会引起元件中载流子浓度的降低；反之，如果还原性气体吸附于 n 型半导体或者氧化性气体吸附于 p 型半导体时都会引起元件载流子浓度的升高。这两种情况都会引起材料电阻率的变化。图 19-5 示意性地画出了 n 型气敏元件工作时的电阻率变化。

在还原性气氛（如 H_2、CO、CH_4 等）中烧结的 SnO_2 为含有许多氧空位的 n 型半导体。对 SnO_2 的热脱附实验表明，在 SnO_2 表面存在四种氧的吸附状态，为 $a_1(O_2)$、$a_2(O_2^-)$、$a_3(O^-)$、$a_4(O^{2-})$，它们分别在 80℃、150℃、560℃和 600℃以上脱附，吸附过程的反应式为：

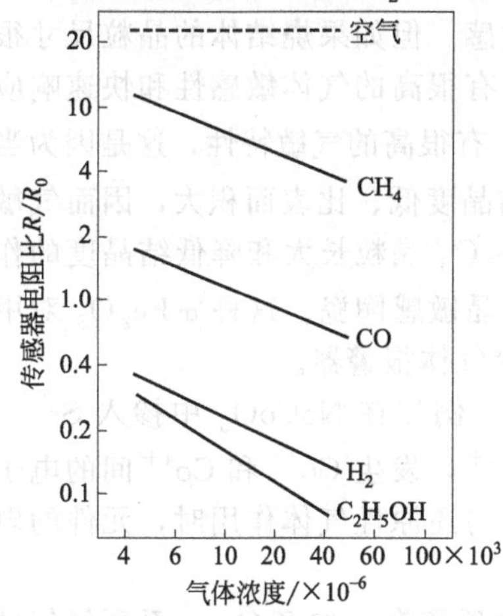

图 19-6　SnO_2 气敏元件的电阻值与被测气体种类和浓度的关系

$$O_2(g)\longrightarrow O_2(a_1)$$
$$O_2(a_1)+e^-\longrightarrow O_2^-(a_2)$$
$$O_2^-(a_2)+e^-\longrightarrow 2O^-(a_3)$$
$$O^-(a_3)+e^-\longrightarrow O^{2-}(a_4) \qquad (19\text{-}27)$$

因此，在 SnO_2 表面进行的吸附和脱附过程均伴随有电子的转移，从而使其电阻率发生改变。图 19-6 为 SnO_2 气敏元件的电阻值与被测气体种类和浓度的关系。

SnO_2 气敏元件表面吸附了烃类化合物后，在表面直接氧化或燃烧需要的激活能高，往往在较低温度下逐步分解，例如：

$$CH_4(ad) \longrightarrow CH_3(ad) + H(ad)$$
$$H(ad) + O^{2-}(ad) \longrightarrow OH^-(ad) + e^-$$
$$2H(ad) + O^{2-}(ad) \longrightarrow OH^-(ad) + e^-$$
$$CH_3(ad) + O^{2-}(ad) \longrightarrow CH_3O^- + e^-$$
$$CH_3O^-(ad) + 3O^{2-}(ad) \longrightarrow H_2O + CO_2 + OH^-(ad) + 6e^- \quad (19\text{-}28)$$

括号内的“ad”代表“吸附”。这些反应均释放出电子，因而会使气敏元件的电阻值下降。

19.3.3 气敏陶瓷分类

气敏陶瓷按其机理可以分为半导体式和固体电解质式两类，其中半导体式又分为表面效应型和体效应型两种；也可按制备方法将气敏陶瓷分为多孔烧结型、薄膜型和厚膜型；或者直接按化合物类型分类。根据气敏机理，可以将气敏陶瓷分为以下几种类型。

(1) 表面催化型。当n型半导体气敏元件表面吸附了还原性气体或者p型半导体气敏元件表面吸附了氧化性气体时，元件的载流子浓度增加，电阻率下降，这是因为在元件的表面发生了电子的转移；反过来，当n型半导体元件表面吸附了氧化性气体或p型半导体气敏元件表面吸附了还原性气体后，表面接触势垒升高，电阻率增加。

ZnO、SnO_2 等气敏元件为含有氧空位的n型半导体，钙钛矿结构的 $LaNiO_3$ 气敏元件与ZnO、SnO_2 等相反，为氧过剩的p型半导体。当 $LaNiO_3$ 气敏元件表面接触到还原性气体时，过剩的氧被消耗，元件的电阻率增加。该材料对表面的氧分压变化灵敏，反应迅速。$LaNiO_3$ 气敏元件对乙醇特别敏感。

(2) 固相反应型。当吸附气体具有氧化或还原性时，可以使元件表面发生化学反应。例如 γ-Fe_2O_3 具有正离子空位的尖晶石结构，是一种n型半导体氧化物。Fe_3O_4 具有反尖晶石结构，离子配置为 $Fe^{3+}(Fe^{2+}Fe^{3+})O_4$，它能与 γ-Fe_2O_3 生成连续的固溶体。当 γ-Fe_2O_3 表面接触到还原性气体时，被部分还原为 Fe_3O_4，被还原量的多少与吸附气体的浓度有关，吸附气体的量越多，被还原的量也越多。因此，γ-Fe_2O_3 的气敏机理可以解释为其中的 Fe^{3+} 被还原为 Fe_3O_4 中 Fe^{2+} 的过程，而 Fe^{2+} 容易失去一个电子，再变成 Fe^{3+}。这样的连续演变和形成跳跃式的电子导电过程，使其电阻率迅速降低，表现出气敏特性。上述氧化还原反应为可逆反应，γ-Fe_2O_3 对丙烷（C_3H_8）等气体很敏感，但对甲烷（CH_4）等气体不敏感。

相比 γ-Fe_2O_3，α-Fe_2O_3 的化学稳定性高，对气体不敏感。但如果烧结体的晶粒尺寸很小（0.05～0.2μm），气孔率高达65%，这种 α-Fe_2O_3 也具有很高的气体敏感性和快速响应特性。例如用含 SO_4^{2-} 的铁盐通过湿法处理制备的 α-Fe_2O_3 有很高的气敏特性，这是因为当 α-Fe_2O_3 中含有少量的 SO_4^{2-} 时，容易形成微晶，材料的结晶度低、比表面积大，因而气敏特性好。如果加入四价的Ti、Zr、Sn后，能起到抑制 α-Fe_2O_3 晶粒长大和降低结晶度的作用，可以得到粒度为100nm和比表面积高达 $125m^2/g$ 的细晶敏感陶瓷。这种 α-Fe_2O_3 对甲烷等很敏感，而对水蒸气、乙醇等不敏感，可用作家庭可燃气体报警器。

ABO_3 钙钛矿结构化合物的导电过程也有类似的表达。例如在 $NdCoO_3$ 中掺入 Sr^{2+}，Nd^{3+} 被 Sr^{2+} 部分置换后，为补偿电荷，部分 Co^{3+} 变成 Co^{4+}，发生 Co^{3+} 和 Co^{4+} 间的电子交换。除了Co的变价，氧空位的产生也对导电有贡献。在与还原性气体作用时，元件的电阻值下降。

(3) 离子传导型。离子传导型气敏陶瓷是一类固体电解质陶瓷，如 ZrO_{2-x} 系列氧气敏感陶瓷。化合物中有大量的氧离子空位。图19-7为固体电解质氧浓差电极的工作示意。

氧从固体电解质一侧的透氧Pt电极的阴极进入，在阴极上的氧分压为 p_2，在阴极上发生化学反应：

$$O_2+4e^- = 2O^{2-} \quad (19\text{-}29)$$

阳极上的氧分压为 p_1，在阳极上发生反应：

$$2O^{2-} = O_2+4e^- \quad (19\text{-}30)$$

从而发生电子从阳极向阴极的流动。当透氧 Pt 电极两侧的氧分压不同时，如 $p_1<p_2$，那么在电解质两侧的透氧 Pt 电极与 ZrO_2 固体电解质间就构成了一个氧浓差电池，电池电动势为：

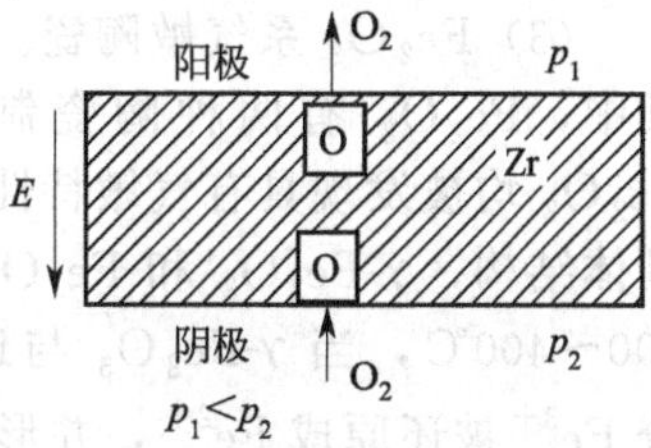

图 19-7 固体电解质氧浓差电极的工作示意

$$\Phi=\frac{RT}{4F}\ln\frac{p_2}{p_1} \quad (19\text{-}31)$$

式中，R 为摩尔气体常数 [8.314J/（mol·K）]；F 为 Farady 常数（9.6485×10^4C/mol）；T 为热力学温度。因此，根据元件输出电动势的大小，如果已知一侧氧分压的大小，可以测量另一侧的氧分压大小。

缺氧的 ZrO_{2-x} 与 SnO_2、ZnO、Fe_2O_3 等气敏陶瓷不同的是，它在接触氧气时不是改变电阻值，而是产生浓差电势，其载流子不是电子而是离子，属于离子传导型气敏材料。ZrO_2 系列气敏化合物常为 ZrO_2-CaO、ZrO_2-Y_2O_3 等复合氧化物，由 ABO_3 钙钛矿型组成的复合氧化物对氧化反应有很高的催化活性。这里的 A、B 离子部分被其他离子置换，因而具有稳定的缺陷结构和良好的气敏特性，如 $LaCoO_3$、$BaTi_{1-x}Sn_xO_3$ 等。利用这类气敏元件可以检测氧分压，其灵敏度达到 1×10^{-6}，响应时间小于 1s，有很高的稳定性和抗热震能力。

气敏陶瓷是应用性很强的一类功能陶瓷，市场潜力大。气敏陶瓷的发展方向：一是向多功能和集成化发展，把各种气敏元件，甚至气敏和湿敏、热敏等其他敏感材料集成在一块 IC 板上，这就需要发展超细粒子的气敏材料，可以得到体积小、灵敏度高、响应速度快和工作温度低（100～200℃）的气敏元件；二是在生产工艺上提高对敏感材料微结构的控制水平，才能提高气敏元件的稳定性、选择性、可靠性和产品的均匀性；三是建立完善的气敏理论和总结气敏机理，对表面态、表面物理化学反应、表面催化等进行全面研究，挖掘新材料。

19.3.4 典型的气敏半导体陶瓷

（1）SnO_2 系气敏陶瓷。SnO_2 系气敏陶瓷是最常用的气敏半导体陶瓷，是以 SnO_2 为基材，加入催化剂、黏结剂等，按照常规的陶瓷工艺方法制成的。SnO_2 系气敏陶瓷制作的气敏元件有如下特点：

① 灵敏度高，出现最高灵敏度的温度较低，约在 300℃；

② 元件阻值变化与气体浓度为指数关系，在低浓度范围，这种变化十分明显，因此适用于检测低浓度气体；

③ 对气体的检测是可逆的，而且吸附、解吸时间短；

④ 气体检测不需复杂设备，待测气体可通过气敏元件的电阻值变化直接转化为信号，且阻值变化大，可用简单电路实现自动测量；

⑤ 物理化学稳定性好，耐腐蚀，寿命长；

⑥ 结构简单，成本低，可靠性强，耐振动和抗冲击性能好。

（2）ZnO 系气敏陶瓷。ZnO 系气敏陶瓷的最突出优点是气体选择性强。但是，ZnO 单独使用时，灵敏度和选择性均不够高；以 Gd_2O_3、Sb_2O_3 和 Cr_2O_3 等掺杂并加入 Pt 或 Pd 作为催化剂，则可大大提高其选择性。采用 Pt 化合物催化剂时，对于烷等烃类化合物有较高的灵敏度，在浓度为零或极低时，电阻就发生直线性变化；而采用 Pd 催化剂时，则对

H_2、CO 很敏感，而且即使同烃类化合物接触，电阻也不发生变化。

（3）Fe_2O_3 系气敏陶瓷。常见的铁的氧化物有三种基本形式：FeO、Fe_2O_3 和 Fe_3O_4。其中，Fe_2O_3 有两种陶瓷制品，即 α-Fe_2O_3 和 γ-Fe_2O_3 均被发现具有气敏特性。α-Fe_2O_3 具有刚玉型晶体结构，γ-Fe_2O_3 和 Fe_3O_4 都属尖晶石结构。在 300～400℃，当 γ-Fe_2O_3 与还原性气体接触时，部分 Fe^{3+} 被还原成 Fe^{2+}，并形成固溶体。当还原程度高时，其变成 Fe_3O_4。在 300℃以上，超微粒子 α-Fe_2O_3 与还原性气体接触时，也被还原为 Fe_3O_4。由于 Fe_3O_4 的比电阻较 α-Fe_2O_3 和 γ-Fe_2O_3 低得多，因此，可通过测定氧化铁气敏材料的电阻变化来检测还原性气体；相反，Fe_3O_4 在一定温度下同氧化性气体接触时，可相继氧化为 γ-Fe_2O_3 和 α-Fe_2O_3，也可通过氧化铁气敏材料电阻的变化来检测氧化性气体。三种氧化铁之间的转化过程如图 19-8 所示。

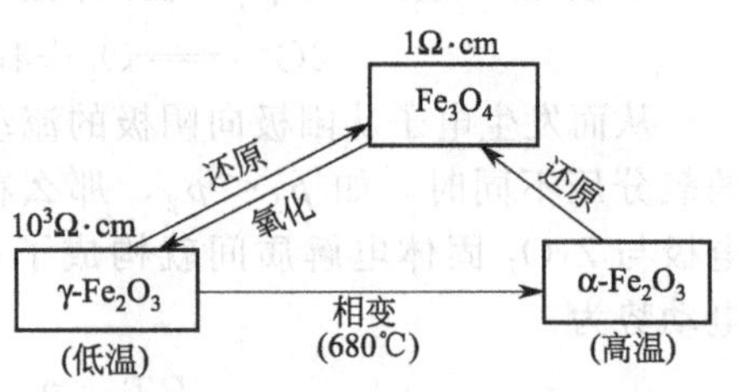

图 19-8　氧化铁的还原、氧化和相变过程

α-Fe_2O_3 和 γ-Fe_2O_3 气敏陶瓷，不必添加贵金属催化剂就可制成灵敏度高、稳定性好、具有一定选择性的气体传感器，是继 SnO_2 系和 ZnO 系气敏陶瓷之后又一很有发展前途的气敏半导体陶瓷材料。当前由于天然气、煤气和液化石油气的普遍应用，煤气爆炸和 CO 中毒事故时有发生，现有的煤气报警器，大都采用 SnO_2 添加贵金属催化剂的气敏元件。虽其灵敏度高，但选择性较差，且会因催化剂中毒而影响报警的准确性。20 世纪 70 年代末期开始出现的 γ-Fe_2O_3 基液化石油气报警器和 α-Fe_2O_3 基煤气报警器，日益受到人们的重视。

γ-Fe_2O_3 陶瓷和 α-Fe_2O_3 陶瓷的气敏特性，就其灵敏度来看，对材料本身而言，一般前者大于后者；而对气体而言，对烷烃类气体，随碳原子数增加而增大，对相同碳原子数的烃类气体，则极性分子大于非极性分子，不饱和烃大于饱和烃，如 i-$C_4H_{10}>C_3H_8>C_2H_5OH\approx C_2H_5>CH_4$。图 19-9 分别显示了以 γ-Fe_2O_3 和 α-Fe_2O_3 为基材的气敏传感器的电阻值与各种气体浓度之间的关系。

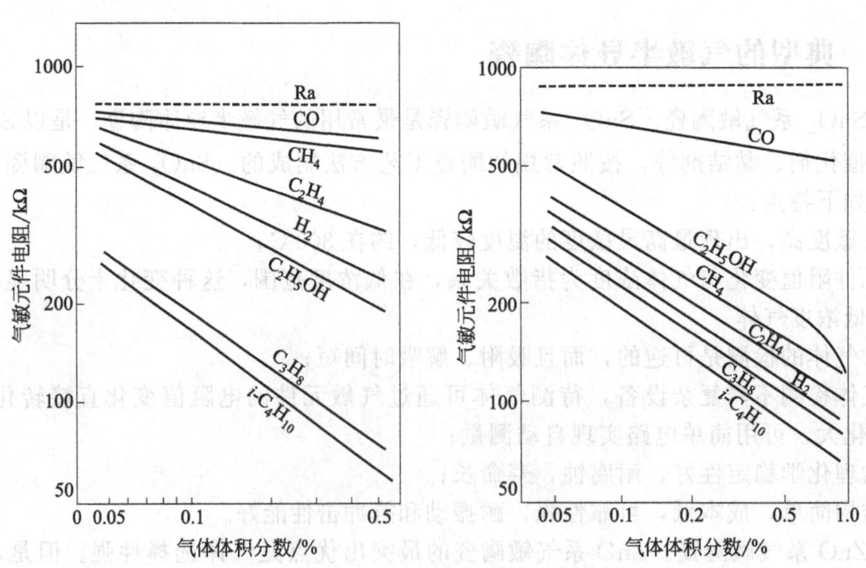

图 19-9　γ-Fe_2O_3（左）和 α-Fe_2O_3（右）的电阻值与气体浓度关系

氧化铁气敏陶瓷性能的改进，主要是通过掺杂来提高其性能，如 γ-Fe_2O_3 添加 1%（摩尔分数）La_2O_3，可提高其稳定性；α-Fe_2O_3 添加 20%（摩尔分数）SnO_2 可提高其灵敏度；加入高选择性催化剂可提高它们的选择性。其次是使材料成为超微粒轻烧结体，即使其晶粒小于 0.1μm，孔隙率大于 60%，或超微粒定向排列（如 CVD 成膜）的 α-Fe_2O_3，对烃类化合物也具有极高的灵敏度。

(4) ZrO_2 系氧气敏感陶瓷。ZrO_2 系氧气敏感陶瓷主要用于氧气的检测。被测气体和参比气体（空气）处于敏感陶瓷两侧，按照浓差电池原理，两侧氧的活度、浓度或分压不同，因而形成化学势的差异，使一侧浓度高的氧通过敏感陶瓷（氧离子导体）中的氧空位以 O^{2-} 的状态向低浓度的一侧迁移，从而形成 O^{2-} 导电，在氧离子导体（陶瓷）两侧产生氧浓度差电动势。通过已知一侧的氧分压，就可测得另一侧的氧分压。

目前 ZrO_2 系氧气敏感陶瓷已获得许多方面的应用，如用于汽车氧传感器，以输出信号来调节空燃比（AFR）为某固定值，起到净化排气和节能的作用。此外，还用于钢液中含氧量的快速分析、工业废水污浊程度的测量等。

我国汽车常使用掺有四乙基铅的汽油为燃料，使用 ZrO_2 敏感陶瓷检测汽车排气时常会因中毒而失灵。因此，开发与使用 TiO_2 和 CoO-MgO 系陶瓷材料检测汽车排气时，以控制空燃比更为适宜。

19.4 湿敏陶瓷

湿度是指大气中所含的水蒸气量，它最常用的两种表示方法为绝对湿度和相对湿度。绝对湿度是指某一特定的空间中水蒸气的绝对含量，用 kg/m^3 表示；相对湿度为某一待测蒸气压与相同温度下的饱和蒸气压比值的百分数，表示为%RH。

17 世纪时，人们发现随着大气湿度的变化，人的头发会出现伸长或缩短的现象，由此制成毛发湿度计。18 世纪时，人们利用水分向大气蒸发时必须吸收潜热的效应，研制了干湿球湿度计。19 世纪 50 年代以来，人们研究开发了氯化锂湿度传感器。近年来，材料学者又开发出了湿敏半导体陶瓷（陶瓷湿度传感器）。陶瓷湿度传感器测试范围宽、响应速度快、工作温度高、耐污染能力强。因此，湿敏陶瓷成为人们主要研制、开发的湿敏材料。

目前，新型湿度传感器可将湿度的变化以电信号形式输出，易于实现远距离监测、记录和反馈的自动控制。利用多孔半导体陶瓷的电阻随湿度变化关系制成的湿度传感器，具有可靠性高、一致性好、响应速度快、灵敏度高、抗老化、寿命长、抗其他气体的侵袭和污染、在尘埃烟雾环境中能保持性能稳定和检测精度高等一系列优点。因此，湿敏半导体陶瓷传感器得到了快速发展。

湿敏陶瓷的主晶相成分一般由氧化物半导体构成，其电阻率 $\rho=10^{-2}\sim10^{0}\Omega\cdot m$。其导电形式一般认为是电子导电和质子导电，或者两者共存。不论导电形式如何，湿敏陶瓷根据其湿敏特性可分为两种：一种是当湿度增大时，电阻率减小的负特性湿敏陶瓷；另一种是当湿度增大时，电阻率增大的正特性湿敏陶瓷。几种负特性湿敏半导体陶瓷如图 19-10 所示，Fe_3O_4 半导体陶瓷的正湿敏特性如图 19-11 所示。

19.4.1 湿敏陶瓷的主要特性

如前所述，湿度有两种表示方法，即绝对湿度和相对湿度，一般常用相对湿度表示。湿敏元件的技术参数是衡量其性能的主要指标。

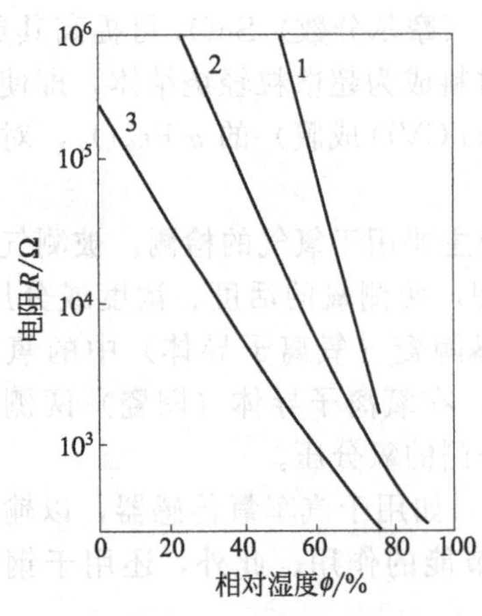

图 19-10 几种负特性湿敏半导体陶瓷

1—$ZnO-Li_2O-V_2O_5$ 系；2—$SiO_2-Na_2O-V_2O_5$ 系；

3—$TiO_2-MgO-Cr_2O_3$ 系

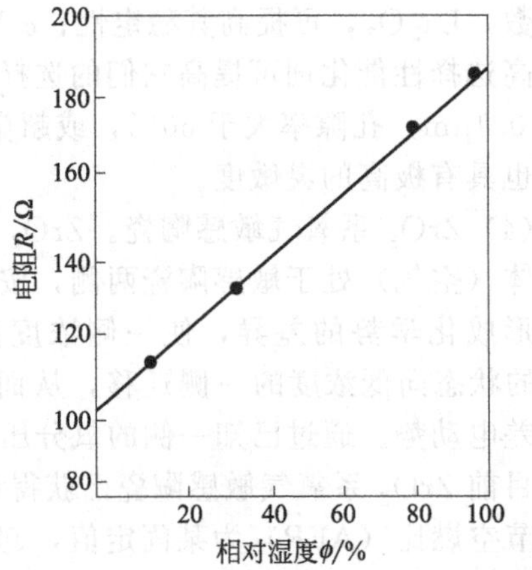

图 19-11 Fe_3O_4 半导体陶瓷的正湿敏特性

不同的测湿方法将会获得不同的信号来反映所测环境的湿度值，如机械信号、电学信号、光学信号等。尽管输出的感湿特征量形式不同，但其都可以反映出湿度传感器所具有的共性，如湿度量程、灵敏度、响应时间、线性度、分辨率、响应恢复特性、温度系数、湿滞、稳定性及互换性等。下面将逐一介绍各个特性参数的具体意义。

(1) 湿度量程。在规定的环境条件下，湿敏元件能够正常测量的湿度范围称为湿度量程。湿度量程越宽，湿敏元件的使用价值越高。最理想的湿度传感器就是能在全湿范围内都具有良好的感湿性能，但由于受湿敏材料的制作工艺以及器件结构的影响，目前的湿度传感器产品很难满足这一要求。一般而言，湿度传感器只适用于一定范围的湿度测量。根据湿度传感器的湿度量程，大体可将湿度量程分为三类：低湿（RH＜30%）、中湿（RH30%～70%）和高湿（RH＞70%）。

(2) 灵敏度。湿敏元件的灵敏度可用元件的输出量变化与输入量变化之比来表示。对于湿敏电阻器来说，常以相对湿度变化 1%时电阻值变化的百分率表示。

例如，某湿度传感器的湿度量程为 30%～70%，其输出感湿特征量为阻抗值 Z，则其灵敏度 S 可用式（19-32）计算得到。

$$S=\frac{Z_{70}-Z_{30}}{70-30} \tag{19-32}$$

(3) 响应时间。响应时间表示湿敏元件在湿度变化时相对湿度变化的快慢程度，一般以在相应的起始湿度和终止湿度这一变化区间内，63%的相对湿度变化所需时间作为响应时间。一般来说，吸湿的响应时间较脱湿的响应时间要短些。

(4) 线性度用来表示感湿特征曲线的弯曲程度。当湿度传感器的感湿特征量在其湿度量程范围内变化几个数量级时，常用对数线性度来表示。线性度越高，表示传感器接口电路越简单。但实际上大多数传感器的感湿特征曲线是非线性的，这就需要外围的接口电路进行数字补偿和信号处理。

(5) 分辨率。指湿敏元件测湿时的分辨能力，以相对湿度表示，其单位为%RH。

(6) 响应恢复特性。响应恢复特性用来检测湿度传感器在环境湿度发生骤变时的响应速度，用时间单位表示。其定义是在一定温度下，当所测环境湿度发生跃变且湿度传感器的感湿特征量达到稳定值后，所占一定比例的感湿特征量变化所需要的时间。随着对湿度传感器性能要求的提高，响应恢复所需时间规定为感湿特征量由起始值变化到改变量时所经历的时间。响应过程是由低湿变化到高湿的吸湿过程，而恢复过程是从高湿变化到低湿的脱湿过程。在湿度传感器性能测试实验中，常取其量程的两个端点的湿度值进行测量，以测试湿度的变化。

(7) 温度系数表示当环境湿度恒定时，温度每变化1℃时，湿敏元件的阻值变化相当于多少相对湿度的变化，其单位为%RH/℃。温度系数主要反映了器件的感湿特征曲线受被测环境温度的影响程度。环境温度对感湿特征曲线影响越大，说明器件的热稳定性越差。

(8) 湿滞。湿度传感器的吸湿过程是指当周围环境从低湿逐渐变化到高湿时，感湿特征量的变化趋势；而脱湿过程是指感湿特征量从高湿环境到低湿环境的变化趋势。感湿特征量的变化滞后于环境湿度的变化，必然导致吸湿曲线和脱湿曲线不能完全重合，从而形成一条非闭合的回线。相关器件的这一特性称为湿滞。钛酸钡薄膜湿度传感器的湿滞回线如图 19-12 所示。湿滞特性表现了湿度传感器吸湿过程与脱湿过程的不重合度，进一步说明这两个过程不是完全可逆的。

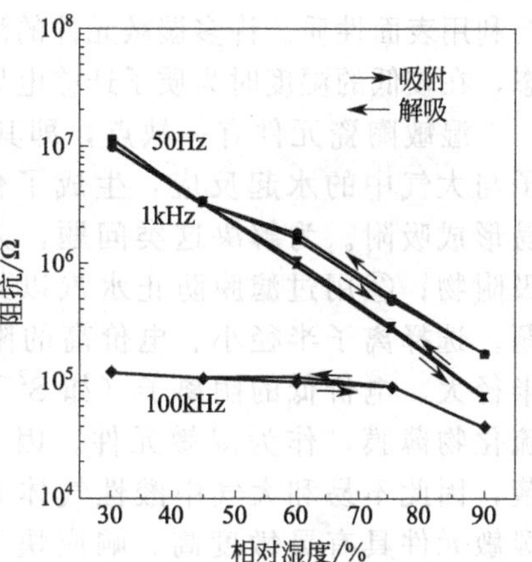

图 19-12 钛酸钡薄膜湿度传感器的湿滞回线

湿滞的大小可由式 (19-33) 计算得到。

$$H(\%)=\frac{Z_H-Z_D}{S} \tag{19-33}$$

式中，Z_H 和 Z_D 分别为同一湿度下在吸湿曲线与脱湿曲线最大不重合处所对应的感湿特征量的值；S 为器件的灵敏度。显然，器件的湿滞越小越好。

(9) 稳定性。湿度传感器的稳定性是考虑湿度传感器在应用方面一个重要的性能指标。就化学湿度传感器而言，稳定性差的主要原因有三个：一是随着时间的推移，敏感材料本身的性能变差；二是环境污染，敏感材料需要暴露于被测环境中，易受灰尘、气氛、高温、高湿等环境影响；三是由于制作工艺粗糙和生产技术落后，从而造成器件敏感膜不均匀，发生形变或与基底分离等现象。目前为了提高湿敏器件的长期稳定性，人们除致力于提高制作工艺水平和技术水平以外，还利用各种封装和老化预处理等技术来提高器件的长期稳定性。

(10) 互换性。湿度传感器的互换性也是评价传感器产品实用性能是否优良的一个重要参数。湿度传感器的互换性是指同一类型不同批次的传感器分别用同一台仪表测试时所显示的感湿性能的一致性。

按工艺过程可将湿敏半导体陶瓷分为瓷粉涂覆膜型、烧结型和厚膜型。

与一般陶瓷不同，湿敏陶瓷常为多孔结构。它主要利用某些金属氧化物表面吸附水汽后可使电导率变大的原理。这类材料包括：ZrO_2-MgO 瓷、$ZnCr_2O_4$ 瓷、羟基磷灰石瓷、PLZT、TiO_2-V_2O_5、$MgCr_2O_4$、$BaSrTiO_3$ 等。例如，在 $MgCr_2O_4$-TiO_2 瓷烧结中，铬挥发而形成 Cr^{3+} 缺位，为 p 型半导体，掺 30mol 1% TiO_2 使阻值易控，它也是高温 NTC 材料；1350℃左右烧成后，气孔率达 30%～40%，晶粒尺寸为 1～2μm，孔径为 0.25～0.3μm，为尖晶石结构。水汽凝结在两晶粒间颈部，Cr^{3+} 和水汽相互作用形成质子发生跃迁，所形成的导电现象随相对湿度增大而增强。当湿度过大时，除化学吸附外，还有物理吸附，形成电解电导（这时介电常数 ε 也增大）。王天宝等开发了非多孔湿敏陶瓷 $KBiNaTiO_3$，Na、K 在晶界相中富集，微溶于水，形成 K^+、Na^+、OH^-，使电导率上升，它主要利用表面性质。许多湿敏元件的湿敏机理大多类似，所不同的是有不同基底及不同气孔形态，在较低的湿度时为质子迁移电导，高湿度时为电解电导。

湿敏陶瓷元件有一缺点，即其阻抗值随时间漂移。这主要是因为陶瓷表面的金属离子与大气中的水起反应，生成了化合物，而改变其吸附性能。空气中的硫、碳、氯也易形成吸附。为解决这类问题，人们常采用以下两种方法：①使用前先加热清洗这类吸附物；②用过滤膜防止水汽以外的气体吸附。但均不易完全解决这类不稳定性的问题。选择离子半径小、电价高的阳离子（如 Cu^{2+}，Zn^{2+}，Fe^{2+}，Sb^{3+}，…），与离子半径大、电价低的阴离子（如 S^{2-}）反应，生成难溶于水的化合物，可以溶胶法制备成硫化物薄膜，作为湿敏元件。因为这类湿敏元件表面的阳离子被阴离子（S^{2-}）所屏蔽，因此不易和大气中酸性气体分子反应，从而使其吸附性能稳定。这类硫化物薄膜湿敏元件具有灵敏度高、响应快的特点，并具有长期稳定性。更为重要的是，这种方法拓宽了一大类材料作为湿敏陶瓷的应用范围。

19.4.2 湿敏机理

(1) 接触晶界势垒理论。n 型和 p 型半导体陶瓷的晶粒内部和表面正负离子所处的状态有所不同。内部正负离子对称包围，而表面离子处于未受异性离子屏蔽的不稳定状态，其电子亲和力发生变化，表现为表面附近能带上弯（n 型）或下弯（p 型）。因此，半导体陶瓷晶粒接触界处出现双势垒曲线。图 19-13 为半导体陶瓷中晶界势垒。由于晶界势垒的存在，晶界电阻比晶粒内部电阻高得多。

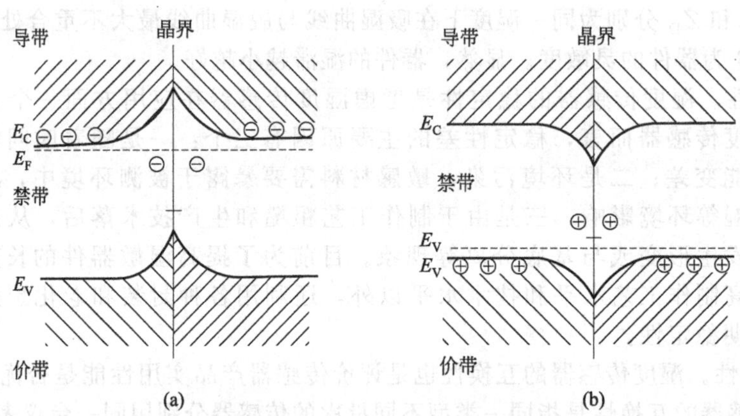

图 19-13　半导体陶瓷中晶界势垒

(a) 在 n 型中；(b) 在 p 型中

当在湿敏陶瓷晶粒界面处吸附水分子时，由于水分子是一种强极性分子，故其分子结构不对称，水分子结构示意如图 19-14 所示。由于分子结构不对称，在氢原子一侧必然具有很强的正电场，使得表面吸附的水分子可能从半导体表面吸附的 O^{2-} 或 O^- 中吸取电子，甚至从满带中直接俘获电子。因此，将引起晶粒表面电子能态发生变化，从而导致晶粒表面电阻和整个元件的电阻变化。

下面以 p 型半导体为例来说明其湿敏机理，图 19-15 为 p 型半导体能带的变化。由于 p

型半导体表面施主能级（E_r）比价带顶略高，表面的施主电子可能为价带空穴所接受，即表面施主俘获了空穴，形成表面正空间电荷，能带下弯［见图 19-15（a）］。当水汽量很少（RH＜40％）时，表面的氧离子吸引水中 H^+，而 H^+ 从晶粒表面价带中俘获电子，使电子与丢失电子的氧复合，把空穴留给了价带，于是耗尽层变薄［见图 19-15（b）］，能带变平，载流子空穴浓度增加，半导体电阻下降。当空气中水汽量多时，增加了表面受主态密度，甚至远远超过了表面施主密度，表面受主态俘获电子，使表面负空间电荷增多，因而近表面层处积累了许多空穴，使势垒升高、能带上弯，空穴易于通过，还使半导体陶瓷元件电阻下降。其能带变化如图 19-15（c）所示。n 型半导体的感湿机理也可予以类似解释，无论 n 型还是 p 型半导体陶瓷，只要表面吸附水分子，其电阻率均随湿度增加而有所下降。

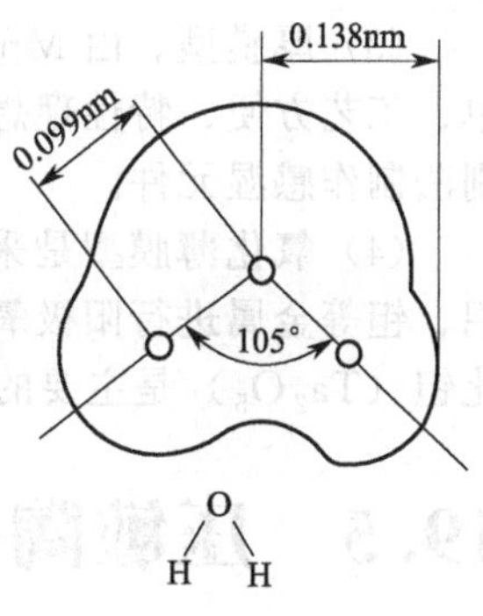

图 19-14 水分子结构示意

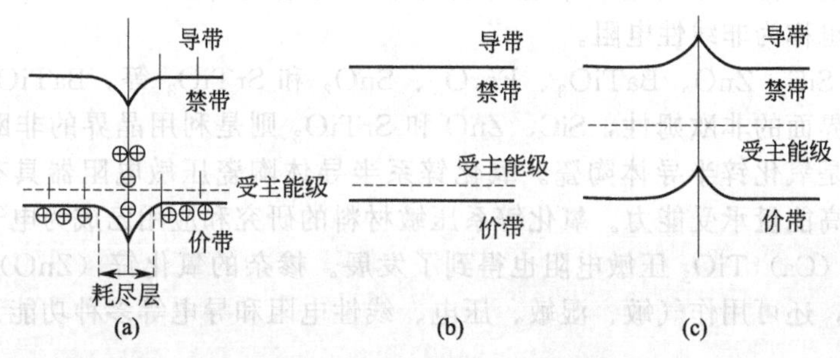

图 19-15 p 型半导体能带的变化

(a) p 型半导体陶瓷中晶界势垒；(b) 水汽量很少（RH＜40％）时；(c) 水汽量多时

(2) 质子导电理论。质子导电理论把水分子在晶粒表面的吸附分为三个阶段。

第一阶段：少量水分子首先在颗粒之间的颈部吸附，表面化学吸附水的一个羟基与高价金属阳离子结合；离解出的 H^+ 与表面的氧离子形成第二个羟基，羟基离解后质子（H^+）由一个位置向另一个位置移动，形成质子导电。

第二阶段：水蒸气物理吸附在羟基上，形成多水分子层。由于水分子的极化，水分子层数越多，介电常数越高。介电常数（或电容量）随相对湿度的变化为可逆变化，介电常数的增加，导致离解水分子的能量增加，促进离解。

第三阶段：不仅在颈部，而且在平表面以及凹部吸附了大量水分子，在两电极间形成了连续电解质层，导致导电性能随水含量增加而增强。

19.4.3 湿敏陶瓷材料的应用

(1) 氧化物涂覆膜型。由感湿瓷粉料调浆、涂覆、干调而成为涂覆膜型。瓷粉涂覆膜型湿敏元件的感湿瓷粉料为：Fe_3O_4、Fe_2O_3、Cr_2O_3、Al_2O_3、Sb_2O_3、TiO_2、SnO_2、ZnO、CoO、CuO、Ni_2O_3，或这些粉料的混合体，或再添加一些碱金属氧化物，以提高其湿度敏感性。比较典型、性能比较好的是以 Fe_2O_3 为粉料的感湿元件。

(2) 烧结体型。这类湿敏陶瓷是通过典型的陶瓷工艺制成的。所制瓷体气孔率达 25％～40％，以增加自由表面积，强化感湿作用。它又可分为高温烧结型（＞1200℃）和低温烧结型（<900℃）两种。就低温烧结型而言，最典型的是 $Si-Na_2O-V_2O_5$。

(3) 厚膜型。由 $MnWO_4$ 和 $NiWO_4$ 粉料制成的厚膜型湿敏元件具有体积小、结构简单、工艺方便、特性理想的优点。整个制备过程分为两步：一是感湿浆料的制备；二是用印刷法制作感湿元件。

(4) 氧化薄膜型是采用阳极氧化制作湿敏陶瓷，在磷酸、硫酸、草酸等电解溶液中对铝、钽等金属进行阳极氧化，得到厚度为 1～1000nm 的表面氧化膜。氧化铝（Al_2O_3）、氧化钽（Ta_2O_5）是主要的感湿薄膜，它们具有响应快、灵敏度高、线性好等特点。

19.5 压敏陶瓷

压敏电阻器或压敏电阻是一种电阻值对外加电压敏感的电子元件，又称变阻器。一般固定电阻器在工作电压范围内，其电阻值是恒定的；电压、电流和电阻三者间的关系服从欧姆定律，I-V 特性表现为一条直线。压敏电阻器的电阻值在一定电流范围内是可变的。随着电压的提高，电阻值下降，小的电压增量可引起很大的电流增量，并且 I-V 特性并非直线。因此，压敏电阻也称为非线性电阻。

压敏陶瓷有 SiC、ZnO、$BaTiO_3$、Fe_2O_3、SnO_2 和 $SrTiO_3$ 等。$BaTiO_3$、Fe_2O_3 是利用电极与烧结体界面的非欧姆性，SiC、ZnO 和 $SrTiO_3$ 则是利用晶界的非欧姆性。性能最好、应用最广的是氧化锌半导体陶瓷。氧化锌系半导体陶瓷压敏电阻器具有高非线性 I-V 特性、大电流和高能量承受能力。氧化锌系压敏材料的研究和应用已成为电子陶瓷中一个很活跃的领域。Sr（Ca）TiO_3 压敏电阻也得到了发展。掺杂的氧化锌（ZnO）基陶瓷，除了用作压敏电阻外，还可用作气敏、湿敏、压电、线性电阻和导电等多种功能元件。

19.5.1 压敏陶瓷的电参数

(1) 非线性指数 α 和非线性电阻值 C。图 19-16 为压敏电阻器的伏安特性曲线。

电流 I 和电压 V 的关系可表述为下面的经验公式

$$I=(V/C)^{\alpha} \tag{19-34}$$

式中，α 是非线性指数，α 值越大，非线性就越强。由图 19-16 可见，ZnO 压敏电阻的非线性比 SiC 压敏电阻强。当 α 为 1 时，是欧姆器件。当 $\alpha\to\infty$ 时，是非线性最强的变阻器。氧化锌变阻器的非线性指数为 25～50 或更高，C 值在一定电流范围内为一常数。当 $\alpha=1$ 时，C 值同欧姆电阻值 R 对应。C 值大的压敏电阻器，在一定电流下所对应的电压也高，有时称 C 值为非线性电阻值。通常把流过 $1mA/cm^2$ 电流时，电流通路上每毫米长度上的电压降定义为该压敏电阻器材料的 C 值，也称 C 值为材料常数。氧化锌压敏电阻器的 C 值为 20～300V/mm，可通过改变成分和制造工艺来调整，以适应不同工作电压的需要。α 值和 C 值是确定击穿区 I-V 特性的参数。

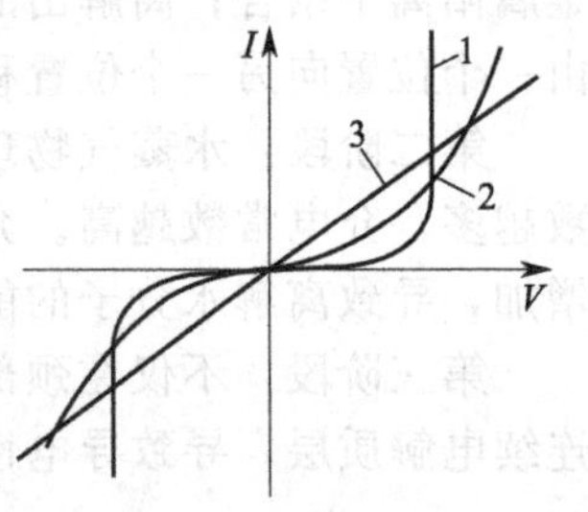

图 19-16 压敏电阻器的伏安特性曲线

1—ZnO 压敏电阻；2—SiC 压敏电阻；3—线性电阻

(2) 压敏电压。对不同的压敏电阻器，α 达最大值时的电压有所不同。一般来讲，在一定的几何形状下，电流在 1mA 附近时，氧化锌压敏电阻器的 α 可达最大值。往往取 1mA 电流所对应的电压作为 I 随 U 陡峭上升的标志，把此电压称为压敏电压。

(3) 漏电流。当应用压敏电阻器的线路、设备、仪器正常工作时，所流过压敏电阻器的电流被称为漏电流。

要使压敏电阻器可靠地工作，漏电流应尽可能小。漏电流的大小一方面与材料的组成和制造工艺有关，另一方面也与选用的压敏电压有关。选取压敏电压的主要依据是工作电压，压敏电压与工作电压的关系可用经验公式表示：

$$U_{1\mathrm{mA}}=\frac{aU_{-}}{(1-b)(1-c)}$$

$$U_{1\mathrm{mA}}=\frac{\sqrt{2}aU_{\sim}}{(1-b)(1-c)} \tag{19-35}$$

式中，a 是电压脉动系数，可取 $a=119\%$；b 是产品长期存放后 $U_{1\mathrm{mA}}$(表示通过压敏电阻器的电流为 1mA 时，其两端的电压降）允许下降的极限值，取 $b=10\%$；c 是 $U_{1\mathrm{mA}}$ 产生的误差下限，取 $c=15\%$；U_{-} 是直流工作电压；$U_{\sim}$ 是交流工作电压（有效值）。

将各系数代入上式可得

$$U_{1\mathrm{mA}}=1.5U_{-}$$

$$U_{1\mathrm{mA}}=2.2U_{\sim} \tag{19-36}$$

或

$$U_{-}=0.67U_{1\mathrm{mA}}$$

$$U_{\sim}=0.45U_{1\mathrm{mA}} \tag{19-37}$$

前两式是根据工作电压选择压敏电压的参考。后两式是已知压敏电压，确定其工作电压的参考。为使压敏电阻器可靠，漏电流要尽量小。压敏电阻器的工作电压应选得合适；漏电流可以控制在 50～100μA。当漏电流高于 100μA 时，则其工作可靠性降低。

(4) 温度系数 α_{v}。在规定的温度范围内，温度每变化 1℃，零功率下压敏电压的相对变化率称为压敏电阻器的温度系数，用下式表示

$$\alpha_{\mathrm{v}}=\frac{U_2-U_1}{U_1(T_2-T_1)}=\frac{\Delta U}{U_1\Delta T} \tag{19-38}$$

式中，U_1 是室温下的压敏电压；U_2 是极限使用温度下的压敏电压；T_1 是室温；T_2 是极限使用温度。如果把 α_{v} 推广到较宽的温度范围，严格讲 α_{v} 将不再是一个常数。大电流情况下的 α_{v} 比小电流情况下的要小些，一般可控制在 $-10^{-4}\sim-10^{-3}$℃$^{-1}$。

(5) 压敏电阻的蜕变和通流量。压敏电阻器经过长期交、直流负荷或高浪涌电流负荷的冲击后，*I-U* 特性变差，使预击穿区的 *I-U* 特性曲线向高电流方向移动，因而漏电流上升，压敏电压下降，这种现象称为压敏电阻器的蜕变。蜕变主要发生在线性区和预击穿区，对击穿电压以上的区域特性无显著影响。蜕变现象的存在，导致压敏电阻器的工作功率下降，甚至会导致热击穿。另外，值得注意的是，温度对 *I-U* 特性有很大影响。

针对蜕变现象，必须对经高浪涌电流冲击后压敏电压 $U_{1\mathrm{mA}}$ 的下降有所限制，通常把满足 $U_{1\mathrm{mA}}$ 下降要求的压敏电阻器所能承受的最大冲击电流（按规定波形）称为压敏电阻器的通流容量，又称通流能力或通流量。压敏电阻器的通流量与材料的化学成分、制造工艺及其几何尺寸有关。

19.5.2 氧化锌压敏陶瓷

氧化锌（ZnO）压敏电阻是一种由多种金属氧化物组成的多晶半导体陶瓷。其采用常规陶瓷技术烧结而成，是一种具有电压依赖性的开关器件，主要表现在击穿电压以上的非欧姆电流-电压特性。

(1) ZnO 陶瓷压敏机理。ZnO 具有纤锌矿型晶体结构。氧离子以六方密堆排列，Zn^{2+} 占据一半四面体间隙。ZnO 能带的禁带宽度为 3.34eV，应属绝缘体。但 ZnO 本身产生的本

征缺陷的反应使它成为半导体。ZnO 结构间隙较大，锌易进入间隙，形成锌间隙原子和空位。

$$Zn_{Zn} \rightleftharpoons Zn_i^{\times} + V_{Zn}^{\times} \tag{19-39}$$

在低氧分压高温下，ZnO 也可能分解，形成填隙 $Zn_i^{\times}$ 原子，同时产生氧空位 $V_O^{\times}$。

$$ZnO \rightleftharpoons Zn_i^{\times} + V_O^{\times} + 1/2O_2(g) \tag{19-40}$$

$Zn_i^{\times}$ 和 $V_O^{\times}$ 经一次和二次电离，就形成 e′为载流子的 n 型半导体。

$$\begin{aligned} Zn_i^{\times} &\rightleftharpoons Zn_i^{\cdot} + e' \\ Zn_i^{\cdot} &\rightleftharpoons Zn_i^{\cdot\cdot} + e' \\ V_O^{\times} &\rightleftharpoons V_O^{\cdot} + e' \\ V_O^{\cdot} &\rightleftharpoons V_O^{\cdot\cdot} + e' \end{aligned} \tag{19-41}$$

本征 ZnO 半导体陶瓷的导电性能受环境气氛影响较大，重复性差。掺杂后其电导率主要由杂质含量决定，受环境气氛影响较小，易于生产。引入高价阳离子时（如 Al^{3+}、Cr^{3+}），在 ZnO 中形成施主中心，电导率提高；当引入低价阳离子时（如 Li^{+}、Ag^{+}），在 ZnO 中形成受主中心，电导率下降。气氛对杂质的作用也有影响。例如，当引入铋时，在还原气氛下铋进入间隙位置，形成施主；而在氧化气氛下铋则进入格点位置，形成受主。

压敏氧化锌陶瓷的高度非线性电压-电流关系，主要由绝缘晶界层决定。两个 ZnO 晶粒的交界处，形成半导体-绝缘体-半导体结构。在晶界区，化学计量比的偏离，掺杂的富集，导致许多陷阱的出现，晶界面区存在深的陷阱能级，使晶粒表面能带弯曲，形成肖特基势垒［图 19-17（a）］。其中，Φ_0 为势垒高度，E_c 为导带底能级，E_F 为费米能级，E_v 为价带顶能级；b 为耗尽层厚度，约为 10～100nm，即晶粒表面层的自由电子被晶界受主态俘获而消耗尽的厚度。

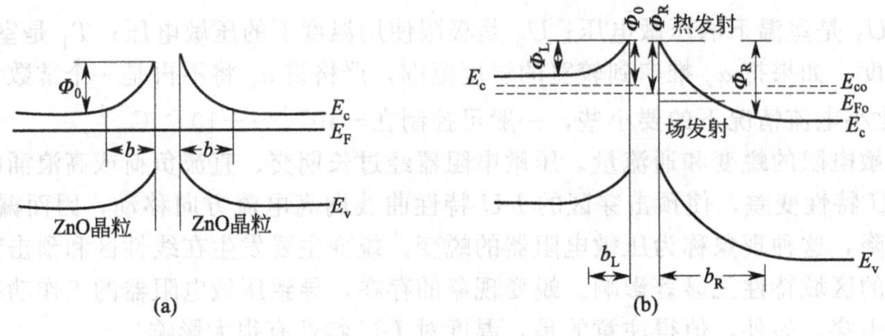

图 19-17　ZnO 晶粒表面能带及加偏压后势垒变化

(a) ZnO 晶粒表面能带；(b) 加偏压后势垒变化

在压敏电阻器上施加电压时，能带发生倾斜［图 19-17（b）］。假设右边的势垒施以反向偏压，左边势垒则受正向偏压的影响。在反向偏压作用下的右边，耗尽层 b_R 加厚，势垒高度 Φ_R 比 Φ_0 高得多；而受正向偏压作用的左边，耗尽层 b_L 减薄，势垒高度 Φ_L 比 Φ_0 小。

在中等场强、温度时，I-V 特性处于预击穿区，$\lg I$ 与 $V^{1/2}$ 是直线关系，与温度的关系很大。在反向偏压下，向势垒右边流动的电子来源是：左边 ZnO 晶粒导带中的电子被热激活逸出而流入右边；晶界处陷落的电子被热激发逸出而向右流动。

在击穿区，当外电场强度足够高时，晶界界面能级中堆积的电子，不需要越过势垒，而是直接穿越势垒进行导电，称为隧道效应。隧道效应引起的电流很大，达到击穿的程度。

(2) ZnO 压敏陶瓷特性

① 伏安特性在极其广阔的电流密度范围内（约 $10^{-8}\sim10^{3}A/cm^{2}$）具有非线性，高非线性区的非线性系数可达 50～100，甚至更高，而且非线性系数与添加剂成分、数量及工艺密切相关。整个伏安特性可分为三个特征区：小电流区（预击穿区）、高非线性区（击穿区或工作区）和翻转区（大电流区或上升区）。

② 在预击穿区内，压敏电阻具有负电阻温度系数特征，其漏电流随温度的升高而增加，即该区域的电压对温度很敏感。

③ 击穿区的特性对温度不太敏感。基本电压敏感功能单元的击穿电压 U_{gb}（$U_{gb}\approx U_b/n$，其中 U_b 为压敏电压，n 为电阻片厚度方向上平均串联晶粒数目），对添加剂的组成、总量和烧成温度不太敏感。ZnO-Bi_2O_3 配方体系的 U_{gb} 在 2～3V，而稀土氧化物掺杂 ZnO-Co_2O_3 配方体系的 U_{gb} 约为 1.4V。

④ 压敏陶瓷的电容量与偏压有关。在预击穿区，电容量随偏压增大而减小；在击穿点，电容量降为最小值；当进入击穿区后，电容量又急剧增大。

⑤ 在直流或交流电压连续作用下，或经浪涌电流冲击后，预击穿区的伏安特性会出现老化现象，而且老化现象的基本形式是低阻化。在同样的电压或电流应力下，温度升高加剧老化，直流电压或单极性浪涌电流冲击会使伏安特性变得不对称。

此外，还有其他宏观现象，如介电谱的特征、热激电流谱特征等，但以上五个方面的特性是主要的。

19.5.3 压敏陶瓷的应用

压敏电阻的应用领域非常广泛，而且还在不断扩展。在压敏半导体陶瓷上加上电极后封装即成为压敏电阻器，压敏电阻器既可以作为一个独立元件来使用，还可以与其他保护元件一起构成电涌保护器（SPD）。压敏电阻器可用作过压保护、高能浪涌吸收和高压稳压等，广泛应用于电力系统、电子线路和家用电器中。例如，在电力避雷器、电机、有线电话交换机、硅整流器等继电保护方面可用其吸收异常电压。微型电机则用其吸收噪声。

(1) 防雷和过电压保护。一般将压敏电阻与被保护的对象并联，如图 19-18 所示压敏电阻用于防雷和过电压保护中，压敏电阻与电源变压器初级并联。在正常的工作电压范围内其阻值极大，为“关”状态；当其两端的电压超过规定值（导通电压）时，阻值瞬间变小；立即导通，出现很大电流。但存在的时间极短（8～20ms），对电路没有危害，被保护对象两端电压却被限制住了，因此可防止电网过电压和雷电的危害。

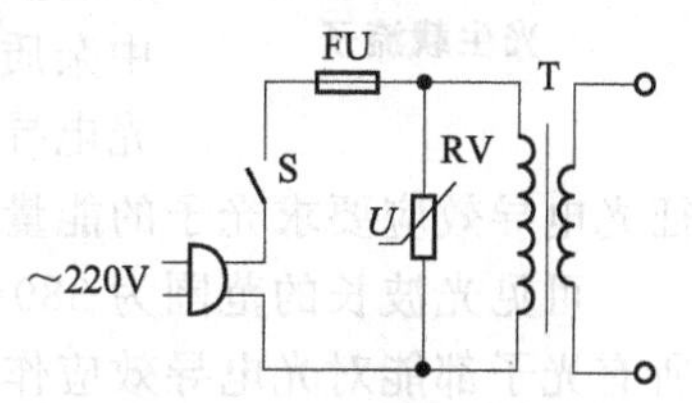

图 19-18 压敏电阻用于防雷和过电压保护

迄今为止，ZnO 避雷器已成为保护性能最好、发展最快的过电压保护装置之一，其主要作用是吸收雷电和操作等产生的过电压的冲击能量，防止过电压进入输变电站和用户，避免损坏电力设备及用电设备。其具体有以下方面的应用：①交直流电站和配电系统的过电压保护；②敞开式和 GIS 变电站用避雷器；③并联和串联补偿电容器用避雷器；④发电机和电动机过电压用避雷器；⑤输电线路用避雷器和内藏于绝缘子、开关、变压器等的避雷器；⑥大型发动机转子回路、灭磁过程的过电压保护和能量吸收的保护器；⑦超高压交直流断路器开断时系统中的能量吸收器等。

(2) 吸收浪涌电压。半导体晶闸管对电压很敏感，为防止电网浪涌尖峰电压的危害，晶闸管并联一压敏电阻，用压敏电阻吸收浪涌电压见图 19-19。当浪涌电压入侵时，压敏电阻先被击穿开路，从而抑制住电压峰值，保护了晶闸管。

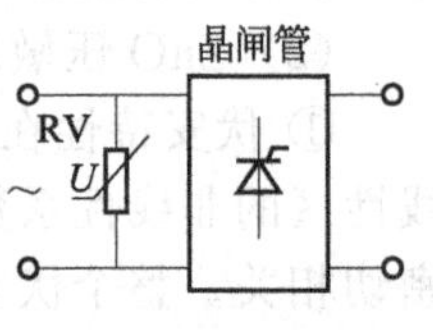

图 19-19　用压敏电阻吸收浪涌电压

近年来，随着电子仪器和装置的轻、薄、短、小及多功能化的发展，压敏电阻在大规模集成电路（LSI）和超大规模集成电路（VLSI）的计算机、电子仪器中作为保护元件的需求量逐年增加，为压敏电阻开辟了广阔的应用前景。

19.6　光敏陶瓷

光敏陶瓷也称光敏电阻瓷，属半导体陶瓷。由于材料的导电特性不同以及光子能量的差异，它在光的照射下吸收光能，产生不同的光电效应，如光电导效应和光生伏特效应。

19.6.1　光敏陶瓷的主要特性

光照射到物体时光会被吸收、反射和透过。半导体的禁带宽度（0～3.0eV）与可见光的能量（1.5～3.0eV）相适应，光照射在半导体上时，可被部分吸收，产生较强的光效应。光作用于物体使其电性质发生变化的现象称为光电效应。光电效应主要有光电导效应以及光生伏特效应和光电子发射效应。利用光敏半导体陶瓷的光电效应，可制造光敏电阻和太阳能电池。

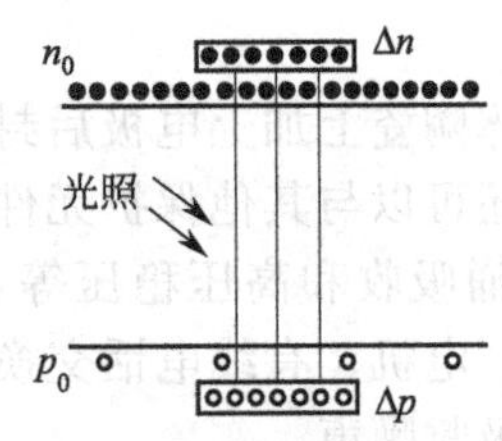

图 19-20　光照产生的光生载流子

（1）光电导效应。半导体在受到光照射时，电导率发生变化的现象称为光电导效应。图 19-20 所示为光照产生的光生载流子。其电导率的变化是由于吸收光子后，载流子的浓度发生了相应变化，或者由于光子的能量大于半导体禁带的宽度，使价电子跃迁到导带，在价带中产生空穴，半导体中产生光生载流子，使半导体的电导率增大，这种光电导现象称为本征光电导效应。图 19-20 中 p_0 或 n_0 分别为光照前半导体中的空穴或电子载流子浓度，Δp 或 Δn 分别为光照后空穴或电子载流子的浓度。对于掺杂半导体，光照仅激发禁带中杂质能级的电子或空穴，使其电导率增大，这种光电导称为杂质光电导效应或非本征光电导效应。与杂质光电导效应相比，发生本征光电导效应要求光子的能量高，所以本征光电导效应发生在杂质极少的半导体中。

可见光波长的范围为 380～760nm。由于不同光源的光子具有不同的能量，所以并不是所有光子都能对光电导效应作出贡献。如对于本征激发，只有当光子能量大于或等于禁带宽度时才能产生本征激发，即产生激发的光波长 λ_0 应满足下式：

$$h\nu_0 = hc/\lambda_0 = E_g \tag{19-42}$$

式中，h 为普朗克常量；c 为光速，2.9979×10^{10} cm/s。则 λ_0 可由下式求出：

$$\lambda_0 = hc/E_g \tag{19-43}$$

将具体 E_g 值、普朗克常量和光速代入式（19-43），可求出具体的 λ_0 值，确定产生激发的光波长。对于非本征光电导效应，由于不是能带间的激发，所以激发的光波长可以较长，如红外波等。本征光电导效应和非本征光电导效应可在半导体中同时存在。由式（19-43）可知，某种半导体并非对所有波长的光都能产生光电导效应，只有那些具有足够高能量的光照射才能使半导体中的电子或空穴被激发成为载流子，否则再强的光照射也不能使半导体产生光电导效应。

非本征光电导效应对光子能量要求低，容易实现。所以根据应用的需要，掺杂半导体光电导材料的研究受到高度重视。掺杂剂分为两类：一类是施主掺杂剂；另一类是受主掺杂剂（即敏化剂）。如 CdS 的禁带宽度是 2.4eV，相当于波长为 500～550nm 可见光的光子激发能量。因此，CdS 对可见光有很好的光谱响应。CdS 在导带下 0.03eV 的位置，是施主能级。图 19-21 显示，掺 Cu 使 CdS 半导体的光谱特性曲线向长波长方向移动。本征半导体 CdS 的光谱特性在 520nm 处，掺较多的 Cu 以后光谱特性移至 600nm 处。为了提高光敏电阻的灵敏度，应控制掺杂施主和受主的比例。

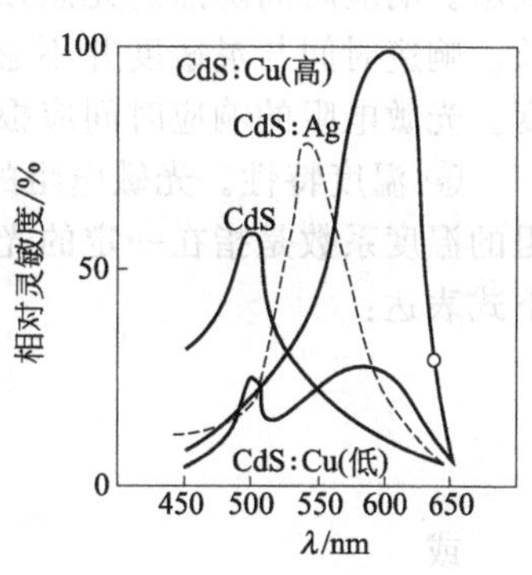

图 19-21　掺 Cu 对 CdS 光敏电阻相对灵敏度的影响

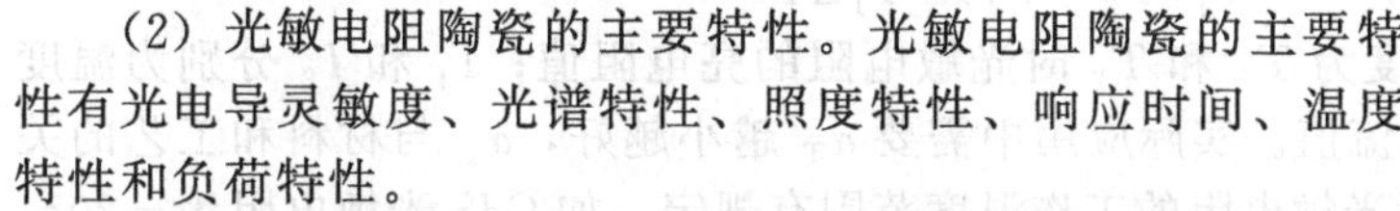

（2）光敏电阻陶瓷的主要特性。光敏电阻陶瓷的主要特性有光电导灵敏度、光谱特性、照度特性、响应时间、温度特性和负荷特性。

① 光电导灵敏度。光敏电阻的光电导灵敏度是指在一定光照下所产生的光电流大小，与材料的光生载流子数目、寿命以及电极间的距离有关，通常有电阻灵敏度和相对灵敏度两种表示方法。电阻灵敏度 S_R 表示如下：

$$S_R=\frac{R_D-R_P}{R_P} \tag{19-44}$$

式中，R_D 为无光照时光敏电阻的电阻值；R_P 为光照后光敏电阻的电阻值。由于 R_P 随光照强度改变，所以电阻灵敏度只有标明具体的光照强度时才有意义。相对灵敏度 S_S 表示如下：

$$S_S=\frac{R_D-R_P}{R_D} \tag{19-45}$$

式（19-45）只适用于弱光照情况。当光照强度较高时，$S_S=1$。

② 光谱特性。光敏电阻的光谱特性是指光敏电阻灵敏度最高时对应的光波波长范围，如 CdS 灵敏度峰值波长在 520nm，CdSe 灵敏度峰值波长在 720nm。图 19-22 为将 CdS 和 CdSe 按不同比例形成固溶体时的光谱特性，其中灵敏度峰值范围为 520～720nm。

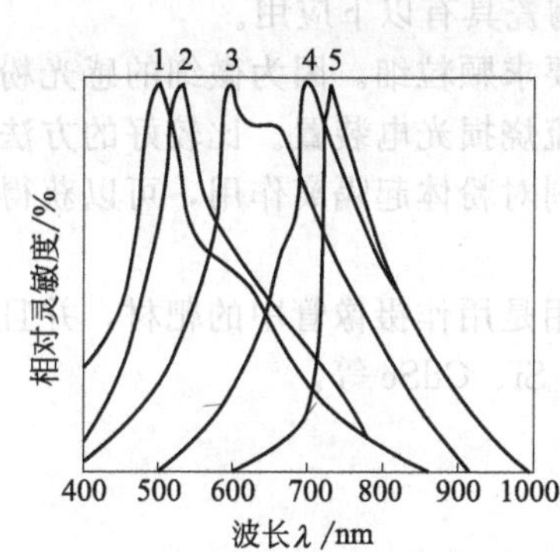

图 19-22　CdS-CdSe 固溶体的光谱特性

1—CdS（100%）；2—CdSe（15%）；3—CdSe（40%）；4—CdSe（60%）；5—CdSe（100%）

③ 照度特性。光敏电阻的照度特性是指其输出信号（电压、电流或电阻阻值）与光照度之间的关系。如对于 CdS 的经验公式为：

$$I_p=KV\alpha L^{\gamma} \tag{19-46}$$

式中，K 为与光敏电阻类型有关的常数，$K=e\tau\mu/l^2$。其中，μ 为载流子的迁移率；l 为光敏电阻两电极间的距离；I_p 为有光照时的电流；V 为工作电压；α 为电压常数，单晶和由蒸发制成的光敏电阻的 $\alpha\approx1$，烧结膜的 $\alpha=1.1\sim1.2$；L 为光的照度；γ 为照度指数，表示光敏电阻照度特性的非线性程度，数值上等于电流与照度的双对数坐标关系曲线的斜率。CdS 光敏电阻的 $\gamma=0.5\sim1$，CdSe 光敏电阻的 $\gamma\approx1$ 或大于 1。

④ 响应时间。光敏电阻的响应时间（或时间常数）反映了亮电流（或亮电阻）随光照强度而变化的快慢程度，通常用上升时间（指在光照下达到稳定亮电流的 63.2% 或 90% 所

需的时间）和衰减时间（遮光后，亮电流衰减到稳定亮电流的 63.2%或 90%所需的时间）来表示。响应时间随照射光照强度而变化，光照强度高时响应时间短，光照强度低时响应时间长。响应时间与灵敏度并不总是呈反向关系。尽管较短的响应时间可能伴随着较高的灵敏度。光敏电阻的响应时间应根据实际使用的要求来考虑。

⑤ 温度特性。光敏电阻的光导特性受温度影响较大，一般用温度系数 α_T 表示。光敏电阻的温度系数是指在一定的光照下，温度每变化 1℃时，亮电阻或亮电流的相对变化率，用下式表达：

$$\alpha_T=\frac{R_2-R_1}{R_1(T_2-T_1)}=\frac{\Delta R}{R_1\Delta T} \tag{19-47}$$

或

$$\alpha_T=\frac{I_2-I_1}{I_1(T_2-T_1)}=\frac{\Delta I}{I_1\Delta T} \tag{19-48}$$

式中，R_1 和 R_2 分别为温度为 T_1 和 T_2 时光敏电阻的亮电阻值；I_1 和 I_2 分别为温度为 T_1 和 T_2 时光敏电阻的亮电流值。实际应用中需要 α_T 越小越好，α_T 与材料和工艺的关系很大。为了使 α_T 减小，实际光敏电阻的工作温度范围有规定，如 CdS 光敏电阻为－20～70℃，CdSe 光敏电阻为－20～40℃。

⑥ 负荷特性。光敏电阻的负荷特性是指其经过光照和电场作用负荷后的稳定性，反映了光敏电阻的负荷老化对其性能稳定性的影响。采取适当的掺杂、控制必要的工艺条件和进行合理的处理，都可明显改善光敏电阻的负荷特性。

19.6.2 光敏陶瓷的应用

半导体陶瓷在光的照射下，往往会引发其一些电学性质的变化。由于陶瓷导电特性的不同及光子能量的差异，可能产生光电导效应，也可能产生光生伏特效应。利用这些效应，可以制造光敏电阻和光电池。典型的产生光电导效应的光敏陶瓷有 CdS、CdSe 等，典型的产生光生伏特效应的光敏陶瓷有 Cu_2S-CdS、CdTe-CdS。光敏陶瓷具有以下应用。

(1) 电子照相用感光材料。作为电子照相用感光材料，要求颗粒细。因为微细的感光粉可使感光层均匀，同时颗粒间接触的地方增多，可防止过电流烧损光电装置。比较好的方法是制造光电导粉体时，在配料中加入分散剂。在烧成中分散剂对粉体起隔离作用，可以获得细晶。

(2) 摄像管靶材用光敏材料。光电导材料的一个重要应用是用作摄像管中的靶材，并且已经实现商品化。用作摄像管中的靶材有 Sb_2S_3、PbS-PbO、Si、CdSe 等。

19.6.3 太阳能电池

太阳能电池是以太阳光为光源的光电池，它在国计民生中越来越显示出重要性。由于其质量轻、可靠性高、寿命长，能承受各种环境的变化，因此成为空间技术的重要能源。太阳能电池也是一种非常有前途的能源。本节利用 pn 结的基本概念，说明太阳能电池的基本工作原理，并介绍几种常用太阳能电池的制作工艺。

(1) 光生伏特效应。暗态时，pn 结处于热平衡条件下，扩散电流与漂移电流相等。当光照射时，其平衡就被破坏，产生非平衡载流子。当光照射到 pn 结上时，光的一部分被反射掉。当光子的能量小于光电池的禁带宽度时，光线穿行而成透射光。光子的能量大于禁带宽度时，将产生电子、空穴：一部分进入 n 型区，一部分进入结区，一部分进入 p 型区。当这三个区域吸收足够能量的光子时，会产生电子空穴对。由于结区耗尽层很窄，对光生电流的贡献可以忽略不计。在 p 型区中产生的少数载流子（电子）由于浓度梯度的关系，进行扩散，只有少数载流子离 pn 结的距离小于它的扩散长度，但总有一定数量的载流子扩散到 pn 结界面处，一旦扩散到此界面，它会在结电场的作用下，迅速拉向 n 型区，而多数载流子则被结电场排斥。同样，n 型区的少数载流子（空穴）扩散到 n 型区与 pn 结的界面处，则被结电场拉向 p 型区。这些被拉向对方区域的少数载流子抵消掉一部分原来积聚在 pn 结界面处的空间电荷，构成与原结电场方向相反的电场，使原势垒下降。这种现象称为光生伏特效应，势垒下降的数值即为光生电动势。

(2) 光电转换效率。太阳光是连续光谱，不同波长的光有不同的能量。当光子能量等于禁带宽度时，能直接产生光电效应，光能转换成电能；当光子能量大于禁带宽度时，相当于禁带宽度的那部分能量转换成电能，多余的能量传递给晶格，加强晶格振动，转化为热能损耗掉；当光子的能量小于禁带宽度时，以同样方式变成热能损耗掉或透射过去，因此使太阳能转换成电能的效率降低。光电转换效率可用下式表示：

$$\eta=\frac{P_{out}}{P_{in}} \tag{19-49}$$

式中，P_{out} 为光电池输出功率；P_{in} 为光能输入功率。当光子的能量大于禁带宽度时，超过禁带宽度的那部分能量也会造成热损耗。如果光电池的禁带宽度越宽，则低能光子损耗越大，导致光电转换效率降低；如果光电池的禁带宽度过窄，则高能光子会造成不必要的损耗，也导致光电转换效率下降，因此这两种情况都不宜作为理想的太阳能电池材料。

实际上，太阳能电池的转换效率不仅受到光能激发利用率的限制，还要受到材料表面的反射损耗、电子空穴对复合损失等多种因素的限制。理论研究表明，转换效率的理论值可达 25%左右，但实验的最高值小于 23%，而一般产品的转换效率都在 10%以下。综合考虑影响光电转换效率的诸多因素之后得知，光敏材料的禁带宽度在 1.0～1.6eV 较为合适。表 19-6 列出了一些半导体光敏材料的禁带宽度。

表 19-6　一些半导体光敏材料的禁带宽度

半导体光敏材料	Ge	Si	Cu_2S	GaAs	CdTe	Cu_2O	ZnTe	CdS
禁带宽度/eV	0.66	1.11	1.2	1.43	1.44	1.95	2.26	2.42

从禁带宽度来看，Si、Cu_2S、GaAs、CdTe 等都适于制造太阳能电池。其中，Si、CaAs 常用作单晶或多晶薄膜太阳能电池材料，而 Cu_2S、CdTe 常用作陶瓷太阳能电池材料。

(3) Cu_2S-CdS 陶瓷太阳能电池。Cu_2S-CdS 陶瓷太阳能电池常用烧结-电化学法制造。首先将高纯 CdS 研细，放入石英舟，在氮气中（含氧量＜2000μL/L）于 750～780℃预处理 3h，注意粉末必须保持金黄色，不能发黑，预处理后在玛瑙研钵中研细，加适量聚乙烯醇水溶液作为胶黏剂，干压成型，然后烧结。烧结必须在氮气流中进行，其含氧量应小于 1000μL/L，烧结温度为 800℃，保温 5～7h，冷至室温后再停止通氮气。通过烧结，形成非化学计量的 CdS_{1-x}，其中含有相当多的硫空位。这些空位在 CdS 禁带中形成施主能级，使其成为 n 型半导体，采用适当的工艺，可得到平均粒径为 5μm 的瓷体，电阻率 ρ 为 0.10 Ω·cm。控制烧结温度及氮气中氧气的浓度很重要。若温度高于 800℃，CdS 升华，温度过高会导致晶粒生长过大和气孔率增加。此外，氧气浓度不足，可导致电阻率增大；氧气浓度过大时，会使 Cd 氧化成 CdO，影响性能。因此，必须严格控制烧结温度和氧气的浓度。烧结后的产品，背光的一面加负极。可先将表面磨光，再用稀盐酸腐蚀之后清洗干净，用化学镀 Ni 法制作 Ni 电极，或利用真空镀膜机蒸镀 Cd 作为负极，再涂以保护涂层。电池向光的一面利用电化学方法处理，形成 p 型半导体，可大大提高对入射光子的吸收效率和电池的光电转换效率。

形成 p 型半导体后，将制好的筛网状的 Cu 或 Ag 电极用环氧树脂粘接在电池向光的一面，形成正极，并焊上引线。Cu_2S-CdS 陶瓷太阳能电池结构示意如图 19-23 所示。其特性如表 19-7 所示。

表 19-7 Cu_2S-CdS 陶瓷太阳能电池的特性

转换效率/%	开路电压/V	短路电流/(mA/cm^2)
6～9	0.45～0.48	25～35

对于 Cu_2S-CdS 太阳能电池，虽然部分性能不如硅太阳能电池，但它的成本低，而且耐辐射能力比硅太阳能电池强。因此，其在空间技术中已有应用。它的主要缺点是有 Cu 离子迁移，Cu 离子扩散到 CdS 中，造成太阳能电池性能不稳定。Cu_2S-CdS 太阳能电池的另一个缺点是光电转换效率不高。其原因之一是，虽然 Cu_2S 和 CdS 同属于纤锌矿型晶体，但 Cu_2S 的 c 轴长为 1.513nm，而 CdS 的 c 轴长为 0.58nm。由于晶格参数的差异，异质结面存在大量位错，导致复合率高，使得转换效率无法提高。近年来有人在 CdS 中固溶一定量的 Zn，当组分为 $Cd_{0.57}Zn_{0.48}S$ 时，可使其晶格参数与 Cu_2S 完全一致，这对提高转换效率有显著效果。

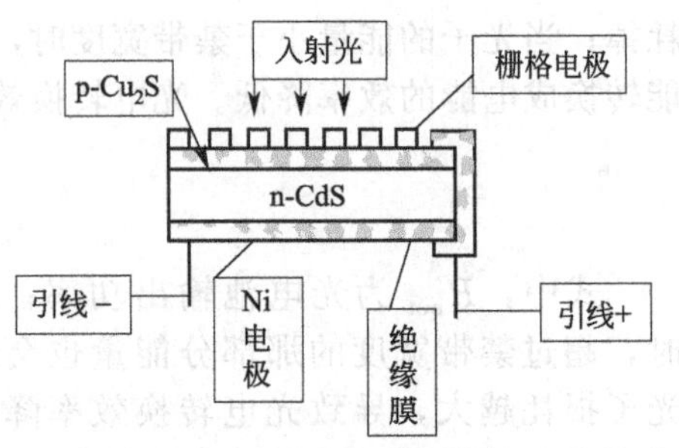

图 19-23 Cu_2S-CdS 陶瓷太阳能电池结构示意

(4) 薄膜 Cu_2S-CdS 太阳能电池。薄膜太阳能电池可以用真空镀膜机镀在有机薄膜上，其特点是面积大、体积小、质量轻。虽然薄膜工艺与传统的陶瓷工艺不同，然而许多陶瓷厂常采用这种工艺制造功能材料，这也反映了功能材料和器件所涉及的技术面相当广泛，涉及多门学科与多种工艺手段。

采用真空镀膜机镀膜（真空蒸镀），首先要利用陶瓷技术制造 CdS 烧结体，它的电阻率要控制在 0.5～10Ω·cm，才能符合太阳能电池的要求。其次，是在基板镀上导电膜，材料可以是锌，也可以是透明导电 SnO_2 薄膜。最后，蒸镀时把烧结体 CdS 放入坩埚中，蒸发 CdS 时温度要保持在 800～1100℃，基板温度则控制在 250～500℃之间。蒸发时的气氛对于成膜速度也有影响，在氢或氢＋氮的气氛中，成膜速度快，为 0.3～0.5μm/min，结晶性良好，无针孔。

对于已经形成的 CdS 膜，放入 $CuSO_4$ 的温水溶液中浸泡，或在含铜离子的水溶液中把它作阴极，铜板作阳极，两者之间通以微弱的电流，在 CdS 表面形成 p 型 $Cu_{2-x}S$ 层，并在 $Cu_{2-x}S$ 表面形成晶格电极作阳极，导电性极板作阴极，则可制作成为太阳能电池。当基板不透明时，太阳光从阳极 $Cu_{2-x}S$ 处射入，这种太阳能电池称为前壁式太阳能电池；基板透明时，太阳光可从 CdS 层射入，这种太阳能电池称为后壁式太阳能电池。

无论是基于烧结技术的 Cu_2S-CdS 太阳能电池，还是薄膜 Cu_2S-CdS 太阳能电池，都有 Cu^{2+} 迁移造成的性能不稳定问题。可以利用阴极处理的方法加以改善，即把太阳能电池当作阴极放入 0.1% 的 $NaNO_3$ 水溶液中；以铂金板作阳极、通电，电流密度为 $0.1mA/cm^2$，约 20min 后水洗干燥，敷设电极引线，用透明的环氧树脂封装，转换效率为 6%～9%。还有一种改善方法是先蒸镀 n 型 CdS，再蒸镀 CdTe 层。此时有过剩的 Cd 向 CdTe 层扩散，使它变成 n-CdTe；最后通过蒸镀 Cu_2S，可使 Cu^{2+} 通过 CdTe 再向 CdS 扩散。因此，这种太阳能电池性能稳定，寿命延长。

第20章

传统陶瓷

传统陶瓷又称普通陶瓷，是以黏土、长石、石英及其他天然矿物为原料，经过粉碎加工、成型、烧成等过程制成的一种多晶、多相（晶相、玻璃相和气相）的硅酸盐材料。

一般情况下，人们习惯于利用陶瓷配料在高岭土（黏土）-石英-长石三组分系统相图中所处的区域位置将普通陶瓷分为精陶、炻器、软质瓷、硬质瓷和化学瓷。

图 20-1 为普通陶瓷的配料范围及耐火度。硬质瓷是指配料中高岭土含量较多，长石等熔剂类物质较少，成瓷温度较高，烧成后瓷及釉面的硬度较高（莫氏硬度 7 左右）的一类陶瓷。软质瓷与之相反，配方中熔剂类物质较多，烧成温度低，瓷质较软。耐腐蚀、耐磨损、热稳定性高的化工陶瓷（或化学瓷）是化学工业中不可缺少的一种结构材料，与硬质瓷相比，软质瓷配料中高岭土含量较少而石英含量较多。例如，电瓷为了满足高的电压等级以及大的输配电容量，其要求高的机械强度和高的介电强度，属于硬质瓷。日用陶瓷中只有青花瓷等少数高品质的陶瓷属于硬质瓷，大部分日用陶瓷、建筑陶瓷和卫生陶瓷等普通陶瓷都属于软质瓷的范畴。

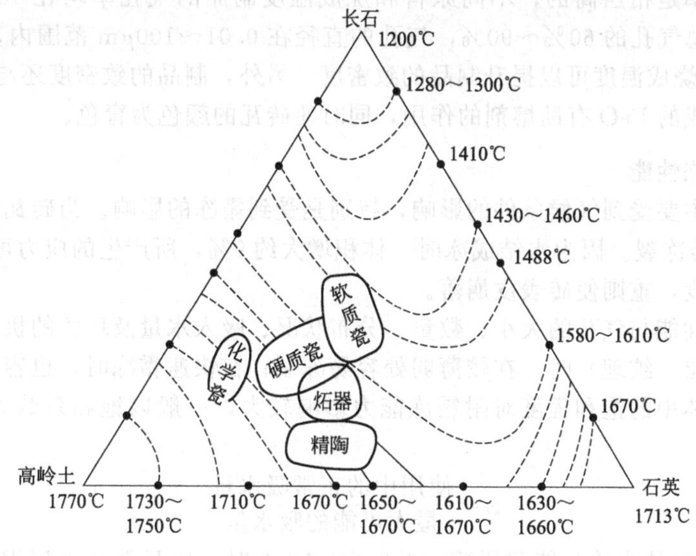

图 20-1　普通陶瓷的配料范围及耐火度

20.1 陶器

20.1.1 陶器的种类和性质

陶器通常有一定的吸水率，其断面粗糙无光，制品不透明，机械强度低，热稳定性较差；敲击声音低沉、沙哑，有的无釉，有的施釉。

陶器按坯料粒度大小及烧制后制品的吸水率可分为：粗陶器，吸水率≤25%，粒度2～2.5mm；普通陶器，吸水率≤15%，粒度0.2～2mm；精陶器，吸水率≤12%，粒度0.1～0.2mm。

陶器按用途分类：粗陶器可分为砖瓦、盆罐、陶罐及建筑琉璃制品；普通陶器可分为日用陶质器皿、碗等；精陶器可分为精细加工的日用精陶制品、美术陶器及釉面砖等。

20.1.2 砖瓦

20.1.2.1 砖瓦的工艺特性

砖瓦是直接用天然原料在950～1050℃烧制而成的，它包括墙砖、屋瓦、墙面砖、下水管道、烟囱用砖及电缆保护筒等。

砖瓦属于大量生产的制品，一般以当地的黏土或黄土作为原料。黏土原料可提供成型的可塑性和黏结作用，赋予坯体干燥强度，同时还可促进坯体烧结致密化，减少开口和连通气孔体积及吸水率；不同类型的黏土，例如伊利石、绿泥石，特别是蒙脱石会影响制品的干燥性能。瘠性料如石英、长石、碳酸盐等对干燥有利。钙长石是在烧成过程中形成的，对制品的力学性能及抗（耐）霜冻性能有利；原料的细颗粒（小于2μm）含量高而且粒度分布合理，对提高可塑性有利。为了保证生坯的形状稳定，要求颗粒紧密堆积，这就要求原料的各种粒度级配合理。

砖瓦的气孔率是相当高的，不同原料和烧成温度制品的气孔率均在10%～40%之间。其中开口气孔占总气孔的60%～90%，气孔的直径在0.01～100μm范围内，其中大部分为0.1～5μm。提高烧成温度可以提升制品的致密度。另外，制品的致密度还与窑炉气氛有关，烧成时还原焰形成的FeO有助熔剂的作用，同时使砖瓦的颜色为青色。

20.1.2.2 耐霜冻性能

砖瓦在使用中要受到气候条件的影响，特别是受到霜冻的影响。当砖瓦的气孔中充满水时，霜冻可能将砖冻裂。因为水结成冰时，体积增大约9%，所产生的应力可使气孔壁碎裂，轻则降低砖的强度，重则使砖表皮崩落。

砖瓦耐霜冻性能与气孔的大小、数量、分布状况、吸入水量及坯体的机械强度有关。特别是坯体存在分层（纹理）时，在较薄弱处容易冻裂；在快速霜冻时，也容易冻裂。

由于水在坯体中的饱和程度对耐霜冻能力影响较大，一般以饱和系数S来衡量砖瓦的耐霜冻性能：

$$S=\frac{\text{使用中的正常吸水量}}{\text{最大可能的吸水量}}$$

$S<0.8$时，可认为砖瓦能耐霜冻；$0.8<S<0.9$时，砖瓦就有受到霜冻的危险；$S>0.9$时，则砖瓦不耐霜冻。由于没有考虑到气孔的分布情况，S值只能用作初步判断。

人们经过长期霜冻试验后发现，坯体中含一定量大于0.8μm的气孔对耐霜冻性能有益。

气孔的截面为圆形则较扁平或长形的气孔有利。坯体中的纹理或裂痕都会削弱局部的强度而易于被霜冻损坏。提高烧成温度和延长烧成时间不仅可以提高坯体强度，而且熔融态物质的增多使气孔变成圆形，因而可以提高耐霜冻性能。

20.1.2.3　冒霜

砖瓦在经过一定时间使用后，表面出现白色或其他颜色的斑点，称为冒霜。这是由于水分将所溶解的盐类通过气孔迁移到表面，在水分蒸发后盐类析出。这些盐类大都是碱金属或碱土金属的硫酸盐、少量碳酸盐或其他可溶性盐。

可溶性的盐类只有在砖瓦中存在或从外部进入砖瓦中（如地下水渗入、从砂浆中排出或砖与砂浆之间的反应）才可能出现冒霜。如果除去外部因素，碳酸盐可能由制砖原料带入，如石膏及黄铁矿等。有的还可能在烧成过程中形成硫酸盐，如燃料中的硫化物在 $CaCO_3$ 分解后形成 $CaSO_4$，它在普通的砖瓦烧成温度下是稳定的。因此，提高烧成温度可以降低砖的冒霜倾向；同时，还可使那些能形成易溶硫酸盐的阳离子与硅的氧化物形成不溶性的硅酸盐。另外，在原料中加入 $BaCO_3$，高温下形成不溶于水的 $BaSO_4$，可消除硫酸盐的冒霜。

砖瓦在使用中经常受到天气变化的影响，湿和干交替循环，在气孔中的可溶性盐类不断溶解、析晶。有时还有不同溶解程度的晶体互相转换，同时伴随着体积变化，最终导致坯体破裂；有时形成很细微的碎片，称为粉化。在这方面，$MgSO_4$ 的危害较大，因为从 $MgSO_4$ 转变为 $MgSO_4 \cdot 7H_2O$ 时，体积约增大三倍。在原料中，镁以碳酸盐的形式引入，在烧成过程中分解为 MgO。$MgSO_4$ 在烧成温度下不稳定，以 MgO 的形式存在于坯体中。砖瓦在长时间使用中，MgO 与 $CaSO_4$ 接触，特别是有 CO_2 存在时会形成 $MgSO_4$ 及难溶于水的 $CaCO_3$。MgO 也会发生水化反应，形成 $Mg(OH)_2$。

有颜色的冒霜现象，特别是绿色的斑点，主要是由钒酸盐造成的。Fe、Mo、Cr、Ni、Mn 等过渡金属元素的化合物也会形成彩色斑点。V_2O_5 的浓度在 0.01%（质量分数）时可能形成斑点，可溶性钒酸盐的形成温度为 800～1000℃，温度超过 1000℃时会变为难溶化合物。

20.1.3　精陶

20.1.3.1　精陶的工艺特性

精陶通常分为黏土质、石灰石质和长石质三大类。从坯体烧结程度来看，精陶坯体比粗陶致密，但不及瓷器。其主要的相组成为石英，还有少量莫来石、残留黏土、玻璃相和气孔等。其中，石灰石质的精陶坯体是由固相反应生成的莫来石、方石英、钙长石、游离石英、少量黏土和云母残骸等互相交织，并在玻璃相的胶结下所构成的一种多孔不完全烧结体。

精陶一般采取两次烧成，素烧温度一般在 1100～1250℃，釉烧温度一般在 1050～1150℃。由于使用了低温熔块釉，坯与釉的化学组成差别大，釉的膨胀系数较高，致使坯釉适应性变差，极易发生早期釉面龟裂现象。常用的铅硼釉弹性较大，虽能在一定范围内抵消坯釉热膨胀差所造成的有害影响，但使精陶器的铅溶出量过大。为了保证在釉层中形成压应力，需要增大坯体的膨胀系数，因此在坯体中增加石英的含量，少加助熔剂，以及将坯料磨细、石英预烧，或提高煅烧温度使之转化为膨胀系数大的方石英等都是有效的方法。

素烧后坯体的气孔率对施釉很重要。提高素烧温度会降低坯体的气孔率，导致施釉困难。若烧成温度低，气孔率增大，吸水率上升，则可使坯体强度下降。此外，还会出现制品使用过程中的坯体吸湿膨胀变大，釉层出现后期龟裂，胎层抵抗铺贴黏结剂污迹以及外界油渍浸透的能力下降。通常，以素坯具有 10%～17%吸水率时的焙烧温度作为素烧最终温度。

素烧温度取决于坯料中 K_2O 和 Na_2O 等的含量以及坯料细度。K_2O 和 Na_2O 含量高，坯料细，素烧温度可略低些。粒度细的石英转化为方石英的速度快，但在 SiO_2 含量大于70%的坯料中，往往由于石英粒度过细，烧成时转化过于集中而使坯体开裂。

釉烧温度高低决定着坯釉中间层的厚薄和釉本身的膨胀系数。适当提高釉烧温度可增厚坯釉中间层并降低釉的膨胀系数。但过高的釉烧温度或过长的保温时间，都会使釉被坯吸收，造成干釉现象。表 20-1 列出了精陶制品的部分性能参数。

表 20-1　精陶制品的部分性能参数

性能＼材料	石灰质、黏土质精陶	长石质精陶
吸水率/%	9～12	9～12
抗弯强度/MPa	6.0～20.0	15.0～30.0
抗压强度/MPa	60.0～90.0	100.0～110.0
冲击韧性/$\times10^3$MPa	1.08～1.57	1.47～1.96
线膨胀系数/$\times10^{-6}K^{-1}$	5～6	7～8

20.1.3.2　精陶的坯釉组成

我国精陶配方基本分为两大类，即 SiO_2 含量在70%以上的高硅系统和 SiO_2 含量接近30%的高铝系统。

长石质精陶坯式为：

$$1(R_2O+RO)\cdot(5.5\sim8)Al_2O_3\cdot(26\sim35)SiO_2$$

长石质精陶以碱金属氧化物为主要熔剂，K_2O 和 Na_2O 的总含量应控制在2%～3%以下，使坯体在较高温度下烧成，有利于石英向方石英的转化，提高坯体的膨胀系数。另外，也可加入2%～4%的石灰石、白云石或滑石等成分，促使部分石英转化为方石英，同时也改变了玻璃相的成分，增加了结晶相的比例，从而提高坯体的耐腐蚀性和膨胀系数，降低吸湿膨胀率。其对形成压应力釉、提高制品热稳定性，甚至克服精陶的后期釉面龟裂均有利。

黏土质精陶坯式为：

$$1(R_2O+RO)\cdot(0.5\sim1.5)R_2O_3\cdot(2.5\sim6)SiO_2$$

黏土质精陶常以高岭石或伊利石为主的富铁质黏土为基本原料，以多种形式的铁化合物与碱土金属氧化物作为主要熔剂。其烧成温度低，燃耗少，成本低，烧成范围窄，烧成收缩大。

石灰质精陶坯式为：

$$1(R_2O+RO)\cdot(1\sim2.5)R_2O_3\cdot(3.5\sim10)SiO_2$$

石灰质精陶以 CaO、MgO 等碱土金属氧化物作为主要熔剂。石灰质精陶坯体玻璃相含量比长石质精陶相含量要低，其气孔率比长石质精陶要高。因此，坯体强度较低，烧成收缩也较低，较易获得规格尺寸准确的制品。

精陶用釉主要有透明釉、乳浊釉和无光釉。透明釉有铅釉、铅硼釉和硼釉，这类釉弹性较大，具有缓冲精陶坯釉层间热应力的作用。铅硼釉釉式为：

$$\left.\begin{matrix}0.2\sim0.5R_2O\\0.4\sim0.6PbO\\0.1\sim0.2RO\end{matrix}\right\}0.1\sim0.4\ Al_2O_3\left\{\begin{matrix}2\sim4\ SiO_2\\0\sim0.5B_2O_3\end{matrix}\right.$$

乳浊釉有锡釉、锆釉、钛釉和锌釉等。这类釉白度高且呈色稳定，光泽良好，烧成范围较宽，具有较好的遮盖能力。

20.1.3.3　吸湿膨胀

精陶坯体（特别是釉面砖）在长期与空气的接触过程中，特别是在潮湿环境中使用时会吸收水分而产生吸湿膨胀现象。由于釉的吸湿膨胀非常小，当坯体吸湿膨胀的程度增长到使釉面处于张应力状态，且应力超过釉的抗张强度时，釉面即发生开裂，这种釉裂称为后期龟裂。精陶面砖的后期龟裂是由坯体吸湿膨胀而引起的。

面砖用釉一般是碱性氧化物组成含量高的低温釉料，因釉层致密程度较高，抑制了坯体的吸湿膨胀；而多孔精陶坯体在长期接触潮湿环境时，则会不断吸收水分。坯体吸水率大，则吸湿膨胀变化必然增加，结果导致釉面出现裂纹甚至破裂。某精陶面砖的气孔率、吸水率与湿膨胀的关系见表 20-2。

□ 表 20-2　某精陶面砖的气孔率、吸水率与湿膨胀的关系

性质	烧成温度/℃		
	1100	1200	1260
气孔率/%	34.68	25.08	21.60
吸水率/%	19.35	12.79	10.06
湿膨胀/%	0.112	0.078	0.059

陶瓷材料多孔坯体吸收含有少量可溶盐的水，干燥后，可溶盐析晶伴随的体积变化使坯体产生不可逆的膨胀，其大小约等于吸湿膨胀的程度。玻璃相中碱金属含量越低，而碱土金属含量越高，则玻璃相的化学稳定性越好，吸湿膨胀变化也越少。

为了防止因吸湿膨胀而导致的后期釉面龟裂，可在保证制品足够热稳定性及吸水率的前提下，适当降低坯体气孔率。在精陶坯料中引进透辉石、硅灰石质原料成分，可从根本上解决其吸湿膨胀问题；同时，选择恰当的金属氧化物或其盐类的矿化剂，合理确定原料加工细度、成型压力和烧成制度，可以获得较多数量的结晶相。此外，也可以获得一定抗湿膨胀性能的玻璃相（例如含锶、钙、镁的玻璃相），同时可以尽量减少坯体中无定形物质的含量。

20.2　炻器

炻器是烧结程度介于陶器与瓷器之间的一种制品，坯体较致密，即使无釉，液体和气体也不透过，坯体透光性差或无透光性。炻器坯料中含较多的 K_2O 和 Na_2O，因而烧结致密，吸水率低，一般不大于 3%。

炻器根据使用性能要求可分为建筑用炻器、化工炻器和日用炻器三大类。其中，建筑用炻器包括锦砖、彩釉砖、劈离砖和污水管；化工炻器主要有耐酸塔、耐酸砖等；日用炻器主要有餐茶具、紫砂等。

炻器是用特殊的黏土，即炻器黏土制成。炻器坯料一般由好几种炻器黏土配制而成，以长石、斑岩或玄武岩为助熔剂。特种坯料中可加入熔融石英、熔融刚玉、碳化硅等以满足制品的耐温度急变性、耐磨蚀性、导热性等特殊要求。

炻器结构中主要矿物相有莫来石、石英、方石英及玻璃相等。由于石英及方石英的含量高，在各 SiO_2 晶型转变温度范围内应缓慢冷却，防止体积效应使制品开裂。

炻器上的典型釉是盐釉，由于制造盐釉时会造成环境污染，现已逐渐改用黄土釉。但日用炻器的釉，则不用上述的盐釉或黄土釉。

坯体的颜色与泥料中 Fe_2O_3 含量以及烧成时窑中气氛有关。如果在烧成后期为还原性气氛，坯体呈灰色；若为氧化性气氛，坯体呈黄色到棕色。

炻器在 1150～1400℃烧成，高温下产生的液相量达 15%～60%；足够量的胶结物赋予炻器较高的机械强度，抗张强度为 500～800MPa，抗拉强度为 11～52MPa，抗折强度为 40～96MPa，莫氏硬度为 7。

炻器具有较低的热导率［0.9～1.5W/（m·K）］，抗热震性表现为炻器在 180℃下热

交换一次不裂；而耐热炻器可以达到 260 次热交换而不裂，在 0.4～0.6MPa 的高压釜中蒸煮 24h 不裂。

炻器具有良好的化学稳定性，除氢氟酸外，炻器的抗酸性较抗碱性强得多。通常无釉耐酸炻器在酸液中的溶解度为 4%～6%，但在碱性溶液中的溶解度为 12%～21%。在炻器坯料中添加碳酸钡可以改善其抗碱性。

20.3 瓷器

20.3.1 瓷器的种类

瓷器是致密烧结的白色坚硬坯体，其断面细腻而有光泽。施釉或无釉的瓷器具有很低的开口气孔率，基本不吸水。瓷胎由玻璃相、晶相和气孔相组成。根据坯料主要化学组成或所用主要熔剂原料可分为 K_2O-Al_2O_3-SiO_2 系统（长石质瓷）、MgO-Al_2O_3-SiO_2 系统（滑石质瓷）和 CaO-Al_2O_3-P_2O_5-SiO_2 系统（骨质瓷）；按用途可分为日用陶瓷、建筑陶瓷、卫生陶瓷、化工陶瓷、电工陶瓷（电瓷）及多孔陶瓷等；按其内在质量则可分为硬质瓷和软质瓷；施釉制品分为一次烧成和二次烧成工艺。

20.3.2 长石质瓷

20.3.2.1 长石质瓷的特点

长石质瓷是目前国内外陶瓷工业普遍采用的一种瓷质。它是以长石为熔剂的长石-石英-高岭土三组分系统瓷。利用长石在较低的温度下熔融形成高黏度液相的特性，以长石、石英、高岭土为主要原料，按一定比例配成坯料，在一定的温度范围内烧后成瓷。长石质瓷的特点是烧成温度范围比较宽，按照其组分比例及工艺因素的不同，变动范围很宽，可以配成 1150～1450℃范围内烧成的各种瓷器。

我国的长石质瓷烧成温度一般为 1250～1350℃。长石质瓷的瓷胎主要由玻璃相、莫来石晶相、残余石英晶相及微量气孔构成，其瓷质洁白，薄层呈半透明，断面呈贝壳状，不透气，吸水率很低，质地坚硬，机械强度高，化学稳定性好，热稳定性好。这种瓷适于作为餐具、茶具、陈设瓷器、装饰美术瓷器以及一般的工业技术用瓷器。

20.3.2.2 长石质瓷的组成

(1) 化学组成。由于陶瓷制品种类繁多，性能要求不同，加之各地所产原料成分复杂，配方也存在差异。因此，其产品的化学组成范围较大。统计来看，我国长石质瓷的化学组成大致在以下范围：SiO_2 65%～75%，Al_2O_3 20%～28%，（R_2O＋RO）4%～6%（其中 K_2O＋Na_2O 不低于 2.5%）。各氧化物在瓷坯中的作用不同。

SiO_2：第一部分 SiO_2 以“半安定方石英”形式残留；第二部分 SiO_2 与 Al_2O_3 在高温时生成莫来石晶体，莫来石晶体与残余石英形成瓷坯的骨架；第三部分 SiO_2 以玻璃态存在于各晶相之间，使制品具有半透明性。SiO_2 是长石质瓷的主要组成，含量很高，它直接影响陶瓷的强度和其他性能。如果含量超过 75%，陶瓷制品烧成后的热稳定性变差，易出现炸裂现象。

Al_2O_3：主要由长石和高岭土引入，是成瓷的主要成分。瓷胎中一部分 Al_2O_3 存在于莫来石晶体中，另一部分以玻璃相的形式存在。增加 Al_2O_3 含量，可以提高陶瓷制品的物理化学性能和机械强度，提高白度。当它的含量过高时，则应提高烧成温度；含量低于 15%时，则瓷坯易熔，易变形。

K_2O 和 Na_2O：主要由长石引入，起助熔剂作用，烧成后存在于玻璃相中，能够提高透明度。一般 K_2O 和 Na_2O 的含量在 5%左右，若含量过高则会急剧地降低瓷的烧成温度与热稳定性。研究发现，K_2O 和 Na_2O 的作用有差异。其中，含 K_2O 的制品化学稳定性、弹性、热稳定性等性能较好，烧成温度范围也比较宽，得到的瓷质音韵洪亮、铿锵有声。

CaO、MgO 等碱土金属氧化物：一般情况下在瓷中的碱土金属氧化物含量较少，而且不是专门引入的。它们与碱金属氧化物共同起着助熔作用，引入一定量的 CaO、MgO 可以提高瓷的热稳定性和机械强度，提高白度和透光度，改进色调，减弱铁、钛的不良影响。

Fe_2O_3、TiO_2 等着色氧化物：瓷组成中一般含量比较少，但它们对产品的呈色特别有害，影响其外观质量。我国南方一些地区（如湖南醴陵）的瓷组成中，铁含量较高，钛含量较低，在还原气氛中烧成后瓷呈“白里泛青”色调；北方一些地区（如河北唐山）的瓷组成中 Fe_2O_3 含量较低，但钛含量较高，在氧化气氛中瓷呈现“白里泛黄”的色调。故要求瓷组成中 Fe_2O_3 含量应控制在 1%以下，TiO_2 含量应控制在 0.2%以下为宜，并配合一定的工艺措施以减弱其有害影响。

(2) 示性矿物组成。长石质瓷的示性矿物组成是指在能够成瓷的前提下，理论上的长石、石英、高岭土的配合比例。我国日用瓷的示性矿物组成范围一般是：长石 25%～30%，石英 25%～35%，高岭土 40%～50%。

应根据陶瓷制品的成型、烧成要求及性能选择黏土。如果采用膨润土其用量一般在 5%左右，有时因为黏土的可塑性太强而不利于达到成型要求，又必须确保配料中的 Al_2O_3 用量时，可将部分黏土煅烧成熟料来使用，熟料用量一般在 10%左右。依据 K_2O-Al_2O_3-SiO_2 三元系统相图，瓷胎中莫来石相的含量与偏高岭石（高岭石脱水所得）的含量成正比，即配料中黏土的引入量决定了莫来石的生成量。因此，在长石质瓷中优先选择可塑性相对较低的高岭土。

长石和石英的用量主要根据瓷的性能来决定，其次考虑成型性能和干燥性能所要求的减黏作用。瓷坯中一般选用钾长石，因为钾长石的高温黏度大，而且随温度的变化黏度变化的速度慢，熔融范围较宽，有利于瓷的烧成，可保证在成瓷温度下提供足够的玻璃相，使坯体得以良好烧结；同时，产品不易变形。而钠长石高温黏度小、流动性大，烧成过程不易控制，产品容易变形。

在工艺过程中，石英在低温下有减黏作用，能够降低坯体的收缩，利于干燥，防止变形；在高温下则参与成瓷反应，溶解在长石玻璃熔体中，提高黏度。冷却时一部分残余下来，另一部分转化成方石英，构成骨架，从而提高了瓷坯的强度。

在实际生产中，除了三种主要原料，还应考虑加入其他少量补充组成。例如，加入 1%～2%的滑石原料，可以降低烧成温度，扩大烧成温度范围，促进瓷体莫来石化，提高瓷的机械强度。如加入量较多时，会在瓷体中生成微小的堇青石晶体，有利于提高瓷器的热稳定性；同时，由于滑石中的 MgO 与 FeO 会形成固溶体，降低了铁的呈色作用，从而提高了瓷的白度，改善瓷的外观性能。

加入一定量的废瓷粉，一方面可以改善瓷的性能，调节坯釉结合性；另一方面，也可以实现废物利用。

加入一定量的磷酸盐物料，可以降低铁钛着色物质对色泽的影响。

20.3.2.3　绢云母质瓷

绢云母质瓷是以绢云母为熔剂的绢云母-石英-高岭土三组分系统瓷，多见于我国南方各瓷区，是享誉世界的中国瓷代表。绢云母质瓷的成瓷特点基本上和长石质瓷相同，其化学组成也与长石质瓷相近，一般组成范围为：SiO_2 60%～72%，Al_2O_3 20%～28%，(R_2O+

RO) 4.5%～7%（其中 K_2O 1%～4%，Na_2O 1%～2%）。

绢云母质瓷除具有长石质瓷的一般性能和特点外，还具有透光性更好的特点。另外，绢云母质瓷大多采用还原焰烧成，因而使得瓷质白里泛青，别具一格。

20.3.3 镁质瓷

镁质瓷是以 MgO 的铝硅酸盐为主要晶相的瓷。按照瓷的主晶相不同，可分为：原顽辉石瓷（滑石质瓷）、堇青石质瓷以及镁橄榄石瓷、尖晶石瓷。

20.3.3.1 滑石质瓷

滑石质瓷是以滑石为主要原料的瓷种。其组成范围一般为煅烧水滑石 70%～75%、长石 10%～15%、黏土 12%～18%。其主晶相是原顽辉石，其次有少量斜顽辉石和α-方石英，玻璃相含量较低。滑石质瓷的特点是瓷质白度高，透明度好，色泽光润，可作为精细日用瓷和工艺美术瓷。滑石质瓷的瓷质特点如下。

① 透明性好。主晶相（原顽辉石）的折射率与玻璃相相差较大，但主晶相的晶相粒径比可见光波长大得多，所以散射不大。

② 白度高。黏土的用量少，铁钛含量低，因此白度高。

③ 因为滑石可塑性差，且用量多，所以坯体的可塑性差，不易成型。若减少滑石用量，增加黏土用量，则坯体烧成温度范围变窄。解决方法：一是以部分塑性镁质黏土代替滑石，加入强可塑性的膨润土部分替代高岭土；二是将滑石在 1300℃以上煅烧，破坏其片状结构，利于成型。

④ 介电损耗低，可以作为电子陶瓷。

⑤ 老化现象及改进措施。滑石质瓷在放置或使用过程中会出现粉化、开裂、强度降低、介电性能恶化等现象。原因是原顽辉石易向斜顽辉石转化，晶粒尺寸变大，产生结构应力。改进措施是提高长石的用量，形成以原顽辉石-堇青石为主晶相的滑石质瓷。

20.3.3.2 堇青石质瓷

将滑石和黏土按约 1∶2 的比例进行配料，混合物在 1150℃开始转化，经过顽火辉石、莫来石及方石英等中间产物而形成堇青石。堇青石的热膨胀系数仅为（1～2）$\times10^{-6}K^{-1}$，热膨胀系数小的陶瓷材料一般具有较好的抗热震性。因此，堇青石质瓷适用于制造耐温度急变性的器皿，如耐烧的炊具、汽车尾气净化器的催化剂载体等工业部件。

堇青石质瓷的烧成温度范围非常狭窄，只有几摄氏度的间隔，难以烧成致密陶瓷。在泥料中加入 $BaCO_3$、$PbSiO_3$ 或 $ZrSiO_4$ 可以拓宽坯料的烧成温度范围，但膨胀系数也稍有增大。在坯料中添加长石等助熔剂也可以扩大烧成温度范围，膨胀系数也略有增大，中高温的电绝缘性能变差，因为添加长石在高温形成的熔融相会渗到制品的表面，造成玻璃状的表面。

20.3.4 骨质瓷

骨质瓷是以磷酸钙作为熔剂的磷酸盐-高岭土-石英-长石四组分系统瓷，其中磷酸盐通常由骨胶生产的副产品骨磷或骨灰引入，故习惯上也称这类瓷品为骨灰瓷。骨质瓷一般采取二次烧成，我国通常采取低温素烧、高温釉烧的工艺生产，素烧温度为 850～900℃，釉烧温度为 1200～1280℃。烧后瓷质主要由钙长石、β-$Ca_3(PO_4)_2$、方石英、莫来石和玻璃相构成。

骨质瓷的突出特点是具有较高的半透明性和高的白度，外观晶莹透彻，光泽柔和，声响悦耳，非常适宜制作高级餐具和美术陈设瓷。但该瓷瓷质较脆，热稳定性较差，烧成范围较窄且不易控制，其瓷质特点如下。

① 半透明性好。骨质瓷中的玻璃相含量在 20%以下，而且各相之间的折射率之差很小[玻璃相 1.56、钙长石 1.58、β-$Ca_3(PO_4)_2$ 1.59～1.62]。因此，骨质瓷制品对光的散射程度较小，从而透明度较高，光泽柔和，具有理想的装饰效果。

② 白度高。骨质瓷配料中黏土用量少，因而原料中铁含量极低。少量的 Fe^{3+} 在磷酸盐玻璃中为[FeO_6]八面体结构，不显色；而 Fe^{3+} 在硅酸盐玻璃中以[FeO_4]四面体结构存在，为强着色剂，显黄色。因此，在氧化气氛下烧成的骨质瓷一般为纯白色，其白度一般在 80%以上。

③ 光泽好。一般采用二次烧成，特别是高温素烧、低温釉烧时，因为釉烧过程中基本无素烧时的化学反应，所以不再有气体排出。

④ 装饰效果好。瓷釉通常采用熔块釉和半低温熔块釉，熔块中的铅、硼易形成平整的釉面。PbO 折射率高，保证釉面平整度好。

⑤ 机械强度低，热稳定性差。骨质瓷的主要晶相 β-$Ca_3(PO_4)_2$ 和钙长石的机械强度低，线膨胀系数大。因而骨质瓷在 150～180℃温度范围内热稳定性较差。

⑥ 瓷体较脆。骨质瓷配料中黏土用量少，高可塑性黏土加入量又不能太高，而瘠性原料含量在 70%以上，所以瓷体较脆。

鉴于骨质瓷的组成特征，其制备过程具有以下工艺特点。

① 坯料中瘠性料含量多，需加入一定量的黏土，以保证成型性能和生坯的干燥强度。但黏土用量不能太多，否则半透明性减弱，失去骨灰瓷的特点，所以要求加入高可塑性的黏土。

② 骨质瓷泥浆浆料很难稀释，依据 $CaO+H_2O \longrightarrow Ca(OH)_2$，泥浆易触变，所以通常稀释骨质瓷泥浆时不能使用无机电解质，或单独使用无机电解质。一般用有机电解质或复合添加剂（草酸和腐殖酸钠）作电解质。

③ 烧成温度范围窄。一是由于在烧成温度附近，生成的钙长石易溶于液相，且溶解速度快，导致此时液相量急剧增加；二是因为高温下磷酸盐熔体的黏度小，流动性好。烧成温度下，黏度小的磷酸盐熔体增加较快，因此骨质瓷的烧成温度范围较窄。实际生产中通常采取在烧成温度范围的下限长时间保温，即低火保温，防止液相增加太快，制品变形过大。

④ 还原焰烧成的制品在灯光下呈淡绿色调，而氧化焰烧成的制品为纯白色，色调柔和。因此，骨质瓷一般采用氧化焰烧成。

⑤ 为了减少骨质瓷制品在烧成过程中因自重变形，通常采用仿形匣钵。

20.4 陶瓷釉

20.4.1 釉的作用及特点

20.4.1.1 釉的作用

釉是陶瓷坯体表面的一层极薄的均匀玻璃质层。根据坯体性能的要求，将某些天然矿物原料及化工原料按比例配合，在高温作用下熔融而覆盖在坯体表面，形成富有光泽的玻璃质层。施釉的目的在于改善坯体的表面性能，提高产品的使用性能，增加产品的美感。一般陶瓷胎体疏松多孔，表面粗糙，即使在坯体烧结良好、气孔率很低的情况下，由于胎体里晶相的存在，表面仍为粗糙无光，易沾污和吸湿，影响美观、卫生和使用性能（力学性能、化学稳定性、电学性能、热学性能等）。釉烧后，坯体不透水、不透气、表面光滑致密，在一定程度上改善了制品性能；同时，釉可以着色、析晶、乳浊、消光、变色、闪光等，又可增加产品艺术性，掩盖坯体的不良颜色。釉的作用归纳如下。

① 使坯体对液体和气体具有不透过性，提高了其化学稳定性。

② 覆盖于坯体表面，给瓷器以美感。如将颜色釉（大红釉、橄榄绿等）与艺术釉（铜红釉、铁红釉、油滴釉、闪光釉等）施于坯体表面，则增加了瓷器的艺术价值与欣赏价值。

③ 防止沾污坯体。平整光滑的釉面，即使有沾污也容易洗涤干净。

④ 使产品具有特定的物理和化学性能，如电学性能（压电、介电、绝缘等性能）、抗菌性能、生物活性、红外辐射性能等。

⑤ 改善陶瓷制品的性能。釉与坯体高温下反应，冷却后成为一个整体，正确选择釉料配方，可以使釉面产生均匀的压应力，从而改善陶瓷制品的力学性能、热学性能、电学性能等。

20.4.1.2　釉的特点

一般认为釉是玻璃体，具有与玻璃相似的物理化学性质，如各向同性；由熔融态到凝固态或相反的变化是一个渐变过程，无固定的熔点，具有光泽，硬度大。其能抵抗酸和碱的侵蚀（氢氟酸和热碱除外），质地致密，不透水和不透气等。

但是，釉和传统意义上的玻璃不同，归纳起来，有如下几个方面。

① 从釉层显微结构上看，其结构中除了玻璃相外，还有少量的晶相和气泡，其 XRD 衍射图谱中往往出现晶体的衍射峰。也就是说，釉的均匀程度与玻璃不同。

② 釉不是单纯的硅酸盐，经常还含有硼酸盐、磷酸盐或其他盐类。

③ 大多数釉中 Al_2O_3 含量较高，Al_2O_3 是釉的重要组分，既能改善釉的性能，又能提高釉的熔融温度。而玻璃中 Al_2O_3 的含量则相对较低。

④ 釉的熔融温度范围比玻璃要宽。有的釉熔融温度很低（比硼砂还低），有的釉熔融温度又很高，如硬质瓷釉等。

20.4.2　釉的类型

釉的种类繁多，目前还没有统一的分类方法。由于分类的依据不同，所以，同一种釉往往同时具有几个不同的名称。

按照烧成温度不同，可分为：低温釉（烧成温度＜1150℃）；中温釉（烧成温度介于1150～1250℃）；高温釉（烧成温度＞1250℃）。

按照烧成后的釉面特征不同，可分为透明釉、乳浊釉、结晶釉、无光釉、光泽釉、碎纹釉和颜色釉等。

按制备方法不同，区分如下。

① 生料釉。直接将全部原料加水，制备成釉浆。

② 熔块釉。将配方中的一部分原料预先熔融制成熔块，然后再与其余原料混合研磨制成釉浆，其目的在于消除水溶性原料及有毒性原料的影响。

③ 盐釉。此釉不需要事先制备，而是在煅烧至接近烧成温度时，向燃烧室投入食盐、锌盐等，使之气化挥发并与坯体表面作用形成一层薄薄的釉层。这种釉在化工陶瓷中应用较广。

按主要熔剂或碱性组分的种类不同，区分如下。

① 长石釉。熔剂的主要成分是长石或长石质矿物，釉式中(K_2O+Na_2O)摩尔分数≥0.5。这种釉的特点是硬度较大，光泽较强，略带乳白色，富有柔和感，熔融范围较宽，与高硅质坯体结合良好，如$(0.5K_2O+0.5CaO)\cdot(0.2\sim2.2)Al_2O_3\cdot(4\sim6)SiO_2$。

② 石灰釉。主要熔剂为钙的化合物（如碳酸钙），碱性组成中可以含有也可以不含有其他碱性氧化物，釉式中 CaO 的摩尔分数大于 0.5。这种釉的特点是弹性好，富有刚硬感，与高铝质坯体结合较好，透光性强，对釉下彩的显色非常有利。但熔融温度范围较窄，还原

气氛烧成时易引起烟熏。标准的石灰釉式为：(0.3K_2O+0.7CaO)·0.5Al_2O_3·4.0SiO_2。

③ 镁质釉。为了克服石灰釉熔融温度范围较窄、烧成难以控制的缺点，在石灰釉中引入白云石和滑石，使釉式中 MgO 的摩尔分数≥0.5。这种釉的特点是熔融温度范围宽，对坯体适应性强，膨胀系数小，不易产生裂纹，对气氛不敏感，不易发生烟熏，有利于白度和透光性的提高。但釉浆易沉淀，与坯黏着力差，烧后釉面光亮度不及石灰釉。

④ 其他釉。若釉式中某两种碱性成分的含量明显高于其余碱性成分，其釉即以两种成分存在，如 CaO 和 MgO 含量处于较高比例（一般≥0.7）时，即为石灰镁釉。此外，还有锌釉、锶釉、铅釉、石灰釉、铅硼釉等。

20.4.3 釉的性质

20.4.3.1 釉的熔融特性

(1) 熔融温度范围。釉和玻璃一样无固定的熔点，只是在一定温度范围内逐渐熔化。釉的熔融温度范围是指始熔到完全熔融之间的温度范围。始熔温度指釉的软化变形点，称为熔融温度的下限；完全熔融温度即流动温度，也称为熔融温度上限，这与玻璃的 T_g、T_f 温度有所不同。釉的烧成温度在熔融温度范围内选取，一般选择釉充分熔化并在坯上铺展成为平整光滑的釉面时的温度。釉的熔融性质直接影响釉面质量。若始熔温度低、熔融温度范围过窄，则釉面易出现气泡、针孔等缺陷，特别是快速烧成时更容易出现这种现象。釉的熔融温度范围越宽，则釉的适用性就越广。

影响釉熔融温度范围的因素很多，主要有釉的化学组成、矿物组成、细度、混合均匀程度等。

组成对熔融温度范围的影响主要取决于釉式中的 SiO_2、Al_2O_3 和碱组分的含量、配比以及种类。其中，熔剂的种类和配比影响最大。熔剂可分为碱金属氧化物和碱土金属氧化物两大类，也可以按习惯分为软熔剂和硬熔剂。软熔剂包括 Li_2O、Na_2O、K_2O、PbO，大部分属于 R_2O 族；硬熔剂包括 CaO、MgO、ZnO，属于 RO 族；BaO 属于硬熔剂，但在制造熔块时，它的助熔作用与 PbO 相似，因此又属于软熔剂。助熔剂在瓷釉中的作用能力通常有如下关系：1mol CaO 大约相当于 1/6mol K_2O；1mol CaO 大约相当于 1/2 mol ZnO；1mol CaO 大约相当于 1/6mol Na_2O；1mol CaO 大约相当于 1 mol BaO。

当然，这只是大致关系，助熔剂在不同釉中的作用能力有所不同。Al_2O_3 的含量对釉的熔融温度和黏度影响很大，其含量增加将使釉的熔融温度和黏度增加。SiO_2 也用来调节釉的熔融温度和黏度，SiO_2 的含量越高，釉的烧成温度越高。另外，适量地增加 K_2O 和 MgO 的含量，可以扩大釉的熔融温度范围。

釉料的物理状态也影响熔融温度，釉料的颗粒越细，混合越均匀，其熔融温度和始熔温度都相应越低。

釉的熔融温度可以通过实验方法获得，也可以通过酸度系数大致进行推测。

① 实验方法。把磨细的釉料制成直径与高度都等于 3mm 的小圆柱体，用高温显微镜观察其在加热过程中的变化。当其受热至棱角变圆时的温度为始熔温度，软化至与底盘面形成半球时的温度为熔融温度下限；其高度降至原高度的 1/3 时的温度称为熔融温度上限，该温度范围称为釉的熔融温度范围。釉的成熟温度（烧成温度）一般在熔融温度上限附近。

② 酸度系数法。酸度系数法只用来间接比较瓷釉烧成温度的高低。酸度系数越大，则烧成温度越高。

酸度系数是指釉组分中的酸性氧化物与碱性氧化物的摩尔比，一般以 C.A 表示：

$$C.A=\frac{n(RO_2)}{n(RO)+n(R_2O)+3n(R_2O_3)}$$

(2) 黏度。黏度是流体的一个重要性质，釉熔融时的黏度，可以作为判断釉的流动情况的尺度。在成熟温度下，釉的黏度过小，流动性大，则容易造成流釉、堆釉及干釉等缺陷；釉的黏度过大，流动性差，则容易引起橘釉、针眼、釉面不光滑、光泽不好等缺陷。流动性适当的釉，不仅能填补坯体表面的一些凹坑，而且还有利于釉与坯之间的相互结合，生成中间层。

影响釉黏度的最重要因素是釉的组成和烧成温度。釉熔体中由［SiO_4］相连的网络结构的完整程度，是决定釉黏度的最基本因素。组成中加入碱金属氧化物后，破坏了［SiO_4］网络结构，随着O/Si增加，黏度随之下降，其中降低黏度的作用 $Li_2O>Na_2O>K_2O$；二价金属氧化物CaO、MgO、BaO，高温下降低釉的黏度，而在低温时增加釉的黏度。但CaO引起黏度增长的范围较小，在冷却时易使瓷器产生应力，造成不利影响。MgO可以使釉在高温时具有较高的黏度，但比 Al_2O_3 的影响小。另外，二价离子的极化变形使其共价键成分增加，减弱了［SiO_4］网络中Si—O键的结合力。因此，具有18电子结构的 Zn^{2+}、Cd^{2+}、Pb^{2+} 等比8电子结构的 R^+ 具有更低的黏度（Ca^{2+} 有些例外）。碱土金属阳离子降低黏度的顺序为：$Pb^{2+}>Ba^{2+}>Cd^{2+}>Zn^{2+}>Sr^{2+}>Ca^{2+}>Mg^{2+}$。三价金属氧化物和高价氧化物（如 Al_2O_3、SiO_2、ZrO_2）都增加釉的黏度，引入 TiO_2 没有像引入 ZrO_2 的效果明显。而 B_2O_3 对釉黏度的影响比较特殊，常出现“硼反常”现象。当加入量较小（一般<15%）时，B_2O_3 处于［BO_4］状态，黏度随 B_2O_3 含量的增加而增加，超过一定量时又起降低黏度的作用。当然这与釉中 R_2O、RO的含量有关。Fe^{3+} 比 Mg^{2+} 能显著降低釉的黏度，而水蒸气、CO、H_2、H_2S 也降低釉熔体的黏度。

(3) 表面张力。釉的表面张力对釉的外观质量影响很大。表面张力过大，阻碍气体排出和熔体均化，在高温时对坯的润湿性不利，容易造成“缩釉”缺陷；表面张力过小，则容易造成“流釉”，并使釉面小气泡破裂时形成难以弥补的针孔。

釉表面张力的大小，取决于其化学组成、烧成温度和烧成气氛。在化学组成中，碱金属氧化物对表面张力影响较大。熔体的表面张力随碱金属及碱土金属离子半径的增大而减小，随过渡金属离子半径的减小而降低。碱金属离子的半径越大，其降低效应越显著，表面张力由大至小的顺序为：$Li^+>Na^+>K^+$；二价金属离子中钙、钡、锶离子的作用相近，在1300℃时，其离子半径越大，表面张力越小，但不如一价金属离子明显，即 $Mg^{2+}>Ca^{2+}>Sr^{2+}>Ba^{2+}>Zn^{2+}>Cd^{2+}$，PbO明显降低釉的表面张力；三价的氧化物，如 Fe_2O_3、Al_2O_3、B_2O_3 等的影响随阳离子半径的增大而增大，B_2O_3 以［BO_3］平面结构平行排列于表面而降低表面张力；四价氧化物对表面张力的影响类似于三价氧化物。

根据经验可将氧化物对硅酸盐熔体表面张力的影响分为三类：a. 非表面活性氧化物，如 Al_2O_3、V_2O_5、Li_2O、CaO、MgO等及一些稀土元素氧化物（Nd_2O_3、La_2O_3 等），它们会提高釉料的表面张力；b. 弱表面活性氧化物，如 P_2O_5、B_2O_3、Bi_2O_3、PbO、Sb_2O_3 等，引入量较多时，往往会降低硅酸盐熔体的表面张力；c. 强表面活性氧化物，如 MoO_3、Cr_2O_3、WO_3、V_2O_5 等，若引入量较低时也会降低表面张力。

硅酸盐熔体的表面张力随温度的升高而降低，表面张力的温度系数较小，为（−7～−4）$\times10^{-5}$N/(m·℃)。但对于不对称离子，如 Pb^{2+}，由于其结构表现有极性和定向性，其表面张力的温度系数为正值。熔体的表面张力在高温时没有多大变化，但在低温时显著增大。此外，窑内气氛对釉熔体的表面张力也有影响。相同组分的釉熔体在还原气氛下的表面张力比在氧化气氛中约大20%。在还原气氛下釉熔体表面发生收缩，其下面的新熔体就会浮向表面。利用这种现象，在色釉尤其是熔块釉烧成时，采用还原气氛可使其着色均匀。基于这个原因，采用还原焰烧成容易消除釉中气泡。

(4) 釉熔体与坯体的相互作用。釉熔体与坯体之间的反应会影响釉的化学性质及釉面状态。釉的化学组成应与坯体的化学组成接近，但又要保持适当的差别。这样，釉与坯体在高温下相互作用，使釉中的组分，特别是碱性氧化物和坯体充分反应而渗入坯体；同时，也促进坯体中的成分进入釉层析出晶体。因此，釉的化学组成非常复杂。釉在坯体表面熔融过程中，会发生一系列物理和化学变化，主要如下。

① 釉本身的物理化学反应，如原料的脱水、分解、氧化、熔融等。

② 釉与坯接触处的物理化学反应。釉料中某些组分渗入坯体，坯体中的成分与釉料反应，形成坯釉中间层。一般坯釉中间层从坯体中引入 SiO_2、Al_2O_3 等成分，而从釉内引入 RO 和 R_2O 等成分。坯釉中间层的化学组成和性质介于坯、釉之间，并逐渐由坯过渡到釉，无明显界限。坯釉中间层能调节釉与坯性质上的差异，能增强坯、釉结合。为了获得良好的坯釉中间层，在坯体酸性较高的情况下，即 SiO_2 与 RO 的摩尔比高时，则应该采用中等酸性的釉料；如果坯体的酸性弱，则釉应该是接近中性或弱碱性，否则两者之间化学性质相差过大，作用强烈，则会使釉被坯体吸收，出现“干釉”现象。

20.4.3.2　釉的热膨胀

釉层的热膨胀主要是由于温度升高时，构成釉层网络质点热振动的振幅增大，质点间距增大所致。这种由热振动引起的膨胀，其大小取决于离子间的结合力，结合力越大则热膨胀越小。

釉的热膨胀系数与其组成密切相关。SiO_2 是网络形成体，有很强的 Si—O 键。若其含量高，则釉的结构紧密，热膨胀小。在含碱的硅酸盐釉料中，引入的碱金属与碱土金属离子削弱或打断了 Si—O 键，使釉的热膨胀增大。一般来说，碱金属离子提高釉的热膨胀系数的程度超过碱土金属离子。釉的热膨胀系数和组成氧化物的摩尔分数之间存在加和关系。

20.4.3.3　釉的力学性能

(1) 强度。釉的强度反映釉本身所能承受的内部和外部各种应力作用的能力。釉和玻璃都属于脆性材料，不能发生塑性变形，抵抗张应力的能力远低于抵抗压应力的能力。因此，必须使釉受压应力而不受张应力。从坯与釉的相互影响来说，可以通过调整热膨胀系数来达到。一般情况下，CaO、MgO 有利于抗张强度的提高，而 K_2O、Na_2O 会降低抗张强度。

(2) 硬度。釉的硬度对于日用瓷器来说是一个不可忽视的指标。划痕硬度就是餐具瓷釉面能否承受刀叉的经常磨刻而不致出现刻痕的一种性能。

为了提高划痕硬度，成分可以进行如下调整：①减少 B_2O_3 的含量；②用 Li_2O 置换部分 K_2O，用 Li_2O 和 BeO 置换 Na_2O；③用 ZnO、BaO 及 MgO 置换 PbO。

此外，适当的 B_2O_3 含量以及增加 Al_2O_3、BeO、MgO 含量都对提高划痕硬度有利。釉的硬度随网络结构的改变而改变，一般随着网络外修饰体氧化物离子半径的减小和化合价的上升而增加，这与结构网络对其他性质的关系相同。由此可见，碱金属氧化物含量增加将导致釉面硬度的降低。

若釉层中析出硬度大的微晶，而且高度分散在整个釉面上，则釉的硬度会明显增加，尤其是析出针状晶体时，效果更为明显。一些研究结果表明：在釉层中析出锆英石、锌尖晶石、镁铝尖晶石、金红石、莫来石、硅锌矿、钙长石等晶体，釉面的耐磨度将会增加。因此，从这个角度来说，在成熟温度相同的情况下，乳浊釉和无光釉的耐磨度比透明釉的耐磨度要高。另外，调节釉中玻璃相的热膨胀系数和弹性模量，使釉层产生压应力而且有较大的弹性，则釉的耐磨性会相应提高；烧成工艺也会影响釉面硬度，石英含量较高的釉料在较高温度下烧成，冷却后的釉面具有较高的硬度。烧成引起的任何釉面缺陷，如气泡、针孔、裂纹等都会降低釉面的耐磨度。

釉面的硬度一般采用莫氏硬度和维氏硬度来表示。通常瓷器釉面的莫氏硬度为 7～8，维氏硬度为 5200～7500MPa，釉的抗张强度为 110～350MPa，抗压强度为 400～700MPa。

(3) 弹性。釉的弹性是能否消除釉层因应力而引起缺陷的重要因素。常用弹性模量 E 来表征材料的弹性性能。釉层的弹性和其内部组成单元之间的键强有直接关系。釉层的弹性主要受以下方面的影响。

① 釉的组成。当釉中引入离子半径较大、电荷较低的金属氧化物（如 Na_2O、K_2O、BaO、SrO 等）时，往往会降低釉的弹性模量；若引入离子半径小、极化能力强的金属氧化物（如 Li_2O、BeO、MgO、Al_2O_3、TiO_2、ZrO_2 等），则会提高釉的弹性模量；但在碱-硼-硅系统釉中存在硼反常现象。各种氧化物对釉弹性模量的提高所起作用的强弱顺序是：CaO＞MgO＞B_2O_3＞Fe_2O_3＞Al_2O_3＞BaO＞ZnO＞PbO。

② 釉的析晶。冷却时析出晶体的釉（如乳浊釉、析晶釉、结晶釉等），其弹性模量的变化取决于晶体的尺寸与分布的均匀程度。若晶体尺寸小于 0.25nm，而且分布均匀，则会提高釉的弹性；反之，若晶体的尺寸大，而且大小相差悬殊，则会显著降低釉的弹性。

③ 温度。一般来说，釉的弹性会随温度升高而降低，主要是釉中粒子间距因受热膨胀而增大，使离子间相互作用力减弱，弹性便相应降低。

④ 釉层的厚度。实际测定弹性模量的结果表明，釉层越薄，弹性越大。

20.4.3.4 坯釉适应性

坯釉适应性是指熔融性能良好的釉熔体，冷却后与坯体紧密结合成完美的整体，釉面不致龟裂和剥落的特性。影响坯釉适应性的因素很复杂，究其根源，是釉层中不适当的应力所致。产生釉层不适当的应力主要有以下方面的原因：坯釉之间的热膨胀系数差、坯釉中间层、釉的弹性与抗张强度及釉层厚度等。

(1) 坯釉之间的热膨胀系数差。由于釉和坯是紧密联系在一起的，如果两者之间热膨胀系数不一致，釉在冷却固化后，在釉层中便会有应力出现，会影响釉在坯体上的附着性能。

如果釉的热膨胀系数（$\alpha_{釉}$）大于坯的热膨胀系数（$\alpha_{坯}$），在冷却过程中，釉的收缩大于坯体收缩，釉层受到坯体的拉伸作用，产生拉伸弹性变形，釉中便留下永久张应力。具有张应力的釉称为张应力釉。当其张应力值超过釉的抗张强度极限时，釉层即被拉断，形成龟裂。

相反，当釉的热膨胀系数小于坯时，釉层在收缩的过程中，还会受到坯体较大的压缩作用，使之产生压缩弹性变形，因而在釉层中留下永久压应力。具有压应力的釉称为压应力釉。若其压应力超过釉的抗压强度极限，就会使釉层剥脱。

图 20-2 展示了釉面受张应力和压应力时的坯釉适应性，表示坯釉热膨胀系数不适应时的两种情况。

理想的釉是和坯体在各种温度下具有同样的热膨胀系数，这样釉层中就没有应力，但难以实现。釉作为脆性材料，其抗压强度远大于抗张强度。因此，在釉层中存在适当的压应力，不仅有利于消除釉表面的微裂纹，改善表面质量，而且还能够增大抵御外界应力的能力，提高制品的力学性能和热稳定性。

当然，也可以通过坯、釉热膨胀系数的差别直接衡量坯釉适应性。软质瓷器坯体的平均线性热膨胀系数一般为（2.5～9.0）$\times10^{-6}$℃$^{-1}$，硬质瓷器为（3.5～6.5）$\times10^{-6}$℃$^{-1}$，釉的热膨胀系数通常建议比坯体低 1.0×10^{-6}℃$^{-1}$。研究表明：当 $\alpha_{釉}>\alpha_{坯}$ 时，其差值超过 0.4×10^{-6}℃$^{-1}$ 时会出现釉面龟裂；如果 $\alpha_{釉}<\alpha_{坯}$ 时，其差值超过 3.5×10^{-6}℃$^{-1}$ 则发生釉层脱落；如果 $\alpha_{釉}$ 比 $\alpha_{坯}$ 小 6%～15%，那么釉中将产生压应力，能够使制品强度提

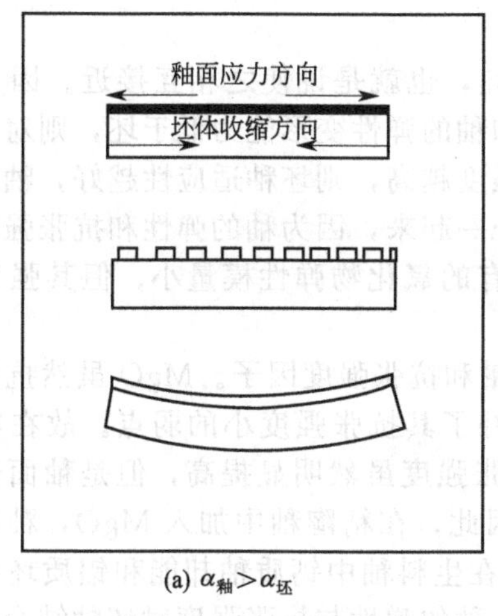

(a) $\alpha_{釉} > \alpha_{坯}$

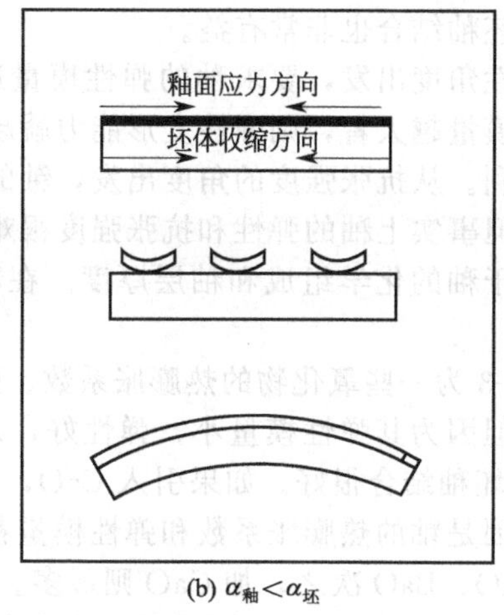

(b) $\alpha_{釉} < \alpha_{坯}$

图 20-2　釉面受张应力和压应力时的坯釉适应性

高 30%～60%。

(2) 坯釉中间层。在釉烧时，釉中一些组分迁移到坯体的表层，而坯体中有些组分也会扩散到釉中，在釉中熔融。通过这种相互的扩散、熔融和渗透，使坯釉结合部位的化学组成及物理性质均介于坯与釉之间，结果形成了中间层。中间层的形成可促使坯釉间的热应力均匀化。发育良好的中间层填满坯体表面缝隙时，有助于釉牢固附着在坯体上。

① 影响坯釉结合性。降低釉的热膨胀系数，可消除釉裂。高温下由于釉中的 Na_2O、K_2O 等向坯体扩散而含量减少，但坯体中的 SiO_2、Al_2O_3 则相应向釉中扩散。这一交换的结果，使釉的热膨胀系数降低，甚至可由 $\alpha_{釉} > \alpha_{坯}$ 变成 $\alpha_{釉} < \alpha_{坯}$，即釉由承受张应力而转变为压应力，从而消除了釉裂。

若中间层生成了与坯体性质相近的晶体，则有利于坯釉结合；反之，则不利于坯釉结合。例如，在瓷质产品坯釉中间层生成了渗入釉层的莫来石晶体，其起着楔子一样的作用，加强了坯釉结合。但如果莫来石晶体在中间层过分发育，反而有产生釉层崩落缺陷的可能，影响了坯釉结合。实践证明，含硅高的坯料适应于长石质釉；含铝高的坯料适应于石灰釉；含钙高的坯料适应于硼釉、硼铅釉。釉溶解了部分坯体表面，并渗入坯体，坯釉接触面积增大，有利于釉的黏附，增强了坯釉适应性。

② 影响中间层发育的因素。中间层是坯釉反应的产物，影响其发育的因素主要是坯釉化学组成和烧成制度。

若坯釉化学组成相差大，则反应激烈，中间层形成速度快，而且厚，发育较好。实践证明，含 PbO、B_2O_3 的釉，中间层发育较好。一般认为，坯体中含 CaO、Al_2O_3 和石英时，则容易被熔体侵蚀，提高了釉烧过程中釉的化学活性，所以能促进中间层的生成，有利于坯釉结合。

烧成温度越高，烧成时间越长，则釉的溶解作用越大；釉中组分的扩散作用越强，则坯釉反应越充分；中间层发育越好，则坯釉结合性越好。

釉料粒度细利于坯釉反应，扩散作用加强，中间层发育良好；釉层薄，熔化后釉组分变化大，中间层相对厚度增加，发育较好。

(3) 釉的弹性与抗张强度。釉的弹性、抗张强度是抵抗与缓和坯釉应力的另一个重要因素。一般来说，具有较低弹性模量的釉，其弹性变形能力强，弹性好，抵抗坯釉应力或外界机械张力及热应力的能力强，对于坯釉适应性有利；而釉的抗张强度大，也可抵消部分坯釉应力，对坯釉结合也非常有益。

从弹性角度出发，要求釉的弹性模量适合于坯，也就是说使之相互接近。因为无论坯釉，弹性模量越大者，则弹性变形能力就越弱。如釉的弹性变形能力低于坯，则对坯釉适应性极为不利。从抗张强度的角度出发，釉的抗张强度越高，则坯釉适应性越好，釉面越不容易开裂。但事实上釉的弹性和抗张强度很难同时统一起来，因为釉的弹性和抗张强度很大程度上取决于釉的化学组成和釉层厚度。在釉中，有的氧化物弹性模量小，但其强度因子却很低。

表 20-3 为一些氧化物的热膨胀系数、弹性模量和抗张强度因子。MgO 虽然抗张强度因子很小，但因为其弹性模量小，弹性好，从而弥补了其抗张强度小的弱点。故在釉中引入 MgO，则坯釉结合很好。如果引入 CaO，釉的抗张强度虽然明显提高，但是釉面开裂反而增多。原因是釉的热膨胀系数和弹性模量都高。因此，在精陶釉中加入 MgO，釉面开裂最少，加 ZnO、BaO 次之，加 CaO 则最多。但是，在生料釉中钙质釉却能和铝质坯结合得非常好。所以，在不考虑釉的热膨胀系数的情况下，釉的弹性与抗张强度对坯釉结合的影响很难定论。

⊡表 20-3　一些氧化物的热膨胀系数、弹性模量和抗张强度因子

氧化物	热膨胀系数 $\alpha_T(0\sim1100℃)/\times10^{-7}℃^{-1}$	弹性模量 $E/\times10^3$MPa	抗张强度因子/MPa
CaO	4.4	416	2.0
MgO	0.1	250	0.1
ZnO	1.8	346	1.5
BaO	3.0	356	0.5

(4) 釉层厚度。釉层的厚度，对坯釉适应性也有一定影响。一般来说，薄的釉层对坯釉适应性有利，原因有以下两方面。

① 薄釉层在煅烧时组分的改变比厚釉层相对变动大，釉的热膨胀系数变化幅度大，使坯与釉的热膨胀系数相接近；同时，中间层相对厚度增加，故有利于提高釉的压应力，使坯釉结合良好。当釉层较厚时，坯釉中间层厚度相对降低，因而不足以缓和由于两者之间的热膨胀系数差异而产生的有害应力。目前建筑陶瓷产品抛光釉，由于其烧成后釉层厚达 3mm 左右，故需要进行抛光。这些产品更应考虑坯釉结合问题。

② 釉层厚度越小，釉内压应力越大；而坯体中张应力越小，越有利于坯釉结合。

需要指出，釉层太薄容易发生干釉现象。因此，釉层的厚度应根据工艺需要适当控制，一般小于 0.3mm。如精陶透明釉厚度一般为 0.1mm 左右。

20.4.4　釉的化学性质

釉的化学稳定性取决于硅氧四面体相互连接的程度，连接程度越大，稳定性越高。因为硅酸盐玻璃中含有碱金属或碱土金属氧化物，这些金属阳离子嵌入硅氧四面体网络结构中，使硅氧键断裂，从而降低了釉的耐化学侵蚀能力。

含 PbO 的釉料中，铅对釉的耐碱性影响不大，但会降低釉的耐酸性。由于铅影响人体健康，要求铅应以不溶解状态存在于釉中。Al_2O_3、ZnO 会提高硅酸盐玻璃的耐碱性，而 CaO、BaO、MgO 可提高玻璃相的化学稳定性。

20.4.5　釉的光学性质

(1) 光泽度。当光线投射到物体上时，它既会按照反射定律向一定方向反射，又会散

射。若表面光滑，则光线在镜面反射方向上的强度比其他方向上要大，因而光亮得多。若表面粗糙不平，则光线向各个方向漫反射，表面呈半无光或无光状态。由此可见，物体的光泽主要是由该物体镜面反射光线引起的，它反映物体表面的平整光滑程度。光泽度是镜面反射方向上的光线强度与入射光线强度的比值。

我国国家标准 GB/T 3295—1996 中规定，测定釉面光泽度时，用黑色平板玻璃作为标板。釉面对黑色平板玻璃的相对反射率（釉面反光量与相同条件下黑色平板玻璃反光量之比）即为釉面的光泽度。

釉的光泽与其折射率有直接关系。折射率越大，釉面的光泽越强，而折射率与釉层的密度成正比。因此，在其他条件相同的情况下，精陶釉和陶釉中因含有 PbO、BaO、ZnO、SrO、SnO_2 及其他高密度元素的氧化物，所以它们的折射率比瓷釉大，光泽也强。TiO_2 能强烈地提高釉的光泽度。目前流行的水晶釉是典型的建筑陶瓷高光泽度釉。

不少学者指出，凡能显著降低熔体表面张力、增加熔体高温流动性的成分，有助于形成平滑的镜面，从而提高其光泽度；表面活性较大并具有变价阳离子的晶体也能改善釉面的平滑度与光泽度。

实践经验证明，急冷会使釉面光泽度增大。这并不是由于折射率的影响（因为急冷釉比慢冷釉的折射率低，一般为略低），而是由于急冷时釉层不会失透和析晶。

(2) 白度。对于有些陶瓷产品而言，白度是很重要的光学性能之一。特别是对于日用细瓷、卫生瓷和面砖，白度是评价其外观性能的重要指标。对于高级日用细瓷，白度要求达到70%以上，而一般细瓷则要求达到 65%以上。

物体呈白色，是由于它对白光的选择吸收少，透过率也小，散射量大。若物体对白光的选择吸收少，且散射作用弱，则该物体是透明的。由此可见，高白度有三个条件：第一，对白光吸收少；第二，透过率小；第三，有极强的散射。在此情况下，白光能量一部分用于反射，其他能量进入釉的内部，经过多次散射以后，以漫反射的形式表现出来。白度可以用下面的公式表示：

$$W=(I_R/I_O)\times 100\%$$

式中　I_R——漫反射光照强度，I_R 的测定结果是相对于化学纯的氧化镁而言的；
　　　I_O——入射光照强度。

影响白度的因素主要有以下两个方面。

① 坯釉的化学组成。如果着色氧化物的含量高，则白度低。一般来说，如果着色氧化物的含量小于 0.5%，则白度能达到 80%左右。

② 烧成气氛。原料中 Fe_2O_3 含量高而 TiO_2 含量低，用还原气氛烧成会使白度增加（如南方日用瓷）；反之，原料中 Fe_2O_3 含量低而 TiO_2 含量高，则用氧化气氛烧成会使白度增加（如北方日用瓷）。

为了增加白度，一般采用如下措施：降低釉中着色氧化物的含量，或加入磷酸盐等使着色剂形成配合物，以增加散射，提高白度。另外，加入适量滑石也可以提高白度。在烧成中，除应控制烧成气氛，还要防止碳的沉积。

第21章

陶瓷的显微结构

一般情况下，陶瓷材料由晶体相、玻璃相和气孔相三部分组成。陶瓷材料的显微结构是指在不同类型的显微镜下观察到的陶瓷样品的组织结构，即物质的相种类、大小、形态和各相之间的相互结合形态，具体包括晶体相的类型，晶粒的形貌、大小、分布和取向，玻璃相的存在和分布，气孔尺寸、形状和分布，各种杂质（包括添加物）、缺陷、微裂纹的存在形式和分布以及晶界特征等，所有这些综合起来构成显微结构。显微结构中某一相的尺寸范围与显微镜的放大倍数有关，可从纳米量级到毫米量级。陶瓷材料显微结构的形成不仅与原材料的组成和性质有关，而且与制品的加工工艺过程（如原料加工手段、成型方式、烧成制度等）密切相关。因此，显微结构是材料的组成和制备工艺的综合反映。

21.1　陶瓷材料显微结构的组成

陶瓷材料的化学组成、晶相类型及显微结构特征是表示陶瓷材料性能最本质的因素。一般情况下，陶瓷制品是由天然原料或化工原料经过预处理、破碎、粉磨、混合、成型、干燥及烧成等工艺制成的。在上述过程中，各种影响因素都会施加在瓷件上，并最终在材料显微结构和物理化学性能上反映出来。

陶瓷属于多晶体，依据构成其物相的类型不同可分为单相多晶体和多相多晶体。单相多晶体指的是构成陶瓷的相组成中主要为单一晶相；多相多晶体则是指除了晶相外，还有气相（气孔）和玻璃相的陶瓷。随着近代先进技术的发展，已可制得无气孔、无玻璃相的陶瓷。在生产上总是希望产品性能优良而且稳定、可靠、重复性好，并希望显微结构均匀、致密。但由于工艺制度不同，陶瓷材料晶粒的大小、形态、结晶特性、分布、取向、晶界、表面的结构特征有所不同，陶瓷材料性能上也有差异。因此，研究陶瓷材料的显微结构，不仅可以帮助判断陶瓷材料质量的优劣，而且可以帮助人们从工艺过程诸多的因素中，通过总结、对比，找出影响显微结构形成及变化的规律，分析工艺过程，如配料、粉磨、成型、烧成等工序条件是否合理，找出问题的原因，从而提出改进办法，以达到指导生产的目的。

把陶瓷材料的试样经过切割、磨制成薄片、光片或光薄片，分别用偏光显微镜、反光显微镜或偏光反光两用显微镜（也称矿相显微镜）进行观察和研究，这时人们通常可以观察到晶相、玻璃相和气相。它们的数量、几何形态、粒度大小和在空间的分布及它们相互的关系等就构成陶瓷材料的显微结构，而进一步的研究需要用到电子显微镜等。陶瓷中的晶相、玻璃相和气相，依其存在的数量与分布上的差异，将赋予陶瓷不同的性能。因此，人们常试图对性能优良的陶瓷进行结构参数的定量测定，借此进行模拟和设计，以期找到最佳的显微结构，制备出具有优良理化性能的陶瓷来满足使用上的需要。

21.1.1 陶瓷材料中的晶体相

(1) 晶粒的几何形状（晶形）。晶体相是决定陶瓷基本性能的主导物相。在其形成和生长过程中，由于受到晶体自身结构异向性（结晶习性）和环境因素的影响，往往会有规律地发育成特定的几何外形。

陶瓷材料中晶粒的几何形态、粒度大小、取向及其在空间的分布状态等，可以通过显微镜进行观察和统计。有时，陶瓷材料不止一个晶相，而是多相多晶体，也就是说除了主晶相外，还有次晶相、第三晶相等。这些晶相多数是由配料所决定的，但受工艺制度的影响甚大。此外，有时在玻璃相中会析出新的晶相。这些不同的晶相可因其几何外形的不同而被人们所认识。

每一种晶体在形成、长大的过程中，往往习惯地、自发地按一定的规律生长和发育成一定的几何形态（也称晶形）。这种习惯称为晶体的结晶习性。其使晶体生长成很有规则的几何多面体，如水晶的六角柱体和方解石的菱面体，是人们认识并作为鉴定晶体的重要依据。但是，晶体在形成和生长时所处的物理化学条件及外界环境的不同和变化，对晶体形态有很大影响，以致出现显微结构上的千差万别。如在玻璃相中先结晶的晶体是在较好的环境下生长的，即在有利于按其本身的结晶习性的环境中生长发育，因而成为完整的晶体，这称为自形晶体。但是较迟结晶的晶体，是在较差的生长环境下或者是在受抑制情况下生长发育的，其晶形就部分完整或很不完整，则分别称为半自形晶体和他形晶体。图 21-1 示出陶瓷材料中的自形晶结构 1、半自形晶结构 2 和他形晶结构 3。

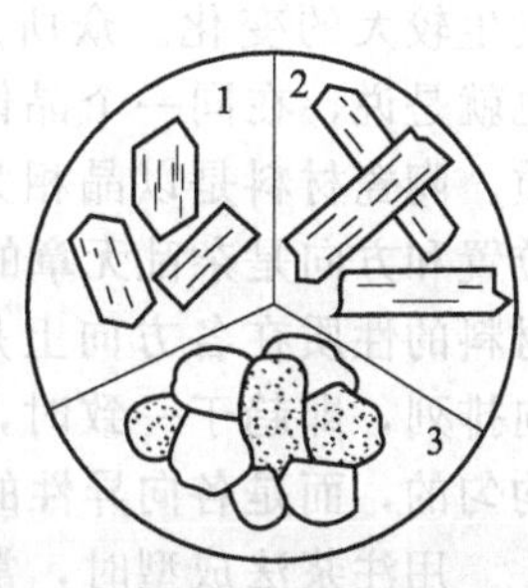

图 21-1 多晶体的晶形

(2) 晶粒的大小。晶粒是组成晶相的单元，它是陶瓷材料最基本、最重要的显微组成。

晶粒的大小受工艺条件影响很大，如原料的粒度分布、配方化学组成的控制、烧成制度（包括气氛、最高温度、保温时间、压力及冷却方式等）都对晶粒大小起决定性的作用。如果原料的粒度较细、配方精确，陶瓷材料在正常烧结后应该具有晶粒细致的显微结构。所以在电子陶瓷工业中常采用化学方法合成陶瓷材料，以获得高细度、高纯度的颗粒，并通过精确控制配方的化学组成，以达到显微结构细致均匀的目的，从而改善了陶瓷材料的物理化学性能。

晶粒大小的不同使陶瓷材料的显微结构有很大差别，从而导致材料的机械电气性能的改变。如 $BaTiO_3$ 陶瓷，当晶粒大小为 $10\mu m$ 时，介电常数 ε 为 1200；晶粒大小为 $2\mu m$ 时，ε 为 3000；而晶粒大小为 $1\mu m$ 以下时，ε 为 4000。又如刚玉瓷，机械强度随着晶粒尺寸的下降而上升，刚玉瓷晶粒大小与机械强度的关系见表 21-1。因此，要求在生产中尽量控制晶粒的大小并分布均匀。方法是在配料中加入添加物，控制烧成时的气氛、保温时间、急冷等方式，以保持较理想的显微结构，获得较佳的机械电气性能。但是，晶粒细小，透光性能差。这是因为晶粒细小则晶界的比例大为增加，当光通过瓷体时，光在晶粒界面上发生散射，从而使透光率减小。另外，晶粒细小也会使抗高温蠕变性能变差，这也是晶界比例增大所致。以上说明，显微结构中晶粒大小的不同，使陶瓷材料有不同的物理性能。近年来，对于工业陶瓷材料来说，热压烧成已较为普遍。在热压烧成时，陶瓷材料是在一定压力条件下烧结的，使烧成温度大大下降，晶粒的生长受到很大抑制，这样可以使陶瓷材料的晶粒细小均匀，致密度高。当要求改变晶粒大小时，可将瓷体在释放压力下进行热处理，使晶粒重新长大。因此，这种工艺方法使人们能通过改变热处理的条件（温度及压力）来控制晶粒的大小，从而达到人为控制陶瓷材料的显微结构，这是改善陶瓷性能的一个较好的途径。

表 21-1 刚玉瓷晶粒大小与机械强度的关系

试样编号	1	2	3	4	5	6	7	8	9	10
晶粒平均尺寸/μm	193.7	90.5	54.3	25.1	11.5	9.7	8.7	3.2	2.1	1.8
抗折强度/(kgf/cm^2)	752	1403	2088	3111	4311	4836	488	5520	5790	5810

注：$1kgf/cm^2=98.0665kPa$。

(3) 晶粒的取向。晶粒的取向，就是指晶粒在空间的位置和方向。如果晶粒的取向一致，则称为取向相同的晶粒或定向排列的晶粒，定向结构见图 21-2。在金属学中，通常把这种现象称为织构，也称为择优取向。这时材料的性质将会发生较大的变化。众所周知，晶体是各向异性的固体材料。也就是说，在同一个晶体的不同方向上，具有不同的物理性质。陶瓷材料是以晶相为主的多晶体集合体。晶粒在空间的位置和方向是杂乱无章的，从统计的角度来看是各向同性的，材料的性质在各方向上是均匀的。但是，当这些晶粒出现定向排列，即趋于一致时，材料的物理性能在各方向上就不是均匀的，而是各向异性的，在生产上常常要注意这个问题。

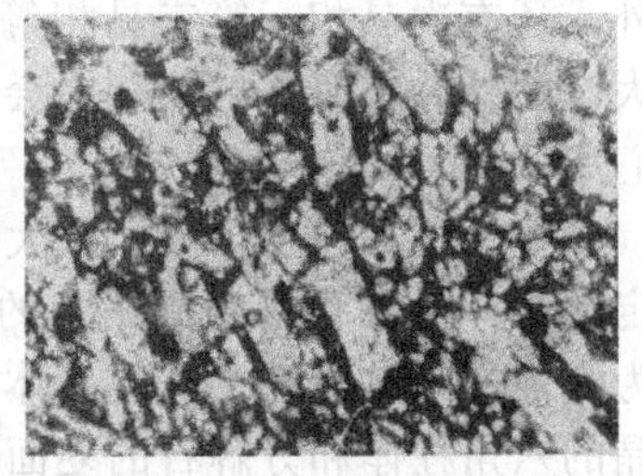

图 21-2 定向结构（正交偏光）

用注浆法成型时，常会使片状或长柱状的晶体在垂直于模壁的方向上产生定向排列。这些定向排列的晶体在烧成时，就因不同方向收缩的差别而导致开裂。如滑石瓷的生产是以大量滑石为原料，滑石为层状结构的晶体，多为片状组织。如果生滑石处理（预烧）不恰当，即未破坏滑石晶体的片状形态，在挤制成型时，片状的滑石小晶体就会沿挤制轴向而取向。当进行烧成时，这些定向排列的颗粒由于在不同方向上的热膨胀不同，冷却时产生各向异性的收缩，从而导致瓷体的开裂，这是必须要设法避免的。但是，有时为了获得某些性能，必须使陶瓷材料的晶粒取向高度一致。如铁氧体磁性瓷中的晶粒取向是与磁学性质密切相关的。为了使晶粒能取向排列，可以在成型时就预先在强磁场的作用下使晶粒先行取向再压制成型，这样生坯内的晶粒基本上呈定向排列。当进行烧成时，这些已取向的晶粒是不容易改变其排列结构的，如此，材料就具有明显的各向异性，并获得最佳的磁学性能。相反，如果铁氧体晶粒的排列发生错乱，即磁性瓷的各向异性不明显，磁学性能将大为劣化。

根据上述原理，可以设想在压电陶瓷的生产中，若采取相似的方法，即可将成型好的瓷坯置于直流强电场的作用下烧成。压电陶瓷的晶体中存在不同极化方向的小区域——电畴，在外电场的作用下，可使电畴极化方向发生改变，以尽量使电畴方向与外电场方向相一致。当烧成终了时，这种电畴结构也就固定下来了。所以，压电性能将会更佳，稳定性将会大大提高。

(4) 晶界

① 晶界的结构特征。陶瓷材料大多是由微细颗粒的原料烧结而成的。在烧成过程中，众多微细的原料颗粒形成了大量的结晶中心，当它们发育成晶粒时，这些晶粒相互之间的取向随机，长大到相遇时就形成晶界。在晶界两边的晶粒都倾向于使晶界上的质点按自己的位向来排列，因此晶界上的原子不可能规则排列，而形成一种过渡的排列状态，成为一种晶格缺陷。晶界的厚度取决于相邻晶粒间的位向差及材料的纯度，位向差愈大，纯度愈低，晶界往往就愈厚，一般为两三个原子层到几百个原子层厚度。

晶界是多晶材料结构的重要组成部分，对其机械和电性能影响极其显著。我们知道，晶粒大小对陶瓷材料的性能影响大，若多晶材料的破坏是沿晶界断裂的，对于细晶材料而言，晶界比例大，沿晶界破坏时裂纹的扩展路线迂回曲折，晶粒愈细，路径愈长。另外，多晶材料的初始裂纹尺寸与晶粒尺度相当，故晶粒愈细，初始裂纹尺寸就愈小，有利于提高机械强度。

晶粒的尺度可以反映晶界在材料中所占比例。图 21-3 为晶粒大小与晶界所占体积分数的关系。该曲线假定晶界宽度为 0.1μm，将晶粒看成是球形粒子。从曲线可以看出，当晶粒尺寸小于 2μm 时，晶界的体积几乎占总体积的 1/2 以上。

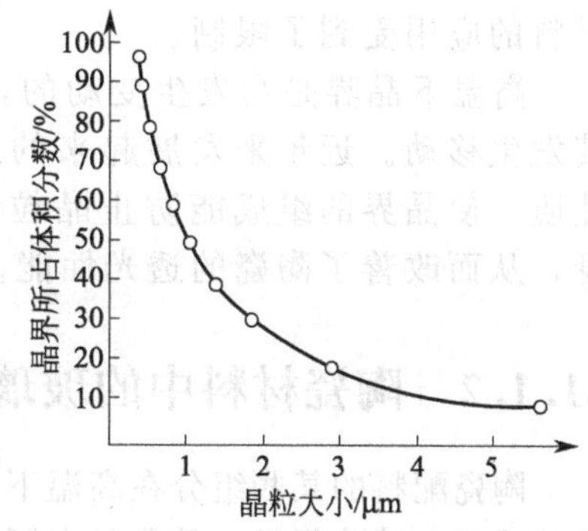

图 21-3　晶粒大小与晶界所占体积分数的关系

对于小角度的晶界（晶粒间位向差在几度以内），可以把晶界的构造看成是一系列平行排列的刃型位错所构成的，这方面的情况研究较多。有关大角度晶界的资料报道很少，一种推测可能是在晶界上质点的排列已接近玻璃态的无定形结构。

在陶瓷材料中，除了晶粒与晶粒之间的晶界以外，还有相界的存在，它是不同的相之间的界面，与晶界不完全相同。它的情况比晶界更为复杂，但目前尚缺乏研究。

② 晶界应力。在晶界上质点间排列不规则而使质点距离疏密不均匀，从而形成微观的机械应力，这就是晶界应力。处在晶界上的质点其能量是较高的，从热力学的观点来看处于介稳状态，它将吸引空格点杂质和一些气孔，因此晶界上是缺陷较多的区域，也是应力比较集中的部位。此外，对单相的多晶材料来说，由于晶粒的取向不同，相邻晶粒在同一方向的热膨胀系数、弹性模量等物理性质都不相同；对多相晶体来说，各相间更有性能的差异；对于固溶体来说，各晶粒间化学组成上的不同也会形成性能上的差异。这些性能上的差异，使得陶瓷在烧成后的冷却过程中在晶界上产生很大的晶界应力，晶粒愈大，晶界应力也愈大。这种晶界应力甚至可以使大晶粒出现贯穿性断裂。这就是粗晶粒结构的陶瓷材料机械强度和介电性能都较差的原因。

晶界应力对陶瓷的力学性能不利，但可以利用其特性破碎硬度很大的原料。例如，将石英岩预烧到 1200℃以上急冷，利用 SiO_2 相变产生的晶界应力进行破碎加工。

③ 杂质分布。陶瓷材料的杂质一般都是进入玻璃相或存在于晶界中。主要原因有两方面：其一是因为晶界质点排列不规则，杂质原子进入晶格内引起点阵畸变所克服的势垒（能量）较低；其二是在陶瓷材料中，某些氧化物易于形成不规则的非晶态结构。这种结构只能在点阵排列不规则的晶界上富集，当浓度高时形成玻璃相。另外，由于将晶界看成是位错汇集的结果，如果位错上部质点用直径较小的质点代替，而下部的质点用直径较大的质点代替，就可以减少晶界上的内应力，降低系统内部的能量。这样一来，外来杂质就有向晶界富集的倾向。

在陶瓷材料的生产中，常常利用晶界易于富集杂质的现象，有意识地引入一些杂质相，使其集中分布在晶界上，以达到改善陶瓷材料的性能并为陶瓷材料寻找新用途的目的。例如在陶瓷生产中，为了限制晶粒的长大，特别要防止二次再结晶，在工艺上除了严格控制烧成制度（烧成温度、时间及冷却方式等）外，常常是通过掺杂来加以控制。在刚玉瓷的生产中，可掺入少量的 MgO，使之在 α-Al_2O_3 晶粒之间的晶界上形成镁铝尖晶石薄层，包围 α-Al_2O_3 晶粒，防止晶粒长大，成为细晶结构。

晶界的存在，除对材料的力学性能和介电性能有较大影响外，还会对晶体中的电子和晶格振动的声子起散射作用，使自由电子迁移率降低，有时对某些性能的传输或耦合产生阻力。例如，晶界应力对机电耦合不利，对光波也会产生反射或散射，从而使材料的应用受到了限制。

高温下晶界是会发生变动的，晶粒的生长、再结晶都可以改变晶界的状况，并能使其发生移动。近年来发展起来的透明陶瓷材料，其中一个重要的因素是改变了晶界的性质，使晶界的组成能防止晶粒的异常长大；同时，使晶界的折射率尽量接近晶体本身，从而改善了陶瓷的透光性能。

21.1.2 陶瓷材料中的玻璃相

陶瓷配料的某些组分在高温下经过物理化学反应生成的液相，在某种冷却条件下即可形成玻璃相。玻璃相是一种非晶态固体，它在陶瓷材料相组成中占有重要地位。除釉层中绝大部分是玻璃相外，瓷体中也常常有玻璃相出现。陶瓷中的玻璃相在陶瓷显微结构形成时的作用主要是：①在瓷坯中起黏结作用，把分散的晶相粘接在一起，形成连续相；②起填充气孔孔隙的作用，使瓷坯致密化而成为整体；③降低烧成温度；④抑制晶体长大并防止晶体的晶形转变；⑤有利于杂质、添加物的重新分布，促进某些反应过程的进行。

不同的陶瓷对玻璃相含量的要求不同。一般在固相烧结瓷中，几乎可以不含玻璃相（图21-4）；而在有液相参加的液固相烧结瓷中则可允许存在较多的玻璃相（图21-5），其含量在20%～50%。某些陶瓷品种玻璃相含量很高，可达60%以上，如高压电瓷的玻璃相达35%～60%，日用瓷则高达60%以上。高玻璃相含量有助于提高瓷体的透光性能。

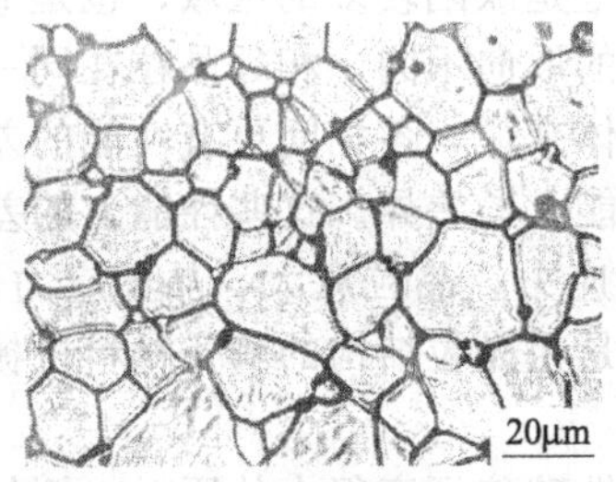

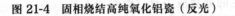

图 21-4　固相烧结高纯氧化铝瓷（反光）

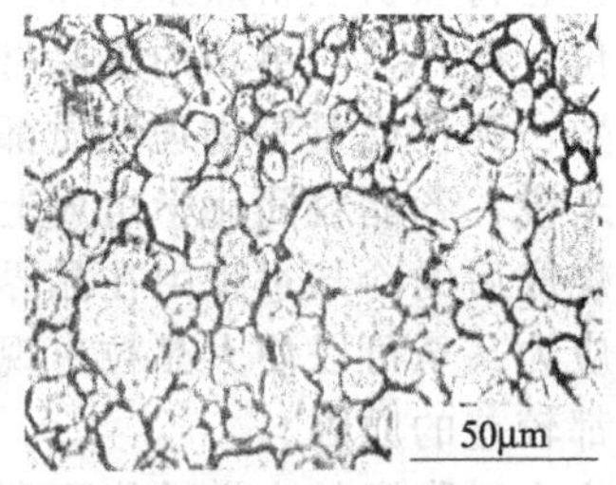

图 21-5　液相烧结滑石瓷（单偏光）

在陶瓷材料中的玻璃相，其组成和性质是很不均匀的。在普通陶瓷的瓷坯中，石英熔化进入玻璃相的量对玻璃相的黏度及热膨胀系数都有很大影响。玻璃相在陶瓷材料中是连续相，它将晶粒包裹并连接在一起。当玻璃相和晶相的热膨胀不同时，就会产生结构应力，这将会大大影响陶瓷材料的机械强度。例如，若玻璃相的热膨胀系数小于石英，当熔融相失去可塑性后继续冷却，石英的冷却收缩大于玻璃相的收缩，石英周围就会产生径向张应力，特别是对于大石英颗粒更为明显，从而致使玻璃相甚至石英本身开裂。

通常，与结晶相相比，玻璃相的特性如机械强度低，热稳定性也差，软化温度较低等，这些都是陶瓷材料在使用时的不利因素。此外，由于玻璃相结构疏松，因此常在结构的孔隙中存在一些金属离子，在电场的作用下，很容易产生松弛极化，使陶瓷材料的绝缘电阻降低和介质损耗增加。

基于以上原因，陶瓷工业在生产控制上，总是在能够满足生产工艺要求的情况下，尽可能设法降低玻璃相的数量；或者采取另外的措施（如利用压抑效应）调整玻璃相的组成，以改善玻璃相的机电性能，满足陶瓷材料在工作条件下对其性能的要求。

21.1.3 陶瓷材料中的气孔相

陶瓷材料在生产过程中，一般都要经过原料破碎、粉磨、成型及高温烧成等工序，这些工序都有可能使陶瓷材料制品产生气孔或裂隙。陶瓷生坯中的孔隙在烧成时虽然大部分已被排除，开口气孔几乎消失，但是闭口气孔仍有一部分残留在瓷体内，其数量的多少视陶瓷的种类、用途及工艺制度而变化。如透明陶瓷，其气孔非常少或接近等于 0，而一般陶瓷材料的气孔体积分数可达 5%～10%，成为陶瓷材料中的新相——气相。

(1) 气孔的形成。陶瓷材料存在气相的原因是多种多样的，也是比较复杂的。原因之一是煅烧温度过低，时间短，即在“生烧”的情况下，坯体未能形成足够的玻璃相，未成为致密的烧结体，这时生坯中原料颗粒之间的孔隙或原料颗粒上的裂纹未被玻璃相或晶界所填满而使气孔残留下来；其二是煅烧时原料中的结构水、碳酸盐、硫酸盐的分解或有机物的氧化等；其三是煅烧时窑炉内气氛的扩散，使陶瓷制品包含气孔；其四是烧成温度过高，或升温过快，或窑内气氛不合适，气体的形成排除过程尚未完成而被推迟到高温下进行。此时液相已形成，气体不易排出，就容易发生起泡发胀现象。故在过烧的情况下，气孔增多，气孔率增加，并有起泡现象，这称为二次起泡。由试验可知，气泡的成分大部分是氧气，可能是原料中像 Fe_2O_3 这样的杂质分解而产生的。值得提出的是，二次再结晶极不利于气孔的排除，只有距离晶界较近的气孔才可以排走，而距离晶界较远的气孔则因扩散途径较长而难以排除，这就是包裹气孔的由来。

(2) 裂隙的形成。除了原料在粉碎时残留在小颗粒上的裂纹外，在成型过程中工艺控制不恰当也会产生裂隙。如干压成型时，若水分或黏结剂过多、压力过大都会造成分层开裂；若压力过小或保持压力的时间过短，则会造成粉料颗粒之间留下孔隙。这些分层开裂形成大的孔隙，在烧成时未能被熔融相所填充而残留下来的即为裂隙。

在烧成过程的冷却阶段，特别当玻璃相开始由塑性状态冷却至硬化状态时，由于晶粒互相聚积，而取向又不相同，冷却时晶粒各方向上收缩的差异会产生内应力。另外，当晶体发生晶型转变时，也会产生内应力。当这些内应力超过塑性形变范围时，就会发生开裂。此外，玻璃相在瓷体内是包围着晶体的连续相，由于晶粒发生变形，玻璃相也必然受牵连，这样会在晶界或相界出现应力集中而导致裂纹的生成。有时温度急速下降，瓷体内部和表面的温度差或玻璃相本身温度的不均匀或成分的不均匀都会产生应力而导致裂纹出现。

(3) 气孔和裂隙的分布及特征。要了解气孔和裂隙的分布及其特征，一定要追溯到其成因。如果是生烧产品，气孔数量多而个体小，以分散分布为主，形态上以不规则的孔洞为其特征。而过烧的产品则气孔数量多而个体大，有时被玻璃相填充，分布不均匀，而气孔的形态则以圆形或椭圆形为主。这是因为瓷件过烧，玻璃相数量较多，气孔在液态玻璃相中因表面张力而形成圆形。若气孔来源于晶体的二次再结晶，则气孔多以斑晶内包裹气孔的形式出现，且常分布在斑晶较中心的位置并随着向斑晶的边缘而逐渐减少，甚至在边缘上没有气孔的存在。如果气孔或裂隙呈断断续续的层状分布，则多为成型时压制制度不当所致。气孔有时会呈念珠状分布，这是因为出现玻璃相后，坯体内有高温分解产物形成的连续的小气泡。如果是机械破裂而引起的微裂纹，则多分布在固体颗粒内，微裂纹以细长弯曲为其特征，有时也会呈现一端宽一端窄的微裂缝状态。如果玻璃相中出现比较平直且长的裂缝，多为玻璃相在经受温度急变的情况下，存在较大的残余应力所引起的。有时多晶转变产生的内应力也会使陶瓷材料产生微裂纹，滑石瓷在储存或使用中的粉化现象即为此例。

陶瓷材料中的气孔及裂隙内并不是真空，而是存在气体。这些气孔及裂隙中的气体在电场下，特别是在高压电场作用下，将发生电离现象，强烈电离产生了大量热量，使得气孔及裂隙附近局部区域发生过热，在材料中形成了相当大的热应力。当这种热应力超过一定的限度时，超过抗电击穿强度造成“击穿”，以致材料破裂。这就是气孔降低材料的抗电击穿强度和介质损耗增加的原因所在。气孔及裂隙的存在对烧结是不利的，这是因为在烧结时晶体的正常长大会受到气孔的阻碍。当晶界向前移动时，遇到了气相便停止了运动，晶体的生长到此也停止了。众所周知，气相的存在对机械强度的降低是非常明显的，此外也将大大降低材料的导热性能。

21.2 陶瓷的显微结构分析

21.2.1 微观结构分析

晶态或非晶态物质结构分析及显微分析方法都适合于陶瓷材料。与金属等材料不同的是，陶瓷材料多为多相体系，结构更加复杂。由于多相、掺杂和晶体缺陷等原因，材料的结构常变得比较复杂甚至不可控制。即使对单相材料，有可能因为粉体制备和烧结工艺等的不同而引起晶体结构或微结构（或微观结构）的较大区别。例如，用硅粉在不同条件下碳化得到的 SiC，可能是 α 相和 β 相两相不同比例的混合相，也可能为单相。因此，对陶瓷材料进行物相鉴定是必要的。

陶瓷材料由于常包含多晶相、气孔和玻璃相，其微结构也很复杂，又受到粉体及烧结工艺条件的影响，材料的晶粒大小、杂质含量、气孔率及气孔分布等都会明显影响陶瓷材料的性质。有时即使用同样的粉体和使用同样的工艺条件却得不到性能相同的产品，这对陶瓷的商业化生产是很大的问题。特别对一些有缺陷结构的材料，例如压电陶瓷，即使粉体相同、工艺条件相同，两批烧结材料的压电性能甚至可能相差 20%。因此，对陶瓷材料的微结构进行分析也是非常重要的。

对于陶瓷材料显微结构的认识，一般包括材料中相的种类（晶相、玻璃相、气孔等）；每种相的化学组成、相结构和分布；每个相区域内和相界上的微结构、缺陷组态；以及它们的尺寸、形状、取向和分布等。

杂质在晶体中的分布和形态可以使用显微分析的方法，例如带有微区结构分析装置的 X 射线衍射仪，可以给出微米区域第二相的结构信息。

电子显微镜也是常用分析微区结构的方法。透射电子显微镜选区衍射的空间分辨率优于 1μm，微束衍射的空间分辨率可达 10nm，对于晶体缺陷衍射像分析的分辨率，明场像或暗场像约为 10nm，而弱束暗场像可为 1.5nm。扫描电镜（SEM）、原子力显微镜（AFM）、扫描隧道显微镜（STM）可以给出样品表面或横截面的形貌，在扫描电镜中用作晶体结构分析的背散射电子衍射图像的分辨率约为 1μm。另外，透射电子显微镜（TEM）的高分辨晶格像可以给出原子列的直接图像，一维条纹像的分辨率可达 0.2nm，二维晶格像的分辨率约为 0.2nm。低能电子衍射（LEED）可以测定材料表面元胞的尺度和结构信息。

微区表面成分分析可以使用相关的谱仪等多种测试方法，如俄歇（Auger）电子能谱（AES）、X 射线光电子能谱（XPS）、二次离子质谱（SIMS）等。

AES 可对表面的成分进行定性或定量分析。俄歇电子的特征能量与发射材料的原子序数有关。从能谱的 Auger 峰可以鉴别相应的元素，从 Auger 电子的计数综合该元素的灵敏度因子可得到元素的浓度。AES 可以分析原子序数大于等于 3 的各种元素，对于原子序数不太大的元素，原子浓度的分析灵敏度约为千分之一。采用溅射剥离技术，还可对不同深度的表面元素进行分析。扫描 AES 图的侧向分辨率约为 50nm，微区 AES 谱还可以对大约 1μm 的表面区域进行成分和形貌分析。

光电子能谱按照激发源的不同，用紫外线激发的称为 UPS，用 X 射线激发的称为 XPS。用作成分分析时，光电子能谱的分辨率低于 AES，但是容易进行定量分析，并可以给出 XPS 结合能和价电子态密度分析、宽禁带固体中电子的激发等。

二次离子质谱（SIMS）是指具有一定动能（$10^2 \sim 10^4$eV）的离子将晶体表面的原子或分子溅射出来，形成二次离子。通过质谱仪峰位的质量数可以确定二次离子代表的元素或化合物。因此，其也是材料表面成分分析的方法。

SIMS 分析的灵敏度高，可以检测出 ppm 量级的微量杂质，但是对各种元素的检测灵敏度不相同；同时，SIMS 可分析的元素范围广，可以分析氢以及大分子量的离子。高分辨质谱仪还可以区分质量相差微小的化合物，离子沿深度方向的刻蚀可以给出不同深度的元素分布。

电子探针可以进行微区成分分析，大都同时配备有 X 射线光谱仪和 X 射线能谱仪。X 射线光谱仪可以检测 Be（$Z=4$）以上的元素，X 射线能谱仪一般分析 Na（$Z=11$）以上的元素，近来也可以测定 B（$Z=5$）以上的元素。X 射线光谱仪每次只能测试一个元素的光谱，因此许多仪器同时配有两套光谱仪，它的能量分辨率比能谱仪高一个数量级。X 射线能谱仪常常附在扫描电镜或透射电镜上使用。

此外，利用光在固体中的吸收、反射和散射等行为也可以得到物质中电子和原子的状态和运动的信息。固体光谱是研究材料的能带结构、杂质态和固体中各种元激发过程的有力工具，在不同波段（紫外、可见光、红外）的光吸收对应于材料中的电子由价带到导带的各种能级之间的跃迁，从红外光谱、Raman（拉曼）光谱和发光光谱等谱线特定的位置也可以推断出材料中成分和结构等信息。

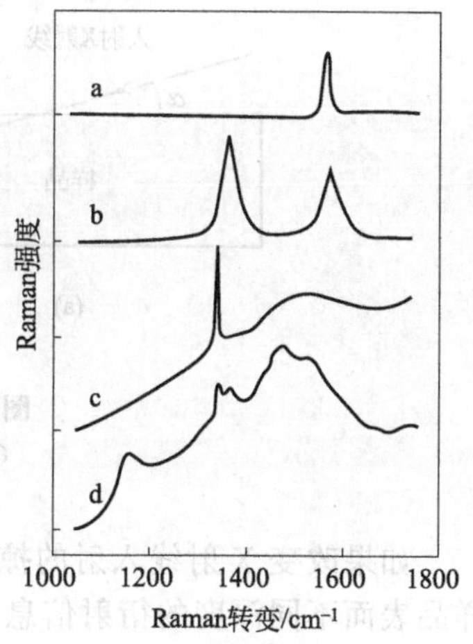

图 21-6 金刚石和石墨的 Raman 谱图

红外光谱在定域模晶格振动、杂质和缺陷的研究中，对研究结晶化学、类质同象、表面能态等问题特别有用。Raman 光谱可研究固体中各种元激发过程，适合于各种固体，如介电材料、半导体材料、超导材料、磁性材料等。利用 Raman 光谱的特定几何配置，可以鉴定特有的振动模式。例如 TiO_2 除了声学模和非 Raman 活性光学模外，还有 4 个 Raman 活性光学模，可将这四种振动模分开进行识别，还可以根据特征峰的位置来区分结晶态、微晶、非晶态等。图 21-6 为金刚石和石墨的 Raman 谱图。图中曲线 a 为热解石墨的 Raman 谱，曲线 b 为微晶石墨的谱图，曲线 c 为金刚石的 Raman 谱，其中尖锐的 1332cm^{-1} 处的峰为金刚石相的特征峰，曲线 d 中 1350～1600cm^{-1} 处是 sp^2 键石墨的弥散峰，非晶金刚石和非晶石墨的峰位于 1100cm^{-1} 附近。根据简单计算，可以确定各相在材料中所占的比例。

20 世纪末发展的多晶 X 射线衍射加上计算机处理的 Rietveld 方法可以用多晶样品来确定晶体结构，过去这需要采用单晶试样和单晶（四圆）衍射仪才能实现。而有些陶瓷很难得到单晶样品，或者制备得到的单晶样品的晶体质量很差。因此，采用 Rietveld 方法可以便于对这类样品进行结构分析。

掺杂 ZrO_2 的相结构可能是立方相、四方相、单斜相等不同的相，由于这些相结构实际上的区别很小，各相对应的衍射峰又可能非常接近，甚至重叠，因此很难精确区分不同相的衍射峰，也很难使用常规的 X 射线衍射方法来区分这些相。利用 X 射线步长扫描衍射数据和 Rietveld 方法，还可以对重叠衍射峰进行定量相分析，以区分不同的相结构。

发光是材料吸收能量后放出光子的行为，根据能量的来源不同，可分为光致发光（PL）、电致发光（EL）和阴极发光（CL）等。利用发光谱可以对材料中含有的杂质进行分析，得到杂质缺陷中心的能级位置等。

21.2.2 表面和界面分析

表面、界面成分及结构分析是分析陶瓷结构问题的重要方面。表面结构常采取不破坏样品的X射线衍射的倾斜扫描模式（STD），即入射X射线以一个很小的角度α（1°～3°）射入材料表面［图21-7（a）］。由于材料对入射X射线的吸收，X射线可能进入材料的垂直深度h可以粗略地用以下公式估计

$$h/\sin\alpha=1/\mu \qquad (21\text{-}1)$$

式中，μ为材料的线吸收系数，$\mu=\mu_\rho\rho$；μ_ρ为材料的质量吸收系数；ρ为材料的密度。元素的质量吸收系数与元素种类及X射线波长有关，也可以查表得到。对于多相化合物材料有：

$$\mu_\rho=\sum_i w_i(\mu_\rho)_i \qquad (21\text{-}2)$$

式中，w_i为第i种物相在样品中的质量分数；$(\mu_\rho)_i$为第i物相的质量吸收系数。

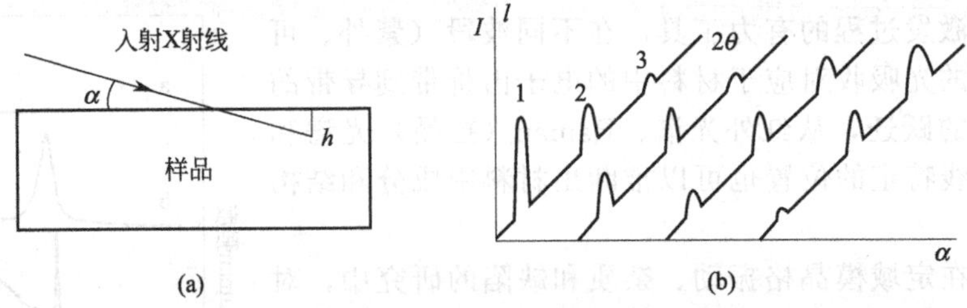

图21-7 X射线衍射样品倾斜扫描示意图

（a）穿透深度；（b）衍射样品倾斜扫描图谱

如果改变X射线入射的掠射角α，由于X射线穿透深度不同，由式（21-1）还可以得到样品表面不同深度的衍射信息，这对于分析样品近表面层不同位置的相结构是很有用的。图21-7（b）为这种分析方法的示意图，它给出了对应于不同掠射角的衍射图像。随着掠射角α的增大，X射线穿透深度增加。因此，由该图可以判定，物相1沿表面向内含量减少，物相2在近表面区分布基本均匀，物相3沿表面向内含量增加。如果将入射束沿样品表面各方向进行扫描，可以对整个样品表面的相结构进行分析。

透射电子显微镜是分析表面和界面结构的有力工具，但样品制备相对复杂。透射电子显微镜可以直接在样品表面或界面区得到透射的明场像或暗场像的衍射衬度像，对于像衬度的分析可以得到许多有用的信息。高分辨率电子显微镜（HREM）的分辨率可达0.2nm，可以对表面和界面原子列的排列进行直接观察。当透射电子平行于界面时，可以得到界面结构的高分辨像。另外，低能电子衍射（LEED）可以给出表面的结构信息，用低能电子衍射确定原子位置的精度可达0.01nm。

此外，原子力显微镜（AFM）和扫描隧道显微镜（STM）也是研究表面的有力工具。由原子力显微镜可以直接得到表面层的形貌，扫描隧道显微镜既可做表面的结构分析，又可以进行表面电子态分析。AFM可以对金属、半导体、绝缘体等不同材料进行分析，既可在超高真空下对清洁表面进行分析，又可以在大气下对吸附表面进行分析。

21.2.3 气孔率分析

经制粉、成型、烧结的陶瓷体中都含有不同程度的气孔，气孔为陶瓷材料中的气相。不同陶瓷材料中气孔的比例可以从接近于零达到 90％或更高，对材料中气孔的含量、分布、形状等的测试和分析有实际意义。由于气相与固相在许多方面有着本质上的区别，气孔率低的材料可以用连续的固相来进行描述，而对于气孔率特高的材料则非常接近于连续的气相。除了特殊应用的多孔陶瓷，在大部分情况下，希望陶瓷材料的气孔率尽可能低，但是又很难达到零。

可以把陶瓷材料中的气孔按照透气性分为两类：开口气孔和闭口气孔。开口气孔是指与表面连通的气孔，也称为“视气孔”，包括毛细孔和非毛细孔。其透气性不仅与气孔的大小、形态有关，还与流体的性质有关，一般将可通过流体的开口气孔称为透气的气孔。在烧结前，粉料中的气孔多为滞留在晶界里的开口气孔。烧结后，部分气孔可能合并和留在体内变成闭口气孔，材料变得致密。由于开口气孔位于表面，因此对材料的渗透性、真空密闭性，以及对催化反应和化学腐蚀的有效表面等都有影响。

陶瓷材料中气孔的形态和分布可以通过电子显微镜成像直接观察。但由于聚焦等问题，利用电子显微镜直接成像观察气孔尺寸的精度低，因此应该结合其他测试方法，如 X 射线小角和大角衍射、表观密度测量、排水法（也称阿基米德法）、压汞法等。陶瓷体的测量密度称为表观密度，比较材料的表观密度与该组成材料理论密度的差值，可以估计材料中的总气孔率 τ。对于溶于水的材料，测试前在样品表面涂一层极薄的蜡以隔离水，同样可以采用测量表观密度的方法来计算孔隙率。

陶瓷材料中的总气孔率 τ 为开口气孔率 τ_1 和闭口气孔率 τ_2 之和，并且有：

$$\tau=\tau_1+\tau_2=1-\frac{\rho_V}{\rho_0} \tag{21-3}$$

式中，ρ_V 和 ρ_0 分别为含气孔陶瓷的表观密度和根据化学式、晶体结构计算的理论密度。

测定开口气孔率最简单的方法是排水法，计算公式为：

$$\tau_1=1-\frac{m\rho_1}{(m_1+m_2)\ \rho_0} \tag{21-4}$$

式中，m、m_1、m_2 分别代表样品烘干后的质量、样品内部充满水且外表面已干燥的质量，以及样品内部充满水且整体完全浸没于水中的质量；在测定质量 m 时，应确保样品中基本上不含有自由水分。ρ_1 代表水或所使用浸入液体的密度。排水法能够测定多孔材料的体积密度（或称为表观密度），但无法直接提供关于气孔的形状、大小、分布等详细信息。

压汞法是测量陶瓷材料气孔尺寸及分布的常用方法，测量孔径的范围在 5nm～10μm。这种方法的原理是基于毛细管定律，即加一定的压力，使汞压入陶瓷体内相应的孔隙中；减小压力时，汞又受孔的界面张力作用被压出来。根据汞压入和压出的 p-V 曲线，得到汞压力 p 与进入陶瓷体内汞的体积 V 之间的关系，可以计算孔隙的尺寸分布和总体积。由于在不同汞压力下能够进入的毛细管尺寸不同，因此根据 p-V 曲线可以分析材料中不同孔径的孔隙占有的比例。汞的压力可根据材料中孔隙的大致尺寸选取，其范围可以从低压至高压。如采用的压力达到 10^9Pa，则可以测量材料中纳米尺寸的气孔，但采用的压力过高容易损伤样品，因而不能无限地增加压力。选择汞作为穿过陶瓷中气孔的介质是因为汞对陶瓷材料一般是不浸润的。如果陶瓷中的孔隙形状为圆柱形，则汞压入圆柱形气孔后满足以下 Washburn 方程：

$$d=-\frac{1}{\tau}4\gamma\varphi \tag{21-5}$$

式中，d 为气孔的直径；τ 为孔隙率；γ 为汞的表面张力；φ 为汞的接触角。实际上，陶瓷材料中孔隙的形状并不都是圆柱形，但是对不同形状的孔隙，上式在一般情况下可以近似采用。由于汞不可能进入完全闭口的气孔中，因此采用压汞法测量得到的为材料中开口孔和一端开口的闭口孔的体积。

汞的表面张力与不同材料及接触孔的形状有关，可以近似地采用 0.485N/m。汞与被测材料孔隙之间接触角的数据可以通过测量得到。如果没有数据，一般可以用 130°。

陶瓷体的孔隙率也可以由材料的折射率测量得到：

$$\tau=1-\frac{n^2-1}{n_0^2-1} \tag{21-6}$$

式中，n、n_0 分别为含气孔材料和理想的不含气孔材料的折射率。

氮吸附法是基于测量蒸气凝聚（或蒸发）时的压力与气孔中液体在毛细管中曲率之间的关系。如果 p、p_0 分别为曲面上液体及平面上液体的蒸气压，γ 为液体的表面张力，φ 为接触角，r 为曲率半径，V 为吸附液体的摩尔体积。根据 Kelvin（开尔文）公式，得到

$$r=\frac{-2\gamma V\cos\varphi}{RT\ln\dfrac{p}{p_0}} \tag{21-7}$$

氮吸附时，材料中孔隙的尺寸 d 为：

$$d=\frac{-4\gamma V}{RT\ln\dfrac{p}{p_0}}+h \tag{21-8}$$

式中，h 为氮气吸附层的厚度。由于被测孔隙大小与吸附液体的体积有关，利用氮吸附法测量的孔径大小一般为数纳米至数百纳米。

薄膜中开口气孔的大小和分布可以采用气泡法（也称泡点法、流体取代法）进行测量。具体的方法是先使陶瓷膜体内充满液体，毛细管力的作用可将液体留在气孔内，然后在膜的一侧用气体加压，使得孔隙中的液体从膜的另一侧流出，根据计算可以得到开口孔隙的大小和分布。如样品的孔径较小（100nm 以下），可采用排液法。

设开口气孔的面积分布函数为 $\psi_1(r)$，则孔半径在（r，$r+\mathrm{d}r$）范围的所有孔面积可以表示为：

$$\mathrm{d}S=S_1\psi_1(r)\ \mathrm{d}r \tag{21-9}$$

式中，S_1 为所有开口气孔的面积总和；$\psi_1(r)$ 为分布函数。孔半径在 $r_1\sim r_2$（$r_1<r_2$）的孔面积为：

$$S(r_1\rightarrow r_2)=\int_{r_1}^{r_2}\psi_1(r)\mathrm{d}r \tag{21-10}$$

对所有孔径对应的分布函数 $\psi_1(r)$ 的积分满足：

$$\int_0^{\infty}\psi_1(r)\mathrm{d}r=\int_{r_1}^{r_2}\psi_1(r)\mathrm{d}r=1 \tag{21-11}$$

式（21-10）和式（21-11）中的 r_1 和 r_2 分别对应于最小和最大的孔半径。如果假设所有孔的长度均相等且为 L，那么面积分布函数就等同于体积分布函数，孔径为 r 的孔的体积也占所有孔体积的 $\psi_1(r)$。为了把半径 r 的孔内的液体压出，所需要的压力差可表示为 Laplace 方程：

$$\Delta p=-\frac{4\gamma_L\cos\theta}{r} \tag{21-12}$$

式中，γ_L 为液体的表面张力，N/m；θ 为液体与膜之间的接触角。当孔中的液体在用气体加压被驱赶掉后，气体将从中流过。假设膜孔为圆形的毛细孔，孔径大于 50nm，气体

的流动为黏性流动，体积流量可用 Hagen-Poiseuille 方程表示：

$$Q(V)=-\frac{\pi r^4\Delta p}{8\eta L} \tag{21-13}$$

式中，η 为流体的黏度，Pa·s；L 为孔的长度。孔径在 $r\sim(r+\mathrm{d}r)$ 的开口孔的数目为：

$$\mathrm{d}n=\frac{Sp(r)\mathrm{d}r}{\pi r^2} \tag{21-14}$$

气体流量为：

$$\mathrm{d}Q=Q(V)\mathrm{d}n=\frac{S\Delta p r^2\psi(r)\mathrm{d}r}{8\eta L} \tag{21-15}$$

总流量为：

$$Q(\Delta p)=\int_0^\infty \mathrm{d}Q=\frac{S\Delta p}{8\eta L}\int_0^\infty r^2\psi(r)\mathrm{d}r \tag{21-16}$$

对式(21-15)、式(21-16) 进行数值计算可以求得孔径的大小和分布。

X 射线小角度衍射（$2\theta<10°$）得到的是在倒易原点附近的衍射信息。由于倒易原点附近的散射强度与各晶粒的取向无关，其散射强度只与晶粒的形状和大小有关，而与各晶粒的晶体结构无关。假设晶粒为球形，电子云的分布是均匀的，X 射线散射角 α 与颗粒尺寸 d 的关系为：

$$\alpha=\frac{\lambda}{d} \tag{21-17}$$

式中，λ 为 X 射线的波长。Cu 的 Kα 线波长的加权平均值为 0.154nm，散射角一般在 $10^{-2}\sim10^{-1}$ rad，因此利用 X 射线小角衍射可测量的颗粒尺寸在几纳米至几十纳米量级。

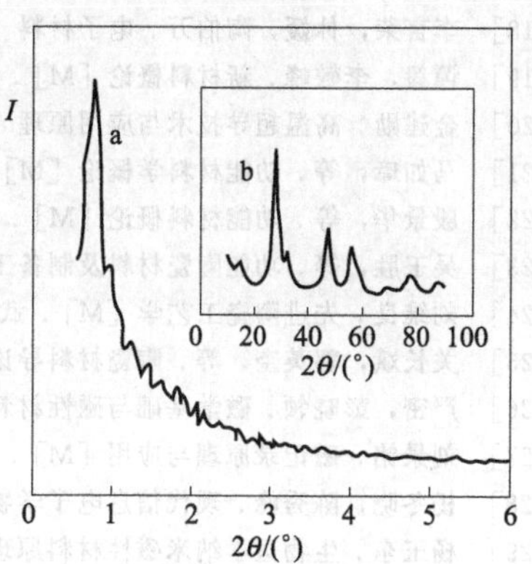

图 21-8　中孔材料 CeO_2 的 X 射线小角衍射图

图 21-8 中的曲线 a 为中孔材料 CeO_2 的 X 射线小角衍射图，判断材料的结晶状况则可以辅以大角衍射图（图 21-8 中的曲线 b）。

吸附-脱附曲线的形状可以给出多孔材料的结构信息。国际纯粹与应用化学联合会给出了物理吸附的六种类型，中孔吸附-脱附等温曲线的形状具体有三种形式，见图 21-9。其中，图 21-9（a）中曲线是由孔的收缩引起的，孔径均匀性好；图 21-9（b）中曲线与孔道交织的网络结构有关；图 21-9（c）中曲线的吸附与脱附曲线重合，表明孔径为圆柱形，孔径分布窄。

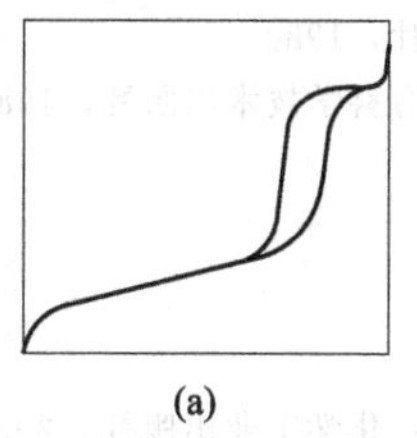
(a)

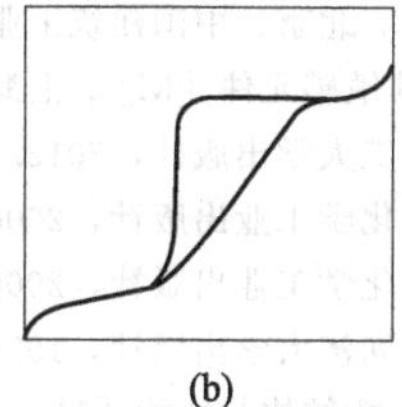
(b)

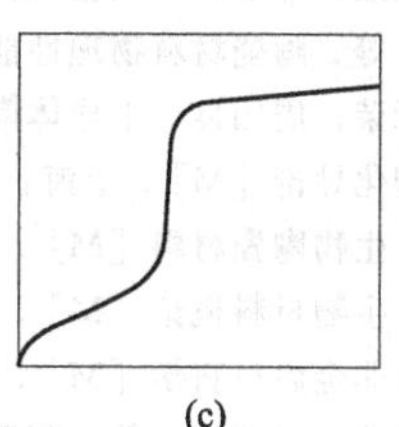
(c)

图 21-9　中孔吸附-脱附等温曲线的三种形式

参考文献

[1] 马铁成．陶瓷工艺学［M］．北京：中国轻工业出版社，2011.
[2] 王培铭．无机非金属材料学［M］．上海：同济大学出版社，1999.
[3] 罗绍华．无机非金属材料科学基础［M］．北京：北京大学出版社，2013.
[4] 曾燕伟．无机材料科学基础［M］．武汉：武汉理工大学出版社，2011.
[5] 马爱琼，任耘，段峰．无机非金属材料科学基础［M］．北京：冶金工业出版社，2010.
[6] 胡志强．无机材料科学基础教程［M］．北京：化学工业出版社，2004.
[7] 杨久俊．无机材料科学［M］．郑州：郑州大学出版社，2009.
[8] 潘群雄，王路明，蔡安兰．无机材料科学基础［M］．北京：化学工业出版社，2007.
[9] 何贤昶．陶瓷材料概论［M］．上海：上海科学普及出版社，2005.
[10] 刘剑虹，杨涵崧，张晓虹，等．无机非金属材料科学基础［M］．北京：中国建材工业出版社，2008.
[11] 罗绍华，赵玉成，桂阳海．材料科学基础［M］．哈尔滨：哈尔滨工业大学出版社，2015.
[12] 林建华，荆西平．无机材料化学［M］．北京：北京大学出版社，2006.
[13] 龚江宏．陶瓷材料断裂力学［M］．北京：清华大学出版社，2001.
[14] 穆柏春，等．陶瓷材料的强韧化［M］．北京：冶金工业出版社，2002.
[15] 曲远方．现代陶瓷材料及技术［M］．上海：华东理工大学出版社，2008.
[16] 樱井良文．新型陶瓷——材料及其应用［M］．北京：中国建筑工业出版社，1983.
[17] 官伯然．超导电子技术及其应用［M］．北京：科学出版社，2009.
[18] 李言荣，林媛，陶伯万．电子材料［M］．北京：清华大学出版社，2013.
[19] 谭毅，李敬峰．新材料概论［M］．北京：冶金工业出版社，2004.
[20] 金建勋．高温超导技术与应用原理［M］．成都：电子科技大学出版社，2015.
[21] 马如璋，等．功能材料学概论［M］．北京：冶金工业出版社，1999.
[22] 殷景华，等．功能材料概论［M］．黑龙江：哈尔滨工业大学出版社，2017.
[23] 吴玉胜，等．功能陶瓷材料及制备工艺［M］．北京：化学工业出版社，2013.
[24] 刘维良．先进陶瓷工艺学［M］．武汉：武汉理工大学出版社，2004.
[25] 关长斌，郭英奎，等．陶瓷材料导论［M］．哈尔滨：哈尔滨工程大学出版社，2005.
[26] 严密，彭晓领．磁学基础与磁性材料［M］．杭州：浙江大学出版社，2006.
[27] 刘景铭．磁记录原理与应用［M］．北京：中国农业机械出版社，1983.
[28] 杨冬晓，陈秀峰．现代信息电子学物理［M］．杭州：浙江大学出版社，2007.
[29] 杨玉东．生物医学纳米磁性材料原理及应用［M］．长春：吉林人民出版社，2005.
[30] 宛德福．磁性理论及其应用［M］．武汉：华中理工大学出版社，1996.
[31] 王零森．特种陶瓷［M］．2版．长沙：中南大学出版社，2005.
[32] 毕见强，等．特种陶瓷工艺与性能［M］．哈尔滨：哈尔滨工业大学出版社，2018.
[33] 关振铎，张中太，焦金生．2版．无机材料物理性能［M］．北京：清华大学出版社，2011.
[34] 金志浩，高积强，乔冠军．工程陶瓷材料［M］．西安：西安交通大学出版社，2000.
[35] 华南工学院，等．陶瓷材料物理性能［M］．北京：中国建筑工业出版社，1980.
[36] 莫以豪，李标荣，周国良．半导体陶瓷及其敏感元件［M］．上海：上海科学技术出版社，1983.
[37] 张金龙．光催化导论［M］．上海：华东理工大学出版社，2012.
[38] 谈国强，等．生物陶瓷材料［M］．北京：化学工业出版社，2006.
[39] 张超武，等．生物材料概论［M］．北京：化学工业出版社，2006.
[40] 王培铭．无机非金属材料学［M］．上海：同济大学出版社，1999.
[41] 张金升，张银燕，王美婷，等．陶瓷材料显微结构与性能［M］．北京：化学工业出版社，2007.
[42] 汪长安，王海龙，王明福．二硼化锆超高温陶瓷的强韧化［J］．硅酸盐学报，2018，46（12）：1653-1660.
[43] 包亦望，万德田．结构陶瓷特殊条件下力学性能评价的新技术与技巧［J］．科学通报，2015，60（3）：246-256.
[44] 豆高雅．自增韧氮化硅陶瓷的制备与性能研究［J］．陶瓷，2019，9：53-62.

[45] 贺召宏，祝琳华．NZP族陶瓷制备方法及其热学和力学性能研究进展［J］．广东化工，2019，46（11）：111-112，132.

[46] 李懋强．热学陶瓷研究进展［J］．硅酸盐学报，2015，43（9）：1247-1254.

[47] 文圆，黄惠宁，张国涛，等．陶瓷材料抗热震性的研究进展［J］．佛山陶瓷，2018，29（12）：1-7.

[48] 杨章富，李利敬，张力强，等．α-Sialon透明陶瓷的研究进展［J］．材料导报，2016，30（23）：19-22.

[49] 齐方方，王子钦，李庆刚，等．超高温陶瓷基复合材料制备与性能的研究进展［J］．济南大学学报，2019，33（1）：8-14.

[50] 刘壕东，詹兴宇，赵子栋，等．α-Al_2O_3纤维的制备及其改性Al_2O_3复合陶瓷性能的研究［J］．中国陶瓷，2019，55（8）：41-45.

[51] 单晓坤．Ti_3SiC_2导电陶瓷材料的制备［J］．纳米技术与精密工程，2016，14（5）：390-393.

[52] 王译文，王海斗，马国政．Ti_4O_7功能陶瓷材料研究与应用现状［J］．材料导报，2019，33（1）：143-151.

[53] 任治安．铁基高温超导材料探索［J］．现代物理知识，2014，26（2）：10-12.

[54] Yu Y J，Ma L G，Cai P，et al. High-temperature superconductivity in monolayer $Bi_2Sr_2CaCu_2O_8+\delta$ [J]. Nature，2019，575（7781）：156-163.

[55] 张超，王飞，李凯，等．实用化高温超导材料的新进展［J］．热加工工艺，2017，46（14）：7-10.

[56] 张莉莉．荷正电微孔陶瓷膜的制备与表征［D］．天津：天津科技大学，2016.

[57] Kusunose T，Fujita A，Sekino T. Making insulating Al_2O_3 electrically conductive without loss of translucency using a small amount of ITO grain boundary phase [J]. Scripta Materialia，2019，159（15）：24-27.

[58] Kim Y，Qian Y J，Kim M，et al. A one-step process employing various amphiphiles for an electrically insulating silica coating on graphite [J]. RSC Advances，2017，7（39）：24242-24254.

[59] Mehta N S，Pandey J C，Pandey N，et al. Developing a high strength physico-mechanical and electrical properties of ceramic porcelain insulator using zirconia as an additive [J]. Materials Researth Express，2018，5（7）：075202.

[60] Yao Z H，Song Z，Hao H，et al. Homogeneous/Inhomogeneous-Structured Dielectrics and their Energy-Storage Performances [J]. Advanced Materials，2017，29（20）：1601727.

[61] Liu Z，Lu T，Ye J M，et al. Antiferroelectrics for Energy Storage Applications：a Review [J]. Advanced Materials Technologies，2018，3（9）：1800111.

[62] Yang L T，Kong X，Li F，et al. Perovskite lead-free dielectrics for energy storage applications [J]. Progress in Materials Science，2019，102：72-108.

[63] Hao X H，Zhai J W，Kong L B，et al. A comprehensive review on the progress of lead zirconate-based antiferroelectric materials [J]. Progress in Materials Science，2014，63：1-57.

[64] Meirzadeh E，Christensen D V，Makagon E. Surface Pyroelectricity in Cubic $SrTiO_3$ [J]. Advanced Materials，2019，31（44）：1904733.

[65] Richter C，Zschornak M，Novikov D，et al. Picometer polar atomic displacements in strontium titanate determined by resonant X-ray diffraction [J]. Nature Communications，2018，9：178.

[66] Zhang Y，Xie M Y，Roscow J，et. al. Enhanced pyroelectric and piezoelectric properties of PZT with aligned porosity for energy harvesting applications [J]. Journal of Materials Chemistry A，2017，5（14）：6569-6580.

[67] 谭广，李卉．靶向性超顺磁性氧化铁纳米颗粒早期诊断胰腺癌的研究进展［J］．医学综述，2020，26（9）：1725-1729.

[68] Zabrodskii A，Veinger A，Semenikhin P. Anomalous Manifestation of Pauli Paramagnetism and Coulomb Blockade of Spin Exchange upon the Compensation of Doped Semiconductors [J]. Physica status solidi（B），2020，257（1）：1800249.

[69] Inomata N，Inomata E，Ono T，et al. Diamagnetic Levitation Thermometer [J]. IEEJ Transactions on Electrical and Electronic Engineering，2020，15（5）：773-774.

[70] Li Z Y，Zhou X Q，Zhang R R，et al. A new approach to prepare the Mn（Ⅱ）-based magnetic refrigerant through incorporating diamagnetic Cd（Ⅱ）ion [J]. Inorganica Chimica Acta，2020，506：119527.

[71] Schafer C，Ruggenthaler M，Rokaj V，et al. Relevance of the quadratic diamagnetic and self-polarization terms in cavity quantum electrodynamics [J]. ACS Photonics，2020，7（4）：975-990.

[72] Zhang X C，Ezawa M，Zhou Y，et al. Magnetic skyrmion logic gates：conversion，duplication and merging of skyrmions [J]. Scientific Reports，2015，5：9400.

[73] 刘晴．均匀横向磁场对双轴磁性纳米线中横向磁畴壁电流驱动运动的加速效应［D］．2018：41-43.

[74] 仲维畅．铁磁性物质在地磁场中的静置磁化和退磁［J］．无损检测，2009，31（6）：451-452；455.

[75] Li Z Y，Li X J，Gao X，et al. Reversible Dynamic Structural Transformation Between 3d and 1d Cd-co Heterometal-

lic MOFs Showing Switchable Spin-canted Antiferromagnetism [J]. Crystal Growth & Design, 2020, 20 (2): 1103-1109.

[76] Nakao M. Toward the Realization of Half-Metallic Antiferromagnetism for Future Spintronics [J]. Transactions of the Materials Research Society of Japan, 2009, 33 (2): 291-294.

[77] Quiroz H P, Serrano J E, Dussan A. Magnetic behavior and conductive wall switching in TiO_2 and TiO_2: Co self-organized nanotube arrays [J]. Journal of Alloys and Compounds, 2020, 825: 154006.

[78] Carrey J, Mehdaoui B, Respaud M, et al. Simple models for dynamic hysteresis loop calculations of magnetic single-domain nanoparticles: Application to magnetic hyperthermia optimization [J]. Journal of Applied Physics, 2011, 109 (8): 039902.

[79] 赵国良，顾建军，孙会元．硬磁泡畴壁中 VBL 特性的进一步研究 [J]．四川师范大学学报（自然科学版），2011 (3): 352-354.

[80] 胡海宁，张丽娇，胡云志．转动面内场作用下普通硬磁泡畴壁中垂直布洛赫线的消失 [C]．第十一届全国磁学和磁性材料会议，2002: 266-268.

[81] Stephanie G, Rodriguez E E. Distinguishing the Intrinsic Antiferromagnetism in Polycrystalline $LiCoPO_4$ and $LiMnPO_4$ Olivines [J]. Inorganic chemistry, 2020, 59 (9): 5883-5890.

[82] Xiao X, Urbankowski P, Hantanasirisakul K, et al. Scalable Synthesis of Ultrathin Mn_3N_2 Exhibiting Room-Temperature Antiferromagnetism [J]. Advanced Functional Materials, 2019, 29 (17): 1809001.

[83] Pullar R C. Hexagonal ferrites: A review of the synthesis, properties and applications of hexaferrite ceramics [J]. Progress in Materials Science, 2012, 57 (7): 1191-1334.

[84] Palakkal J P, Faske T, Major M, et al. Ferrimagnetism, exchange bias and spin-glass property of disordered La_2CrNiO_6 [J]. Journal of Magnetism and Magneti, 2020, 508: 166873.

[85] Fedorova A V, Byrnes T, Pyrkov A N. Super-quantum discord in ferromagnetic and antiferromagnetic materials [J]. Quantum Information Processing, 2019, 18 (11): 348.

[86] Lan T T B, Hermosa G C, An-Cheng S. Enhanced perpendicular magnetic anisotropy of sputtered Pr-Fe-B thin film by inter-layer diffusion Fe-Si layer [J]. Journal of Physics and Chemistry of Solids, 2020, 144: 109506.

[87] Mazalski P, Anastaziak B, Kuświk P, et al. Demagnetization of an ultrathin Co/NiO bilayer with creation of submicrometer domains controlled by temperature-induced changes of magnetic anisotropy [J]. Journal of Magnetism and Magnetic Materials, 2020, 508: 166871.

[88] Khan A A, Ahlawat A, Deshmukh P, et al. Effect of AFM and FM exchange interaction on magnetic anisotropy properties of single domain $SmFeO_3$ at nanoscale [J]. Journal of Magnetism and Magnetic Materials, 2020, 502: 166505.

[89] Corte Leon P, Zhukova V, Blanco J M, et al. Stress-induced Magnetic Anisotropy Enabling Engineering of Magnetic Softness of Fe-rich Amorphous Microwires [J]. Journal of Magnetism and Magnetic Materials, 2020, 510: 166939.

[90] 王振宇，朱玉川，李宇阳，等．超磁致伸缩电静液作动器输出流量影响因素分析 [J]．机械科学与技术，2019, 38 (4): 582-586.

[91] 王振宇，朱玉川，罗樟，等．磁致伸缩棒驱动的双向电静液作动器 [J]．压电与声光，2019, 41 (3): 369-377.

[92] Sofronie M, Tolea F, Tolea M, et al. Magnetic and magnetostrictive properties of the ternary $Fe_{67.5}Pd_{30.5}Ga_2$ ferromagnetic shape memory ribbons [J]. Journal of Physics and Chemistry of Solids, 2020, 142: 109446.

[93] Cristian M, Mihai O, Marius V, et al. High Sensitivity Differential Giant Magnetoresistance (GMR) Based Sensor for Non-Contacting DC/AC Current Measurement [J]. Sensors, 2020, 20 (1): 323-325.

[94] Kubota T, Wen Z C, Takanashi K. Current-perpendicular-to-plane giant magnetoresistance effects using Heusler alloys [J]. Journal of Magnetism and Magnetic Materials, 2019, 492: 165667.

[95] Qin L, Xinxin L, Huanyu C, et al. Facilitating charge transfer via a giant magnetoresistance effect for high-efficiency photocatalytic hydrogen production [J]. Chemical communications, 2019, 55 (96): 14478-14481.

[96] Rinkevich A B, Milyaev M A, Romashev L N, et al. Microwave Giant Magnetoresistance Effect in Metallic Nanostructures [J]. Physics of Metals and Metallography, 2018, 119 (13): 1297-1300.

[97] Liu H, Lin H Y, Ruan J J, et al. A special intracavity power-modulator using the TGG magneto-optical effect [J]. Optik, 2020, 212: 164739.

[98] Amanollahi M, Zamani M. Performance of transverse magneto-optical Kerr effect in double-positive, double-negative and single-negative bi-gyrotropic metamaterials [J]. Journal of Magnetism and Magnetic Materials, 2020, 502: 166451.

[99] Gort R，Bühlmann K，Saerens G，et al. Ultrafast Magnetism：the Magneto-optical Kerr Effect and Conduction Electrons [J]. Applied Physics Letters，2020，116 (11)：1-5.

[100] Kuila M，Hussian Z，Reddy V R. Mössbauer and magneto-optical Kerr effect study of polycrystalline gadolinium iron garnet film prepared by spin-coating technique [J]. Thin Solid Films，2019，691：137593.

[101] Gubernatorov V V，Dragoshanskii Y N，Sycheva T S. Atomic Ordering of Soft Magnetic Fe-Si Alloys and Effect of Thermomagnetic Treatment [J]. Physics of Metals and Metallography，2019，120 (8)：723-728.

[102] Phor L，Kumar V. Self-cooling device based on thermomagnetic effect of $Mn_xZn_{1-x}Fe_2O_4$ ($x=0.3$，0.4，0.5，0.6，0.7) /ferrofluid [J]. Journal of Materials Science：Materials in Electronics，2019，30 (10)：9322-9333.

[103] Lotfy K，Kumar R，Hassan W，et al. Thermomagnetic effect with microtemperature in a semiconducting photothermal excitation medium [J]. Applied Mathematics and Mechanics，2018，39 (6)：783-786.

[104] 彭晓文. 磁记录薄膜材料微观结构与织构演变机理的研究 [D]. 北京：北京科技大学，2019.

[105] Kief M T，Victora R H. Materials for heat-assisted magnetic recording [J]. MRS Bulletin，2018，43 (2)：87-92.

[106] Hono K，Takahashi Y K，Ju G P，et al. Heat-assisted magnetic recording media materials [J]. MRS Bulletin，2018，43 (2)：93-99.

[107] 王敬雪，涂浩然，闫羽，等. 机械化学及其在稀土永磁材料中的应用 [J]. 物理实验，2020，40 (2)：1-6.

[108] Coey J M D. Perspective and Prospects for Rare Earth Permanent Magnets [J]. Engineering，2020，6 (2)：119-131.

[109] 中国稀土行业协会. 新能源汽车驱动电机用稀土永磁材料上下游合作机制工作会议在京召开 [J]. 金属功能材料，2018，25 (4)：58-59.

[110] Trench A，Sykes J P. Rare Earth Permanent Magnets and Their Place in the Future Economy [J]. Engineering，2020，6 (2)：115-118.

[111] 罗劲松. 新型氟化物掺杂 ZnO 透明导电薄膜与 Al_2O_3 透明介质薄膜的研究 [D]. 长春：吉林大学，2019.

[112] 顾晓梅，李淑华. 半导体光催化效应在染料废水处理中的应用 [J]. 纺织科技进展，2006，1：22-23；50.

[113] 祖昊. 多层片式 $BaTiO_3$ 基正温度系数热敏陶瓷的低温制备及性能研究 [D]. 武汉：华中科技大学，2018.

[114] 杨斌，刘敬肖，史非，等. Y^{3+} 掺杂量对 $BaTiO_3$ 基热敏陶瓷性能的影响 [J]. 大连工业大学学报，2017，36 (4)：283-286.

[115] 刘剑，聂敏，王颖欣. 成型工艺和封装工艺对 $Zn_{0.1}Fe_{0.3}Co_{1.5}Mn_{1.1}O_4$ NTC 热敏陶瓷电性能的影响 [J]. 功能材料与器件学报，2019，25 (4)：229-234.

[116] 黄桂花，余祖发，周婧，等. 从专利申请大数据看半导体陶瓷创新态势 [J]. 山东陶瓷，2019，42 (6)：7-13.

[117] Al-Hadeethi Y，Umar A，Al-Heniti S H，et al. Corrigendum to '2D Sn-doped ZnO ultrathin nanosheet networks for enhanced acetone gas sensing application' [Ceramics International 43 (2019) 2418-2423] [J]. Ceramics International，2020，46 (4)：5505.

[118] 翟婷. α-Fe_2O_3 纳米结构气敏元件的直接构筑及其性能研究 [D]. 济南：济南大学，2018.

[119] Tonkoshkur A S，Lyashkov A Yu，Povzlo E L. Kinetics of response of ZnO-Ag ceramics for resistive gas sensor to the impact of methane，and its analysis using a stretched exponential function [J]. Sensors and Actuators B：Chemical，2018，255：1680-1686.

[120] 王天宝，王列娥. 硫化物系陶瓷薄膜湿敏性能的研究 [J]. 无机材料学报，1997，1：65-70.

[121] 殷庆瑞，祝炳和. 功能陶瓷的显微结构、性能与制备技术 [M]. 北京：冶金工业出版社，2005.

[122] 苏梅英. 不同结构纳米 ZrO_2 材料的制备、湿敏特性及机理研究 [D]. 大连：大连理工大学，2012.

[123] 胡素梅，陈海波. Zn 掺杂对 SnO_2 棒状晶湿敏陶瓷湿敏特性影响研究 [J]. 仪表技术与传感器，2016，10：10-12.

[124] 舒海. Ce/Y 掺杂 $BaZrO_3$ 陶瓷的巨大介电性能和湿敏性能 [D]. 合肥：安徽大学，2019.

[125] Han X，Su B，Zhou B，et al. Soft lithographic fabrication of free-standing ceramic microparts using moisture-sensitive PDMS molds [J]. Journal of Micromechanics and Microengineering，2019，29 (3)：035002.

[126] 张莹. 基于多孔材料和钽酸钠的湿敏传感器的研究 [D]. 长春：吉林大学，2014.

[127] 万英，等. 电子元器件检测选用快易通 [M]. 福州：福建科学技术出版社，2009.

[128] 王振林，李盛涛. 氧化锌压敏陶瓷制造及应用 [M]. 北京：科学出版社，2009.

[129] 陈涛，傅邱云，周东祥，等. ZnO-Bi_2O_3-BN-Sb_2O_3 基压敏陶瓷的物相演化及电性能 [J]. 电子元件与材料，2020，39 (3)：15-22.

[130] 陈永佳，刘建科. Bi_2O_3 掺杂对 ZnO 压敏电阻性能的影响及其机理 [J]. 材料科学与工程学报，2019，37 (6)：973-978；1012.